PROBLEME DER BIOLOGIE

BEGRÜNDET VON

E. RIES † UND K. WETZEL †

HERAUSGEGEBEN VON

M. GERSCH JENA
K. MOTHES HALLE
O. PFLUGFELDER STUTTGART-HOHENHEIM
J. STRAUB KÖLN-RIEHL

BAND 7

VERGLEICHENDE ENDOKRINOLOGIE DER WIRBELLOSEN TIERE

VON

MANFRED GERSCH

LEIPZIG 1964
AKADEMISCHE VERLAGSGESELLSCHAFT
GEEST & PORTIG K.-G.

VERGLEICHENDE ENDOKRINOLOGIE DER WIRBELLOSEN TIERE

VON

MANFRED GERSCH

O. PROFESSOR DER ZOOLOGIE UND DIREKTOR
DES ZOOLOGISCHEN INSTITUTS UND DES PHYLETISCHEN MUSEUMS
DER FRIEDRICH-SCHILLER-UNIVERSITÄT JENA

MIT 126, ZUM TEIL FARBIGEN ABBILDUNGEN
UND 6 TABELLEN

LEIPZIG 1964
AKADEMISCHE VERLAGSGESELLSCHAFT
GEEST & PORTIG K.-G.

PRINTED IN THE GERMAN DEMOCRATIC REPUBLIC · VLN 276-105/3/64
SATZ, DRUCK UND BINDUNG: C. G. RÖDER, LEIPZIG III/18/2-43173
ES 17 C 3

Vorwort

Über hormonale Regulationen bei wirbellosen Tieren sind in den letzten Jahrzehnten und Jahren zahlreiche Veröffentlichungen erschienen. Im schnellen Fluß haben sich unsere Kenntnisse für einzelne Tiergruppen stark erweitert, für andere wurden hierfür erstmalig Hinweise erkennbar. Diese rasche Entwicklung erschwert es, einen Überblick über das Gesamtgebiet zu behalten. Andererseits aber macht sie ihn geradezu erforderlich, wenn ein tieferes Verständnis erreicht werden soll.

Es ist daher auch nicht lediglich das Anliegen des Buches, eine Übersicht über ältere und neuere Ergebnisse der Hormonforschung bei wirbellosen Tieren zu geben. Vielmehr soll versucht werden, die Prinzipien und die grundsätzlichen Beziehungen in der Entwicklung und in den funktionellen Verhältnissen hormonaler Regulation wirbelloser Tiere aufzuzeigen, wie sie sich mit der Vielzahl neuer und neuester Einzelergebnisse anbahnen. Insofern stellt es den wohl ersten Versuch einer *vergleichenden* Endokrinologie der Wirbellosen dar. Es will zum Verständnis der Entwicklung und des Aufbaues des Hormonsystems niederer Tiere beitragen. Die daraus abgeleiteten allgemeinen Gesichtspunkte bieten darüber hinaus einen Ansatz zu einem gedrängten Vergleich mit den Grundzügen des Hormonsystems der Wirbeltiere. Dies wird im Schlußkapitel kurz erörtert.

Dem Buch haften wie häufig, wenn ein einzelner über sein ureigenstes Experimentalgebiet hinaus auch andere Bereiche zu berücksichtigen hat, mancherlei Unvollkommenheiten an. Ihnen gegenüber dürfte der Vorteil in einer einheitlich ausgerichteten Darstellung zu sehen sein, um die ich mich hier bemüht habe. Ich überlasse es dem Leser, die Vorteile und Nachteile gegeneinander abzuwägen. Fachkollegen werde ich für sachliche Hinweise und fördernde Kritik stets dankbar sein.

Ohne vielerlei Unterstützung wäre das Buch in der vorliegenden Form nicht möglich geworden. Daher danke ich auch an dieser Stelle für alle Hilfe. Der Dank gilt in erster Linie meinen Mitarbeitern und Schülern, die durch die Bearbeitung verschiedener aus der hier vertretenen Grundkonzeption heraus angeregter Teilfragen an der Förderung zu ihrem Teil beigetragen haben. Besonderen Dank schulde ich weiterhin Herrn cand. rer. nat. H. VENT und Herrn A. LANDAUER für die verständnisvolle und sorgfältige Arbeit bei der zeichnerischen Ausstattung. Zu Dank bin ich weiterhin auch denjenigen Kollegen verpflichtet, die mich durch Bereitstellung von Abbildungsmaterial unterstützten: Prof. Dr. FUKUDA (Nagoya, Japan), Prof. Dr. KARLSON (München), Dr. W. LOHER (Tübingen), Prof. Dr. PFLUGFELDER (Stuttgart-Hohenheim), Prof. Dr. E. SCHARRER (New York, USA) und Prof. Dr. C. M. WILLIAMS (Cambridge, Mass., USA).

Ganz besonders danke ich fernerhin meiner Frau für das Lesen der Korrekturen und meiner Sekretärin, Frau PIETZSCH, für das Schreiben des umfangreichen Literaturverzeichnisses, sowie Herrn Dr. UDE, Fräulein Dipl.-Biol. KIESSLING, Fräulein RENZELMANN und RÖTSCHER für die Zusammenstellung des Sach-, Tiernamen- und Autorenverzeichnisses.

Schließlich habe ich dem Verlag für das in allen Fällen gezeigte große Verständnis und für die Bemühungen um die äußere Form des Buches sehr zu danken.

Jena, Sommer 1963 M. GERSCH

Inhalt

Einleitung

Endokrinologie bedeutet die Lehre von der inneren Sekretion. Ursprünglich, in enger Anlehnung an die Humanphysiologie entwickelt, erstreckte sich die Hormonforschung lange Zeit ausschließlich auf die Wirbeltiere. Sehr viel später und zögernder erwuchs die Erkenntnis, daß auch wirbellose Tiere über Hormone verfügen. Die historische Entwicklung der Endokrinologie mit ihren eindrucksvollen Ergebnissen brachte es mit sich, daß die hormonalen Verhältnisse der Wirbellosen in früheren Darstellungen und teilweise bis zum heutigen Tage von der Vorstellung des Hormonsystems der Wirbeltiere her beurteilt werden.

Diese Tendenz ist in mehrfacher Hinsicht erkennbar. Den schon länger zurückliegenden Kastrationsexperimenten bei Insekten (Meisenheimer 1907/08; Kopeč 1910; Regen 1910/11 u. a.) lag die Konzeption von der Bedeutung der Sexualhormone der Wirbeltiere für die Ausprägung sekundärer Geschlechtsmerkmale auch für Insekten zugrunde. Ähnlich verhält es sich mit der Vorstellung gonadotroper Hormone bei Wirbellosen, die zweifelsohne von den für die Wirbeltiere erkannten Verhältnissen gelenkt waren. Vor allem in der Frühphase der Hormonforschung bei Wirbellosen häuften sich Versuche und Bemühungen, eine Wirkung der verschiedenen Wirbeltierhormone bei Wirbellosen nachzuweisen. Die Feststellung über die Wirkung des Thyroxins auf die Metamorphose der Amphibien löste entsprechende Versuche bei der Entwicklung und Metamorphose der Insekten aus, die bekanntlich negativ verliefen. Zahlreiche andere Beispiele hierzu ließen sich noch anführen. Schließlich prägt sich die erwähnte Tendenz auch in den Einteilungsprinzipien der Hormone der Wirbellosen aus, wie sie von verschiedenen Autoren vorgenommen wurden. Sie entsprechen in erster Linie den Verhältnissen des Hormon*systems* der Wirbeltiere, ohne meist zugleich ebenso die Situation der wirbellosen Tiere zu berücksichtigen.

Die hormonalen Verhältnisse der Wirbeltiere sind im wesentlichen dadurch gekennzeichnet, daß die Inkrete von Drüsenorganen gebildet werden. Weiterhin liegt hier ein Hormonsystem vor, in dem neben einem korrelativen Verhältnis verschiedener Hormondrüsen auch Subordination und übergeordnete Steuerung bestimmend sind. Weder Hormondrüsen noch der Charakter eines Hormonsystems treffen für die hormonalen Verhältnisse der Wirbellosen zumindest in ihrer primären Erscheinungsform zu. Es ist daher auch nicht möglich, das Verständnis der hormonalen Regulation der Wirbellosen von den Verhältnissen der Wirbeltiere her zu gewinnen.

Vergleichend-endokrinologisch hat sich in jüngster Zeit mehr und mehr ergeben, daß die primäre Form hormonaler Regulation im Tierreich das Phänomen der Neurosekretion darstellt. Neurosekretorische Vorgänge treten bei niederen Tieren auf, längst ehe andere Formen hormonaler Steuerung vorhanden sind. Zwar wissen wir bisher in den allermeisten Fällen, vor allem bei niedersten Tierstämmen, außer der morphologisch-histologischen Feststellung von Sekretionstätigkeit in bestimmten Zellen des Nervensystems nichts über die funktionelle Bedeutung der dort gebildeten Produkte. Das schließt jedoch nicht aus, daß mit einer neurohormonalen Regulation in diesen Fällen gerechnet werden muß (s. S. 14).

Die Feststellung, daß die Neurokrinie die primäre Form hormonaler Regulation im Tierreich ist (Gersch 1957), bildet die Grundlage und Ausgangsbasis der Darstellung der vergleichenden Endokrinologie der Wirbellosen. Es ist daher zunächst zu untersuchen, in welcher Weise diese Erscheinungen auftreten und sich entwikkeln.

Im Gegensatz zu der früher meist geübten Art und Weise führt uns jetzt der Vergleich, von den hormonalen Verhältnissen Wirbelloser ausgehend, zu denen der Wirbeltiere hin. Das wesentlich differenziertere Hormonsystem der Wirbeltiere muß somit als sekundäre Form angesehen werden. Vielleicht werden diese einleitenden Erörterungen infolge ihrer selbstverständlich erscheinenden Abgrenzungen geradezu als überflüssig angesehen. In Wirklichkeit wurden bisher jedoch die Verhältnisse ausgesprochener- oder unausgesprochenerweise stets in umgekehrter Richtung betrachtet. Damit war zugleich auch die Möglichkeit für ein umfassendes Verständnis hormonaler Vorgänge innerhalb der einzelnen Stämme wirbelloser Tiere und auch in Beziehung zu den Wirbeltieren erschwert.

Der Begriff *Hormon* geht auf BAYLISS und STARLING (1906) zurück und sollte sich ursprünglich auf Substanzen beziehen, die im tierischen Organismus gebildet und auf dem Blutwege zu anderen Organen transportiert werden, um dort diese in spezifischer Weise zu stimulieren. Der Vorschlag entsprang den Befunden über die Wirkung des aus der Darmschleimhaut entstammenden Sekretins auf die Sekretionstätigkeit des Pankreas (STARLING 1905). Zu den „chemischen Boten" rechneten die Begründer des Begriffes Hormon außer Adrenalin, Sekretin, Thyreodin, Hypophysen- und Fötalextrakten ursprünglich auch CO_2 und Milchsäure. CO_2 wurde auf Grund seiner regulativen Wirkung auf die Atmungstätigkeit, Milchsäure wegen ihrer Wirkung auf die Kapillaren und damit die Blutversorgung des Muskels in diese Stoffgruppe einbezogen. Als Inkrete bezeichnet man schließlich Substanzen aus Drüsen innerer Sekretion, die in das Blut abgegeben werden und die Tätigkeit anderer Organe steuern. Die begrifflichen Festlegungen beziehen sich demnach ursprünglich auf die Verhältnisse der Wirbeltiere.

Entscheidendes Kriterium aller Hormone stellt die Regulations- oder Koordinationstätigkeit dar, durch welche die verschiedenen Organe eines mehrzelligen Organismus zu einheitlich abgestimmter Funktionsweise des ganzen Individuums veranlaßt werden. Die gleiche Funktion kommt bekanntlich dem Nervensystem zu. Dabei zeigt sich neuerdings immer deutlicher, daß die hierfür eingesetzten Mittel beider Systeme prinzipiell einander ähnlich sind. Der Begriff Hormon beinhaltet demnach im wesentlichen ein physiologisches Phänomen. Hormone sind gekennzeichnet durch den Ort ihrer Bildung sowie den Ort und die Art ihrer Wirkungsweise. Sie sind Substanzen, die in bestimmten, sekretorisch tätigen Zellen oder in spezifischen Drüsen unter histophysiologisch erkennbaren Erscheinungen gebildet, in das Blut abgegeben werden und an einem anderen Ort andere Organe funktionell steuern. Primär spielen die neurosekretorischen Zellen als Bildungsorte von Hormonen eine Rolle. Das Auftreten inkretorischer Drüsen bezeichnet demgegenüber ein fortgeschritteneres Stadium der Entwicklung des tierischen Hormonsystems. Diese Stufenfolge wird somit auch durch die Bezeichnung Neurohormon-Drüsenhormon angedeutet. Als Transportweg dienen Blut bei Wirbeltieren, Hämolymphe bzw. Leibeshöhlenflüssigkeit bei den Wirbellosen. Als weiteres Charakteristikum der Hormone können die Wirkung in noch sehr hohen Verdünnungsgraden und die Spezifität der Wirkungsweise gelten. Die Erfahrung hat weiterhin gezeigt, daß die Hormone größtenteils thermostabile Substanzen darstellen. Eine allgemeine Kennzeichnung auf chemischer Basis kann dagegen infolge der Verschiedenheit der Wirbeltierhormone und der Unkenntnis hinsichtlich der Hormone der Wirbellosen nicht vorgenommen werden. Die Spezifität der Wirkungsweise trifft vor allem für die Wirbeltierhormone zu, obgleich auch hierbei gewisse Ausweitungen vorliegen. Verschiedenen hormonalen Faktoren der Wirbellosen scheint eine solche Spezifität nicht zuzukommen, wie sie den Drüsenhormonen der Wirbeltiere eigen ist. Die Wirkstoffe des Augenstielkomplexes der Decapoden z. B. steuern den physiologischen Farbwechsel, außerdem aber bestehen Einwirkungen auf verschiedene Stoffwechselvorgänge, auf den Häutungsablauf und auf die Reifung der Geschlechtsprodukte. Allerdings ist einschränkend hierzu festzustellen, daß sich die Aussagen auf die Wirkung von Organextrakten stützen, was die Möglichkeit des Vorkommens verschiedener Wirkfaktoren einschließt.

Mehr aus praktischen als aus grundsätzlichen Erwägungen heraus erscheint es angebracht, die Neurohormone von chemischen Überträgersubstanzen der Nervenerregung abzugrenzen. In den klassischen Untersuchungen von Loewi (1921) „über humorale Übertragbarkeit der Herznervenwirkung" war gezeigt worden, daß die Tätigkeit verschiedener Eingeweideorgane durch chemische Substanzen gesteuert wird, die von entsprechenden autonomen Nerven an ihren Endigungen freigesetzt werden. Seitdem ist die Unterscheidung von parasympathischen und sympathischen Nervenfasern und die Tatsache, daß erstere Adrenalin und letztere Acetylcholin abscheiden, eine allgemeine physiologische Erkenntnis. Wie neuere Befunde lehren, ist darüber hinaus noch mit anderen „Aktionssubstanzen" zu rechnen. Daher soll terminologisch diese als Neurohumoralismus zu kennzeichnende Erscheinung von der hormonalen Regulation durch Neurohormone unterschieden werden. Neurohumoralismus bedeutet das Geschehen, das sich bei der Erregungsleitung der Nerven und bei der Übertragung von Nervenwirkungen beispielsweise am Herzen oder an den Nervenendplatten der Skelettmuskulatur vollzieht. Die Bildung von Adrenalin und Acetylcholin als Reizstoffsubstanzen ist nicht mit erkennbaren sekretorischen Vorgängen der jeweiligen Nervenzellen verbunden. Außerdem stellen diese Substanzen einen wesentlichen Bestandteil für die Vorgänge der Nerventätigkeit selbst dar und wirken daher am gleichen Bildungsort. Dagegen wirken die in den neurosekretorischen Zellen unter erkennbaren Sekretionsprozessen entstandenen Stoffe, ihrer hormonalen Eigenart entsprechend, auf verschiedene andere Erfolgsorgane ein. Für Wirbellose kennt man zwar in zahlreichen Fällen die morphologischen Verhältnisse neurosekretorischer Tätigkeit, jedoch sehr viel seltener ist zugleich eine Aussage über die funktionelle hormonale Bedeutung der Sekretprodukte möglich.

Eine allseits befriedigende und allgemein anerkannte *Einteilung des Hormonsystems* existiert nicht. Sie ist schwer möglich, weil es keine einheitliche ontogenetische Ableitung erfährt. Bei den wirbellosen Tieren entstammt das Hormonsystem fast ausschließlich dem Ektoderm, gleichgültig ob es in der primären Form als neurokriner Komplex oder als Drüsenorgan auftritt. Einzige Ausnahme bildet die mesodermale androgene Drüse der Malacostracen. Das Hormonsystem der Wirbeltiere, abgesehen von den neurokrinen Bereichen und der Adenohypophyse, leitet sich dagegen vom Ento- und Mesoderm ab. Teilweise wurde daher früher von vornherein auf ein einheitliches Prinzip verzichtet und eine mehr oder weniger zwanglose Aneinanderreihung der Wirkfaktoren vorgenommen. Die Versuche einer umfassenden Einordnung dagegen stützen sich entweder besonders auf die Orte der Hormonbildung oder aber auf die Hormonwirkungen.

Eine nach dem Entstehungsort vorgenommene Aufgliederung unterscheidet zwischen Zellhormonen, aglandulären Hormonen und Drüsenhormonen. Diese praktischen Gesichtspunkten gerecht werdende Unterteilung entspricht jedoch nur ungenügend vergleichend-endokrinologischen Gesichtspunkten. Die Zuordnung der Neurohormone zu aglandulären Gewebshormonen, zu denen nach dieser Einteilung auch Sekretin und Histamin zählen, zeigt bereits die damit auftretenden Schwierigkeiten. Weiterhin werden mit dem Begriff Zellhormone Wirkstoffe in den Hormonbegriff eingeschlossen, deren Bildungsort mit dem Wirkort zusammenfällt und daher der Forderung nach chemischer Koordination bestimmter Organe zu einheitlicher Funktionsweise des Organismus nicht entspricht.

Eine Einteilung der Hormone nach der Wirkungsweise, welche die Wirbellosen und Wirbeltiere umschließt, wurde neuerdings von CARLISLE und JENKIN (1959) vorgeschlagen. Darnach ist zwischen metabolischen, morphogenetischen, kinetischen und endokrinokinetischen Hormonen zu unterscheiden. Obgleich diese Gliederung gegenüber früheren Versuchen wesentliche Vorteile besitzt, haften ihr ebenfalls gewisse Schwächen an, die die Autoren bereits selbst erkannten. Ein bestimmtes Hormon kann, seiner physiologischen Wirkung entsprechend, in verschiedene der aufgestellten Gruppen eingeordnet werden. Diese Schwierigkeit tritt vor allem im Bereich der morphogenetischen Hormonwirkungen auf, da hierfür letztlich bestimmte Stoffwechselprozesse verantwortlich sind.

Vom vergleichend-endokrinologischen Gesichtspunkt aus erscheint auch eine Einteilung nach der chemischen Natur wenig geeignet. Ganz abgesehen davon, daß dann ausschließlich die Verhältnisse der Wirbeltiere, die Wirbellosenhormone aber höchstens am Rande berücksichtigt werden können, ergibt sich hieraus kein zusammenhängendes Verständnis.

Auf vergleichend-endokrinologischer Grundlage erfolgt in unserem Fall die Einteilung der Hormone zuerst nach ihrem Bildungsort in Neurohormone und Drüsenhormone. Die Neurohormone entstammen sekretorischen Nervenzellen und stellen hinsichtlich Vorkommen und Ableitung im Tierreich primäre Hormone dar. Die Drüsenhormone werden in eigenen Hormondrüsen gebildet, die sowohl bei Wirbellosen als auch bei Wirbeltieren außer Neurohormonen vorkommen. Bei Wirbellosen wirken überwiegend Neurohormone, bei den Wirbeltieren dagegen vor allem Drüsenhormone (S. 367). Entsprechend ihrer Wirkungsweise kann für beide Arten von Hormonen eine Aufgliederung nach ihren verschiedenen Funktionsweisen erfolgen (Tabelle 1).

Die Übersicht ergibt, daß eine Vielzahl von Prozessen durch Neurohormone gesteuert wird. Für die Einschätzung der Bedeutung des neurokrinen Systems bei wirbellosen Tieren erscheint wesentlich, daß die Funktion der Drüsenhormone, die nach unseren heutigen Kenntnissen vor allem den Arthropoden zukommt, direkt oder indirekt dem neurokrinen Regulationsmechanismus untersteht. Hiervon macht lediglich die androgene Drüse der Malacostracen eine Ausnahme.

Im Hinblick auf die Abgrenzung des Hormonbegriffes erscheint es unangebracht, die früher als „Ektohormone“ bezeichneten Wirkstoffe hinzuzurechnen. Sie sind auch terminologisch als „Pheromone“ von den eigentlichen Hormonen abgetrennt worden (Karlson und Lüscher 1959). Weniger durchgesetzt hat sich dagegen der Terminus „Telergone“, der ebenfalls für solche Stoffe vorgeschlagen wurde, die

Tabelle 1

Übersicht über die Hormone bei wirbellosen Tieren

Bildungsort bzw. Speicherort	Tierstamm	Klasse	Wirkungsweise
	Neurohormone		
Gehirn	Plathelminthen	Turbellarien	Augenregeneration
Gehirn (und Bauchmark?)	Anneliden	Polychaeten	Regenerationsvorgänge Geschlechtsreife physiologische Rhythmik
Gehirn und Bauchmark	Anneliden	Oligochaeten	Regeneration Geschlechtsreife
Gehirn (und Bauchmark)	Anneliden	Hirudineen	physiologischer Farbwechsel
Ganglien des Zentralnervensystems	Mollusken	Gastropoden	Geschlechtsreife (?) Wasserhaushalt Bewegung innerer Organe
Pleuralganglion	Mollusken	Bivalvier Cephalopoden	Geschlechtsreife (?)
Zentralnervensystem	Echinodermen	Asteriden	Wasserhaushalt (?) Ausschüttung der Geschlechtszellen
Gehirn-Augenstiel-Komplex (Sinusdrüse, Sinnes-Papillen-X-Organ)	Arthropoden	Krebse (Malacostracen)	Häutungsvorgänge Stoffwechselprozesse Regeneration Eientwicklung Wasser- und Mineralhaushalt Augenpigmente Bewegung innerer Organe
Gehirn-Augenstiel-Bauchmark	Arthropoden	Krebse (Malacostracen)	physiologischer Farbwechsel
Postkommissural-Organ	Arthropoden	Krebse Malacostracen)	Farbwechsel
Pericardialorgan	Arthropoden	Krebse (Malacostracen)	Regulation Herztätigkeit

Tabelle 1 (Fortsetzung)
Übersicht über die Hormone bei wirbellosen Tieren

Bildungsort bzw. Speicherort	Tierstamm	Klasse	Wirkungsweise
	Neurohormone		
Gehirn-Corpora cardiaca	Arthropoden	Insekten	Häutungsprozesse Eiweißstoffwechsel Wasserhaushalt Verhaltensweise
Gehirn + Unterschlundganglion	Arthropoden	Insekten	Diapause physiologische Rhythmik
Gehirn + Bauchmark	Arthropoden	Insekten	physiologischer Farbwechsel Bewegung innerer Organe
Thoracalganglion	Arthropoden	Insekten	Morphologischer Farbwechsel (?)
Gehirn Cerebraldrüse	Arthropoden	Myriapoden (Chilopoden)	Häutungsprozesse?
	Drüsenhormone		
Corpora allata	Arthropoden	Insekten	Entwicklung (Larvalhormon) Eireifung (gonadotropes Hormon) Stoffwechsel Verhaltensweise
Optische Drüse	Mollusken	Cephalopoden	gonadotrope Wirkung
Carapaxdrüse (Y-Organ)	Arthropoden	Krebse	Häutung Stoffwechsel Regeneration
Prothoracaldrüse (Ventraldrüse)	Arthropoden	Insekten	Häutung Stoffwechsel Verhaltensweise
Androgene Drüse	Arthropoden	Krebse (Malacostracen)	Ausbildung der männlichen Geschlechtsmerkmale

von den Individuen in die Umgebung abgegeben werden und andere Organismen beeinflussen (KIRSCHENBLATT 1957, 1962). Diese geschlechts- bzw. artspezifischen Substanzen, die im wesentlichen bei Insekten untersucht worden sind und die Anlockung des Geschlechtspartners oder auch den Zusammenhalt der Stockgenossen fördern, fallen schon deshalb nicht unter den enger gefaßten Hormonbegriff, weil sich ihre Wirkungen auf andere Individuen erstrecken. Bei manchen Insekten besteht ein funktioneller Zusammenhang zwischen bestimmten Hormonen im engeren Sinne und den Pheromonen. Eine Übersicht über die „chemische Beziehung zwischen den Tieren" geben WILSON und BOSSERT (1963). Als Hormone können auch nicht solche Faktoren wie Hirudin, Tabanin und Reduvidin bezeichnet werden.

Hormonale Erscheinungen bei Protozoen als Sonderproblem

Die Protozoen nehmen infolge der Einzelligkeit auch in endokrinologischer Hinsicht eine Sonderstellung ein. Der Hormonbegriff kann hier, streng genommen, nicht angewandt werden. Die Art der Bildung und des Transportes sowie die Wirkungsbereiche unterscheiden sich von den für Metazoen charakteristischen Verhältnissen. Bei den Protozoen ist grundsätzlich die Hauptaufgabe des Hormonsystems unmöglich, die verschiedenen Organe eines Organismus zu einheitlicher Reaktion mittels „Botenstoffen" zu koordinieren. Das schließt jedoch nicht aus, daß auch bei ihnen Regulationen auf stofflicher Grundlage stattfinden. Allerdings sollte in diesem Fall besser nicht von Hormonen gesprochen werden.

Faktoren des Zellstoffwechsels. Viele Protozoen scheinen über humorale Substanzen zu verfügen, von denen in erster Linie Acetylcholin und Adrenalin genannt werden. Auf Acetylcholinvorkommen weisen pharmakologische Teste von Protozoen-Aufschwemmungen am Herzen oder Rückenmuskelpräparat des Frosches hin (BAYER und v. d. WENSE 1936; ROWATT 1948). Einen eindeutigeren Hinweis bedeutet das Vorkommen erheblicher Mengen Cholinesterasen bei Protozoen (THOMPSON 1953). Die physiologische Bedeutung des Acetylcholins bei Protozoen ist im einzelnen noch ungeklärt. Es wird ihm eine Beteiligung bei der Regulation der Permeabilität zugesprochen (LINDVIG, GRIEG und PETERSEN 1951).

In ähnlicher Weise wie für Acetylcholin wird der Nachweis für Adrenalin bei Protozoen auf Grund pharmakologischer Teste beispielsweise mit Aufschwemmung von Paramaecien als gegeben erachtet (BAYER und v. d. WENSE 1936). Für diese Annahme sprechen weiterhin ihre Grünfluoreszenz und die Inaktivierung durch Sauerstoff. Dagegen müssen Angaben über Insulinvorkommen bei Paramaecium sehr skeptisch beurteilt werden (WICKWIRE und BURGE 1927).

Ebensowenig vermögen die allgemeinen Hinweise über oestrogene Stoffe etwas über das Auftreten „weiblichen Sexualhormons“ bei Protozoen auszusagen (STEIDLE 1930; BAUER 1931).

Geschlechtsspezifische Stoffe. Bei der geschlechtlichen Fortpflanzung verschiedener Flagellaten und Ciliaten sind Substanzen beteiligt, die hinsichtlich ihrer Wirkungsweise den Pheromonen der Metazoen entsprechen. In beiden Fällen werden dadurch Agglutinationsreaktionen ausgelöst (FÖRSTER und WIESE 1954; STIFTER 1959). Die von kopulationsbereiten Zellen der Grünalge *Chlamydomonas* ins Kulturmedium abgegebenen Stoffe verursachen Bildung von Agglutinationshaufen, die sich zu Kopulationspärchen auflösen. Nach mancherlei Umwegen und fehlerhaften Angaben handelt es sich bei den agglutinierenden Substanzen um Glykoproteide (FÖRSTER, WIESE und BRAUNITZER 1956).

Nach Untersuchungen bei verschiedenen *Paramaecium*-Arten, *Euplotes* u. a. hängt die Fähigkeit zur Konjugation dieser Ciliaten von der Zugehörigkeit zu bestimmten Paarungstypen ab. Die daraufhin am besten untersuchte Art *Paramaecium aurelia* umfaßt hinsichtlich des Paarungsverhaltens 9 Varietäten, von denen jede wiederum 2 Paarungstypen besitzt. Andere Arten weisen teilweise kompliziertere Verhältnisse auf. Gewöhnlich kommt es nur zwischen Angehörigen verschiedener Paarungstypen innerhalb einer Varietät zur Konjugation. An der Festlegung des Paarungstyps sind genetische Faktoren beteiligt (SONNENBORN, 1947, 1957, 1960; BEALE 1954; GRELL 1962). Das Zusammentreten von Individuen geeigneter Paarungstypen wird durch eine Agglutinationsreaktion ausgelöst. Diese wird von Substanzen verursacht, die von den Konjuganten in die Zellmembran abgegeben werden (METZ 1954). Vermutlich handelt es sich dabei um Proteine. Ihre mit der Agglutination identische Wirkung beruht zugleich in einer Aktivierung der Zelle, wodurch die folgenden Vorgänge der Konjugation, wie Teilung der Mikronuklei und allmähliche Auflösung des Makronukleus, veranlaßt werden.

Hormonal gesteuerte Fortpflanzungsphasen. Die geschlechtliche Fortpflanzung der im Darm der amerikanischen Schabe *Cryptocercus* lebenden Polymastiginen wie auch der im Enddarm von Fröschen vorkommenden Ciliaten wird durch Hormone des jeweiligen Wirtes ausgelöst. Bei den im Enddarm der Schabe *Cryptocercus punctulatus* lebenden Flagellaten treten die Geschlechtsprozesse in Beziehung zu den Häutungsphasen des Wirtstieres auf (CLEVELAND

1953—1961). Verantwortlich hierfür ist das Häutungshormon. Das kann sowohl durch Veränderung des hormonalen Zustandes der Schabe als auch durch Übertragung der Flagellaten aus einem häutungsinaktiven Insekt in ein häutungsbereites Tier erwiesen werden. Die Entfernung der neurosekretorischen Zellen des Gehirns der Schabe stoppt eine angelaufene Gametogenese innerhalb kurzer Zeit, was mit dem Ausfall der Aktivation der Prothoracaldrüsen durch das Neurohormon des Gehirns zu erklären ist.

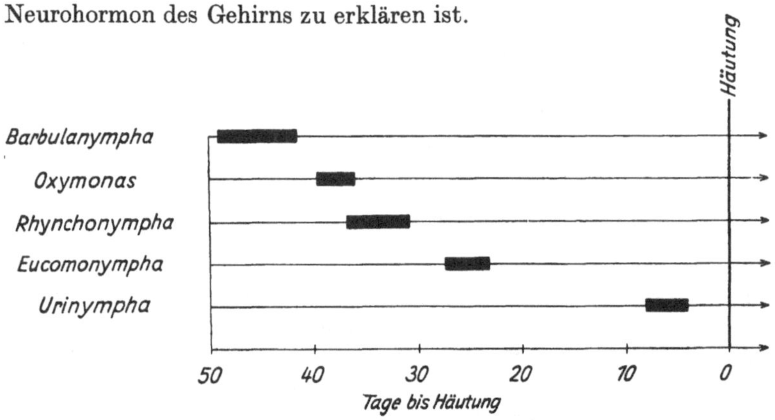

Abb. 1. Beziehung der Geschlechtsvorgänge einiger Polymastiginen der Schabe *Cryptocercus punctulatus* zur Häutungsperiode des Wirtes. (Zusammengestellt nach CLEVELAND 1957)

Die Polymastiginen-Arten im Darm von *Cryptocercus* reagieren auf das Häutungshormon unterschiedlich. Der verschiedenen Empfindlichkeit entsprechend, beginnen die einzelnen Flagellaten-Arten unterschiedliche Zeiten vor dem Häutungsakt des Wirtstieres mit ihren Geschlechtsprozessen (Abb. 1). Extreme sind einerseits *Barbulanympha und Oxymonas*, bei denen die geschlechtliche Fortpflanzung 40 bis 45 Tage vor der Häutung des Wirtes einsetzt, und andererseits *Urinympha* mit Beginn der Sexualitätsprozesse nur 5 bis 6 Tage vor der Häutung.

Die unmittelbare Bedeutung des Häutungshormons für die Auslösung der geschlechtlichen Fortpflanzung der Flagellaten im Schabendarm zeigt sich klar nach Verabreichung des isolierten Häutungshormons Ekdyson (CLEVELAND, BURKE und KARLSON 1960). Die Symbionten im Darm adulter Tiere von *Cryptocercus* pflanzen sich infolge des Fehlens der Prothoracaldrüsen nur ungeschlechtlich fort, wie andererseits bekanntlich auch keine weiteren Häutungen stattfinden. Gaben von 2000 Ekdyson-Einheiten führten zwar nicht zu erneuter Häutung, wohl aber zur Induktion der geschlechtlichen Fortpflanzung der Flagellaten. Ebenso läßt sich in Zwischenhäutungsphasen die Gametogenese durch Zufuhr von Ekdyson anregen. Die Flagellaten reagieren also empfindlicher als ihr Wirt auf sein eigenes Hormon.

Die im Enddarm von Fröschen lebenden Opalinen gehen während der Fortpflanzungszeit ihrer Wirtstiere ebenfalls zur geschlechtlichen Fortpflanzung über. Auch in diesem Fall ist die endokrine Situation des Wirtstieres bestimmend. Ursprünglich wurde auf Grund von Ergebnissen nach Injektion von Präparaten, die gonadotrope Hormone enthielten, geschlossen, daß diese für die Induktion der Geschlechtsvorgänge der Parasiten verantwortlich seien (Bieniarz 1950; Seaman und Houlihan 1951; Čehović 1956). Da die Stimulation jedoch bei kastrierten Fröschen ausbleibt, ist anzunehmen, daß die geschlechtliche Fortpflanzung der Opalinen (und vielleicht auch anderer zusammen mit ihnen im Enddarm auftretender Ciliaten) von den Sexualhormonen abhängt (Mofty und Smyth 1960; McConnachie 1960). Ungewiß ist dabei, ob das Hormon direkt oder indirekt einwirkt.

Weiterhin weiß man von verschiedenen Sporozoen, daß die Gametogonie mit der Geschlechtsreife ihres Wirtes eintritt (Hentschel 1930; Durchon 1952; Durchon und Vivier 1961, 1963). Ein solcher Synchronismus besteht zwischen Nereiden und Gregarinen. Die hormonale Beeinflussung wird daran erkenntlich, daß die Gamogonie der Gregarinen in jedem Altersstadium des Wirtes durch Exstirpation seines Gehirns ausgelöst werden kann. Der Polychaet wird hierdurch experimentell zur Epitokie veranlaßt (S. 201). Die Steuerung der Fortpflanzungstätigkeit durch Hormone des Wirtes ist schließlich auch für eine Anzahl Metazoen-Parasiten, insbesondere unter Trematoden, Cestoden und Nematoden bekannt (Szidat 1959).

I. Hauptteil

Bildungs- und Speicherorte der Hormone

A. Neurosekretion in den verschiedenen Tierstämmen

1. Allgemeine Kennzeichen

Neurosekretorische Zellen sind bei den meisten Tierstämmen bekannt. Von einigen kleineren und schwerer zugänglichen Stämmen wie Priapuliden und Kamptozoen abgesehen, fehlen nur bei ganz wenigen jegliche Hinweise für eine Sekretionstätigkeit bestimmter Ganglienzellen im Nervensystem. Im wesentlichen trifft dies für Coelenteraten zu (SPANGENBERG, und HAM 1960). Aber auch hier ist zu vermuten, daß neurosekretorische Zellen nicht fehlen. In anderen Fällen stützt sich unser Wissen auf einzelne Befunde. Für die Nemathelminthen ist bisher nur in einem Fall bei *Ascaris* das Vorkommen von 2 symmetrischen neurosekretorischen Zellen in einem Ganglion beobachtet worden (GERSCH und SCHEFFEL 1958). Sicher ist, daß sie bei allen Gruppen mit einem zentralisierten Nervensystem auftreten.

In dieser Situation muß man sich bewußt bleiben, daß die sekretorische Tätigkeit der Neurone, die Freisetzung von Sekretprodukten, ihre Beziehung zu bestimmten Entwicklungs- oder Aktivitätsphasen des Organismus, nur sehr wichtige Hinweise für neurohormonale Prozesse darstellen. Der endgültige Beweis liegt erst mit dem Nachweis der chemischen Natur dieser Stoffe und ihrer physiologischen Wirkungsweise vor. Ersteres ist bisher noch bei keinem Neurohormon der wirbellosen Tiere möglich, letzteres beschränkt sich im wesentlichen auf die Verhältnisse einiger gut untersuchter Tierklassen. Dieser Ungewißheit steht jedoch entgegen, daß bisher in keinem Fall das Gegenteil der grundsätzlichen Konzeption einer direkten Beziehung zwischen den histologischen Sekretionsvorgängen der Neurone und deren hormonaler Bedeutung auftrat. Im Gegenteil bestätigte sich mit der Ausweitung unserer Kenntnisse diese Auffassung an immer neuen Fällen in ausgezeichneter Weise. Diese Tatsachen neben anderen Feststellungen, die im Verlauf unserer Darstellung erörtert werden, berechtigen zu der grundsätzlichen Auffassung, daß die neurohormonale Regulation die primäre Form hormonaler Koordination im Tierreich überhaupt darstellt (GERSCH 1957).

Neurosekretorische Zellen sind sekretorisch tätige Neurone. Sie weisen außer der Besonderheit ihrer sekretorischen Tätigkeit die typischen Merkmale der Nervenzellen wie NISSL-Substanz, Neurofibrillen und Axone auf. Die Sekretprodukte treten in granulärer, vakuoliger oder scholliger Form auf. Häufig ändert sich das morphologische Bild mit der Aktivitätsphase der betreffenden Zelle. Vielfach wurde daher auf Grund solcher histophysiologischer Unterschiede auf einen Sekretionszyklus geschlossen (Abb. 20). In manchen Fällen zeigen alle Zellen einer neurosekretorischen Zellgruppe das gleiche Stadium der Sekretbildung, in anderen wieder arbeiten die Zellen eines Bereiches asynchron.

Für die *Darstellung der neurosekretorischen Granula* werden einige bestimmte, wenngleich nicht spezifische Färbeverfahren bevorzugt. Für sie ist eine der Färbung vorausgehende Oxydation charakteristisch. Sehr wahrscheinlich werden dadurch oxydierbare Disulfidbindungen aufgebrochen. Es wird angenommen (SLOPER 1957; RODECK 1959), daß die färbbaren Strukturen cysteinreiche Polypeptide enthalten oder sich daraus aufbauen. Die durch Oxydation des Cysteins entstehende Sulfosäure (Cysteinsäure) bietet mit ihrer SO_3H-Gruppe gute Voraussetzungen für den anschließenden Färbeprozeß mit basischen Farbstoffen. Weitere Hinweise für Proteinanteile im Neurosekret bei verschiedenen Wirbellosen und auch bei Wirbeltieren sind der positive MILLON-Test und die Verdaulichkeit der Neurosekrete durch Trypsin. Das mit Chromalaunhämatoxylin darstellbare Neurosekret wurde als ein Glyko-Lipo-Proteinkomplex angesehen (SCHIEBLER 1952). In dieser Form ist die Auffassung nicht mehr haltbar. Neben disulfidhaltigen Proteinen enthalten die Neurosekrete, weitgehend übereinstimmend, PAS-positives Material (Perjodsäure-SCHIFF-Reaktion) (MIYAWAKI 1956; PIPA 1961). Außerdem sind teilweise auch Lipoide nachzuweisen. Das reichliche Vorkommen von Ribonukleinsäure im Cytoplasma neurosekretorischer Zellen steht ganz allgemein mit der sekretorischen Tätigkeit im Zusammenhang. Im Cytoplasma sind weiterhin mittels verschiedener Reaktionen eine Anzahl Fermente nachgewiesen worden. Sie beziehen sich größtenteils auf die genannten Stoffgruppen. Diese einzelnen Befunde lassen vermuten, daß verschiedene Materialien am Aufbau der färbbaren Strukturen beteiligt sein können. Sie lassen sich auf Grund morphologischer, färberischer und histochemischer Eigenschaften folgendermaßen kennzeichnen: Granulär-schollige Struktur (zumindest während bestimmter Tätigkeitsphasen), typischerweise Färbung mit Chromalaun-Hämatoxylin-Phloxin oder Paraldehydfuchsin, Alkohol-löslich, Vorhandensein von Disulfidgruppen, positive Protein- und PAS-Reaktion sowie Vorkommen von Lipoiden. Besonders für die neurosekretorischen Zellen der Insekten sind, ähnlich wie für die bei Wirbeltieren, deutliche Beziehungen zwischen Neurosekretion und Proteinsynthese nachzuweisen. Bei Schmetterlingen treten z. B. rhythmische Schwankungen am Kernapparat und im Gehalt von Ribonukleoprotein des Plasmas neurosekretorischer Zellen in Beziehung zu den Häutungsvorgängen auf. Auch für die verschiedenen Typen neurosekretorischer Zellen dekapoder Krebse ergaben histochemische Untersuchungen, daß sie Proteine in verschiedener Zusammensetzung enthalten (Rehm 1959, Arvy und Gabe 1962). Die färberisch erfaßten Strukturen sind nach allem die Trägersubstanzen, nicht aber die Wirkstoffe selbst.

Sekrete neurosekretorischer Zellen lassen sich teilweise auch mit sauren Farbstoffen darstellen. Dies trifft z. B. für die neurosekretorischen Zellen der Ganglien bei Muscheln (Gabe 1949), bei Heteropoden (Gabe 1951) und Prosobranchiern (Gabe 1953) zu. Im deutotritocerebralen Bereich zahlreicher Insekten liegen einige Zellen, die nur mit Azan färbbar sind (Dupont-Raabe 1956, 1958; Raabe 1963). Vielfach werden neurosekretorische Granula entweder in allen oder nur in bestimmten Phasen mit Phloxin, nicht aber mit Chromalaun-Hämatoxylin gefärbt. Diese färberischen Verschiedenheiten deuten ebenfalls auf stoffliche Verschiedenheiten der Strukturen hin.

Außer durch histologische Verfahren können neurosekretorische Zellen verhältnismäßig gut im Dunkelfeldmikroskop sichtbar gemacht werden. Sie weisen ein spezifisches blauweißes Leuchten auf, das sie von den umliegenden Ganglienzellen deutlich abhebt. In einigen günstigen Fällen, wie z. B. im Gehirn der Oligochaeten *Enchytraeus* und *Limnodrilus* werden durch Vitalfärbung an lebenden Tieren paarig angeordnete Zellen markiert (Reimer 1956), für die bei *Enchytraeus* erwiesen ist, daß sie den neurosekretorischen Zellen entsprechen (Deuse-Zimmermann 1960). Eine so günstige Voraussetzung für die Darstellung der Zellgruppen im Leben ist verhältnismäßig selten vorhanden. Neuerdings wurde außerdem eine Kombination von Fluoreszenzmikroskopie mit histologischer Färbung erfolgreich angewandt. Diese Methode beruht auf der Fluoreszenz des polymerisierten, in der Färbetechnik solcher Strukturen schon früher benutzten Pseudoisocyanins (Schiebler 1958; Sterba 1961). Sicherlich erweist sich diese Methode auch für die Untersuchungen bei Wirbellosen als nützlich.

Elektronenmikroskopische Untersuchungen über die Feinstruktur der neurosekretorischen Zellen und ihrer Strukturen, insbesondere der Neurosekrete, führen zu dem recht übereinstimmenden Resultat, daß im Bildungsbereich von Neurosekret innerhalb des Cytoplasmas ebenso wie in den Axonen und in den Speicherorganen ein bestimmter Typ elektronendichter Granula von 1000 bis 3000 Å Größe auftritt (Nishiitsutsuji-Uwo 1960, 1961; Willy und Chapman 1960, 1962; Knowles 1958, 1962; Stiennon und Drochmans 1961; Hagadorn und Nishioka 1961; Bern u. a. 1961, 1962; Scharrer 1962). Sie bilden möglicherweise die Grundkomponente der färberisch darstellbaren Strukturen (Abb. 2). Nach den bisherigen Feststellungen entsprechen hierbei die Verhältnisse bei Wirbellosen weitgehend denen bei Wirbeltieren (Heller und Lederis 1962).

Herkunft und Entstehungsweise des Neurosekrets werden verschieden beurteilt. Unklar ist dabei vor allem, ob eine Beziehung zu anderen cytoplasmatischen Strukturen der Nervenzellen, die mit verschiedenen Termini belegt worden sind, besteht („cerephros“ globuli, Baker 1957; cytoplasmic globuli, Miyawaki 1960; beta-, delta-Granula, Pipa 1962). Bemerkenswert erscheint hierbei, daß solche Gebilde in allen Nervenzellen und nicht nur in den sekretorisch tätigen Neuronen zu beobachten sind. Sehr wahrscheinlich sind die Golgi-Strukturen bzw. die ihnen in den Zellen der Wirbellosen entsprechenden Dictyosomen an der Ausbildung der Sekrete beteiligt (Scharrer und Brown 1961; Wigglesworth 1960; Naisse 1961; Heuson und Stiennon 1962; Röhlich, Aros und Vigh 1962; Hagadorn, Bern und Nishioka 1963). Die enge räumliche Beziehung der Elementargranula zu retikulären Strukturen des Plasmas, wie sie im Elektronenmikroskop zu beobachten ist, spricht vor allem für diese Deutung. Andererseits wird die Auffassung vertreten, daß eine enge genetische Beziehung zu Mitochondrien vorliegt (Knowles 1958, Nishiitsutsuji-Uwo 1961). Dagegen dürfte die Nissl-Substanz keine direkte Bedeutung für die Granulabildung besitzen, was allerdings auch behauptet worden ist (SCHARRER und BROWN 1962).

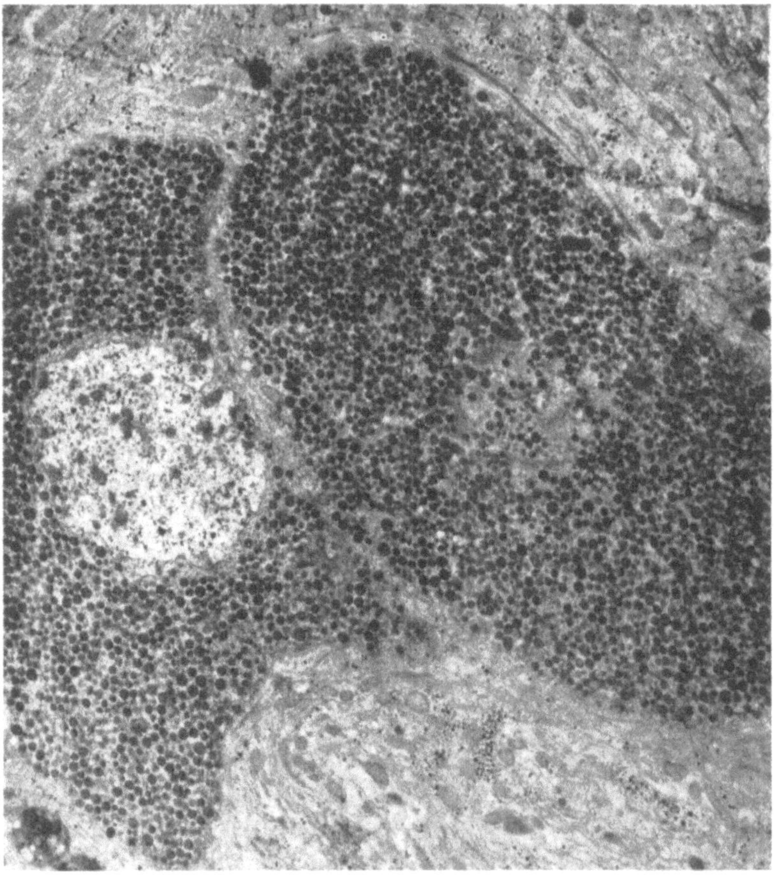

Abb. 2a

Die *neurosekretorischen Zellen liegen im Zentralnervensystem* sowohl einzeln als auch zu Gruppen vereinigt. Ihre Lage kann ebenso wie die Zahl konstant sein. In anderen Fällen wechselt die Zahl der sekrethaltigen Zellen z. B. in Abhängigkeit von der Entwicklungs- oder der Funktionsphase des Tieres. Letztere kann durch unterschiedliche Außenbedingungen beeinflußbar sein. Die in den Ganglia nervi papillaris lateralis majoris von *Ascaris lumbricoides* vorkommenden paarigen neurosekretorischen Zellen stellen ein extremes Beispiel für die Konstanz hinsichtlich Zahl und Lage dar (GERSCH und SCHEFFEL 1958).

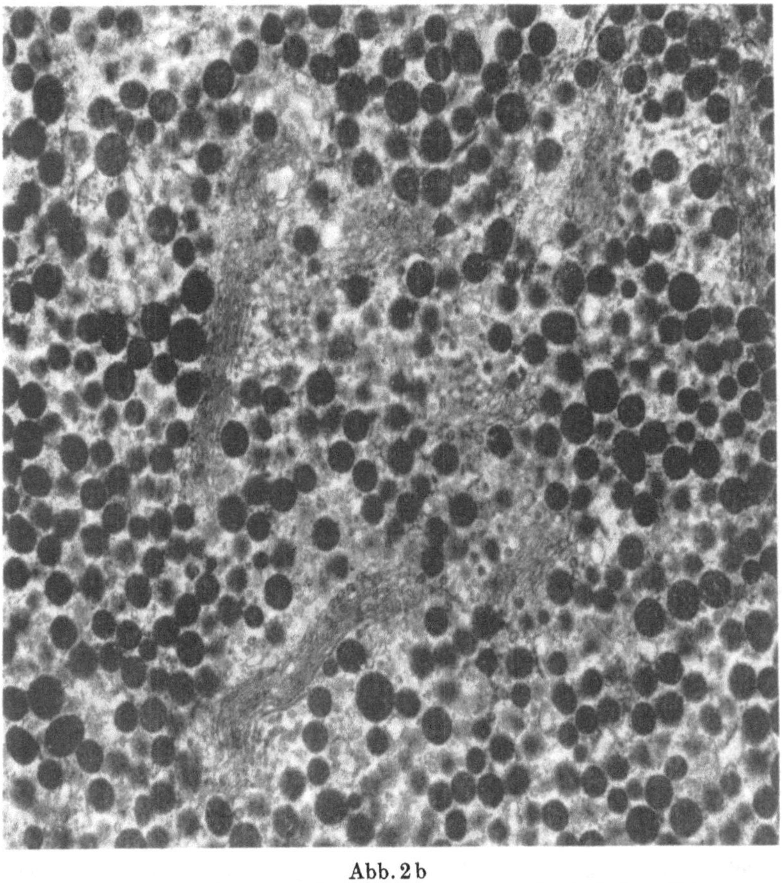

Abb. 2b

Abb. 2. Elektronenmikroskopische Aufnahme neurosekretorischer Zellen aus dem Cerebralganglion von *Lumbricus terrestris*. a) Anschnitte von 2 Zellen, die dicht mit Granula angefüllt sind; b) „Elementargranula", stärker vergrößert. Zwischen den Granula Lamellenstrukturen des Ergastoplasmas. (Aufnahme von E. SCHARRER 1961)[1])

[1]) Aus: SCHARRER, E., und S. BROWN: Z. Zellf. **54** (1961) 530–540. Nach Originalvorlagen, wiedergegeben mit freundlicher Genehmigung der Autoren und des Springer-Verlags, Berlin-Göttingen-Heidelberg.

Bei allen Insekten finden sich im Protocerebrum die manchmal auch als Gehirndrüse bezeichneten neurosekretorischen Zellen der Pars intercerebralis. Unterschiede in der Sekretion dieser Zellen können bei den Imagines zwischen den Geschlechtern bestehen. Ähnliche Unterschiede der Sekretionstätigkeit treten auch bei der Honigbiene *Apis mellifica* zwischen Königin, Arbeiterin und Drohnen auf (Döhmer 1958; Biedermann, 1964) (Abb. 19).

Ebenso wie im Gehirn sind auch im Unterschlundganglion und teilweise auch in anderen Ganglien des Bauchmarks von Insekten neurosekretorische Zellen anzutreffen, die hinsichtlich ihrer Zahl oder Lage eine Konstanz aufweisen. So werden im Unterschlundganglion der Schabe *Leucophaea* laterale und ventrale Sekretionszellen beschrieben (Scharrer 1941, 1955).

Ähnlich lassen sich bei der Küchenschabe *Periplaneta americana* außer im Unterschlundganglion auch in den Thoracal- und den ersten drei Abdominalganglien bestimmte stets konstant auftretende neurosekretorische Zellen nachweisen (Füller 1960).

Im Zentralnervensystem anderer Arthropoden finden sich ebenfalls entweder einzelne konstant angeordnete Zellen oder zumindest Zellgruppen, die Neurosekrete produzieren. Erwähnenswert erscheinen hierfür in erster Linie das Gehirn und die verschiedenen Bereiche des Augenstieles der Decapoden. Auch bei Spinnen und Myriapoden läßt sich dies beobachten.

Außer bei Arthropoden sind noch die Verhältnisse bei Anneliden und Mollusken zu nennen. Nach Clark (1955) treten im hinteren Teil des Cerebralganglions des Polychaeten *Nephthys californiensis* gewöhnlich 4 große Zellen mit zyklischer Sekretionstätigkeit auf. Zahlenmäßig begrenzte und konstant angeordnete neurosekretorische Zellen wurden unter den Oligochaeten besonders klar bei einigen Süßwasserformen festgestellt (Deuse-Zimmermann 1960).

Unter den Mollusken zeichnen sich nach Gabe (1955) vor allem die Cerebral- und Visceralganglien der Muscheln dadurch aus, daß bei ihnen die neurosekretorischen Zellkomplexe innerhalb der verschiedenen Arten in ziemlich einheitlicher Weise angeordnet sind. Bei dem Scaphopoden *Dentalium* findet sich außer kleinen und in ihrer Anzahl unregelmäßig auftretenden sekretorischen Zellen des Cerebralganglions und der Pleuralganglien im vorderen Buccalganglion stets konstant eine voluminöse Zelle mit acidophilen Einschlüssen (Gabe 1955). Bemerkenswert sind weiterhin die einzelnen aus 5 bis 6 Zellen sich zusammensetzenden Zellgruppen, die bei der Schnecke *Cylichna* (Pectibranchia) (LEMCHE 1955) jederseits der subcerebralen Kommissur liegen.

In anderen Fällen ist dagegen weder hinsichtlich der Zahl noch der Lage der neurosekretorischen Zellen eine Regelmäßigkeit festzustellen. Im Gegensatz zu der früher meistens angenommenen Auffassung können neurosekretorische Zellen wohl grundsätzlich in allen Bereichen des Zentralnervensystems auftreten. Hierin kennzeichnet sich in morphologischer Hinsicht die Tatsache, daß das ganze Nervensystem zugleich auch als Einheit des endokrinen Systems zumindest in seiner ursprünglichen Form anzusehen ist.

Zyklische Veränderungen der Sekretionstätigkeit neurosekretorischer Zellen können vor allem dann als Hinweis auf bestimmte Funktionen dienen, wenn sie mit gewissen Entwicklungs- bzw. Tätigkeitsphasen übereinstimmen. Solche Parallelen sind nicht selten. Bei den Raupen der Mehlmotte *Ephestia kühniella* zeigt sich ein Sekretionszyklus der neurosekretorischen Zellen der Pars intercerebralis im Rhythmus der Häutungen (REHM 1950/51). Bei Termiten besteht eine Parallele zwischen der Tätigkeit neurosekretorischer Zellen des Gehirns und der Funktion der Gonaden (NOIROT 1957). Beziehungen in der Aktivität einzelner neurosekretorischer Zellbezirke zu Häutungsvorgängen treten auch bei Krebsen auf. GABE (1952) stellte im X-Organ der Assel *Oniscus asellus* vor der Häutung starke Anreicherung acidophiler Granula fest, während die Zellen nach dem Häutungsvorgang keine Sekrete enthalten. Ganz entsprechend zeigt nach DURAND (1956) ein im Augenstiel und Gehirn des Flußkrebses *Orconectes virilis* vorkommender Zelltyp histologische Veränderung hinsichtlich der Häutungszyklen. Es wird daher angenommen, daß diese Zellen die Quelle für die Häutungshormone darstellen. In ähnlicher Weise zeichnet sich von den 5 neurosekretorischen Zelltypen im Thoracalganglion der Krabbe *Hemigrapsus* eine Gruppe durch ihre in direkter Beziehung zum Häutungszyklus stehenden sekretorischen Aktivitätsphasen aus (MATSUMOTO 1962).

Bei verschiedenen Anneliden (vor allem *Nereis*-Arten) wurden übereinstimmend zyklische Veränderungen im Sekretgehalt bestimmter neurosekretorischer Zellgruppen des Cerebralganglions zum sexuellen Zustand beobachtet (DEFRETIN 1952; DURCHON und FRÉZAL 1955). Es besteht bei *Platynereis dumerillii* ein unmittelbarer zeitlicher Zusammenhang zwischen der Sekretionstätigkeit von Drüsenzellkomplexen im Oberschlundganglion und der Schwärmperiodizität (HAUENSCHILD 1959). Ebenso sind bei dem Oligochaeten *Eisenia foetida* derartige Beziehungen erkennbar (HERLANT-MEEWIS 1956). Unmittelbar nach der Eiablage sind diese Zellen sekretfrei. Wird die Eiablage verhindert oder werden die Tiere isoliert gehalten, staut sich das Sekret.

Einige Befunde bei verschiedenen Mollusken deuten gleichfalls auf solche Zusammenhänge hin, z. B. — nach den verhältnismäßig kurzen Angaben zu urteilen — bei dem Heteropoden *Firoloida* (GABE 1951) und anderen Prosobranchiern (GABE 1953) sowie bei den Pulmonaten-Arten *Arion rufus* und *Arion subfuscus* (HERLANT-MEEWIS und VAN MOL 1959). Noch eingehender wurden diese Beziehungen bei den beiden Muschelarten *Chlamys varia* und *Mytilus edulis* durch LUBET (1955) aufgedeckt. Hier tritt Sekret in neurosekretorischen Zellen des Cerebral- und Visceralganglions mit Eintritt in die sexuelle Phase auf, seine höchste Entfaltung ist zum Zeitpunkt der Geschlechtsreife erreicht, und einige Tage vor der Abgabe der Geschlechtsprodukte kommt es zur ersten Entleerung von Neurosekret. Die Abgabe der Geschlechtsprodukte erfolgt hier in einzelnen Schüben, zugleich verringert sich das Sekret schubweise, bis mit vollständiger Abgabe der Geschlechtsprodukte auch die neurosekretorischen Zellen völlig entleert sind.

Bei der Sumpfdeckelschnecke *Paludina* besteht eine zyklische Tätigkeit neurosekretorischer Zellen in den Ganglien in Beziehung zu den osmotischen Außenverhältnissen und den Belichtungsbedingungen (GORF 1961/1963). Die Beeinflussung der Neurosekretion durch Außenfaktoren ist sicherlich ein weit verbreitetes Phänomen. Verschiedene Zellgruppen von Gehirn und Bauchmark des Regenwurms werden durch Sonnenbelichtung oder UV-Bestrahlung der Tiere zu erhöhter Tätigkeit stimuliert (AROS und VIGH 1959, 1961).

Sekrettransport und Sekretabgabe. Morphologische und physiologische Befunde zeigen, daß das Neurosekret vom Bildungsort aus auf verschiedenen Wegen transportiert werden kann. Es tritt teilweise unmittelbar aus den sekretorischen Neuronen aus. Das trifft vermutlich für die vielfach zwischen den Ganglienzellen angetroffenen Sekretschollen zu, deren Herkunft jedoch nicht erkennbar ist. Eine derartige Sekretabgabe ist auf Grund morphologischer Befunde bei ganz verschiedenartigen Objekten anzunehmen, z. B. für die in den Visceral- und Pedalganglien der Meeresschnecke *Aplysia* vorkommenden Sekretschollen (B. SCHARRER 1935), weiterhin bei der chinesischen Wollhandkrabbe *Eriocheir japonicus* und einigen anderen Krebsen (MATSUMOTO 1954; PARAMESWARAN 1956), für neurosekretorische Zellen der Cirripedier (BARNES und GONOR 1958) und auch für den B-Zelltyp im Gehirn von *Eisenia foetida* (HERLANT-MEEWIS 1956). Zum Teil werden die Neurosekrete dabei direkt in Blutlakunen entlassen. Hierfür sprechen morphologische Befunde u. a. bei dem Krebs *Paratelphusa* (PARAMESWARAN 1956), bei verschiedenen Egeln (HAGADORN 1958), bei dem Polychaeten *Nephthys* (CLARK 1959) und dem Oligochaeten *Enchytraeus* (DEUSE-ZIMMERMANN 1961).

Sehr viel häufiger ist der Transport im Axon. In vielen Fällen ist dies besonders bei Insekten festgestellt und bestätigt worden (HANSTRÖM 1938; CAZAL 1948; ARVY und GABE 1950; B. SCHARRER 1952; FÜLLER 1960 u. a.). Der Transport des Neurosekrets aus den Zellen der Pars intercerebralis des Gehirns erfolgt über die Nervi corpori cardiaci zu den Corpora cardiaca. Dies ließ sich, von morphologischen Hinweisen abgesehen, durch Ligaturexperimente demonstrieren (B. SCHARRER 1952; E. THOMSEN 1954). Proximal der Ligatur tritt Sekretstau, distal dagegen Sekretverarmung auf. Auch in der Bauchganglienkette verlaufen Sekretbahnen (H. FÜLLER 1960). Ligaturen in diesem Bereich, wie sie bei der Schabe *Blaberus craniifer* angelegt wurden (GELDIAY 1959), führten zu Sekretanhäufung beiderseits der Ligatur, was auf Sekrettransport innerhalb der Konnektive von vorn nach hinten und umgekehrt schließen läßt. Häufig führen auch andere Nerven mit Regelmäßigkeit Sekret, wie der Nervus recurrens bei Insekten (NAYAR 1956; FÜLLER 1960) oder bei Chilopoden die von Bauchganglien kommenden und das Herz innervierenden Nervenfasern (SCHEFFEL 1961). Ein Sekretstau ähnlich dem bei Insekten läßt sich bei Chilopoden nach Durchtrennung der Nervi glandulla cerebralis I und II, die die Cerebraldrüse innervieren, erreichen. Das Sekret reichert sich bereits wenige Stunden nach dem Eingriff am distalen Ende des proximalen Stumpfes vom Nervus glandulla cerebralis I von *Lithobius* an (SCHEFFEL 1961).

Ein sehr augenfälliges Beispiel des Sekrettransportes innerhalb der Axone bei Krebsen bilden die von verschiedenen neurosekretorischen Zellgruppen des X-Organs im Augenstiel zur Sinusdrüse als Speicherort verlaufenden Faserzüge (BLISS 1951; BLISS und WELSH 1952; DURAND 1956; CARLISLE 1953).

Grundsätzlich ähnliche, wenngleich oft nicht so deutliche Hinweise sind auch in anderen Tierstämmen zu finden. Befunde bei *Enchytraeus* und *Tubifex* (DEUSE-ZIMMERMANN 1961) sowie bei verschiedenen Hirudineen stellen Beispiele für Anneliden dar (HAGADORN 1958). Im ersteren Falle ziehen von 2 symmetrisch im Unterschlundganglion gelegenen Zellen Sekretbahnen durch das gesamte Bauchmark, ohne daß dabei allerdings festzustellen ist, wo die Sekrete entlassen werden. Bei dem Rüsselegel führen außer dem Bauchmark auch davon segmental abgehende Nervenfasern Neurosekret. Bei Mollusken sind Sekretbahnen im Gehirn der Schnecke *Cylichna cylindracea* (Opistobranchier) in Verbindung mit dem gleichzeitig auftretenden Sekretstau bzw. den Speicherorganen von allgemeinem Interesse (LEMCHE 1955, 1956). Auch in manchen Nerven selbst sind Transport und gleichfalls Stauung von Sekret festzustellen, wie z. B. im Nervus pedalis der Sumpfdeckelschnecke *Vivipara vivipara* (GORF 1961).

Trotz der offensichtlich allgemeinen Bedeutung dieser Art des Sekrettransportes bleiben hierbei noch verschiedene Teilfragen offen. Der Transport des Sekrets scheint unter Energieaufwand vor sich zu gehen. Ungeklärt ist auch, inwiefern vor allem bei lang sich hinziehenden Sekretbahnen die Kontinuität des Weges gewährleistet ist. In den meisten Fällen dürfte es sich um Riesenfasern handeln. Jedoch fehlen hier bisher überall genauere Angaben. Ebenso ist nach wie vor unklar, in welcher Weise die Freisetzung des Sekretes aus den Sekretbahnen erfolgt. KNOWLES (1954) hat darauf hingewiesen, daß die Axone neurosekretorischer Zellen in den genauer untersuchten Fällen nicht Organe innervieren, sondern blind enden bzw. als Speicherorgan sich auffasern. Dies trifft für das Cerebralorgan der Insekten, Krebse und Mollusken vielfach zu. Andererseits innervieren auch sekretführende Nervenbahnen bestimmte Organe, wie z. B. Herz und Darm.

Die Frage nach der *Herkunft bzw. Ableitung neurosekretorischer Zellen* kann nicht eindeutig beantwortet werden, obgleich sie von grundsätzlicher Wichtigkeit vor allem auch für das Verständnis der Entwicklung des Hormonsystems im Tierreich ist. Das Problem wurde von HANSTRÖM (1954), CLARK (1956), MIYAWAKI (1960), GERSCH (1960), NOVÁK und GUTMANN (1962), NOVÁK (1963) und OLSSON (1963) erörtert. Während HANSTRÖM von der Feststellung ausgeht, daß die neurosekretorischen Zellen grundsätzlich die wesentlichen Züge typischer Neurone aufweisen, bewertete CLARK ursprünglich diese Zellen als primär sekretorische Elemente des Epithels, die erst sekundär ihre enge Beziehung zum Nervensystem erlangt haben sollen. Für diese Auffassung werden die Schleimzellen im Prostomium der Nephthidae und Nereidae mit ihrer Tendenz angeführt, aus dem Epithel ins Unterschlundganglion auszuwandern. Später wird diese Auffassung eingeschränkt und hervorgehoben, daß das Nervensystem von vornherein selbst sekretorische Funktion besitzt.

Demgegenüber versucht HANSTRÖM, aus den verschiedenen Typen neurosekretorischer Zellen eine Entwicklungslinie zu formen. Sie führt von den „konventionellen" Neuronen über Neurone mit ihren sonstigen Strukturen einschließlich Granula zu den neurosekretorischen Zellen mit Sekretbahn im Axon und schließlich zu neurosekretorischen Zellen ohne Dendriten. Es fragt sich, ob diese Unterscheidung, die sich im wesentlichen auf die mit klassischen histologischen Methoden gewonnenen Befunde stützt, noch volle Gültigkeit beanspruchen kann. Neuere elektronenmikroskopische Untersuchungen der Strukturen von Nervenzellen verschiedener Tierstämme weisen darauf hin, daß im submikroskopischen Bereich in allen Neuronen Granulabildungen auftreten können. Dabei ist es selbst oft lichtmikroskopisch schwierig zu entscheiden, ob bestimmten Zelltypen des Nervensystems eine sekretorische Funktion zugesprochen werden kann oder nicht. Andererseits ist erwiesen, daß grundsätzlich alle Neurone die Fähigkeit zur Sekretion besitzen (KRAUSE 1960; MIYAWAKI 1960; JUNGSTAND 1962; BERN 1962).

Ein Verständnis für die Herkunft der neurosekretorischen Zelle läßt sich am ehesten aus der Berücksichtigung ihrer Ontogenie erreichen. Bekanntlich leiten sich die Neuroblasten von „normalen" Ektodermzellen ab. Mit der Ablösung aus dem Verband des Ektoderms beginnt die Differenzierung zur „typischen" Nervenzelle. Die Ektodermzellen selbst wie die von ihnen ebenfalls sich herleitenden Drüsenzellen, die bei Wirbellosen in der Haut zu finden sind, besitzen die Fähigkeit zu sekretorischer Funktion. Sie stellt offenbar eine sehr ursprüngliche Eigenschaft des Ektoderms dar. Es kann daher angenommen werden, daß die aus dem Ektoderm stammenden Neuroblasten wie auch noch die sehr spezialisierte Nervenzelle die ursprüngliche Fähigkeit zur Sekretion in mehr oder weniger ausgesprochener Weise beibehalten hat. Die neurosekretorische Zelle ist daher als ein spezialisierter Zelltyp aufzufassen, dem die Fähigkeit zu sekretorischer Leistung von seinem Herkunftsgewebe her erhalten geblieben ist und bei dem dies ebenso wie bei den sich aus dem Ektoderm ableitenden Drüsenzellen in Erscheinung tritt (GERSCH 1960). Die Neurosekretion ist darnach nicht als ein Ausdruck besonderer Spezialisierung, sondern im Gegenteil als eine ursprüngliche Eigenschaft dieses spezialisierten Zelltyps zu bewerten.

Für diese Auffassung lassen sich verschiedene Tatsachen anführen. Die für alle Nervenzellen möglichen Granulastrukturen, wie sie von verschiedenen Autoren neuerdings mehrfach festgestellt wurden, sind zwar nicht mit der Vorstellung der „klassischen" Histologie vom Neuron zu erklären, sie erscheinen jedoch in Verbindung mit der der Nervenzelle zuzusprechenden ursprünglichen Sekretionsfunktion verständlich. Ebenso läßt sich mit dieser Auffassung der neuerdings an sehr verschiedenen Objekten erhobene Befund verstehen, daß alle Neurone sekretorisch tätig sein oder durch bestimmte Faktoren (z. B. Stress) zur Sekretion veranlaßt werden können. In solchen Fällen muß die Fähigkeit zu sekretorischer Funktion vorgelegen haben, auch wenn dies nicht lichtmikroskopisch in Erscheinung trat. Rein spekulativ erscheint es denkbar, daß die Schwierigkeiten und Unsicherheiten in der Einordnung der verschiedenen submikroskopischen Plasma- und Granulastrukturen der Nervenzellen ihren Grund gerade in dieser ursprünglichen Potenz haben. Häufig ist es nicht möglich, eine klare Beziehung oder Trennung zwischen den neurosekretorischen Granula und anderen Körperchen des Cytoplasmas zu finden.

Diese Schwierigkeiten entbinden nicht von der Forderung, eine möglichst umfassende und sichere Charakterisierung der Neurosekretion vorzunehmen. Dabei genügt die Feststellung der Sekretion allein nicht. Weitere Charakteristika sind Transport und Abgabe der Sekrete ins Blut und der Nachweis ihrer physiologischen Wirkung. Neurosekretion schließt somit begrifflich sowohl die morphologisch erkennbaren Bildungsprozesse der Sekrete als auch die Existenz daraus hervorgegangener Neurohormone ein. Häufig stützt sich die Festlegung des Begriffes Neurosekretion ausschließlich auf morphologische Kriterien. Demgegenüber ist zu fordern, daß die Beziehung zwischen den histologisch-cytologischen Phänomenen und den physiologischen Reaktionen weit mehr und ernsthafter beachtet wird als dies in der Vergangenheit geschah.

2. Neurosekretion bei Formen mit diffusem Nervensystem

Für das Verständnis der ursprünglichen Formen hormonaler Regulationen wäre die Kenntnis neurosekretorischer Vorgänge bei den Tierstämmen mit einfachstem Nervensystem besonders erwünscht. Gerade hier aber fehlen jedwede Kenntnisse.

Von den Schwämmen, die bisher als Tiere ohne Nervensystem angesprochen wurden und von denen nach TUZET (1952) und PAVANS DE CECCATTY (1955, 1959, 1962) das Vorkommen eines diffusen Nervennetzes angenommen wird, nach JONES (1962) dagegen nicht wahrscheinlich ist, wurden bisher keinerlei Anzeichen für Neurosekretion festgestellt. Ebenso ist bei Coelenteraten in bisher noch keinem Falle Neurosekretion beobachtet worden. Dabei muß es durchaus offen bleiben, ob dies darauf zurückzuführen ist, daß solche Phänomene grundsätzlich fehlen oder aber darauf, daß sie nur nicht festgestellt worden sind. Speziell hierauf eingestellte Untersuchungen fehlen. Die verschiedenen histologischen Untersuchungen, die sich bisher mit dem Nervensystem der Coelenteraten beschäftigten, bieten keine direkten Hinweise für das Vorkommen sekretorischer Elemente (BOZLER 1927; HORRIDGE 1956; SPANGENBERG und HAM 1960).

Regulationen durch Wirkstoffe bestehen auch bei Coelenteraten. Die Freßreaktionen von *Hydra* werden durch ein vermutlich aus den Nesselzellen stammendes Glutamin ausgelöst bzw. gefördert (LOOMIS 1955; LENHOFF 1961; LENHOFF und BOVAIRD 1961). Da auch andere Substanzen diesen Mechanismus veranlassen können, ist noch ungeklärt, ob das reduzierte Glutathion als der spezifische Stimulator anzusprechen ist (FORREST 1962; BURNETT, DAVIDSON und WIERNIK 1963). Die Bezeichnung „Freßhormon" erscheint jedoch eigenwillig.

Weiterhin verfügen Süßwasserhydren über einen geschlechtsspezifischen Wirkungsfaktor. Dies zeigen Befunde an *Hydra fusca* (BRIEN 1963). Pfropfung von Teilstücken mit entwickelten Hoden auf ungeschlechtliche Hälften löst bei diesen die Ausbildung und die Reifung männlicher Geschlechtszellen aus. Pfropfung zwischen männlichen und weiblichen Tieren führt bei letzteren zur sexuellen Umstimmung oder zumindest zur Intersexualität. Die Geschlechtssubstanz und die Gametensubstanz sind wahrscheinlich identisch.

3. Neurosekretion bei Formen mit Markstrangsystem

a) Plathelminthen

Die einfachsten Formen, bei denen neurosekretorische Zellen beschrieben wurden, sind die Plathelminthen. Im Gehirn des polycladen Turbellars *Leptoplana acticola* treten nach TURNER (1946) zwei Sekretionszellen auf. Ähnliche Elemente sind offensichtlich auch schon von früheren Autoren bei anderen Turbellarien-Arten gesehen, wenngleich nicht als solche erkannt worden (LANG 1879, 1881; HADENFELDT 1929). Ihr Vorkommen beschränkt sich bei Turbellarien nicht nur auf das Gehirn. Bei Tricladen finden sich sowohl im Gehirn als auch im Bauchmark (LENDER und KLEIN 1961; LENDER 1963; UDE 1964) sekretorisch tätige Ganglien mit axonalem Sekrettransport (Abb. 3). Letztere zeigen eine dem Jahreszyklus entsprechende Sekretionstätigkeit und reagieren auch auf Außenfaktoren, wie z. B. osmo-

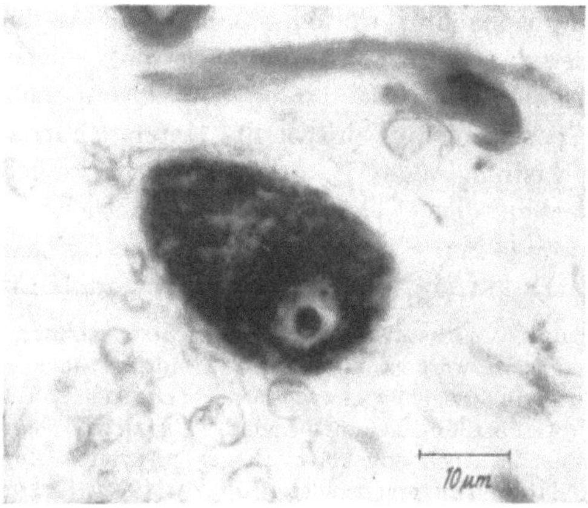

Abb. 3. Neurosekretorische Zelle aus dem Bauchmark von *Dendrocoelum lacteum*. (Nach UDE 1964)

tische Belastung. Welche Bedeutung den Neurosekreten hier zukommt, ist vorläufig ungeklärt. Außer den wenigen bekannten Fällen bei Turbellarien kennt man bisher nur noch bei dem Trematoden *Dicrocoelium lanceolatum* neurosekretorische Zellen (UDE 1962). Über ihre funktionelle Bedeutung kann ebenfalls nichts gesagt werden.

Bei Turbellarien existieren erste Beobachtungen hormonaler Regulationen. Nach LENDER (1954, 1956, 1960, 1963) und STEPHAN-DUBOIS und LENDER (1956) ist zur Regeneration der Augen der Triclade *Polycelis nigra* ein vom Gehirn stammender Faktor erforderlich. Über die genaue Herkunft dieses Faktors kann noch nichts ausgesagt werden. Weiterhin ist nach Versuchen mit anderen Turbellarien-Arten wahrscheinlich, daß außerdem die Gonaden eine hormonähnliche Substanz ausscheiden, die bei asexuellen Tieren die Bildung von Hoden und Eierstöcken anregt (KENK 1941).

b) Nemathelminthen

Außer bei Plathelminthen tritt ein typisches Markstrangsystem vor allem bei Nematoden auf. Von den anderen Klassen der Nemathelminthen läßt sich darüber wenig aussagen, da das Nervensystem dort ungleichmäßig untersucht worden ist. Das „Gehirn" der Nematoden besteht nach den vor allem bei parasitischen Formen bekannten Verhältnissen aus einem Schlundring, der den Pharynx umschließt. Der Schlundring setzt sich aus verschiedenen Ganglienknoten zusammen, die durch einen Faserring verbunden werden. In dem Ganglienpaar des Zentralorgans Ganglia nervi papillaris lateralis majoris des Schweinespulwurmes *Ascaris* liegt je eine neurosekretorische Zelle (GERSCH und SCHEFFEL 1958) (Abb. 4).

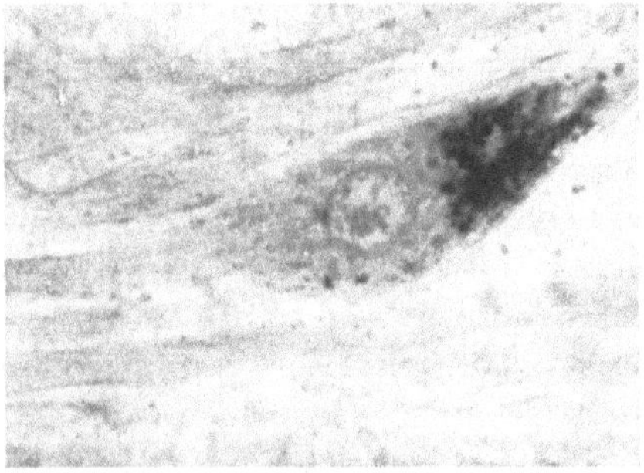

Abb. 4. Neurosekretorische Zelle aus dem Ganglion nervi papillaris lateralis majoris des Schweinespulwurms *Ascaris lumbricoides*. In jedem der paarigen Ganglien befindet sich eine neurosekretorische Zelle. (Nach GERSCH und SCHEFFEL 1958)

Bei Nematoden sind einige Anzeichen hormonaler Regulation verdächtig, obgleich hier kaum endokrinologisch experimentell gearbeitet worden ist. Nematoden durchlaufen regelmäßig 4 Häutungen, so daß der geschlechtsreifen Form 4 Larvenstadien vorausgehen (FILIPJEV und MICHAJLOVA 1924). Mit den Häutungen parallel treten regelmäßige Veränderungen der Stoffwechselintensitäten ein (WIESER 1959; WIESER und KANWISHER 1960). Es erscheint denkbar, daß diese durch Zahl und Ablauf der Häutungen gekennzeichnete Regelmäßigkeit des Entwicklungsganges hormonal gesteuert wird, ähnlich den Vorgängen bei Arthropoden. Für diese Vermutung sprechen einige Befunde von ROGERS und SOMMERVILLE (1957) bei dem Nematoden *Trichostrongylus axei*. Die Larve wird durch die Flüssigkeit des Rumens vom Wirtstier zur Abgabe einer Häutungsflüssigkeit veranlaßt. Auf Grund von Schnürungsversuchen in verschiedenen Bezirken des Tieres läßt sich schließen, daß dieser Faktor von Zellen aus der Gegend des Oesophagus-Endes stammt. Ligaturen am Ende des Oesophagus verhindern die Häutung, während Ligaturen weiter hinten keinen Einfluß besitzen. Auch Durchtrennung der Larve unmittelbar hinter dem Oesophagus blieb ohne Wirkung auf die Häutung. Unbekannt ist der genaue Herkunftsort des wirksamen Faktors. Ebenso liegen keine Hinweise für die funktionelle Bedeutung der in den neurosekretorischen Zellen gebildeten Substanzen vor.

c) Nemertinen

Im Cerebralganglion der Heteronemertinen trifft man 4, bei den Hoplonemertinen 2 neurosekretorische Zelltypen an (LECHENAULT 1962, 1963). Durch einen dicken Nerventraktus steht das Cerebralganglion mit einem Komplex in Verbindung, der seit längerem als Cerebralorgan bekannt ist und früher als Sinnesorgan angesehen wurde. Die Cerebralorgane setzen sich aus Ganglienzellen und Drüsenzellen zusammen, so daß hier von einem neuroglandulären Organ gesprochen worden ist (B. SCHARRER 1941; GABE 1954; E. SCHARRER und B. SCHARRER 1954). Beide Zelltypen sind sekretorisch tätig. Ihre Sekretionszyklen verlaufen unabhängig voneinander. In der Ausbildung der Cerebralorgane finden sich bei den einzelnen Familien verschiedene Stufen von der primitivsten bei Tubulaniden bis zur höchst entwickelten bei *Lineus*. Weitere Untersuchungen der Neurosekretion bei Nemertinen erscheinen sehr vielversprechend, zumal bisher keinerlei Hinweise auf die funktionelle Bedeutung der Neurosekretion bei Nemertinen vorhanden sind.

4. Neurosekretion bei Formen mit zentralisiertem Nervensystem

Von den Tierstämmen mit einem zentralisierten Nervensystem sind in bezug auf die Neurosekretion besonders Anneliden, Mollusken und Arthropoden, weiterhin Sipunculiden, Onychophoren und Echinodermen zu behandeln.

a) Anneliden

Neurosekretorische Zellen bzw. Zellgruppen finden sich bei Vertretern aller 3 Klassen der Anneliden in verschiedenen Bereichen des Zentralnervensystems. Für das Verständnis der neurokrinen Verhältnisse der Polychaeten und Oligochaeten ist dies insofern bedeutsam, weil hier bereits mehrfache Zusammenhänge zwischen der Aktivität solcher Zellgruppen und der Regulation bestimmter physiologischer Vorgänge, wie Wachstum, Geschlechtsreife und Regeneration festgestellt wurden. Andere hormonale Mechanismen sind nach den bisherigen Kenntnissen bei der Regulation dieser Prozesse nicht anzunehmen.

Unter den *Polychaeten* kennt man neurosekretorische Zellen vor allem bei verschiedenen *Nereis*-Arten (B. SCHARRER 1936; SCHAEFER

1939; BOBIN und DURCHON 1952, 1953; DEFRÉTIN 1952, 1955, 1956a, b; GABE 1954; DURCHON und FRÉZAL 1955; VAN DAMME 1962), aber auch bei anderen freilebenden und sessilen Formen (B. SCHARRER 1937; ARVY 1954a, b; GABE 1954; CLARK 1955, 1959; KORN 1959). Die jetzigen Befunde erlauben eine Verallgemeinerung auf Polychaeten schlechthin. Neurosekretorische Zellen liegen gewöhnlich in der dorsocaudalen Region des Gehirns. Bei *Nereis*-Arten lassen sich häufig 4 Typen, bei den untersuchten *Nephthys*-Arten 2 Typen (CLARK 1955) unterscheiden. Bestimmte Zellgruppen besitzen in spezifischen Phasen eine ausgesprochene sekretorische Aktivität. So zeigen die B-Zellen im Gehirn verschiedener *Nephthys*-Arten mit der Geschlechtsreife ihre größte Entfaltung. Ebenso treten bei den C-Zellen Unterschiede in der Sekretionstätigkeit in Verbindung mit den Entwicklungsphasen auf, während der 3. Zelltyp in fast allen Stadien unverändert bleibt. Diese unterscheiden sich auch färberisch durch ihre Phloxinophilie von den beiden anderen Typen und scheinen nur unter besonderen Umständen eine Wirkung zu entfalten. Bei *Nereis irrorata* stellte DEFRÉTIN (1952) in bestimmten Bezirken des Cerebralganglions sowie der Bauchganglienkette der atoken Form neurosekretorische Zellen fest, die mit reichlich Sekret beladen waren. In der epitoken Form beider Geschlechter sind sie nicht zu finden. Es ist daher zu vermuten, daß in den neurosekretorischen Bezirken ein Hormon gebildet wird, welches die Ausbildung zum epitoken Tier hemmt. In entsprechender Weise werden bei beiden Geschlechtern von *Perinereis cultrifera* mit Eintritt in die Geschlechtsreife in bestimmten Nerven erhebliche Mengen Sekret transportiert (DURCHON und FRÉZAL 1955).

Die Lunarperiodizität, wie sie seit langem beim Palolowurm (*Eunice viridis*) bekannt und vor allem experimentell bei *Platynereis dumerilii* untersucht worden ist, unterliegt gleichfalls einer neurohormonalen Steuerung (HAUENSCHILD 1959a, b). Zu folgern ist dies aus den morphologisch erkennbaren Aktivitätsphasen und der Sekretabgabe von Drüsenzellen im Gehirn in Beziehung zur Rhythmik der lunaren Schwärmperiodizität.

Im Gegensatz zum Gehirn sind bisher bei nur ganz wenigen Arten auch im Bauchmark neurosekretorische Zellen festgestellt worden (DEFRÉTIN 1952; VAN DAMME 1962; HERLANT-MEEWIS und VAN DAMME 1963). Allerdings wurde in den allermeisten Fällen bisher nur das Gehirn bei der Untersuchung beachtet, so daß ähnlich wie bei Insekten in zukünftigen umfassenden Untersuchungen aller Teile des Zentralnervensystems weitere Ergebnisse in diesen Bereichen durchaus zu erwarten sind.

Bedeutungsvoll erscheint weiterhin die Feststellung, daß bereits im Gehirn der *Trochophora*-Larve, möglicherweise auch im caudalen Bauchmarkbereich, neurosekretorische Zellen auftreten (Korn 1959). Die bis zum Übergang zum Bodenleben beträchtliche Sekretionstätigkeit läßt einen Einfluß der Neurosekretion auf die Metamorphose vermuten. Damit wird das Problem der Steuerung der Metamorphose bei dieser Tierklasse wie überhaupt bei den zahlreichen anderen Tierstämmen wirbelloser Tiere aufgeworfen, über dessen kausale Zusammenhänge wir mit Ausnahme bei denen von Krebsen und Insekten nichts wissen. Allein schon eine morphologische Inangriffnahme bei verschiedenen Larvenformen erscheint aussichtsreich, an denen ohne Zweifel experimentelle Arbeiten aufbauen könnten. Ein bisher noch völlig unerschlossenes Arbeitsgebiet, das aus der hier vertretenen Auffassung über die Bedeutung des neurokrinen Systems als primäres Hormonsystem der wirbellosen Tiere heraus wertvolle Ergebnisse allgemeiner Bedeutung verspricht, liegt damit vor.

Oligochaeten. Nicht geringer sind unsere Kenntnisse über Auftreten und Umfang der Neurosekretion bei verschiedenen Arten von Oligochaeten. Beim Regenwurm befinden sich am hinteren Rande der beiden Hemisphären des Oberschlundganglions, kappenartig aufsitzend, neurosekretorische Zellkomplexe, die sich aus verschiedenen Zelltypen zusammensetzen und reich mit Blutgefäßen versorgt werden (Harms 1948; Aros und Vigh 1959—1962). Dieser Bezirk ist als Cerebralorgan bezeichnet worden. Ähnliche Zellgruppen sind auch im Gehirn von *Eisenia*, *Allolobophora* und *Dendrobaena* vorhanden (Hubl 1951; Herlant-Meewis 1955; Michon und Alaphilippe 1959). In manchen Fällen deutet das Verhalten einzelner Zellgruppen auf einen bestimmten funktionellen Zusammenhang hin. Nach Untersuchungen an einigen *Lumbricus*- und *Allolobophora*-Arten weisen die sogenannten a-Zellen einen Jahreszyklus auf (Hubl 1951). Ihre größte Sekretanhäufung fällt mit der Ruheperiode des Geschlechtsapparates zusammen. Den sogenannten b-Zellen dagegen fehlt diese Jahresrhythmik. Ihre Sekretionsaktivität steht offenbar mit den Regenerationserscheinungen in Beziehung, denn nach experimenteller Wundsetzung verstärkt sich die Sekretbildung. Bei anderen Oligochaeten, wie Naididen, Lumbriculiden, Enchytraeiden, finden sich zwar im Gehirn ebenfalls einzelne neurosekretorische Zellen, ohne daß es hier zur Bildung derartiger „Gehirndrüsenkomplexe" kommt (HARMS 1948; DEUSE-ZIMMERMANN 1960). Bei *Enchytraeus* und *Tubifex* werden die Neurosekrete wahrscheinlich in das am Gehirn hinziehende Blutgefäß abgegeben (Abb. 5), wie dies auch bei *Eisenia foetida* auf Grund von Exstirpations- und Ausschaltungsversuchen am Zentralnervensystem vermutet wird (HERLANT-MEEWIS 1956).

Über das Vorkommen neurosekretorischer Zellen im Bauchmark von Oligochaeten liegen bisher nur wenige Angaben vor. Sie sind bei

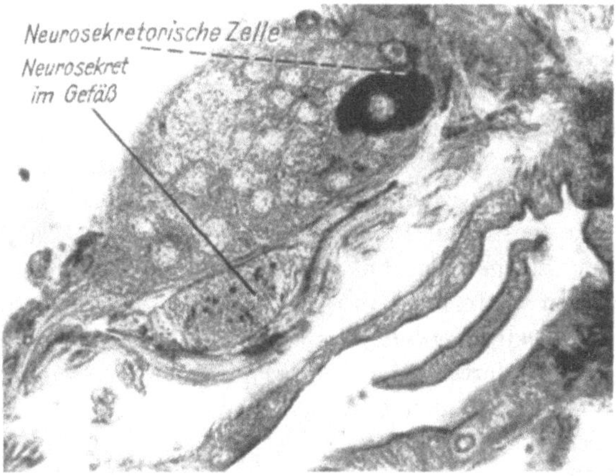

Abb. 5. Sagittalschnitt durch das Cerebralganglion von *Enchytraeus* mit einer der beiden großen paarigen Sekretzellen. (Nach DEUSE-ZIMMERMANN 1960)

Lumbricus im Unterschlundganglion (HUBL 1956) und außerdem in den beiden ersten Bauchganglien (BRANDENBURG 1956), bei *Allolobophora chloratica* und weiteren Oligochaeten in verschiedenen Bauchganglien festgestellt worden (MICHON und ALAPHILIPPE 1959; JUBERTHIE und MEŠTROV 1962). Bei *Enchytraeus albidus* liegen 2 neurosekretorische Zellen im Unterschlundganglion, von denen aus neurosekretorische Bahnen das ganze Bauchmark durchziehen (DEUSE-ZIMMERMANN 1960). Bei den Süßwasserformen *Nais* und *Tubifex* ist die Zahl sekretorisch tätiger Zellen im Bauchmark inkonstant, was auch bei anderen Tiergruppen der Fall sein kann. Zudem konnte SCHMID (1947) die Zahl der sekretorisch tätigen Zellen im Cerebralganglion von *Lumbricus* dadurch experimentell erhöhen, daß er geschlechtsreifen Regenwürmern eine 1%ige Lösung von Novocain injizierte. Dieser Befund deutet ebenso wie die unterschiedliche Zahl neurosekretorischer Zellen auf die Möglichkeit hin, daß potentiell alle Ganglien die Fähigkeit zu sekretorischer Leistung aufweisen.

Über die endokrinologische Bedeutung der in den neurosekretorischen Zellen produzierten Sekrete erlauben nur die bei Lumbriciden gemachten Beobachtungen einige Aussagen. Sie beruhen allerdings lediglich auf Analogieschlüssen von z. T. jedoch umfassenden experimentellen Befunden. In Beziehung zu den Feuchtigkeitsverhältnissen des Außenmediums ändert sich die sekretorische Aktivität bestimmter Zellgruppen des Zentralnervensystems von *Lumbricus* (OTREMBA 1961). Neurosekretorische Zellen des Cerebralorgans und des Unterschlundganglions von Regenwürmern sind für Regenerationsvorgänge bedeutungsvoll (HARMS 1948; HUBL 1956). Untersuchungen von HERLANT-MEEWIS (1956, 1957, 1959) an *Eisenia foetida* ergeben, daß Beziehungen zwischen dem Fortpflanzungsgeschehen und der Neurosekretion bestehen. Die Entfernung des Schlundringes mit den anhängenden Blutgefäßen bei geschlechtsreifen Eisenien führt zu einer sofortigen Unterbrechung der Eiablage, die erst nach etwa 3 Monaten, wenn das Nervensystem und die versorgenden Blutgefäße vollständig regeneriert wurden, wieder aufgenommen wird. Die Rückbildungserscheinungen erstrecken sich auf den gesamten weiblichen und männlichen Genitalapparat und führen sogar zu einem Verschwinden der äußeren Geschlechtsmerkmale und des Clitellums. Da der Wiedereintritt der Geschlechtsfunktionen und die Wiederherstellung der vor der Operation vorhandenen morphologischen Merkmale zeitlich mit dem Wiederauftreten von neurosekretorischen Zellen im Nervenregenerat zusammenfällt, besteht die Vermutung, daß die Funktion des Genitalsystems durch Inkrete der neurosekretorischen Zellen des Schlundringes gesteuert wird. Es unterliegt wohl darnach keinem Zweifel, daß auch die auf morphologischem Wege festgestellten neurosekretorischen Zellen verschiedener anderer Oligochaeten ihre spezifisch endokrinologische Bedeutung haben (S. 191, 206), ungeachtet dessen, daß wir hierüber wie in vielen ähnlichen Fällen bei wirbellosen Tieren noch keine Kenntnisse besitzen. Zur Aufklärung dieser Verhältnisse liegt noch ein weites unbearbeitetes Feld vor uns.

Hirudineen. Bei den verschiedenen untersuchten Arten kommen neurosekretorische Zellen im Gehirn und in den Bauchganglien in jeweils bemerkenswert konstanter Zahl und Lage vor (HAGADORN

1958, 1962; NAMBUDIRI und VIJAYAKRISHNAN 1958; HAGADORN und NISHIOKA 1961; v. TÜMPLING 1964) (Abb. 6). Meistens werden 2 Zelltypen hinsichtlich ihrer färberischen Eigenschaften, des Auftretens und der Anordnung unterschieden. Beim Fischegel *Piscicola geometra*

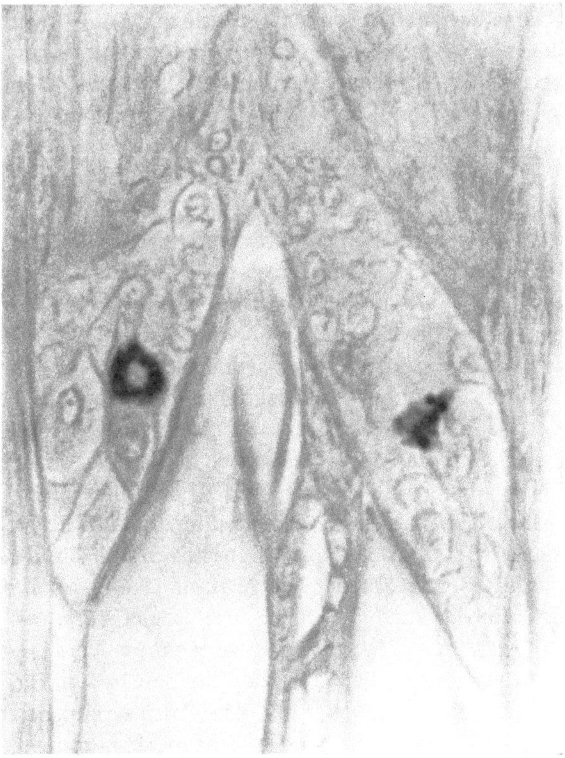

Abb. 6. Symmetrisch angeordnete neurosekretorische Zellen im Unterschlundganglion des Egels *Glossiphonia complanata* L. (Nach v. TÜMPLING 1964)

besteht bei entsprechender Konstanz der Lageverhältnisse eine größere Mannigfaltigkeit hinsichtlich der Zellarten. Das Bauchmark von *Theromyzon rude*, *Th. tesselatum* und *Glossiphonia complanata* wird von Sekretbahnen durchzogen. Dagegen sind diese bei *Erpobdella octoculata* und *Piscicola* nicht anzutreffen. Auf Sekrettransport im Bauchmark deutet auch die Feststellung nach Durchschneidung der Bauchmarkkonnektive hin, daß dann das Sekret proximal angehäuft wird. Bestimmte Zelltypen des Gehirns bei dem Egel *Theromyzon rude* weisen eine mit der Fortpflanzungsphase parallel gehende Aktivität auf (Hagadorn 1962). Weiterhin verursacht die Entfernung des Gehirns im Winter Störungen in der Ausbildung der Spermiogenese und zugleich vorzeitige Reifung des Ovars. Diese Tatsachen deuten auf eine neurohormonale Regulation hin, obgleich die Feststellung dagegen zu sprechen scheint, daß Implantation von Gehirn die hervorgerufenen Erscheinungen nicht auszugleichen vermag. Da bei solchen Operationen mit der Möglichkeit gerechnet werden muß, daß die aktiven Faktoren bereits vorher freigesetzt werden, besagt der negative Befund nichts Endgültiges gegen die Bedeutung des wirksamen Faktors.

In den Ganglien des Bauchmarks von *Hirudo* zeichnen sich 2 Riesenzellen durch ihre färberische Affinität zu Chromsalzen aus (Legendre 1959). Inwieweit Beziehungen zu den sogenannten chromaffinen Zellen bestehen, die beim Blutegel seit den Untersuchungen Leydigs (1857) bekannt und nach Gaskell (1914) als Erzeuger von Orthophenolen anzusehen sind, ist zur Zeit noch ungeklärt. Die Riesenneurone enthalten häufig einen großen Einschlußkörper, der sich mit den für die Darstellung von Neurosekreten bekannten Farben färbt. Ebenso wie die Riesenzellen sind aber auch andere Neurone des Bauchmarks chromaffin. Es ist sehr wahrscheinlich, daß sie die Bildungsorte des Adrenalins darstellen, was im Blut von *Hirudo* festgestellt worden ist (Biedl 1933; von der Wense 1939). Sekretansammlungen in Art von Speicherorganen sind bei *Theromyzon rude* und *Piscicola geometra* unter dem Perineurium im Gehirn vorhanden. In beiden Fällen handelt es sich um primitive Formen von Neurohaemalorganen (S. 65). Auch an einigen Stellen des Bauchmarks von *Piscicola* finden sich Sekretspeicherungen.

Im Gehirn und Bauchmark der Anneliden werden verschiedene neurosekretorische Zellgruppen angetroffen, die meistens zwischen den anderen Ganglienzellen eingestreut liegen. Lediglich am Cerebralganglion von Lumbricus sind sie zu einem ihm dorsal anliegenden Zellkomplex als Cerebralorgan vereinigt. Die neurosekretorischen Zellen der Hirudineen zeichnen sich in besonderer Weise durch konstante Lage und Zahl innerhalb der verschiedenen Bereiche des Zentralnervensystems aus. Einfache Speicherorgane treten in allen 3 Klassen der Anneliden bei einzelnen Arten auf.

b) Sipunculiden

Durch den Befund von HARMS (1921) bei *Physcosoma lanzarotae* ist die Aufmerksamkeit schon seit langem auf endokrine Vorgänge bei Sipunculiden gelenkt worden. In allen Darstellungen hormonaler Regulation bei wirbellosen Tieren wird das Vorkommen von kappenförmig den Nierenschläuchen aufsitzenden Zellkomplexen erwähnt, deren Exstirpation bei dieser Form außer Dunkelfärbung der Haut Degeneration verschiedener Organe und den Tod des Tieres bedingten. Untersuchungen an 2 anderen Sipunculiden-Arten führten nicht zu solchen Folgeerscheinungen (KOLLER 1936, 1939, 1959). Eine erneute Bearbeitung dieser Verhältnisse erscheint infolge der verschiedenen Befunde dringend.

Weitere Ergebnisse sind gewiß auch durch Untersuchungen der Neurosekretion bei Sipunculiden zu erwarten. Im dorsalen Bereich des Gehirns treten neurosekretorische Zellen gruppenweise auf (GABE 1953; KOLLER 1959; CARLISLE 1959). Über ihre Bedeutung läßt sich nichts aussagen. Frühere Beschreibungen des Gehirns und ansitzender „Sinnesorgane" (METALNIKOFF 1900) lassen vermuten, daß die vermeintlichen Sinnesorgane in enger Beziehung zur neurosekretorischen Tätigkeit stehen. Sie werden einerseits besonders reich mit Blutgefäßen versorgt, andererseits finden sich z. T. in reichlichem Maße Einschlüsse, wie sie auch im Gehirn verstreut anzutreffen sind (ÅKESSON 1958, 1961). Für einen solchen Zusammenhang spricht weiterhin, daß die von den neurosekretorischen Zellen des Gehirns kommenden Axone mit Verzweigungen in der Region der fingerförmigen Drüsen enden, die hier Blutgefäßen eng angelehnt sind.

c) Mollusken

Für Mollusken besteht insofern eine auffällig zwiespältige Situation, als einerseits, von wenigen Befunden abgesehen, keine Angaben über hormonale Regulationen möglich sind, andererseits aber Neurosekretion bei zahlreichen Schnecken, Muscheln und auch in Tintenfischen bekannt ist. Eine weitaus intensivere Untersuchung der endokrinen Verhältnisse dieses Tierstammes erscheint sehr angebracht und auch aussichtsreich.

Ziemlich einheitlich sind in allen 3 Ordnungen der Gastropoden (Prosobranchier, Opisthobranchier, Pulmonaten) außer im Cerebralganglion auch im Visceral-, Pleural- und Pedalganglion neurosekretorische Zellen zu beobachten (SCHARRER 1935; GABE 1951, 1953; LEMCHE 1955, 1956; LEVER 1957; SANCHEZ und DE CECCATTY 1957; SANCHEZ und BORD 1958; HERLANT-MEEWIS und VAN MOL 1959;

van Mol 1960, 1962; Krause 1960; Altmann und Kuhnen-Clausen 1960; Gorf 1961, 1963; Lever, Kok, Meuleman und Joosse 1961; Wautier, P. de Ceccatty, Richardot, Buisson und Hernandez 1961; Jungstand 1962; Kuhlmann 1963; Schlote 1963; Sanchez 1963). Auf einige weniger wichtige Unterschiede in den Angaben über die Verteilung der Sekretionszellen braucht hier nicht näher ein-

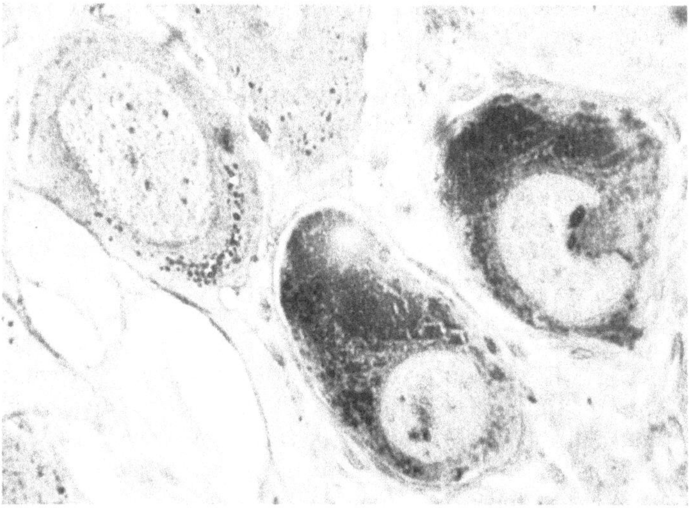

Abb. 7. 2 Typen neurosekretorischer Zellen aus dem Pedalganglion der Schnecke *Helix pomatia*. Eine Zelle mit deutlichen Granula, 2 andere mit Sekretschollen (Nach Jungstand 1962)

gegangen zu werden. Oft bestehen Verschiedenheiten sowohl hinsichtlich der Zahl als auch der Lage neurosekretorischer Zellen (Abb. 7).

Im Vergleich zu den Schnecken scheinen sie in den Ganglien der Muscheln wesentlich eindeutiger lokalisiert zu sein (Gabe 1955; Lubet 1955; Fährmann 1961; Baranyi und Salanki 1963; Antheunisse 1963). Allerdings unterscheiden sich die einzelnen Arten und häufig die verschiedenen Individuen hinsichtlich der Zahl sekretorischer Neurone und ihrer Aktivität oft erheblich. Vor allem liegen sie im Cerebral- und Visceralganglion.

Neurosekretion ist weiterhin bei dem Scaphopoden *Dentalium* im Cerebral-, Pleural- und Buccalganglion erwiesen, ohne daß auch in diesem Fall etwas über ihre funktionelle Bedeutung ausgesagt werden könnte (GABE 1949). Ungenügend ist bisher auch die Kenntnis dieser Verhältnisse bei Cephalopoden (THORE 1936, 1939; CAZAL und BOGORAZE 1949; BOYCOTT und YOUNG 1956; SEITE und CHAMBOST 1957).

Speicherorte für Neurosekret, als Neurohaemalorgane und als neuroendokrine Drüsen anzusprechen, sind bisher bei einigen Schnekken und Tintenschnecken festgestellt worden (S. 69).

d) Onychophoren

Dieser in seiner systematischen Stellung hervorragende Tierstamm beansprucht ebenfalls hinsichtlich der Neurosekretion besonderes Interesse, obgleich hierüber erst wenig Befunde vorliegen (GABE 1954; E. u. B. SCHARRER 1954; SANCHEZ 1958). Gehirn und Bauchmark enthalten sekretorische Zellen, im ersteren gruppenweise angeordnet. Die Angaben hierzu gehen etwas auseinander, was wohl durch die verschiedenen Arten, die untersucht wurden, bedingt ist.

An jeder Gehirnhemisphäre sitzt ein kleiner, kolbenförmiger Körper, der sich ontogenetisch vom Epithel ableitet und sich später an das Neuropilem des Cerebralganglions anlehnt. Eine nervöse Verbindung zwischen diesem Infraorbitalorgan und dem Gehirn soll nicht bestehen. Die Infraorbitalorgane enthalten Sekrete, die sich teils mit Chromalaun-Hämatoxylin, teils mit Phloxin färben. Schon CUÉNOT (1948) sprach die Vermutung aus, daß es sich um eine Hormondrüse handelt. Ihre Funktion ist jedoch unbekannt. Eine erneute morphologische Untersuchung erscheint im Hinblick auf die inzwischen bekannt gewordenen endokrinen Verhältnisse von Anneliden und Insekten wichtig.

e) Echinodermen

Von den verschiedenen Anteilen des Nervensystems der Echinodermen interessiert hier der ektoneurale Teil. Wie wir erst seit kurzem wissen, enthalten der Ringnerv und die Radiärnerven verschiedene Typen neurosekretorischer Zellen (UNGER 1962; FONTAINE 1962). Außerdem scheinen auch Gliaelemente sekretorisch tätig zu sein (BARGMANN, v. HARNACK und JAKOB 1962). Auf osmotische Belastung reagieren alle neurosekretorischen Zellen. Vor allem sprechen die sogenannten bipolaren Neurone an. Hypertonie erzeugt erhöhte Sekretion, im hypotonischen Außenmedium ist dagegen der Sekretgehalt geringer. Diese Tatsachen weisen auf eine neurohormonale Kontrolle des für die Echinodermen bedeutungsvollen Ambulacralgefäßsystems hin.

f) Arthropoden

Die Arthropoden nehmen bei der Behandlung endokriner Verhältnisse der wirbellosen Tiere eine erstrangige Rolle ein. Mit dem Nachweis der hormonalen Regulation des physiologischen Farbwechsels bei der Sandgarneele *Crangon* wurden schon vor längerer Zeit Vorkommen und Wirken von Hormonen bei Wirbellosen demonstriert (Koller 1925; Perkins 1928). Durch Versuche von Kopeč (1917) am Schwammspinner *Lymantria dispar* war vorher bereits die hormonale Steuerung der Insektenmetamorphose erkannt worden. Krebse und Insekten stellen auch heute noch diejenigen Tierklassen dar, bei denen die hormonalen Verhältnisse in physiologischer Hinsicht am besten untersucht und damit auch, wie bei keiner anderen Tiergruppe, am eingehendsten bekannt sind. Im Gegensatz zu allen anderen Wirbellosen konnten Hormone bei Insekten in kristalliner Form dargestellt werden. Das gelang Butenandt und Karlson (1954) für das Metamorphosehormon Ekdyson aus den Puppen des Seidenspinners *Bombyx mori* und Gersch, Fischer, Unger und Koch (1960) für 2 Neurohormone aus dem Zentralnervensystem der Küchenschabe *Periplaneta*.

Parallel zu den physiologischen und physiologisch-chemischen Ergebnissen lassen sich die morphologischen Befunde über die Herkunft der hormonalen Faktoren anführen. Mehr und mehr hat sich dabei in letzter Zeit gezeigt, daß die neurosekretorischen Zellbezirke eine zentrale Stellung einnehmen. Dies kommt u. a. in der übergeordneten Bedeutung zum Ausdruck, die die neurosekretorischen Bereiche in jenen Fällen besitzen, in denen noch andere Hormondrüsen beteiligt sind. Wiederum stellen Insekten und Krebse diejenigen Klassen der Wirbellosen dar, bei denen unsere Kenntnisse der neurosekretorischen Verhältnisse auch in morphologischer Hinsicht am umfassendsten sind. Die bei Insekten und Krebsen bestehende Situation einer Trennung des Produktionsortes des Hormons von der Speicherstätte in Form von besonderen Anhangsdrüsen des Gehirns oder eines Sammelraumes wie im Augenstiel trifft für die anderen Klassen der Arthropoden in ähnlicher Weise zu. Diese Parallelen in allen Arthropoden-Klassen gewinnen im Hinblick auf die neuesten Befunde primitiver Speicherorte im Cerebralganglion verschiedener Anneliden und Mollusken (S. 67, 69) eine umfassendere Bedeutung. Es hat den Anschein, als ob sich damit in der Ausbildung des neurosekretorischen Systems dieser einzelnen Stämme von wirbellosen

Tieren eine allmählich auftretende Vervollkommnung abzeichnet, die bei den Arthropoden, unter ihnen insbesondere bei Insekten, einen hohen Differenzierungsgrad erreicht hat. Die Voraussetzung für eine derartige Einschätzung stellt zunächst die Kenntnis der morphologischen Verhältnisse der Neurosekretion in den einzelnen Klassen der Arthropoden dar.

Myriapoden. Obgleich in der systematisch-phylogenetischen Literatur über die einzelnen Klassen der Arthropoden der heterogene Charakter der Klasse der Tausendfüßler (Myriapoden) hervorgehoben und die Chilopoden häufig abgetrennt wurden, um ihre größere Ähnlichkeit mit den Insekten zu betonen, sollen hier Diplopoden und Chilopoden gemeinsam behandelt werden. Hierfür sprechen, abgesehen von neueren entwicklungsgeschichtlichen Gründen (s. VANDEL 1949), auch endokrinologische Verhältnisse. Bei beiden Gruppen treten sogenannte Cerebraldrüsen auf, d. h. Anhänge des Protocerebrums von bisher allerdings noch unbekannter endokriner Funktion (s. S. 99).

Zwischen Chilopoden und Diplopoden besteht in den neurosekretorischen Verhältnissen grundsätzliche Übereinstimmung. Das Protocerebrum der Chilopoden enthält im Bereich der Frontalloben neurosekretorische Zellen in 2 symmetrisch angeordneten Gruppen (GABE 1952, 1956; PALM 1956; SCHEFFEL 1961). In jeder Gruppe finden sich 2 färberisch zu unterscheidende Zelltypen. Ob außerdem noch unregelmäßig verstreute Sekretionszellen als neurosekretorische Zellen anzusprechen sind, wie sie teilweise im Proto-, Deuto- und Tritocerebrum angetroffen werden, bleibt zunächst ungewiß. Bei verschiedenen *Lithobius*-Arten und bei *Scolopendra cinculata* liegt im mittleren hinteren Teil des Protocerebrums, der als Pars intercerebralis bezeichnet wird (ohne damit auf eine Beziehung zu dem gleichbenannten Hirnteil der Insekten hinzuweisen), eine weitere Gruppe neurosekretorischer Zellen. In weitgehend metamerer und symmetrischer Anordnung treten auch neurosekretorische Zellen im Unterschlundganglion und im Bauchmark auf (Abb. 8, 9). Von den Bauchganglien führen segmentale Sekretbahnen zu den am Herzschlauch entlanglaufenden Nerven. Die funktionelle Bedeutung dieser Erscheinung bleibt noch zu klären.

Bei *Diplopoden* finden sich in ganz ähnlicher Weise neurosekretorische Zellen im Gehirn und im Bauchmark (GABE 1954; SAHLI 1958, 1962; GLASER unveröffentlicht, zit. GERSCH 1959; PRABHU 1962).

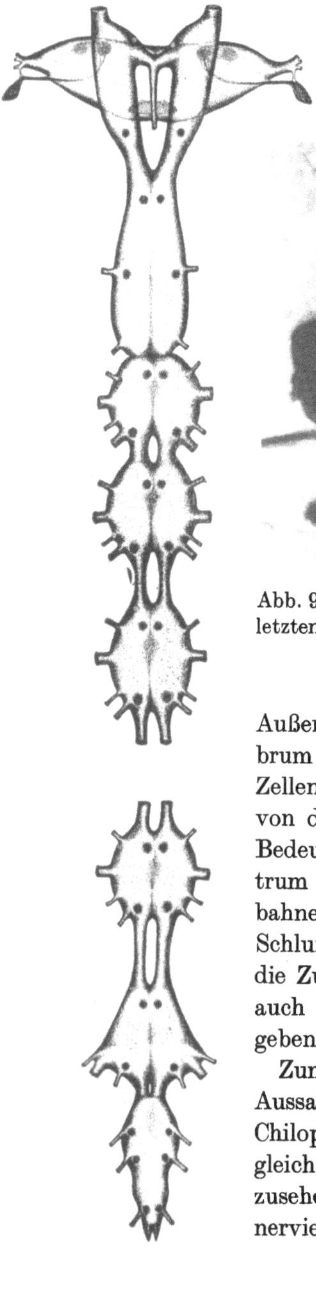

Abb. 8. Übersicht über die Verteilung neurosekretorischer Zellen im Zentralnervensystem von *Lithobius forficatus*. (In Anlehnung an SCHEFFEL 1961)

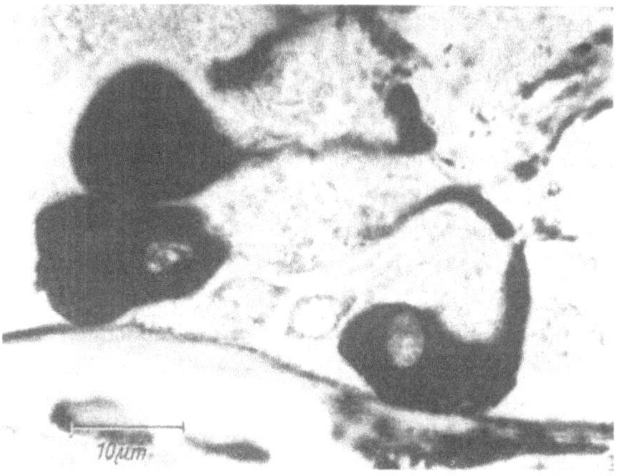

Abb. 9. Stark tätige neurosekretorische Zellen aus dem letzten Abdominalganglion des Steinläufers *Lithobius forficatus*. (Nach SCHEFFEL 1961)

Außer 2 symmetrischen Zellgruppen im Protocerebrum kommen auch im Tritocerebrum sekretorische Zellen vor, die sich durch ihr färberisches Verhalten von denen des Protocerebrums unterscheiden. Die Bedeutung des Gehirns als neurosekretorisches Zentrum läßt sich an den stark ausgeprägten Sekretbahnen ermessen, die vom Protocerebrum über die Schlundkonnektive bis ins Bauchmark ziehen. Über die Zusammenhänge Gehirn-Cerebraldrüse müssen auch hier erst weitere Untersuchungen Aufschluß geben.

Zum gegenwärtigen Zeitpunkt können daher keine Aussagen über die Homologie der Cerebraldrüse bei Chilopoden und Diplopoden gemacht werden, obgleich sie in beiden Fällen als endokrines Organ anzusehen ist (s. S. 69). Sie wird von 2 Nerven innerviert (PRABHU 1959, 1961; SCHEFFEL 1962). Für

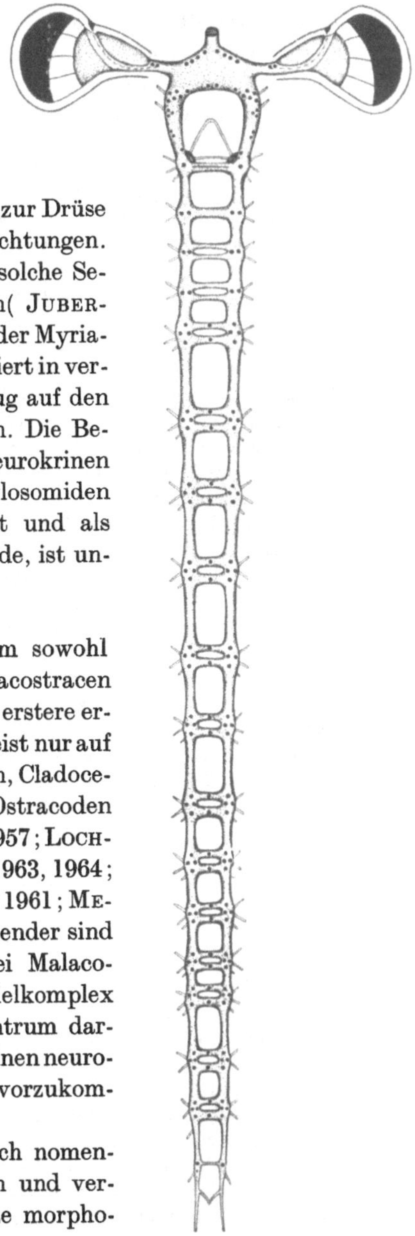

Abb. 10. Übersicht über das Zentralnervensystem von *Chirocephalus grubei* und die Verteilung neurosekretorischer Zellen. Außer im Cerebralganglion finden sich in allen Teilen des Bauchmarks Sekretzellen. (Nach HENTSCHEL 1964)

einen Sekrettransport aus dem Gehirn zur Drüse sprechen bisher nur indirekte Beobachtungen. Bei Symphylen dagegen besteht eine solche Sekretbahn zu den paarigen Kopfdrüsen(JUBERTHIE-JUPEAU 1961). Die Cerebraldrüse der Myriapoden als Gehirnanhangsorgan interessiert in vergleichender Hinsicht vor allem in bezug auf den retrocerebralen Komplex der Insekten. Die Bedeutung eines anderen, vermutlich neurokrinen Speicherorgans, das bei den Strongylosomiden *Orthomorpha* und *Jonespeltis* erkannt und als „Konnektiv-Körper" beschrieben wurde, ist ungeklärt (SAHLI 1962,1963).

Crustaceen. Das Zentralnervensystem sowohl der Entomostracen als auch der Malacostracen enthält neurosekretorische Zellen. Für erstere erstrecken sich allerdings die Befunde meist nur auf vereinzelte Beispiele, so bei Copepoden, Cladoceren, Phyllopoden, Cirripedier und Ostracoden (CARLISLE und PITMAN 1961; STERBA 1957; LOCHHEAD und RESNER 1959; HENTSCHEL 1963, 1964; BARNES und GONOR 1959; WEYGOLDT 1961; MENON 1962) (Abb. 10). Sehr viel umfassender sind demgegenüber unsere Kenntnisse bei Malacostracen, bei denen der Gehirn-Augenstielkomplex ein wichtiges neurosekretorisches Zentrum darstellt. Auch in den Bauchganglien scheinen neurosekretorische Zellen ganz allgemein vorzukommen.

Zum besseren Verständnis der auch nomenklatorisch teilweise unübersichtlichen und verwickelten Verhältnisse soll eine kurze morphologische Darstellung des Gehirns und des Augenstiels mit denjenigen Kerngebieten vorausgeschickt werden, die in Beziehung zu neurosekretorischen Vorgängen von Bedeutung sind.

Das Gehirn der Malacostracen besteht aus 3 Regionen: Protocerebrum, Deutocerebrum und Tritocerebrum. Vom Protocerebrum werden die Komplexaugen, das Naupliusauge, das meist unpaare Frontalorgan, die den lateralen paarigen Frontalorganen entsprechenden Augenpapillen mit dem sich davon ableitenden X-Organ (HANSTRÖM 1931), die Sinusdrüse und Kopfmuskeln innerviert. Mit der Ausbildung eines gestielten Auges sind die 3 primären optischen Zentren (Lamina ganglionaris, Medulla externa und Medulla interna) in den Augenstiel gerückt. Bei höheren Krebsen (Eumalacostracen) tritt hierzu noch die Medulla terminalis mit den Corpora pedunculata. Die Verbindung mit dem Protocerebrum stellen dann die Pedunculi lobi optici her. Die lateralen Frontalorgane hat erstmalig DOHRN (1905) am Augenstiel von *Eucopia* beschrieben und sie als Sinnesorgane gedeutet. HANSTRÖM (1933) stellte auch bei anderen Vertretern der Mysidaceen diese schlauchförmigen Anhänge am Augenstiel fest und erkannte, daß im distalen Teil des Augenstiels 2 vergleichend-anatomisch getrennte aber wahrscheinlich funktionell verbundene Organe vorliegen. An der Basis der Augenpapille, die ein mit bipolaren Sinneszellen ausgestattetes Sinnesorgan darstellt, liegt das als X-Organ bezeichnete blasige Organ, für das eine inkretorische Funktion angenommen wird. Die Bezeichnung X-Organ wurde in Anlehnung an einen Abbildungshinweis auf ein Organ unbekannter Funktion bei dem Isopoden *Sphaeroma* durch BELLONCI (1882) gewählt. Die Augenpapille ist auch bei Decapoden vorhanden, meistens jedoch sehr klein ausgebildet oder häufig auch vollständig reduziert. So tritt am X-Organ von *Pandalus borealis* noch ein sensibler Porus auf, was auf den hier noch vorliegenden primitiveren Bautypus im Vergleich beispielsweise zu *Palaemon* schließen läßt (CARLISLE 1959). Das X-Organ ist bei fast allen Decapoden festzustellen. Bei manchen (z. B. *Decapoda natantia*) besteht es aus 2 Teilen (CARLISLE und PASSANO 1953), von denen der eine, Pars-ganglionaris-X-Organ, sekretorisch tätige Zellgruppen enthält, der andere dagegen, Pars-distalis-X-Organ, als Speicherort fungiert (CARLISLE 1953, 1959; MAYRAT 1956). Das Pars-ganglionaris-X-Organ wird bei *Pandalus borealis* von etwa 30 Zellen gebildet, die organartig zusammengefaßt sind (CARLISLE 1949). Bei *Lysmata seticaudata* besteht es aus etwa 60 Zellen, die Neurosekretgranula enthalten (CARLISLE 1959). Das Pars-distalis-X-Organ, das sich von der ursprünglichen Sinnespapille ableitet, daher auch als Papilla-sensoria-X-Organ bezeichnet wird, setzt sich im wesentlichen aus neurosekretorischen Axonen und Nervenendigungen gemeinsam mit Bindegewebe zusammen. In den von einer Bindegewebshülle umgebenen Organbezirk tritt ein Blutgefäß ein. Es entspricht also dem Typus der sogenannten Neurohaemalorgane. In diesem Fall liegen allerdings Entstehungsort und Speicherort des Sekrets innerhalb eines bei zahlreichen Krebsen auch einheitlich erscheinenden Komplexes.

Im Augenstiel der Decapoden wurden seitdem auch andere sekretorische Zellkomplexe mit der gleichen Bezeichnung belegt (WELSH 1941), so daß in der Literatur nicht in allen Fällen eine klare Kennzeichnung des angesprochenen Bereiches gegeben ist. Es ist daher auch vorgeschlagen worden (KNOWLES und

CARLISLE 1956), das HANSTRÖMsche X-Organ als Sinnesporen-X-Organ oder Sinnespapillen-X-Organ zu bezeichnen. Wir werden es im Gegensatz zu den gleichen Benennungen anderer Organe durch andere Autoren HANSTRÖMsches X-Organ nennen.

Die Sinusdrüse, ein weiteres wichtiges inkretorisches Organ im Augenstiel stellt in primitiver Ausbildung, wie sie bei Mysidaceen anzutreffen ist, eine Verdickung des Neurilems der Medulla terminalis dar, die mit einem großen Blutsinus verbunden ist.

Naupliusauge und unpaares medianes Frontalorgan des Protocerebrums stehen in enger Beziehung. In den meisten Fällen stellt das mediane Frontalorgan einen Sinneskörper dar. Lediglich bei einigen *Lophogastridea*, einer Tiefseeform der Mysidaceen, fanden sich Hinweise für sekretorische Tätigkeit, so daß die Möglichkeit inkretorischer Funktion mit einbezogen worden ist (HANSTRÖM 1947).

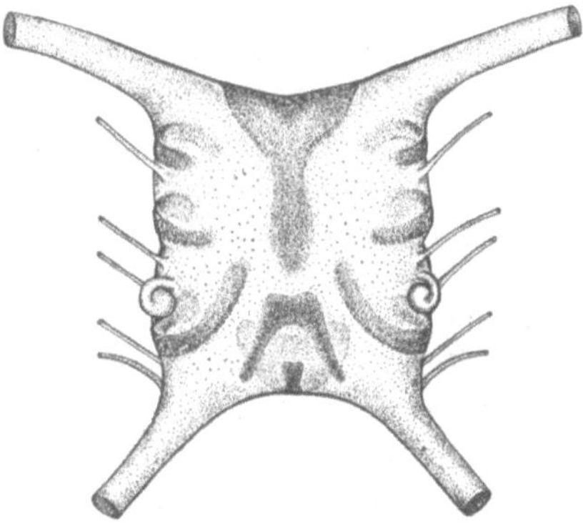

Abb. 11. Gehirn von *Cambarus virilis* mit den Bereichen neurosekretorischer Zellen auf der Dorsal- und Ventralseite. Ansicht von dorsal her. (Nach BLISS, DURAND und WELSH 1954, verändert, umgezeichnet)

Gehirn-Augenstielkomplex. Innerhalb des Gehirns treten neurosekretorische Zellen im Protocerebrum, in verschiedenen Bereichen des Augenstiels und in den Konnektivganglien der tritocerebralen Schlundkonnektive auf, die dem Tritocerebrum noch zugerechnet werden.

Die neurosekretorischen Zellen des Gehirns liegen peripher gruppenweise symmetrisch angeordnet (ENAMI 1951; BLISS und WELSH 1952; PARAMESWARAN 1956; BLISS, DURAND und WELSH 1954; DURAND 1956). Im Gehirn des Flußkrebses *Cambarus virilis* finden sich 2 hintere dorsal-laterale Regionen neurosekretorischer Zellen. Bei der Krabbe *Geocarcinus lateralis* dagegen sind beide Gruppen zu einer gemeinsamen dorsal-medianen Region verschoben. Beide Formen stimmen jedoch darin überein, daß das Gehirn 5 Gruppen neurosekretorischer Zellen enthält (Abb. 11). Meist setzen sich die Zellgruppen aus verschiedenen Typen von Zellen zusammen, die sich morphologisch und färberisch unterscheiden lassen. Sekrete der neurosekretorischen Zellen des Gehirns werden in einer Nervenbahn zur Sinusdrüse transportiert, die sich gewöhnlich vor ihrem Eintritt mit neurosekretorischen Bahnen bestimmter Zentren des Augenstiels vereinigen.

In den primären optischen Zentren (Lamina ganglionaris, Medulla externa und Medulla interna) liegen neurosekretorische Zellen, zumeist gruppenweise vereinigt (ENAMI 1951; BLISS und WELSH 1952; BLISS, DURAND und WELSH 1954; CARLISLE 1953, 1959; DURAND 1956; PARAMESWARAN 1955; HUBSCHMAN 1963). In der Medulla terminalis wurde erstmalig bei *Cambarus* eine sekretorische Zellgruppe beschrieben (WELSH 1941), die darauf auch von anderen Autoren erwähnt wird (ENAMI 1951). Diese ebenfalls als X-Organ bezeichnete Zellgruppe (Medulla-terminalis-Ganglion-X-Organ [MTG-X-Organ]) entspricht jedoch nicht dem HANSTRÖMschen X-Organ, das sich aus den basalen Teilen der Augenstielpapille im Bereich der Medulla externa ableitet. Wie weitere Untersuchungen ergeben, setzt sie sich aus mehreren neurosekretorischen Zellbereichen zusammen, deren Axone sich vereinigen und zur Sinusdrüse führen (PASSANO 1951; BLISS und WELSH 1952; POTTER 1954; BLISS, DURAND und WELSH 1954). Nach ORLAMÜNDER (1942) und DAHL (1957) entsteht das Organ ebenso wie das HANSTRÖMsche X-Organ aus Neuroblasten der hinteren Medulla terminalis. Es bildet wohl die hauptsächlichste Hormonquelle des Augenstiels. Sekretbahnen führen außer zur Sinusdrüse auch zum Sinnespapillen-X-Organ hin.

Im neurosekretorischen Gehirn-Augenstiel-System besteht zwischen Brachyuren und Macruren weitgehendste Ähnlichkeit bis auf den Unterschied, daß das Sinnespapillen-X-Organ bei den meisten Decapoden isoliert, bei den Brachyuren dagegen mit dem MTG-X-Organ zu einem Komplex vereinigt ist. Zur Unterscheidung der in den einzelnen Bereichen des Augenstiels vorkommenden neurosekretorischen Zellgruppen erscheint es zweckmäßig, die Lage der Zellen in die Bezeichnung mit einzubeziehen und somit zwischen Medulla-terminalis-X-Organ, Medulla-externa-X-Organ und Medulla-interna-X-Organ zu unterscheiden (KNOWLES und CARLISLE 1956).

Das Zentralnervensystem der Krebse enthält verschiedene Typen neurosekretorischer Zellen, für die von den einzelnen Autoren unterschiedliche Benennungen vorgenommen wurden (MATSUMOTO 1954, 1955, 1958, 1959; MIYAWAKI 1955, 1956, 1958; KONOK 1960; OGURO

1961 u. a.). Ein Vergleich dieser Zelltypen untereinander zwischen den einzelnen Arten ist kaum möglich. Gehirn, Augenstiel und Thoracalganglion der Krabbe *Sesarma* weisen ebenso wie das Zentralnervensystem des Süßwasserkrebses 3 verschiedene Zelltypen auf (Enami 1951; Parameswaran 1956). Ihre Zahl ist bei Brachyuren meist größer (Matsumoto 1958; Inoue 1957), wobei sich diejenigen des Augenstiels teilweise von denen anderer Bereiche des Zentralnervensystems unterscheiden. Nur selten kann etwas über die spezielle physiologische Bedeutung einzelner Zellgruppen ausgesagt werden. Bestimmte färberisch und lagemäßig gekennzeichnete Zellen der Medulla terminalis und des Gehirns der Krabbe *Sesarma*, deren Axone zur Sinusdrüse führen, zeigen eine spezifische chromotrope Wirkung (Enami 1951).

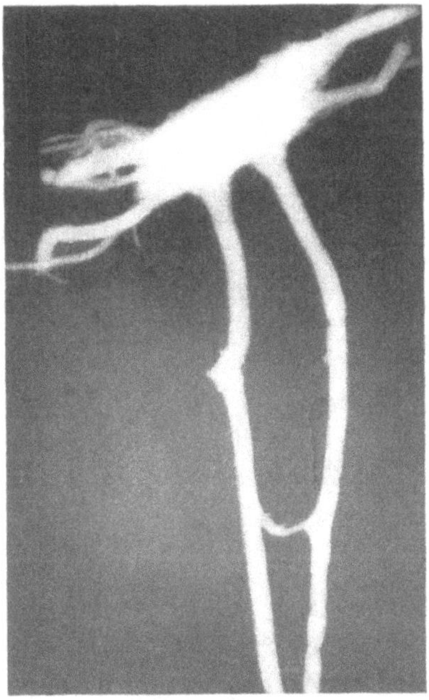

Abb. 12. Cerebralganglion und Tritocerebralkommissur der Strandkrabbe *Carcinus maenas*

Tritocerebralkommissur. Vom Tritocerebrum ziehen 2 Konnektive, den Oesophagus umfassend, zum Unterschlundganglion. Sie werden unter dem Oesophagus durch eine Querkommissur verbunden (Abb. 12). In den Konnektiven befinden sich neurosekretorische Zellen. Diese versorgen 2 leichte Anschwellungen innerhalb der Postoesophagealkommissur mit sekretführenden Axonen. Der Tritocerebralkomplex weist somit ähnlich wie das Protocerebrum-Augenstielsystem eine morphologische Trennung zwischen Bildung und Speicherung von Neurosekreten auf. Das Postoesophagealorgan stellt demnach ebenfalls ein Neurohaemalorgan dar.

Den Anstoß zur morphologischen Untersuchung dieses Bereiches gaben physiologische Feststellungen über farbwechselwirksame Substanzen, die außerhalb des Augenstiels angenommen werden mußten

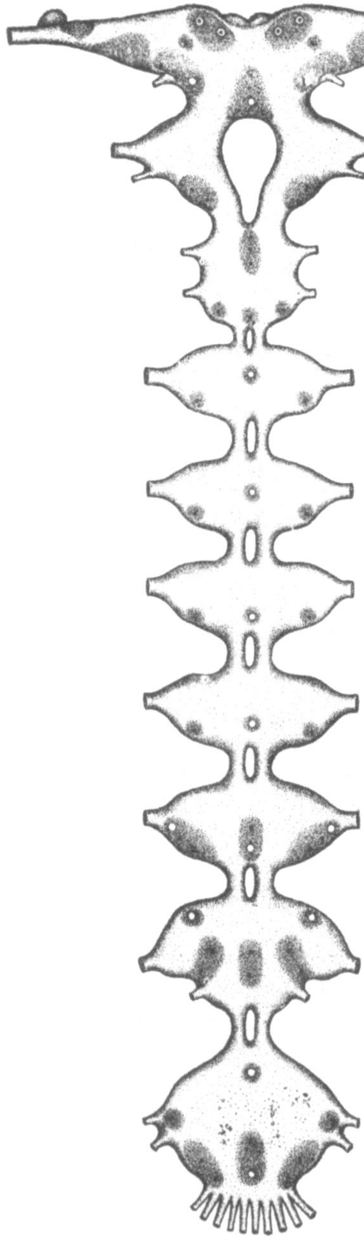

Abb. 13. Vorkommen neurosekretorischer Zellen im Zentralnervensystem der Rollassel *Armadillidium vulgare*. (Nach MATSUMOTO 1959)

(KNOWLES 1939, 1952; BROWN und EDERSTROM 1940). Nachdem die chromotrope Wirkung der Postoesophagealkommissuren erkannt worden war (BROWN 1946), konnte KNOWLES (1951, 1953, 1954) in vergleichend-physiologischen und -morphologischen Untersuchungen den Nachweis für die neurokrine Natur dieses Bereiches führen.

Bauchmark. Vor allem durch Untersuchungen in jüngster Zeit hat sich mehr und mehr ergeben, daß das Vorkommen neurosekretorischer Zellen bei Malacostracen nicht auf den Gehirn-Augenstielbereich beschränkt ist (Abb. 13). Neurosekretorische Zellen finden sich auch im Unterschlundganglion und in den Thoracalganglien (ENAMI 1951; PARAMESWARAN 1956; MATSUMOTO 1954—1962). Häufig sind es die gleichen Zelltypen wie im Gehirn und im Augenstiel. Das Vorkommen neurosekretorischer Zellen in allen Bereichen des Zentralnervensystems wie auch die teilweise vorhandene Übereinstimmung bestimmter Zelltypen zwischen dem Gehirn-Augenstiel-Komplex und anderen Anteilen lassen erkennen, daß das Zentralnervensystem der Krebse auch in endokrinologischer Hinsicht grundsätzlich als Einheit anzusehen ist. Die funktionelle Bedeutung bzw. Beteiligung des Bauchmarks ist hierbei wie in den meisten anderen Tierstämmen noch ganz ungeklärt.

Neurosekretion tritt sowohl bei Entomostracen als auch bei Malacostracen auf. Letztere wurden besonders eingehend untersucht. Bei ihnen finden sich außer im Gehirn und vor allem in den Kerngebieten des Augenstiels mehrere neurosekretorische Bezirke. Die Bauchganglien enthalten gleichfalls neurosekretorische Zellen. Malacostracen besitzen verschiedene Speicherorgane, von denen die Sinusdrüse und die Tritocerebralkommissur allgemein verbreitet sind.

Insekten. Bei Insekten hat als erster WEYER (1935) Sekretionszellen im Gehirn der Honigbiene festgestellt. Wie in anderen Tiergruppen sind auch bereits älteren Autoren bei Insekten derartige Zellen aufgefallen, ohne daß allerdings ihre Bedeutung damals richtig erkannt worden wäre (s. z. B. BRETSCHNEIDER 1914). Sie liegen im Gehirn der Tiere aller Insektenordnungen gruppenweise beidseits der Medianen im Bereich der Pars intercerebralis des Protocerebrums. Bereits im Leben können sie vor allem bei Dunkelfeldbeobachtung an dem opalisierenden Aufleuchten der Sekreteinschlüsse erkannt werden. Verschiedentlich sind sie in ihrer Gesamtheit als Gehirndrüse bezeichnet worden. Die Zahl ihrer Zellen ist bei den einzelnen Arten verschieden. Offensichtlich besitzen aber die Angehörigen der einzelnen Insektenordnungen gewisse Übereinstimmung.

Auffallend viele neurosekretorische Zellen befinden sich in der Pars intercerebralis der Hymenopteren. M. THOMSEN (1954) gibt für *Eumenes* spec. 120 bis 140 Zellen an. Bei *Andrena vaga* wurde eine Gruppe von etwa 40 neurosekretorischen Zellen festgestellt (BRANDENBURG 1956). Zahlreich sind sie ebenfalls im Protocerebrum der Blattiden. Für *Periplaneta americana* wurden beiderseits maximal 45 bis 50 Zellen beobachtet (FÜLLER 1960) (Abb. 14, 15). Besonders hoch ist die Zahl bei der Wüstenheuschrecke *Schistocerca gregaria.* Jede der in der Pars intercerebralis dicht beieinander liegenden Gruppen besteht aus 1200 Zellen, von denen 90% färbbare Einschlüsse enthalten (HIGHNAM 1961). Fraglich ist allerdings, ob es sich bei allen um neurosekretorische Zellen handelt. Die Pars intercerebralis der Dipteren enthält dagegen wesentlich weniger Sekretionszellen (Abb. 16, 17), z. B. bei der Fruchtfliege *Chaetodascus cucurbintae* etwa 12 Zellen (NAYAR 1954), bei *Drosophila* 24 bis 32 (KÖPF 1957), bei *Calliphora* 16 bis 20 (M. THOMSEN 1954), bei *Corethra* 16 bis 24 (H. FÜLLER 1960). Ähnlich einheitlich ist ihre Zahl in der Pars intercerebralis der Lepidopteren. Bei dem Nachtschmetterling *Hyalophora cecropia* treten innerhalb und

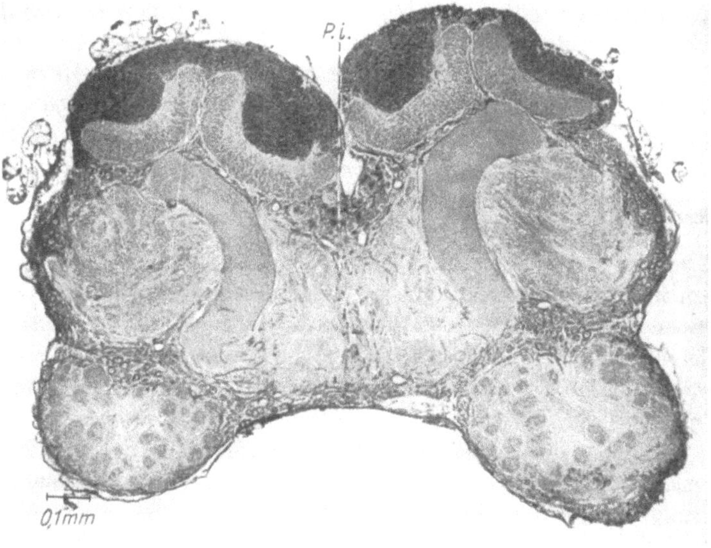

Abb. 14. Schnitt durch das Cerebralganglion der Schabe *Periplaneta americana* mit der Pars intercerebralis (P. i.)

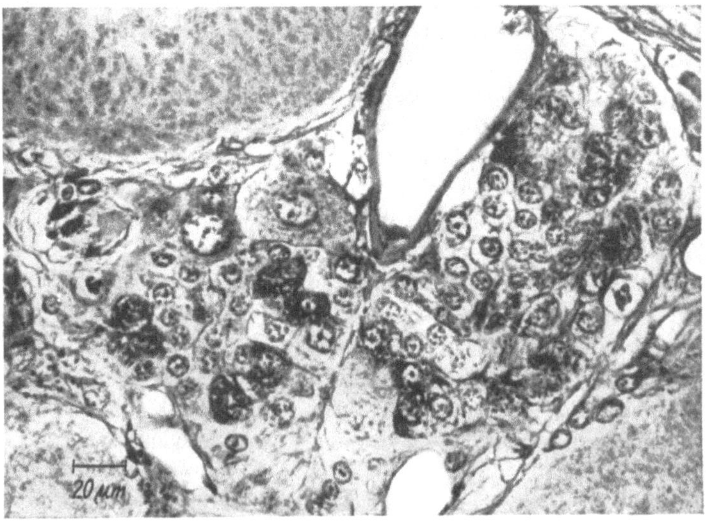

Abb. 15. Region der Pars intercerebralis von *Periplaneta americana* mit zahlreichen neurosekretorischen Zellen

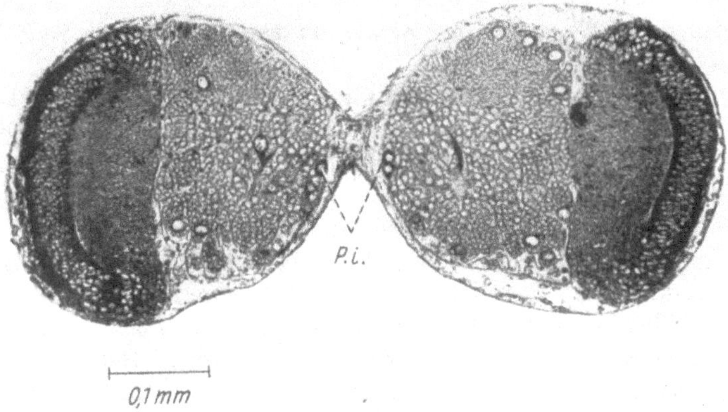

Abb. 16. Schnitt durch das Cerebralganglion der Schmeißfliege *Calliphora erythrocephala* mit der Pars intercerebralis (P. i.)

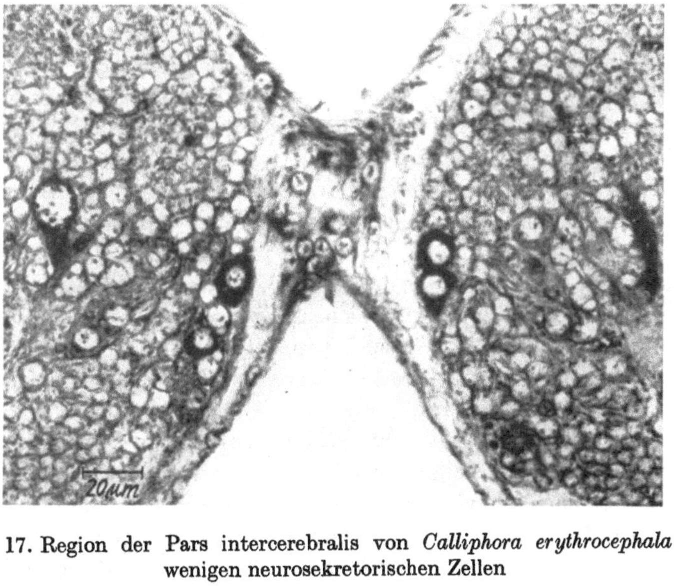

Abb. 17. Region der Pars intercerebralis von *Calliphora erythrocephala* mit wenigen neurosekretorischen Zellen

lateral der Pars intercerebralis 16 bzw. 6 (WILLIAMS 1948), bei der Mehlmotte *Ephestia kühniella* auf jeder Seite des Gehirns 7 bis 8 auf (REHM 1960). Bei der Wanze *Iphita limbata* stellten NAYAR (1955) 32 Zellen, bei *Oncopeltus fasciatus* JOHANSSON (1958) etwa 24 Zellen in der Pars intercerebralis fest.

Das Protocerebrum enthält häufig außer den medianen noch laterale neurosekretorische Zellen. Solche wurden erstmals im Gehirn von *Hyalophora cecropia* (WILLIAMS 1948), später bei der Bienenlarve *Apis mellifera* (L'HÉLIAS 1950), bei Odonaten und Ephemeropteren (ARVY und GABE 1952), weiterhin bei *Iphita limbata* (NAYAR 1955), bei *Forficula auricularia* (L'HOSTE 1953), bei *Bombyx mori* (BOUNHIOL, GABE und ARVY 1954), bei *Calotermes flavicollis* (NOIROT 1957), bei den Aphiden (JOHNSON 1963), bei dem Ohrwurm *Anisolabus maritima* (OZEKI 1958) und auch bei Apterygoten (YASHIKA 1960; BARETH 1962; BART 1963) festgestellt. Zahlenmäßig sind es meistens kleine Gruppen, bei *Calotermes* und Aphiden z. B. jederseits nur eine einzige Zelle von sehr konstanter Lage. Im Gehirn von *Drosophila* finden sich beidseits 2 laterale Gruppen, von denen die eine 2 bis 3 basophile (sogenannte A-Zellen), die andere 3 bis 4 phloxinophile Zellen (sogenannte B-Zellen) aufweist (KÖPF 1957). Weitere Angaben innerhalb der Dipteren beziehen sich auf *Calliphora* und *Lucilia*. Erstere besitzt 2 laterale Gruppen je zu etwa 3 Zellen (M. THOMSEN 1954), letztere beidseits je 2 laterale Zellen. Diese unterscheiden sich von denen der Pars intercerebralis durch ihre färberischen Eigenschaften. Bemerkenswert erscheint weiterhin ihre besondere Aktivität beim sich entwickelnden Präpupariumstadium (FRASER 1959). Durch ihr färberisches (ausschließlich phloxinophiles) Verhalten sind auch die lateralen Zellen von *Ephestia kühniella* und *Galleria mellonella* gekennzeichnet (REHM 1955). Ebenso könnte auch der Befund bei *Bombyx mori*, daß die lateralen Zellen des Protocerebrums erst bei der jungen Puppe in Erscheinung treten, dann aber bis zum Tode des Tieres erhalten bleiben (BOUNHIOL, GABE und ARVY 1954), als ein Hinweis auf speziellere Funktionen nach der postembryonalen Entwicklungsphase dienen.

In all diesen Fällen läßt sich allerdings kaum etwas über die spezielle Bedeutung dieser Zellen, beispielsweise im Vergleich zu denen der Pars intercerebralis, aussagen. Genauere Vorstellungen bestehen demgegenüber für die einzelnen neurosekretorischen Zellgruppen bei Phasmiden. So nimmt DUPONT-RAABE (1958) auf Grund unterschiedlicher färberischer Affinität zwischen den Zellen der Pars intercerebralis, den Zellen lateral im Protocerebrum und denen im Tritocerebrum 3 verschiedene Sekretionsprodukte an. In gewisser Übereinstimmung damit stehen die Befunde von MOTHES (1960) über die Lokalisation der farbwechselaktiven Substanzen. Der die Verdunkelung der Hypodermis bewirkende Faktor konnte auf die lateralen Bereiche, der die Aufhellung verursachende auf den Bereich der Pars intercerebralis lokalisiert werden. Da inzwischen diese beiden Faktoren unter der Bezeichnung Neurohormon C_1 und D_1 isoliert und kristallin gewonnen wurden (GERSCH, FISCHER, UNGER, KOCH 1960), ist die Annahme wahrscheinlich, daß Neurohormon C_1 dem lateralen Zellbereich und Neurohormon D_1 den neurosekretorischen Zellen der Pars intercerebralis entstammen. Diese Auffassung wird noch dadurch gestützt, daß Neurohormon D_1 die für das Aktivationshormon der Insektenmetamorphose kennzeichnenden Wirkungen ausübt. Es wird nach allen Erfahrungen von der Pars intercerebralis ausgeschieden (S. 134).

Zellen mit Sekreteinschlüssen sind auch in einigen Fällen für das Frontalganglion beschrieben worden, ohne daß etwas über ihre Funktion ausgesagt werden kann (REHM 1951; BOUNHIOL, GABE und ARVY 1954).

Von den einzelnen Ganglien des Bauchmarks zeichnet sich vor allem das Unterschlundganglion durch verschiedene neurosekretorische Zellen aus. Nachdem zum ersten Mal bei dem Schmetterling *Ceratonia catalpae* — und damit grundsätzlich — nachgewiesen wurde, daß ihr Vorkommen nicht auf das Gehirn beschränkt bleibt (DAY 1940), sind sie inzwischen auch bei anderen Insektenordnungen festgestellt worden. Nicht selten besteht eine zeitliche Übereinstimmung zwischen der Sekretionsaktivität dieser Zellen und bestimmten Funktionsphasen des Tieres. Bei der Mehlmotte *Ephestia kühniella* durchlaufen die neurosekretorischen Zellen des Unterschlundganglions Tätigkeitsrhythmen in Beziehung zu den Häutungen, ähnlich wie dies für die Zellen im Gehirn zutrifft (REHM 1951). Eine entsprechende Sekretionsrhythmik besteht auch bei den Raupen des Wolfsmilchschwärmers *Deilephila euphorbiae* (KONOK 1958), während die neurosekretorischen Zellen des Unterschlundganglions vom Seidenspinner nach BOUNHIOL, GABE und ARVY (1954) fortgesetzt funktionieren.

Im *Unterschlundganglion* von *Tenebrio molitor* findet sich beidseitig je eine Gruppe neurosekretorischer Zellen, deren Aktivität unmittelbar vor jeder Häutung zunimmt und von denen Axone zur Häutungsdrüse ziehen (ARVY und GABE 1953). Rhythmische Sekretionstätigkeit zeigen nach DÖHMER (1958) neurosekretorische Zellen des Unterschlundganglions der Biene, die in diesem Fall mit der der Zellen der Pars intercerebralis parallel verläuft und hier mit der Puppenzeit beginnt. Bei der Pyrrhocoride *Iphita limbata* besteht eine Übereinstimmung im färberischen Verhalten zwischen den neurosekretorischen Zellen des Unterschlundganglions und den B-Zellen der Pars intercerebralis (NAYAR 1955).

Über die neurosekretorischen Verhältnisse im Unterschlundganglion der Blattarier hat B. SCHARRER (1941, 1955) bei *Leucophaea maderae* eingehend berichtet. Es treten hier verschiedene, hinsichtlich Anordnung und Lage konstante Zellgruppen auf, was neuerdings auch für *Periplaneta americana* und *Blatta orientalis* bestätigt wurde (FÜLLER 1960). Auf einen funktionellen Zusammenhang zwischen den Zellen des Unterschlundganglions und den Ovarien weisen die Befunde nach Kastration von *Leucophaea* hin (B. SCHARRER 1955). Die durch ihre besondere Anfärbung mit Lichtgrün in diesem Falle gekennzeichneten Elemente, die als Kastrationszellen bezeichnet wurden, können als Anzeichen endokriner Funktion gewertet werden. Dabei sind sicherlich nicht nur Zellen des Unterschlundganglions, sondern auch entsprechende Zellen in allen übrigen Bauchganglien beteiligt, wie sich aus Kastrationsexperimenten an *Periplaneta americana* ergeben hat (GERSCH 1960).

Unter den Dipteren wurden neurosekretorische Zellen im Unterschlundganglion von *Drosophila* (KÖPF 1957) und von *Culex pipiens* (CLEMENTS 1956) und verschiedenen Hippobosciden (ULRICH 1963) beobachtet. Bei *Lucilia* treten nur bei Diapause-Tieren wenige phloxinophile Zellen auf. Über ihre Bedeutung läßt sich nichts aussagen. Die bei Ephemeropteren und Odonaten im Unterschlundganglion vorkommenden neurosekretorischen Zellen zeigen maximale Aktivität in der 2. Hälfte der Larvenperiode (ARVY und GABE 1953). Weitere Beispiele für symmetrisch angeordnete neurosekretorische Zellen im Unterschlundganglion sind *Forficula* (L'HOSTE 1953) und die Termite *Calotermes flavicollis* (NOIRET 1957).

Bauchmark. Im Vergleich zu den morphologischen und physiologischen Ergebnissen der hormonalen Bedeutung des Unterschlundganglions sind unsere Kenntnisse über das Bauchmark noch äußerst lückenhaft. Abgesehen von einigen vereinzelten früheren Angaben über

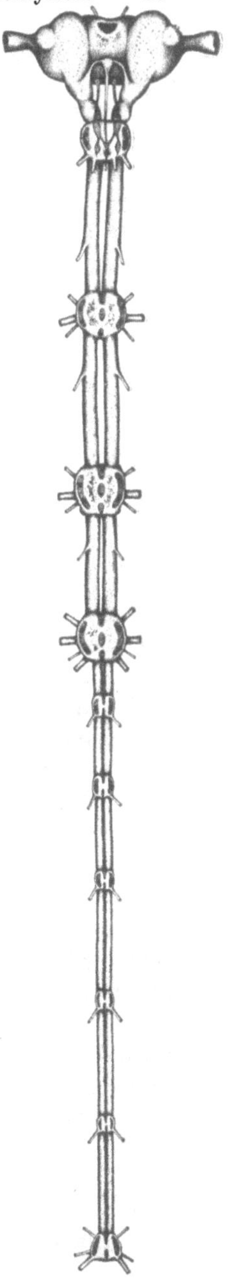

neurosekretorische Zellen auch in den anderen Ganglien des Bauchmarkes (DAY 1940; REHM 1951), machen erst neueste Befunde wahrscheinlich, daß die neurosekretorischen Zellen sicherlich ganz allgemein bei Insekten in allen Teilen des Zentralnervensystems anzutreffen sind (Abb. 18). Nachweise liegen für Apterygoten (BART 1962, 1963; BARETH 1963) weiterhin für *Chaetodacus cucurbintae* (NAYAR 1954), *Lucilia caesar* (FRASER 1959), *Chaoborus* (FÜLLER 1960), *Culex pipiens* (CLEMENTS 1956), *Drosophila* (KÖPF 1957) innerhalb der Dipteren, für einzelne Thoracalganglien bei den Hemipteren *Oncopeltus fasciatus* (JOHANSSON 1958) und *Iphita lumbata* (NAYAR 1955), für Aphiden (JOHNSON 1963), für Käfer (RANGNEKER und NIRMAL 1961), unter den Lepidopteren für *Deilephila* (KONOK 1958) und *Ephestia kühniella* (REHM 1951), weiterhin für die Biene (DÖHMER 1958; BIEDERMANN 1964), die Termite *Calotermes* (NOIROT 1957), für die Schaben *Periplaneta americana*, *Blatta orientalis* (FÜLLER 1960) und *Blaberus craniifer* (GELDIAY 1959) sowie für zahlreiche Orthopteren (PANOV 1962; DELPHIN 1963) vor. In keinem Falle liefern die bisherigen morphologischen Beobachtungen Hinweise für ein Verständnis der funktionellen Bedeutung. Dennoch ist daraus zu erkennen, daß das Nervensystem der Insekten auch als endokrines System eine Einheit darstellt (GERSCH 1957).

Zur *Embryologie neurosekretorischer Zellen.* Angaben über die frühe Embryogenese der Gehirndrüsenzellen sind bisher sehr spärlich. Im Gehirn von *Locusta pardolina* fallen mit Beginn der Phase, in der die mitotische Entwicklung wieder einsetzt, große Zellen in jenen Bereichen auf, in denen sich später die neurosekretorischen Zellen befinden. Sekretionstätigkeit wurde auf so frühen Stadien niemals beobachtet, weshalb eine Unterscheidung von den

Abb. 18. Vorkommen und Verteilung neurosekretorischer Zellen im Zentralnervensystem von *Periplaneta americana* sonstigen Ganglienzellen während dieser Entwicklungsphase unmöglich ist.

Hingegen lassen sich bereits bei 42 Tage alten Embryonen von *Periplaneta americana* aktive neurosekretorische Zellen im Protocerebrum und im Unterschlundganglion beobachten (KHAN und FRASER 1962). In anderen Fällen scheint die Aktivität erst in den frühen Larvenstadien einzusetzen. Allerdings erlauben die bisherigen wenigen Einzelbefunde noch keine umfassenden Aussagen. Bei *Drosophila*-Larven treten deutliche Sekretionserscheinungen erst einige Tage nach dem Schlüpfen auf (KÖPF 1957). Als kaum sichtbar werden die neurosekretorischen Zellen im ersten Stadium von *Forficula auricularia* gekennzeichnet, die erst im zweiten Larvenstadium deutliche Sekreteinschlüsse enthalten (L'HOSTE 1953).

Zyklische Aktivität neurosekretorischer Zellen. Bei zahlreichen Insekten wurde eine besondere Aktivität der neurosekretorischen Zellen der Pars intercerebralis in Beziehung zu bestimmten Entwicklungsetappen, insbesondere zu den Häutungsvorgängen, festgestellt. Wie wir heute wissen, wird das Aktivationshormon der Insektenmetamorphose in diesen Zellen gebildet.

Zyklische Veränderungen treten im Rhythmus der Raupen- und Puppenhäutung bei *Ephestia* auf (REHM 1951). Dagegen unterbleiben diese Sekretionsphasen in der älteren Puppe und während des Imaginallebens, so daß der Zusammenhang mit den Häutungs- und Metamorphosevorgängen ganz offensichtlich ist. Ähnlich stellten ARVY, BOUNHIOL und GABE (1953) an den neurosekretorischen Zellen der Pars intercerebralis des Seidenspinners *Bombyx mori* eine rhythmische Aktivität fest. Wenige Tage vor der letzten Larvenhäutung kommt es zu starker Sekretbildung. Das Sekret wird dann über den Nervus corporis cardiacus zu den Corpora cardiaca und Corpora allata geleitet. Anschließend erfolgt eine Sekretverarmung. In der jungen Puppe setzt dann eine neue Sekretionsphase ein. Außerdem tritt beim Weibchen kurz vor der Eiablage nochmals erneute Aktivität auf. Eine Beziehung der Neurohormone zur Eireifung bzw. zur Eiablage läßt sich bei zahlreichen Insekten feststellen.

Bei Phasmiden ist zugleich auch eine deutliche Aktivität der neurosekretorischen Zellen während der Larvenentwicklung erkennbar (DUPONT-RAABE 1951). Hier ist die Sekretion zwischen 2 Häutungen in bestimmter Zeit besonders intensiv. In enger Beziehung dazu steht auch die rhythmische Aktivität der Corpora cardiaca. HERLANT-

Meewis und Paquet (1956) stellten bei *Carausius morosus* fest, daß die Corpora cardiaca unmittelbar nach der Häutung nur wenig aktiv sind, später dann wieder bis zum 10. Tage Sekret anreichern.

Rhythmische Zellaktivität der Pars intercerebralis-Region in Verbindung mit Häutung wurde auch bei verschiedenen Dipteren beobachtet. Bei *Drosophila* sind die Zellen der schlupfreifen Puppen mit Sekretgranula beladen (Köpf 1957). Bei den 6 Gruppen neurosekretorischer Zellen, die im Gehirn von *Lucilia caesar* vorkommen und sich hinsichtlich ihrer Lage, der färberischen und z. T. histochemischen Eigenschaften unterscheiden, bestehen zugleich Unterschiede in ihren Aktivitätsphasen (Fraser 1959). Es zeigen die phloxinophilen Zellen der 6. Gruppe besondere Tätigkeit während der Ausbildung der Präpuppe. Zellen der Gruppe 3 sind dagegen während der Diapause aktiv, so daß die morphologischen Bilder Rückschlüsse auf Sekretionszyklen und auf bestimmte Funktionen zulassen. Auch bei *Calliphora* kommen Unterschiede in der Sekretion der neurosekretorischen Zellen vor. Die Kerne der medianen neurosekretorischen Zellen der Pars intercerebralis vergrößern ihre Aktivität als Antwort auf ein aktives Corpora allatum. Nach Allatektomie oder auch nach Implantation inaktiver Corpora allata in allatektomierte Fliegen bleiben diese Kerne klein und inaktiv. Hieraus geht zugleich hervor, daß das Corpus allatum ein Hormon erzeugt, welches die Synthese des neurosekretorischen Materials stimuliert (Thomsen 1952; Lea und Thomsen 1962). Zwischen beiden Hormonorganen bestünde somit eine „feed-back-reaction".

Einige Befunde weisen auch bei Hymenopteren auf Sekretionsrhythmik hin. Bei Bienen beginnen die neurosekretorischen Zellen der Pars intercerebralis während der Puppenzeit mit der Sekretion (Döhmer 1958). In Trachtbienen wird der Höhepunkt erreicht, während bei Bienen im alten Stock die Sekretion wieder abnimmt (Abb. 19). Ganz entsprechend dazu fand Church (1955), daß die Aktivität der neurosekretorischen Zellen bei der Blattwespe *Cephus cinctus* etwa 10 Tage vor der der Prothoraxdrüse liegt.

Zyklische Veränderungen der neurosekretorischen Zellen in Beziehung zu den Häutungen bestehen weiterhin nach Arvy und Gabe (1953, 1954) bei Ephemeriden — in diesem Fall zur Subimaginalhäutung — und bei Odonaten und Plecopteren, bei denen eine maximale Tätigkeit während der Imaginalhäutung vorliegt. Wenig ist bisher über Neurosekretion bei Coleopteren gearbeitet worden, so daß auch die

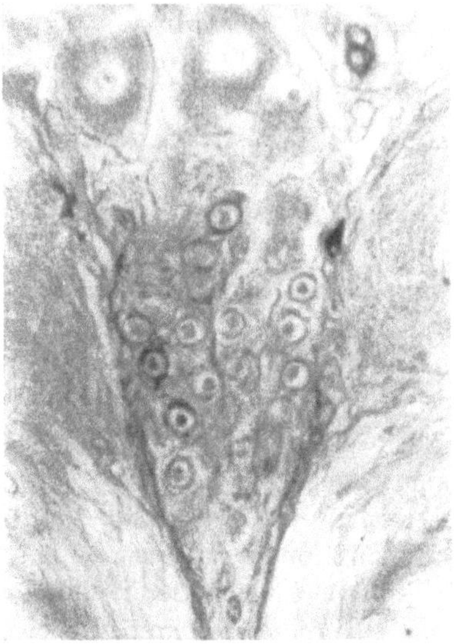

Abb. 19 a

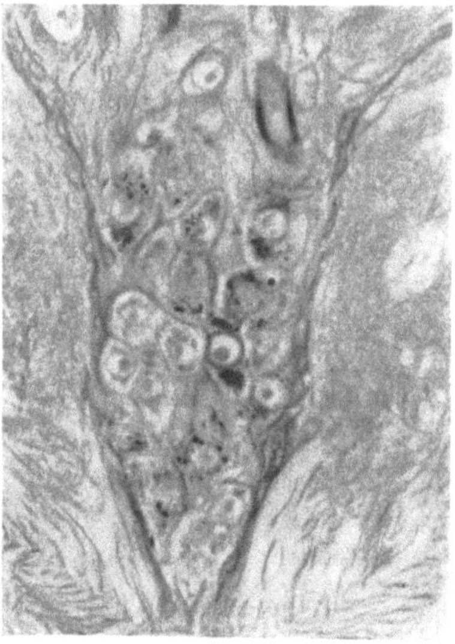

Abb. 19 b

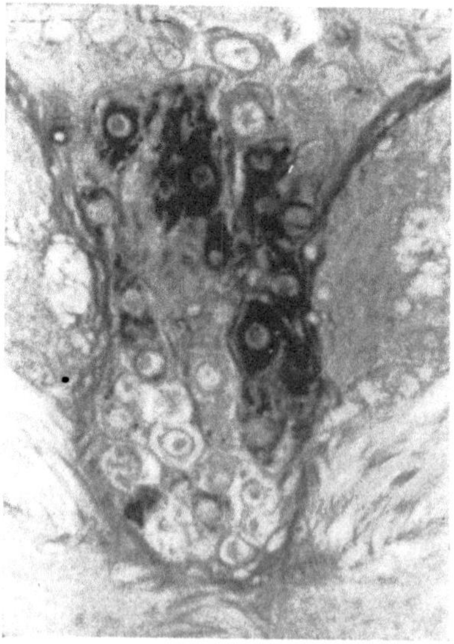

Abb. 19 c

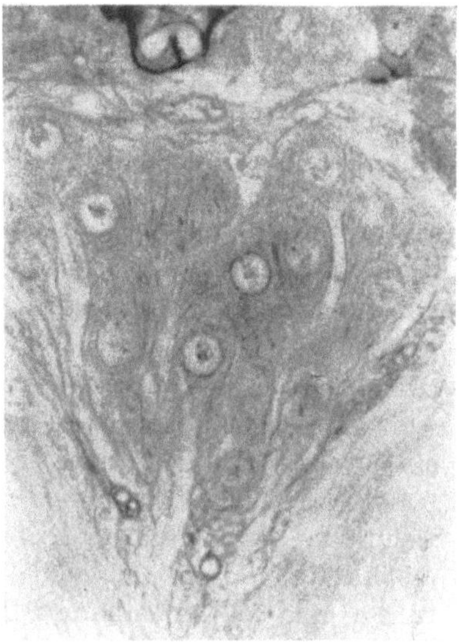

Abb. 19 d

Abb. 19. Sekretionsaktivität der Pars intercerebralis während verschiedener Lebensphasen bei Bienen.
a) Frisch geschlüpfte Arbeiterin. Nur ganz geringe Anzeichen für sekretorische Funktion; b) 10 Tage alte Arbeitsbiene; c) 25 Tage alte Arbeitsbiene; d) Pars intercerebralis einer frisch geschlüpften Bienenkönigin; e) 14 Tage alte Bienenkönigin unmittelbar nach dem Begattungsflug. (Nach M. BIEDERMANN 1964)

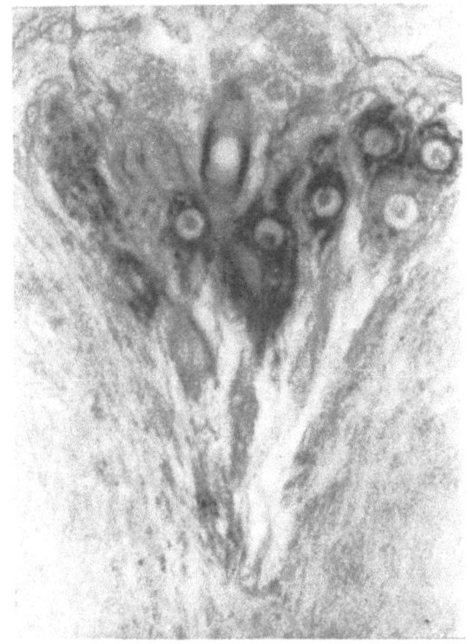

Abb. 19 e

Angaben zur Tätigkeitsrhythmik spärlich sind. Nach KLUG (1958) tritt eine deutliche Aktivitätsrhythmik der neurosekretorischen Zellen des Gehirns in Beziehung zur Funktion der Corpora allata in Erscheinung. ARVY und GABE (1953) fanden, daß bei *Tenebrio* maximale Sekretanhäufung in der Pars intercerebralis im Imagostadium erfolgt.

Ein weiterer Fall für rhythmische Tätigkeit neurosekretorischer Zellen ist nach NOIROT (1950) die Termite *Calotermes flavicollis.* Bei Larven des 2. Stadiums findet man 4 bis 6 neurosekretorische Zellen im Gehirn in der Pars intercerebralis, weiterhin in der Nähe der Glomeruli des Deutocerebrums und an der Außenseite der Corpora pedunculata. Während der Häutung verschwindet das Neurosekret außer in den Zellen des Deutocerebrums. Bei der geschlechtsreifen Imago erreicht die Neurosekretion ihren Höhepunkt, so daß eine Beziehung zur Funktion der Gonaden angenommen wird. Klare Schlußfolgerungen erlauben allerdings auch diese Feststellungen nicht.

In anderen Fällen, wie z. B. bei Schaben und der Mückenlarve *Chaoborus* konnte kein Sekretionszyklus der sezernierenden Neurone der Pars intercerebralis im Rhythmus der Häutungen beobachtet werden. Bei *Chaoborus* läßt sich jedoch experimentell ein Aktivitätszyklus durch Reizung des Nervensystems erreichen (FÜLLER 1960) (Abb. 20). Die zahlreichen Befunde weisen recht überzeugend darauf hin, daß zwischen den morphologischen Vorgängen und dem Entwicklungsablauf ein enger Zusammenhang besteht. Bestätigt wird dies schließlich auch durch Explantation oder Implantation von Gehirn bzw. nur von Protocerebrum.

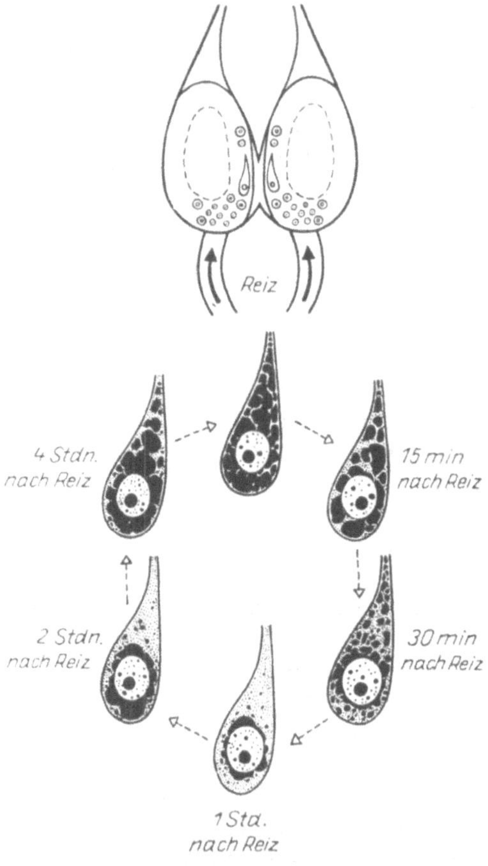

Abb. 20. Durch Reizung des Nervensystems experimentell induzierte Ausschüttung von Neurosekret der Zellen der Pars intercerebralis von *Chaoborus* und anschließende Sekretrestitution. (Nach FÜLLER 1960)

Bei *Periplaneta americana* und *Blaberus cranifer* beschrieb CASE (1957) mediane Abdominalnerven mit medianen Nervenverdickungen, die wahrscheinlich Ganglien darstellen. Obgleich hierbei noch viele — selbst anatomische — Merkmale unsicher sind, wie z. B. der Aufbau der mutmaßlichen Ganglien, verdienen diese Beobachtungen deshalb großes Interesse, weil sie sehr an die Verhältnisse bei dem Stomatopoden *Squilla mantis* erinnern. Dort handelt es sich um neurokrine Strukturen.

Die neurosekretorischen Verhältnisse der Insekten sind in erster Linie durch die bei allen Insektengruppen in der Pars intercerebralis des Protocerebrums auftretenden sekretorischen Zellen gekennzeichnet. Rhythmische Sekretionstätigkeit ist häufig in Parallele zu den Häutungs- und Metamorphosevorgängen nachzuweisen. Außer den Zellen des Protocerebrums werden bei verschiedenen Objekten noch im deutotritocerebralen Bereich des Gehirns oder im Frontalganglion sekretorisch tätige Zellen festgestellt. Neurosekretorische Zellen treten weiterhin im Unterschlundganglion und auch in den Ganglien des Bauchmarks auf.

Außer dem Gehirn hat auch das Unterschlundganglion neurokrine Bedeutung. Für die Ganglien der Bauchkette lassen sich dagegen noch keine klaren Vorstellungen auf Grund der morphologischen Feststellungen entwickeln. Dennoch muß die Einheit des Nervensystems auch als endokrines System ebenfalls für die Insekten angenommen werden. Die daraus sich ergebenden Konsequenzen bei der hormonalen Steuerung sind bisher kaum ernsthaft bedacht worden.

Arachniden. Neurosekretorische Zellen wurden bei allen bisher daraufhin untersuchten Ordnungen der Spinnentiere festgestellt, nämlich bei Skorpionen (*Scorpiones*), Pseudoskorpionen (*Pseudoscorpiones*), Spinnen (*Araneae*), Weberknechten (*Opiliones*) und Milben (*Acari*). Eingehender sind die Verhältnisse bei Spinnen (KÜHNE 1959) und bei Weberknechten (NAISSE 1959) bearbeitet. Im Oberschlundganglion, das bei Spinnentieren aus dem Proto- und Tritocerebrum besteht, liegen die neurosekretorischen Zellen in mehreren symmetrisch angeordneten Gruppen gewöhnlich im ersteren (Abb. 21). Im Protocerebrum von Opilionen finden sich nach NAISSE (1959) jeweils 3 symmetrische Gruppenpaare, während GABE (1955) 2 orale und aborale Bereiche nennt. Im Protocerebrum der Spinnen werden von LEGENDRE (1954, 1956), GABE (1956) und KÜHNE (1959) 2 Paar neurosekretorische Zellgruppen beschrieben, die ebenfalls symmetrisch zur Mediane angeordnet sind und von denen die aborale Gruppe von 6 bis 8 Zellen schon früheren Autoren infolge ihrer Größe und ihres allgemeinen Aussehens aufgefallen war (SCHIMKEWITSCH 1884; SAINT-REMY 1887). Dagegen sind die oralen protocerebralen Zellen nur zu erkennen, wenn sie Sekret enthalten. Außerdem sind im Tritocerebrum 2 weitere Gruppen vorhanden (KÜHNE 1959).

Auch im Unterschlundganglionkomplex treten nach übereinstimmenden Befunden bei allen Vertretern der genannten Ordnungen neurosekretorische Zellen auf. Bei Spinnen liegen beidseitig pro Extre-

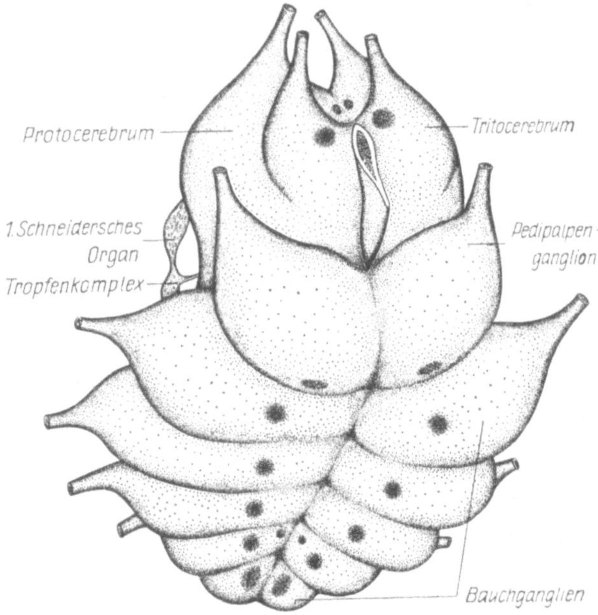

Abb. 21. Vorkommen und Verteilung neurosekretorischer Zellen im Zentralnervensystem bei Spinnen. (Nach KÜHNE 1959)

mitätenganglion etwa 5, im Pedipalpenganglion wahrscheinlich weniger neurosekretorische Zellen. Somit ist bei den Spinnentieren das gesamte Zentralnervensystem endokrinologisch ebenfalls als Einheit anzusehen. Sehr ausgeprägt ist hier die metamere Anordnung (Abb. 21).

Direkte Befunde zur endokrinologischen Bedeutung einzelner neurosekretorischer Zellgruppen liegen für Spinnentiere noch nicht vor. Höchstens erlauben einige Parallelen zwischen erhöhter Sekretionsaktivität bestimmter Zellbereiche und einzelnen Vorgängen im Lebensablauf der Tiere gewisse Mutmaßungen über die regulatorische Bedeutung der Faktoren. Bei Opilionen zeigen nach NAISSE (1959) die oralen Zellen des Protocerebrums, die schon mit dem ersten Larvenstadium erkennbar sind, starke Aktivität in den Zwischenhäutungsphasen, besonders klar bei *Phalangium* und *Liobunum*. Ihre Sekretionstätigkeit hält auch bei geschlechtsreifen Tieren an. Mit Reifung der Geschlechtsprodukte tritt vor allem eine erhöhte Sekretionstätigkeit der aboralen Zellen ein. Im Gegensatz dazu fand KÜHNE (1959) bei Spinnen keine klaren Zusammenhänge zwischen neurosekretorischer Tätigkeit und den Häutungsschritten. Möglicherweise besteht eine Beziehung zur Geschlechtsreife, worauf nicht allein die zeitliche, damit übereinstimmende Sekretionsrhythmik, sondern außerdem der Befund hindeuten könnte, daß bei den Lycosiden alle kokontragenden Weibchen zahlreiche und stark gefüllte neurosekretorische Zellen aufweisen.

Von weiterem Interesse sind bei allen Formen am Gehirn vorhandene Komplexe, die teilweise als Drüsenorgane, teilweise auch als Speicherorgane angesprochen werden. Diese Gebilde sind die von POLICE (1903) beschriebenen „stomatogastrischen Ganglien" der Skorpione, die Parapharyngealorgane der Pseudoskorpione, die SCHNEIDERschen Organe der Arachniden und die paraganglionären Platten der Opilioninen und Acarinen. Genauere Untersuchungen des retrocerebralen Komplexes, wie sie neuerdings für Spinnen vorliegen (KÜHNE 1959; LEGENDRE 1959) zeigen, daß eine Homologisierung der SCHNEIDERschen Organe mit den Corpora cardiaca der Insekten, die GABE (1955) erwogen hat, nicht ohne Einschränkung vorgenommen werden kann. Unbestritten bleibt jedoch, daß es sich um Drüsen bzw. Speicherstätten wahrscheinlich endokriner Natur handelt.

Xiphosuren. Die neurosekretorischen Verhältnisse der Xiphosuren, einer heute nur noch mit wenigen Arten vertretenen Gruppe, sind in zweierlei Hinsicht von besonderem Interesse. Von dem zentralen Nervensystem vom *Limulus*, das aus dem Circumoesophagealring im Cephalothorax und den Abdominalganglien besteht, enthalten, mit Ausnahme der Corpora pedunculata, die $^3/_4$ des Gehirns ausmachen, alle Bereiche des Zentralnervensystems neurosekretorische Zellen (B. SCHARRER 1941), (Abb. 22). Die Zahl und die Verteilung der Zellen innerhalb der einzelnen Ganglien verschiedener Tiere weist beträchtliche Unterschiede auf. Bei manchen Tieren sind im Nervensystem nur 1 oder 2 Drüsenzellen zu erkennen, bei anderen über 1000. Bei einem Weibchen zählte B. SCHARRER (1941) 2994 sekretorische Zellen.

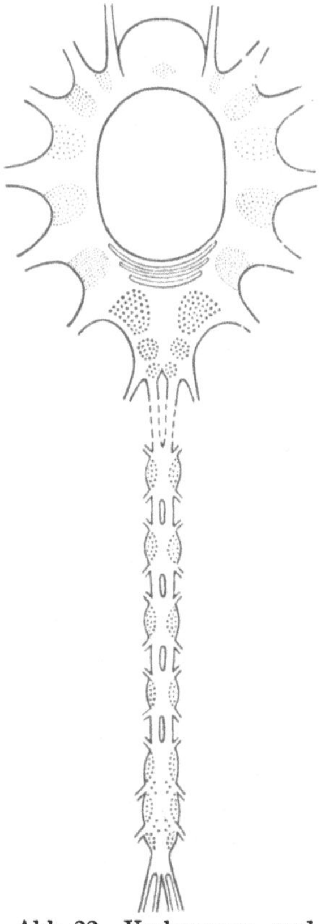

Abb. 22. Vorkommen und Verteilung neurosekretorischer Zellen im Zentralnervensystem des Molukkenkrebses *Limulus*. Bemerkenswert erscheint die große Zahl von Sekretionszellen im Bauchmark außer im Gehirn bei dieser phylogenetisch alten Art. (Nach B. SCHARRER 1941)

Größere Komplexe sekretorischer Zellen, die symmetrisch angeordnet sind, treten im Bereich der Thoracalganglien innerhalb des Circumoesophagealringes auf. In den einzelnen Abdominalganglien finden sich je nach Aktivität symmetrische Gruppen von verschiedener Größe. Insgesamt ist die Zahl der neurosekretorischen Zellen in allen Abdominalganglien zusammen größer als im Circumoesophagealring.

Das Überwiegen neurosekretorischer Zellen in den Abdominalganglien ist vor allem auch deshalb bemerkenswert, weil die Xiphosuren eine seit dem Silur fast unveränderte Form darstellen. Diese Tatsache ist für die phylogenetische Bewertung der neurosekretorischen Verhältnisse bei *Limulus* von Wichtigkeit. Es kann dies als weiterer Hinweis dafür angesehen werden, daß sich die neurokrinen Verhältnisse in ihrer ursprünglichen Form auf das gesamte Zentralnervensystem erstrecken. Klare Aussagen über die funktionelle Bedeutung sind allerdings auch in diesem Falle bisher nicht möglich. B. SCHARRER (1941) konnte keine Beziehungen der Sekretionstätigkeit zu bestimmten Lebensphasen, wie Fortpflanzungsperiode, oder zu den Geschlechtern feststellen. Eine gewisse Abhängigkeit vom Alter liegt insofern vor, als bei den größeren Tieren auch stärkste Aktivität vorhanden ist. Wie BROWN und CUNNINGHAM (1941) feststellten, besitzen Extrakte des Nervensystems starke Wirkung auf die Chromatophoren verschiedener Krebse. Allerdings erlaubt dies noch keine Schlußfolgerung auf die Funktion der hormonalen Substanzen für *Limulus* selbst, da *Limulus* keine entsprechenden Chromatophoren besitzt.

B. Speicherorte und Speicherorgane des Neurosekrets (Neurohaemalorgane)

Sehr häufig wird das in den neurosekretorischen Zellen produzierte Sekret nicht kontinuierlich in die Hämolymphe abgegeben, sondern in verschiedenen Bereichen des Zentralnervensystems zunächst angesammelt. Ein Vergleich dieser Speicherorte bei verschiedenen Tier-

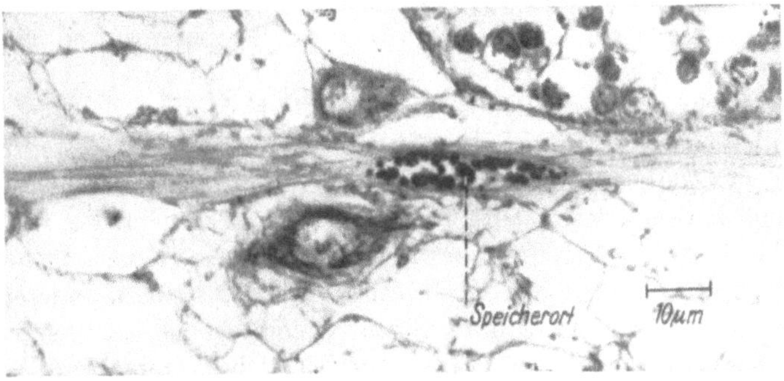

Abb. 23. Sagittalschnitt des Bauchmarks vom kleinen Leberegel *Dicrocoelium lanceatum*. Im Bauchmark ein Speicherort für Neurosekret. (Nach UDE 1962)

stämmen läßt die Tendenz zu stetiger Vervollkommnung von primitiven Formen bis zur Ausbildung drüsenartiger Sammelorte erkennen. Im einfachsten Fall kann Neurosekret zwischen den Nervenfasern des Bauchmarks gespeichert werden. Ein Beispiel hierfür bietet *Dicrocoelium lanceatum*, in dessen ventralem Bauchstrang einzelne Bereiche mit Sekretschollen anzutreffen sind (Abb. 23). Der Charakter als Speicherort für Neurosekret tritt besonders dann in Erscheinung, wenn mit erhöhter sekretorischer Aktivität der neurosekretorischen Zellen auch größere Mengen Neurosekret an diesen Stellen vorhanden sind. So führt osmotische Belastung bei der Planarie *Dendroceolum lacteum* sowohl zu stärkerer Sekretionstätigkeit als auch zu erhöhter Sekretansammlung im Bauchmark (UDE 1963).

Eine andere, weit verbreitete Form des Speicherortes wird von sekrethaltigen Axonen gebildet, die sich im Bereich des Perineuriums zu einem Geflecht auffasern, in dem sich Sekrettropfen ansammeln. Diese Komplexe stehen in enger Beziehung zu Lakunen oder Blutgefäßen. Am längsten sind derartige Bildungen bei höheren Krebsen bekannt und sowohl histologisch als auch hinsichtlich ihrer funktionellen Bedeutung genauer untersucht. CARLISLE und KNOWLES (1953) haben, vor allem ausgehend von den Verhältnissen der Sinusdrüse der Krebse, für diese Art der Organe, die primär aus Endigungen neurosekretorischer Fasern bestehen und dabei sekundär u. U. auch noch andere Gewebetypen, wie z. B. Bindegewebe, enthalten können und Blutgefäßen anliegen, die Bezeichnung *Neurohaemalorgan* vorgeschlagen.

Außer bei Krebsen sind derartige Strukturen auch bei Nemertinen, Polychaeten, Oligochaeten, Hirudineen, Gastropoden, Cephalodopen, möglicherweise weiterhin bei Onychophoren und Sipunculiden anzutreffen. Es erscheint daher berechtigt, die ursprünglich nur auf die Verhältnisse der Krebse bezogene Bezeichnung „Neurohaemalorgan" auch auf Bildungen ähnlicher Art bei Wirbellosen überhaupt auszudehnen. Darin drückt sich gleichzeitig aus, daß hier offensichtlich ein weit verbreitetes Funktionsprinzip vorliegt. Bei Krebsen beziehen sich unsere Kenntnisse dieser Erscheinung auf die morphologischen *und* physiologischen Verhältnisse. Bei den meisten anderen dagegen kennen wir bisher nur die morphologischen Zusammenhänge.

Ganz entsprechend, wie HANSTRÖM (1947) bei Krebsen auf primitivere und vollkommenere Ausbildung der Sinusdrüse hinweist, bestehen auch graduelle Unterschiede in der Vollkommenheit der Neurohaemalorgane anderer Wirbelloser. Im einfachsten Fall bilden die Nervenfasern eine Platte, die sich an ein Blutgefäß anlehnt. Eine solche einfache Verzweigung der Nerven mit unmittelbarem Kontakt tritt wohl im Cerebralganglion der Wegschnecke *Arion rufus* auf, soweit dies aus den kurzen Angaben VAN MOLS (1960) entnommen werden kann. In ähnlicher Weise ist die primitive Ausbildung des Neurohaemoralorgans bei dem Rüsselegel *Theromyzon* durch eine Auffaserung von Nerven in der dorsalen Kommissur des Gehirns gekennzeichnet, die sich im Bereich des Perineuriums an ein Blutgefäß anlehnt. Als eine weiter ausgebildete Form ist diejenige anzusehen, bei der noch andere Zellelemente, wie ein darüber sich ausbreitendes Epithel oder Bindegewebe, hinzutreten. Bei der am distalen Ende des Augententakels von *Helix aspersa* befindlichen Nervenendigungskuppe handelt es sich nach TUZET, SANCHEZ und PAVANS DE CECCATTY (1957) um ein endokrines Organ, das dem mehr fortgeschrittenen Bautypus entspricht.

Neben dieser Art von Neurohaemalorganen treten meist in vom Gehirn getrennten Organen Bildungen auf, die der Herkunft, ihrer Grundstruktur und auch ihrer Bedeutung als Speicherorgan von Neurosekret nach die Bezeichnung Neurohaemalorgan verdienen. Sie sind bisher allerdings nur in begrenzter Weise mit den Neurohaemalorganen primärer Ausprägung verglichen worden.

Diese Gebilde, hier als differenziertere Neurohaemalorgane bezeichnet, stellen ein von einem Epithel umkleidetes Organ dar, in das hinein Nervenfasern mit Sekret führen. Im Lumen dieses Organs wird Neurosekret gespeichert, das auf besonderen Sekretbahnen von neurosekretorischen Zellen nach dort transportiert wird. Die Epithelzellen des Organs können eventuell selbst sekretorisch tätig sein. Diese sekundären Speicherorgane für das Neurosekret leiten sich ebenfalls vom Nervensystem ab. Charakteristisches Beispiel hierfür sind die Corpora cardiaca der Insekten (s. S. 79). Auch das schon früher als neuroglanduläre Drüse gekennzeichnete Cerebralorgan der Nemertinen dürfte hier einzuordnen sein (B. SCHARRER 1941; LECHENAULT 1963), (S. 30).

1. Einfache Formen von Neurohaemalorganen

a) Anneliden

Im Gehirn zahlreicher Polychaeten befinden sich einfach gebaute Neurohaemalorgane, von BOBIN und DURCHON (1952) nach Untersuchungen an *Perinereis cultrifera* als Cerebro-Vascularkomplex bezeichnet. Dieser besteht aus einem konusförmigen Bezirk von Nervenfasern im Gehirn, der modifizierten bindegewebigen Gehirnkapsel und einem Blutplexus. Die Nervenfasern treten von innen in die an dieser Stelle mehr oder weniger ausgebuchtete bindegewebige Hülle. Von außen führen Blutgefäße an diesen Bereich heran. Vermutlich stellen die in dem konusartigen Traktus und zwischen den verdickten Bindegewebsscheiben liegenden färbbaren Schollen Neurosekret dar. Die Bedeutung dieser Bildung besteht daher wohl darin, einen Übertritt von Neurosekret über die vergrößerte Oberfläche in die Blutbahn zu gewährleisten (CLARK 1956; DEFRETIN 1955).

Bildungen ganz ähnlicher Art, bei denen sekretführende Nervenfasern, das Perineurium und unmittelbar daran herantretende Blutgefäße zusammentreffen, beschreibt HAGADORN (1958) für einige Hirudineen. Die Neuriten, die Sekret von bestimmten neurosekretorischen Zellen führen, bilden in der hinteren Region der dorsalen

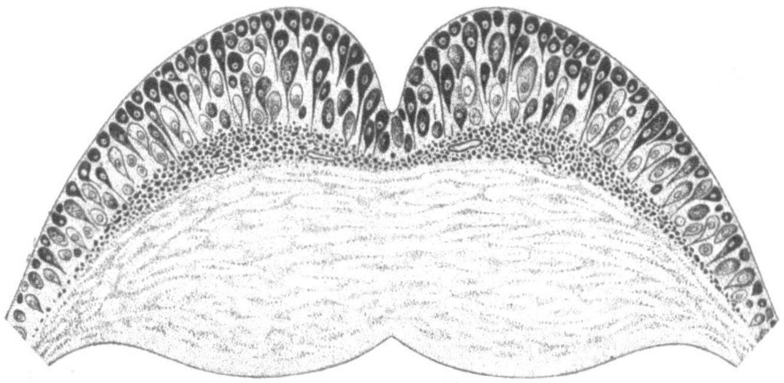

Abb. 24. Speicherorgan für Neurosekret (Neurohaemalorgan) im Cerebralganglion von *Lumbricus terrestris* (Cerebralorgan)

Kommissur ein Netzwerk, das sich teilweise in das Perineurium erstreckt. Auch hier sind sekretartige Schollen häufig anzutreffen. Prinzipiell entspricht dies somit den Verhältnissen bei Polychaeten.

Neurohaemalorgane sind durchaus nicht immer bei allen Arten einer bestimmten systematischen Kategorie vorhanden. Sie fanden sich unter einer Reihe untersuchter Hirudineen nur bei einzelnen. Bei dem Fischegel *Piscicola geometrica* trifft man außer den im Gehirn dicht unter dem Perineurium entlang ziehenden Sekretbahnen auch an einzelnen Stellen des Neurilems des Bauchmarks Sekretansammlungen an (v. TÜMPLING 1964). Sie dürften wohl prinzipiell den Speicherformen entsprechen, wie sie im Markstrangsystem von *Dicrocoelium* als ursprüngliche Erscheinungen vorliegen.

Bei Erdpolychaeten der Gattung *Lycastis* beschrieb HARMS (1948) im Gehirn einen Komplex neurosekretorischer Zellen, die in engste Beziehung zum Blutgefäß treten. Es handelt sich bei dieser als Cerebralorgan bezeichneten Struktur gleichfalls um ein Neurohaemalorgan, bei dem Neurosekret der hier in nächster Nähe der Abgabestelle des Gehirns gelegenen neurosekretorischen Zellen in das Blutgefäß tritt. Umfangreicher noch ist das „Cerebralorgan" bei Lumbriciden (Abb. 24). Hier liegt der Kappe des Gehirns mit den neurosekretorischen Zellen ein ganzes Kapillarnetz seitlich auf, und sie wird außerdem von zahlreichen Kapillaren durchsetzt, so daß eine starke Blutversorgung gewährleistet ist. Offenbar besitzen nur Lumbriciden unter den Oligochaeten ein Neurohaemalorgan. Bei den Arten anderer Familien wurden bisher keine entsprechenden Bildungen festgestellt, obwohl überall Nervendrüsenzellen im Zentralnervensystem vorkommen.

b) Sipunculiden

Mit Speicherorten am Gehirn der Sipunculiden ist zu rechnen. Die bisherigen Angaben erlauben jedoch noch keine endgültige Aussage über Charakter und Bedeutung der als „Sinnesorgane" beschriebenen Gebilde (ÅKESSON 1961; CARLISLE 1959) (S. 37).

c) Mollusken

Einfach gebaute Neurohaemalorgane besitzen verschiedene Gastropoden. Bei der Wegschnecke *Arion rufus* tritt der Kopfarteriennerv mit zahlreichen Fortsätzen und Verzweigungen an die Kopfarterie. Entlang den Fibrillen, die die Gefäßwände innervieren, finden sich neurosekretorische Granula (VAN MOL 1960). Ähnlich gebaute Cerebraldrüsen, deren Funktion noch unbekannt ist, wurden bei verschiedenen Heliciden festgestellt (NOLTE 1963). *Limnaea stagnalis* verfügt über Neurohaemalorgane im Bereich der Cerebralkommissur und der Cerebro-Pleuralkonnektive (JOOSSE 1963).

Bei *Helix adspersa* fanden TUZET, SANCHEZ und PAVANS DE CECCATTY (1957) am distalen Ende des Augententakels einen birnenförmig gestalteten Körper, der das Ende eines dicken Nervenstranges darstellt. Die histologische Untersuchung ergab, daß es sich um einen neuroendokrinen Komplex handelt. Ähnliche Bildungen konnten auch bei anderen Schnecken

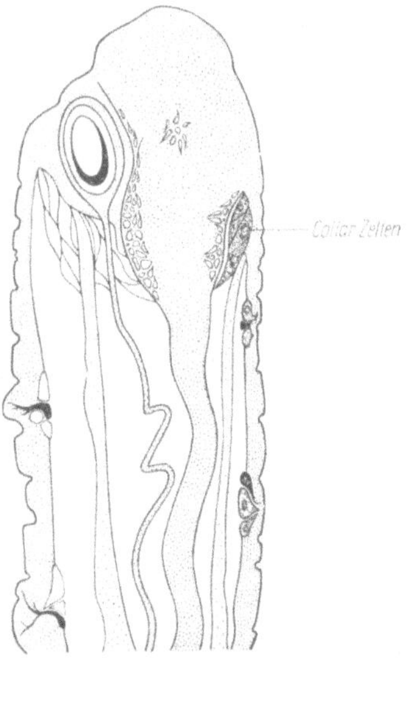

Abb. 25. Schematischer Längsschnitt durch den Augententakel stylomatophorer Pulmonaten. 3 Gruppen von Zellen zeigen sekretorische Aktivität. Die Collarzellen produzieren wahrscheinlich ein Hormon, das für die Eientwicklung verantwortlich ist. (Nach LANE 1962)

beobachtet werden, dort sitzen sie an der Basis des Tentakels (Wautier, de Ceccatty, Richardot, Buisson und Hernandez 1961; Lane 1962) Abb. 25).

Bei dem Opisthobranchier *Cylichna cylindracea* finden sich im Cerebral- und Pedalganglion getrennte Bezirke von Produktion und Speicherung der Neurosekrete (Lemche 1955, 1956). An bestimmten Nervenbahnen treten Zellhäufungen auf, die als Speicherorte für Neurosekrete anzusehen sind.

Außer diesen Speicherformen für Neurosekret liegen am Gehirn verschiedener Pulmonaten noch andere nervöse oder drüsenartige Gebilde, von denen vor allem die Follikeldrüsen Erwähnung verdienen. Da diese jedoch ektodermalen Abschnürungen entstammen und daher auch nicht ursprünglich mit dem Nervensystem in Verbindung stehen, fallen sie nicht unter den Begriff der Neurohaemalorgane und müssen ebenso wie ähnliche Gebilde bei anderen Tiergruppen getrennt behandelt werden (S. 86).

Bei den in funktioneller Hinsicht unter den Mollusken wie überhaupt unter den Wirbellosen herausragenden Cephalopoden kommen neuroendokrine Hormondrüsen wie auch selbständige Hormondrüsen in Form der optischen Drüse vor. Das Corpus subpedunculatum, der Lobus pedunculus und der Epistellarkörper können möglicherweise in die Gruppe der Neurohaemalorgane eingeordnet werden, was allerdings die genaue Kenntnis ihrer Herkunft voraussetzt. Da bei ihnen sekretorische Prozesse in Epithelien erfolgen, werden sie hier zu den neuroendokrinen Drüsen gezählt (S. 88), ungeachtet der Tatsache, daß in allen Fällen Nervenelemente gleichzeitig vorhanden sind. Man muß sich daher hierbei der provisorischen Form der jetzigen Charakteristik bewußt bleiben.

2. Neurohaemalorgane bei Krebsen

Zu den Neurohaemalorganen der Crustaceen zählen die Sinusdrüse des Augenstiels, die Pars distalis des Hanströmschen X-Organs des Augenstiels, wahrscheinlich auch das Postkommissurorgan des Tritocerebralkomplexes, die Pericardialorgane der Decapoden, die Dorsallamellen des Pericards von *Squilla*, die Querbrücke im ventralen Blutsinus des 6. Thoracalsegments von *Squilla*, weiterhin der Apparatus nervi dorsalis cordis des Flußkrebses und die Neuropilemsubstanz vom Herzen von *Palinurus* und *Scyllarus*. Ihrem Charakter als Neurohaemalorgane entsprechend, sind diese verschiedenen Strukturen prinzipiell insofern ähnlich, als es sich um mehr oder weniger umfangreiche Bezirke von sekretführenden Nervenendigungen in Verbindung mit Blutgefäßen handelt. Von ihnen werden hier nur die Sinusdrüse, das Sinnespapillen-X-Organ, die Tritocerebralkommissur, die Pericardialorgane und die Transversalbezirke im Bauchmark des Heuschreckenkrebses *Squilla* besprochen.

a) Die Sinusdrüse

Die Sinusdrüse stellt infolge ihres weitverbreiteten Vorkommens bei Malacostracen, vor allem bei Decapoden, und wegen ihrer besonderen endokrinologischen Bedeutung das wichtigste der verschiedenen Neurohaemalorgane der Crustaceen dar. Nach den neuen Befunden bei *Chirocephalus* und *Artemia* tritt bei Entomostracen ebenfalls ein derartiges Speicherorgan auf (Menon 1962; Hentschel 1964). Es liegt zwischen der Medulla interna und der Lamina ganglionaris und lehnt sich dicht an einen Blutsinus an (Abb. 26, 27).

Unter den Malacostracen wurde bei Leptostracen sowie bei der Ordnung *Anaspidacea* keine Sinusdrüse gesehen (Hanström 1947). Bei Amphipoden ist sie bisher nur bei wenigen Arten gefunden worden (Stähl 1938). Die Sinusdrüse der Isopoden entspricht dem früher beschriebenen Pseudofrontalorgan (Gräber 1933; Hanström 1947; Gabe 1952). Sie liegt hier, wie dies die frühere Bezeichnung andeutet, seitlich des Gehirns am Kopf. Einen verhältnismäßig primitiven Bau weist die Sinusdrüse bei Mysideen und bei Euphasiaceen auf. Im wesentlichen besteht sie hier aus einer verdickten Region des Neuropilems der Medulla terminalis, die mit einem großen Blutsinus in Verbindung steht. Bei den Decapoden ist sie dagegen mehr becherförmig (Palaemoniden) oder verzweigt, wobei sie sich am äußeren und inneren Blutsinus ausbreitet (Brachyuren). Bei den Krabben ist die Sinusdrüse etwas kompakter und liegt im proximalen Bereich des verzweigten inneren Blutsinus. Gewöhnlich befindet sie sich in den Augenstielen (Abb. 28, 29). Ausnahmen stellen einige Anomuren dar, bei denen sie lagemäßig durch ihre Beziehung zum Gehirn im Kopf angetroffen wird.

Im histologischen Präparat ist die Sinusdrüse durch die Anreicherung von intensiv gefärbten Sekreten gekennzeichnet. Gewöhnlich überwiegt das acidophile Sekret (Gabe 1952; Enami 1951). Jedoch treten sowohl hinsichtlich der Menge als auch der morphologischen und färberischen Eigenschaften der Einschlüsse der Sinusdrüse erhebliche Variationen auf. CARLISLE (1949) unterscheidet in der Sinus-

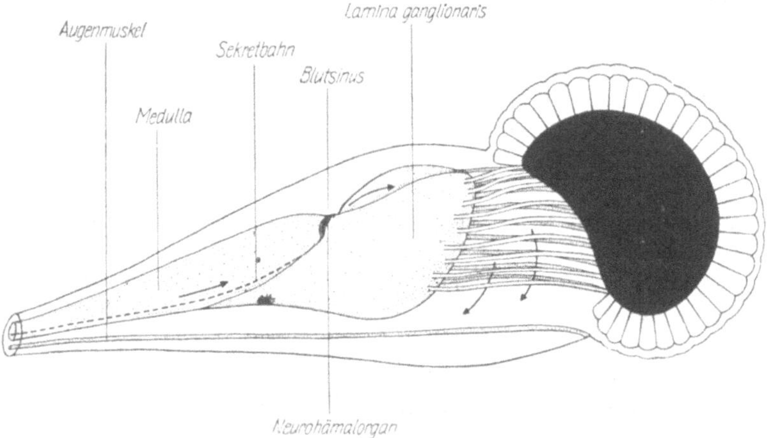

Abb. 26. Augenstiel von *Artemia salina* mit dem Neurohaemalorgan. (Nach HENTSCHEL 1964)

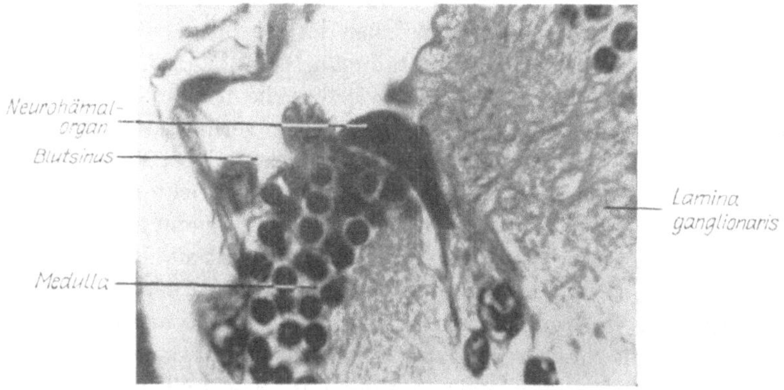

Abb. 27. Sagittalschnitt durch den Augenstiel von *Artemia salina*. Das Neurohaemalorgan, zwischen Medulla und Lamina ganglionaris gelegen, lehnt sich unmittelbar an den Blutsinus an. (Nach HENTSCHEL 1964)

drüse von *Pandalus borealis* 4 färberisch verschiedene Arten von Elementen, bei *Portunus* lassen sich bei Lebendbeobachtung 3 Sekretarten unterscheiden (POTTER 1954, 1958). Es dürfte sich dabei jedoch nicht um ganz verschiedenartige Substanzen, sondern vielmehr um ein verändertes Material eines einheitlichen Ausgangssubstrates handeln. Darauf deutet u. a. die Feststellung (CARLISLE 1953) hin, daß das in den Axonen vom X-Organ zur Sinusdrüse befindliche Sekret seine Eigenschaft vom Chromhämatoxylin-positiv zu Phloxin-positiv verändert, je näher es sich der Sinusdrüse befindet. In der Sinusdrüse

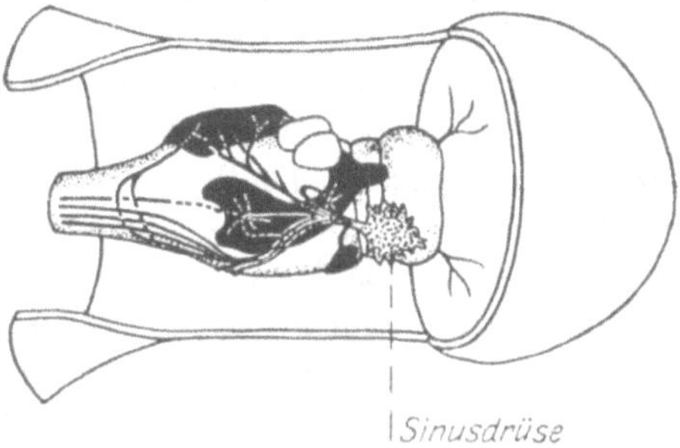

Abb. 28. Augenstiel mit neurosekretorischen Bezirken und der Sinusdrüse von Decapoden. (Nach BLISS, DURAND und WELSH 1954)

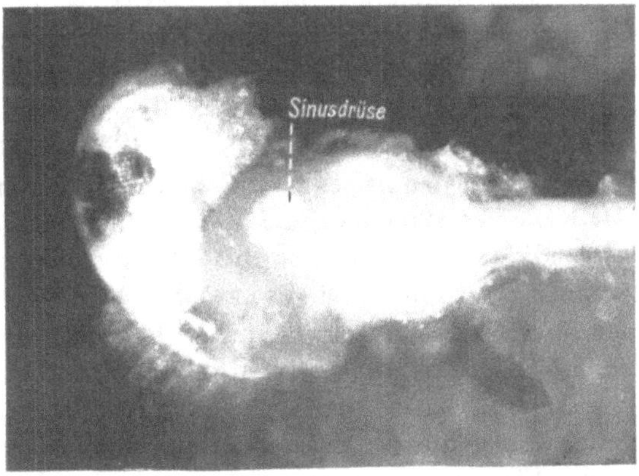

Abb. 29. Augenstiel mit Sinusdrüse von *Xanthos hydrophilus* (Auflicht-Dunkelfeld). Die Sinusdrüse leuchtet infolge ihres Gehaltes an Neurosekret

von *Sesarma* waren neben den morphologisch und färberisch sich unterscheidenden Kolloiden gewisse Übergangsformen festzustellen (ENAMI 1951). Diese Möglichkeit wird auch für *Squilla holochista* erörtert (DANIEL 1958). Das Verhältnis von acidophiler zu basophiler Substanz in der Sinusdrüse kann in Abhängigkeit zum Häutungszyklus wechseln, wie z. B. bei dem in Muscheln parasitierenden Krebs *Pinnotheres maculatus* (PYLE 1943) oder wie bei der Kellerassel *Oniscus asellus* (GABE 1952). Im Lebendpräparat fällt die Sinusdrüse durch ihr schwaches opales Leuchten auf, wie dies ganz allgemein für das neurosekretorische Material bzw. für neurosekretorische Zellbereiche bei vielen Tiergruppen bekannt und typisch ist (Abb. 29).

Ursprünglich wurde der Sinusdrüse eine aktive sekretorische Leistung zugeschrieben (ENAMI 1951; GABE 1952). Dennoch waren bereits in einigen früheren Untersuchungen (PYLE 1943; PANOUSE 1947) keine sicheren Anzeichen für Sekretionstätigkeit gefunden worden. Der Charakter der Sinusdrüse als Speicherorgan läßt sich an den neurosekretorischen Bahnen erkennen, die von einzelnen Zellbezirken der verschiedenen optischen Zentren zur Sinusdrüse verlaufen (WELSH 1941; BLISS und WELSH 1952; BLISS, DURAND und WELSH 1954; CARLISLE 1953, 1959 u. a.). Der X-Organ-Sinusdrüsen-Komplex der Decapoden umfaßt neurosekretorische Zellgruppen in den Hauptkernbereichen des Augenstiels. Von diesen neurosekretorischen Zellbereichen der Medulla terminalis, Medulla interna, Medulla externa und Lamina ganglionaris laufen Faserzüge mehr oder weniger direkt zur Sinusdrüse. Sie vereinigen sich kurz vor dem Eintritt und verbinden sich weiterhin mit einer dünnen Gruppe von Fasern, die aus dem Cerebralganglion kommen. Es ist wahrscheinlich, daß die einzelnen Faserzüge verschiedenartiges neurosekretorisches Material enthalten. Bei der Krabbe *Callinectes sapidus* konnten 6 färberisch verschiedene Faserendigungen in der Sinusdrüse festgestellt werden, die außerdem lagemäßig getrennt sind (POTTER 1954). Möglich ist, daß sich hinter den färberischen Verschiedenheiten histochemische Unterschiede verbergen, wie dies an bestimmten Nervenendigungen des Taschenkrebses *Carcinus maenas* gezeigt worden ist (REHM 1959). Die Nervenendigungen enthalten verschiedene unterschiedlich zusammengesetzte Proteine. Ebenso deuten auch elektronenmikroskopische Befunde auf die Freisetzung verschiedener Granula durch die einzelnen Axonendungen in der Sinusdrüse hin (HODGE und CHAPMAN 1958; KNOWLES 1958, 1959, 1960).

Ein direkter „Beweis", daß die einzelnen Granulatypen der Sinusdrüse Träger bestimmter Wirkungsfaktoren oder diese selbst darstellen, liegt jedoch nicht vor. Er dürfte sich auch technisch nur höchst schwer erbringen lassen. Eine Reihe indirekter Hinweise von zum

Teil großer Eindringlichkeit deuten aber auf diese Möglichkeit hin. Bereits ENAMI (1951) stellte bei der Krabbe *Sesarma* fest, daß Extrakte des Augenstiel-Sinusdrüsen-Komplexes und des Gehirns besondere Wirkung auf das Kontraktions- und Expansionsverhalten der roten und zinnoberroten Chromatophoren ausüben. Die weißen und schwarzen Chromatophoren werden dagegen außer vom Gehirn vor allem durch Extrakte der Medulla terminalis gesteuert. Ebenso weist das zyklische Auftreten von Sekreten mit Affinitäten zu sauren oder basischen Farbstoffen in der Sinusdrüse bei der Kellerassel in direkter Parallele zu den Häutungsvorgängen auf unmittelbare Zusammenhänge zwischen morphologisch-färberischen Eigenschaften und funktionellen Phasen hin. Die Beziehung konnte noch klarer an bestimmten Nervenendigungen in der Sinusdrüse von *Carcinus maenas* verdeutlicht werden. Hier erwies sich das durch seine spezifische Proteinzusammensetzung charakteristische Material einzelner Nervenendigungen als mitbeteiligt an der Steuerung der Häutung (REHM 1959). PÉREZ-GONZÁLES (1957) führte nach Homogenisieren und fraktioniertem Zentrifugieren der Sinusdrüse der Winkerkrabbe (*Uca pugilator*) Farbwechseltestversuche mit den einzelnen Fraktionen an der Krabbe durch. Die Ergebnisse lassen darauf schließen, daß die die schwarzen Chromatophoren ausbreitenden Neurohormone in den Granula der Sinusdrüse enthalten sind. Gleichzeitig muß aus der Art der Freisetzung des wirksamen Faktors durch Verdünnen des Mediums angenommen werden, daß die Granula eine semipermeable Membran besitzen. Diese Vermutung ist inzwischen durch elektronenmikroskopische Befunde an neurosekretorischen Granula der Sinusdrüse und des Pericardialorgans bei Krebsen als richtig erwiesen worden (KNOWLES 1958, 1962).

Morphologische, färberisch-histochemische ebenso wie experimentell-physiologische Befunde führen somit zu der Feststellung, daß die Sinusdrüse ein Speicherorgan darstellt, das mit Neurosekret aus verschiedenen Bereichen des Augenstiels und des Gehirns versorgt wird und von dem aus das Material nach möglicherweise vollzogener physiko-chemischer Umwandlung in die Blutbahn entlassen wird.

b) Das Sinnespapillen-X-Organ (HANSTRÖMsches X-Organ)

Das Sinnespapillen-X-Organ der Decapoden setzt sich außer bei Brachyuren aus 3 Komponenten zusammen (S. 44). Den peripheren unterhalb der Epidermis sitzenden Anteil bilden Sinneszellen, deren

Axone zur Medulla terminalis führen. Der zweite Komplex scheint sekretorisch tätigen Neuronen zu entsprechen, deren Histologie allerdings schwierig zu identifizieren ist (Carlisle 1953; Knowles und Carlisle 1956; Carlisle und Passano 1953; Dahl 1957). Zwischen diesem Gewebe finden sich schließlich Sekretschollen, die vermutlich von den neurosekretorischen Zellen des eigenen Organs stammen. Außerdem wird das Organ wahrscheinlich auch mit Neurosekreten von dem Medulla-terminalis-X-Organ versorgt (S. 46). Blutlakunen treten in das von einer Bindegewebsschicht umgebene Organ ein. Seine bereits früher erwähnte Ableitung aus Neuroblasten der Medulla terminalis, die Speicherfunktion für neurosekretorische Produkte wie schließlich die enge Beziehung zum Blutgefäß kennzeichnen es als Neurohaemalorgan.

Bei Brachyuren ist das Sinnespapillenorgan weitgehend rückgebildet. Bei einigen Formen weisen Bildungen über dem Medulla-terminalis-X-Organ auf die Rudimente der Sinnespapille hin. Grundsätzliche Übereinstimmung besteht zwischen Eumalacostracen und Leptostracen darin, daß von dem Bereich der Pars distalis des X-Organs Sekretbahnen zu der Sinusdrüse verlaufen (Duveau 1961). Die funktionelle Bedeutung des Sinnespapillen-X-Organs ist noch nicht völlig eindeutig geklärt. Ihm wird teilweise die Abgabe eines häutungsfördernden Hormons zugesprochen.

c) Postkommissurorgan

Das Postkommissurorgan, das besonders eingehend bei *Penaeus braziliensis*, *Leander serratus* und dem Stomatopoden *Squilla mantis* (Knowles 1951, 1953, 1954, 1962) untersucht, jetzt auch bei Brachyuren (Maynard 1961, 1962) bekannt ist, besteht aus paarig angeordneten Auffaserungen von Nerven, die sich plattenartig verbreitern und eng an einem Blutsinus anliegen. Dieser Aufbau entspricht dem der einfachen Neurohaemalorgane, wie sie im Cerebralganglion der Anneliden angetroffen werden. Motorische Fasern, die mit den neurosekretführenden Axonen im zuführenden Nerv vereinigt sind, innervieren hinter der lamellen- bzw. plattenartigen Verbreiterung einen am endophragmalen Skelett ansitzenden Muskel. Die Nervenendfasern enthalten besondere Mengen acidophiles Sekret. Der Aufbau erinnert außerdem an die Verhältnisse, wie sie bei der einfachen Form der Sinusdrüse z. B. bei *Mysis* auftritt. Da die Post-Oesophagealkommissur schon frühzeitig bei rezenten Krebsen zu finden ist, erscheint es denkbar, in dem Kommissurorgan einen ursprünglich angelegten Speicherort zu erblicken, der erst mit der späteren Vervollkommnung der Sinusdrüse an Bedeutung verloren hat (Carlisle und Knowles 1959). Das Sekret entstammt neurosekretorischen Zellen wahrscheinlich des Tritocerebrums und wird in bestimmten Axonen über die Schlundkonnektive transportiert.

Die beidseitigen Schlundkonnektive werden unmittelbar hinter dem Oesophagus durch eine Kommissur verbunden, die auch die

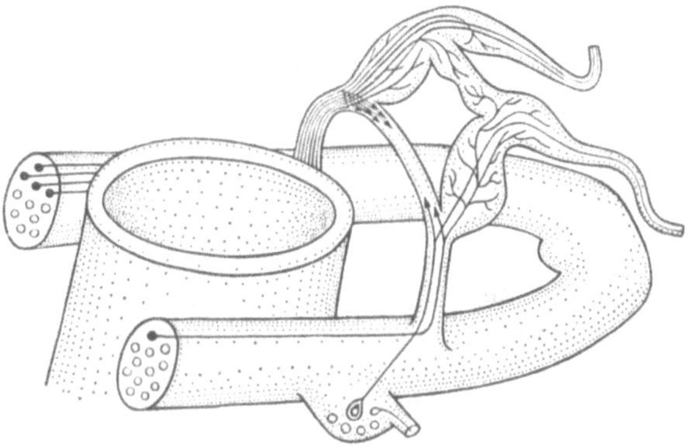

Abb. 30. Schematische Übersicht über die Tritocerebral-Kommissur bei Krebsen. (In Anlehnung an Carlisle und Knowles 1959)

neurosekretführenden Axone enthält. Die Post-Oesophagealkommissur ist eine bei den meisten Gruppen höherer Krebse ziemlich konstant auftretende Bildung. Die das Postkommissurorgan bildenden Nervenaufzweigungen gehen in paariger Anordnung unmittelbar von der Kommissur ab (Abb. 30).

Wahrscheinlich wird Neurosekret nicht nur aus dem Tritocerebrum, sondern auch aus Zellgruppen herangeführt, die seitlich in den Konnektiven vor der Kommissur liegen. Bei *Penaeus* treten hier maximal 8 Zellen auf. Bei *Leander serratus* liegen 2 große und 2 kleine Zellen im Tritocerebralkonnektiv. Die Zellen zeigen alle Merkmale sekretorischer Aktivität. In elektronenmikroskopischen Untersuchungen ließ sich feststellen, daß die neurosekretorischen Fasern im Gegensatz zu den motorischen besonders zahlreiche Mitochondrien enthalten. Diese besitzen offensichtlich für die neurosekretorischen Vorgänge besondere Bedeutung. Die Post-Oesophagealkommissur ist auf Grund entwicklungsgeschichtlicher Untersuchungen dem Tritocerebrum zuzurechnen.

Extraktions- und anschließende Testversuche ergaben, daß der Bereich des Postkommissurorgans besonders hohe Wirksamkeit auf den physiologischen Farbwechsel besitzt. Mit den morphologischen Befunden ist also auch aus den physiologischen Feststellungen zu entnehmen, daß das Postkommissurorgan einen Speicherort für Neurosekrete bildet.

d) Pericardialorgane

Unter dieser Bezeichnung wurden charakteristische Netzwerke von Enden der Nervenfibrillen am Pericard von Stomatopoden, Isopoden und Decapoden erneut beschrieben (ALEXANDROWICZ 1952, 1953), die bereits in früheren Darstellungen erwähnt sind (JOLYET und VIALLANES 1893; CONANT und CLARK 1896; SMITH 1947). Sie breiten sich entweder über die ganze Wandung des Pericards aus oder sind kompakter und dann auf bestimmte Stellen lokalisiert, wie z. B. bei Brachyuren (*Maja*, *Cancer*) an der Öffnung der Kiemen-Herzvene in die Pericardialhöhle. An der Wandung des Pericards des Einsiedlerkrebses (*Eupagurus bernhardus*) breiten sich verschiedene Plexi aus, die von Seitenzweigen der beiden das Herz flankierenden Hauptstämme gebildet werden. Bei *Squilla mantis*, bei der erstmalig diese damals als Dorsallamellen bezeichneten Bildungen beobachtet worden sind, spannen sie sich frei im Pericard von einer Seite zur anderen. Die enge Verbindung zum Blutgefäßsystem ist auch hier ganz offensichtlich. Extraktionsversuche der Pericardialorgane, wie sie vor allem mit *Cancer pagurus* und *Maja squinado* durchgeführt worden sind (ALEXANDROWICZ und CARLISLE 1953), ebenso die Reizung der zum Herzen führenden Nerven ergaben, daß von den Pericardialorganen ein die Herztätigkeit stimulierender Wirkungsfaktor ins Blut abgegeben wird (S. 308). Die Pericardialorgane stellen Endigungen von Nervenfasern sekretorischer Zellen dar. Die Endigungen sind mit zahlreichen elektronenmikroskopisch-dichten Granula erfüllt (MAYNARD und MAYNARD 1962; KNOWLES 1962). Auch in färberischer Hinsicht verhalten sie sich wie in anderen Neurohaemalorganen. Bei Brachyuren entstammen die Neurosekrete einigen Zellgruppen des Thoracalganglions. Es ist wahrscheinlich, daß in den Pericardialorganen verschiedene Neurohormone gespeichert und freigesetzt werden.

Bei *Squilla* finden sich im Hauptlängsstamm der Nerven in den Segmenten, in denen die Seitenzweige mit den Pericardialorganen (Dorsallamellen) ausgebildet sind, jederseits 4 bipolare Ganglienzellen. Sekretorische Leistungen sind für diese nicht erwiesen. Es muß auch hier an die Möglichkeit der Sekretversorgung vom Zentralnervensystem gedacht werden. Genauere Untersuchungen über die neurosekretorische Tätigkeit des Bauchmarks, die hierzu vielleicht weitere Aufschlüsse geben könnten, fehlen bisher.

e) Die Transversalbezirke im Bauchmark von *Squilla mantis*

In ganz ähnlicher Weise müssen wohl auch die Bildungen gedeutet werden, die bei *Squilla mantis*, vom unpaaren Nervenstrang zwischen den Längskonnektiven des Bauchstranges abzweigend, festgestellt worden sind (Alexandrowicz 1952). Besonders deutlich tritt der neurohormonale Charakter dieser Gebilde durch die verhältnismäßig große Ausbildung im 6. Thoracalsegment in Erscheinung, bei der durch die neuropilemartigen Nervenendigungen mit dem den Nerven einhüllenden Bindegewebe ein Querbalkenorgan entsteht, das engste Beziehung zum Blutsinus besitzt. Auf neurosekretorische Funktion weist schließlich das Vorkommen von 2 verschiedenen Nervenfasern hin. Aber auch in diesem Fall bleibt zunächst unklar, ob Neurosekrete transportiert und wo sie gebildet werden. Die enge morphologische Beziehung zum Bauchmark regt neue genauere Untersuchungen der Verhältnisse an. Über die Funktion der Transversalbildungen am Bauchmark von *Squilla mantis* läßt sich bisher noch nichts aussagen.

3. Corpora cardiaca der Insekten

Der Retrocerebralkomplex der Insekten setzt sich aus 2 Anteilen zusammen: den Corpora cardiaca und den Corpora allata (Abb. 31). Beide Bildungen sind Organe ektodermaler Herkunft. Sie werden paarig angelegt. In beiden Fällen handelt es sich weiterhin um endokrine Organe in enger Beziehung zum Gehirn. Vermutlich bilden diese Tatsachen den Grund dafür, daß die Corpora cardiaca und die Corpora allata allgemein als „Gehirnanhangsdrüsen“ angesprochen werden. Die vorhandenen Unterschiede, die sich mit ihrer embryologischen Entwicklung zugleich auch für die endokrinologische Einordnung ergeben, sind dagegen in den Hintergrund getreten. Es ist an dieser Stelle unmöglich, die gesamte Literatur der früheren Ansichten über die „Gehirnanhangsdrüsen" der Insekten aufzurollen. Es sollen lediglich die wesentlichsten Gesichtspunkte erwähnt werden, die für unsere Auffassung und insbesondere für das Verständnis der Charakterisierung jedes der beiden endokrinen Organe von Belang sind.

Die Corpora cardiaca stellen als Abkömmlinge des Hypocerebralganglions urpsrünglich Anteile des Zentralnervensystems dar. Ihre

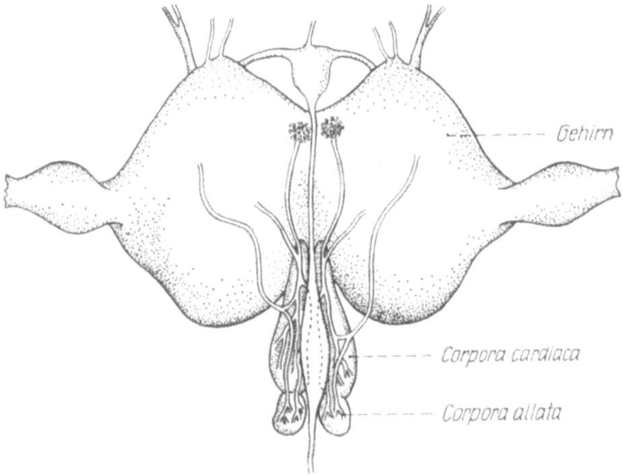

Abb. 31. Gehirn-Retrocerebralkomplex der Stabheuschrecke *Carausius morosus*. Die Corpora cardiaca lehnen sich dem Gehirn eng an

primäre Funktion als Speicherort für die aus dem Gehirn kommenden Neurosekrete kennzeichnet sie als offensichtlich hochdifferenziertes Neurohaemalorgan. Die Corpora allata dagegen sind Drüsenorgane, die erst sekundär eine Beziehung zum Gehirnkomplex erlangen. Vergleichend-endokrinologisch sind daher beide Organe verschieden zu beurteilen.

Die Corpora cardiaca liegen unmittelbar hinter dem Gehirn am Ende des Dorsalgefäßes als ein Paar kleiner Knötchen, die mit dem Gehirn durch Nerven verbunden sind. Mitunter wachsen sie median zusammen. In verschiedenen Fällen besteht außerdem eine enge räumliche Beziehung zu den Corpora allata.

Die älteren Bezeichnungen wie Ganglia cardiaca oder pharyngia, Pharyngealganglien, Ganglions angéiens wurden von PFLUGFELDER (1937) durch den Namen Corpora cardiaca ersetzt. Diese Bezeichnung wird heute allgemein verwandt. Sie wurde offenbar in Anlehnung an die Corpora allata, als das 2. Organpaar des seit BRANDT (1831) erwähnten stomatogastrischen Nervensystems gewählt, ungeachtet der Tatsache, daß auch damals bereits der ursprünglich nervöse Charakter dieser Bildungen bekannt war. Die scheinbar drüsige Natur des ausgebildeten Organs hat dabei die Erkenntnis einer primär-nervösen Anlage zurückgedrängt. Nachdem wir jedoch heute außerdem die engen Beziehungen zwischen den neurosekretorischen Bezirken des Gehirns und den Corpora cardiaca kennen, sollte man der ontogenetischen Entstehung der Corpora cardiaca für ihre organologische Einordnung mehr Gewicht beimessen, als es mit der damals vollzogenen Umbenennung jetzt ausgedrückt wird. Als Speicherorgan der aus dem Protocerebrum zugeleiteten Neurosekrete stellen die Corpora cardiaca sowohl entwicklungsgeschichtlich als auch funktionell einen Teil des neurokrinen Systems dar. Insofern werden die alten Bezeichnungen der neurokrinen Natur der Corpora cardiaca besser gerecht.

Die Corpora cardiaca entstehen ontogenetisch nach weitgehend übereinstimmenden Angaben aus einer gemeinsamen Anlage mit dem Hypocerebralganglion. Diese stülpt sich vor der dorsalen Wandung des Oesophagus aus. Später erfolgt eine Trennung der Corpora cardiaca am kaudalen Ende der gemeinsamen Anlage, wobei zugleich schon mit der Anlagerung an mediale Cölompartien die Beziehung zum Blutgefäßsystem in Erscheinung tritt. Diese frühen Beziehungen der Corpora cardiaca zum Hypocerebralganglion, die für das Verständnis der weiteren Entwicklung und endgültigen funktionellen Bedeutung gleich wichtig sind, haben bereits HEYMONS (1899) bei *Gryllus* und *Forficula* wie auch später WIESMANN (1926) bei *Carausius* und ROONWALL (1937) bei *Locusta migratoria* festgestellt. Darin wird ein Beweis dafür gesehen, daß die Corpora cardiaca ursprünglich Eingeweideganglien darstellten (HANSTRÖM 1942). Ihre primäre und enge Beziehung zum Nervensystem steht somit außer Zweifel. In späteren Entwicklungsstadien ist außerdem charakteristisch, daß die Corpora cardiaca der allermeisten Insekten eine enge Verbindung zur Aorta bekommen.

Fast durchweg sind die Corpora cardiaca paarige Gebilde, die bei einigen Ordnungen mit dem Hypocerebralganglion verwachsen oder durch Brücken miteinander verbunden sind. Angaben über gewisse morphologische Unterschiede, die jedoch nicht entscheidend sind, finden sich in den ausführlichen Bearbeitungen von HANSTRÖM (1942) und CAZAL (1948).

Der histologische Aufbau der Corpora cardiaca weist einerseits auf die primäre Beziehung zum Nervensystem hin, wie zugleich andererseits Drüsenzellen auf eine sekretorische Funktion deuten. Außer mesenchymatischen Bindegewebszellen, die teilweise als Gliazellen angesprochen worden sind, treten bei manchen Insekten vereinzelt Ganglienzellen auf (ARVY und GABE 1950). Das andere Element stellen

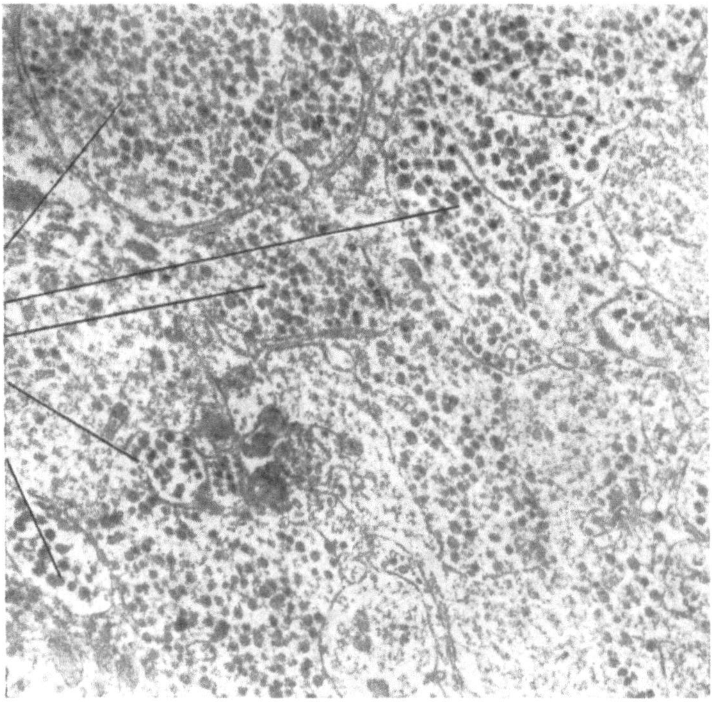

Abb. 32. Elektronenmikroskopische Aufnahme der Corpora cardiaca von *Periplaneta*. In den Nervenendfasern zahlreiche Elementargranula

große Zellen mit teilweise färbbaren Einschlüssen dar. Möglicherweise handelt es sich dabei um Sekretionsprodukte. Jedoch wird die Frage nach eigener sekretorischer Tätigkeit der Corpora-cardiaca-Zellen verschieden beurteilt. Nach HANSTRÖM (1953) und anderen sind keine Sekretbildungsprozesse anzunehmen. Andererseits muß das Vorkommen von färberisch gleichartigen Schollen innerhalb und außerhalb der Zellen zur Annahme einer aktiven Sekretion führen. In den Corpora cardiaca der Ephemeropteren und Odonaten treten nach ARVY und GABE (1954) zweierlei Sekrete auf, von denen das eine dem der neurosekretorischen Zellen der Pars intercerebralis in färberischer Hinsicht, das andere jedoch dem der Cardiaca-Zellen entspricht. Auch bei Hymenopteren (L'HELIAS 1950; M. THOMSEN 1954), Isopteren (DELIGNE und PASTEELS 1963), Hemipteren (NAYAR 1956), Coleopteren (DE LERMA 1956), Blattiden (FÜLLER 1960; B. SCHARRER 1963), Phasmiden (STUTINSKY 1952), Saltatorien (SUGIYAMA 1958), Dipteren (BHASKARAN und DEORAS 1963) und Lepidopteren (BELIAEVA 1961) liegen ähnliche Hinweise vor.

Weitestgehende Übereinstimmung besteht jetzt darin, daß die Neurosekrete der Pars intercerebralis über die Nervi corpori cardiaci in die Corpora cardiaca transportiert werden. Im Lumen des drüsigen Organs befinden sich stets Bündel von Nervenendfasern. In deren angeschwollenen Enden ist Sekret nicht nur färberisch, sondern auch elektronenmikroskopisch nachgewiesen worden (MEYER und PFLUGFELDER 1958; WILLEY und CHAPMAN 1960; B. SCHARRER 1963). Sicherlich erfolgt aber die Ansammlung des Sekrets auch außerhalb der Axone, wie die verschiedenen Befunde von interzellulärem Neurosekret zeigen (B. SCHARRER 1952; ARVY, BOUNHIOL und GABE 1953; ARVY und GABE 1954; DE LERMA 1954; FÜLLER 1960; OZBAS 1957).

Die Corpora cardiaca werden vom Gehirn gewöhnlich durch 2 Nervenpaare innerviert, von denen das eine der Pars intercerebralis (Nervus corporis cardiaci I), das andere mehr seitlichen Regionen der Pilzkörper entspringt. Bei *Carausius* wurde noch ein weiterer vom Tritocerebrum stammender Nerv festgestellt (DUPONT-RAABE 1956), dessen einer Ast gleichfalls zu den Corpora cardiaca, der andere zu den Corpora allata zieht (MOTHES 1960). Ganz allgemein werden die Corpora allata von den Corpora cardiaca aus innerviert.

Die morphologischen Verhältnisse der Corpora cardiaca sprechen somit für eine doppelte Funktion. Sie stellen primär Speicherorgane für Neurosekret aus Drüsenzellen des Gehirns dar, das von da aus an die benachbarte Aorta abgegeben wird. In dieser Beziehung entsprechen sie einem Neurohaemalorgan (Abb. 32, 33). Bei Aphiden gehen von den Corpora cardiaca Riesenfasern aus, die als Sekrettransportbahnen fungieren und durch das ganze Bauchmark bis zum Abdomen zu verfolgen sind (JOHNSON 1962, 1963).

Die funktionelle Beziehung zwischen der Sekretionstätigkeit der Zellen der Pars intercerebralis und der Speicherfunktion der Corpora cardiaca prägt sich mitunter deutlich in ihren rhythmischen Volumenveränderungen aus. Bei Ephemeropteren und Odonaten erreichen die

Corpora cardiaca ihre größte Gestalt und Aktivität mit der Subimaginalhäutung kurz nach der maximalen Sekretionstätigkeit der Zellen des Protocerebrums (ARVY und GABE 1954). Ebenso entspricht beim Seidenspinner *Bombyx mori* jeweils die mit den Häutungen ein-

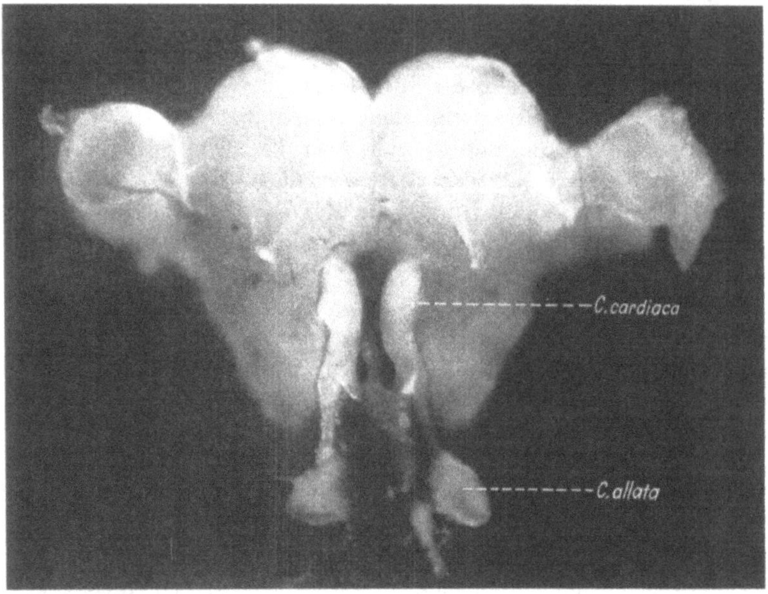

Abb. 33. Gehirn-Retrocerebralkomplex von *Periplaneta americana* im Dunkelfeld. Das Leuchten der Corpora cardiaca ist kennzeichnend für Anwesenheit von Neurosekret

hergehende Sekretabgabe der neurosekretorischen Zellen des Protocerebrums einer Vergrößerung der Corpora cardiaca (ARVY, BOUNHIOL und GABE 1953). Bei *Forficula auricularis* ergaben Gewichtsbestimmungen der Corpora cardiaca (L'HOSTE 1953), daß während des postembryonalen Lebens die Corpora cardiaca relativ an Gewicht vor jeder Häutung zu-, nach der Häutung dagegen wieder deutlich abnehmen. In ähnlicher Weise beobachtete LUKOSCHUS (1956) auch bei der Biene rhythmische Volumenveränderungen und gleichzeitig auch entsprechende Sekretionstätigkeit.

Zu der als primär anzusehenden Speichertätigkeit der Corpora cardiaca tritt als weitere Funktion die Produktion eigener Sekrete hinzu.

Das bedeutet, daß dieses Neurohaemalorgan eine Erweiterung seiner Funktion in Richtung der hormonalen Drüsentätigkeit erfahren hat. Insofern sind die Corpora cardiaca als eine gewisse „Endstufe" in der Ausbildung der Neurohaemalorgane mit ihrem Übergang zur endokrinen Drüse zu werten. Die erreichte Stufe prägt sich schließlich auch darin aus, daß die Corpora cardiaca nicht, wie dies bei den einfachen Neurohaemalorganen der Fall ist, innerhalb des Cerebralganglions, sondern als Anhangsorgane des Gehirns ausgebildet sind.

Der Vergleich der Speicherorte für Neurosekret in verschiedenen Tierstämmen läßt eine schrittweise Vervollkommnung erkennen. Im einfachsten Fall können Neurosekrete offensichtlich ohne lokale Begrenzung zwischen Nervenfasern angesammelt werden, wie es bei einigen Plathelminthen festzustellen ist. Mit der Zentralisierung des Nervensystems treten zunächst primitive Neurohaemalorgane auf, die lediglich aus einem Geflecht von Nervenfasern in enger Anlehnung an Blutgefäße im Gehirn bestehen. Durch Bindegewebselemente und abgrenzende Epithelien erfahren diese Organe ihre weitere Vervollkommnung. Beispiele dieser Entwicklung finden sich bei Anneliden und Mollusken. Bei den Malacostracen ist die Sinusdrüse als bedeutungsvollstes Neurohaemalorgan — zwar noch in enger Verbindung mit dem Gehirnkomplex — mit der Verlagerung der Hirnzentren aber aus dem zentralen Bezirk in den Augenstiel getreten. Als ein weiterer Hinweis für die hier vorliegende Differenzierung kann die Tatsache gelten, daß die Sinusdrüse als Speicherort von verschiedenen neurosekretorischen Produktionsstätten innerhalb des Augenstiels und des Gehirns fungiert. Für die Feststellung, daß die Sinusdrüse ein höher differenziertes Neurohaemalorgan darstellt, spricht, daß bei Malacostracen neben der Sinusdrüse noch andere, einfacher gebaute Speicherorte vorkommen, wie außerdem die Sinusdrüse selbst in den einzelnen Ordnungen eine Ausbildung von primitiver bis zu komplizierter Bauweise aufweist. Bei den Insekten schließlich bahnt sich eine Funktionserweiterung an, indem die Corpora cardiaca als ursprüngliches Speicherorgan für Neurosekrete des Gehirns zusätzlich die Produktion eigener Sekrete übernommen haben.

C. Neuroendokrine Hormondrüsen

Bei den Arten einiger Tierklassen, bei denen typische Neurohaemalorgane ausgebildet sind, trifft man außerdem auf Hormondrüsen ektodermaler Herkunft, die nun umgekehrt wie die am höchsten entwickelten Neurohaemalorgane zusätzlich die Speicherung von Neurosekret übernehmen können. Diese Bildungen finden anatomisch und funktionell den Anschluß an das neurokrine System, obgleich sie als vielleicht ursprünglichste Form endokriner Drüsen anzusprechen sind. Daß sie aber in Beziehung zum neurokrinen Komplex des Zentralnervensystems treten, deutet in Verbindung mit den bereits erörterten anderen Tatsachen erneut darauf hin, daß das neurokrine System als die ursprüngliche Form hormonaler Regulation anzusehen ist. Bildungen dieser Art, die bereits genauer bekannt sind, stellen die Follikeldrüsen der Pulmonaten und die Corpora allata der Insekten dar. Ebenso zählen hierzu einige endokrine Komplexe der Cephalopoden. Möglicherweise gehören zu diesem Typ endokriner Organe auch die Cerebralorgane der Nermertinen und die Infraorbitalorgane der Onychophoren, deren genauere Kennzeichnung infolge ungenügender Kenntnis zur Zeit nicht möglich ist. Ebensowenig kann jetzt schon eine Klassifizierung der verschiedenen Gehirnanhangsorgane bei Myriapoden und Arachniden erfolgen, die daher auch von der hier vorgenommenen Unterscheidung getrennt und mehr oder weniger neutral als „Retrocerebrale Komplexe“ behandelt werden sollen.

1. Follikeldrüse der Pulmonaten

Die schon früher am Gehirn von Pulmonaten beobachtete und als Sinnesorgan gedeutete Struktur (DE NABIAS 1899; PELSENEER 1901) wurde neuerdings von LEVER und Mitarbeitern (1957, 1958, 1959) als neuroendokrine Speicherdrüse erkannt. Dieses jetzt als Follikeldrüse bezeichnete Organ liegt an den Lateralloben und besteht aus einem runden oder ovalen Follikel, der von einer einschichtigen Epithellage umgeben ist. Es ist eng an das Haemocoel oder die Lakunen angelehnt. Embryologisch entsteht die Follikeldrüse durch Einfaltung des Ektoderms nach der Bildung des Cerebralganglions und gewinnt erst sekundär mit diesem nähere Verbindung.

Die Beziehung zur neurosekretorischen Tätigkeit ergibt sich einerseits daraus, daß im Lumen häufig Sekrete und in unmittelbarer Nähe der Drüse verschiedene neurosekretorische Zellen liegen. Die Beobachtungen sprechen dafür, daß diese ihre Sekretprodukte in die Follikeldrüse leiten. Unsicher sind im einzelnen noch der Anteil eigener Sekretproduktion und die Bedeutung als Speicherorgan. Die drüsige Natur der Follikeldrüse ist dabei unbestritten (Wautier, Pavans de Ceccatty, Richardot, Buisson und Hernandez 1961). Über die physiologische Bedeutung der in der Drüse vorkommenden Sekrete ist bisher nichts bekannt.

2. Neuroendokrine Hormondrüsen der Cephalopoden

Eine Übersicht über die endokrinen Organe der Cephalopoden wird durch die teilweise verschiedenen Bezeichnungen ein und desselben Komplexes und außerdem durch die Verwechslungen erheblich erschwert. Eine Abgrenzung der verwickelten Nomenklatur haben Boykott und Young (1956) vorgenommen, der auch hier im wesentlichen gefolgt ist. Die Cephalopoden besitzen mehrere endokrine Organe, die vor allem am oder in der Nähe des Augenstieltraktes liegen. Sie sind einerseits als neuroendokrine Drüsen und andererseits als selbständige Hormondrüsen zu kennzeichnen. Zu den ersteren zählen das erstmalig von Thore (1936) beschriebene Corpus subpedunculatum, der Lobus pedunculus, weiterhin die in ihrer Bedeutung noch völlig unsicheren „parolfactory vesicles“ (von Thore 1939 beobachtet, jedoch nicht benannt, Benennung von Boycott und Young 1956) und das funktionell ebenfalls bisher unbekannte Corpus paraverticalis (Boycott und Young 1956). Eine endokrine Funktion ist für die beiden letzteren Gebilde nicht erwiesen. Sie besitzen lediglich gewisse anatomische Ähnlichkeiten mit den übrigen neuroendokrinen Drüsenorganen. Am Stellarganglion der Octopoden befindet sich weiterhin ein endokriner Komplex, der sekretorische Zellen enthält und wahrscheinlich auch Neurosekrete speichert: die Epistellarkörper (Cazal und Bogoraze 1944, 1949; Seite und Chambost 1957). Im Vergleich zu diesen verschiedenen Strukturen, an deren

Aufbau neben Epithelien und Bindegewebe auch nervöse Elemente beteiligt zu sein scheinen, handelt es sich bei der optischen Drüse um ein vom Nervensystem unabhängiges Hormonorgan. Ihre Darstellung erfolgt daher ebenso wie die der Branchialdrüsen an anderer Stelle (s. S. 105).

a) Corpus subpedunculatum

Die Benennung dieses Organs und seine erste und zugleich eingehende Beschreibung stammen von THORE (1936). Das Organ liegt dem Augenstiel an und kommt mit seiner verdickten Wandung mit der vorderen Augenkammer in Verbindung. Diesen Bereich unterscheiden BOYCOTT und YOUNG getrennt als „vorderes Augenkammer-Organ", ohne daß etwas über seine Bedeutung ausgesagt werden kann. Die Zellen des Corpus subpedunculatum ähneln gewissen Ganglienzellen des Gehirns. Das Organ ist reich durch ein Blutlakunennetz versorgt. Mehrere Merkmale deuten auf den Charakter eines Neurohaemalorgans hin. Eine genaue Aussage ist jedoch ohne Kenntnis der ontogenetischen Ableitung nicht möglich. Irreführenderweise wurde die Bezeichnung Subpedunculardrüse für die optische Drüse von CAZAL und BOGORAZE (1949) und HAEFELFINGER (1954) benützt. Die Funktion des Corpus subpedunculatum ist unbekannt. Als sicher kann jedoch angesehen werden, daß es sich hier um eine neuroendokrine Drüse, möglicherweise auch um ein Neurohaemalorgan handelt.

b) Lobus pedunculi

Der Lobus pedunculi [als „glande pédunculaire" von CAZAL und BOGORAZE (1949) bezeichnet, allerdings unter Verwechslung mit dem Corpus subpedunculatum von THORE (1936)] ist als ein Nervenkomplex anzusprechen, dessen Innervierung umstritten ist. Er liegt als eine kleine Verdickung am Augenstielnerv in der Nähe der optischen Drüse. Auch hier könnte es sich um ein Neurohaemalorgan handeln. Aufbau und Funktion sind noch gänzlich ungeklärt.

c) Epistellarkörper

Die Epistellarkörper, von YOUNG (1929, 1936) erstmalig beschrieben, kommen nur bei Octopoden vor (Abb. 34). Sie fallen durch ihre gelbe Färbung als kleine Komplexe innerhalb der das Stellarganglion umgebenden, bindegewebigen Umhüllung auf. Das bläschenförmige Organ wird von Epithelzellen begrenzt, die, wie besonders von ihnen abgeleitete Elemente, alle Anzeichen der Sekretionstätigkeit aufweisen (BOGORAZE und CAZAL 1944; SEITE und CHAMBOST 1957). Außerhalb des Epithels finden sich bipolare Zellen und zahlreiche Blutlakunen. Die Epistellarkörper sollen nervösen Ursprungs sein. Eine genaue ontogenetische Untersuchung steht jedoch noch aus. Die bisherigen Feststellungen sprechen für den Charakter einer neuroendokrinen Drüse. Bei Decapoden, denen dieses Organ fehlt, liegen an der

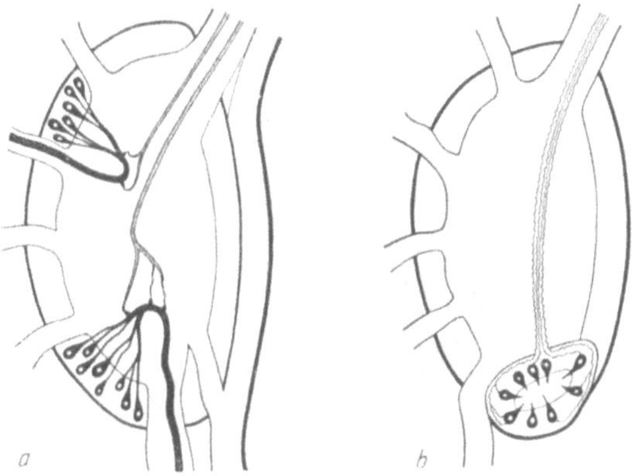

Abb. 34. Stellarganglion a) von *Sepia*, b) von *Octopus*. Bei *Sepia* verlaufen von zerstreut liegenden Nervenzellen Riesenfasern durch das Ganglion. Bei *Octopus* Vereinigung dieser Fasern zum Epistellarkörper. (Nach YOUNG 1936)

gleichen Stelle am Stellarganglion Nervenzellen, deren Fortsätze sich zu Riesenfasern vereinigen.

Elektronenmikroskopische Untersuchungen der Faserfortsätze des Stellarorgans einer *Octopus*-Art ergaben allerdings keinerlei Hinweise für sekretorisch tätige Neurone (BERN, NISHIOKA und HAGADORN 1962). Eine klare Vorstellung über dieses auch funktionell noch völlig ungewisse Organ wird erst nach einer umfassenden Bearbeitung möglich sein.

3. Corpora allata der Insekten

Die Corpora allata kommen bei allen Insekten vor und sind in ihrer ursprünglichen Anlage paarige Gebilde. Sie liegen hinter den Corpora cardiaca und sind mit diesen nervös (Nervus allatus) verbunden (Abb. 31). Ursprünglich als Bildungen der Eingeweidenerven (JOH. MÜLLER 1928) aufgefaßt und dementsprechend als Ganglia allata bezeichnet, wurde die andersartige Entstehungsweise schon verhältnismäßig früh erkannt. Die Bezeichnung Corpora allata stammt von HEYMONS (1899) und JANET (1899).

Sie gehen aus ektodermalen Einstülpungen zwischen Mandibel und 1. Maxille hervor (WIESMANN 1926; ROONWALL 1937; PFLUGFELDER 1937 u. a.). Einige wenige anderslautende Angaben können wohl im Vergleich zu den zahlreichen übereinstimmenden Befunden

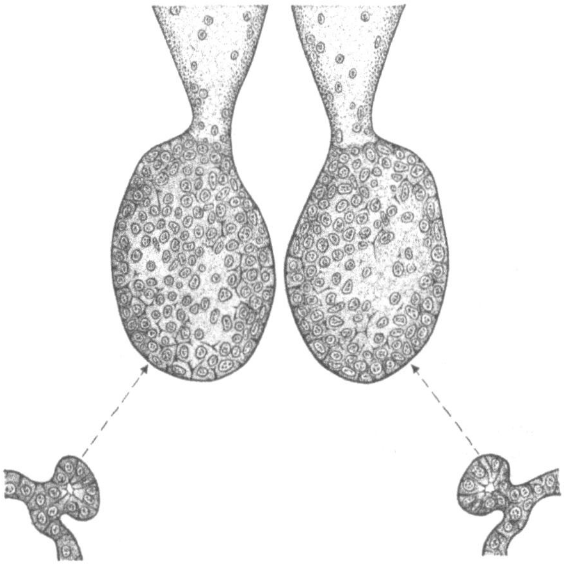

Abb. 35. Schematische Darstellung der Entstehungsweise und weiteren Entwicklung der Corpora allata. Es kommt hierbei zur Anlehnung an das neurokrine System

als überholt angesehen werden (WHEELER 1893; NUSBAUM-FULINSKI 1906, 1909; STRINDBERG 1913). Wie schon NABERT (1913) feststellte, ist die Tendenz einer dorsalwärts gerichteten Lageveränderung für sie typisch (Abb. 35). Dieser Forscher sprach auch erstmalig die Vermutung aus, daß es sich um ein Organ innerer Sekretion handeln müsse. Bei Apterygoten (Thysanuren) bleiben dagegen interessanterweise die aus dem Ektoderm abgeschnürten Bläschen an der Maxillarbasis, ohne zum Oesophagus zu wandern (YASHIKA 1960; BITSCH 1962).

Die Verbindung der Corpora allata mit der Aorta ist wechselnder als bei den Corpora cardiaca. Bei mehreren Insektenordnungen, wie

z. B. bei Ephemeriden, Saltatorien, Mantiden, Blattariern, Coleopteren und Neuropteren gibt es keine Beziehung zum Dorsalgefäß. Konstant sind diese Verbindungen dagegen bei Odonaten, Phasmiden, Isopteren, Psocopteren, Lepidopteren und Heteropteren (HANSTRÖM 1942).

Der histologische Aufbau der Corpora allata erlaubt gewisse Rückschlüsse auf ihre Funktion. Umgeben werden die meist kompakten runden oder ellipsoiden Körperchen von flachen Bindegewebszellen. Im Inneren sind neben Bindegewebszellen und undifferenzierten Elementen vor allem Sekretionszellen mit gewöhnlich acidophilen Granula anzutreffen (MENDES 1948; KAISER 1949 u. a.). Der Sekretgehalt weist Schwankungen auf, die häufig in engem Zusammenhang mit dem Lebensablauf bzw. bestimmten Entwicklungsphasen stehen. Der histologische Aufbau ist häufig nur schwierig zu erkennen, weil vielfach Zellgrenzen kaum sichtbar sind.

Verschiedene Bautypen können unterschieden werden. So wird eine Gegenüberstellung vom massigen Typus zum bläschenförmigen Typus vorgenommen. Nach anderer Einteilung wird zwischen epithelartigen pseudolymphoiden kleinzelligen und großzelligen Typen unterschieden (NOVÁK 1959). Hierbei handelt es sich mehr um eine allgemeine Einordnung als um eine wesentliche Abgrenzung einzelner Drüsenkörper. Ebenso ist das Auftreten unpaarer Corpora allata durch Verschmelzen der ursprünglich paarig angelegten Körper zu verstehen.

Größere Beachtung verdienen dagegen die Beobachtungen der rhythmischen Tätigkeit der Sekretionszellen. In den Zwischenhäutungsperioden tritt meist in früher Phase die Sekretion der Corpora-allata-Zellen auf. MENDES (1940) stellte bei dem Saltatorier *Melanoplus differentialis* fest, daß im 6. Larvenstadium bereits am 3. oder 4. Tage die ersten Sekretgranula vorliegen. Vom 7. bzw. 8. Tage bis zum Ende der 6. Larvenperiode fehlen die Sekretionserscheinungen. Dagegen erfolgt bei weiblichen Imagines eine weitere starke Sekretion der Corpora-allata-Zellen zur Zeit der Eireifung. Dies steht in guter Übereinstimmung mit experimentellen Befunden über Beziehungen zwischen der Tätigkeit der Corpora allata und der Dotterbildung bzw. Eireifung.

Die Aktivität der Corpora allata in verschiedenen Perioden prägt sich in ihrer Gesamtgröße aus. Volumenmessungen der Corpora allata liegen bei zahlreichen Insekten in verschiedenen Lebensabschnitten vor. Sie alle zeigen, daß das Wachstum vor allem in den frühen Larvenstadien beträchtlich, dagegen auf den Vorpuppen- und Vorimagostadien verhältnismäßig gering ist. Gleichzeitig neigt sich das Verhältnis Drüsenvolumen: Körpervolumen mit steigendem Lebensalter immer mehr dem Körpervolumen zu. Das Corpus allatum des frischgeschlüpften Weibchens der Wanze *Iphita limbata* hat nach NAYAR (1956) einen Querdurchmesser von 351 μm, zur Zeit der Geschlechtsreife von 520 μm, während der Eiablage von 910 μm und darnach nimmt er wieder ab. Umfangreiche volumetrische Untersuchungen der Corpora allata unternahmen PFLUGFELDER (1948), NOVAK (1954) und LUKOSCHUS (1955). Trotz gewisser Unterschiede der Zahlenwerte im einzelnen, die teilweise durch die Berücksichtigung verschieden alter Entwicklungsstadien oder durch unterschiedliche Meßtechnik zu erklären sind, ergibt sich auch hierbei die Größenzunahme während der Larvenstadien, nach NOVÁK zwischen dem 1. und 5. Stadium um das 20fache, nach PFLUGFELDER um etwa das 15fache. Für Plecopteren stellten ARVY und GABE (1954) maximale Größe der Corpora allata jeweils gegen die Mitte der einzelnen Larvenperiode fest. In der zweiten Hälfte des postembryonalen Lebens setzt eine Atrophie ein. Die Corpora allata der Imago sind stets kleiner als die der Larve trotz der sonstigen Größenunterschiede beider Formen. Ungeachtet der absoluten Größenzunahme der Corpora allata innerhalb der einzelnen Larvenstadien, erfolgt eine relative Abnahme der Oberfläche und des Volumens der Drüsen im Vergleich zum jeweiligen Körpervolumen der Larve. Das kann als Ausdruck der allmählichen Verringerung der Hormonproduktion gewertet werden (NOVÁK 1954).

Gleichzeitig verschiebt sich von Häutung zu Häutung das Größenverhältnis Prothoraxdrüse: Corpora allata zugunsten der Prothoraxdrüse. Bei der aus dem Ei frisch geschlüpften Raupe von *Pieris* beträgt dieses Verhältnis 1:2, bei der verpuppungsreifen Raupe dagegen 1:29 (KAISER 1949). Volumenveränderung der Corpora allata wurde in Beziehung zur jahreszeitlichen Aktivitätsperiode und zur Tagesperiodik bei Carabiden festgestellt (KLUG 1958). Hungern verursacht bei den Tieren deutliche Verkleinerung der Corpora allata (v. HARNACK 1958; STRANGWAYS-DIXON 1962). Damit im Zusammenhang unterbleiben Eireifung und -ablage (KAISER 1949).

Klare Größenunterschiede der Corpora allata bestehen zwischen den Geschlechtern. Weibchen sind ganz allgemein mit größeren Corpora allata ausgestattet. Bei der Biene verhalten sich die Volumina von Drohne: Arbeiterin: Königin nach PFLUGFELDER (1948) wie 10:21:17. Der Durchmesser des Corpus allatum von ausgewachsenen Männchen der Wanze *Iphita limbata* beträgt 390 µm, der von reifen Weibchen 520 µm (NAYAR 1946). Ganz entsprechende Werte mit den Unterschieden zwischen den Geschlechtern wurden bei einer Anzahl weiterer Objekte von verschiedenen Autoren übereinstimmend festgestellt (PFLUGFELDER 1936; PALM 1949; LUKOSCHUS 1955 u. a.).

Die Innervation der Corpora allata erfolgt jederseits durch einen Nervus allatus von den Corpora cardiaca aus. Dies bedeutet, daß sowohl die Corpora cardiaca als auch die Corpora allata mit dem Gehirn nervös in Verbindung stehen. In diesem Zusammenhang erscheint es wesentlich, daß von verschiedenen Autoren ein Transport von Sekret über diesen Nerv in die Corpora allata bzw. das Vorkommen von Neurosekret behauptet worden sind (bei *Leucophaea* von SCHARRER (1952, 1961), bei *Bombyx* von ARVY, BOUNHIOL und GABE (1953), bei Plecopteren von ARVY und GABE (1954), bei *Calliphora* von THOMSEN (1954), bei *Iphita* (Hemipteren) von NAYAR (1956) und bei *Microerotermes* (Isopteren) von DELIGNE und PASTEELS (1963).

Es tritt also außer dem eigenen in den Zellen der Corpora allata gebildeten Sekret auch Neurosekret in dem Lumen der Drüse auf. Hierfür sprechen neuerdings auch elektronenmikroskopische Befunde (SCHULTZ 1960). Ebenso lassen sich verschiedene experimentelle Ergebnisse nur mit der Annahme von Neurohormonen in den Corpora allata verstehen (S. 163).

Den Corpora allata scheint somit ebenfalls eine Doppelfunktion zuzukommen. Im Gegensatz zu den Corpora cardiaca, bei denen die Speicherung von Neurosekret die primäre Funktion darstellt, ist dieses umgekehrt bei den Corpora allata die Bildung eines eigenen Inkretes. Zusätzlich kann in den Copora allata Neurosekret gespeichert werden, wie andererseits die eigene Sekretproduktion eine Zusatzfunktion der Corpora cardiaca darstellt. Hinzu kommen die Unterschiede der Ableitung beider Organe. Der ursprünglich nervösen Natur der Corpora cardiaca, die vor allem aus der gemeinsamen Anlage mit dem Hypocerebralganglion ersichtlich wird, steht die ektodermale Abschnürung der Corpora allata gegenüber.

Bei den Corpora allata handelt es sich demnach um hormonale Drüsenorgane von phylogenetisch offensichtlich ursprünglicher Prägung. Man kann sie auf Grund der vergleichend-endokrinologischen Übersicht vielleicht mit als die ersten wahren Hormondrüsen ansehen.

Für diese Interpretation lassen sich verschiedene Tatsachen anführen. Die ektodermale Entstehung weist zunächst auf diese Ursprünglichkeit hin. Besonders wichtig erscheint die für die Corpora allata charakteristische Tendenz, ihre Lage im Laufe der Embryonalentwicklung dorsal zu verschieben. Damit gewinnen sie eine Beziehung zum Blutgefäßsystem und gleichzeitig auch die Anlehnung an das ursprüngliche neurokrine System. Nicht in allen Insektenordnungen ist das gleichartig verwirklicht (S. 90). Hierin dürfte sich einerseits der primäre Charakter als Hormondrüse, andererseits zugleich ihre sekundäre Stellung innerhalb der phylogenetischen Entwicklung eines Hormonsystems im Tierreich ausdrücken.

Die Corpora allata bilden somit eine „Brücke" von den hochentwickelten Neurohaemalorganen mit zusätzlicher Sekretbildung zu denjenigen inkretorischen Drüsen, die sich in morphologischer Unabhängigkeit zum neurosekretorischen System befinden. Dies trifft bei den Insekten für die Prothoracaldrüsen zu (S. 106). Die Bedeutung der Corpora allata für die vergleichende Bewertung ursprünglicher hormonaler Verhältnisse der Wirbeltiere wird uns später nochmals beschäftigen (S. 366).

4. Der endokrine Retrocerebralkomplex der Dipteren

Bei den Dipterenlarven zeigt sich eine fortschreitende Tendenz zur Verschmelzung der einzelnen Elemente des Retrocerebralkomplexes, die bei den *Cyclorrhapha* ihre höchste Stufe erreicht. Bei verschiedenen Nematoceren wie Culiciden und Chironomiden finden sich ein Paar Corpora cardiaca in enger Verbindung mit dem Hypocerebralganglion und ein Paar Corpora allata, an die sich teilweise Zellen der Peritrachealdrüse anlehnen (POSSOMPÈS 1946). Die Corpora allata der orthorrhaphen Brachyceren sind zu einem Komplex an der Aorta verschmolzen, während die Corpora cardiaca noch getrennt bleiben. Das Höchstmaß der Verschmelzung tritt bei den Cyclorrhaphen mit der Bildung des sogenannten WEISMANNschen Ringes, wie die Ringdrüse nach ihrem Entdecker (1864) auch bezeichnet wird, ein. Dieser legt sich vorn an die Lobi optici des Gehirns an und umschließt allseitig die Aorta (Abb. 36). Der dorsale Bereich entspricht den hier verschmolzenen Corpora allata, der ventrale den gleichfalls verschmolzenen Corpora cardiaca. Laterale Drüsenbänder, beidseitig von einer Trachee auffällig begleitet, stellen die Peritrachealdrüsen dar, die nach E. THOMSEN (1940), M. THOMSEN (1951), POSSOMPÈS (1953) u. a. den Prothoracaldrüsen entsprechen.

Die Zusammensetzung der Ringdrüse ist erst allmählich richtig erkannt worden. Nach Untersuchungen an *Chironomus*, *Tipula* und

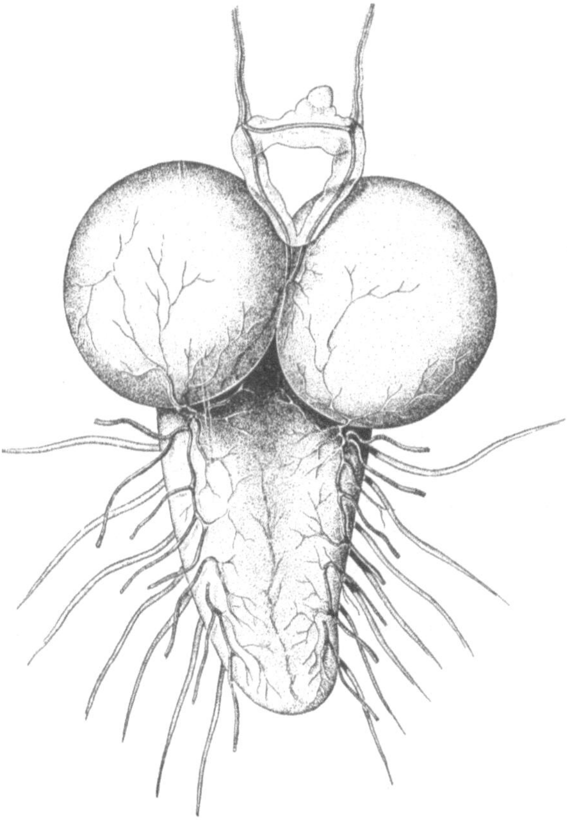

Abb. 36. Gehirn, Ringdrüse und Bauchmarkkomplex der Schmeißfliege *Calliphora erythrocephala*

Calliphora bezeichnete sie BURTT (1937) als Corpora allata. SCHARRER und HADORN (1938) führten zwar Gründe für die Möglichkeit an, daß sich die Ringdrüse aus den Corpora cardiaca und den Corpora allata zusammensetzt, ließen aber die Entscheidung noch offen. Später wurde die Ringdrüse den Corpora cardiaca und Corpora allata gleichgesetzt (Day 1943 und Poulson 1944). Die klarsten Beweise für ihre Zusammensetzung erbrachten die ausgedehnten experimentellen Untersuchungen von Possompès (1953—1958).

Während die ganze Ringdrüse aus *Calliphora*-Larven der kritischen Periode, in Hinterenden von Larven vor der kritischen Periode implantiert, eine Verpuppung auslöst, erfolgt dies nicht, wenn nur der Bezirk einer solchen Ringdrüse implantiert wird, der den Corpora allata entspricht. Noch klarer weisen Versuche mit Extrakten der ganzen Ringdrüse, der Corpora-cardiaca-Anteile, der Corpora-allata-Anteile und der Drüsenschenkel der Peritrachealdrüse auf die verschiedenartige endokrine Bedeutung der einzelnen Bezirke hin (Berger 1963). Es hat sich weiterhin gezeigt (Possompès 1950), daß die Ringdrüse dem Gehirn untergeordnet ist. Seine Entfernung bei einer Larve noch während der Freßtätigkeit, d. h. vor Eintritt in die kritische Periode, führt zum Erhaltenbleiben des Larvenstadiums trotz Anwesenheit des Weismannschen Ringes. Die Ringdrüse wird von einem Paar Nervi corporis cardiaci innerviert (Hanström 1942), die jedoch durch Verschmelzung der beiden Nervi corporis cardiaci I und II entstanden sind (Thomsen 1951; Fraser 1955). Die Nervi corporis allati entspringen vom Hypocerebralganglion und ziehen längs der Peritrachealdrüse zu den Corpora allata. Es besteht eine sehr enge nervöse Verbindung zwischen Gehirn und Ringdrüse.

Bei den Imagines sind die Verhältnisse etwas unterschiedlich. Dies ist u. a. teilweise durch eine Verlagerung des Komplexes nach rückwärts bedingt. Die bei anderen Insektenordnungen erkennbare Tendenz der räumlichen und funktionellen Annäherung zwischen dem neurokrinen System und den phylogenetisch jüngeren Hormondrüsen hat bei den Dipteren zur Verschmelzung zu einem gemeinsamen Komplex geführt. Die Ringdrüse ist damit vergleichend-endokrinologisch als ein Zusammenschluß der beiden hormonalen Steuerungsformen, der durch Neurohormone und durch Drüsenhormone, aufzufassen, wofür sonst nur bei Wirbeltieren vergleichbare Beispiele vorhanden sind (S. 356).

5. Das retrocerebrale System der Arachniden

Wir stützen uns hier im wesentlichen auf die Verhältnisse bei den Spinnen, da bei den anderen Gruppen der Arachniden bisher nur ungenügende Befunde vorliegen.

Das retrocerebrale System der Spinnen gliedert sich ähnlich wie bei Insekten in einen retrocerebralen neuroendokrinen Anteil und einen retrocerebralen stomatogastrischen Bereich. Hier interessiert nur der erstere, da letzterer rein nervöser Natur ist. Die Feststellung paariger Organe hinter dem Gehirn geht bereits auf den französischen Zoologen SCHNEIDER (1892) zurück. Über die Anzahl solcher Organe, ihre Lage und ihre Benennung sowie ihre Innervation herrscht aber in der Literatur ziemliche Verwirrung. Als „stomatogastrische" Ganglien wurden von LEGENDRE (1953) zwei Paar Körperchen hinter dem Gehirn bezeichnet, kurz darauf (1954) genauer beschrieben und als 1. und 2. SCHNEIDERsches Organ gekennzeichnet. Sie wurden als Gebilde nervöser und sekretorischer Natur betrachtet. GABE (1954) sah in diesen stomatograstrischen Ganglien einerseits Speicherorte für Neurosekrete aus dem Gehirn und andererseits Produktionsstätten eigener Sekrete. Damit schien eine große Ähnlichkeit mit dem System Pars intercerebralis—Corpora cardiaca der Insekten offensichtlich.

Nach einer eingehenden Untersuchung von KÜHNE (1959) finden sich folgende Verhältnisse des retrocerebralen endokrinen Komplexes: Das von LEGENDRE als 1. SCHNEIDERsches Organ bezeichnete Paar entspricht dem von allen Autoren beobachteten Körper. Mit ihm steht ein von SCHNEIDER (1892) als ein 2. Ganglion angesehener Komplex in enger nervöser Verbindung, der sich jetzt als ein sekrethaltiges Nervenendfaserorgan ausweist (nach KÜHNE sogenannter „Tropfenkomplex") (Abb. 21). Von LEGENDRE (1954) wurde darüber hinaus ein weiteres Ganglienpaar erstmalig beschrieben, das am caudalen Ende des Saugmagens liegt und das nun die Bezeichnung 2. SCHNEIDERsches Organ aus der wohl irrtümlichen Annahme trägt, daß es sich dabei um das ursprünglich von SCHNEIDER entdeckte Gebilde handelt.

Das 1. SCHNEIDERsche Organ wird vom Tritocerebrum des Cerebralganglions innerviert. Widerspruchsvoll sind die Auffassungen zur Frage des Sekrettransportes in diesen Nerven. Während KÜHNE (1959) dies für sehr fraglich hält, werden hierzu von GABE (1954) entsprechende Befunde mitgeteilt. Die eigene sekretorische Tätigkeit des 1. SCHNEIDERschen Organs kann als sicher angenommen werden. Das mit ihm nervös eng verbundene Nervenendorgan (sogenanntes „Tropfenorgan") dient offenbar als Speicherstätte.

Das 2. SCHNEIDERsche Organ wird gleichfalls vom Gehirn aus innerviert. Es ist dabei nicht unwahrscheinlich, daß dieser Pharyngealnerv Fasern von neurosekretorischen Zellen des Tritocerebrums enthält. Ob eine nervöse Verbindung zwischen den beiden SCHNEIDERschen Organen besteht, wie LEGENDRE angibt, bedarf noch endgültiger Untersuchung. Zellen, die mit Sekret gefüllt sind, treten auch im 2. SCHNEIDERschen Organ auf.

Das retrocerebrale neuroendokrine System der Spinnen besteht demnach aus zwei Paar drüsigen Körpern, die jetzt als SCHNEIDERsche Organe bezeichnet werden. Dem 1. SCHNEIDERschen Organ hängt ein besonderer, mit Sekret gefüllter Speicherkomplex an. Beide Organe werden direkt vom Gehirn aus innerviert. Ungeklärt bleibt noch die Frage, inwieweit die SCHNEIDERschen Organe als Speicherorte für Neurosekret in Frage kommen.

Die Analogie zu den Verhältnissen bei den Insekten ist sehr naheliegend. Allerdings fehlen hierfür noch vollständig die ontogenetischen Kenntnisse für die beiden Organpaare der Spinnen. LEGENDRE (1954) hält die zwei SCHNEIDERschen Organe für Gebilde entodermaler Herkunft, ohne dies allerdings näher begründen zu können. Es soll daher hier auch keine voreilige Auffassung vertreten werden. Die paarigen Organe im retrocerebralen Bereich mit sekretorischer Funktion bei Spinnen sind aber sicher nur in Verbindung mit entsprechenden Bildungen anderer Arthropoden-Gruppen zu bewerten.

Im Vergleich zu Spinnen sind die Angaben für andere Arachniden recht unzureichend. Bei Opilioniden treten im hinteren Bezirk des Neurilems des Cerebralganglions die paraganglionären Organe auf. Sie werden als Speicher- und Ausscheidungsorte für Neurosekret angesehen (NAISSE 1959). Ihre Zellen besitzen keine eigene sekretorische Tätigkeit. Dagegen bestehen Beziehungen hinsichtlich der Menge des dort vorhandenen Sekretes zur Aktivität oraler Zellbezirke im Gehirn.

Am Gehirn der Walzenspinnen (*Solifugae*) finden sich jederseits des Protocerebrums 2 kleine Organe unmittelbar unter dem Neurilem. Ihre enge Beziehung zum Blutsinus sowie ihre sekretorische Aktivität in zeitlicher Übereinstimmung mit den Häutungsprozessen machen eine endokrine Funktion wahrscheinlich (JUNQUA 1963). Genaue Hinweise fehlen aber bisher auch hier.

Nach GABE (1955) handelt es sich bei der erstmalig von POLICE (1903) bei Skorpionen festgestellten und in unmittelbarer Verbindung mit dem Oesophagus hinter dem Gehirn gelegenen Ganglienmasse um einen Komplex, der sowohl Neurosekret aus dem Gehirn speichert als auch selbst sezerniert. Für weitere Strukturen ist ebenfalls eine endokrine Funktion denkbar (HABIBULLA 1961). Einer genaueren Untersuchung scheinen in dieser Hinsicht auch die parapharyngealen Organe der Pseudoskorpione (GABE 1955) wert, die sich aus Drüsenzellen aufbauen, zugleich aber Nervenfasern von den neurosekretorischen Zellen des Protocerebrums aufnehmen und Neurosekret speichern sollen.

Bei den Acarinen schließlich wird eine der paraganglionären Platte („plaques ganglionaires", HERLANT-MEEWIS und NAISSE 1957) der Opilionen ähnliche Struktur beschrieben, die gleichfalls außer sezernierenden Zellen mit Sekreten beladene und aus dem Cerebralganglion kommende Axone aufweist. Die morphologischen Erscheinungen sprechen sehr dafür, daß es sich um neuroendokrine Organkomplexe handelt. In allen Fällen ist ihre Bedeutung noch ganz ungeklärt.

Wesentlich unsicherer ist demgegenüber noch die sogenannte Lymphdrüse der Skorpione zu beurteilen. Auf Grund der chromaffinen Reaktion verschiedener Drüsenabschnitte und der engen Beziehung des vorderen Teiles der Drüse zum Blutgefäß ist eine endokrine Funktion nicht ausgeschlossen (GEORGE, JYOTI, WINFRED und BERLIN 1961).

6. Neuroendokrine Drüsenorgane der Myriapoden

Neuroendokrine Organe sind nach den bisherigen Untersuchungen bei Symphilen, Chilopoden und Diplopoden bekannt. Teilweise scheint es sich um Bildungen vom Typ der Neurohaemalorgane zu handeln, teilweise sind sie noch nicht genügend sicher zu beurteilen.

Die symmetrisch am Protocerebrum des Symphylen *Scutigerella pagesi* ansitzenden Kopfdrüsen entsprechen in ihrem Bau, ihren Einschlüssen, ihrer engen Beziehung zu benachbarten neurosekretorischen Zellen des Nucallobus einerseits und zur Kopfarterie andererseits Speicherorganen für Neurosekrete (JUBERTHIE-JUPEAU 1961). Ihre Funktion ist unbekannt. Die Kopfdrüsen enthalten zweierlei durch färberische Affinitäten unterschiedene Produkte.

Bei *Chilopoden* werden nach den Untersuchungen von GABE (1952, 1956), PALM (1956) und SCHEFFEL (1961) von neurosekretorischen Zellen des Gehirns Sekrete über Nervenbahnen in die beidseitig am Gehirn ansitzenden Cerebraldrüsen transportiert (Abb. 8, 37). Ob diese außer ihrer Speicherfunktion auch selbst sekretorisch tätig sind, erscheint noch ungewiß. Vermutlich werden die Sekrete von hier aus ins Blut abgegeben. Dafür spricht die auffallend reiche Versorgung mit Blutgefäßen, weshalb schon früher der Gedanke an ein endokrines Organ aufgetaucht war (FAHLANDER 1938).

Die Cerebraldrüse entwickelt sich nach Untersuchungen an *Scolopendra* in enger Verbindung mit den Lobi frontalis des Vorderhirns durch Einwanderung von Zellen an der hinteren lateralen Hirngrube

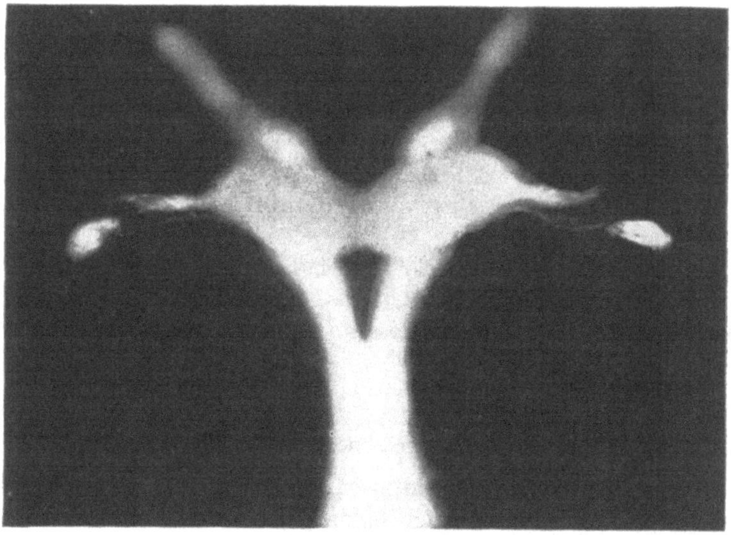

Abb. 37. Gehirn-Cerebraldrüse des Steinläufers *Lithobius forficatus*. Neurosekretorische Zellen im Gehirn. Sie leuchten ebenso wie die Cerebraldrüsen beidseitig des Gehirns infolge des Sekretgehaltes. (Nach SCHEFFEL 1962)

(HEYMONS 1901). Der ursprünglich vorhandene Zusammenhang dieser Zellgruppe mit der Hypodermis geht erst im Laufe der späteren Embryonalentwicklung verloren (Abb. 38). Somit sprechen die frühe Ontogenie wie auch die Ähnlichkeit dieser Zellen mit den Ganglienzellen des Lobus frontales für die unmittelbare Beziehung zum Nervensystem. Der auch bei *Lithobius* in den jüngsten Larven noch bestehende enge Kontakt zwischen der Cerebraldrüse und der Hypodermis des Protocerebrums läßt die gleiche Entstehung dieses Organs vermuten (SCHEFFEL 1961). Die Cerebraldrüse der Chilopoden ist demnach in Verbindung mit ihrer späteren Speicherfunktion für Neurosekrete als ein Neurohaemalorgan anzusehen. Allerdings stellt die Bezeichnung „TÖMÖSVARYsches Organ“ eine Verwechslung mit einem verschiedentlich beschriebenen Sinnesorgan am Kopf von bisher unbe-

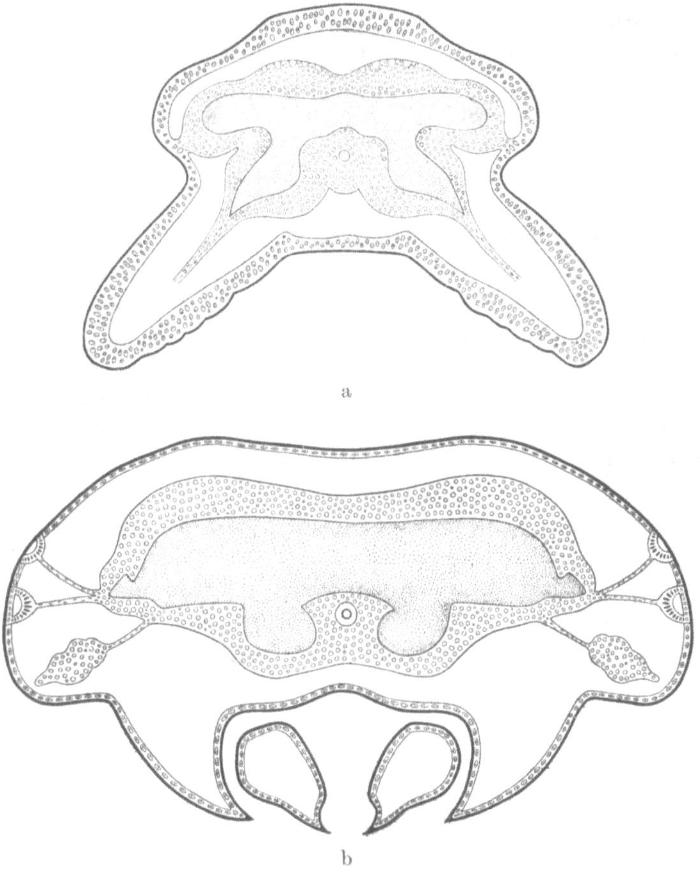

Abb. 38. Schema von Transversalschnitten des fetalen Kopfbereiches von *Scolopendra cingulata* Latr. a) Lateral von den Lobi frontales liegen die Einwucherungsstellen, aus denen die Cerebraldrüse hervorgeht. b) Späteres Stadium der Entwicklung. Die Ventraldrüse hat sich vom Gehirn gesondert, steht jedoch durch Nerven mit ihm weiterhin in Verbindung. (Umgezeichnet nach HEYMONS 1901)

kannter Funktion dar (HERRINGS 1904, 1906; HOLMGREN 1916). Seine genaue Untersuchung erscheint sehr wünschenswert.

Bei den *Diplopoden* besteht nach den wenigen hierüber vorliegenden Untersuchungen eine ähnliche Beziehung zwischen Gehirn und Cerebraldrüse (GLASER, zit. bei GERSCH 1959; PRABHU 1959, 1961). Die Cerebraldrüse, die ebenfalls durch zwei Nerven vom Gehirn aus innerviert wird, enthält mit Neurosekret beladene Nervenendfasern, so daß sie in erster Linie als Speicherorgan dient. Dagegen erscheint die Produktion eigener Sekrete fraglich. Ihre Zuordnung zu dem einen oder anderen Typ von Hormonorganen kann nicht erfolgen, da die ontogenetischen Verhältnisse nicht bekannt sind.

Bei dem Diplopoden *Jonespeltis splendidus* ist außer der Cerebraldrüse ein Organ vorhanden, das völlig einem Neurohaemalorgan entspricht (PRABHU 1959, 1961). Es handelt sich um zwei kleine Körper, die dem Circumoesophagealkonnektiv dicht ansitzen und daher als „Konnektivkörper" bezeichnet worden sind. Sie stehen durch ein Paar Nerven mit dem Konnektiv in Verbindung. Von neurosekretorischen Zellen führen mit Sekreten beladene Nervenfasern in diese Körper, die der Wand eines Blutsinus dicht anliegen. Möglicherweise wird das Neurosekret in den Sinus abgegeben. Die Funktion der Konnektiv-Körper ist unbekannt.

Unbekannt sowohl hinsichtlich ihrer Funktion als auch ihrer möglichen Homologie mit anderen retrocerebralen Bildungen der Arthropoden sind die bei Juliden vorkommenden hypocerebralen Organe. Sie sitzen beiderseits des Vorderdarmes und bestehen aus sekretorisch tätigen Zellgruppen, die durch Nervenstränge vom Lobus opticus aus innerviert werden (SAHLI 1961, 1963).

Die neuroendokrinen Hormondrüsen, zu denen die Follikeldrüse der Pulmonaten und die Corpora allata der Insekten zählen, nehmen eine Mittelstellung in der Entwicklung des Hormonsystems der Tiere zwischen Neurohaemalorganen und den vom neurokrinen System morphologisch unabhängigen Hormondrüsen ein. Sie entstehen als selbständige ektodermale Gebilde, die erst im Laufe ihrer weiteren Entwicklung die anatomische und funktionelle Beziehung zu dem primären Hormonsystem erlangen. Sie produzieren selbst Inkrete (für die Follikeldrüse nicht eindeutig) und dienen möglicherweise zugleich als Speicherorte für Neurosekrete (nicht für die Corpora allata aller Insektenordnungen erwiesen). Die Unsicherheit, die Funktion dieser Kategorie von Hormondrüsen eindeutig zu charakterisieren, kann zugleich als ein Hinweis auf ihre Zwischenstellung in der Entwicklungsreihe dieses Organsystems bewertet werden. Durch besondere Vielfalt neuroendokriner Organe zeichnen sich die Cephalopoden aus. Ihre genaue Einordnung bereitet infolge unserer geringen Kenntnisse der Verhältnisse dieser Tiergruppe noch erhebliche Schwierigkeiten. Die Organe des Retrocerebralkomplexes, wie sie in verschiedenen Ordnungen der Arachniden und Myriapoden angetroffen werden, sind entweder zum Typ der Neurohaemalorgane oder zu den neuroendokrinen Hormondrüsen zu rechnen. Allerdings sind unsere Kenntnisse in diesen Fällen noch nicht so umfassend, daß man eine endgültige Klassifizierung vornehmen könnte, so daß sie hier weiterhin unter dem Begriff des Retrocerebralsystems zusammengefaßt worden sind. Die Tendenz einer Weiterentwicklung des Hormonsystems über die primäre Form des neurokrinen Komplexes hinaus ist besonders in den verschiedenen Klassen der Arthropoden erkennbar. Sie prägt sich auch in der bei cyclorrhaphen Dipteren vorkommenden Ringdrüse aus, die als anatomischer Zusammenschluß des ursprünglichen Systems mit den als phylogenetisch jünger anzusehenden hormonalen Drüsenorganen zu betrachten ist.

D. Hormondrüsen, morphologisch unabhängig vom neurokrinen System

Eigene Hormondrüsen sind nach unseren heutigen Erfahrungen unter den wirbellosen Tieren nur bei Cephalopoden und Arthropoden anzutreffen. Für die Cephalopoden sind es die Branchialdrüsen und die optischen Drüsen. Ob auch die Pericardialdrüsen (KESTNER 1931) und die Gonaden (CAZAL und BOGORAZE 1949) endokrine Funktionen ausüben, erscheint unsicher. Die vorderen Speicheldrüsen der Cephalopoden, deren Tyramingehalt bereits früher erkannt worden war (HENZE 1913) und die nach neueren Untersuchungen eine Hauptproduktionsquelle für Serotonin darstellen (S. 347, ERSPAMER und ASERO 1932), nehmen eine Sonderstellung ein.

Vom neuroendokrinen Komplex morphologisch unabhängige endokrine Organe der Arthropoden sind das Y-Organ der Crustaceen, die Ventraldrüsen und Prothoracaldrüsen der Insekten, vermutlich auch die Häutungsdrüsen der Afterspinnen (Opilioniden). Für die Bewertung dieser endokrinen Organe und ihrer Stellung im endokrinen System der wirbellosen Tiere scheinen zwei Tatsachen bedeutungsvoll: 1. Ontogenetisch leiten sich diese endokrinen Drüsen vom Ektoderm ab. 2. Ihre Tätigkeit untersteht der übergeordneten Kontrolle der Neurohormone.

Die einzige bisher bekannte Ausnahme dieser Verhältnisse bildet die androgene Drüse der Malacostracen (CHARNIAUX-COTTON 1954 bis 1963). Sie stammt vom Mesoderm ab und unterliegt nicht der neurohormonalen Steuerung.

Hormondrüsen ektodermaler Herkunft

1. Hormondrüsen der Cephalopoden

Von den beiden hier zu nennenden Hormondrüsen bestehen für die Branchialdrüsen noch viele Unsicherheiten hinsichtlich der endokrinen Natur. In beiden Fällen ist ihre ektodermale Entstehungsweise anzunehmen, jedoch nicht eindeutig erwiesen.

a) *Branchialdrüsen* sind an der Kiemenbasis liegende Körper drüsiger Natur ohne Ausführgang. Das Innere wird von Zellen mit dichtem, homogenem Plasma ausgefüllt, zwischen denen zahlreiche Blutlakunen ziehen. Auf Grund dieser anatomischen Merkmale werden die Branchialkörper seit der Mutmaßung von HUTCHINSON (1928) und SERENI (1930) als endokrine Drüsen angesehen. Funktionell sind bisher keine sicheren Hinweise erbracht worden.

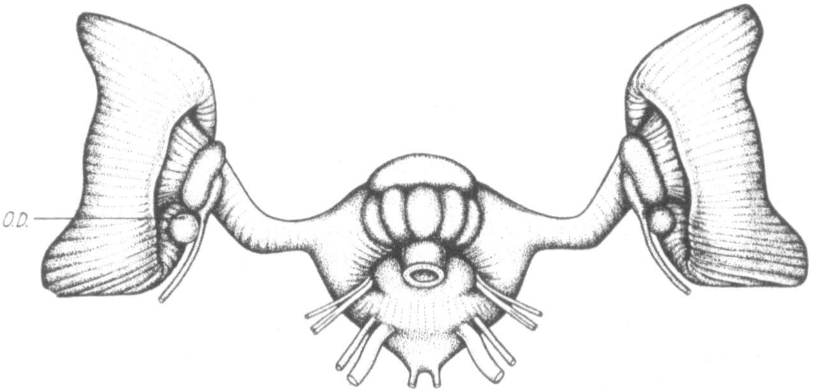

Abb. 39. Optische Drüsen von *Octopus*. (Nach BOYCOTT und YOUNG 1956)

b) Die *optischen Drüsen* stellen kleine sphärische Körper an den Augenstielen dar (Abb. 39). Sie bestehen aus Drüsenzellen, die in Bindegewebe eingebettet liegen. Eine Beziehung zum neurosekretorischen System besteht nicht. Erwiesen ist vielmehr eine nervöse Steuerung der Drüsenfunktion. Entfernung der optischen Drüsen bewirkt bei jungen *Octopus*-Weibchen vorzeitige Reifung des Ovars (S. 210) (WELLS 1960). Sie üben also eine gonadotrope Funktion aus, die nervös vom Gehirn aus gesteuert wird.

2. Carapaxdrüse (Y-Organ) der Crustaceen

Das sogenannte Y-Organ der Crustaceen stellt eine paarige Drüse dar, die entweder am 1. Maxillensegment (Leptostracen, Mysideen, Euphasideen, Tanaideen, Amphipoden) oder im Antennensegment (Cumaceen, Isopoden, Stomatopoden) auf der Innenseite des Carapax ventral beidseitig gelegen ist (Abb. 43). Sie ist von früheren Autoren unter anderer Deutung bereits mehrfach beschrieben worden. CLAUS

(1888) sah sie als ein atrophisches Maxillarorgan an. VOGT (1936) bezeichnet sie nach Untersuchungen an Mysideen bewußt indifferent als Seitenorgan. Ganz ähnlich wird sie auch von SILEN (1954) als Lateralorgan angesprochen, während sie SIEWING (1953), ihrer Lage entsprechend, als Carapaxdrüse kennzeichnet. GABE (1953, 1956) stellte außer Volumenveränderungen auch Unterschiede in der Färbbarkeit von Kern und Plasma in Beziehung zu den Häutungsphasen fest. Das führte zu der Annahme, in der als Y-Organ (GABE 1953) bezeichneten Drüse eine Häutungsdrüse der Crustaceen zu sehen. Ob dieser Name, der auf frühere Benennungen keine Rücksicht nimmt, gut und auch nötig war und ist, sei dahingestellt. Die Drüse wird neuerdings von SCHEER (1960) Ventraldrüse genannt, was infolge der möglichen Verwechslung mit den Ventraldrüsen der Insekten ebenfalls Unklarheiten mit sich bringt. Das Organ soll daher im Hinblick auf seine Herkunft und Lage hier weiterhin als *Carapaxdrüse* bezeichnet werden.

Sie entsteht, wie VOGT (1935) in seiner Untersuchung über die Seitenorgane der Mysideen gezeigt hat, durch Abschnürung zunächst noch völlig indifferenter Ektodermzellen unmittelbar bei der Carapax-Abfaltung. Erst später differenzieren sich die Zellen zu hohen zylindrischen Epithelien, bei denen schon immer der Drüsencharakter aufgefallen war. Experimente von ÉCHALIER (1954, 1956, 1959) sowie von ARVY, ÉCHALIER und GABE (1956) bestätigten, daß die Carapaxdrüse für den Häutungsvorgang bedeutungsvoll ist (S. 122).

3. Die Prothoracaldrüsen der Insekten

Bei den holometabolen Insekten sind am Kopf-Thorax drüsenartige Bildungen schon länger bekannt. Sie wurden erstmalig von VERSON (1899) und kurz darauf, ohne daß allerdings auf die vorausgegangene Veröffentlichung Bezug genommen wurde, von TOYAMA (1902) unter dem Namen hypostigmatic glands bei der Seidenraupe beschrieben. Ihre morphologische Untersuchung vervollständigten KE (1930), von dem auch die Bezeichnung Prothoracaldrüse herrührt, und später LEE (1948). Die Kenntnis der physiologischen Bedeutung dieser Drüse verdanken wir den experimentellen Arbeiten FUKUDAS (1940, 1941) am Seidenspinner *Bombyx mori* und WILLIAMS' (1947, 1948, 1949) am Riesenseidenspinner *Hyalophora cecropia*. Von FUKUDA wurde nachgewiesen, daß sowohl bei Larven als auch bei Puppen des Seidenspinners die Prothoracaldrüsen die unmittelbare

Quelle des Häutungshormons darstellen. Später bewies WILLIAMS, daß die Sekrete der neurosekretorischen Zellen des Gehirns die Prothoracaldrüsen aktivieren.

Die Prothoracaldrüsen stellen meistens langgezogene, z. T. verästelte Gebilde dar. Innerhalb der verschiedenen Ordnungen weisen sie gewisse gestaltliche Variationen auf. Bei den Heteropteren sind sie große, getrennte, paarige und langgezogene Körper (WELLS 1954), teils in den Fettkörper eingebettet (WIGGLESWORTH 1952; NAYAR 1953). Bei den Lepidopteren stellen sie mehr langgezogene oder auch verzweigte Strukturen dar (FUKUDA 1940; WILLIAMS 1948; LEE 1948; REHM 1951, KAISER 1949). Bei den Orthopteren und Schaben bilden sie paarige, sich überkreuzende Bänder (SCHARRER 1948; BODENSTEIN 1953; CHADWICK 1956) (Abb. 40). Auch bei Mantiden treten sich überkreuzende Drüsenbänder von ziemlicher Ausdehnung auf (RAE 1957). Grillen dagegen besitzen einen unpaaren, lamellenartigen Gewebekomplex, der den Oesophagus manschettenartig umgibt (SELLIER 1951).

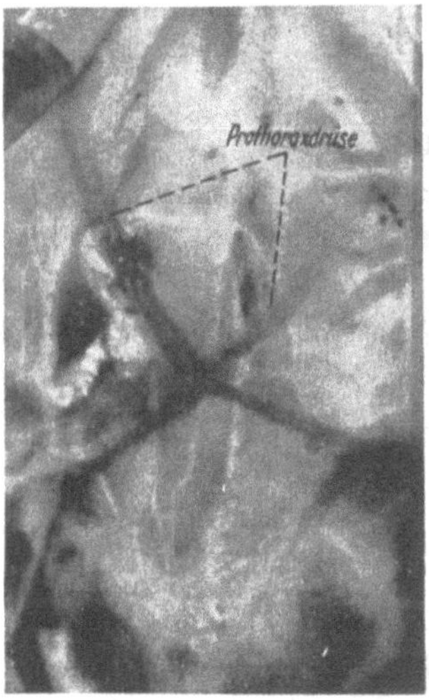

Abb. 40. Prothoracaldrüse von *Periplaneta americana* in situ, mittels Vitalfärbung markiert

Die Prothoracaldrüsen der Coleopteren zeigen eine wesentlich größere Einförmigkeit als die anderer Gruppen (ARVY und GABE 1953; NÚÑEZ 1954; SRIVASTAVA 1959). Von Hymenopteren wurden die Prothoracaldrüsen bei *Apis mellifica* untersucht (SCHALLER 1955; LUKOSCHUS 1952; L'HÉLIAS 1956). Sie bestehen hier aus einem paarigen Hauptzellstrang, von dem aus kleinere Bereiche abgehen. Bei den cyclorrhaphen Dipteren entsprechen die lateralen Zellen der Ringdrüse der Prothoracaldrüse der anderen Insekten (THOMSEN 1940; POSSEMPÈS 1953).

Trotz der teilweise sehr variablen Gestalt der Drüsen zeigen sie Übereinstimmung und Einheitlichkeit in der Sekretionstätigkeit. Charakteristisch ist dabei das zyklische Verhalten ihrer Zellen in den einzelnen Larvenstadien. Die größte Entfaltung erreichen die Prothoracaldrüsen unmittelbar vor der Imaginalhäutung. Meistenteils degenerieren die Drüsen bei den Imagines. Bei der Schabe *Leucophaea* sind die Prothoracaldrüsen auch bei adulten Tieren, allerdings verkleinert gegenüber den Larven, vorhanden (SCHARRER 1948). Ebenso finden sich auch noch bei *Periplaneta americana* die Zellbänder der Prothoracaldrüsen im erwachsenen Zustand. Im allgemeinen degeneriert jedoch die Häutungsdrüse zu dem Zeitpunkt, zu dem sie mit Erreichen des Imaginalstadiums im Zuge der letzten Häutung ihre Funktion erfüllt hat.

Embryologisch entwickeln sich die Prothoracaldrüsen aus ektodermalen paarigen Einstülpungen im 2. Maxillarsegment (TOYAMA 1902). Bei der Wanze *Dysdercus cingulatus* entstehen an dieser Stelle zwei Paar Einstülpungen. Aus dem vorderen und größeren Paar gehen die Speicheldrüsen, aus dem hinteren die Prothoracaldrüsen hervor (WELLS 1954). Enge Beziehungen in der Entwicklung zwischen Speicheldrüsen und Prothoracaldrüsen treten auch bei vielen anderen Arten auf. Die Innervation erfolgt gewöhnlich vom 1. Thoracalganglion aus (LEE 1948; SCHARRER 1948; SELLIER 1951).

4. Die Ventraldrüsen hemimetaboler Insekten

Seit PFLUGFELDER (1938) bei der Stabheuschrecke *Carausius morosus* unter dem Namen Ventraldrüsen endokrine drüsenartige Bildungen am Kopf beschrieben hat, sind diese Organe auch bei anderen Insekten festgestellt und morphologisch sowie experimentell untersucht worden. Sie wurden bei zahlreichen Ordnungen der Hemimetabolen festgestellt (PFLUGFELDER 1947; BOISSON 1950; JONES 1953). Außer ihrer Herkunft und Lage bestehen auch in anderer Hinsicht Ähnlichkeiten mit den Prothoracaldrüsen. Sie zeigen ein mit jedem Larvenstadium zunehmendes Größenwachstum und erreichen entweder unmittelbar vor oder mit der letzten Häutung ihren größten Umfang. Auch verkümmern sie am Ende der Metamorphose bzw. in den ersten Tagen der Imaginalperiode. Eine Ausnahme bilden hierbei die Arbeiter und Soldaten der Termiten, bei denen sie während ihres ganzen Lebens erhalten, wenngleich schwächer als bei den Geschlechtstieren entwickelt bleiben.

Ontogenetisch stellen sie gleichfalls ektodermale Bildungen dar. Entweder entspringen die Wucherungen der ventralen Hypodermis, oder sie erscheinen zunächst als bläschenförmige Drüse mit einem Ausführgang wie bei den Blattariern (PFLUGFELDER 1947).

Ventraldrüsen sind vor allem für die Häutung verantwortlich (STRICH-HALBWACHS 1954; HALBWACHS, JOLY und JOLY 1957). Die Implantation von Drüsen aus dem 5. Larvenstadium von *Locusta migratoria* in Larven unmittelbar nach ihrer 3. Häutung führte zu einer Verkürzung des 4. Larvenstadiums. OZEKI (1959) hat neuerdings nachgewiesen, daß das Häutungshormon beim Ohrwurm *Anisolobis maritima* von den Ventraldrüsen sezerniert wird.

Bei *Blatta germanica* wurde am Kopf unter der Hypodermis ein Paar Drüsenlappen festgestellt (RAE 1955), die histologisch den Prothoracaldrüsen ähneln und als „Kopfloben" (head lobes) bezeichnet worden sind. Eine mit der Larvenentwicklung parallel gehende rhythmische mitotische Aktivität, die synchron mit den Prothoracaldrüsen bei adulten Tieren einsetzende Degeneration sowie die histologische Ähnlichkeit mit ihnen bestärken die Vermutung, daß die „head lobes" den Ventraldrüsen verschiedener Insekten entsprechen. Bei *Periplaneta americana* und *P. ignota* wurden ähnliche Organe festgestellt („cervical glands" von *P. americana*). Ihre Funktion ist noch völlig dunkel. Nach Exstirpation und Transplantation der Drüsen treten keine bemerkenswerten Effekte auf.

Die Beziehungen zwischen den Ventraldrüsen und den Prothoracaldrüsen haben verschiedene Autoren veranlaßt, Erwägungen über das Verhältnis dieser Drüsen zueinander einesteils und beider zusammen zu segmentalen Bildungen anderer Art anderenteils anzustellen. Nach den Auffassungen von WILLIAMS (1948) und JONES (1953) sind die Prothoracaldrüsen und die Ventraldrüsen homologe Organe. PFLUGFELDER (1947) und SCHARRER (1948) deuten sie als serialhomolog.

Die jeweilige Beurteilung dieser Frage wird nicht wenig von der Vorstellung mitbestimmt, daß die Drüsen von metameren Kopfnephridien der Apterygoten abgeleitet werden können (PFLUGFELDER 1947; NOVÁK 1959). Der Gedanke einer Funktionsumwandlung der ehemals als Exkretionsorgane funktionierenden, paarigen Organe bei Pterypoten, die bei den Apterygoten noch als nephridiale Gebilde in Erscheinung treten, ist nicht fernliegend und daher auch vielfach akzeptiert worden. Diese Auffassung gründet sich auf die zweifelsohne bei Arthropoden vorliegende Tendenz, daß die ursprünglich metamer vorhandenen Nephridien in Verbindung mit der Umbildung des Exkretionssystems mehr und mehr rudimentär geworden sind.

Im Gegensatz zu dieser Anschauung führt uns die vergleichende Betrachtung des Hormonsystems im Tierreich zu der Feststellung, daß eine kontinuierliche Entwicklungslinie erkennbar ist, die, von einfachen Neurohaemalorganen ausgehend, zu Neurohaemalorganen mit zusätzlicher Drüsenfunktion, weiterhin zu hormonalen Drüsenorganen mit zusätzlicher Speicherfunktion für Neurohormone bis schließlich zu morphologisch vom neurokrinen System unabhängigen Hormondrüsen führt. Dieser progressiven Entwicklungslinie entspricht aber nicht ohne weiteres eine gleichlaufend regressive des Nephridialsystems, aus dem sich eine Ableitung metamerer Nephridien in Hormondrüsen denken ließe. Vielmehr können wohl die verschiedenen endokrinen Drüsenorgane, wie sie z. B. in der Kopfgegend der Insekten auftreten, als unmittelbare Bildungen eines phylogenetisch im Ausbau befindlichen Organsystems angesprochen werden. Hierfür können verschiedene Gründe genannt werden. Die endokrinen Kopforgane sind, wie wir sehen, vermutlich ausnahmslos ektodermaler Herkunft, die Homologie mit den Kopfnephridien der Apterygoten daher nicht ohne Einschränkung möglich. Bei *Tomocerus* wies bereits PHILIPTSCHENKO (1912) nach, daß der blasenförmige Teil der Kopfniere mesodermal ist.

Aufschlußreich ist in dieser Hinsicht die Beachtung der Beziehungen Gehirn – Corpora cardiaca – Corpora allata. Während die Corpora cardiaca in enger Anlehnung mit dem Hypocerebralganglion und somit dem Nervensystem entstehen und dieses Verhältnis auch späterhin beibehalten, entwickeln sich die Corpora allata getrennt als ektodermale Abschnürungen, wobei sie jedoch später über die Corpora cardiaca in engere Beziehung zum Gehirn treten. Demgegenüber behalten die Prothoracaldrüsen bzw. Ventraldrüsen als gleichfalls ektodermale Gebilde morphologisch ihre Selbständigkeit. Diese Stufenfolge spricht eher für eine vom Nervensystem immer unabhängiger sich gestaltende Vervollkommnung des Hormonsystems, die besonders bei den Arthropoden mit der Ausbildung neuer endokriner Drüsenorgane auftritt.

5. Die Pericardialdrüsen der Insekten

Die Pericardialdrüsen stellen drüsenartige Zellkomplexe ohne Ausführgang am vorderen Bereich der Dorsalgefäße dar. Sie wurden erstmalig von VERSON (1911) beschrieben. Schon damals fielen das anhaltende Wachstum während der Larvenperiode und der mit der Verpuppung eintretende „Zerfall“ zu kleinen Gruppen auf. VERSON erkannte bereits auch das unterschiedliche Verhalten von pericardialen und peritrachealen Drüsenzellen, da letztere nach der Verpuppung völlig degenerieren. Ausführlich wurden die Pericardialdrüsen von PFLUGFELDER (1938) bei verschiedenen Phasmiden untersucht. Sie sind besonders gut bei *Phyllium* entwickelt, wo sie unmittelbar hinter den Corpora allata als zunächst einheitlicher Komplex stark basophiler Zellen zu erkennen sind, der sich nach hinten zu in 2 oder 3 Schenkel aufgabelt. Auffällig sind die Unterschiede in Größe und Bau der Pericardialdrüsen der beiden Geschlechter und die auch hier in Verbindung mit der postembryonalen Entwicklung auftretenden Veränderungen. Sie erreichen mit dem letzten Larvenstadium ihre größte Ausdehnung und degenerieren nach der Imaginalhäutung. Ontogenetisch leiten sich die Pericardialdrüsen nach PFLUGFELDER (1938) von der lateralen Wandung des Kopfcöloms ab. Ihre mesodermale Entstehung scheint dennoch nicht als endgültig gesichert anzunehmen zu sein, denn derselbe Autor hält sie auf Grund ihres Baues und ihrer Ähnlichkeit mit den Ventraldrüsen späterhin möglicherweise für ektodermale Gebilde (PFLUGFELDER 1958). Eine Entscheidung dieser Frage ist schwierig, weil sich ektodermale und mesodermale Elemente auf frühen Entwicklungsstadien histologisch kaum klar trennen lassen.

Für die endokrine Natur der Pericardialdrüsen sprechen, abgesehen von morphologischen Befunden, einige experimentelle Ergebnisse. Nach Exstirpation der Drüsen auf dem letzten Larvenstadium erfolgten weder Imaginalhäutung noch auffälligerweise auch zusätzliche Larvalhäutungen. Die Tiere verhielten auf dem Larvenstadium. Andererseits konnten Versuchstiere, die zunächst durch Implantation von Corpora allata zu überzähligen Larvalhäutungen veranlaßt worden waren, bei darauf folgender Einpflanzung von Pericardialdrüsen zur Imaginalhäutung gebracht werden. Allerdings bleiben die engeren funktionellen Zusammenhänge noch unklar.

6. „Häutungsdrüse" der Opilioniden

Im Cephalothorax der Opilioniden tritt eine aus zwei bänderartigen Schnüren bestehende Drüse auf, die im Rhythmus der Häutungsschritte zyklische Veränderungen aufweist (HERLANT-MEEWIS und NAISSE 1957; NAISSE 1959). Im adulten Tier stellt sie ihre Aktivität ein. Eine endgültige Aussage über ihre Bedeutung erscheint verfrüht. Die bisherigen Tatsachen sprechen für ein Homologon zu den entsprechenden Gebilden der anderen Arthropoden.

Hormondrüsen mesodermaler Herkunft

Für fast alle der bisher besprochenen Hormonbildungsstätten ist ihre ektodermale Herkunft erwiesen. Selbst bei der in dieser Hinsicht unterschiedlich beurteilten Pericardialdrüse der Insekten sprechen mehrere Argumente ebenfalls dafür. Die einzige Ausnahme stellt die androgene Drüse dar.

7. Androgene Drüse der Malacostracen

Die androgene Drüse wurde von CHARNIAUX-COTTON (1954) erstmalig bei dem Amphipoden *Orchestia gammarelia* beobachtet. Nachdem sie seitdem in zahlreichen anderen Gruppen der Malacostracen,

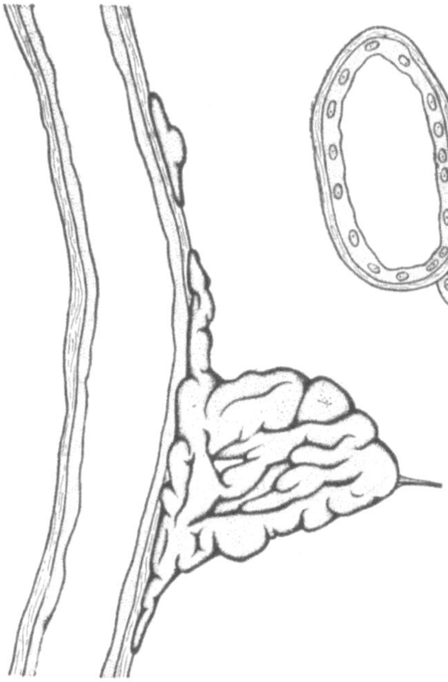

Abb. 41a. Androgene Drüse am Vas deferens des Amphipoden *Orchestia gammarella* (Aufsicht und Querschnitt). (Nach CHARNIAUX-COTTON)

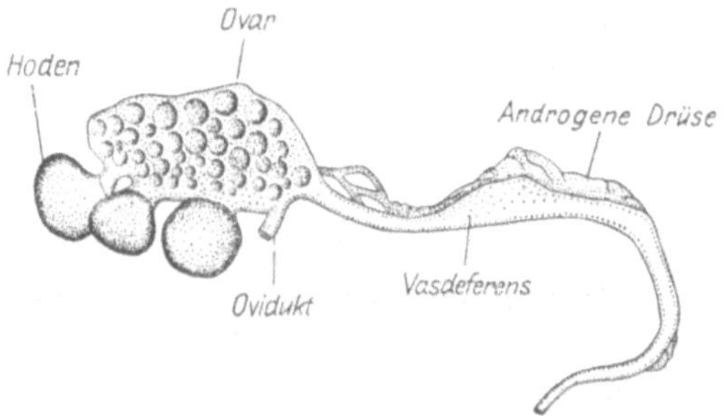

Abb. 41b. Androgene Drüse bei dem protandrischen Isopoden *Meinertia oestroides*. (Nach BONNENFANT 1961)

neuerdings auch bei Isopoden, festgestellt wurde (LEGRAND 1958; BALESDENT-MARQUET 1958), die zunächst eine Ausnahme zu bilden schienen (CARLISLE und KNOWLES 1959), ist die androgene Drüse für alle Malacostracen anzunehmen. Die Drüse bildet einen soliden Zellstrang, der sich dem Vas deferens anlehnt. Seine Ausdehnung ist verschieden (Abb. 41).

Im Gegensatz zu allen anderen bisher bekannten endokrinen Drüsen handelt es sich bei der androgenen Drüse um eine mesodermale Bildung. Sie wird embryonal in beiden Geschlechtern angelegt, im weiblichen Geschlecht degeneriert sie später (Abb. 75). Bei Isopoden zieht die androgene Drüse als zartes Zellband über den Hoden hinweg.

Die physiologische Bedeutung der androgenen Drüse wurde durch Ausschaltungs- und Implantationsversuche vor allem an *Orchestia* erwiesen (CHARNIAUX-COTTON 1955, 1957). Exstirpation der Drüse bei jungen Männchen unterbindet die weitere Ausbildung des Hodens und der sekundären männlichen Geschlechtsmerkmale. Ihre Transplantation in weibliche Tiere bewirkt eine Umwandlung der Gonade und der sekundären Geschlechtsmerkmale in männlicher Richtung (S. 233).

Die Bedeutung der *Gonaden als Hormondrüsen* bei wirbellosen Tieren ist recht unsicher. Bei verschiedenen Tiergruppen kann man zwar eine solche Funktion annehmen. Meistens handelt es sich um vereinzelte Befunde, wie z. B. bei Coelenteraten (S. 27, 200), bei Plathelminthen (S. 28, 201), bei Polychaeten und Oligochaeten (S. 201, 206), bei Mollusken (S. 207), schließlich auch bei Krebsen (S. 226) und Insekten (S. 211). Dagegen sind diese Verhältnisse in den übrigen Stämmen der Metazoen unbekannt. Bemerkenswert ist dennoch die Tatsache, daß eine hormonale Steuerung durch die Gonaden bereits bei Hydrozoen und Turbellarien zu finden ist.

Das spricht dafür, daß neben dem neurokrinen System bereits frühzeitig in der phylogenetischen Entwicklung hormonaler Koordination auch die Sexualhormone in Erscheinung treten. Um zu einer besser begründeten vergleichend-endokrinologischen Vorstellung zu gelangen, wäre es sehr wünschenswert, diesem Problemkreis zukünftig eine eingehendere und beständigere Aufmerksamkeit zu schenken, als es in der Vergangenheit geschehen ist.

II. Hauptteil

Wirkung und Wirkungsorte der Hormone

Gemäß dem Bemühen um eine vergleichend-endokrinologische Darstellung der hormonalen Verhältnisse wirbelloser Tiere besteht die Aufgabe des II. Hauptteiles nicht nur darin, die Art und Weise hormonaler Kontrolle in den verschiedenen Funktionsbereichen festzustellen, sondern vielmehr auch hierbei die Beziehungen zwischen der jeweiligen Hormonart und ihrer Wirkungsweise im Auge zu behalten. Das Ziel, das allerdings auf Grund unserer heutigen Kenntnisse nur teilweise erreichbar erscheint, wird anstelle der mehr oder weniger ausgeprägten Kasuistik der verschiedenen hormonalen Steuerungsmechanismen eine Darstellung sein, die neben den morphologischen Zusammenhängen im Aufbau des endokrinen Systems der Wirbellosen auch die funktionellen Parallelen berücksichtigt.

Bei wirbellosen Tieren erstreckt sich die hormonale Kontrolle auf eine Vielzahl physiologischer Vorgänge. Recht eingehend ist die Regulation der Wachstums- und Entwicklungsvorgänge durch Hormone vor allem bei Arthropoden untersucht. Sehr häufig hängt damit engstens die Kontrolle der verschiedensten Stoffwechselprozesse zusammen. Weitere Bereiche, die hormonaler Beeinflussung unterstehen, sind der Farbwechsel bei verschiedenen Tiergruppen, die Ausprägung der Geschlechtsmerkmale, die Bewegung verschiedener innerer Organe, in einigen Fällen auch Aktivitätsrhythmen sowie Verhaltensweisen. Mit dem Nachweis der Wirkung des Ekdysons auf bestimmte Genloci bahnt sich zugleich ein tieferes Verständnis der inneren Wirkungsweise eines Hormons an (S. 332). Gewöhnlich müssen wir uns jedoch bisher mit den äußeren Erscheinungsformen hinsichtlich der Funktion der einzelnen endokrinen Faktoren begnügen, ohne zugleich etwas über den eigentlichen Wirkungsmechanismus selbst zu wissen.

A. Hormonale Steuerung der Wachstums- und Entwicklungsvorgänge

Unsere Kenntnisse von der Regulierung der Wachstumsvorgänge im weitesten Umfang bei wirbellosen Tieren konzentrieren sich im wesentlichen auf die Arthropoden. Außer ihnen können nur ganz wenige Beispiele angeführt werden, die aber insofern unsere besondere Aufmerksamkeit verdienen, als sie zeigen, daß mit hormonaler Regulation des Wachstums auch außerhalb der Arthropoden bei weiterem Studium durchaus gerechnet werden kann. Regenerationsvorgänge, die auch in den Bereich der Wachstumserscheinungen einzubeziehen sind und einer hormonalen Steuerung unterliegen, kennt man neuerdings außer bei Krebsen und Insekten bei verschiedenen Plathelminthen, Oligochaeten und Polychaeten.

Innerhalb der Arthropoden hat sich in den letzten Jahren bei Krebsen und Insekten eine weitgehend allgemein angenommene Vorstellung über die Vorgänge von Häutung und Metamorphose und über die daran beteiligten hormonalen Faktoren ergeben. Dagegen läßt sich über die Steuerung der gleichfalls in einzelnen Häutungsschritten ablaufenden Entwicklung anderer Vertreter der Arthropoden noch nichts Entsprechendes aussagen. Vielversprechend sind immerhin die ersten experimentellen Ergebnisse bei Myriapoden (Chilopoden) (S. 127). Dagegen erlaubt der bisherige Befund bei Milben noch keine rechte Vorstellung (Hughes 1962). Der prinzipiell ähnliche Ablauf der Wachstumsvorgänge einerseits, wie die bemerkenswerten Parallelen im Aufbau des endokrinen Systems der Arthropoden andererseits berechtigen zu der Vermutung, daß in allen Klassen der Arthropoden der Entwicklungsablauf hormonal reguliert wird.

1. Hormonale Kontrolle der Häutung und Metamorphose bei Krebsen

a) Vorgang der Häutung

Das Wachstum verläuft bei Krebsen in Häutungsschritten. Die „Häutung“ stellt dabei nur den äußerlich in Erscheinung tretenden

Schritt des gesamten, aus verschiedenen Phasen bestehenden Wachstumszyklus dar. Größtenteils wurden die Wachstums- und Häutungszyklen bei Malacostracen untersucht.

Bei jeder Häutung wird die alte Schale abgeworfen, und das Tier schwillt durch meist aktive Wasseraufnahme an. Nachdem erhärtet die äußere Schicht der Cuticula durch Einlagerung von Kalk. Die neue Schale ist gegenüber der alten entsprechend größer. Diese mit der Häutung bewirkte Vergrößerung der Gestalt beruht auf einer Zunahme des Flüssigkeitsgehaltes des Körpers. Während der weiteren Zwischenhäutungsphase wird das Wasser durch neues Gewebe ersetzt, was entweder im Zuge mitotischer Zellvermehrung (Tchernigovtzeff 1959) oder aber auch durch Vergrößerung der vorhandenen Zellen infolge Wasseraufnahme erfolgt. Diese Phase ist grundsätzlich dadurch gekennzeichnet, daß der Eiweißgehalt zu-, der Wassergehalt des Körpers dagegen abnimmt.

Zur Charakterisierung der einzelnen Phasen des Häutungszyklus wurden bestimmte Abschnitte terminologisch gekennzeichnet, von denen die von Drach (1936, 1939, 1944) vorgeschlagene Einteilung, von einigen kleineren, nachträglichen Veränderungen abgesehen, allgemein anerkannt ist. Im Vergleich zu früheren Abgrenzungen (Baumberger und Olmstedt 1928) berücksichtigt Drach vor allem die in der Zwischenhäutungsphase ablaufenden Vorgänge. Auf der Grundlage morphologischer Kriterien wird der normale Häutungszyklus in 5 Hauptabschnitte unterteilt und mit den Buchstaben A, B, C, D und E belegt (Abb. 42). Mit Ausnahme des Abschnittes E, der den Häutungsakt bezeichnet, lassen sich noch Unterteilungen durch Indices an den großen Buchstaben vornehmen.

Stadium A bezeichnet einen verhältnismäßig kurzen Abschnitt unmittelbar nach Entfernung der Exuvie. Die Exocuticula ist noch weich. Abschnitt B bildet das „Papierschalenstadium" von 3 bis 4 Tagen Dauer. Die Abscheidung der Endocuticula erfolgt in dieser Phase, der Carapax erhärtet. Die Branchiostegnithen sind noch weich. Stadium C ist durch den harten Carapax gekennzeichnet. In den frühen Abschnitten vollzieht sich zugleich die allmähliche Verhärtung der Branchiostegnithen. Späterhin treten als weiteres äußeres Kennzeichen am Körper die Sinneshaare auf. Im wesentlichen erfolgt in dieser Zeit das Gewebewachstum. Zugleich beginnt die Speicherung organischer Reservesubstanzen in der Mitteldarmdrüse. Mit dem Stadium D setzen die vorbereitenden Vorgänge für die nächste Häutung ein, für die in erster Linie die Sekretionstätigkeit des Epithels charakteristisch ist. Im Stadium E erfolgt rasche Aufnahme von Wasser und schließlich das Abstreifen der alten Cuticula. Obgleich diese Einteilung ursprünglich nur auf adulte Brachyuren bezogen worden war, ist sie im wesentlichen auf alle Decapoden anwendbar, die ein hartes Exoskelett ausbilden.

Die bisherigen Befunde über die Häutungsvorgänge bei Isopoden und Amphipoden lassen vermuten, daß die Verhältnisse dort prinzipiell gleich sind. Von Isopoden wurden vor allem *Asellus* (Needham 1946; Balesdent-Marquet 1955) und *Ligia* (Tait 1917; Nicholls 1931), von Amphipoden *Orchestia* (Charniaux-Cotton 1952, 1957) und *Gammarus* (Kinne 1953, 1959) untersucht.

Über die Entwicklungsphysiologie der Entomostracen ist noch wenig bekannt. Bei dem Cirripedier *Balanus* erfolgt das Schlüpfen der Nauplien aus den

Eischalen ganzer Populationen fast gleichzeitig. Es wird durch eine von den Elterntieren abgeschiedene „Schlüpfsubstanz" ausgelöst, welche jene mit dem für das Frühjahr charakteristischen Auftreten von Diatomeen abgeben (CRISP

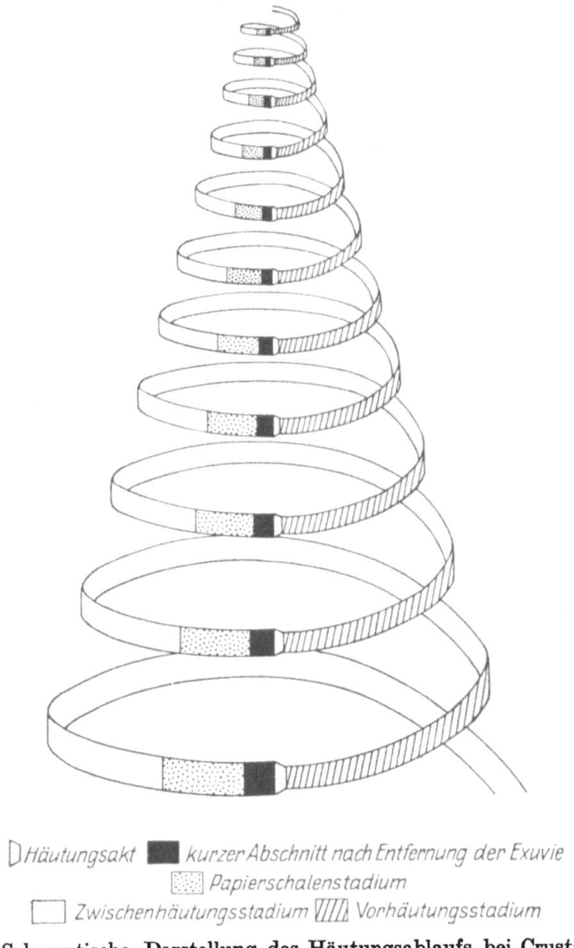

Abb. 42. Schematische Darstellung des Häutungsablaufs bei Crustaceen. (In Anlehnung an PASSANO 1960)

1956; BARNES 1957; CRISP und SPENCER 1958; BARNES und BARNES 1959). Sie aktiviert unmittelbar die Nauplien. Die Substanz ist im Körpergewebe der Muttertiere nachzuweisen. Auf Grund ihrer Wirkungsweise außerhalb des Organismus fällt sie jedoch nicht unter den Hormonbegriff im engeren Sinne.

Die Häutungen von *Balanus* verlaufen in 2- bis 3tägigen Rhythmen. Licht scheint dabei weniger als vor allem das Nahrungsangebot bedeutungsvoll zu sein (COSTLOW und BOOKHOUT 1953, 1956, 1957; BARNES 1961). Ausgewachsene Formen zeigen Häutungsrhythmen in einem gewissen Antagonismus zur Rhythmik der Gonadentätigkeit (CRISP und PATEL 1960). Die zutage getretene Abhängigkeit der Entwicklung und Häutung von Außenfaktoren besagt grundsätzlich nichts gegen die Möglichkeit des Vorkommens endogener Regulatoren. Bei Balaniden besteht eine zyklische Aktivität von Extrakten, die an Chromatophoren von Decapoden nachweisbar ist, in Beziehung zum Häutungszyklus der Seepocken. Unmittelbar nach der Häutung ist die Aktivität gering. Sie steigt in den folgenden 24 Stunden an (COSTLOW 1963).

Unsere bisherigen Kenntnisse der hormonalen Steuerung der Häutungsvorgänge erstrecken sich somit fast ausschließlich auf Decapoden und da auch nur auf die Häutungen nach der Metamorphose. Nichts ist über endokrine Häutungsfaktoren bei irgendwelchen niederen Krebsen oder über die Larvenstadien der Krebse bekannt. Hierfür ist neben der geringen Größe der Objekte und der damit zusammenhängenden Schwierigkeiten für experimentelle Untersuchungen vor allem auch das Fehlen genauer morphologischer Angaben der endokrinen Verhältnisse bestimmend. Es sind daher auch hier durch zukünftige Untersuchungen der neurosekretorischen Verhältnisse der Larvenstadien, die sehr wünschenswert erscheinen, wertvolle neue Erkenntnisse zur Physiologie von Wachstum und Entwicklung zu erwarten.

Einige Decapoden, wie *Homarus* und *Cancer*, vermögen sich unbegrenzt zu häuten. Bei anderen dagegen hören Wachstum und Häutung nach einer mehr oder weniger bestimmten Anzahl von Häutungen bzw. nach Erreichen einer bestimmten Größe auf. Dies trifft unter anderem für *Carcinus*, *Portunus*, *Maia* und *Leander* zu.

b) Hormonale Steuerung der Häutung

α) *Die Bedeutung des Augenstielkomplexes*

Der neurosekretorische Bereich X-Organ-Sinusdrüse ist sowohl für die hormonale Steuerung der Häutung als auch für zahlreiche andere Prozesse verantwortlich. Die Beziehung zwischen den Augenstielen und dem Häutungsvorgang, die früher sehr viel Unverständnis und Skepsis hervorrief, wurde erstmalig mit der Feststellung offenbar (ZELENY 1905), daß Entfernung beider Augenstiele bei *Uca* Häutung verursachte, ohne daß damals die hormonale Grundlage dieser Beobachtung erkannt worden wäre. Ganz ähnlich wurde bei *Astacus* in einer Untersuchung über den Farbwechsel nebenbei festgestellt, daß die Länge der Zwischenhäutungsphasen nach Entfernung der Augenstiele verkürzt wird (MEGUSAR 1912).

Den Anstoß für zahlreiche Untersuchungen zur Physiologie der Häutung der Krebse und zu der Bedeutung der Augenstiele für die hormonale Kontrolle gab die Wiederentdeckung dieser älteren Feststellungen durch eine Anzahl von Autoren zu fast gleicher Zeit (ABRAMOWITZ und ABRAMOWITZ 1938, 1940; BROWN und CUNNINGHAM 1939; HANSTRÖM 1939; SMITH 1940 sowie KLEINHOLZ und BOURQUIN 1941). Die meisten Untersuchungen befaßten sich mit der durch Entfernung der Augenstiele bedingten Verkürzung der Zwischenhäutungsphase. Bei blinden Wollhandkrabben *Eriocheir sinensis* erfolgt die erste Häutung früher als bei normalen Tieren. Die Zwischenhäutungsperiode junger Tiere des Flußkrebses *Cambarus* wird nach Entfernung der Augenstiele auf etwa 8 Tage im Vergleich zu 12 Tagen nichtoperierter Tiere reduziert.

Die Untersuchung von BROWN und CUNNINGHAM (1939) bedeutete einen weiteren Schritt auf Grund des Befundes, daß die bei augenstiellosen Tieren angeregte Häutung auf die Ausschaltung eines Hemmungshormons zurückzuführen ist, das in der Sinusdrüse lokalisiert ist. Auch diese Autoren gingen zunächst von der Beobachtung aus, daß während der einsetzenden Frühjahrsperiode bei dem Macruren *Cambarus immunis* die Häutung wesentlich früher bei jenen Tieren erfolgte, denen die Augenstiele entfernt worden waren. Für das weitere Verständnis war jedoch die Feststellung entscheidend, daß nach Implantation von Sinusdrüsen in den ventralen Abdominalsinus augenstielloser Krebse die Häutung wie bei Kontrolltieren zurückgehalten wurde. Andererseits erwiesen sich Implantate von Augenstielen, denen die Sinusdrüse vorher vorsichtig entfernt worden war, als weitgehend unwirksam auf den Zeitpunkt der Häutung.

Daraus ergab sich, daß die Anregung zur Häutung bei augenstiellosen Tieren auf der Entfernung der Sinusdrüse beruht, von der man zunächst annahm, daß sie selbst ein häutungshemmendes Hormon produziert.

Die Bedeutung der Sinusdrüse für den Häutungsablauf kann indirekt an der Bildung der als Kalkreservoir dienenden und im Magen des Flußkrebses auftretenden Gastrolithen erwiesen werden. Unabhängig voneinander stellten KYER (1942) und SCUDAMORE (1942, 1947) fest, daß die Bildung der Gastrolithen durch Entfernung der Augenstiele bzw. der Sinusdrüse allein stimuliert wird. Werden späterhin Sinusdrüsen in solche Tiere wieder implantiert, unterbleibt umgekehrt ihre Ausbildung. Die Bildung der Gastrolithen kann als verhältnismäßig empfindlicher Test angesehen werden, da die ersten Anzeichen für einsetzende Gastrolithenentstehung bereits 24 Stunden nach Entfernung der Sinusdrüse zu bemerken sind (YAMAMOTO 1960, 1961).

Die Beziehung zwischen Sinusdrüse und Häutung wird auch durch histologische Befunde erhärtet. In der Sinusdrüse des amerikanischen Flußkrebses *Cambarus virilis* beschrieb PYLE (1943) acidophile und basophile Einschlüsse, deren Häufigkeit mit dem Zyklus der Häutung wechselt. Während in der Verhärtungsperiode die acidophilen Elemente überwiegen, tritt unmittelbar nach der Häutung basophiles Material auf. Beim gleichen Objekt beobachtete ebenfalls DURAND (1956) bei einem der 4 im X-Organ unterschiedenen Zelltypen histologische Veränderungen in Beziehung zu den Häutungszyklen. Die bei verschiedenen Krabben auftretende saisonbedingte Sekretionstätigkeit fast aller Typen der beschriebenen neurosekretorischen Zellen läßt sich gleichfalls in Beziehung zu den Häutungsvorgängen bringen (MATSUMOTO 1958). Ebenso weisen die Zellen des ganglionären Bereiches des X-Organs der Stomatopoden eine in Parallele zum Häutungszyklus stehende Aktivität auf (DRACH und GABE 1963). Der für das Pseudofrontalorgan der Kellerassel *Oniscus asellus* festgestellte Sekretionszyklus im Rhythmus der Häutungserscheinungen ist deshalb bemerkenswert (GABE 1952), weil wir außer bei Decapoden bei anderen Malacostracen kaum über Hinweise von Häutungsfaktoren verfügen (S. 116).

Einen sehr wesentlichen Fortschritt, der die 2. Etappe in der Erforschung der hormonalen Verhältnisse der Krebse kennzeichnet, bedeutet die Feststellung, daß die Sinusdrüse nicht das eigentlich hormonerzeugende Organ, sondern das Speicherorgan darstellt, von dem aus die Wirkstoffe in die Haemolymphe abgegeben werden (BLISS und WELSH 1952). Damit werden verschiedene frühere, oft widerspruchsvolle Befunde nach Entfernung der Sinusdrüse im Gegensatz zu totaler Exstirpation der Augenstiele verständlich, ebenso wie gleichzeitig eine richtige Einschätzung der Bedeutung der Sinusdrüse eingeleitet wird. Vor allem aber führte dieses zu der in grundsätzlicher Hinsicht wichtigen Erkenntnis über die Bedeutung des neurosekretorischen Komplexes und die Natur der hormonalen Regulationsfaktoren.

Bliss (1951) und Passano (1951) erkannten unabhängig voneinander, daß nach alleiniger Entfernung der Sinusdrüse und ohne gleichzeitige Beeinträchtigung anderer Bereiche des Augenstieles keine Anregung zur Häutung erfolgt. Ebensowenig treten dann die für die Häutung charakteristischen Stoffwechselveränderungen in Erscheinung (Havel und Kleinholz 1951; Bliss 1953).

Es besteht somit folgende Vorstellung über die hormonale Bedeutund des Augenstielkomplexes. Das in neurosekretorischen Zellen des Medulla-terminalis-X-Organs produzierte Sekret wird in den Axonen zur Sinusdrüse als Speicherorgan transportiert. Von ihr erfolgt der Übertritt des häutungshemmend wirkenden Hormons in die Haemolymphe. Seinem Entstehungsort entsprechend, ist es ein Neurohormon.

Mit diesen Tatsachen erklärt sich, daß die alleinige Entfernung der Sinusdrüse zu keiner Häutungsanregung führt. Andererseits wird verständlich, daß die Exstirpation des X-Organs der Medulla terminalis die Häutung stimuliert (Passano 1953). In dieser Hinsicht ist ebenso verständlich, daß Implantate des MTG-X-Organs in augenstiellose Krebse wirksamer als die der Sinusdrüse allein, jedes für sich aber weniger wirksam als der gemeinsame Komplex sind. Das häutungshemmende Hormon hält die Zwischenhäutungsphase aufrecht. Nach seinem Wegfall kommt es zur Ausschüttung des eigentlichen Häutungshormons durch die Carapaxdrüse. Im Laufe der Zwischenhäutungsphase zeigen die Zellgruppen des MTG-X-Organs charakteristische Aktivitätsmaxima (Drach und Gabe 1962).

Nach den Angaben von Carlisle (1953, 1954) und Scheer und Scheer (1954) soll auch ein häutungsförderndes Hormon im Augenstiel vorkommen. Diese Auffassung stützt sich auf folgende experimentelle Feststellungen. Intramuskuläre Injektionen von Augenstielextrakten bei der Garneele *Lysmata seticaudata* ebenso wie Verfütterung von Augenstielen führten zu einer Erhöhung der Häutungsrate, im ersten Fall noch deutlicher als im zweiten. Bei der Testung einzelner Bereiche des Augenstieles zeigte es sich, daß Extrakte des Papillen-X-Organs ebenso wie auch des X-Organs der Medulla terminalis den häutungsfördernden Faktor enthalten. Dagegen ist er nicht in der Sinusdrüse, wohl aber im Gehirn und im Thoracalganglion festzustellen. Das „häutungsfördernde Hormon" („Somatotropin" nach Carlisle und Dohrn 1953) soll in den neurosekretorischen

Zellen des Medulla-terminalis-X-Organs gebildet, in Axonen zur Pars distalis transportiert und dort freigesetzt werden. In entsprechender Weise hat B. T. SCHEER (1954) bei *Leander serratus* festgestellt, daß Entfernung der Augenstiele nicht Anregung, sondern im Gegenteil Hemmung der Häutung verursacht. Es wird daher auch hier mit der Möglichkeit eines häutungsfördernden Hormons gerechnet.

In der Bewertung dieser experimentellen Feststellungen bestehen jedoch gegensätzliche Auffassungen. Während einerseits an der Konzeption eines häutungsfördernden Hormons außer dem übereinstimmend beurteilten Hemmungshormon festgehalten wird (CARLISLE und KNOWLES 1959), wollen andere Autoren die Befunde mit der Uneinheitlichkeit des zu den Versuchen benutzten Materials hinsichtlich Alter, Entwicklungszustand und Rasse erklären. Zugleich werden die Erscheinungen mit der Annahme eines einzigen, die Auslösung der Häutung hemmenden Hormons verständlich zu machen versucht (VEILLET 1954; VERNET-CORNUBERT 1960, 1961). Die Beweiskraft der Argumente für die Anwesenheit des zweiten Hormons steht zweifelsohne weit hinter der zurück, die für das Hemmungshormon vorliegt. Eine Vertiefung unserer Kenntnisse über die bei der Häutung beteiligten Faktoren ist weiterhin zu erwarten, wenn Näheres über die Larvenhäutungen bekannt ist. Die Auslösung der Häutung nach Entfernung der Augenstiele bei jungen Megalopis-Stadien von *Callinectes sapidus* hängt wesentlich vom Zeitpunkt der Operation ab (COSTLOW 1963). Daher ist hier die Beteiligung eines dritten Faktors nicht ausgeschlossen.

β) *Bedeutung der Carapaxdrüse*

Die Bedeutung der Carapaxdrüse als Häutungsdrüse wurde durch Exstirpations- und Transplantationsexperimente bei der Strandkrabbe *Carcinus maenas* bewiesen (ÉCHALIER 1954, 1955, 1956, 1959). Die beidseitige Entfernung der Drüse im Stadium C bedingt Stillstand von Wachstum und Häutung. Die Krabben bleiben auf dem Zwischenhäutungsstadium stehen. Erfolgt dagegen der Eingriff zu einem Zeitpunkt, der der nächsten Häutung schon sehr nahe kommt (Stadium D_2), vollzieht sich zwar noch die nächste Häutung, dann aber bleibt das Tier auf dem folgenden Zwischenhäutungsstadium stehen. Stadium D_1 entspricht offenbar der kritischen Phase, in der das Häutungshormon ausgeschüttet wird.

Durch Entfernung der Carapaxdrüse lassen sich somit permanente Krabben erzielen, die von sich aus zu keinen weiteren Häutungen schreiten. Die Bedeutung des Organs als Häutungsdrüse wird beson-

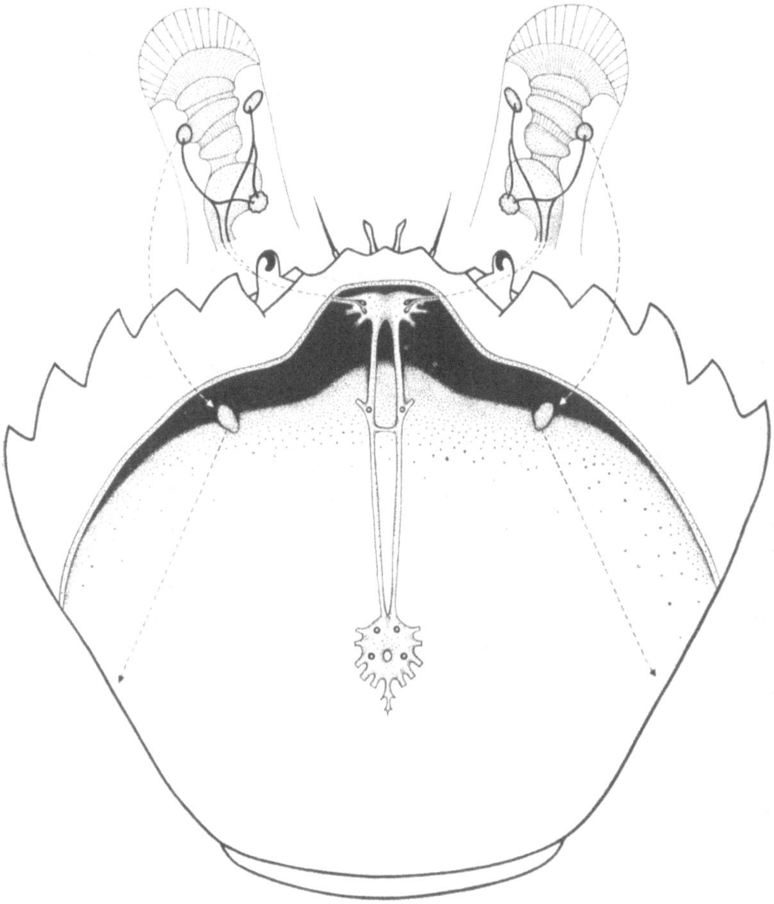

Abb. 43. Schematische Übersicht über das neurokrine System und das Carapaxorgan bei Decapoden (*Carcinus maenas*)

ders durch die Implantation dieser inkretorischen Organe in solche Krabben offensichtlich. Wachstum und Häutung laufen danach wieder normal ab. Ohne Bedeutung ist dabei, ob die Implantation einseitig erfolgte oder aber, ob zusätzliche Drüsen eingepflanzt wurden.

Wesentlich ist weiterhin die Feststellung, daß die Wirkung der Carapaxdrüse auch nach Durchtrennung aller sie innervierenden Nerven erhalten bleibt. Dies spricht für eine hormonale Steuerung der Funktion der Carapaxdrüsen. In Übereinstimmung damit steht die Tatsache, daß das Einsetzen der Häutung nach Entfernung der Augenstiele die Anwesenheit der Carapaxdrüsen voraussetzt.

Bei denjenigen Formen, die mit der Imaginalhäutung ihren letzten Häutungsschritt durchlaufen, erkennt man die Bedeutung der Carapaxdrüse auf indirekte Weise, denn die Drüse degeneriert anschließend. Frühzeitige Exstirpation der Augenstiele hat hingegen zur Folge, daß sie erhalten bleibt und die Häutungen fortgesetzt werden (VERNET-CORNUBERT 1960).

Die Entfernung der Carapaxdrüse vor Ausbildung der funktionsfähigen Gonade führt außerdem zur Verödung der Gonaden. Erfolgt die Explantation dagegen zu einem Zeitpunkt, zu dem die Gonaden bereits in Funktion oder morphologisch doch schon weiter ausgebildet sind, bleibt dies ohne Einfluß auf den Geschlechtsapparat.

Das aus der Carapaxdrüse von *Carcinus maenas* extrahierte Häutungshormon ebenso wie auch Extrakte ganzer Krebse wirkten am *Calliphora*-Test (S. 334) wie das Prothoracaldrüsenhormon der Insekten. Die im gesamten Krebsorganismus festgestellte Hormonkonzentration war dabei um das 1000fache höher als in der Hormondrüse selbst (KARLSON und SKINNER 1960). Die Werte werden vermutlich je nach Häutungsphase des verarbeiteten Ausgangsmaterials sehr unterschiedlich ausfallen.

Die Häutung wird somit durch ein zweifaches hormonales System gesteuert. Der neurosekretorische Komplex des Augenstieles ist dabei dem Hormon der Carapaxdrüse insofern übergeordnet, als er die Tätigkeit des letzteren reguliert (Abb. 43).

c) Stoffwechselveränderungen in Beziehung zur Häutung und die Frage der hormonalen Kontrolle

Die bei allen Arthropoden eng miteinander verknüpften Prozesse der Häutung und des Wachstums erklären den Zusammenhang mit grundlegenden stoffwechselphysiologischen Vorgängen. Für den Häutungsakt der Krebse tritt dies besonders augenfällig im Wasserhaushalt und im Kalziumstoffwechsel in Erscheinung. Volumenvergrößerung als äußerlich erkennbares Anzeichen des Wachstums erfolgt bei der Häutung der Krebse zunächst durch Wasseraufnahme. Später wird das Wasser durch echtes Gewebewachstum auf der Grundlage mitotischer Zellvermehrung ersetzt. Als Voraussetzung für den Häutungsakt muß die Schicht der alten Cuticula, die sich von der Epidermis trennt, durch Entzug der Kalziumsalze aufgeweicht werden (s. S. 116). Nach der Häutung erfährt die neue Cuticula durch Einlagerung von Kalzium wieder die Verfestigung. Eng verflochten mit diesen Prozessen sind auch andere stoffwechselphysiologische Veränderungen, die z. B. Eiweiße, Kohlenhydrate und die Atmungsintensität betreffen. Sie stehen unter sich zum Teil in direkter gegenseitiger Abhängigkeit. Diese wechselseitige Verknüpfung physiologischer Einzelprozesse einerseits und ihre Koordination zum Häutungsvorgang andererseits erschweren die Feststellung außerordentlich, an welchem Glied die hormonale Steuerung angreift. Damit ist teilweise die Ungewißheit in der Beurteilung des Wirkungsbereiches des häutungshemmenden Hormons des MTG-X-Organ-Sinusdrüsenkomplexes zu erklären.

Daß der Wasserhaushalt der Krebse hormonaler Kontrolle unterliegt, ist sicher. Dies zeigt sich an der Gewichtszunahme der Krebse nach Entfernung der Augenstiele (Abramowitz und Abramowitz 1940; Scudamore 1947; Koch 1952; Passano 1953; Carlisle 1955; Bliss 1956; Bauchau 1960). Umgekehrt wird bei augenstiellosen Krebsen die Absorption von Wasser durch Implantation von Sinusdrüsen herabgesetzt. Fraglich bleibt dabei allerdings, ob das häutungshemmende Hormon selbst zugleich auch für die Regulation der Wasserbalance (Passano 1953) oder ob dafür ein besonderes Hormon verantwortlich ist (Carlisle 1955; Carlisle und Knowles 1959) (S. 255).

Nach den bisherigen Befunden besitzt das häutungshemmende Hormon zugleich einen direkten Einfluß auf den Kalzium-Stoffwechsel. Hierfür spricht die Gastrolithenbildung an der Magenwand bei Flußkrebsen, die sehr bald nach Entfernung der Augenstiele einsetzt (Kyer 1942; Scudamore 1947). Weiterhin deuten die mit der Vorhäutungsphase auftretenden Veränderungen des Kalzium-Gehaltes im Blut und in der Mitteldarmdrüse darauf hin (Kincaid und Scheer 1952; Carlisle 1957). Die Frage der hormonalen Kontrolle dieser Prozesse wird im Zusammenhang mit der Hormonsteuerung der Stoffwechselvorgänge bei Krebsen in einem gesonderten Kapitel nochmals berührt (S. 254).

d) Bedeutung der Außenfaktoren für die hormonale Regulation der Häutung

Wie schon länger bekannt, läuft der Häutungszyklus der Krebse meist mit dem Jahreszyklus parallel ab. Ebenso zeigen auch experimentelle Befunde, daß verschiedene Außenfaktoren den inneren Regulationsmechanismus beeinflussen.

Eine bedeutungsvolle Rolle spielt dabei das Licht (Bliss 1954, 1956). Bei *Gecarcinus lateralis*, die bei konstanter Temperatur ständig im Licht gehalten werden, treten keine Häutungen auf. Dunkelheit fördert dagegen die Häutung. Wahrscheinlich wird bei Belichtung der X-Organ-Sinusdrüsen-Komplex aktiviert und zur Abgabe des häutungshemmenden Hormons veranlaßt, während bei Dunkelheit die Ausschüttung dieses Hormons unterbleibt oder zumindest unterschwellig ist.

Unterschiedlich sind die Reaktionen gegenüber Veränderungen des Tag-Nacht-Rhythmus. Die Landkrabbe *Gecarcinus* verliert ihren normalen täglichen Rhythmus in der Dunkelheit sofort (Bliss 1953). Beim Flußkrebs *Cambarus* trat bei Verlängerung der Beleuchtungsdauer im täglichen Rhythmus eine Verstärkung der Häutungsvorbereitung ein (Stephens 1955). Ob dies allerdings gleichbedeutend mit dem während des Frühjahres sich zeigenden Anstieg der Häutungsrate in Beziehung zur Verlängerung des Sonnentages steht, ist nicht klar zu übersehen. Hierzu müßten wir Kenntnisse über Empfindlichkeitsgrade, ebenso auch über eventuell vorhandene besondere Empfindlichkeitsperioden der Krebse besitzen. Bei Natantiern führen sowohl Belichtung als auch Abdunklung zur Verlängerung der Zwischenhäutungsphase, obgleich auch hier die Exstirpation der Augenstiele gewisse Erscheinungen der Vorhäutung auslöst (Drach 1947). Abgesehen von ungeklärten Einzelfragen, kann es als sicher gelten, daß die Lichteinwirkung bei verschiedenen Krebsen zur Häutungshemmung führt.

Der Einfluß der Temperatur auf Beschleunigung oder Verlangsamung des Häutungsprozesses erklärt sich mit der grundsätzlichen Temperaturabhängigkeit chemischer Prozesse. Dementsprechend laufen die Häutungsprozesse bei höherer Temperatur rascher als bei niedriger ab. Außerdem aber treten bei niedriger Temperatur Häutungen seltener als bei höherer auf (Templeman 1936; Hiatt 1948; Travis 1954; Balesdent-marquet 1955). Streng temperaturabhängig erwies sich bei der Winkerkrabbe *Uca* die Dauer der Vorhäutung (Passano 1960). Temperaturen zwischen 29 bis 32 Grad bedingen die kürzesten mittleren Vorhäutungszeiten. Höhere Temperaturen sind den Krabben anscheinend schädlich. Temperaturen von 15 Grad und darunter blockieren die Häutung. Für andere Krebse liegen die unteren Temperaturgrenzen im gleichen Bereich, z. B. für *Pachygrapsus crassipes* bei 14 °C (Roberts 1957) oder für *Xantho incisus* bei 17 bis 18 °C (Drach 1949).

Das häutungshemmende Hormon ist wahrscheinlich von demjenigen Faktor, der bei niederen Temperaturen die Vorhäutung blockiert, zu unterscheiden. Das kann aus zwei Befunden geschlossen werden. Bei *Gecarcinus* hemmen sowohl hohe als auch tiefe Temperaturen den Prozeß (Bliss 1956). Temperaturen, die bei der Winkerkrabbe *Uca* die Vorhäutung blockieren, hemmen zugleich die Regeneration der basalen Epidermisknospe. Da es sich hierbei um einen von der Häutung unabhängigen Wachstumsprozeß handelt, dürfte ein für beide Vorgänge wesentlicher Stoffwechselfaktor blockiert werden, der jedoch mit dem häutungshemmenden Hormon nicht identisch ist.

Mit den ersten Erkenntnissen über die hormonale Steuerung der Häutung bei Krebsen wurde die Sinusdrüse als die verantwortliche Hormondrüse angesehen. Eine wesentliche Vertiefung dieser Kenntnisse bedeutet die Feststellung, daß die Sinusdrüse nicht Bildungs-, sondern Speicherstätte des Hormons darstellt. Das Hormon wird in neurosekretorischen Zellen des Medulla-terminalis-X-Organs im Augenstiel gebildet und in Axonen zur Sinusdrüse transportiert. Das von der Sinusdrüse abgeschiedene Neurohormon löst nicht selbst die Häutungsvorgänge aus, sondern hemmt die Funktion der Carapaxdrüse. Es reguliert somit als übergeordnetes Hormon die Funktion der endokrinen Häutungsdrüse. Hormonaler Kontrolle unterliegen außerdem eine Anzahl andere eng mit dem Häutungsvorgang gekoppelte Stoffwechselvorgänge. Es ist dabei meist nicht sicher, ob ein und dasselbe Hormon zugleich mehrere Teilvorgänge kontrolliert, da der Angriffspunkt der bisher bekannten Hormone in dem Komplex stoffwechselphysiologischer Prozesse, die insgesamt die Häutung ausmachen, unbekannt ist. Unterschiedliche Auffassungen bestehen über das Vorkommen eines häutungsfördernden Hormons aus den Augenstielen.

2. Hormonale Steuerung der Häutung bei Myriapoden (Chilopoden)

Die aus dem Ei schlüpfenden Jungformen besitzen entweder bereits sämtliche oder nur eine geringere Zahl von Gliedmaßen. Das erstere bezieht sich auf

Scolopendra und *Geophilus*, letzteres auf *Lithobius* und *Scutigera*. Bei diesen nimmt die Segment- und Extremitätenzahl mit jedem Häutungsschritt des Larvenstadiums von einer am Hinterende gelegenen Wucherungszone zu (Anamorphose). Darauf folgt der epimorphe Entwicklungsabschnitt mit einer Reihe weiterer Larvenstadien bei bereits voller Segmentzahl. Über die Anzahl der einzelnen Larvenstadien divergieren teilweise die Angaben. Bei dem Steinläufer *Lithobius forficatus*, der das bisher fast einzige in physiologischer Hinsicht untersuchte Objekt darstellt, umfaßt der anamorphe Abschnitt 5 Larvenstadien (SCHEFFEL 1961). Die dann schlüpfende Larve besitzt bereits die volle Zahl von 15 Beinpaaren.

Die Dekapitations- und Schnürungsversuche, die mit *Lithobius* und *Scolopendra* unternommen worden sind, lassen vermuten, daß ein den Krebsen analoger hormonaler Regulationsmechanismus der Häutungsvorgänge vorliegt (JOLY 1961, 1962, 1963; SCHEFFEL 1963). Totale Entfernung der Kopfregion einschließlich der Cerebraldrüse fördert die Auslösung der Häutung. Von diesem Bereich scheint ein hemmender Einfluß auszugehen.

Ligaturen an Larven des 2. anamorphen Stadiums unmittelbar hinter der Kopfkapsel verhindern die Häutung nicht. Dagegen bleiben sie nach Schnürungen hinter dem ersten Laufbeinsegment aus, sofern diese in den ersten Stunden nach vorausgegangener Häutung vorgenommen worden sind. Diese Tatsachen verweisen auf ein Häutungszentrum, das vermutlich im Kieferfußsegment und vielleicht auch im ersten Laufbeinsegment anzunehmen ist (SCHEFFEL 1963). Ein hierfür verantwortliches Organ konnte allerdings bisher nicht festgestellt werden.

3. Hormonale Steuerung der Häutung und der Metamorphose von Insekten

a) Die Vorgänge des Wachstums

Auch das Wachstum der Insekten ist wie das aller anderen Arthropoden mit Häutungen verknüpft. Außerdem wird die Jugendentwicklung der Insekten durch den Vorgang der Metamorphose gekennzeichnet, durch den die Überführung der larvalen Organisation in die imaginale erfolgt. Je nachdem, wie dies geschieht, unterscheidet man eine unvollkommene Verwandlung (Hemimetabolie) oder eine vollkommene (Holometabolie). Bei den Hemimetabolen, zu denen u. a. die Orthopteren, Blattiden, Heteropteren und Homopteren gehören, sind, abgesehen von der Größe, die äußere Gestalt und der innere Bau der Larven mit Ausnahme der Geschlechtsorgane und der Flugmuskeln weitgehend der Imago ähnlich. Ihr nähert sich die Larve schrittweise und erreicht schließlich mit der letzten Häutung (Imaginalhäutung) die endgültige Gestalt.

Bei den Insekten mit vollkommener Verwandlung (Holometabola) ist dagegen das Puppenstadium zwischen die Larvalhäutungen und die Imago eingeschoben. Mit der Puppenhäutung werden die im Inneren der Larve angelegten Imaginalscheiben verschiedener Organanlagen wie Flügel, Extremitäten und Genitalanhänge nach außen verlängert. Während der Puppenruhe vollzieht sich mit dem Aufbau der imaginalen Organe zugleich der Abbau der larvalen Strukturen. Kennzeichnend für die holometabolen Insekten ist die umfassende, während der Puppenzeit ablaufende innere Metamorphose. Formen mit holometaboler Entwicklung sind u. a. Coleopteren, Hymenopteren, Lepidopteren und Dipteren.

Die Anzahl der Häutungen bewegt sich bei vielen Arten zwischen 4 und 6. Nicht selten ist die Zahl inkonstant und variiert innerhalb bestimmter Grenzen. Die Raupen der kleinen Wachsmotte *Achroa grisella* durchlaufen 10 bis 14 Stadien (Borchert 1936), die anderer Schmetterlinge 4 bis 10 Häutungen (Dyar 1890). Besonders große Schwankungen zwischen 4 bis 40 Häutungen treten je nach Versuchsbedingungen bei der Motte *Tineola* auf (Titschack 1926). Beträchtliche Unterschiede in der Anzahl können auch bei Coleopteren-Larven vorkommen (v. Lengerken 1924). Häufig ist die Zahl der Häutungen bei Weibchen größer als bei Männchen. Verschiedenheiten der äußeren Faktoren, wie z. B. Temperatur und Ernährung, können die Häutungsfolgen beeinflussen. Andererseits sind auch genetische Faktoren beteiligt. Bestimmte Rassen des Seidenspinners haben je nachdem 4 oder 5 Larvenstadien (Ogura 1933).

Für die Gestalt und das Wachstum der Insekten ist ihre Cuticula bestimmend, an der die ersten Anzeichen einer Häutung erkennbar sind.

Das Integument der Insekten, über das Zusammenfassungen aus neuerer Zeit von Richards (1951, 1953, 1958) und Wigglesworth (1948, 1954, 1959) vorliegen, gliedert sich in die Epidermis und die Cuticula (Abb. 44). Die Epidermis besteht typischerweise aus einer einzigen Zellschicht. Sie ist neben besonderen Hautdrüsen durch ihre Sekretionstätigkeit an der Bildung der Cuticula beteiligt. An der Cuticula lassen sich die nichtchitinöse Epicuticula und die sich aus einem Chitin-Protein-Komplex aufbauende Procuticula unterscheiden.

Die Epicuticula, als äußerste Schicht des Integuments, besteht aus mehreren Lagen. Bei *Periplaneta americana* (RICHARDS und ANDERSON 1951) und bei der Larve der Schmeißfliege *Sarcophaga falculata* (DENNELL 1946) sind zwei Lagen vorhanden. Bei *Rhodnius* und *Tenebrio* setzt sich die Epicuticula aus 4 Schichten zusammen (WIGGLESWORTH 1948).

Innerhalb der Procuticula läßt sich die Endocuticula von der härteren Exocuticula unterscheiden. Die Exocuticula kann besonders sklerotisiert sein, wie es z. B. bei den Puparien der Dipteren der Fall ist. Andererseits kann die

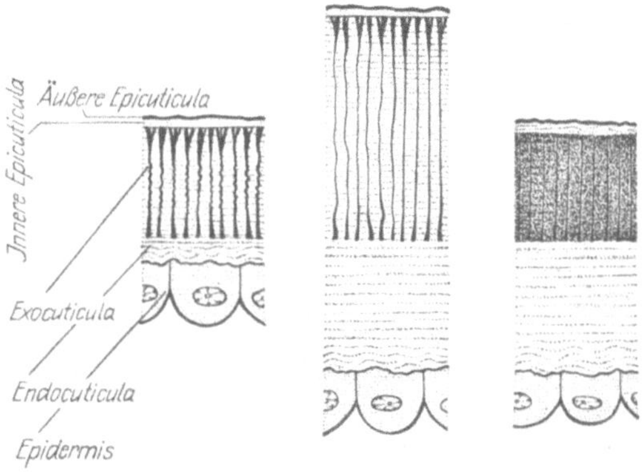

Abb. 44. Integument der Insekten. Vorgänge bei der Pupariumbildung (Schmeißfliege *Sarcophaga falculata*). a) Zustand der larvalen Cuticula 2 Tage nach dem Schlüpfen; b) Integument der vollentwickelten Larve; c) Integument zum Zeitpunkt der Pupariumbildung. (Nach DENNELL 1946 und RICHARDS 1951)

Sklerotisierung, ungeachtet der Härte des Integuments, fehlen (z. B. *Carausius morosus*). In älteren Arbeiten wird die Exocuticula als Emailschicht (BIEDERMANN 1902) bzw. Pigmentschicht (KÜHNELT 1929) bezeichnet, da hier häufig Melanine eingelagert sind.

Unterhalb der Epidermiszellen befinden sich die von Epidermiszellen abstammenden Oenocyten und die Basalmembran. Die Lage der Oenocyten zeigt bei den verschiedenen Insektenordnungen Unterschiede insofern, als die Oenocyten durch die Basalmembran durchbrechen und dann, getrennt von der Epidermis, unterhalb der Basalmembran liegen (z. B. Lepidopteren) oder im Fettkörper eingebettet sind (z. B. Hymenopteren). Gewöhnlich weisen die Oenocyten einen mit dem Häutungszyklus übereinstimmenden Sekretionszyklus auf (WIGGLESWORTH 1933).

Der Beginn der Häutungsvorgänge ist gewöhnlich durch Vergrößerung der Epidermiszellen oder durch die in der Epidermis auftretenden Mitosen gekennzeichnet.

Als erste Struktur der neuen Cuticula wird von den Epidermiszellen die Epicuticula als weiche Membran gebildet. Darauf folgt bald die Sekretion der Häutungsflüssigkeit durch die Epidermiszellen, womit die Abhebung der alten Cuticula von der Epidermis eingeleitet wird. Der Prozeß wird durch die verdauende Tätigkeit dieser Flüssigkeit auf die alte Endocuticula noch besonders verstärkt, wie es zumindest für die meisten Insekten zuzutreffen scheint. Bei *Calliphora erythrocephala* ist die Flüssigkeit salzfrei, enthält Proteine und Lipoide, aber keine Proteinasen und Chitinasen (Wolfe 1954). Es vollzieht sich dann weiterhin die Abscheidung der chitinösen Endocuticula in wahrscheinlich flüssiger Form durch die Epithelzellen. Die Bedeutung der Oenocyten für die Bildungsvorgänge der Cuticula ist noch unsicher. Nach Wigglesworth (1947) sind sie für die Erzeugung der Proteine der Epicuticula und der Exocuticula (Cuticulin) verantwortlich. Bei der Entstehung der Larvencuticula von *Calliphora erythrocephala* zeigen die Oenocyten maximale Sekretionstätigkeit während der Zeit der Ausbildung der Epicuticula (Wolfe 1954). Ihr sekretorisches Material besitzt weiterhin ähnliche färberische Eigenschaften wie das des epicuticularen Materials. Schon länger ist bekannt, daß die Oenocyten eine Oxydase bilden (Glaser 1912), so daß eine Beteiligung an der Sklerotisierung denkbar erscheint.

Der komplexe Vorgang der Häutung wird hormonal reguliert. Allerdings ist dabei noch ganz unklar, in welchem Bereich der Kette von verschiedenen Vorgängen oder auch an welchem Ort der beteiligten Strukturen die hormonalen Regulationen angreifen. Dieser Ungewißheit muß man sich stets dann vor allem bewußt bleiben, wenn Häutung oder Metamorphose schlechthin als Indikator für die Wirkung eines der daran beteiligten Hormone herangezogen wird. Offenbar ist schon der erste erkennbare Vorgang, die Mitosetätigkeit der Epidermiszellen, hormonal bedingt. Schnürungen an der Raupe von *Ephestia kühniella* vor der kritischen Periode bewirken, daß an den abgeschnürten Hinterenden bereits die Mitosewellen ebenso wie auch alle weiteren Verpuppungsveränderungen unterbleiben (Kühn und Piepho 1938).

Die an den Häutungsvorgängen beteiligten Faktoren werden wahrscheinlich vor allem durch die Ernährungsverhältnisse der jeweiligen Stadien veranlaßt. Besonders deutlich tritt das bei der Wanze *Rhodnius prolixus* in Erscheinung, bei der jeweils nach einer Blutmahlzeit der Larve diese Prozesse einsetzen (Wigglesworth 1934). Zu ganz ähnlichen Vorstellungen führen die experimentellen Befunde bei der Wanderheuschrecke *Locusta migratoria* (Clarke und Langley 1963). Die Produktion bzw. Freisetzung der Hormone ist hier abhängig von Impulsen, die von Rezeptoren des Pharynx ausgehen und über das stomatogastrische Nervensystem und das Frontalganglion dem Gehirn zugleitet werden. Dem Frontalganglion fällt dabei die Rolle eines Schaltzentrums zu, denn nach seiner Entfernung kommen Wachstum und Entwicklung zum Stillstand.

b) Die Häutungs- und Metamorphosehormone

Die Erforschung der Regulationsfaktoren der Insektenmetamorphose beginnt mit der damals wenig verständlichen Feststellung,

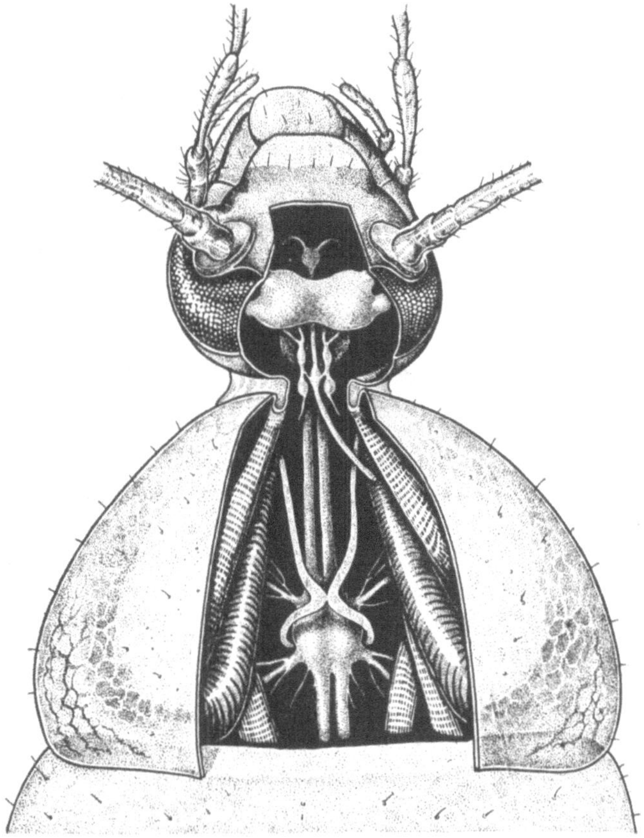

Abb. 45. *Periplaneta americana.* Retrocerebralkomplex und Prothoracaldrüsen-Situs

daß das Gehirn eine hormonale Kontrolle hierbei ausübt (Kopeč 1917, 1922). Fast zur gleichen Zeit wurde in einer vier Jahrzehnte in Vergessenheit geratenen Arbeit über die Metamorphose der Schmetterlinge gleichfalls die Auffassung vertreten, daß die Häutung hormonal reguliert wird (Tauber 1924; Taabor 1962). Nach den zahlreichen Untersuchungen, die seitdem zur Klärung dieser Verhältnisse unternommen worden sind und die im Laufe der Zeit zu verschiedenartigen Deutungen geführt haben, hat sich in den letzten Jahren eine ziemlich allgemein angenommene Vorstellung vom Zusammenwirken der Hormone bei der Auslösung der Larvenhäutung, der Verpuppung und der Imaginalhäutung entwickelt. Drei Hormone sind bei diesen Vorgängen beteiligt: 1. das Aktivationshormon, 2. das Häutungshormon und 3. das Juvenilhormon. Das in den neurosekretorischen Zellen der Pars intercerebralis erzeugte Aktivationshormon ist dem Häutungshormon, dem Hormon der Prothoracaldrüsen, übergeordnet (Abb. 45, 46). Der Unterschied zwischen dem Faktor der neurosekretorischen Zellen des Gehirns und dem der Pro-

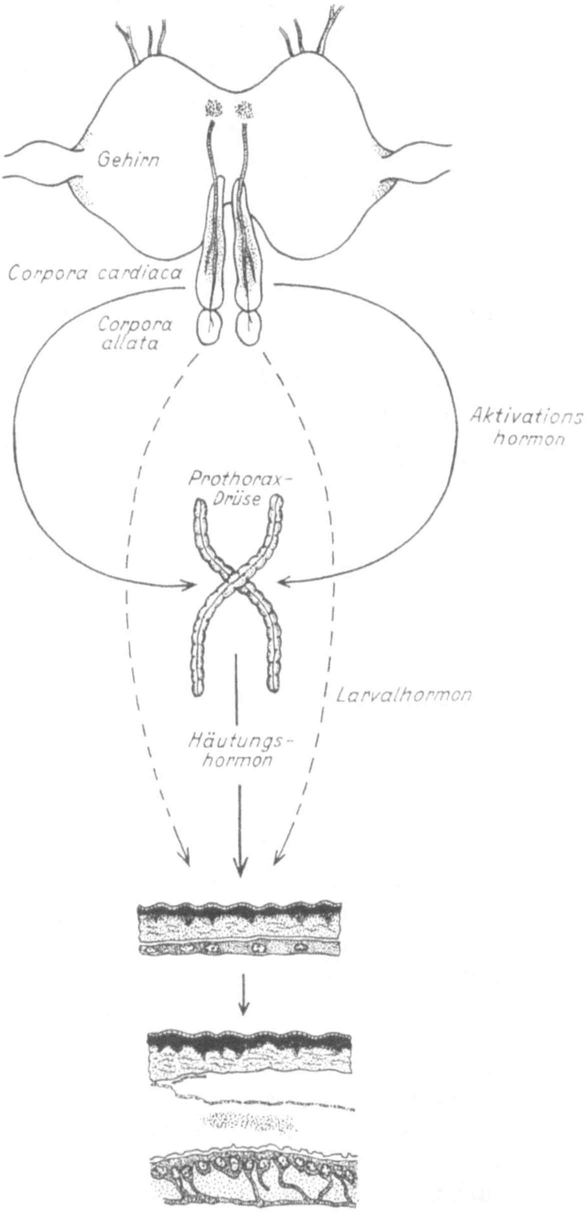

Abb. 46. Schema der Wirkungskette der Häutungs- und Metamorphosehormone der Insekten

thoracaldrüsen und ihrer Bedeutung wurde vor allem durch die Arbeiten von FUKUDA (1940) aufgedeckt. Das Juvenilhormon, jetzt auch als Neotonin bezeichnet (WIGGLESWORTH 1954), wird in den Corpora allata gebildet. Seine Bedeutung ist vor allem durch die grundlegenden Untersuchungen von WIGGLESWORTH (1934) an der blutsaugenden Wanze *Rhodnius prolixus* bekannt.

Über die Vorgänge der hormonalen Steuerung der Häutung und der Metamorphose der Insekten liegt eine größere Anzahl wertvoller Zusammenfassungen vor, die einen Überblick über den heutigen Stand unserer Kenntnisse, teilweise aber auch über den dahinführenden Weg mit mancherlei Windungen und Irrtümern aufzeigen (PIEPHO 1952; WIGGLESWORTH 1954, 1959; BODENSTEIN 1957; PFLUGFELDER 1958; KARLSON 1959; NOVAK 1959, 1961; JOLY 1958; SCHEER 1960; BÜCKMANN 1962; VAN DER KLOOT 1962).

Im Rahmen unserer Darstellung sollen daher vor allem jene Tatsachen und Probleme herausgestellt werden, die für eine vergleichend-endokrinologische Beurteilung wesentlich erscheinen.

α) *Das Aktivationshormon*

(1) Das Gehirn als Hormonquelle

Die Bedeutung des Gehirns als Hormonspender bei der Metamorphose der Insekten ist seit der Entdeckung durch KOPEČ (1917, 1922) weiterhin vielfach untersucht worden. Wie bereits KOPEČ (1917) in Schnürversuchen an Raupen des Schwammspinners *Lymantria dispar* feststellte, ist die hormonale Regulation des Gehirns zeitbegrenzt. Seine Entfernung oder Isolierung am 3. Tage des letzten Raupenstadiums verhindern die Verpuppung, dagegen hat die Entfernung am 10. Tage nach der letzten Larvenhäutung keinen Einfluß mehr auf die Metamorphose. Die inkretorische Bedeutung des Gehirns zeigen außer Schnürungen auch Enthirnungs- und Transplantationsversuche bei verschiedenen Objekten. Die Verpuppung von Raupen der Mehlmotte *Ephestia kühniella* wurde durch Abschnürung des Kopfes in einer bestimmten Phase verhindert (KÜHN und PIEPHO 1936). Ebenso bleiben enthirnte erwachsene Raupen Dauerraupen. Die stoffliche Wirkung des Raupengehirns wurde durch Transplantation von Gehirnen vorher enthirnter Raupen beim Wolfsmilchschwärmer (*Deilephila euphorbiae*) und beim Ligusterschwärmer (*Sphinx ligustri*) durch CASPARI und PLAGGE (1935) nachgewiesen. Bei Raupen der Mehlmotte erzielten KÜHN und PIEPHO

(1936) sowie PLAGGE (1938) das gleiche Ergebnis. Vor der kritischen Periode enthirnte Raupen, denen ihr eigenes oder ein fremdes Gehirn ins Abdomen implantiert wurde, können sich wieder verpuppen. Die Entfernung des Gehirns bei Raupen des letzten Stadiums von *Bombyx mori* und *Lymantria dispar* führte nicht zur Metamorphose, wenn die Operation vor dem 9. Tag vorgenommen wurde. Gleichzeitig wurde jedoch festgestellt, daß eine Ligatur zwischen Kopf—Thorax und Abdomen noch bis zum 13. bis 14. Tag die Verpuppung zu verhindern vermag. Darauf gründet sich die erstmalig geäußerte Vermutung, daß der verantwortliche Faktor nicht im Kopf, sondern im Prothorax sitzt (BOUNHIOL 1938).

Die hormonale Wirkung des Gehirns auf Häutung und Metamorphose gilt für alle Insekten. WIGGLESWORTH (1934) zeigte in Untersuchungen an der Wanze *Rhodnius prolixus*, daß die Dekapitation zwar ähnlich wie die Enthirnung bei Schmetterlingsraupen weitere Häutungen verhindert und somit zur Bildung von Dauerlarven führt, jedoch zwischen einem die Häutung und einem die Metamorphose auslösenden Faktor zu unterscheiden ist. Die Bedeutung des Gehirns für die Häutungsvorgänge ist an dem unterschiedlichen Ergebnis je nach dem Zeitpunkt der Dekapitation ersichtlich: Larven, die 1 Tag nach der Fütterung dekapitiert worden waren, häuteten sich nicht mehr. Dagegen erfolgt Häutung bei Larven, deren Gehirn man 4 bis 8 Tage nach der Fütterung entfernt hatte.

Der Nachweis hormonaler Faktoren und ihre Wirkung auf die Metamorphose der Insekten ist auch mehrfach durch Blutübertragungen geführt worden (v. BUDDENBROCK 1931; WIGGLESWORTH 1934). Allerdings lassen sich aus solchen Versuchen weder Schlüsse auf den Bildungsort des Hormons noch auf den Charakter des hormonalen Faktors ziehen. Ob mit dem Blut nur ein Hormon oder ein Gemisch verschiedener Hormone übertragen wird, bleibt verborgen.

(2) Die Bedeutung des Aktivationshormons für die Häutung

Die ursprüngliche Auffassung, daß das Gehirn das „Verpuppungshormon" liefert (KÜHN und PIEPHO 1936 u. a.) erwies sich als unhaltbar. Um so aufschlußreicher ist die inkretorische Stellung, die dem Gehirn auf Grund der neueren Erkenntnisse eingeräumt wird. Danach ist dieses der im Prothorax gelegenen Prothoracaldrüse, deren Bedeutung FUKUDA (1940) erstmalig für die Häutungsvorgänge bei der Seidenraupe erkannte, übergeordnet. Es regt die Prothoracaldrüse zur Ausschüttung des Häutungshormons an. Die eigentliche Wirkungsweise des prothoracotropen Neurohormons des Gehirns auf die Prothoraxdrüsen ist noch unbekannt.

Ungeklärt ist vor allem, ob das Aktivationshormon des Gehirns die Prothoraxdrüsen ausschließlich zur Abgabe des Häutungshormons veranlaßt, oder aber ob es gleichzeitig eine „Reifung" bzw. Aktivierung bewirkt. Letzteres erscheint denkbar, da an unverpuppten geschnürten Hinterenden der Schmeißfliege *Calliphora* („*Calliphora*-Test") Pupariumbildung erfolgt, wenn der Extrakt des Neurohormons vom Gehirn bei gleichzeitiger Implantation unreifer Ringdrüsen injiziert wird (GERSCH 1961; GERSCH und BERGER 1962; BERGER 1963).

Für die Aktivierung der Prothoracaldrüsen durch das Neurohormon des Gehirns sprechen gleichfalls neue autoradiographische Befunde der Nukleinsäure- und Proteinsynthese in den Zellen der Häutungsdrüsen von *Antheraea polyphemus* und *Samia cynthia* nach Behandlung mit dem Aktivationshormon (OBERLANDER und SCHNEIDERMAN 1963). Der dadurch ausgelösten Zunahme der Sekretionstätigkeit geht eine Erhöhung der markierten Ribonukleinsäure parallel. Die hormonal bedingte Zellaktivität erstreckt sich zugleich auf andere Gewebe (ISHIZAKI 1963).

Den eindeutigen Nachweis über die hormonale Bedeutung des Gehirns und der Prothoraxdrüse für das Häutungsgeschehen lieferte FUKUDA (1940, 1941, 1944) durch Dekapitation von Raupen des Seidenspinners *Bombyx mori* zu verschiedenen Zeiten und gleichzeitigem Anlegen von Ligaturen in bestimmten Körperabschnitten. Die Verpuppung von Raupen des 5. Stadiums unterblieb, wenn sie im Alter bis zu 60 Stunden dekapitiert worden waren. Spätere Dekapitation ergab in zunehmendem Maße Verpuppungen. In Ligaturexperimenten erfolgte keine Verpuppung, wenn nicht das Prothoraxsegment in den Bereich mit einbezogen wurde. Den direkten Beweis lieferten die Transplantationen von reifen Prothoracaldrüsen des 5. Stadiums in das Abdomen vom 2., 3., 4. oder 5. Raupenstadium, bei denen dadurch eine Verpuppung ausgelöst werden konnte.

Die Bedeutung des Gehirns als Hormonquelle für die Auslösung der die Häutung bedingenden Vorgänge zeigt die Tatsache, daß Enthirnung von Larven oder Puppen zu Dauerstadien führt. Allerdings sind auch Durchbrechungen dieser Regel bekannt. Bei enthirnten Puppen des Seidenspinners („Dauerpuppen") kommen teilweise Weiterentwicklungen vor, die mit der Wirkung der Corpora allata auf die Prothoracaldrüsen erklärt werden (KOBAYASHI und NAKA-

SONE 1960; KOBAYASHI, FUKAYA und MITSUHASHI 1960). Niemals ist dagegen die Frage ernsthaft erörtert, geschweige experimentell geprüft worden, ob die Stimulation der Prothoracaldrüsen nicht durch ein aus den neurosekretorischen Zellen des Bauchmarks stammendes Neurohormon induziert worden ist. Diese Möglichkeit muß auf Grund des Vorkommens neurosekretorischer Zellen in allen Teilen des Zentralnervensystems einbezogen werden (S. 54). Damit würde erklärlich, daß nach Enthirnung der frisch gehäuteten Puppen von *Bombyx mori* und *Antheraea pernyi* eine Verzögerung, nicht aber grundsätzlich eine Unterdrückung der Metamorphose erfolgt (GERSCH 1963). In gleicher Weise deutbar ist die Feststellung, daß Bestrahlung der Pars intercerebralis bei der Wanderheuschrecke *Locusta migratoria* mit Röntgenstrahlen eine Verlängerung des Larvenstadiums, das heißt Verzögerung, zum Teil sogar eine Unterdrückung der Häutung bewirkt (GIRARDIE 1962).

Die Bedeutung des Gehirns als primärer hormonaler Aktivator für die Prothoraxdrüse wurde besonders klar durch die Untersuchungen von WILLIAMS (1946) beim Riesenseidenspinner *Hyalophora cecropia* aufgezeigt. Die Puppen durchlaufen eine 5monatige Entwicklungsruhe. Sie kann dadurch unterbrochen und vorzeitige Metamorphose erreicht werden, wenn die Puppen einige Wochen nach der Verpuppung bei einer Temperatur von 5 °C gehalten und darauf in 25 °C zurückgebracht werden. Die Metamorphose unterbleibt jedoch trotz dieser Vorbehandlung bei Puppen, denen einige Tage nach Überführung in 25 °C das Gehirn entfernt wurde. Diese Puppen verharren in permanenter Diapause, bis sie schließlich absterben. Andererseits wird die Bedeutung des Gehirns auch daraus ersichtlich, daß die Implantation eines Gehirns einer Kältepuppe in gehirnlose Diapausepuppen zur Beendigung der Diapause führt. Das durch einen Kältereiz aktivierte Gehirn gibt den Wirkfaktor ab.

Allerdings ist auch in diesem Fall der Faktor nicht in direkter Weise an der Auslösung der Metamorphose beteiligt. WILLIAMS (1947) bewies dieses auf verschiedene experimentelle Weise (Abb. 47, 48, 49). Als besonders elegant erscheint dabei die Technik der Puppenhalbierung einerseits in ein Vorderstück, bestehend aus Kopf, Thorax und den 4 vorderen Abdominalsegmenten und andererseits in ein Hinterstück mit den restlichen Abdominalsegmenten. Die getrennten Körperbereiche wurden auf Deckgläser festgelegt. Nach einer derartigen Operation von gehirnlosen diapausierenden Puppen und Implantation je eines Gehirns einer gekühlten Puppe in das Vorder- und in das Hinterende erfolgte nur beim Vorderende Metamorphosierung. Das Hinterende dagegen blieb selbst nach Implantation von 6 Gehirnen unverändert. Die verschiedene Reaktion der beiden Teile auf die Implantation des Gehirns weist auf die Bedeutung des Gehirns hin. Sie zeigt aber zugleich, daß das Gehirn allein nicht ausschlaggebend ist.

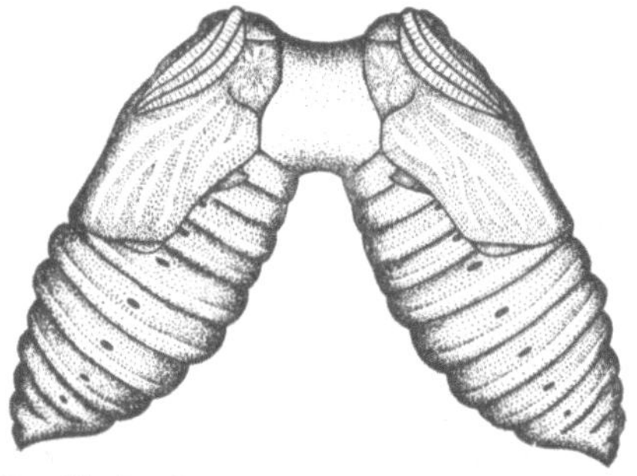

Abb. 47. Verbindung einer enthirnten Puppe von *Hyalophora cecropia* mit einer normalen Puppe. Bei beiden kommt es zur Falterentwicklung. (Nach WILLIAMS 1946, umgezeichnet)

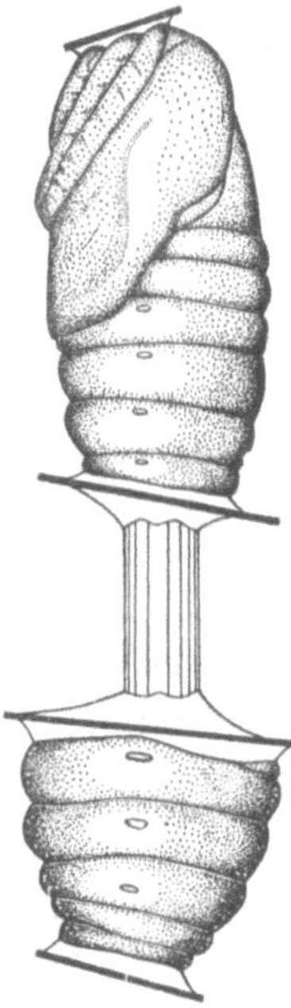

Abb. 48. Anregung der Entwicklung einer durchtrennten und wieder verbundenen Puppe von *Hyalophora* durch Implantation eines gekühlten Gehirns in das Vorderende. Entwicklung beider Teilstücke mit zeitlicher Verzögerung des Hinterendes. (Nach WILLIAMS)

Die kontrollierende Funktion des Gehirns wird auch dann ersichtlich, wenn ein Hinterende mit einem gehirnlosen Vorderende zum Zusammenwachsen veranlaßt wird. Eine Weiterentwicklung bleibt zunächst aus. Implantation eines Gehirns veranlaßt jedoch beide Teile zur Metamorphose. Weitere Implantationsversuche von Gehirn und Prothoracaldrüse in isolierte Hinterenden bestätigten ebenso wie weitere Schnürungsversuche und Parabiosen gehirnloser Diapause-Puppen in Ketten, daß außer dem Gehirn zusätzlich die Prothoracaldrüsen erforderlich sind (WILLIAMS 1952) (Abb. 49).

Die Phase der Aktivierung des Gehirns am Ende der Diapause bei der Seidenraupen-Puppe *Hyalophora* fällt mit der Erhöhung der Cholinesterase-Aktivität zusammen (v. D. KLOOT 1955). Während Cholinesterase in großer Menge im Larvengehirn nachzuweisen ist, erfolgt 2 Tage vor der Verpuppung starker Abfall, der bis kurz vor Wiedereintritt der endokrinen Aktivität anhält (Abb. 50). Dieser zweistufige

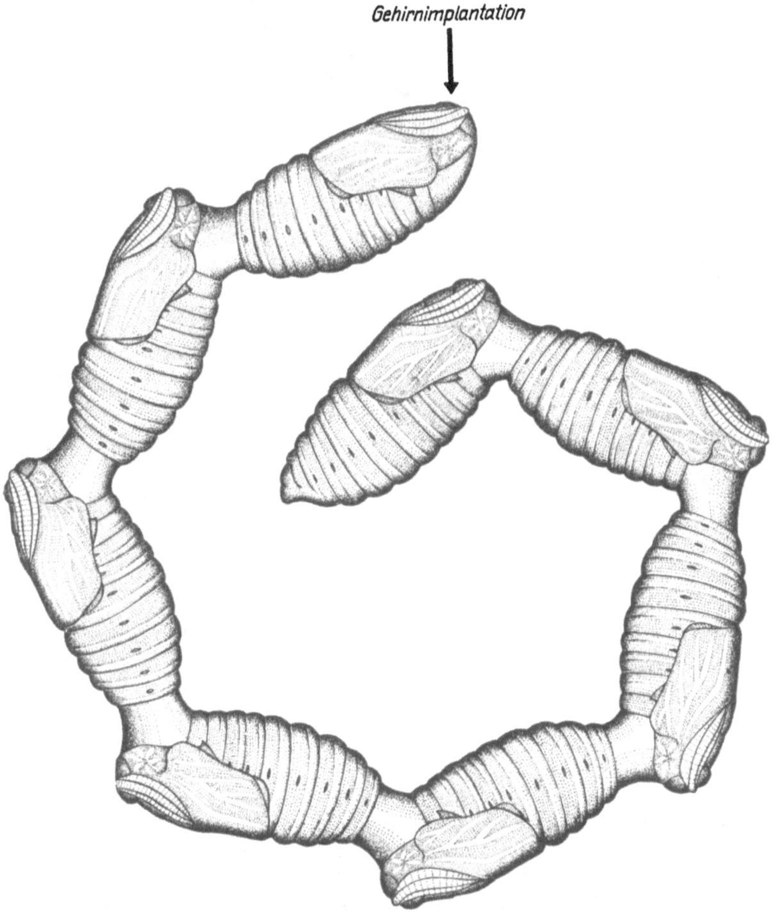

Abb. 49 a

Mechanismus, bei dem das Aktivationshormon des Gehirns eine übergeordnete Stellung einnimmt, ist bei den Insekten allgemein verbreitet (Ichikawa und Mitarbeiter 1951 bis 1962; Wigglesworth 1954; Joly 1958; Schaller 1959).

In Übereinstimmung mit der Funktion der Corpora cardiaca als Speicherorgan für das Aktivationshormon des Gehirns (S. 79) können auch die Corpora cardiaca die Prothoracaldrüsen stimulieren.

Abb. 49 b

Abb. 49. Induktion der Entwicklung bei einer Kette von gehirnlosen Dauerpuppen von *Hyalophora* durch Implantation eines gekühlten (aktivierten) Gehirns in das vorderste Tier. a) Die zu einer Kette miteinander verbundenen enthirnten Puppen; b) Entwicklung der Falter nach vorausgegangener Implantation des aktivierten Gehirns. (Umgezeichnet nach WILLIAMS 1952)

Exstirpation der Corpora allata und der Corpora cardiaca bei gerade metamorphisierten Imagines von *Periplaneta americana* unterbindet weitere Häutungen, im Gegensatz zur alleinigen Entfernung der Corpora allata, was zu abermaliger Häutung führt (BODENSTEIN 1953). Die Corpora cardiaca sind also bei Abwesenheit der Corpora allata mit verantwortlich für den Vorgang. Werden dagegen bei alten Imagines, bei denen die Prothoracaldrüsen bereits degeneriert sind, die Corpora allata entfernt, tritt keine Häutung ein. Dies wiederum beweist, daß die Prothoracaldrüsen gleichfalls erforderlich sind. Werden jedoch larvale Prothoracaldrüsen und Corpora cardiaca in adulte Tiere implantiert, tritt erneute Häutung ein. Die Prothoracal-

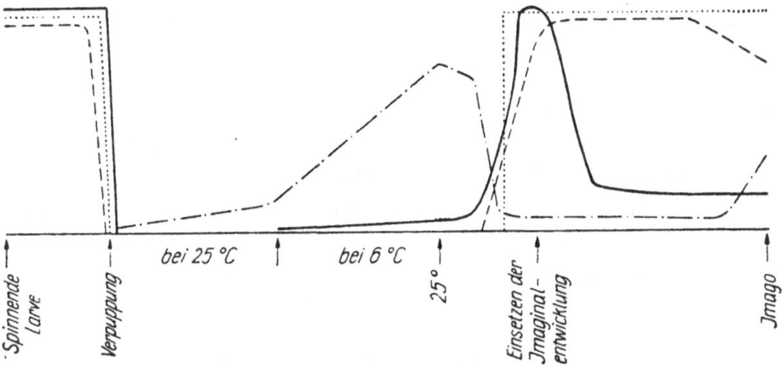

Abb. 50. Aktivität des Gehirns des Riesenseidenspinners *Hyalophora* von Beginn des Einspinnens der Puppe bis zur Imaginalentwicklung. Freisetzung des Aktivationshormons (———); elektrische Aktivität des Gehirns ----; Gehalt an Cholinesterase im Gehirn –·–·–; Vorkommen cholinerger Substanzen im Gehirn .... (Nach VAN DER KLOOT 1955)

drüsen erhalten somit den Stimulus zur Ausschüttung des Häutungshormons von den Corpora cardiaca.

Das Gehirn bedarf auch für die Brechung der Diapause der Anwesenheit der Corpora cardiaca, wie HIGHNAM (1958) beim Lindenschwärmer *Mimas tiliae* nachwies. Die beiden inneren und äußeren Gruppen neurosekretorischer Zellen des Gehirns besitzen während der ersten 3 Wochen in der Diapause starke Aktivität, in der 4. Woche erlischt diese jedoch. Offenbar wird nun neurosekretorisches Material aus dem Gehirn in die Corpora cardiaca transportiert. Enthirnung von Raupen unmittelbar nach Übersetzen aus der tiefen (Diapause-) Temperatur in 25 °C verhindert die Adultentwicklung. Implantation vorher gekühlter Gehirne + Corpora cardiaca führt zur Brechung der Diapause. Dies erfolgt jedoch nicht, wenn die Gehirne allein implantiert wurden. Der Faktor war zwar vom Gehirn erzeugt worden, konnte aber infolge Fehlens der Corpora cardiaca nicht freigesetzt werden.

Durch Abkühlen wird die Produktion des neurosekretorischen Materials im Gehirn gefördert, das dann in den Corpora cardiaca gespeichert wird. Der Aktivationsfaktor wird somit hier ebenfalls von den Corpora cardiaca aus ins Blut abgegeben. Damit wird ihre Bedeutung als ein Neurohaemalorgan der Insekten auch funktionell ersichtlich. Stresswirkungen wie elektrische Reizung bei der Schabe *Blaberus craniifer* führten zur Ausschüttung des neurosekretorischen Materials aus den Corpora cardiaca (Hodgson und Geldiay 1959).

Über die Art der Stimulierung der neurosekretorischen Zellen des Gehirns herrschen verschiedene Meinungen. Nach Lees (1955) besteht nervöse Stimulation. Andrewartha (1952) hält eine „humorale" Stimulation für erwiesen. Ebenso zieht Monro (1956, 1958) aus den Versuchen mit der Noctuide *Phalaenoides glycine* die Schlußfolgerung, daß die Sekretion des Aktivationshormons durch einen „humoralen" Stimulus veranlaßt wird. Befeuchtung trockener Eier mit ruhenden Embryonen von *Locustana* regt die Entwicklung an (Jones 1953). Es kommt dadurch zur Aktivierung der neurosekretorischen Zellen des Gehirns, die die Prothoracaldrüsen stimulieren. Umgekehrt kann ihre Sekretionstätigkeit durch Kälteeinwirkung gemindert werden (Kobayashi und Nakasone 1960).

Ichikawa und Nishiitsutsuji-Uwo (1960) sprechen dem Gehirnhormon eine direkte Wirkung bei der Häutung der Lepidopteren zu, da sie bei isolierten Puppenabdomina von *Philosamia cynthia vicini*, die vor der kritischen Periode abgetrennt worden waren, nach Implantation des Gehirn-Corpora-cardiaca—Corpora-allata-Komplexes eine zusätzliche Puppenhäutung auslösen konnten. Auch bei Implantation des Gehirns allein erfolgte in einem zwar nicht sehr hohen Prozentsatz Anregung zur Häutung. Allerdings war in beiden Fällen der positive Ausgang wesentlich geringer gegenüber jenen Versuchen, in denen entweder gleichzeitig mit dem Gehirn auch Prothoracaldrüsen oder diese allein in die isolierten Hinterenden implantiert worden waren.

Diese mit der herkömmlichen Auffassung zunächst schwer zu vereinbarenden Befunde können vielleicht durch die Feststellung verständlich werden, daß ein Extrakt von Gehirnhormon zusammen mit unterschwelligen Konzentrationen des Häutungshormons Ekdyson am *Calliphora*-Test Pupariumbildung hervorruft (Kobayashi und Burdette 1961). Gehirnhormon allein zeigte keine Wirkung. Den hormonalen Extrakten wird daher außer der Wirkung auf die Prothoracaldrüsen, die in der Bildung und Ausschüttung des Hormons besteht, auch noch eine direkte auf das Ekdyson zugesprochen, die zur Induktion der Metamorphose führt.

Mit dieser Vorstellung von der Bedeutung des Gehirns sind zugleich einige ältere Befunde verständlich geworden, die zunächst gegen seine Beteiligung bei der Metamorphose zu sprechen schienen. Implantationsversuche mit reifen Ringdrüsen bei *Drosophila* durch HADORN (1937), HADORN und NEEL (1938) und VOGT (1942a, b) setzten voraus, daß die Ringdrüsen durch einen Faktor stimuliert werden müssen. BODENSTEIN (1943) und POSSOMPÈS (1951) erkannten, daß dieser den neurosekretorischen Zellen des Gehirns entstammt. In Experimenten, in denen Larven von *Calliphora erythrocephala* das Gehirn entfernt worden war, zeigte sich, daß die Aktivität des WEISMANNschen Ringes bis zu einem kritischen Alter von der Anwesenheit des Gehirns abhängt. So verharrt eine Larve des 3. Stadiums, der noch während der Phase der Freßtätigkeit das Gehirn entfernt worden ist, trotz Anwesenheit des WEISMANNschen Ringes auf diesem Larvenstadium. Implantationen von Gehirn allein oder Ringdrüse aus der frühen Phase der Stadien in Larven, denen vorher der Komplex Cerebralganglion-Ringdrüse entfernt wurde, bleiben erfolglos. Dagegen führt die Implantation beider Anteile in geringem Ausmaß nach vorheriger Durchtrennung der Nervenverbindungen zur Pupariumbildung. Wesentlich größer ist der Prozentsatz, wenn die nervöse Verbindung erhalten blieb. Daraus geht hervor, daß vom Gehirn ein Stimulus auf die Ringdrüse ausgeübt wird (S. 94).

(3) Weitere Wirkungen des Aktivationshormons

Ganz ähnlich wie das Neurohormon des Gehirns im normalen Häutungszyklus wirksam ist, wird durch seine Aktivierung die Diapause gebrochen (FUKUDA 1944; WILLIAMS 1946, 1952; ICHIKAWA und ISHIZAKI 1958 u. a.) (S. 179ff.). Die Implantation von aktiviertem Gehirn (einschließlich Corpora cardiaca) führt ebenso wie auch die Einpflanzung von funktionsfähigen Prothoracaldrüsen zum Wiedereinsetzen der Entwicklung. Weiterhin wird eine hormonale Steuerung der Corpora allata durch den Gehirnfaktor bei der Wanderheuschrecke *Locusta migratoria* nach Bestrahlungsversuchen angenommen (GIRARDIE 1962, 1963). Bestrahlung der Pars intercerebralis im Larvenstadium kann ähnliche Erscheinungen wie die Implantation von Corpora allata verursachen. Daraus ist zu schließen, daß mit der Bestrahlung eine vorher vorhandene Hemmwirkung auf die Corpora allata ausgeschaltet wurde. Wurden dagegen die Pars intercerebralis von Tieren bestrahlt, denen vorher die Corpora allata entfernt worden waren, wurden weder die Metamorphose noch die Pigmentierung beeinflußt. Die Corpora allata scheinen demnach wie die Ventraldrüsen unter der Kontrolle der Pars intercerebralis zu stehen.

Untersuchungen an Insekten verschiedener Ordnungen veranschaulichen, daß das Gehirnhormon auch eine direkte Bedeutung für den Eiweißstoffwechsel und damit zugleich indirekt für die Wachstumsvorgänge besitzt. Am eindeutigsten ist dies bisher bei der Schmeißfliege *Calliphora erythrocephala* erwiesen (THOMSEN und MØLLER 1959, 1963). Werden die medianen neurosekretorischen Zellen des Gehirns entfernt, so kommt es trotz ausreichend vorhandener Nährstoffe infolge geringerer Proteinase-Aktivität in den Mitteldarmzellen der operierten Fliegen nur in begrenztem Ausmaß zur Entwicklung der Ovarien, der akzessorischen Drüsen, der Corpora allata und der Oenocyten. Das Neurohormon, das vom Gehirn über die Nervi oesophagi zum Mitteldarm transportiert wird, beeinflußt demnach die Protheinsynthese (S. 250). Eine Beteiligung des Gehirnhormons am Proteinstoffwechsel bekunden auch die Veränderungen am Fettkörper von *Periplaneta americana* nach Exstirpation und Reimplantation der Corpora cardiaca (BODENSTEIN 1953). In verschiedenen Fällen besteht überdies eine Beeinflussung des Wachstums der Ovarien durch das Neurohormon des Gehirns (THOMSEN 1952; NAYAR 1958). Bei der Wanze *Iphita* wurde weiterhin eine Beziehung zum Wasserhaushalt nachgewiesen (NAYAR 1960) (S. 262). Unentschieden bleibt dabei allerdings, ob es sich um die Wirkung ein und desselben Faktors handelt.

(4) Extraktion des „Gehirnhormons“

Extrakte des Gehirns, die nach geeigneter Reinigung und Einengung am biologischen Test Häutungserscheinungen zu induzieren vermochten, wurden von Seidenspinnerpuppen (KOBAYASHI und KIRIMURA 1958, 1962; ICHIKAWA und ISHIZAKI 1961, 1963) und von der Schabe *Periplaneta americana* gewonnen (GERSCH, UNGER und FISCHER 1957; GERSCH, FISCHER, UNGER und KOCH 1960; GERSCH 1962). Ihre Darstellungsweise und die Frage der Identität mit dem Aktivationshormon werden an anderer Stelle erörtert (S. 338).

β) *Das Häutungshormon (Ekdyson)*

Die ersten Hinweise auf einen weiteren die Häutung beeinflussenden Faktor außer dem Gehirn liegen ebenfalls bereits mehrere Jahrzehnte zurück. Unsere Darstellung kann dabei nicht auf alle im Laufe der Untersuchungen getroffenen Feststellungen und Deutungen eingehen, die oft Richtiges mit Irrungen verbinden. Die experimentelle Arbeit zahlreicher Forscher ist an der heutigen Erkenntnis beteiligt, wobei sich einige durch klar angelegte und durchdachte Experimente an günstig gewähltem Material besondere Verdienste erworben haben.

Aus Schnürungsexperimenten an Puppen des Tagpfauenauges (*Vanessa io*), des kleinen Fuchses (*Vanessa urticae*) und des Baumweißlings (*Aporia crataegi*) schloß Hachlow (1931), daß im Thorax ein Zentrum für die Weiterentwicklung liegen müsse. Über den Bildungsort und die Art dieses Faktors bestanden jedoch zunächst unrichtige oder unklare Vorstellungen. Mit der erstmalig von Crampton (1900) angewandten Technik der Verschmelzung von Schmetterlingspuppen hat Bodenstein (1938) in Versuchen mit *Drosophila* und vor allem mit Puppen des kalifornischen Eichenspinners (*Phryganidia californica*) bestätigt, daß im Thorax ein Entwicklungszentrum anzunehmen ist. Die gleiche Vermutung wurde auch von Bounhiol (1938) geäußert (S. 135).

(1) Die Prothoracaldrüsen als Hormonquelle

Dieses Zentrum sind die Prothoracaldrüsen, die Fukuda (1940, 1944) in Versuchen mit Seidenraupen nachwies (S. 136). Nach Schnürungen von 4. Larvenstadien der japanischen bivoltinen Rasse *Syohaku* zwischen Kopf und Thorax fiel das Ergebnis je nach dem Zeitpunkt der Schnürung verschieden aus. Bei frühzeitiger Schnürung erfolgte weder Verpuppung noch Häutung. Später geschnürte Raupen vermochten sich teilweise nochmals zu häuten. Dagegen waren Raupen, die zwischen Prothorax und Mesothorax geschnürt waren, niemals fähig, sich zu verpuppen. Die Bedeutung der Prothoracaldrüsen trat noch klarer in Transplantationsexperimenten zutage. Prothoracaldrüsen des 5. Stadiums ins 6. Abdominalsegment jüngerer Raupenstadien verpflanzt, veranlaßte diese in allen Fällen zur Verpuppung. Ähnlich führte die Transplantation von Prothoraxdrüsen verpuppungsreifer Raupen in 2., 3. oder 4. Raupenstadien bei diesen zu Erscheinungen, wie Einstellen der Freßtätigkeit und Beginn der Ruhephase, welche die Verpuppung unmittelbar einleiten. Das Gehirn schien dagegen ohne Bedeutung zu sein, denn Gehirntransplantationen in Hinterenden blieben ergebnislos.

Die Ergebnisse über die Bedeutung des Gehirns einerseits und der Prothoracaldrüsen andererseits für die Insektenmetamorphose schließen sich keineswegs aus, wie PIEPHO (1942) mit dem Hinweis erstmalig zum Ausdruck brachte, daß die Prothoraxdrüsen entweder den Gehirnstoff zunächst speichern oder aber durch den Wirkstoff des Gehirns überhaupt erst stimuliert werden (S. 136). Die experimentelle Bestätigung dieser Auffassung gelang WILLIAMS (1947). Das allgemeine Verständnis dieser übergeordneten Stellung des Gehirns, das damals zu dem Vergleich der Beziehung zwischen thyreotropem Hormon der Hypophyse und der Thyreoidea bei Wirbeltieren veranlaßt hat, ist aber erst in jüngster Zeit mit der Einschätzung der neurohormonalen Verhältnisse der Wirbellosen gegeben (S. 351).

WILLIAMS (1947) implantierte in vordere und hintere Halbpuppen der Seidenraupe *Hyalophora cecropia*, die eine unter der Kontrolle des Gehirns stehende pupale Diapause aufweist, das Gehirn einer vorher gekühlten Puppe. Nur das Vorderende entwickelte sich zum adulten Stadium, während das Hinterende auf der gleichen Stufe stehen blieb. Die verschiedene Reaktion von Vorder- und Hinterende ließ sich auch nicht durch Implantation von bis zu 6 gekühlten Gehirnen verändern. Da die Implantation von gekühltem Gehirn nur in den Teilstücken zur Weiterentwicklung führte, die auch die Thoracalsegmente enthielten, ist auch hier der Hinweis auf das Häutungszentrum im Thorax gegeben. Darüber hinaus aber zeigt das positive Ergebnis jenes Versuches, bei dem in isolierte Abdomen außer dem Gehirn noch 2 Prothoracaldrüsen implantiert worden waren, daß 2 Hormonquellen verantwortlich sind. Das Gehirn übt dabei eine Kontrollfunktion auf die Prothoracaldrüsen aus. Diese Beziehung hat sich in weiteren Versuchen zahlreicher Autoren bei den verschiedensten Insekten grundsätzlich immer wieder bestätigt (POSSOMPÈS 1950; WILLIAMS 1952; WIGGLESWORTH 1952; ICHIKAWA und NISHIITSUTSUJI 1952, 1957; BODENSTEIN 1953; JONES 1953; STELLWAAG-KITTLER 1954; CHURCH 1955). Der Funktion der Prothoracaldrüsen als Quelle für das Häutungshormon entspricht die von allen Autoren übereinstimmend getroffene Feststellung, daß die Prothoraxdrüsen bei den Imagines degenerieren.

Damit übereinstimmend, enthalten Thorax und Abdomina von Imagines des Seidenspinners *Bombyx mori* im Vergleich zu deren

Puppen nur ganz geringe Mengen des Häutungshormons (KARLSON und STAMM-MÉNÉNDEZ 1956). Während der Larvenstadien dagegen zeigen die Prothoracaldrüsen zyklische Veränderungen ihrer Größe und Aktivität sowie auch im Hormongehalt (SRIVASTAVA 1960, BURDETTE 1962).

Homologe Organe sind die Ventraldrüsen, von PFLUGFELDER (1947) bei verschiedenen Gespenstheuschrecken entdeckt und später bei anderen Ordnungen hemimetaboler Insekten beschrieben (S. 108). Auch sie degenerieren beim Eintritt in die Imaginalphase. Entfernung der Ventraldrüsen bei der Libelle (*Aeschna cyanea*) verhindert die Metamorphose (DEROUX-STRALLA 1948; SCHALLER 1959). Es entstehen in hohem Prozentsatz Dauerlarven. Umgekehrt bewirkt die Wiedereinpflanzung der Ventraldrüsen von Larven des letzten Stadiums in Dauerlarven des vorletzten Stadiums den Eintritt der Häutung. Ebenso haben die umfangreichen Exstirpations- und Implantationsexperimente mit der Wanderheuschrecke *Locusta migratoria* erwiesen, daß die Ventraldrüsen die Quelle des Häutungshormons sind (STRICH-HALBWACHS 1954, 1959; HALBWACHS, JOLY und JOLY 1953; JONES 1956; BRYN 1956).

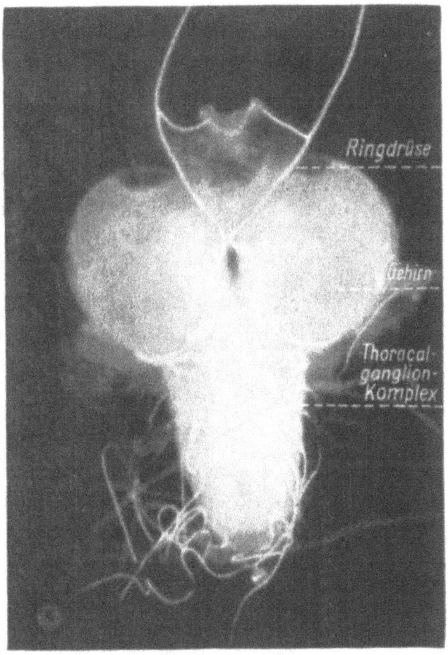

Abb. 51. Gehirn-Ringdrüse und Thoracalganglionkomplex von *Calliphora erythrocephala*

Entsprechend den Verhältnissen bei anderen Hemimetabolen, degenerieren die Ventraldrüsen bei adulten geflügelten Geschlechtstieren und bei neotenischen Ersatzgeschlechtstieren der Termiten. Die Implantation selbst einer artfremden Häutungsdrüse kann eine weitere Häutung auslösen (LEBRUN 1963). Bei Soldaten jedoch bleiben sie im wesentlichen erhalten (PFLUGFELDER 1947; KAISER 1956; HERLANT-

MEEWIS und PASTEELS 1961). Ungeklärt ist dabei jedoch, warum sich die Angehörigen dieser Kaste trotzdem nicht wieder häuten.

Die Ventraldrüsen werden ebenfalls durch das Gehirnhormon zur Bildung des Häutungsfaktors veranlaßt. Damit übereinstimmend, tritt bei dem Ohrwurm *Anisolabis maritima* ein häutungsfördernder

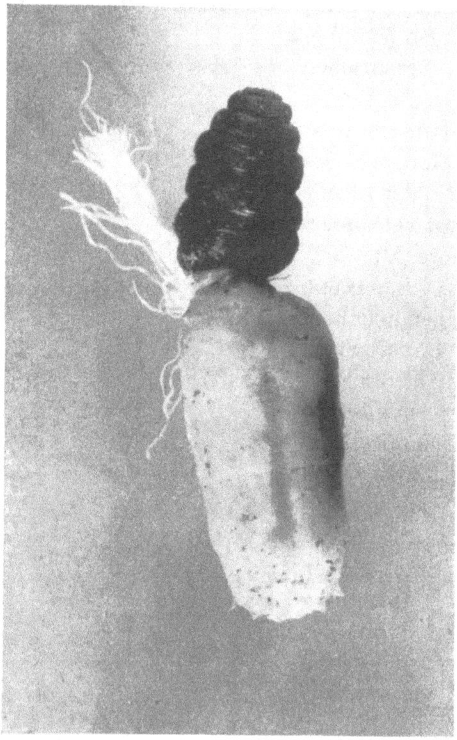

Abb. 52 a

Faktor im Kopf und ein weiterer, von den Ventraldrüsen erzeugter, auf (OZEKI 1959, 1960).

Die Allgemeingültigkeit des zweistufigen hormonalen Wirkungsmechanismus der Insektenmetamorphose wird schließlich durch die Verhältnisse bei den cyclorrhaphen Insekten erhärtet (HADORN und NEEL 1938; VOGT 1942, 1943; BODENSTEIN 1943; FRASER 1960). Nach den Untersuchungen von POSSOMPÈS (1950, 1958) gelangt das Neurohormon des Gehirns über die Nervi corpora cardiaci zur Ringdrüse und veranlaßt die Peritrachealdrüsenschenkel dieser zusammengesetzten Drüse zur Freisetzung des Häutungshormons (Abb. 51, 52, 53).

Implantation von Gehirn-Ringdrüsen-Komplex in enthirnte Larven (Dauerlarven) ebenso wie in die larval gebliebenen Hinterenden von *Calliphora*-Maden (*Calliphora*-Test; BECKER und PLAGGE 1939) führt zur Pupariumbildung.

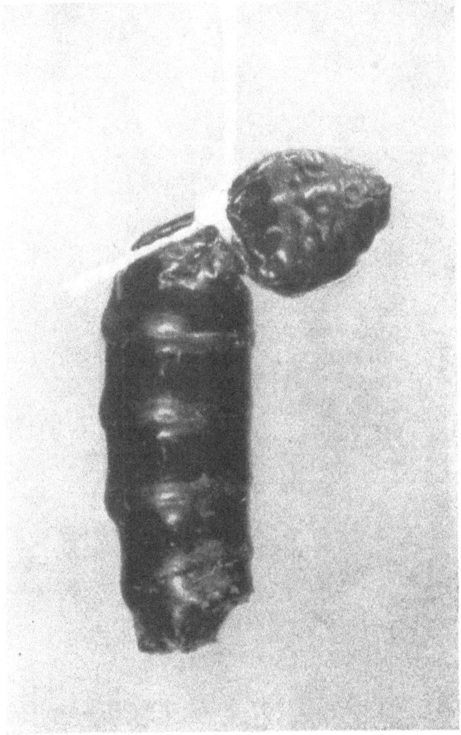

Abb. 52 b

Abb. 52. Schnürung von *Calliphora*-Maden, 3. Stadium. a) Nach Schnürung vor der kritischen Periode: Pupariumbildung nur am Vorderende. b) Nach Schnürung nach der kritischen Periode: Vorder- und Hinterende verpuppen sich

Werden jedoch Gehirn und Ringdrüse getrennt implantiert, bleibt die Weiterentwicklung aus. Daraus wurde der Schluß gezogen, daß in diesem Fall im Gegensatz zu den übrigen Insekten die nervöse Verbindung zwischen Gehirn und Ringdrüse die Voraussetzung für die Wirkung der Hormonkette darstellt. Weitere Versuche haben jedoch ergeben (GERSCH 1961; GERSCH und BERGER 1962; BERGER 1963), daß Pupariumbildung auch dann eintritt, wenn in das

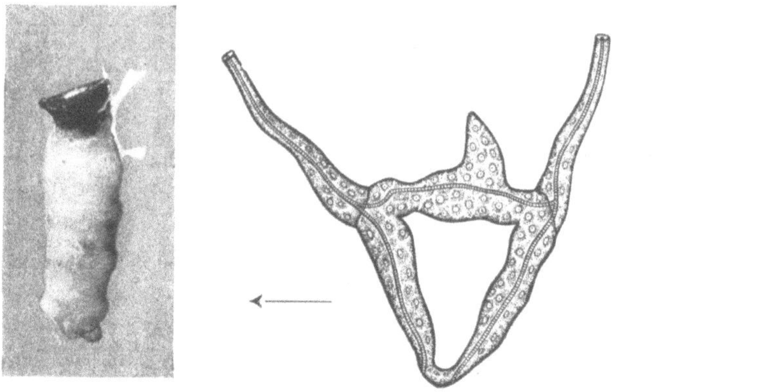

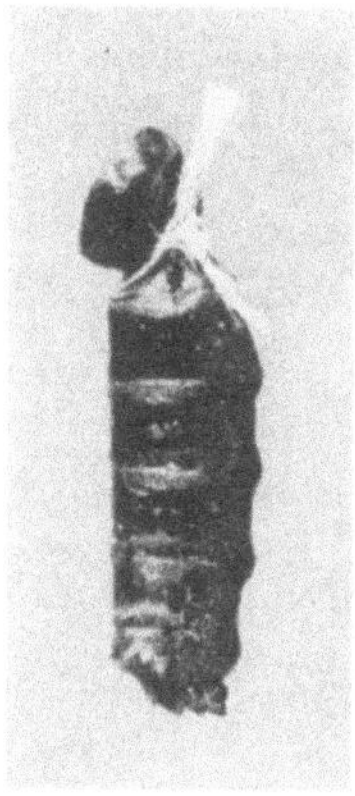

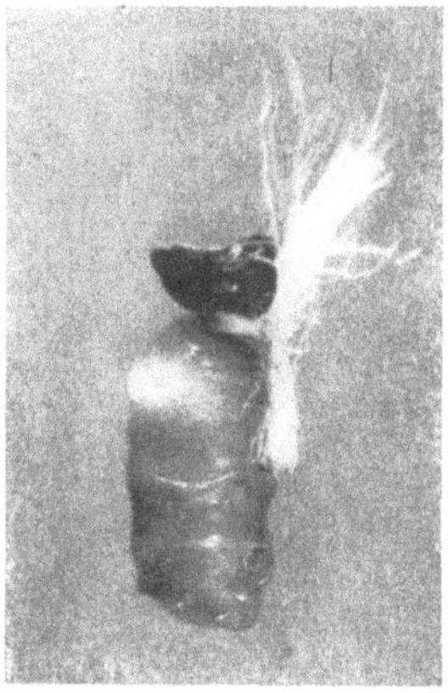

a b

Abb. 53. „*Calliphora*-Test“: a) Implantation einer reifen Ringdrüse aus dem 3. Larvenstadium in ein larvales Hinterende: Pupariumbildung. b) Kontrolle: Larvales Hinterende ohne zusätzliche Ringdrüse bleibt unverändert

isolierte Hinterende zusammen mit einer implantierten unreifen Ringdrüse Extrakte des Gehirns oder des Neurohormons D_1 injiziert werden. Wenn die Vorstellung zutrifft, die aus dem Implantationsversuch von getrennten Gehirn und Ringdrüse gezogen worden ist (POSSOMPÈS 1953), hätte erwartet werden müssen, daß in diesem Falle die Metamorphose unterbleibt. Der Widerspruch zwischen diesen beiden Feststellungen erklärt sich wohl dadurch, daß durch die mechanische Stimulation bei der Präparation des Gehirns das Hormon vor der Implantation ausgeschüttet wird. Die dann vorhandene Konzentration ist offenbar zu gering, um noch eine Wirkung erzielen zu können. Für diese Deutung sprechen die Versuchsergebnisse von POSSOMPÈS (1958) selbst. Die Implantation von Gehirn-Ringdrüsen-Komplex ergab 66% Pupariumbildung, bei getrennter Einpflanzung beider Organe dagegen nur in 11% Metamorphose. Die geringe Wirkung in diesem Fall ist wahrscheinlich durch die mit der Durchtrennung des Nervensystems stimulierten Ausschüttung des Aktivationshormons zu erklären.

Es ist die Vermutung ausgesprochen worden, daß das Gehirnhormon in den Prothoracaldrüsen in spezifischer Weise aktiviert wird und danach seine Wirkung als Häutungshormon ausübt. Diese Frage beansprucht auch deshalb besonderes Interesse, weil einige Autoren Häutungsvorgänge nach Exstirpation der Prothoracaldrüsen feststellten (CHADWICK [1955, 1956] und NUTTING [1955] bei Blattiden, PIEPHO [1948] bei der Wachsmotte *Galleria*). Grundsätzlich besteht die Möglichkeit, daß unvollständige Entfernung der Drüse den Grund für die spätere Häutung darstellen kann. Allerdings führte isoliertes Neurohormon D_1 von *Periplaneta* am *Calliphora*-Test gleichfalls in einem gewissen Prozentsatz ohne Beteiligung von Ringdrüsen zur Pupariumbildung (GERSCH 1961, 1962; BERGER 1963).

Bei der Wanze *Rhodnius* treten in die Wirkungskette Gehirn-Prothoracaldrüsen Amöbocyten ein. Sie sollen die Aktivierung der Häutungsdrüse unterstützen (WIGGLESWORTH 1955, 1956). Durch Injektion geeigneter Farbstoffe können die Amöbocyten blockiert werden, was verminderte Sekretionstätigkeit der Prothoracaldrüsen zur Folge hat. Dadurch wird der Zeitpunkt der Häutung hinausgeschoben. Dagegen vermögen blockierte Amöbocyten die Wirkung implantierter Drüsen oder des injizierten Ekdysons nicht zu stimulieren. Das Häutungshormon wird also durch den Ausfall der Amöbocyten nicht in direkter Weise beeinflußt.

Die hormonale Kontrolle von Wachstums- und Entwicklungsvorgängen der Insekten ist sehr anschaulich durch Implantations- und Transplantationsexperimente von Hautstücken oder Körperanhängen in andere Wirtstiere zu demonstrieren. Da die fremden Gewebe in den gesamtem hormonalen Komplex des Wirtes eingefügt werden, können derartige Versuche allerdings kaum etwas Spezifisches über den dabei wirksamen Faktor aussagen.

Homo- und heteroplastische Transplantate von Borsten, Bauchbeinen oder Brustbeinen bei Raupen des kleinen Fuchses (*Vanessa urticae*) und des Tagpfauenauges (*Vanessa io*) häuteten sich synchron mit dem Wirt (BODENSTEIN 1933). Diese Versuche ergaben außerdem, daß die Zahl und der Charakter der Häutungen nicht in der Hypodermis festgelegt sind. Bereits BYTINSKY-SALZ (1935) schloß aus der Synchronie der Entwicklung zwischen Wirts- und Transplantatgewebe auf eine inkretorische Kontrolle. Mit der Methode der Transplantation arbeitete auch PIEPHO (1938, 1939). Kleine Hautstückchen der Wachsmotte (*Galleria mellonella*), die in den Fettkörper artgleicher Raupen wie auch der anderer Schmetterlinge verpflanzt wurden, konnten zu weiteren, dabei auch überzähligen und stets synchron mit dem Wirt ablaufenden Häutungen gezwungen werden (Abb. 54). Der hormonale Charakter der Häutungsregulation wird besonders dann ersichtlich, wenn die Hautimplantate unter Überspringen von Entwicklungsschritten zu vorzeitigen Bildungen veranlaßt werden. Hautstücke des drittletzten oder vorletzten Raupenstadiums oder selbst von noch ungeschlüpften Räupchen liefern nach Implantation in erwachsene Raupen des letzten Stadiums unter Überspringen

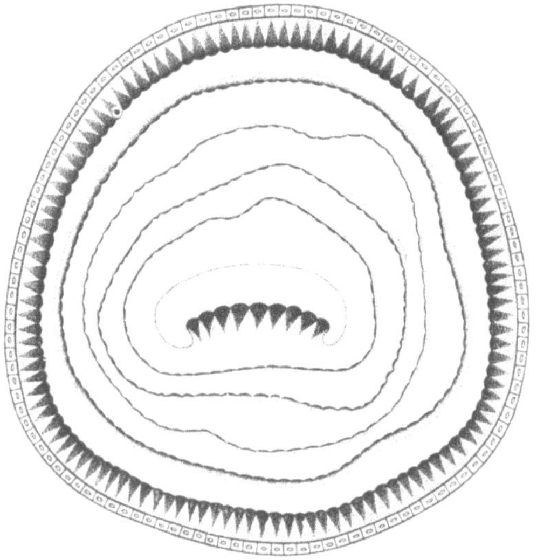

Abb. 54. In eine junge Raupe der Wachsmotte eingepflanzte Raupen-Epidermis, die innerhalb der Leibeshöhle synchron die Häutungsschritte des Wirtes mit durchlief. (Nach PIEPHO 1943)

aller Zwischenstadien eine Puppencuticula (PIEPHO 1939). Die Epidermis wird durch die hormonal bedingte Puppenhäutung labil determiniert, was sich daraus ergibt, daß sie auf einen erneuten hormonalen Impuls zur Raupenhäutung zunächst erst mit Puppenhäutung reagiert. Erst bei Wiederholung des gleichen Impulses spricht sie schließlich erwartungsgemäß mit Raupenhäutung an. Das gleiche Verhältnis zwischen vollzogener labiler Determination und hormonaler Stimulation besteht für die Epidermis der Imago. Hier ist die Leistung des Häutungshormons infolge der Veränderungen der Epidermis, die sie mit der Metamorphose erfährt, noch wesentlich augenfälliger. Wird Falterepidermis der Wachsmotte in die Leibeshöhle einer Raupe des vorletzten Stadiums gesteckt, so erhält sie nacheinander die Impulse zur Raupen-, Puppen- und Imaginalhäutung. Die Epidermis, die ihre Metamorphose mit der Imaginalhäutung abgeschlossen hat, kann auf diese Weise wiederum zur Imaginalhäutung, ja sogar zur Puppenhäutung angeregt werden (PIEPHO und MEYER 1951; WIEDBRAUCK 1953). Die hormonale Steuerung erstreckt sich nicht auf die ektodermale Epidermis. Die totale Erneuerung des larval-, pupal- und imaginal-entodermalen Mitteldarmepithels wird ebenfalls durch Häutungshormone bewirkt. Die Implantation imaginaler Mitteldärme in die Leibeshöhle von Raupen im letzten Stadium der Wachsmotte (*Galleria mellonella*), denen zusätzlich 3 Raupengehirne samt Anhangsdrüsen implantiert wurden, führte bei einem Teil der Wirtstiere zu überzähligen Raupenhäutungen. Die in ihnen überlebenden Mitteldarm-Implantate hatten teilweise einen typisch larvalen Mitteldarm wieder aufgebaut, was anzeigt, daß die Differenzierung des Faltermitteldarmes zum Raupenmitteldarm durch das Hormonsystem der Raupen bewirkt wird (PIEPHO und HOLZ 1959; PIEPHO 1963).

Die Implantation von Flügel-Imaginalscheiben aus dem 4. Larvenstadium des Riesenseidenspinners *Hyalophora cecropia* in vorher gekühlte Puppen führte zur Entwicklung von imaginalen und pupalen bzw. gemischten Strukturen (WILLIAMS 1961). Auch hier werden bei der Ausbildung der Flügelanlagen das 5. Raupen- und das Puppenstadium übersprungen. Dabei kann in diesem Fall die Differenzierung infolge der für die gekühlten Puppen bekannten hormonalen Situation direkt auf das Häutungshormon bezogen werden, da Juvenilhormon in dieser Entwicklungsphase nicht vorhanden ist.

Diese verschiedenen Erscheinungen und Veränderungen, die das Häutungshormon auszulösen vermag, geben noch keine genaue Auskunft über seine eigentliche Wirkungsweise. Wahrscheinlich stimuliert es die Zelltätigkeit, die daraufhin zur Vergrößerung der am Wachstum beteiligten Zellorganellen, zur Vermehrung von Ribonukleinsäure und schließlich damit zu den Wachstumsvorgängen und zur Häutung führt. Nicht alle Gewebe dürften dabei in gleicher Weise ansprechen. Diese Vorstellungen gründen sich auf Befunde an der Wanze *Rhodnius* (WIGGLESWORTH 1963).

(2) Biochemischer Mechanismus der Ekdysonwirkung

Die bei der Pupariumbildung von *Calliphora*-Larven eintretende Verdunklung und Erhärtung der Cuticula, die als „Sklerotisierung“

bezeichnet wird, beruht auf der Einlagerung von Stoffwechselprodukten der Aminosäure Tyrosin in die Cuticula (Hackman 1959). Sie nimmt vor der Verpuppung mengenmäßig im Blut zu. Auch experimentell ist die Bedeutung des Tyrosins für diese Prozesse zu erweisen. Wird radioaktives Tyrosin in verpuppungsbereite Larven injiziert, erfolgt sein Einbau zu einem hohen Prozentsatz in die Puppencuticula (Karlson 1960). Zufuhr in junge Larven führt dagegen zum Abbau.

Die Wirkung des Ekdysons erstreckt sich auf die Tätigkeit der Phenoloxydase, die eines der wichtigsten Enzyme des Tyrosinstoffwechsels darstellt. Das Hormon steuert die Umwandlung einer inaktiven Enzymvorstufe in die aktive Phenoloxydase (Karlson und Schweiger 1961; Karlson und Liebau 1961; Karlson 1962; Karlson und Sekeris 1962). Mit Hilfe dieses Fermentes werden Phenolverbindungen zu bestimmten Chinonen umgebaut. Sie polymerisieren zu den braun-schwarzen Farbstoffen (Melaninen), die zugleich die Proteinketten der Cuticula vernetzen. Melanisierung und Sklerotisierung der Cuticula beruhen demnach auf Vorgängen des Tyrosinstoffwechsels, die durch das Häutungshormon gefördert werden (Schema nach Karlson und Schweiger 1961).

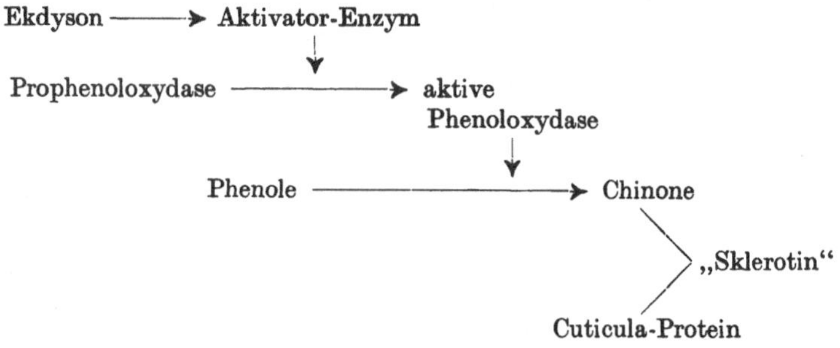

Das Dunkeln und Erhärten der Cuticula unterliegt wahrscheinlich ganz allgemein der hormonalen Kontrolle. Bei den Imagines der Schmeißfliege *Calliphora* ist dieser Vorgang von einem Blutfaktor abhängig, welcher nicht mit einem der an der Metamorphose beteiligten Hormone gleichgesetzt werden kann (Fraenkel 1935; Fraenkel und Hsiao 1962). Seine Herkunft ist zwar ungewiß, er steht aber unter der Kontrolle des Neurohormons aus dem Gehirn. Dies zeigen Ligaturexperimente.

Auf die Beteiligung des Ekdysons am Proteinstoffwechsel weist außerdem die Erhöhung des Gehalts an freien Aminosäuren in der Hämolymphe verpuppungsreifer Schmetterlinge hin (Chen und Kühn 1956; Egelhaaf 1957; Fukuda und Florkin 1959). Telfer und

Williams erhielten bei Diapause-Puppen nach Ekdysongaben eine vierfache Steigerung des Einbaus von radioaktivem Glycin in Protein (zit. nach Wigglesworth 1962). In indirekter Weise besagen dies die histophysiologischen Veränderungen, die am Nucleolus und Cytoplasma während der Vorhäutungsphase von Larven der Grille *Gryllus bimaculatus* auftreten und auf einer wahrscheinlich durch das Häutungshormon induzierten Freisetzung der Ribonukleinsäure beruhen (Krishnakumaran 1961, 1962). Ebenso stehen die Erscheinungen der Umfärbung, die bei verschiedenen Schmetterlingsraupen vor der Verpuppung auftreten, mit Veränderungen des Aminosäurestoffwechsels in Zusammenhang (Bückmann 1959) (S. 300). Die Beziehungen des Häutungshormons zum Eiweißstoffwechsel werden vor allem durch die neuen Befunde über die hormonal gesteuerten und morphologisch an den Riesenchromosomen der Dipteren erkennbaren Genaktivitäten ersichtlich. Sie induzieren erhöhte Synthese von Proteinen (Clever und Karlson 1960; Clever 1962) (S. 332).

(3) Wirkung auf die Ausfärbung

Abgesehen von der mit der Erhärtung der Cuticula sich vollziehenden Verdunklung, treten bei verschiedenen Insekten im Laufe der Metamorphose sehr auffällige Veränderungen der Färbung ein (S. 296). Das Aussehen der Raupen des großen Gabelschwanzes (*Cerura vinula*) ändert sich stark in der Zeit vom Verlassen des Futters bis zur Puppenhäutung (Bückmann 1953–1964). Die bis dahin hellgrüne Raupe färbt sich als erwachsene Puppe in kurzer Zeit dunkelrot. Die Umfärbung beruht auf einer irreversiblen Reduktion des Xanthommatins zum roten Dihydroxanthommatin. Die Farbstoffe bilden sich im Zuge tiefgreifender Strukturveränderungen während der Puppenphase im Fettkörper und im Darm (Linzen und Bückmann 1961).

Durch frühzeitige Abschnürung des Kopfes oder seine Entfernung wird die Umfärbung verhindert. Parallel zu den übrigen Metamorphosevorgängen wird die Umfärbung ebenfalls vom Gehirn ausgelöst aber nicht bedingt. Das ergaben Schnürungsversuche in verschiedenen Bereichen des Körpers und zu unterschiedlichen Zeiten. Bei allmählich ansteigendem Spiegel des Häutungshormons kommt es zunächst zur Umfärbung, später wird mit höherer Hormonkonzentration die Häutung ausgelöst. Die Abhängigkeit der

Vorgänge von der Konzentration des Hormons wurde experimentell nach Injektion von Ekdyson in abgeschnürte grün gebliebene Abdomina demonstriert (KARLSON und BÜCKMANN 1956). Geringe Ekdyson-Dosis führte zunächst zur Umfärbung der Epidermis, stärkere Dosis dann auch zur Puppenhäutung. Die Umfärbung auf früheren Larvenstadien wird dabei ähnlich wie die Metamorphose durch das Larvalhormon verhindert.

(4) Reindarstellung des Häutungshormons

Die Reindarstellung des Häutungshormons gelang BUTENANDT und KARLSON (1954) (S. 342) (Abb. 119). Als Testeinheit dient die „*Calliphora*-Einheit". Eine „*Calliphora*-Einheit" ist die Menge Verpuppungshormon, die 24 bis 30 Stunden nach Injektion an 50 bis 70% der Testtiere Braunfärbung und Verhärtung der Cuticula auslöst. Der Erfolg der Hormoninjektion ist mit von der Reaktionsbereitschaft der Epidermis abhängig (KARLSON und HANSER 1953). Je weiter das Larvenstadium schon vorangeschritten ist, um so größer ist die Reaktionsbereitschaft. Dem entspricht, daß späteren Larvenstadien eine relativ geringe Menge Ekdyson ausreicht, um die Puppenhäutung auszulösen (BÜCKMANN 1963). Durch Einwirkung höherer Hormondosen auf jüngste Stadien können andererseits die Zustände späterer Entwicklungsstadien experimentell hervorgerufen werden.

γ) Das Juvenilhormon

(1) Die Corpora allata als Hormonquelle

Die Ausschaltung der Corpora allata auf frühen Larvenstadien durch Exstirpation, Dekapitation oder Ligatur hat eine vorzeitige Metamorphose zur Folge. WIGGLESWORTH (1934, 1936, 1940) zeigte dies bei der Wanze *Rhodnius*, PFLUGFELDER (1937) bei der Stabheuschrecke *Carausius*, BOUNHIOL (1937, 1938) und FUKUDA (1940, 1962) bei Lepidopteren, insbesondere bei der Seidenraupe *Bombyx*.

Die blutsaugende Wanze *Rhodnius prolixus* durchläuft 5 Larvenstadien. Mit der 5. Häutung wandelt sie sich zur Imago um. Nur einmal zwischen zwei Häutungen nimmt die Wanze Nahrung durch Saugen von Blut auf. Eine bestimmte Zeit nach der Nahrungsaufnahme erfolgt die Häutung. Dekapitation auf frühen Larvenstadien verhindert die Häutung, während Entfernung des Kopfes einige Zeit nach der Nahrungsaufnahme ohne Einfluß bleibt. Die Ausschüttung des Aktivationshormons des Gehirns, das die Wirkungskette in Gang bringt, erfolgt in der sogenannten kritischen Periode. Wird ein 4. Larvenstadium nach der kritischen Periode dekapitiert und mit irgendeinem Larvenstadium nach der kritischen Periode, das ebenfalls enthauptet wurde, mittels einer Glaskanüle in geeigneter Weise verbunden, so durchlaufen beide Partner die Häutungen. Daraus folgt, daß das Häutungshormon der Larve nach der kritischen Periode in die andere auf diesem Wege übergetreten sein muß. Das Ergebnis des Parabioseversuches fällt anders aus, wenn eine nach der kritischen Periode dekapitierte Larve des 5. Stadiums mit einer vor der kritischen Periode dekapitierten, jüngeren Larve in sonst gleicher Weise wie vordem verbunden wird (Abb. 55). Beide Partner entwickeln sich nun zu Imagines. Das letzte Larvenstadium unterscheidet sich in seinem Hormongehalt von dem vorhergehenden durch das Fehlen des Juvenilhormons. In den jungen Stadien wird es in den Corpora allata gebildet und hemmt die Metamorphose.

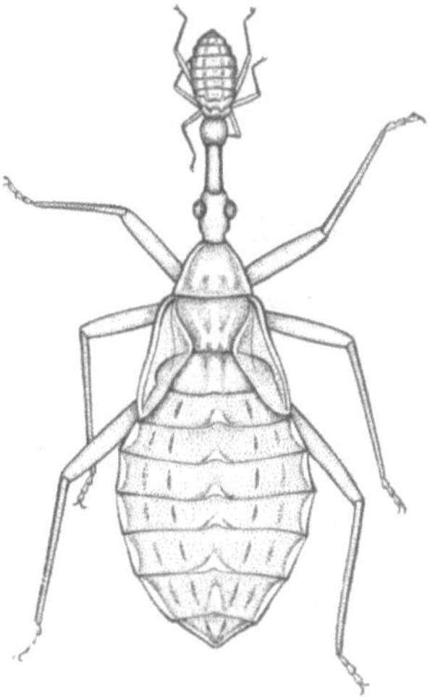

Abb. 55. Parabiose zwischen 2 Larvenstadien der Wanze *Rhodnius prolixus*. Durch die Verbindung einer Larve 5. Stadium nach der kritischen Periode mit einer Larve 1. Stadium vor der kritischen Periode wird auch das frühe Stadium mit zur Metamorphose veranlaßt. (Nach Wigglesworth 1934)

Diese Tatsachen haben sich vielfach bestätigt und sind sowohl für hemi- als auch holometabole Insekten gültig. Nur einige Beispiele können hier zur Erläuterung angeführt werden. Transplantation von Corpora allata des 3. und 4. Larvenstadiums der Stabheuschrecke *Carausius*, die normalerweise 7 Häutungen durchläuft, in Larven des 5. oder 6. Stadiums führt zu überzähligen Larvenhäutungen und damit zur Entstehung von Riesenlarven (Pflugfelder 1939) (Abb. 56). Umgekehrt treten nach Exstirpation der Corpora allata auf dem 1. bis 3. Larvenstadium adulte Merkmale mit den darauffolgenden 2 Häutungen in Erscheinung (Pflugfelder 1937, 1952; Possompès 1957). Die Art der induzierten Häutung wird wesentlich vom Zeitpunkt der Implantation und vom Zustand der implantierten Corpora allata mitbestimmt. Drüsen aus Spendertieren jüngerer Larvenstadien weisen stärkere Juvenilwirkung auf als solche aus älteren (Wigglesworth 1952; Joly 1958, 1960). Außerdem durchlaufen die Corpora allata innerhalb jedes Larvenstadiums zyklische Veränderungen, indem der mitotischen Vermehrungsphase die Sekretionsphase folgt.

Die Beziehungen zwischen histologischem Zustand der Corpora allata und ihrer physiologischen Aktivität, die in vielfältiger Weise nachweisbar sind, traten bei der Heuschrecke *Melanoplus differentialis* mit unterschiedlicher Wirkung in Erscheinung, je nachdem, ob die Drüsen aus erwachsenen, geschlechtsreifen Männchen und Weibchen oder aus dem letzten Larvenstadium in Larven zu Beginn des 5. Stadiums eingepflanzt wurden. Im letzteren Fall kam es weit-

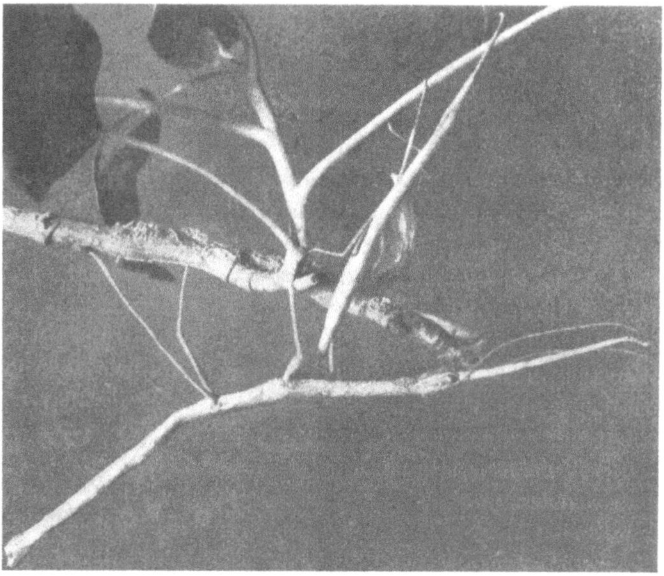

Abb. 56. Durch Implantation zusätzlicher Corpora allata erzieltes Riesentier der Stabheuschrecke *Carausius morosus* nach weiterer Häutung (unteres Tier). Vergleichsweise (oberes Tier) geschlechtsreifes Exemplar auf dem 6. Stadium nach vorzeitiger Exstirpation des Corpora allata auf dem 4. Larvenstadium. (Original von PFLUGFELDER 1940)

gehend zu Metamorphoseerscheinungen, im anderen dagegen in hohem Prozentsatz zu zusätzlichen Larvenhäutungen (PFEIFFER 1939, 1945). Dies steht in enger Beziehung zu dem Nachlassen der Sekretionstätigkeit im 6. Larvenstadium einerseits und der erneuten Aktivität der Drüsen in den Geschlechtstieren andererseits (MENDES 1948), die besonders bei Weibchen zum Zeitpunkt der Dotterbildung groß ist.

Bei den in zahlreichen anderen Fällen entsprechend erzielten zusätzlichen Larvenhäutungen ist ebenfalls die Aktivität der implantierten Corpora allata vorauszusetzen. Hingewiesen sei auf Versuche mit der Feldgrille *Gryllus campestris* (POISSON und SELLIER 1947), bei der Schabe *Leucophaea* (SCHARRER 1956), dem Ohrwurm *Anisolabis* (OZEKI 1958—1962), bei der Wasserjungfer *Aeschna cyanea* (SCHALLER 1963) und den Larven des Mehlkäfers *Tenebrio* (RADTKE 1942). Die dabei teilweise auftretenden unterschiedlichen Differenzierungen zwischen larvalen und adulten Charakteren einzelner Gewebe lassen erkennen, daß die Organe einen verschiedenartigen Grad der Empfindlichkeit gegenüber dem Juvenilhormon besitzen (PIEPHO 1963).

Bei Schmetterlingen hatten bereits die ersten Experimente der Entfernung der Corpora allata, die BOUNHIOL (1937) bei Seidenraupen durchführte, ergeben, daß dies zu frühzeitiger Verpuppung führt. Diese Befunde sind bei anderen Schmetterlingsarten von verschiedenen Autoren bestätigt, ergänzt und weiter ausgebaut worden (PIEPHO 1942, 1950; FUKUDA 1944, 1963; LAHARGUE 1957, 1959). Nach den Befunden beim Riesenseidenspinner *Hyalophora cecropia* besitzen die Corpora allata auch im Praepuppenstadium eine zwar geringe, jedoch deutlich erkennbare Aktivität (WILLIAMS 1961). Die niedrige Konzentration des Juvenilhormons in der ausgewachsenen Larve und in der Praepuppe verhindert vermutlich eine vorzeitige Imaginalentwicklung der larvalen Organe und Gewebe.

Bei der Feuerwanze *Pyrrhocoris apterus* wurden während des letzten Larvenstadiums keine Veränderungen in der Produktion des Juvenilhormons festgestellt (NOVÁK und ČERVENKOVA 1960). Der eigentliche Grund für die relative Verringerung der Menge des Juvenilhormons soll in der Abnahme der Oberfläche und des Volumens der Corpora allata im Vergleich zum Körpervolumen zu suchen sein und damit zugleich die Begrenzung der Larvenstadien wie das Einsetzen der Metamorphose erklären. Dieser Auffassung entspricht die sogenannte Gradiententheorie (NOVÁK 1951, 1959).

Wechselseitige Transplantationen der Corpora allata zwischen *Rhodnius* und der Wanze *Oncopeltus*, zwischen *Oncopeltus* und *Periplaneta* oder zwischen *Calliphora* und *Rhodnius* zeigen, daß das Juvenilhormon nicht ordnungsspezifisch ist (NOVÁK 1951; WIGGLESWORTH 1962). Auch dabei entsprechen die hormonal-physiologischen Aktivitätsmaxima den Größenverhältnissen der Drüsen.

Die Corpora allata der Falter der Seidenraupe *Bombyx* weisen sexuelle Unterschiede in der Wirkung auf den Häutungsablauf auf.

Nur Implantate aus weiblichen Faltern erzeugen überzählige Larvenhäutungen, Implantate aus männlichen Faltern beeinflussen dagegen den normalen Ablauf nicht (FUKUDA 1963).

Das Corpora-allata-Hormon fördert das larvale Wachstum und hemmt die Metamorphose, was die Bezeichnung Juvenilhormon (neuerdings auch Neotenin, WIGGLESWORTH 1954) zum Ausdruck bringt. Sie hat sich gegenüber anderen („status quo hormone", WILLIAMS 1952 oder „Larvalhormon", WEBER 1954) heute fast allgemein durchgesetzt.

Nach der gültigen Auffassung, die sich auf die Befunde an der Wanze *Rhodnius* (WIGGLESWORTH 1954, 1963) und an der Wachsmotte *Galleria* (PIEPHO 1950, 1951) stützt, bildet die Epidermis bei hoher Konzentration von Juvenilhormon eine Larvencuticula, bei niedriger Konzentration Puppencuticula und Imaginalcuticula, wenn das Hormon völlig fehlt. Befunde über die Flügelausbildung bei der Feuerwanze *Pyrrhocoris* zeigen, daß das Juvenilhormon das Wachstum fördert, die Differenzierung der Epidermiszellen jedoch bei Abwesenheit des Neotonins erfolgt (SLAMA 1964).

Bei Dipteren war ein Verständnis der hormonalen Zusammenhänge auch in diesem Falle durch den komplexen Charakter der Ringdrüse zunächst erschwert (BURTT 1937, 1938; VOGT 1943 u. a.). Das Juvenilhormon übt jedoch grundsätzlich die gleiche Wirkung wie bei anderen Insekten aus. Bei *Drosophila* hemmen die implantierten Corpora allata die Ausbildung der imaginalen Strukturen. Umgekehrt konnte durch Exstirpation des zentralen Bereiches der Ringdrüse (Corpus allatum) bei *Drosophila*-Larven die Ausbildung der Augen angeregt werden (VOGT 1943). Ähnlich wie bei anderen Insekten produzieren die Corpora allata geschlechtsreifer Dipteren gleichfalls Juvenilformen. Wurde das Corpus allatum erwachsener *Drosophila* in Larven eingepflanzt, trat eine lokale Veränderung der Cuticula larvaler Prägung auf (VOGT 1943). Ganz entsprechend wirkte das Corpus allatum adulter *Calliphora* nach Implantation in das Abdomen von Larven (POSSOMPÈS 1953). Es erfolgte eine deutliche Verzögerung der Verpuppung und die Pupariumbildung mit larvalem Einschlag.

Die auf bestimmte Phasen bzw. Zeiten begrenzte Wirkung des Juvenilhormons beruht einerseits auf den Aktivitätsrhythmen der Corpora allata, andererseits auf dem Abbau und der Inaktivierung des Juvenilhormons im Organismus. Die Möglichkeit des Abbaus von Juvenilhormon hatte bereits WIGGLESWORTH (1948) auf Grund der

Befunde an *Rhodnius* angenommen. Neuerdings wird diese Auffassung besonders von GILBERT und SCHNEIDERMAN (1958, 1960) vertreten. Dies wird u. a. aus der Tatsache geschlossen, daß nach Injektion von Juvenilhormon in mehrere tausend gekühlte Puppen von *Antheraea pernyi* nur bei einigen eine Häutung mit pupalem Charakter erfolgte. Noch günstiger hierfür sind *Cynthia*-Puppen, da bei vorausgegangener Kühlung ihre Entwicklung erst nach Überführung in 25 °C für 2 Wochen stimuliert wird.

Cynthia-Puppen, die lange Zeit (fast ein Jahr) gekühlt worden waren, reagierten bereits auf geringe Mengen Juvenilhormon. Das Juvenilhormon soll sehr bald nach der Injektion inaktiviert werden, so daß zwar die Puppen noch zur weiteren Häutung veranlaßt werden, jedoch nicht mehr den juvenilen Charakter der Differenzierung aufweisen. Der Mechanismus der Inaktivierung ist noch vollständig unbekannt. Für eine chemische Veränderung des Moleküls würde sprechen, daß die Inaktivierung bei 6 °C wesentlich langsamer als bei 25 °C erfolgt. Eine Reaktivierung des Juvenilhormons aus den Corpora allata des letzten Larvenstadiums und in der frühen Imago von *Rhodnius* erscheint möglich (WIGGLESWORTH 1948). Außer der Speicherung von Juvenilhormon (WILLIAMS 1956, 1959) wurde auch die Ausscheidung über den Darm (KARLSON und SCHMIALEK 1959; SCHMIALEK 1961) in bestimmten Fällen beobachtet.

Der Juvenilcharakter des Corpora-allata-Hormons prägt sich weiterhin an der Färbung der Wanderheuschrecke *Locusta migratoria* aus (JOLY 1951—1960). Die Tiere der soziallebenden Phase, die schwarz und orange gefärbt sind, nehmen durch Implantation überzähliger Corpora allata die grüne Farbe der solitären Lebensphase an. Dabei verliert ein zu Beginn eines Larvenstadiums implantiertes Corpus allatum bis zur folgenden Häutung seine Wirksamkeit auf die Ausfärbung.

Die Corpora allata scheinen auch bei der Ausbildung der Kasten der Hymenopteren und Termiten eine Rolle zu spielen. Das bestuntersuchte Objekt der Hymenopteren ist die Honigbiene (*Apis mellifica*). Der Polymorphismus der staatenbildenden Bienen prägt sich vor allem im Unterschied zwischen Arbeiterin und Königin aus. Für diesen Unterschied ist die Zusammensetzung der Nahrung entscheidend. Die Determination zwischen Arbeiterin und Königin ist spätestens zu Beginn des 4. Larvenstadiums beendet, ehe die unterschiedliche Entwicklung der Prothoraxdrüse der Königinnen- und

Arbeiterinnenlarven einsetzt. Nach dem Futterwechsel im 4. Larvenstadium treten Unterschiede der Corpora allata in Erscheinung (MÜSSBICHLER 1952, LUKOSCHUS 1955, 1956). Daran schließt die Ausbildung der Kastenmerkmale an. In welcher Weise die bei der Königin im Vergleich zu der Arbeiterin zu beobachtende stärkere Volumenabnahme der Corpora allata im Zusammenhang mit der dann einsetzenden Vergrößerung der Prothoracaldrüsen der Königin steht, ist unklar. Unterschiede im innersekretorischen System, wie sie bei den Kasten der Honigbiene auftreten, prägen sich auch bei anderen Hymenopteren an den Corpora allata aus (*Bombus* nach PALM 1949; *Lasius* und *Vespa* nach NABERT 1913).

Der Polymorphismus der Termiten dagegen ist vielgestaltiger. Die Kolonie setzt sich aus den beiden Geschlechtstieren (Königin und König), Arbeiterinnen und Soldaten zusammen. Statt ausgebildeter Arbeiter treten in den Kolonien niederer Termiten „ausgewachsene Larven" (sogenannte Pseudergaten) auf. Aus ihnen können sich durch weitere Häutungen sogenannte Ersatzgeschlechtstiere entwickeln.

Die Ersatzgeschlechtstiere entstehen nach Verlust der primären Geschlechtstiere der Kolonie. Wie bei den Imagines degenerieren auch bei den Ersatzgeschlechtstieren die Prothoracaldrüsen nach der Häutung, so daß sie sich dann nicht mehr häuten können. Die Ausbildung der Ersatzgeschlechtstiere wird durch die Hemmstoffe der imaginalen Geschlechtstiere verhindert (LÜSCHER 1951—63; NOIROT 1958). Diese werden durch das Abdomen abgegeben und von den Larven oral aufgenommen. Die Fähigkeit zur Umwandlung von Larven in Ersatzgeschlechtstiere, die sogenannte „Kompetenz" der Larven ist unmittelbar nach einer Häutung am größten. Während des Häutungsintervalles sinkt die Kompetenz allmählich ab.

Wahrscheinlich beeinflussen die Hemmstoffe der Geschlechtstiere in den „kompetenten Larven" das für die Entwicklung verantwortliche hormonale System. Der erste Schritt der Determination zum Ersatzgeschlechtstier ist offenbar die Aktivierung der Prothoraxdrüsen. Es ist allerdings nicht möglich, durch Injektion von Ekdyson experimentell Ersatzgeschlechtstiere aus Larven in Kolonien zu erzeugen, die schon Geschlechtstiere aufweisen (LÜSCHER und KARLSON 1957).

Unmittelbar nach der Aktivierung der Prothoraxdrüsen tritt eine starke Volumenzunahme der Corpora allata auf, ein Hinweis auf eine hormonale Beteiligung dieser Drüsen. In einer typischen Juvenilwirkung kann ihre Bedeutung jedoch nicht gesehen werden, denn mit der Ersatzgeschlechtstierhäutung werden typisch adulte Merkmale wie Geschlechtsreife, Degeneration der Prothoraxdrüse und Pigmentierung der Augen allerdings auch neben einigen larvalen Merkmalen ausgelöst. Implantationsversuche von Corpora allata, die verschiedenen Kasten als Spendertiere entstammten, in Pseudergaten (ausgewachsene Larven) und Nymphen des 1. oder 2. Stadiums ergaben, daß die Bereitschaft zur Entstehung von Ersatzgeschlechtstieren von der Sekretion der Corpora allata an Juvenilhormon abhängig ist (LÜSCHER und SPRINGHETTI 1960). Für das Auftreten der Ersatzgeschlechtstiere ist daher außer dem Ausfall der Hemmwirkung der Geschlechtstiere (Fehlen der Pheromone) zugleich die Aktivität der Corpora allata zur Produktion von Juvenilhormon eine notwendige Voraussetzung. Von den Autoren wird außerdem die Möglichkeit erörtert, daß noch ein gonadotropes Hormon der Corpora allata bei der Kastendifferenzierung eingreift, d. h. bei der Differenzierung der Vorsoldaten beteiligt ist. Vielleicht kann die in diesem Falle bisher noch nicht endgültig geklärte Funktion der Corpora allata zu der von manchen Autoren bekundeten häutungsanregenden Wirkung des Juvenilhormons bei einigen Insekten in Beziehung gebracht werden.

(2) Häutungsanregende Wirkung des Juvenilhormons

Sehr schwer in Einklang mit den typischen Befunden über die Funktion der Corpora allata sind einige Beobachtungen zu bringen, die neuerdings von verschiedenen Autoren gemacht worden sind und die daher, ungeachtet ihrer noch nicht abzusehenden Konsequenz, hier mit angeführt seien. Die Ergebnisse beziehen sich bisher ausschließlich auf Schmetterlinge. In Versuchen von ICHIKAWA und NISHIITSUTSUJI-UWO (1959, 1960) wurden in gehirnlose Puppen von *Philosamia cynthia vicini* Corpora allata junger Imagines dieser Art oder von *Bombyx* implantiert und dadurch eine zusätzliche Puppenhäutung ausgelöst. Nach Annahme der Autoren wird auch in den Corpora allata das aus den neurosekretorischen Zellen des Gehirns stammende Hormon gespeichert. Mit der Implantation der Corpora allata würde in diesem Fall außer dem Juvenilhormon der Faktor übertragen werden, der die Häutung der gehirnlosen Puppen anregt.

Hierfür sprechen noch anderweitige Ergebnisse. Implantation von Corpora allata aus adulten Spendertieren in isolierte Abdomen löste eine weitere Häutung aus. Ergebnisse von Implantationsversuchen bei *Hyalophora*-Puppen (WILLIAMS 1959), in die Corpora allata entweder allein oder zusammen mit Gehirn und Prothoraxdrüsen eingepflanzt worden waren und bei denen keine Entwicklung erfolgte, wenn die Corpora allata fehlten, könnten ebenfalls zu der Deutung veranlassen, daß ein Faktor der Corpora allata diapausierende Prothoracaldrüsen zu aktivieren vermag. Diese Möglichkeit wird besonders dadurch wahrscheinlich gemacht, daß nach gemeinsamer Implantation von Corpora allata und Prothoracaldrüsen in Puppen eine nochmalige Puppenhäutung erfolgt. Für die Wirkung des Corpus-allatum-Hormons auf die Prothoracaldrüsen würde auch sprechen, daß das Hormon keinen Effekt erzielt, wenn es 4 Tage nach Beginn der Imaginalhäutung injiziert wird (WILLIAMS 1956). Nach KOBAYASHI und YAMASHITA (1959) können Corpora allata aus dem 4. oder 5. Larvenstadium von *Bombyx mori* oder auch vom Falter selbst eine Imaginalentwicklung wahrscheinlich auf dem Weg über die Prothoracaldrüsen auslösen. Selbst Corpora allata aus Dauerpuppen von *Bombyx* vermochten nach Transplantation in vor 45 Tagen enthirnten Dauerpuppen zu einem gewissen Teil Falterentwicklung zu veranlassen (KOBAYASHI 1960).

Ganz ähnlich löst die Injektion von Juvenilhormon-Extrakt in diapausierende Puppen der Riesenseidenspinner *Hyalophora* und *Antheraea* 1 bis 2 weitere Puppenhäutungen aus, bei denen pupal-imaginale Mischformen entstehen (GILBERT und SCHNEIDERMAN 1960). Die Tatsache, daß in den experimentell erzeugten 2. und 3. Puppenstadien die Prothoracaldrüsen noch vorhanden sind, spricht für die Annahme, daß sie zu erneuter Sekretion angeregt wurden und daher eine weitere Häutung induzierten. Zugleich aber ist anzunehmen, daß das Juvenilhormon die Prothoracaldrüsen vor dem Abbau und der Degeneration durch einen bisher unbekannten Faktor schützt (GILBERT 1962).

Derartige Erfahrungen erstrecken sich bisher fast ausschließlich auf Schmetterlinge. Ein anderes Beispiel stellt die Stabheuschrecke *Carausius morosus* dar. Implantation von Corpora allata fördert die Häutung und zugleich auch die Regeneration der Extremitäten (PFLUGFELDER 1939).

Es erhebt sich also die Frage, ob die endokrinologische Bedeutung der Corpora allata mit der Produktion des Juvenilhormons begrenzt ist. Sollte sich die erwähnte Auffassung bestätigen, daß die Drüsen zugleich auch als Speicherorte für das Neurohormon des Gehirns fungieren, würde dies auch in funktioneller Hinsicht auf die engere Beziehung zum neurokrinen System hinweisen, die auf Grund der ontogenetisch-morphologischen Verhältnisse bereits erörtert worden ist (S. 93).

(3) Einfluß des Juvenilhormons auf den Stoffwechsel

Zahlreiche Hinweise bekunden, daß das Juvenilhormon an der Regulation verschiedener Stoffwechselprozesse beteiligt ist. Eigent-

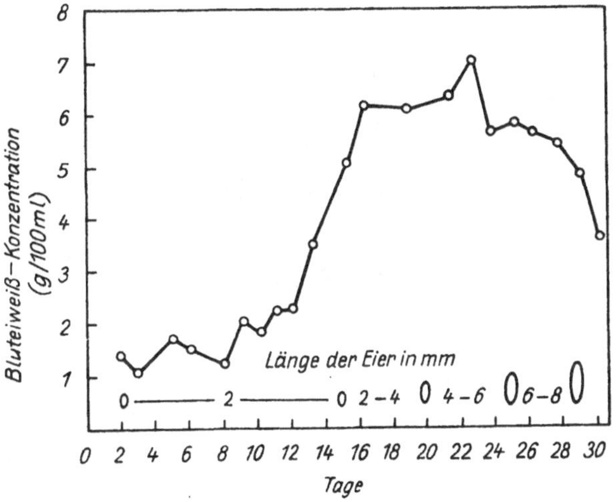

Abb. 57. Blutprotein-Konzentration während der Entwicklung der Terminal-Oocyten von Weibchen der Wüstenheuschrecke *Schistocerca gregaria*. Dabei ist der Anstieg der Proteine im Blut zu beachten, bevor das Eiwachstum einsetzt. (Nach HIGHNAM 1962)

lich kann dies infolge ihrer engen Verflechtung mit der Metamorphose nicht verwundern. Daß den Corpora allata wichtige Steuerungsfunktion zukommen muß, läßt sich an den einschneidenden Erscheinungen ermessen, die bei ersten und zweiten Larvenstadien der Stabheuschrecke *Carausius morosus* nach Allatektomie auftreten (PFLUGFELDER 1937, 1938). Sie erstrecken sich auf fast alle Gewebe, wobei sie teils Degenerations-, teils Proliferationsprozesse betreffen. Durch Reimplantation von Corpora allata lassen sie sich wieder normalisieren. Über den Mechanismus der Wirkung, der bei dem

Fehlen der Drüsen die pathologischen Verhältnisse, bei ihrer Anwesenheit den Normalzustand bedingten, sind wir nicht unterrichtet.

Beziehungen der Corpora allata zu einzelnen Bereichen des Grundstoffwechsels sind aus zahlreichen Feststellungen zu entnehmen

Abb. 58a. Parabiose zwischen einem dekapitierten Faltermännchen von *Hyalophora cecropia* mit einer gekühlten Puppe von *Polyphemus*. (Original von C. M. Williams 1963)

(S. 239). Ihre Entfernung bei der Stabheuschrecke *Carausius* führt zu starker Erhöhung der Aminosäuren in den Geweben, was auf Hemmung der Proteinsynthese hindeutet (L'Hélias 1953). Parallel dazu erhöht sich der Zuckergehalt, da ein Teil der Aminosäuren in Zucker umgewandelt wird. Ergebnisse mit allatektomierten Schaben (*Periplaneta americana*) zeigen ebenfalls, daß die Corpora allata eine wichtige Rolle bei der Regulation des Aminosäurestoffwechsels spielen (Wang und Dixon 1960). Die Corpora allata sind außerdem bei der

Regulation des Fettstoffwechsels eingeschaltet, wie Untersuchungen bei Heuschrecken und Schaben zeigten (PFEIFFER 1939, 1945; BODENSTEIN 1953). Beide, Eiweiß- und Fettstoffwechsel, stehen in enger Beziehung zum Eiwachstum, das ebenfalls von den Corpora

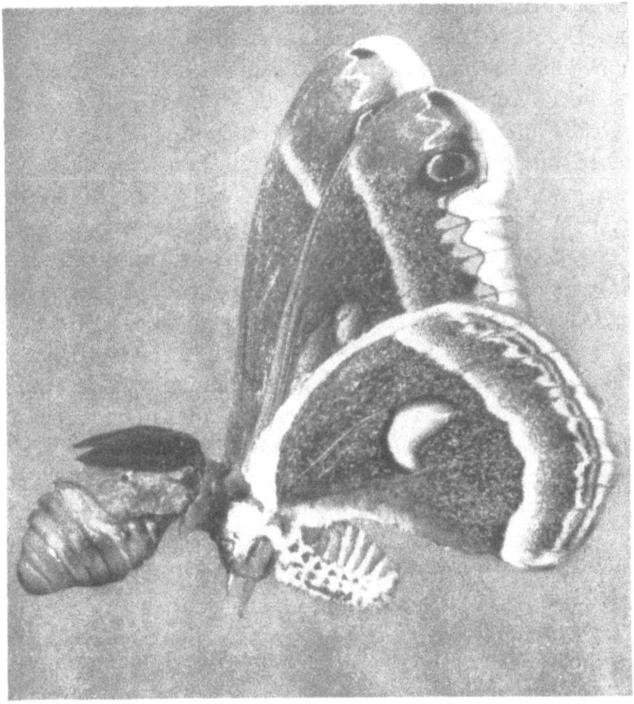

Abb. 58b. Die Puppe von *Polyphemus* 30 Tage nach der Parabiose und Haltung bei 25 °C hat eine zweite Puppenhäutung durchlaufen. Gleichzeitig traten verschiedene Imaginalcharaktere auf. (Die alte Puppencuticula wurde entfernt.) (Original von C. M. WILLIAMS 1963)

allata gesteuert wird (Abb. 57, S. 212) (PFLUGFELDER 1939; THOMSEN 1940; 1942/43; DAY 1943; WIGGLESWORTH 1954; HIGHNAM 1962 u. a.). Sehr wahrscheinlich ist das gonadotrope Hormon mit dem Juvenilhormon identisch (WIGGLESWORTH 1962), obgleich auch die gegenteilige Meinung vertreten wird (OZEKI 1958, 1959). Gegenüber diesen weitgehend eindeutigen Wirkungen besitzen die Corpora allata zumindest nicht bei allen Insekten einen direkten Einfluß auf die Atmung (S. 241).

(4) Isolierungsversuche von Juvenilhormon

Das Juvenilhormon wurde aus dem Abdomen männlicher Puppen des Riesenseidenspinners *Hyalophora cecropia* mittels Äther extrahiert (Williams 1956). Im Kopf und Thorax fanden sich dagegen nur Spuren. Das Abdomen der Weibchen enthielt kein extrahierbares Hormon. Der bei dieser Art vorhandene auffällige Unterschied im Hormongehalt zwischen beiden Geschlechtern, der bei anderen Schmetterlingen nicht vorliegt, erklärt sich hier vermutlich mit der besonderen Größe der Corpora allata im männlichen Geschlecht. Bei zahlreichen anderen Schmetterlingsarten sind inzwischen ähnliche Extrakte gewonnen worden (Gilbert und Schneiderman 1959; Nayar 1961). Nirgends wurden jedoch derartige Mengen festgestellt wie bei *Hyalophora*. Parabioseversuche mit anderen Schmetterlingsarten lassen vermuten, daß dies in der für diese Art charakteristischen Absorption des Hormons begründet liegt (Gilbert und Schneiderman 1959, 1961).

Höchst eindrucksvoll wurde das Vorkommen von Juvenilhormon in männlichen Abdomina verschiedener Seidenspinner-Arten durch Parabiosen zwischen Puppen und kopflosen Faltermännchen oder auch nur ihren Abdomina demonstriert (Williams 1963). Nach Überführen der vorher gekühlten Puppen in höhere Temperatur erfolgte eine weitere Puppenhäutung (Abb. 58), oder es entstanden auch monströse Zwischenformen. In einigen Fällen wurden selbst die adulten Abdomina zu einer Cuticula-Neubildung veranlaßt.

(5) Vorkommen von „Juvenilhormon" in verschiedenen Tiergruppen

Extrakte mit der für Juvenilhormon charakteristischen Wirkung wurden nicht nur aus verschiedenen Schmetterlingen, sondern überraschenderweise auch aus Geweben anderer Arthropoden sowie aus Vertretern ganz verschiedener Tierstämme und sogar des Pflanzenreiches gewonnen (Gilbert und Schneiderman 1958, 1959, 1960; Fisher und Sanborn 1962). Als besonders aktiv erwiesen sich Augenstielextrakte der Krebse. Man kann daher der Substanz in bezug auf die Juvenilwirkung keine besondere Spezifität zusprechen. Den Nachweis führten die Autoren mittels des sogenannten Wachstestes. Der mit Öl und Paraffinwachs getränkte Extrakt wird dabei in eine Wunde im Thorax von *Polyphemus*-Puppen eingeschoben. Seine Wirkung zeigt sich daran, daß bei der späteren

Imaginalhäutung dieser Bereich der Cuticula pupalen Charakter aufweist.

Vielleicht erklären sich die Unspezifität des Vorkommens bzw. die weite Verbreitung des „Juvenilprinzips" ebenso wie die differenzierungshemmende Wirkung im „Wachstest" mit der interessanten Feststellung SLÁMAS (1961, 1962), daß ganz ähnliche Wirkungen wie der Ätherextrakt aus *Cecropia*-Puppen auch Colchicin und Ölsäure erzeugen. Ölsäure, deren hemmender Einfluß auf den Stoffwechsel bekannt ist, verursachte beispielsweise nach Injektion bei *Galleria*- ebenso wie bei *Antheraea*-Puppen lokale Unterdrückung der imaginalen Epidermis. Andererseits vermögen die gleichen Substanzen keine zusätzlichen Larvenhäutungen wie die Corpora allata auszulösen. Wie man weiß, enthalten die Ätherextraktionen verschiedener Insekten Ölsäure und andere Fettsäuren in erheblichen Mengen. Daher liegt es nahe, die „Pseudojuvenilwirkung" der Extrakte aus Schmetterlingspuppen darauf zurückzuführen. Dementsprechend ist zwischen einer regressiven (Extraktwirkung und Wirkung anderer Substanzen) und einer progressiven Metathelie (Wirkung des Juvenilhormons) zu unterscheiden (NOVÁK 1951; SLAMA 1961).

Häutung und Metamorphose der Insekten werden durch 3 Hormone gesteuert. Unter ihnen nimmt das Aktivationshormon des Gehirns eine übergeordnete Stellung ein. Es stimuliert die Prothoracaldrüsen, die das Häutungshormon (Ekdyson) ausschütten. Der jeweilige Charakter der Häutung wird von dem relativen Verhältnis zwischen dem Häutungshormon und dem Larvalhormon der Corpora allata (Neotonin) bestimmt. Erhöhte Aktivität der Corpora allata und, damit zusammenhängend, größere Mengen von Juvenilhormon im Blut verursachen Larvenhäutungen. Beim Fehlen des Juvenilhormons kommt es infolge der alleinigen Wirkung des Ekdysons zur Puppen- bzw. Imaginalentwicklung. Nur das Ekdyson ist bisher chemisch identifiziert worden. Von den beiden anderen Hormonen wurden gereinigte und hoch aktive Extrakte gewonnen. Ihre genaue Kennzeichnung steht dagegen noch aus. Die 3 Hormone sind zugleich an der Regulierung verschiedener Stoffwechselvorgänge beteiligt.

Neben diesen weitgehend einheitlich beurteilten Tatsachen sind noch zahlreiche Fragen offen. Sie betreffen vor allem die weitere Bedeutung des Juvenilhormons für die Metamorphose, seine Verbreitung im Organismenreich sowie die Herkunft und Beteiligung des Aktivationshormons.

4. Hormonale Regulation der Diapause

Unter dem Begriff Diapause ist der zeitweilige Stillstand von Entwicklung, Wachstum und Fortpflanzung zu verstehen, wie dies vor allem bei zahlreichen überwinternden Arthropoden eintritt. Unsere Kenntnisse beziehen sich in erster Linie auf die Insekten. Der Entwicklungsstillstand ist eng mit einer tiefgreifenden Umstellung des Gesamtstoffwechsels verbunden. Grundumsatz-, Atmungs- und Fermentaktivität, Wasserhaushalt und Beweglichkeit sind so stark herabgesetzt, daß ungünstige Umweltbedingungen (Klima, Nahrung) überstanden werden können.

Trotz gewisser Schwierigkeiten in der Einordnung von Grenzfällen, muß zwischen Diapause und Ruhestadium (Quieszenz) unterschieden werden. Im letzteren Fall bleiben typischerweise die Veränderungen im Stoffwechsel aus. Andererseits können die gleichen äußeren Faktoren, die den Eintritt der Diapause stimulieren, auch für die Quieszenz verantwortlich sein. Bei der Quieszenz treten ebenfalls wie auch bei der Diapause einige Stoffwechseländerungen ein, ohne daß es allerdings zu der für die Diapause charakteristischen grundlegenden stoffwechsel-physiologischen Umstellung kommt. Ebenso scheinen diejenigen Insekten, bei denen die Diapause leicht durch äußere Faktoren, wie z. B. Temperatur, wieder gebrochen werden kann, eine zwischen beiden Typen des Stillstandes normaler Lebensverhältnisse vermittelnde Stellung einzunehmen. In solchen Fällen spricht man auch von „schwacher Diapause“ (Burges 1960).

Außer Insekten sind unter den Arthropoden vor allem bei Krebsen eine Reihe von Diapause-Erscheinungen bekannt. Die Eier der Phyllopoden *Branchipus*, *Apus* u. a. durchlaufen ein mehrmonatiges Ruhestadium, ehe sie zur Weiterentwicklung befähigt sind. Im Vergleich zu den gut untersuchten Verhältnissen der Eidiapause beim Seidenspinner *Bombyx mori* verdient die Feststellung besonderes Interesse, daß die Weibchen des Salzkrebschens *Artemia salina* sowohl Diapause- als auch Nicht-Diapause-Eier legen können (Dutrieu 1960). Bei *Artemia* sind jedoch die dafür verantwortlichen Faktoren unbekannt.

Die Art ihrer Diapause ist für die einzelne Insektenart genetisch bedingt. Wir unterscheiden Ei- bzw. Embryonaldiapause, Larval-, Pupal- und Imaginaldiapause, für die auch verschiedene endokrine Regulationsmechanismen mitverantwortlich sind. Der Eintritt der Diapause hängt von ökologischen Faktoren ab. Unter ihnen stellt nach neueren Befunden die Photoperiode einen besonders wichtigen Faktor dar (EMME 1953; LEES 1954, 1956; MÜLLER 1960; FUZEAU-BRAESCH 1961; DOSKOČIL 1957, 1961; DANILEVSKI 1961; BECK

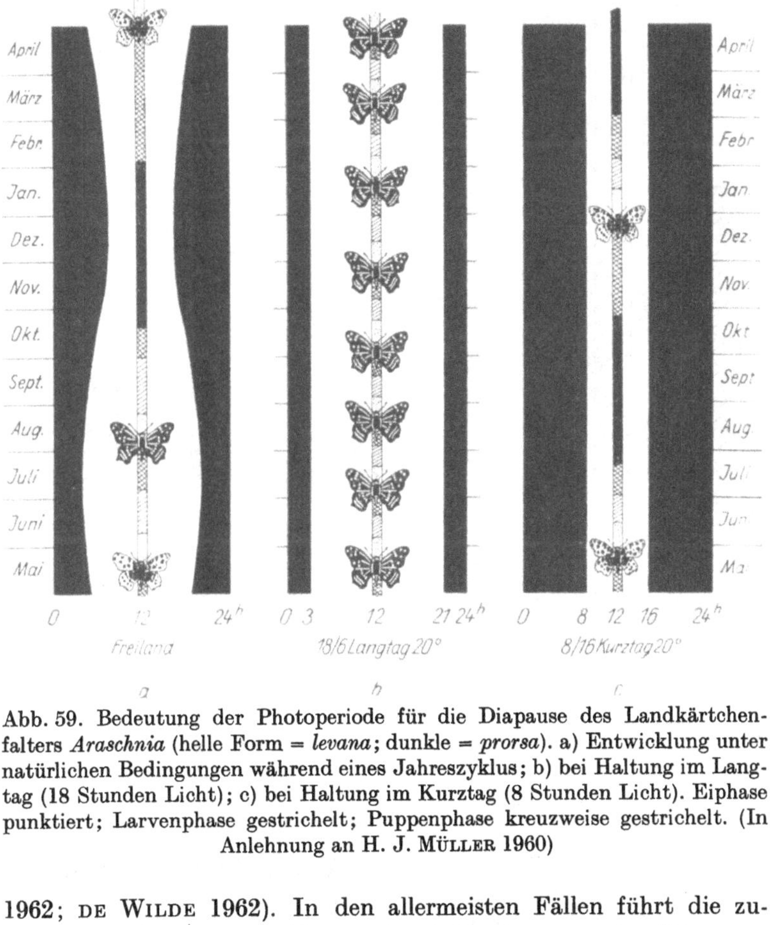

Abb. 59. Bedeutung der Photoperiode für die Diapause des Landkärtchenfalters *Araschnia* (helle Form = *levana*; dunkle = *prorsa*). a) Entwicklung unter natürlichen Bedingungen während eines Jahreszyklus; b) bei Haltung im Langtag (18 Stunden Licht); c) bei Haltung im Kurztag (8 Stunden Licht). Eiphase punktiert; Larvenphase gestrichelt; Puppenphase kreuzweise gestrichelt. (In Anlehnung an H. J. MÜLLER 1960)

1962; DE WILDE 1962). In den allermeisten Fällen führt die zunehmende Photoperiode (Langtag) zur Verringerung der Diapausetendenz (Abb. 59). Temperatur, Feuchtigkeit und Ernährung haben statt dessen im allgemeinen nur modifizierende Wirkung, wenngleich sie gelegentlich auch als Anstoß für die Diapauseprozesse dienen.

Es ist im wesentlichen noch ungeklärt, in welcher Weise die äußeren Faktoren den inneren Mechanismus beeinflussen, der für die Diapause charakteristisch ist. Die Vermittlerrolle des neurosekretorischen Systems des Gehirns und der von ihm abhängigen inkretorischen Drüsen erscheint dagegen völlig sicher. Sehr klar tritt dies bei der

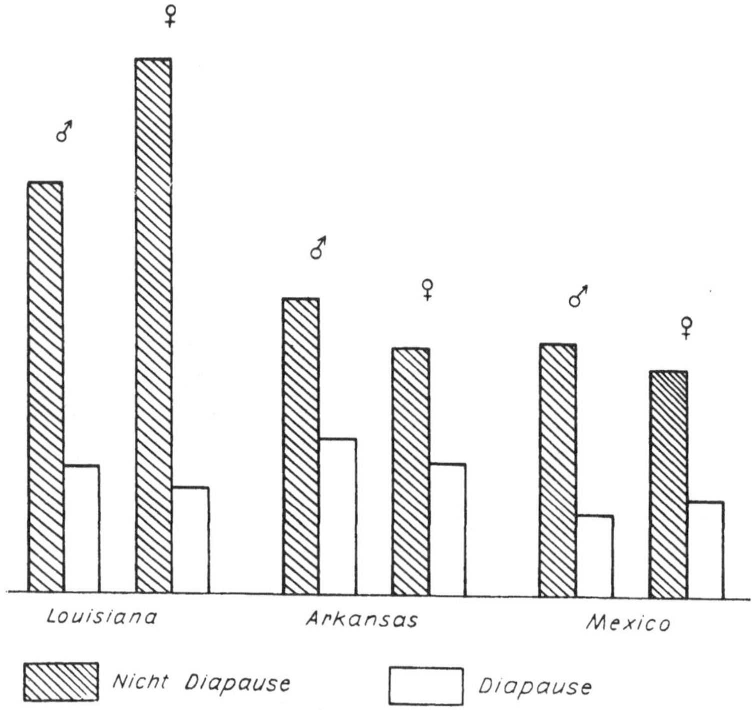

Abb. 60. Atmungsintensität von Diapause-Tieren und Nicht-Diapause-Tieren dreier Rassen des Rüsselkäfers *Anthonomus grandis*. (Zusammengestellt nach Angaben von LAMBREMONT 1961)

Aphide *Megoura* in Erscheinung, die je nach Photoperiode ovipare oder virginopare Nachkommen erzeugt (LEES 1959, 1960, 1963). Mittels lokalisierter Belichtung verschiedener Körperbereiche ließ sich der empfindliche Bereich auf die Mittellinie des Kopfes einengen. Hierfür kommen die neurosekretorischen Zellen in Frage, obgleich die Natur und die Verteilung der lichtempfindlichen Elemente noch unbekannt sind. Bei der embryonalen Diapause bestimmt im Gegensatz zu den übrigen Arten der mütterliche Organismus mit seinem Regulationssystem den Eityp.

Die physiologischen Veränderungen, die mit der Diapause eintreten, erstrecken sich auf Verringerung der Atmung und des Stoffwechsels (SCHROEDER 1957; LEES 1956, 1961; USCHATINSKAJA 1957, 1961; WAKU 1957; LAMBREMONT 1961 u. a.), auf den Abbau der Lipoide (LEES 1955, 1956), Verminderung des Wassergehaltes (ANDREWARTHA 1952) und außerdem bei adulten Tieren auf Einstellen der Fortpflanzungstätigkeit mit eventuell gleichzeitiger Atrophie der

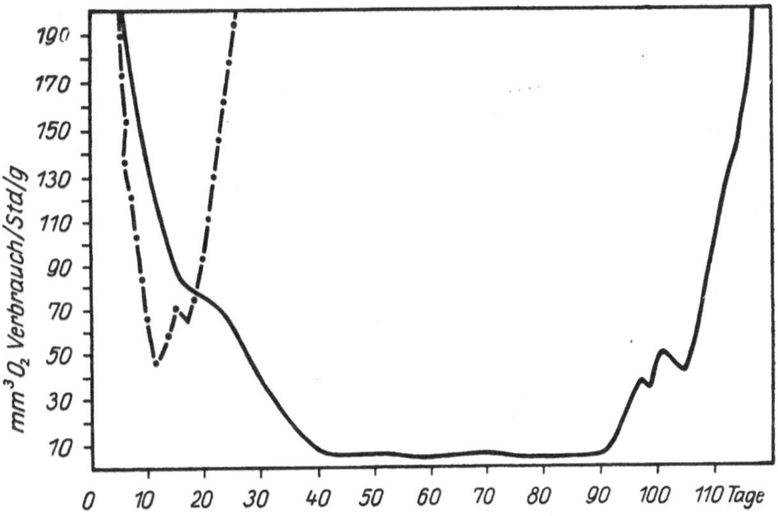

Abb. 61. Sauerstoffverbrauch bei Diapause- (——) und Nicht-Diapause-Tieren (–·–·–) der Wespe *Sceliphron caementarium* (Hymenoptera). (Verändert nach BODINE und EVANS 1932)

Gonaden (DE WILDE 1954; DE WILDE und STEGWEE 1959). Besonders augenfällig sind die Erscheinungen der Atmungsintensität (Abb. 60).

Bei der in dieser Hinsicht besonders intensiv untersuchten Seidenraupe *Hyalophora* erfolgt im Praepuppenstadium starker Abfall im O_2-Verbrauch. Der niedrige Stoffwechsel bleibt bei den Diapause-Puppen bis etwa eine Woche vor den ersten sichtbaren Anzeichen der Adultentwicklung erhalten und steigt dann wieder rasch an (SCHNEIDERMAN und WILLIAMS 1953). Die U-Form der Atmungsintensitätskurve bildet ein allgemeines Charakteristikum der Stoffwechselveränderungen in der Diapause (Abb. 61).

Die Diapausestadien sind außerdem gegenüber den Atmungsgiften Cyanwasserstoff und Kohlenmonoxyd unempfindlich, was erstmalig an den Eiern von *Melanoplus differentialis* festgestellt wurde (BODINE 1934). Inzwischen hat sich dies für eine Anzahl anderer Insekten prinzipiell bestätigt (WOLSKY 1941;

SCHNEIDERMAN und WILLIAMS 1952, 1954; MACDONALD und BROWN 1952; LUDWIG 1953). Ursprünglich ist daher auf Grund der vor allem an diapausierenden Puppen von *Hyalophora* durchgeführten Untersuchungen angenommen worden, daß die Unempfindlichkeit gegenüber den Atmungsgiften auf einer fermentativen Umstellung der Atmung vom Cytochromsystem auf Flavoproteine vom Typ des gelben Oxydationsfermentes erfolge. Mittels papierchromatographischer Trennung und Fluorometrie konnten in diapausierenden Puppen maximale Mengen Riboflavin festgestellt werden (CHEFURKA und WILLIAMS 1952). Mit dem Anstoß zur Adultentwicklung nimmt die totale Menge an Riboflavin ab. Gleichzeitig tritt eine Abnahme von Flavin-Adenin-Dinukleotid und eine Zunahme von Flavinmononukleotid auf. Der Zeitpunkt der qualitativen und quantitativen Veränderungen der Flavoproteine bei Beendigung der Diapause fällt mit der Umstellung auf das Cytochromoxydase-System zusammen. Nach neueren Untersuchungen erklärt sich die Unempfindlichkeit mit der Feststellung, daß während der Diapause eine Verminderung von Cytochromen, nicht jedoch zugleich von Cytochromoxydase vorliegt. Es tritt somit die Hemmwirkung, welche Atmungsgifte auf die Cytochromoxydase ausüben, nicht in Erscheinung. Mit der Diapause erfolgt darnach keine qualitative Umstellung der Zellatmung (KURLAND und SCHNEIDERMAN 1959; SLÁMA 1960).

Damit steht in Übereinstimmung, daß bei dem gedrosselten Atmungsstoffwechsel überwinternder Kartoffelkäfer das sauerstoffübertragende Atmungsferment beteiligt bleibt, woraus auf die Hemmung der Atmung durch Cyanid während der sogenannten Imaginaldiapause zu schließen ist (PRECHT 1953; SCHROEDER 1957).

Die zeitliche Übereinstimmung zwischen der Veränderung des Atmungsstoffwechsels und der endokrinen Aktivität von Gehirn und anderen Hormondrüsen deutet auf funktionelle Zusammenhänge hin. Allerdings handelt es sich um einen sehr komplexen Vorgang, denn verminderte Atmung, Resistenz gegen Atmungsgifte und Entwicklungsruhe sind nicht streng miteinander gekoppelt. In der ruhenden Puppe von *Hyalophora* tritt nach Verletzung oder Kältebehandlung eine Steigerung der Atmung ohne gleichzeitige Weiterentwicklung auf (HARVEY und WILLIAMS 1961). Diapausepuppen des chinesischen Eichenseidenspinners *Antheraea pernyi* können durch plötzliche Abkühlung zu erhöhter O_2-Aufnahme veranlaßt werden (WAKU 1959). Diese vollzieht sich jedoch unabhängig vom endokrinen System. Dekapitation ebenso wie Entfernung des Gehirns und der Prothoracaldrüsen haben auf die Veränderung des Atmungsstoffwechsels keinen Einfluß. Da die durch Kälte stimulierte Erhöhung der O_2-Aufnahme durch Cyanid nicht gehemmt wird, muß es sich um das gleiche Fermentsystem wie bei Diapausepuppen handeln. Infolge der komplexen Situation wird man auch die Behauptung vorsichtig beurteilen müssen, daß die Diapause durch direkte Wirkung des Prothoraxhormons auf die Proteinsynthese bei verschiedenen Lepidopteren gebrochen werden kann (BRICTEUX-GRÉGOIRE, DUCHÂTEAU-BOSSON, FLORKIN und VERLY 1960). Diapausepuppen von *Deilephila*, *Saturnia* und *Sphinx*, die bei Temperaturen unter 15 °C gehalten wurden, zeigten gegenüber denen bei 25 °C beträchtliche Erhöhung von Alanin in der Hämolymphe. Umgekehrt wies der Glutaminsäuregehalt der Kältetiere niedrigere Werte als der von Puppen bei 25 °C auf. Auch der vermehrte Einbau von Glykokoll mit Eintritt in die Metamorphose gegenüber Diapausepuppen, wie er mittels Injektion von Glykokoll-^{14}C nachgewiesen wurde, beweist noch keine direkte Beziehung zwischen der Eiweißsynthese und dem Prothoraxhormon. Unterschiede in der Aminosäurezusammensetzung zwischen Diapause- und Nicht-Diapause-Tieren sind auch für andere Fälle bekannt (MUTCHMOR und MAZUREK 1959; SKINNER 1963).

Unterschiede im Kohlenhydratstoffwechsel zeigen sich am Ei der Seidenraupe mit Eintritt in die Diapause. Zu Beginn der Diapause wird der Glykogenvorrat des Eis in die beiden Alkohole Sorbitol und Glycerol umgesetzt (CHINO 1957, 1958, 1960). Mit Beendigung der Diapause erfolgt Resynthese des Glykogens aus diesen beiden Polyolen. Diese biochemischen Veränderungen beruhen auf Umstellungen im Fermentsystem bei Eintritt des Eies in die Diapause. Auch hinsichtlich des Fettstoffwechsels vollziehen sich mit der Diapause Veränderungen, worauf bereits Unterschiede im histologischen Bau des Fettgewebes einer Reihe von Insekten in aktiven und diapausierenden Phasen hindeuten (KUZECOVA 1955; HODEK und ČERKASOV 1960, 1961). Für diese Unterschiede ist die Frage nach der Art der hormonalen Regulation noch ungewisser als in den anderen Fällen.

An einer Beteiligung von Hormonen an der Steuerung der Diapausevorgänge, insbesondere des Systems Gehirn—Prothoracaldrüsen, ist trotz der zahlreichen im einzelnen noch offenen Fragen nicht zu zweifeln. Selbst parasitische Insekten können in ihrem Diapause-Verhalten durch die Hormone ihres Wirtes beeinflußt werden (MASLENNIKOVA 1961). Verschiedentlich sind auch die Corpora allata in die Regulation mit eingeschaltet (MOROHOSHI, MIYAZAWA und KIKUCHI 1956; FUKAYA und MITSUHASHI 1957, 1958; MOROHOSHI 1957, 1959; HIGHNAM 1958).

a) Embryonale Diapause

Die hormonalen Beziehungen der embryonalen Diapause sind besonders eingehend von FUKUDA (1951—1953) und HASEGAWA (1951, 1952, 1957, 1963) am Seidenspinner *Bombyx mori* untersucht worden. Eier, die sich bei niederer Temperatur und in der Dunkelheit entwickeln, ergeben Falter, die ausschließlich Nicht-Diapause-Eier legen. Dagegen entstehen aus Eiern, die bei Licht und höheren Temperaturen gehalten werden, Falter, die nur Diapause-Eier absetzen (Abb. 62). Der Eityp wird demnach durch Außenfaktoren, die den mütterlichen Organismus treffen, mitbestimmt.

Bis heute ist dabei ungeklärt geblieben, in welcher Weise die Einwirkung auf die Eizellen zustande kommt. Offenbar liegt hierbei ein direkter Einfluß ohne Beteiligung außerembryonaler Strukturen und daher auch ohne Beteiligung eines endokrinen Steuersystems vor.

Kulturversuche in vitro mit Embryonen der Seidenraupe lassen vermuten, daß die Dotterzellen für die Eientwicklung eine direkte Rolle spielen (TAKAMI 1958). Voll diapausierende Embryonen kommen in in-vitro-Kulturen mit Extrakten von nicht-diapausierenden Embryonen kaum zur Entwicklung. Dagegen vermochten die Dotterzellen

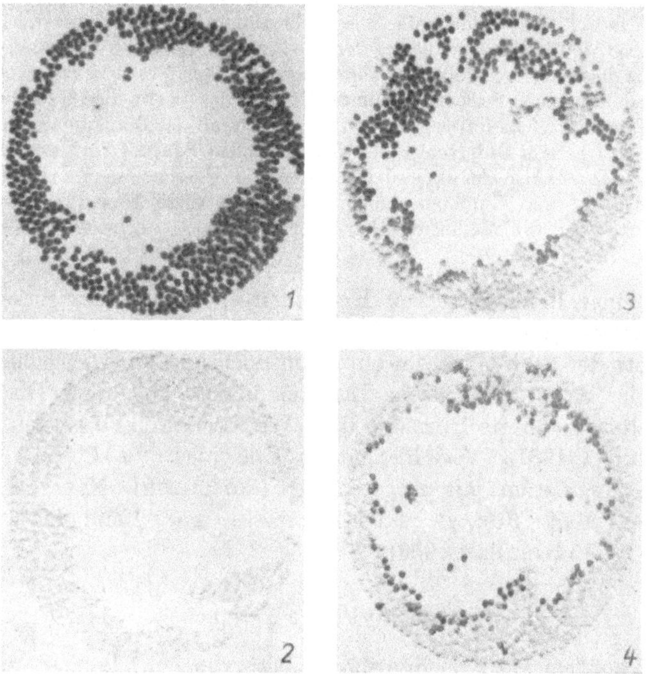

Abb. 62. Gelege vom *Bombyx*-Weibchen. 1 Diapause-Eier; 2 Nicht-Diapause-Eier; 3 und 4 gemischte Gelege mit Diapause- und Nicht-Diapause-Eiern. (Original von FUKUDA 1952)

in vitro jüngere Embryonen zu aktivieren. Das entspricht Ergebnissen von BUCKLIN (1953) mit *Melanoplus differentialis*. Daß in dieser Phase die Induktion erfolgen muß, ergibt sich aus der unterschiedlichen Empfindlichkeit von 1 Tag und 3 Tage alten diapausierenden Eiern gegenüber verdünnter Salzsäure. Erstere sind hochempfindlich und werden ausnahmslos in Nicht-Diapause-Eier umgewandelt (WATANABE 1935, zit. nach TAKAMI 1958). Ähnlich führt die Behandlung der Eier von *Melanoplus differentialis* mit verschiedenen Agentien (Xylol,

Toluol, Tetrachlorkohlenstoff und Mineralöl) zur Brechung der Diapause (SLIFER 1958). Offenbar handelt es sich dabei nicht einfach um allgemeine Schädigungserscheinungen, sondern um eine Beeinflussung der für die Diapause bestimmenden Hydroxylzellen, deren Sekretionstätigkeit durch die Agentien gestört wird.

Die Beteiligung neuroendokriner Faktoren bei der Bestimmung des Eityps von *Bombyx mori* zeigen Schnürungs-, Exstirpations- und Transplantationsversuche. Daraus geht hervor, daß im Kopf der Puppen ein Faktor vorhanden ist, der die Abgabe von Diapause-Eiern oder Nicht-Diapause-Eiern bestimmt. Seidenraupen-Puppen, die zur Ablage von Nicht-Diapause-Eiern determiniert worden waren, legten nach Abschnürung des Kopfes Diapause- und Nicht-Diapause-Eier, einige wenige sogar ausschließlich Diapause-Eier ab. Ähnlich verhielten sich die Falter nach Ligatur von Puppen, die auf Abgabe von Diapause-Eiern determiniert worden waren, von denen ebenfalls die meisten beide Typen von Eiern und einige wiederum nun umgekehrt nur Nicht-Diapause-Eier erzeugten. Exstirpation und Autotransplantation von Gehirn und Unterschlundganglion bzw. beider Anteile gemeinsam in Puppen, die zur Bildung von Nicht-Diapause-Eiern nach der Metamorphose determiniert worden waren, ergaben, daß es, der vorausgegangenen Induktion entsprechend, zur Ablage von Nicht-Diapause-Eiern kam, wenn das Unterschlundganglion vorhanden war. Bei Fehlen des Gehirns wurden Diapause- und Nicht-Diapause-Eier festgestellt. Ganz entsprechende Versuchsergebnisse an Raupen führen zu folgenden allgemeinen Feststellungen. Bei Vorhandensein des intakten Komplexes Gehirn—Unterschlundganglion entwickelt sich ausschließlich der der vorausgegangenen Induktion entsprechende Eityp. Dabei ist gleichgültig, ob der eigene Gehirn-Unterschlundganglion-Komplex erhalten blieb oder ob er nach vorheriger Entfernung reimplantiert bzw. ein anderer transplantiert wurde. Statt Unterschlundganglien von *Bombyx* waren mit gleichem Erfolg auch Ganglien von *Lymantria dispar*, *Antheraea yamamai* und *Dictoploca japonica* wirksam, die ebenfalls eine embryonale Diapause aufweisen. Selbst Ganglien einiger Formen mit Puppendiapause (z. B. *Antheraea pernyi*) erwiesen sich als wirksam. Im Gegensatz zu der Aktivität des zusammenhängenden Gehirn-Unterschlundganglion-Komplexes verursachten Implantation von Unterschlundganglion allein oder gemeinsam mit dem allerdings nervös von ihm getrennten Gehirn die Ablage beider Typen von Eiern.

Die Erklärung dieser experimentellen Ergebnisse erweist zugleich die zentrale Stellung, die das neurohormonale System bei der Regulation der Diapause des Seidenspinners *Bombyx mori* innehat. Das Gehirn übt einen nervösen Einfluß auf das Unterschlundganglion über die Schlundkonnektive aus (FUKUDA 1962). Bei Puppen, die zur Produktion von Nicht-Diapause-Eiern determiniert worden waren, hemmt es das Unterschlundganglion an der Freisetzung des „Diapause-Faktors". Andererseits scheint das Gehirn in Puppen, die zur Erzeugung von Diapause-Eiern stimuliert waren, das Unterschlundganglion zur Freisetzung dieses Faktors zu veranlassen (Abb. 63).

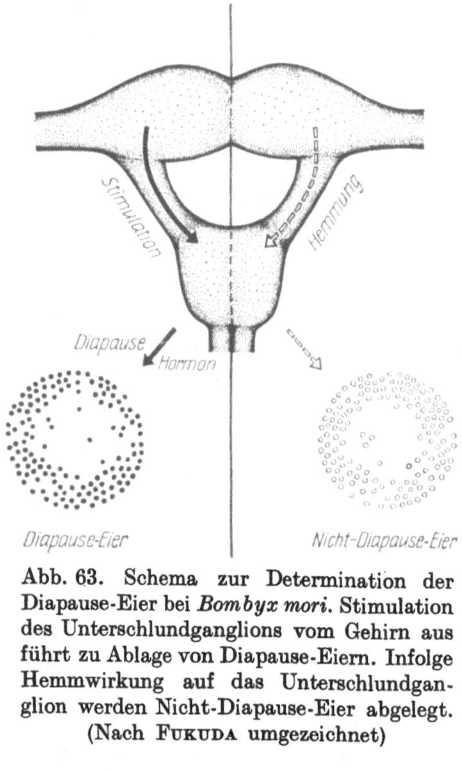

Abb. 63. Schema zur Determination der Diapause-Eier bei *Bombyx mori*. Stimulation des Unterschlundganglions vom Gehirn aus führt zu Ablage von Diapause-Eiern. Infolge Hemmwirkung auf das Unterschlundganglion werden Nicht-Diapause-Eier abgelegt. (Nach FUKUDA umgezeichnet)

Nach der Auffassung von HASEGAWA (1951) ist das Unterschlundganglion allein für den Voltinismus bestimmend. Die Bedeutung des Unterschlundganglions als Ursprungsort des „Diapause-Faktors" wurde durch Extraktion von Unterschlundganglion + Gehirn von Diapause-Puppen nachgewiesen (HASEGAWA 1957, 1963). Injektion dieser Extrakte in Puppen, die zur Produktion von Nicht-Diapause-Eiern determiniert worden waren, erzwang die Ablage von Diapause-Eiern. Am wirksamsten ist das Hormon aus 2 bis 3 Tage alte Puppen. Selbst bei Injektion in junge Oocyten erfolgt eine Stimulation zu Diapause-Eiern.

MOROHOSHI und Mitarbeitern (1956, 1957, 1959) gelang es, Nicht-Diapause dadurch zu erzeugen, daß in Diapause-Tiere Corpora allata implantiert wurden. Der Voltinismus soll daher von dem Verhältnis zwischen Corpora-allata-Hormon und dem Diapause-

Hormon des Unterschlundganglions bestimmt werden, wobei das Gehirn die Sekretion beider Hormone beeinflußt. Das Gehirn der univoltinen Rasse („Diapause-Larven") fördert in geringem Maße die Sekretionstätigkeit des Unterschlundganglions und hemmt die Tätigkeit der Corpora allata. Umgekehrt hemmt das Gehirn der multivoltinen Rasse („Nicht-Diapause-Larven") etwas die Sekretion des Unterschlundganglions und fördert die Funktion der Corpora allata. Durch Implantation eines Unterschlundganglions wird ebenso wie durch Implantation von Corpora allata jeweils das Verhältnis beider Hormone nach der einen oder anderen Seite verschoben. Im ersteren Fall führt dies zur Verkleinerung des Verhältnisses Corpora

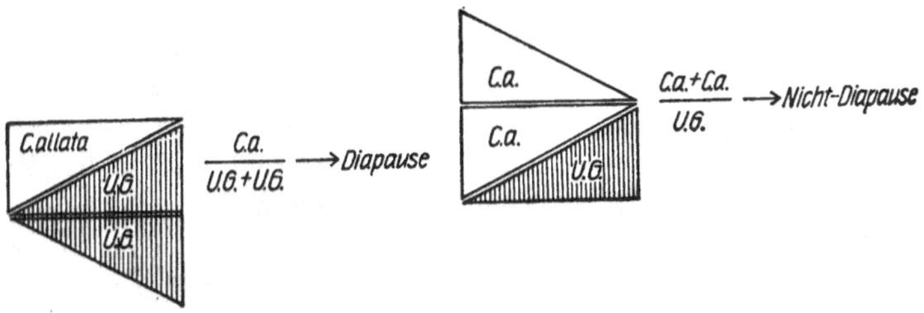

allata/Unterschlundganglion und zur Erzeugung von Diapause-Formen, im zweiten Fall zur Vergrößerung des Verhältnisses und zur Bildung von Nicht-Diapause-Formen.

Ganz entsprechend wirkt sich die Entfernung des Gehirns bei Diapause- oder Nicht-Diapause-Formen aus. An der Regulation der embryonalen Diapause von *Bombyx* können somit außer dem Gehirn-Unterschlundganglion-Komplex noch weitere hormonale Faktoren beteiligt sein. Dieser komplexe Charakter läßt sich noch nicht klar aufgliedern. Jedoch tritt auch bei der Eidiapause der Wanderheuschrecke die dominierende Rolle des neuroendokrinen Systems in Erscheinung (Jones 1953, 1956). Die neurosekretorischen Zellen des Gehirns von Embryonen, die bereits in den Eischalen ausgebildet sind, werden durch eintretende Feuchtigkeit aktiviert, was die Diapause beendet.

b) Larvendiapause

Bei der hormonalen Regulation der Larvendiapause spielt das neurokrine System des Gehirns eine übergeordnete Rolle, indem es ähnlich wie bei den Häutungsvorgängen und auch bei der Puppendiapause die Prothoracaldrüsen stimuliert. Außerdem können auch hier die Corpora allata mit von Bedeutung sein. Neben experimentellen Befunden ergibt sich die endokrine Stellung des Gehirns aus histologischen Beobachtungen der Sekretionstätigkeit. Bei der Blattwespe *Cephus cinctus* ist die Aktivität der neurosekretorischen Zellen des Gehirns ebenso wie die der Prothoracaldrüsen während der larvalen Diapause minimal. Der Wiederaufnahme der Tätigkeit der Häutungsdrüse geht die Aktivität der neurokrinen Bezirke des Gehirns voraus. Andererseits kann das Gehirn durch Außenfaktoren beeinflußt und dadurch eine Diapause ausgelöst werden. Postdiapause-Larven lassen sich durch Überführen für einige Tage in höhere Temperaturen (35 °C) nochmals in einen Diapausezustand überführen. Offensichtlich wird dadurch die Bildung der Neurosekrete gehemmt und daher die Prothoraxdrüse nur ungenügend stimuliert (Church 1955). Ebenso tritt bei der Induktion der Diapause der Feldgrille, die im vorletzten Larvenstadium stattfindet, die Bedeutung des Gehirns in Erscheinung. Obgleich in diesem Fall nicht direkt nachgewiesen, kann man auch hier eine Beteiligung des neurohormonalen Systems annehmen. Implantation von Gehirn in das 8. oder in die Frühphase des diapausierenden 9. Larvenstadiums erzwingt eine beträchtliche Verkürzung der normalen Diapausezeit (Sellier 1956). Offensichtlich wird die während der Diapause aussetzende Sekretion des Gehirnhormons mit dieser Implantation zu einem gewissen Teil ausgeglichen.

Bei der Libelle *Aeschna cyanea* wird die Diapause durch Implantation des Komplexes Gehirn-Corpora cardiaca gebrochen, wobei auch in diesem Falle eine maximale Sekretionstätigkeit der neurosekretorischen Zellen beobachtet wurde (Schaller 1962).

Bei der Blattwespe *Cephaleia abietis* treten am Ende der Larvenperiode zwei Diapausestadien auf, die durch eine kurze Zwischenphase getrennt sind. Die Diapause kann auch hier durch das Gehirnhormon unterbrochen werden (Novák 1957, 1959). Die Feststellungen an dem europäischen Getreideschädling *Ostrinia nubilalis* zeigen abermals, daß die Aktivierung des Gehirns Voraussetzung für die Brechung der Diapause darstellt. Im Gegensatz zum Diapause-Gehirn in situ der Diapause-Larven bewirken seine Exstirpation und Implantation in eine andere Diapause-Larve Beendigung des Ruhestadiums und führen zur Verpuppung (Cloutier, Beck, McLeod und Silhacek 1962). Vermutlich ist die Operation gleichbedeutend mit einer Stimulation des Gehirns.

Recht aufschlußreich und einer weiteren experimentellen Bearbeitung wert erscheint die verhältnismäßig leichte Diapause bei der Schmeißfliege *Lucilia caesar*. Die Prothoraxdrüsen sind hier während der Diapause der Pupariumbildung inaktiv. Brechung der Diapause ist einerseits durch Implantation aktiver Thoracaldrüsen von *Calliphora vomitaria* (FRASER 1960) wie auch andererseits durch mechanische oder thermische Reizung der Fliegenlarven möglich (ROUBAUD 1922). Vermutlich kommt es dadurch zu einer Stimulation des neurokrinen Gehirnsystems, das seinerseits die Ringdrüse stimuliert.

Untersuchungen der Faktoren der Larvaldiapause des Reisstengelbohrers *Chilo suppressalis* (FUKAYA und MITSUHASHI 1957, 1958; MITSUHASHI und FUKAYA 1960) einerseits und der indischen Mehlmotte *Plodia interpunctella* (WAKU 1960) andererseits weisen darüber hinaus auf die Beteiligung des Corpora-allata-Hormons hin.

Die Diapause der Larven von *Chilo suppressalis* kann durch Implantation von Gehirn und Prothoracaldrüsen gebrochen werden. Dabei kommt es allerdings meistens nicht zur normalen Verpuppung, sondern zur Bildung prothetelischer Formen. Bei vorheriger Entfernung der Corpora allata (gemeinsam mit den hier eng verbundenen Corpora cardiaca) und späterer Implantation von Prothoracaldrüsen entwickelt sich die Mehrzahl der Larven ohne Prothetelie normal. Da zugleich histologisch eine geringe Aktivität des Gehirn-Prothoraxdrüsen-Komplexes während der Diapause und verstärkte Tätigkeit des Corpora allata festzustellen waren, nehmen die Autoren an, daß die Diapause nicht beendet werden kann, solange die Corpora allata aktiv sind. Daraus ist erkennbar, daß auch in diesem Fall der Anstoß zur Beendigung der Diapause vom Gehirn ausgeht. Wenn sich die Auffassung bestätigt, daß die Corpora allata die endokrine Tätigkeit des Gehirns hemmen können, müßten Drüsen aus Diapause-Larven nach Implantation in Larven, die dem Ende der Diapause entgegengehen, Diapause-Verlängerung verursachen. Das Auftreten von prothetelischen Formen spricht nur dafür, daß der Charakter der Häutung wie auch sonst bei der Regulierung der Metamorphosevorgänge durch das Hormon der Corpora allata, nicht aber der Zeitpunkt verändert wird.

Ein Rückschluß auf die endokrine Situation der Larvendiapause ist bei *Plodia interpunctella* dadurch erleichtert, daß die Haltung bei verschiedenen Temperaturen darüber entscheidet, ob Diapause-Larven oder Nicht-Diapause-Larven entstehen (WAKU 1960). Haltung bei Temperaturen unter 20 °C führt zur Diapause. Sie bleibt dagegen aus, wenn die Larven bei 30 °C gezüchtet werden. In den Nicht-Diapause-Larven waren die Prothoracaldrüsen aktiv, die Corpora allata dagegen inaktiv. Umgekehrt wiesen Diapause-Larven ein inaktives Gehirn-Prothoraxdrüsen-System aber aktive Corpora allata auf. Auch nach Brechen der Diapause, wobei die Art und Weise gleichgültig blieb, zeigten stets Gehirn und Prothoraxdrüsen im Gegensatz zu den Corpora allata Anzeichen starker Sekretionstätigkeit. Auch in diesem Fall tritt die Bedeutung des Gehirns zusammen mit den Prothoracaldrüsen für die Beendigung der Diapause klar hervor. Die mögliche Hemmwirkung der Corpora allata bedarf aber auch für diesen Fall noch weiterer experimenteller Klärung.

c) Puppendiapause

Die Kenntnis der endokrinen Verhältnisse der Puppendiapause fußt vor allem auf den umfassenden Arbeiten Williams und seiner Schule an *Hyalophora cecropia* (Williams 1946—1956; Schneiderman und Williams 1952, 1953, 1954). Auch hierbei ist das System Gehirn-Prothoracaldrüsen bestimmend, wobei das in den neurosekretorischen Zellen des Gehirns produzierte Neurohormon dem Prothoracaldrüsenhormon ebenfalls übergeordnet ist.

Wie in zahlreichen anderen Fällen der Insektendiapause spielt die Temperatur als regulierender Außenfaktor eine wichtige Rolle. *Hyalophora*-Puppen, die konstant bei Zimmertemperatur belassen werden, erfahren eine mindestens 5monatige Diapause (Diapause-Puppen). Bei Puppen dagegen, die für $1^1/_2$ Monate in Temperaturen von 3 bis 5 °C gebracht und dann in Zimmertemperatur überführt werden, wird die Imaginalentwicklung wesentlich früher eingeleitet (sogenannte Kältepuppen). Den Diapause-Puppen fehlt ein für die Weiterentwicklung notwendiger Faktor, der vom Gehirn abgegeben wird. Das ergibt sich daraus, daß nur das Gehirn von Kältepuppen in der Lage ist, nach Implantation die Entwicklung von Diapause-Puppen anzuregen. Die Gehirne von Diapause-Puppen, selbst wenn sie in Mehrzahl in Diapause-Puppen verpflanzt werden, bleiben wirkungslos. So erklärt sich auch die Tatsache, daß Diapause-Puppen nach Enthirnung „Dauerpuppen" bleiben. Sie können durch Implantation eines „Kältegehirns" zur Adultentwicklung induziert werden (Abb. 49). Anderenfalls aber gehen sie nach Verbrauch der Reservesubstanzen zugrunde.

Das Gehirn erfährt durch die Kälte eine Reizung, wodurch katalytische Prozesse der Diapause beendet und die Sekretionstätigkeit der neurosekretorischen Zellen wieder aufgenommen werden, die während der Diapause stillag. Die Vollendung der Imaginalentwicklung vollzieht sich anschließend entsprechend der Zunahme der Temperaturerhöhung. In überzeugender Weise hat VAN DER KLOOT (1955) nachgewiesen, daß die Veränderung der enzymatischen Aktivität auf Synthese und Anreicherung von Azetylcholin im Gehirn von Diapause-Puppen beruht (Abb. 50). Parallel dazu verändert sich die elektrische Aktivität. Larven besitzen bis kurz vor der Verpuppung einen hohen Cholinesterasespiegel im Gehirn, der während der Diapause bis wenige Tage vor deren Beendigung auf einen Minimalwert absinkt. Mit dem Ansteigen des Cholinesterasegehaltes und gleichzeitig auch der elektrischen Aktivität vollzieht sich die Abgabe des Neurohormons aus dem Gehirn. Welche direkten oder indirekten Beziehungen zwischen den Veränderungen der enzymatischen und hormonalen Aktivität des Gehirns bestehen, bleibt noch ungeklärt. Eine solche Kenntnis könnte sehr wesentlich zum Verständnis des hormonalen Steuerungsmechanismus beitragen. Daß zwischen beiden Vorgängen metabolische Zusammenhänge vorhanden sind, zeigt die Feststellung, daß sich die enzymatischen und elektrischen Veränderungen der Aktivität nur auf das Gehirn, nicht aber auch auf die Ganglien des Bauchmarks beziehen. Einen anderen Hinweis hierzu stellt *Galleria*, eine Form ohne Diapause, dar, denn Cholinesterasegehalt und elektrische Aktivität bleiben hier während der ganzen Metamorphose konstant. In welcher Weise die Unterschiede im Cytochromoxydasegehalt zwischen Puppe und Imago ebenfalls eine Rolle spielen, ist unbekannt (HARVEY und WILLIAMS 1958).

Wie bei der Metamorphose stimuliert das Gehirn auch bei der Diapause die Prothoracaldrüsen. Dies ließ sich besonders eindringlich nach Implantation von je einem Gehirn gekühlter Puppen in beide Teile einer durchtrennten Puppe demonstrieren, von denen der eine Kopf, Thorax und die vorderen 4 Abdominalsegmente, der andere die restlichen Segmente des Abdomens umfaßt. Nur das Vorderstück, in dem außer dem implantierten Gehirn auch die Prothoraxdrüse enthalten war, entwickelte sich weiter. Das Neurohormon des Gehirns nimmt demnach ebenfalls bei der Diapause der *Hyalophora*-Puppen eine übergeordnete Stellung ein. Ganz entsprechend vermag tiefe Temperatur bei den Puppen des Lindenschwärmers (*Mimas tiliae*) die Diapause nur dann zu brechen, wenn das Gehirn vorhanden ist (HIGHNAM 1958). In neurosekretorischen Zellen des Gehirns setzt starke Sekretionstätigkeit ein. Im Gegensatz zu den *Hyalophora*-Puppen sind aber auch die Corpora allata der Puppen von *Mimas* während der Diapause sekretorisch aktiv. Die physiologische Aktivität der Corpora allata während der Diapause ist darüber hinaus an den nach ihrer Entfernung auftretenden Veränderungen an der Hypodermis und am Fettkörper ersichtlich. Sie sind hier zusätzlich an der Aufrechterhaltung der Diapause beteiligt.

d) Imaginaldiapause

Die imaginale Diapause ist im Gegensatz zu den übrigen Formen im wesentlichen durch die Hemmung in der Ausbildung der Geschlechtsorgane gekennzeichnet. Experimentelle Untersuchungen beziehen sich vor allem auf den Kartoffelkäfer. Es fehlt die sonst charakteristische Veränderung der Enzymtätigkeit bei der Atmung (PRECHT 1954; SCHROEDER 1957). Die Intensität der Atmung wird von den Corpora allata beeinflußt. Ihre Exstirpation bei überwinternden Käfern führt zu weiterem Rückgang der Atmung (DE WILDE und STEGWEE 1959). Vermutlich hängt ganz allgemein die Verminderung der Stoffwechselvorgänge bei diapausierenden Käfern mit der geringeren Aktivität der Corpora allata zusammen. Umgekehrt läßt die Wiederaufnahme ihrer Tätigkeit die Erhöhung des Stoffwechsels wie auch die Entwicklung der Gonaden verstehen, ohne daß die Annahme eines speziellen Diapause-Hormons zwingend erscheint (PRECHT 1953; HILTON 1954). Die Funktion der Corpora allata ist von der Photoperiode abhängig. Langtag-Behandlung aktiviert die Drüsen, Kurztag dagegen hemmt sie. Dabei scheint Langtag zur Aktivierung der neurosekretorischen Zellen des Gehirns zu führen, die ihrerseits die Corpora allata stimulieren (DE WILDE 1963). Somit vollzieht sich die endokrine Regulation der Imaginaldiapause in etwas anderer Weise als bei den übrigen 3 Formen. Dabei kann ebenso wie sonst bei der Steuerung der Aktivität der Corpora allata auch im Falle der Diapause das Gehirn Einfluß nehmen (JOLY 1945; GRISON 1949).

Die Diapause der Insekten ist mit einer tiefgreifenden Umstellung des Stoffwechsels verbunden. Verschiedene äußere Faktoren, unter denen in erster Linie die Photoperiode eine ausschlaggebende Rolle spielt, können sie auslösen. An der Steuerung sind bei der Embryonal-, Larval-

und Puppendiapause neuroendokrine Faktoren, vor allem das Neurohormon des Gehirns als übergeordneter Faktor beteiligt. Die besonders gut untersuchte Diapause des Seidenspinners Bombyx mori wird durch einen neurohormonalen Faktor des Unterschlundganglions gesteuert. In diesem Fall wie auch verschiedentlich bei der Larven-Diapause scheint zugleich das Corpora-allata-Hormon mitzuwirken. Von besonderer Bedeutung für die Puppen- und Larven-Diapause ist das auch die Häutungsvorgänge regulierende endokrine System Gehirn-Prothoracaldrüsen. Die Imaginaldiapause wird dagegen mit ihren stoffwechselphysiologischen Veränderungen durch die Corpora allata kontrolliert.

5. Regeneration und endokrine Regulation

Regenerationsvorgänge stehen in engem Zusammenhang mit Entwicklungs- und Wachstumsprozessen. Die ältere Literatur über Vorkommen, Umfang und Ablauf der Regeneration in den verschiedenen Tiergruppen wurde vor allem in zusammenfassenden Darstellungen von Morgan (1901 bzw. 1907) und Korschelt (1927) bearbeitet. Uns interessieren hier zwar weniger die dortigen detaillierten Beschreibungen des Regenerationsverlaufes. Dennoch ist es nicht uninteressant, vom Standpunkt der heutigen Kenntnisse die damaligen Angaben zu vergleichen. Wir können sie hier nur insoweit berühren, als sie auf Beziehungen zu unserem Problemkreis hinweisen. Begründete Deutungsversuche der Regeneration in bezug auf endokrine Kontrolle existierten naturgemäß zu jener Zeit noch nicht. Diese erstrecken sich für eine Anzahl wirbelloser Tiergruppen im wesentlichen auf Ergebnisse der letzten 10 Jahre.

Wie seit langem bekannt, gibt es Tiergruppen mit gutem und andere mit schlechtem Regenerationsvermögen. Zu ersteren zählen vor allem die Schwämme, Coelenteraten, Turbellarien, Anneliden, Seesterne und unter den Arthropoden besonders die Krebse (Decapoden). Geringe Regenerationsfähigkeit ist bei jenen Formen erwartungsgemäß vorhanden, die insgesamt oder in bezug auf einzelne Organe zu Zellkonstanz neigen, wie z. B. Rotatorien und Nematoden. Bei der Verschiedenheit des Bauplans und der Organisationshöhe der Tiergruppen in Verbindung mit der Fähigkeit zur Regeneration von bestimmten Körperbereichen oder Körperanhängen sind die Prozesse des Wachstums und der Ergänzung verschiedenartig. Der Ersatz kann durch Umlagerung bzw. Umgestaltung, durch Umdifferenzierung vorhandenen Zellmaterials oder durch Neubildung von Zellen und Geweben erfolgen. Letzteres überwiegt bei allen Regenerationsvorgängen. In jedem Fall aber werden verlorengegangene Teile ergänzt, so daß wieder ein ganzheitlicher Organismus zustande kommt. Diese Grundeigenschaft der Regenerationsprozesse hat von Anfang an die Frage nach dem „regulativen Prinzip" bzw. den hierbei wirksamen Faktoren aufgeworfen.

Es ist bemerkenswert, daß bereits in älteren Arbeiten vor allem das Nervensystem als bedeutungsvoll für die Regenerationsvorgänge angesprochen wird. Daß dabei weniger die eigentlich nervöse, sondern eher die neurohumorale und auch die neurohormonale Regulation in Frage kommen dürfte, zeichnet sich allerdings erst neuerdings ab. Besonders tritt dies bei den Gruppen wirbelloser Tiere mit ausgeprägter Regeneration in Erscheinung. Neurohormonale Beteiligung bei Regenerationsprozessen ist für Planarien, Polychaeten, Oligochaeten, Crustaceen und Insekten wahrscheinlich, also vor allem bei jenen Gruppen von Wirbellosen, bei denen schon seit langem die Regeneration vielfältig untersucht worden ist.

a) Planarien

Frühere Erfahrungen, die auf eine Beteiligung des Nervensystems bei der Regeneration schließen ließen, besagen, daß Planarien leichter und schneller regenerieren, wenn die Gehirnganglien vorhanden sind (GEBHARDT 1926; KORSCHELT 1927). Neuere homo- und heteroplastische Implantationsversuche von Gehirn, Gehirnfragmenten und Kopfhomogenaten in regenerierende Vorderenden von *Dugesia lugubris* und *Polycelis nigra* haben außer der Bestätigung der Regenerationshemmung bei Fehlen des Gehirns zugleich Hinweise dafür gegeben, daß die wirksamen Faktoren des Gehirns neurosekretorischer Natur sein müssen (LENDER 1951—1962; WOLFF und LENDER 1950, 1962; WOLFF 1952/53).

Die Regenerationsvorgänge der Planarien sind hinsichtlich folgender 4 Vorgänge eingehender analysiert: 1. Augenregeneration, 2. Pharynxregeneration, 3. Regeneration des Hinterendes und 4. Hemmwirkung bei der Regeneration eines zweiten Kopfes. Die Regeneration der Augen vor allem nach Untersuchungen an *Polycelis nigra* kann durch erhöhte Konzentration von Gehirnextrakten beschleunigt werden (Abb. 64). Dabei sind Extrakte von *Dugesia lugubris*, *Dugesia gonocephala* und *Dendrocoelum lacteum* gleich wirksam wie arteigene. Die Substanz wird im Gehirn gebildet und ins Parenchym sezerniert. Ihre Konzentration nimmt nach hinten zu ab. Die chemische Natur ist weitgehend unklar. Der Stoff ist unlöslich in Alkohol, Azeton und Äther, dagegen löslich in Wasser. Gegenüber Temperaturen von

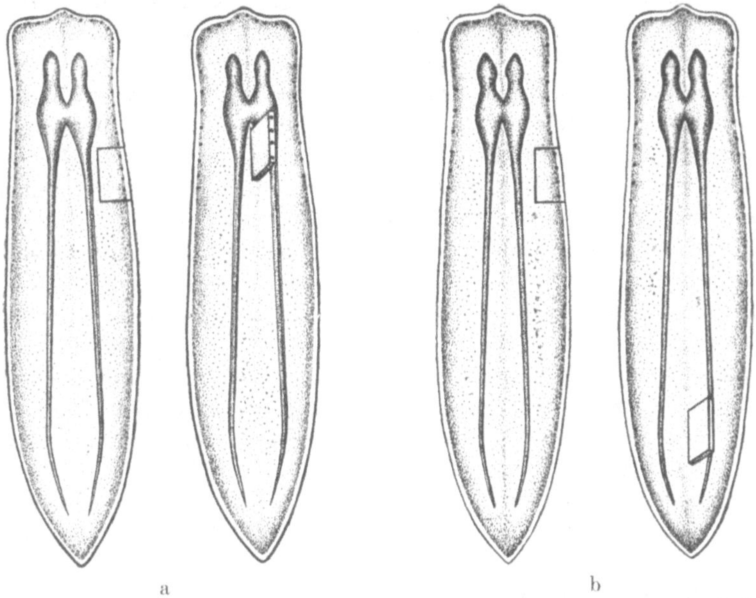

Abb. 64. Bedeutung von Gehirnfaktoren für die Augenregeneration von *Polycelis nigra.* a) Implantation eines Gewebestückchens in die Gehirnregion führt zur Entwicklung von Augen. b) Bei Implantation eines entsprechenden Gewebestückchens in die Hinterregion unterbleibt die Regeneration von Augen. (Zusammengestellt nach LENDER 1956)

60 °C beständig, geht nach längerem Kochen ein großer Teil der Aktivität verloren (LENDER 1954, 1956; STEPHAN-DUBOIS und LENDER 1956). Die Wirkung des Faktors besteht in der Förderung der Augendifferenzierung. Für die Augenausbildung spielt außer dem vom Gehirn ausgehenden Faktor und der „Empfänglichkeit" des Gewebes noch die Einwirkung des Augenhemmfeldes eine Rolle (PENTZ und SEILERN-ASPANG 1961). Es handelt sich also bei der Differenzierung um einen sehr komplexen Vorgang.

Die Regeneration des Pharynx wird ebenfalls von der Kopfregion beeinflußt. Es erscheint möglich, daß hierbei ein hormonaler Mechanismus wirksam ist. Jedoch ist dies bisher nicht sicher erwiesen (Bondi 1961).

An der Regeneration von Hinterenden scheinen ebenfalls neurohormonale Faktoren beteiligt zu sein. Darauf verweisen die unmittelbare Beziehung zwischen einsetzender Regeneration und der Aktivität von peripher im Gehirn gelegenen Sekretionszellen wie auch die Zunahme der Zahl sekretorisch tätiger Zellen in dieser Phase (Lender 1961). Auch in diesem Fall scheint das Sekret direkt in das Parenchym abgegeben zu werden. Eine eindeutige Schlußfolgerung über endokrinologische Beteiligung bei der Regeneration des Hinterendes wird allerdings infolge des totipotenten Charakters seiner Zellen erschwert (Stephan-Dubois und Gilgenkrantz 1961).

Die Hemmwirkung des Kopfes auf ein zweites Kopfregenerat wird aus dem unterschiedlichen Verhalten ersichtlich, je nachdem, ob es in die vordere oder in die hintere Region transplantiert wird. Im ersten Fall kommt es zur Resorption, im zweiten dagegen zur normalen Weiterentwicklung. Umgekehrt wird nach vorheriger Dekapitation und Einpflanzung eines sekundären Kopftransplantats die normale Regeneration des eigenen Kopfes gehemmt. Nach einem Längsschnitt durch die vordere Region einer Planarie bilden sich 2 Köpfe aus, wenn verhindert wird, daß sich die beiden Teilgewebe berühren bzw. zusammenkommen. Lender (1955, 1956, 1960, 1962) zeigte, daß das Gehirn von *Dugesia lugubris* und *Polycelis nigra* eine Hemmsubstanz abgibt, welche die Ausbildung eines weiteren Gehirns verhindert. Sie kann aus dem vorderen Gehirnbereich isoliert und durch Zentrifugieren in der Flüssigkeit aufgenommen werden. Stoffliche Faktoren des Gehirns üben somit außer der Induktion auf die Augendifferenzierung zugleich eine hemmende Wirkung auf die Ausbildung eines weiteren Gehirns aus. Der Faktor ist ebenfalls im Markstrangsystem nachzuweisen (Török und Törö 1962). Vermutlich handelt es sich hierbei um Neurohormone. In Analogie zu den physiologischen Feststellungen kann man dabei auf Befunde morphologischer Untersuchungen verweisen (Ude 1964).

b) Nemertinen

Die bisher vorhandenen wenigen Angaben über Faktoren, die die Regeneration bei Nemertinen beeinflussen, erlauben noch keine endgültige oder eindeutige Aussage (Tucker 1959). Nach Homogenisieren des Kopfbereiches, einer mittleren Körperregion und der

Schwanzregion von *Lineus vegetus* wurden die daraus gewonnenen Zentrifugate verschiedenen isolierten Körperabschnitten zugesetzt. Dabei verdient vor allem Beachtung, daß die Bildung von Kopfblasten gehemmt wird, wenn dekapitierte Teilstücke in Zentrifugate von Kopfhomogenaten gebracht wurden. Die gleiche Wirkung hatten auch die Extrakte bzw. Zentrifugate von neuregenerierten, aber völlig ausdifferenzierten Köpfen. Extrakte der Schwanzregion besaßen dagegen die Wirkung nicht. Es ist naheliegend, vor allem die Lokalisierung des Hemmfaktors zu ermitteln. Vielleicht lassen sich dann die verschiedenen Befunde über die Wirkung anderer Bereiche verstehen, auf die hier nicht weiter eingegangen werden kann.

c) Polychaeten

Polychaeten besitzen ein ausgeprägtes Regenerationsvermögen. Infolge ihrer homonomen Metamerie mit den äußerlich gut erkennbaren Parapodien eignen sie sich für experimentelle Untersuchungen besonders. Frühzeitig trat dabei bereits die Bedeutung des Nervensystems in Erscheinung. Wurden z. B. die Ganglien mehrerer Segmente bei *Nereis* entfernt oder zerstört und darauf die anschließenden Segmente amputiert, so war die Regenerationsfähigkeit weitgehend erloschen (NUSBAUM 1908). Besonders wichtig für die Regeneration ist dagegen nach weiteren neueren Versuchen die Region des Prostomiums bzw. das Gehirn (Abb. 65a). Entfernung dieser Bezirke hemmt oder verhindert die Regeneration amputierter Hinterenden (CASANONA 1954; DURCHON 1956; CLARK und BONNEY 1960) (Abb. 65b). Von Wichtigkeit ist dabei vor allem der hintere Bezirk des Gehirns. Wird der vordere Gehirnbereich entfernt, vollzieht sich die Regeneration amputierter Hinterenden wie normal. Dagegen bleibt die Regeneration nach vorheriger Entfernung des hinteren Gehirnteils mit den neurosekretorischen Zellbereichen aus (HAUENSCHILD 1960). Ebenso kann die Regeneration durch Röntgenbestrahlung weitgehend gehemmt werden (BOLLY 1963). Daß ein hormonaler Einfluß vom Nervensystem ausgehen muß, beweist der Implantationsversuch von Gehirnen in das Coelom enthirnter Versuchstiere (Abb. 65c). In diesem Fall verläuft die Regeneration normal. Je älter der Spender, um so weniger wirksam ist dabei das implantierte Gehirn (SCULLY 1963).

Mit großer Wahrscheinlichkeit handelt es sich bei dem Prinzip, welches für die Aktivierung der Regenerationszellen unerläßlich ist,

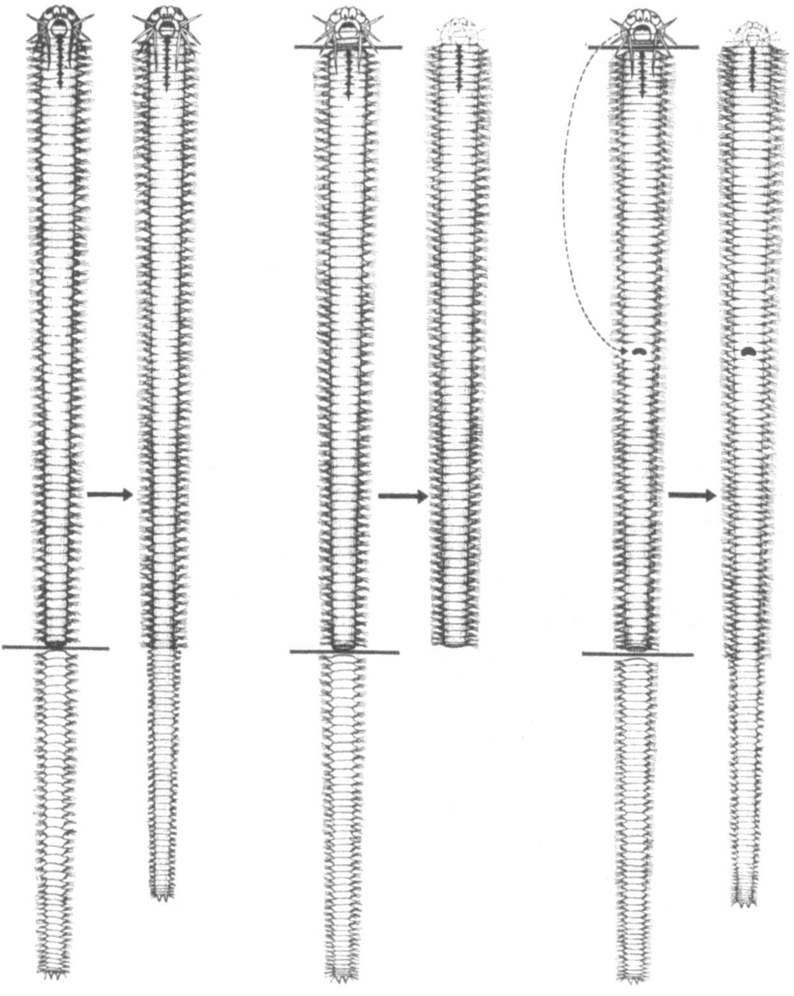

a b c

Abb. 65. Bedeutung des Gehirns für die Regenerationsvorgänge bei Polychaeten. a) Nach Abtrennung des Hinterendes ungehinderte Regeneration infolge der Anwesenheit des Gehirns. b) Ausbleiben der Regeneration des Hinterendes infolge gleichzeitiger Entfernung des Gehirns. c) Nachweis der stofflichen (neurohormonalen) Bedeutung des Gehirns für die Regeneration: Implantiertes Gehirn verursacht Regeneration.

um ein Neurohormon. Durch die mit der Amputation verbundene Schädigung wird auf nervösem Wege die Sekretion neurosekretorischer Zellen im Gehirn angeregt, wobei das Material in den Axonen zum Cerebrovaskularkomplex (S. 67) wandert (Clark und Clark 1959; Clark und Evans 1961; Clark, Clark und Ruston 1962; Clark 1963; Clark und Ruston 1963; Herlant-Meewis und van Damme 1962; Durchon und Marcel 1962; Golding 1963). Die Neurosekrete reichern sich späterhin vor allem in den Blutgefäßen der Regenerationsgebiete an.

Mit dem hormonalen Einfluß des Gehirns erklären sich auch weitere Beobachtungstatsachen. So führt die Explantation eines Gehirns nach dem kritischen Zeitpunkt der Hormonausschüttung höchstens zu einer Verzögerung, keinesfalls aber mehr zu einer Verhinderung der Regeneration. Umgekehrt vermag die Implantation eines Gehirns aus einem Tier, das selbst 3 bis 4 Tage regenerierte, in gehirnlose Tiere die Bildung von Parapodiumrudimenten zu induzieren. Unbekannt ist, in welcher Weise die jeweiligen Hormone auf die Gewebe wirken. Sie kontrollieren vor allem die mesodermalen Elemente.

Die Feststellungen über die vom Gehirn ausgehende hormonale Wirkung lassen sich mit den früheren Ergebnissen über die Beteiligung des Bauchmarks bei der Regeneration in Beziehung bringen, da bei verschiedenen Polychaeten mit Neurosekret beladene Axone in den Konnektiven zum Unterschlundganglion beobachtet wurden und von da ein Transport in das Bauchmark möglich erscheint, so daß auf diese Weise die Freisetzung des „Regenerationshormons" denkbar ist. Unterschiede in der Regenerationsfähigkeit in Abhängigkeit vom Zeitpunkt der Gehirnexstirpation, wie sie bei Polychaeten und Oligochaeten vorkommen, sind vielleicht mit der verschieden raschen Ausschüttung der hormonalen Faktoren zu erklären. Viele Fragen sind im einzelnen noch offen, wie z. B. die Bedeutung des Bauchmarks als Hormonspender (Marcel 1963). Grundsätzlich ist aber die Beteiligung von Neurohormonen bei der Regeneration der Polychaeten als sicher anzunehmen.

d) Oligochaeten

Die Oligochaeten stellen ein eindrucksvolles Beispiel dafür dar, wie sich mit der allmählichen Erkenntnis der Bedeutung der Neurosekretion das Verständnis für die kausalen Zusammenhänge der Regenerationsvorgänge dieser Tiergruppe anbahnt. Aus teilweise schon recht weit zurückliegenden Untersuchungen war bekannt, daß das Nervensystem für die Regeneration von Wichtigkeit ist, wobei zunächst noch nicht an einen stofflichen Einfluß gedacht wurde (MORGAN 1902; HOMANN 1936). Auffassungen, daß bei der Regeneration neurohumorale Substanzen (PAINTER 1940) bzw. humorale Faktoren (OKADA und KAWAKAMI 1943) beteiligt sind, tauchten später auf. Wichtige Fortschritte erbrachten die Untersuchungen HUBLs (1951, 1952, 1953, 1956), indem sie Zusammenhänge zwischen der sekretorischen Aktivität bestimmter Nervenzellen des Gehirns sowie des Unterschlundganglions und der Regeneration aufzeigten. Die genaueren Verhältnisse sind uns allerdings auch jetzt noch dunkel.

Daß der Kopfteil für die Regeneration von Bedeutung sein muß, war schon aus dem unterschiedlichen Ergebnis solcher Versuche zu erschließen, bei denen Schwanz- oder Kopfregenerationsknospen bei einer gleichzeitigen Wundsetzung implantiert wurden. Noch klarer wird die Funktion des Kopfes bzw. des Gehirns durch folgende Versuche belegt: Gleichzeitige Amputation von Kopf (bzw. Gehirn) und Hinterenden bei Regenwürmern unterbindet die Regenerationsfähigkeit des Hinterendes, zumindest hemmt sie sie stark. Erfolgt dagegen die Amputation des Kopfes (bzw. des Gehirns) einige Zeit nach der des Hinterendes, so kann die Regeneration des Hinterendes weitgehend vonstatten gehen.

Außer dem Gehirn beeinflussen das Unterschlundganglion und die benachbarten Bauchganglien die Regenerationsvorgänge. Das ergibt sich daraus, daß Exstirpation dieser Anteile ebenfalls die Regeneration des Hinterendes stark hemmt. Histologische Untersuchungen deckten eine Parallele zwischen der Regeneration und der Aktivität neurosekretorischer Zellen auf (MICHON 1962). Die spezifische funktionelle Bedeutung der einzelnen im Gehirn und im Unterschlundganglion unterschiedenen Zelltypen ist hierfür allerdings noch ungeklärt. Enthirnungsversuche bei *Allolobophora icteria* sprechen zwar ebenfalls für eine Kontrolle durch das Zentralnervensystem, obgleich in diesem Fall statt Hemmung beschleunigte Regeneration festgestellt wurde (SAUSSEY 1962, 1963).

Ungeachtet der im einzelnen noch offenen Fragen, kann die Beteiligung von Neurohormonen bei der Regeneration nach allem als ebenso sicher gelten wie die Tatsache, daß in diesem Falle das gesamte Zentralnervensystem auch in endokrinologischer Hinsicht eine funktionelle Einheit darstellt.

e) Crustaceen

Daß bei Arthropoden die Regeneration keine seltene Erscheinung sein kann, lehrt die häufig auftretende Autotomie, d. h. die „freiwillige" Ablösung einzelner Körpersegmente. Autotomie tritt sowohl bei den im Wasser lebenden Krebsen als auch bei den auf dem Land lebenden Spinnen, bei Tausendfüßlern und Insekten auf. Sie wird noch dadurch unterstützt, daß Einrichtungen für leichteres Ablösen der Anhänge in Form von präformierten Bruchstellen getroffen werden. Derartige Bruchgelenke finden sich besonders häufig an den Beinen der land- und wasserbewohnenden Arthropoden. Sie sind teilweise auch an Fühlern und Kieferfüßen festzustellen.

Gemessen an dem Umfang der Regeneration bei Arthropoden, ist die Kenntnis ihrer regulativen Faktoren recht begrenzt. Lediglich bei Krebsen und Insekten wissen wir neuerdings, daß die Regeneration von hormonalen Faktoren abhängig ist. Bei Krebsen ist die Zusammengehörigkeit zwischen Wachstums- und Regenerationsprozessen und ihre endokrine Steuerung besonders an der für beide Vorgänge charakteristischen Rhythmik zu erkennen. Wie bereits bei anderen Wirbellosen ist in früheren Untersuchungen die Bedeutung des Nervensystems für die Regeneration mehr oder weniger deutlich betont worden, ehe seine Aufgabe als Bildungsort der Neurohormone erkannt wurde. So ist sicherlich beispielsweise das Ergebnis von HERBST (1896, 1900, 1902) über die mangelnde Fähigkeit der Regeneration des Auges nach Entfernung des Augenstieles als ein Hinweis auf seine endokrine Bedeutung zu bewerten. Die weitere Feststellung, daß die Augenregeneration bei *Palaemon* unterbleibt, wenn die Augenganglien herausgeschnitten werden (HERBST 1902) weisen noch deutlicher auf den mit der Entfernung dieser Bereiche im Zusammenhang stehenden Ausfall endokriner Orte hin. Einigermaßen einheitliche Auffassungen über ihre Bedeutung für die Häutung und auch für die Regeneration haben sich jedoch erst in den letzten zehn Jahren gebildet. Selbst in Zusammenfassungen über die Regeneration der Decapoden aus neuerer Zeit, in denen zwar auf die Funktion des Nervensystems eingegangen wird, findet sich jedoch kein Hinweis auf seine endokrine Kontrolle (v. BUDDENBROCK 1954).

Die Regenerationsfähigkeit von Extremitäten und die jeweilige Phase des Häutungszyklus der Decapoden stehen in engem Zusammenhang. Dies gilt sowohl für Macruren (*Leander serratus*, TCHERNIG-

ROTZEFF 1957; *Orconectus limosa*, DURAND 1960) als auch für Brachyuren (*Gecarcinus lateralis*, BLISS 1956; *Sesarma reticulatum*, JYSSUM und PASSANO 1957; *Carcinus maenas*, *Eriocheir sinensis*, BAUCHAU 1961, 1962; *Pachygrapsus marmoratus*, VERNET-CORNUBERT 1962).

Die hormonale Steuerung der Regeneration von Extremitäten wird vor allem nach experimenteller Entfernung der Augenstiele

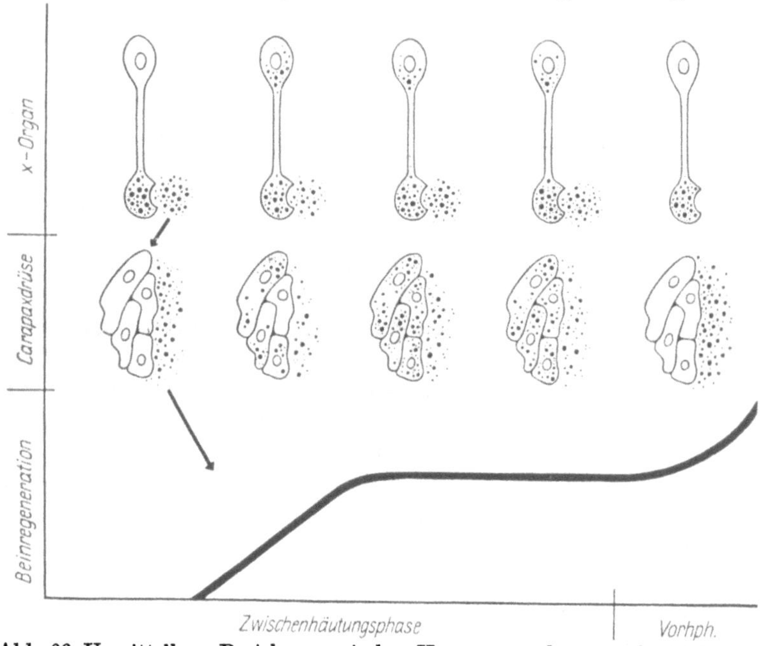

Abb. 66. Unmittelbare Beziehung zwischen Hormonausschüttung des X-Organs und der Carapaxdrüse einerseits, der Regeneration der Extremitäten andererseits. (Nach DURAND 1960)

ersichtlich. Bei der Krabbe *Gecarcinus* führt die Exstirpation beider Augenstiele zur Anregung regenerativen Wachstums der Extremitäten. Umgekehrt veranlassen Reimplantation von Augenstielen wie auch Belichtung der Versuchstiere Hemmung des Extremitätenwachstums (BLISS 1956). Die Befunde bei anderen Objekten sind jedoch nicht so einheitlich. Regeneratives Wachstum und Häutung sind zwei miteinander verbundene Phänomene, die beide stoffwechselphysiologisch den Organismus belasten. Daher erscheint es verständlich, daß der eine Vorgang verkürzt, der andere dagegen verlängert wird. Die nach Entfernung der Augenstiele bestehende Parallele zwischen der Beeinflussung der Häutung und der Regeneration wird dann nicht sichtbar. Bei der Strandkrabbe *Carcinus maenas* stimuliert die Entfernung des Augenstiels im Gegensatz zur Wollhandkrabbe *Eriocheir sinensis* nicht das regenerative Wachstum der Extremitäten, sondern nur der Gonaden (Bauchau 1961).

Es ist anzunehmen, daß ganz wie bei der endokrinen Kontrolle der Häutung auch bei der Regeneration der X-Organ-Sinusdrüsen-Komplex einerseits und die Carapaxdrüse andererseits beteiligt sind (Échalier 1956; Durand 1960; Bliss 1956, 1959; Costlow 1963) (Abb. 66). Krabben, denen beidseitig die Carapaxdrüsen entfernt worden waren, zeigten im Gegensatz zu normalen Kontrolltieren selbst nach Monaten keine Regenerationserscheinungen.

Für die vergleichende Betrachtung der Regeneration und ihrer Kontrollfaktoren bei Krebsen erscheinen somit zwei Tatsachen von grundlegendem Interesse. Einmal sind die die Häutung bestimmenden endokrinen Drüsen und Faktoren ebenfalls für die Regeneration verantwortlich. Dabei nimmt auch hier das neuroendokrine System X-Organ—Sinusdrüse gegenüber der Carapaxdrüse eine gewisse übergeordnete Stellung ein. Außer dem kontrollierenden Einfluß des neurosekretorischen Systems ist für ein normales Regenerationswachstum auch die Innervierung durch periphere Nerven von Wichtigkeit (Needham 1943—1953). Möglicherweise sind dabei neurohumorale Faktoren beteiligt (Welsh 1957).

f) Insekten

Bei Insekten steht die Regeneration ebenfalls in enger Beziehung zur Entwicklungsphase. Gewöhnlich erfolgt sie nur während der Larvenperiode. Eine Ausnahme bilden die Apterygoten, bei denen die Regeneration sowie Häutung und Wachstum bei den erwachsenen Tieren erhalten bleiben. Gewisse Insekten regenerieren außer den Extremitäten die Antennen, Mandibeln, Augen, Flügel und selbst innere Organe.

Die Befunde verschiedener Autoren ergeben, daß grundsätzlich eine Beteiligung hormonaler Kontrolle bei der Regeneration anzunehmen ist (Bodenstein 1933—1955; O'Farrell und Stock 1953 bis 1962; Stock und O'Farrell 1954; O'Farrell, Stock, Rae und Morgan 1960; Pohley 1959—1962). Entscheidend für die Regeneration sind Ausmaß und Zeitpunkt der Amputation.

Der Einfluß hormonaler Faktoren auf die Regeneration wird durch die Verzögerung der Häutung ersichtlich, welche der Regenerationsvorgang hervorruft. Untersuchungen an der Schabe *Blattella germanica* zeigten dabei, daß die Häutungsverzögerung bei distaler Amputation einer Extremität geringer als nach einer mehr proximalen ist. Für endokrine Beeinflussung spricht außerdem die Feststellung einer „kritischen Periode", die im wesentlichen mit Einsetzen histologischer Aktivität der für die Häutungsvorgänge verantwortlichen endokrinen Drüsen (Corpora allata und Prothoracaldrüsen) zusammenfällt. Operationen vor der kritischen Periode führen zur Ausbildung vollständiger Beinregenerate bei der nächsten Häutung, die dabei eine Verzögerung erfährt. Das Ausmaß der Verzögerung entspricht der normalerweise fälligen Zwischenhäutungsperiode, vom Zeitpunkt der Schadsetzung an gerechnet. Die Operation nach der kritischen Periode bedingt dagegen nur die Ausbildung einer kleinen Papille bei der nächsten Häutung, ohne daß deren Bildung nun hinausgeschoben wird. Erst mit der darauffolgenden Häutung vollzieht sich in diesem Fall die Regeneration. Weiterhin hat sich ergeben, daß der Häutungszyklus nur dann nach Wundsetzung beeinflußt wird, wenn Muskulatur bei der folgenden Regeneration mit einbezogen ist. Die hormonelle Steuerung der Muskelregeneration erscheint insofern bemerkenswert, als sie sich bei den Häutungsvorgängen vor allem auf die Hypodermis erstreckt (O'Farrell, Stock, Rae und Morgan 1960).

Die Bedeutung des Prothoracaldrüsenhormons für die Regeneration wird aus der Unfähigkeit adulter Tiere, zu regenerieren, ersichtlich. Die Implantation von Prothoracaldrüsen aus Larven von *Periplaneta americana* in erwachsene Individuen löste erneute Häutung aus und ermöglichte gleichzeitig die Beinregeneration (Bodenstein 1955). Erneute Adulthäutung läßt sich weiterhin durch Exstirpation der Corpora allata induzieren, da dann die Degeneration der Prothoracaldrüsen unterbleibt. Auch in diesem Fall erfolgt bei gleichzeitiger Beinamputation eine Regeneration. Zu ähnlichen Ergebnissen führten Parabiosen zwischen Larven und Adulttieren. Beide Parabionten häuteten sich, und das Adulttier vermochte wiederum, ein gleichzeitig amputiertes Bein zu regenerieren. Allerdings antworten die Gewebe der Imagines weniger rasch. Sie benötigen offensichtlich eine höhere Hormonkonzentration und auch eine längere Einwirkung des Hormons. Gegenüber diesen Befunden ist die Feststellung weniger verständlich, daß nach Exstirpation der Prothoracaldrüsen bei 8.

oder 9. Larvenstadien von *Periplaneta americana* und anschließender Beinamputation außer Häutung unerwarteterweise noch mehrere Regenerationen erfolgen können.

Als ein Hinweis auf Beteiligung der Metamorphosehormone bei Regenerationsvorgängen der Wanze *Rhodnius* ist wohl die Tatsache zu bewerten, daß Tiere, die 5 Tage nach der Amputation gefüttert wurden, ein maximales Regenerationsvermögen aufwiesen (LÜSCHER 1948).

In früheren Untersuchungen mit der Stabheuschrecke *Carausius morosus* wurde ebenfalls durch zusätzliche Implantation von Corpora allata in Imagines eine weitere Häutung und somit die Bildung von Riesentieren erreicht, die sich wiederum durch erneutes Regenerationsvermögen der Extremitäten auszeichneten. Hier wurde den Corpora allata eine besondere Bedeutung zugeschrieben (PFLUGFELDER 1939). Ihnen allein kommt sicherlich diese Funktion nicht zu, worauf auch Untersuchungsbefunde bei dem Ohrwurm *Anisolabis maritima* verweisen (OZEKI 1958). Die Antennenregeneration wurde weder durch Entfernung der Corpora allata allein oder auch zusammen mit den Corpora cardiaca noch durch Reimplantation dieser Drüsen beeinflußt. Jedoch besagt dies noch nichts gegen ihre grundsätzliche Bedeutungslosigkeit. Vielmehr ist anzunehmen, daß auch bei der Regeneration das Hormonverhältnis zwischen dem Prothoracaldrüsenhormon und dem Juvenilhormon ausschlaggebend ist (POHLEY 1961, 1962).

Die Amputationsexperimente an den Antennen von *Periplaneta americana* zeigten ebenfalls, daß diese Eingriffe die Metamorphosehäufigkeit bei sonst gleichen Bedingungen verändern können. Dabei erweisen sich sowohl der Abstand des Amputationsortes als auch der Zeitpunkt der Amputation als ausschlaggebend. Dies kann mit der Annahme erklärt werden, daß die Aktivität der Corpora allata vom Prothoracaldrüsenhormon gesteuert wird. Hierbei bedingen niedrige Konzentrationen ihrerseits hohe Aktivität der Corpora allata. Wird durch Amputation die Entwicklungsintensität der Antenne erhöht und damit im Zusammenhang der Hormonspiegel des Ekdysons erniedrigt, steigt die Tätigkeit der Corpora allata über das normale Maß, so daß der Umschlag zur Metamorphose um ein oder mehrere Larvenstadien hinausgeschoben wird. Damit würde in Übereinstimmung stehen, daß regenerative Prozesse bei *Blattella germanica* und *Leucophaea maderae* Volumenänderungen der Corpora allata hervorrufen (O'FARRELL, STOCK, RAE und MORGAN 1960; LÜSCHER und ENGELMANN 1960).

Bei der Verflochtenheit, die bei der Regeneration ebenso wie normalerweise bei den Häutungs- und Metamorphosevorgängen der Insekten zwischen dem Häutungsfaktor und dem Juvenilhormon bestehen, fragt es sich, ob die hormonale Koordination nicht auch für die regenerativen Vorgänge auf die Wirkung des Gehirnfaktors ausgedehnt werden muß (FUJIO 1962).

g) Andere Tiergruppen

Auf zwei andere Tiergruppen muß noch eingegangen werden, die ein ausgeprägtes Regenerationsvermögen besitzen, ohne daß allerdings wie bei den bisher besprochenen Fällen eine endokrine Kontrolle bis jetzt ersichtlich geworden ist.

Dies betrifft zunächst die *Echinodermen*. Hier ist schon seit langem vor allem bei Untersuchungen mit Seesternen beobachtet worden, daß das Nervensystem für die Regeneration in allerdings nicht klar zu übersehender Weise bedeutungsvoll ist. Die Tatsache, daß am Schlangensternarm die Rücken-, nicht aber in gleicher Weise die Ventralfläche regeneriert, wurde so gedeutet, daß die Regeneration der Rückenfläche von dem ventral gelegenen Nervensystem beeinflußt wird. Klarer zeigte sich jedoch die Beteiligung des Nervensystems bei den von MORGAN (1901/02) an Schlangensternen angestellten Versuchen. Wird der Radiärnerv eines Armes eine Strecke lang zerstört und gleichzeitig ein Stück des Armes amputiert, so erfolgt nur in jenen Fällen die Armregeneration, in denen der Radiärnerv bis an die Wundfläche reicht, selbst wenn dann auch die Verbindung mit dem Ringnerv unterbrochen wird. Die Regeneration unterbleibt dagegen, wenn im distalen Teil des Armstumpfes der Nerv entfernt wird. Nachdem neuerdings bei Seesternen neurosekretorische Vorgänge nachgewiesen wurden (UNGER 1961), liegt die Frage nahe, ob die im Tierstamm der Echinodermen seit Jahrzehnten bekannten Zusammenhänge zwischen dem Nervensystem und den Regenerationserscheinungen ebenfalls auf der Beteiligung von Neurohormonen beruhen, wie dies bei mehreren Wirbellosenstämmen der Fall zu sein scheint. Eine experimentelle Prüfung dieser Frage dürfte nicht zuletzt aus allgemeinen vergleichend-endokrinologischen Gesichtspunkten der wirbellosen Tiere von Belang sein.

Ein ausgeprägtes Regenerationsvermögen, das ebenfalls schon seit langem bekannt ist, besitzen weiterhin die *Coelenteraten*. Eine besondere Beziehung zum Nervensystem ist hier zwar nicht zutage getreten. Neuere Untersuchungsergebnisse, die sich vor allem auf Hydrozoen beziehen, ergaben jedoch Hinweise auf das Vorkommen eines Hemmstoffes der Regeneration (PENZLIN 1957; ROSE und ROSE 1941; STEINBERG 1954, 1955; TARDENT 1955, 1956; TARDENT und TARDENT 1956; TWEEDELL 1962). In Regenerationsversuchen mit *Tubularia* wurde nachgewiesen, daß Hydranthen oder auch spätere Regenerate diesen Hemmstoff bilden. Die Hemmwirkung tritt beispielsweise zwischen proximalen und distalen Schnittenden eines Hydrocaulusstückes von *Tubularia* derart in Erscheinung, daß das distale Regenerat stets die Bildung des proximalen hemmt. Der von den Hydranthen ins Coelenteron abgegebene Hemmstoff verbreitet sich durch Diffusion und Zirkulation der Coelenteronflüssigkeit basalwärts. Während in kurzen Spitzenstücken die Hemmstoffkonzentration an der basalen Schnittfläche noch genügende Konzentration aufweist, um die Regeneration dort zu unterbinden, wird bei längeren Stammstücken der Diffusionsweg zu groß und damit die Verdünnung des Hemmstoffes zu stark, um noch eine Verhinderung der Regeneration bewirken zu können. Mit Entfernung des distalen Hydranthen wird zugleich die Hemmstoffquelle entfernt, so daß nun das Stammstück an beiden Seiten regenerieren kann. Die Hemmwirkung kann auch durch Hydranthenextrakte bewirkt werden, wobei die Wirkungsintensität von der Konzentration des Extraktes abhängt. Nach TARDENT (1955, 1956) und PENZLIN (1957) sind die Hemmstoffe thermostabil. Über die weitere Natur dieses Hemmstoffes ist ebensowenig wie über seine Herkunft bekannt. Das Manubrium verschiedener Hydrozoen enthält wahrscheinlich auch einen Faktor, der die Ausbildung von Hydranthen stimuliert (BURNETT und DIEHL 1962; BURNETT, DIEHL und MUTTERPERL 1962). Über seine Entstehung ist nichts bekannt.

Bei den Gruppen wirbelloser Tiere, bei denen gewisse Kenntnisse über die Faktoren vorliegen, die die Regeneration steuern, hat sich übereinstimmend eine Beteiligung von Hormonen ergeben. Häufig sind Neurohormone hierbei bestimmend. Bei Krebsen und Insekten greift das System von Hormonen in die Regulation der Regenerationsvorgänge ein, das für die Steuerung der Häutung und Metamorphose verantwortlich ist. Darüber hinaus bestehen bei einigen in dieser Hinsicht noch ungenügend untersuchten Tierklassen Hinweise für die Annahme, daß auch dort mit der Wirkung von Neurohormonen bei der Regeneration zu rechnen ist.

B. Hormonale Regulation der Geschlechtsausbildung und der Geschlechtsvorgänge

Das Problem der hormonalen Regulation der mit der Geschlechtsfunktion zusammenhängenden Vorgänge bei wirbellosen Tieren ist wesentlich weniger geklärt als das der hormonalen Steuerung der Entwicklungsprozesse. Zwar liegen die ersten experimentellen Arbeiten zeitlich schon recht weit zurück. Sie versuchten, mit Hilfe von Kastration und Implantation von Gonaden vor allem bei Schmetterlingen den Nachweis von Sexualhormonen als Grundlage des für viele Insekten charakteristischen Geschlechtsdimorphismus in Analogie zu den Wirbeltieren zu erbringen (Meisenheimer 1907, 1908; Kopeč 1910, Prell 1914, 1915 u. a.). Ohne Zweifel hat das damalige negative Ergebnis dieser Versuche wesentlich mit dazu beigetragen, daß weitere Bemühungen längere Zeit unterblieben und die Auffassung bestand, eine Hormonwirkung in bezug auf die Gonaden komme bei Wirbellosen nicht vor.

Erst in neuerer Zeit erwies sich, daß bei verschiedenen Gruppen wirbelloser Tiere sowohl eine hormonale Regulation der Gonadentätigkeit und der geschlechtlichen Reife als auch eine Steuerung bestimmter Prozesse durch Hormone der Keimdrüsen besteht (S. 205, 223). Dies bezieht sich in erster Linie auf Insekten und Krebse, weiterhin aber auch auf Polychaeten und Cephalopoden. Bei anderen Tiergruppen kann dagegen lediglich aus mehr indirekten Hinweisen, beispielsweise auf Grund morphologischer Befunde, auf eine Beziehung zwischen endokriner Funktion und Geschlechtstätigkeit geschlossen werden. Solche betreffen die Oligochaeten, die Gastropoden und die Bivalvier. In diesen Fällen scheinen wiederum Neurohormone maßgeblich beteiligt zu sein. Dagegen bleibt für zahlreiche andere Tiergruppen das Problem der hormonalen Steuerung von Geschlechts- und Fortpflanzungsprozessen völlig ungewiß und offen. Grundsätzlich ist auch in diesen Fällen mit einer solchen Möglichkeit zu rechnen. Das lehren Beobachtungen bei Hydrozoen (Brien 1963) und bei Turbellarien (Kenk 1941). Transplantationsversuche haben mit großer Wahrscheinlichkeit dargetan, daß die Gonaden hormonähnliche Stoffe abscheiden, die bei solchen asexuellen Tieren die Bildung von Keimdrüsen anregen (S. 27). Frühere Beobachtungen bei den tricladen Planarien *Polycelis cornuta* und *Planaria alpina*, die allerdings bisher nicht weiter verfolgt worden sind, hatten ergeben, daß durch parasitäre Kastration die Ausbildung von Begattungsorganen unterbleibt (Vandel 1920). Es erscheint denkbar, daß durch einen von den Keimdrüsen des vorderen Körperbereiches ausgehenden hormonalen Einfluß die Bildung der im hinteren Teil gelegenen Kopulationsorgane induziert wird, worauf auch Ergebnisse von Regenerationsversuchen hindeuten (Grasso 1959).

1. Hormonale Regulation der Fortpflanzungsvorgänge der Anneliden

Die Vorgänge der Fortpflanzung werden bei den Anneliden hormonal durch das Gehirn kontrolliert. Bei den Polychaeten erstreckt sich die Kontrolle auf die Geschlechtszellen und auf somatische Umbildungen, bei den Oligochaeten vor allem auf die Ausbildung äußerer Geschlechtsmerkmale. Verschieden ist die Art der vom Gehirn ausgehenden Wirkung. Das Hormon übt bei den Polychaeten einen hemmenden, bei den Oligochaeten dagegen einen fördernden Einfluß aus.

a) Polychaeten

Experimentelle Befunde über hormonale Beeinflussung der Gonadenentwicklung erstrecken sich auf die beiden Polychaeten-Familien der Nereiden und der Sylliden. Verschiedene *Nereis*-Arten (*Perinereis marionii*, *Nereis irrorata*, die ozeanische Rasse von *Perinereis cultrifera*, *Platynereis dumerilii*) machen median oder am Hinterende mit der Geschlechtsreife eine Umbildung durch. Daher ist zwischen der unreifen atoken und der epitoken Form (Heteronereis) zu unterscheiden (Abb. 67). Bei anderen *Nereis*-Arten unterbleiben mit Eintritt der Geschlechtsreife diese äußeren Anzeichen der Epitokie (*Nereis diversicolor*, *Platynereis massiliensis*, die mediterrane Rasse von *Perinereis cultrifera*).

Zahlreiche Arten der Sylliden durchlaufen einen Generationswechsel. Eine aus befruchteten Eiern entstandene Ammengeneration entwickelt durch Knospung am Hinterende eine Generation, deren Indi-

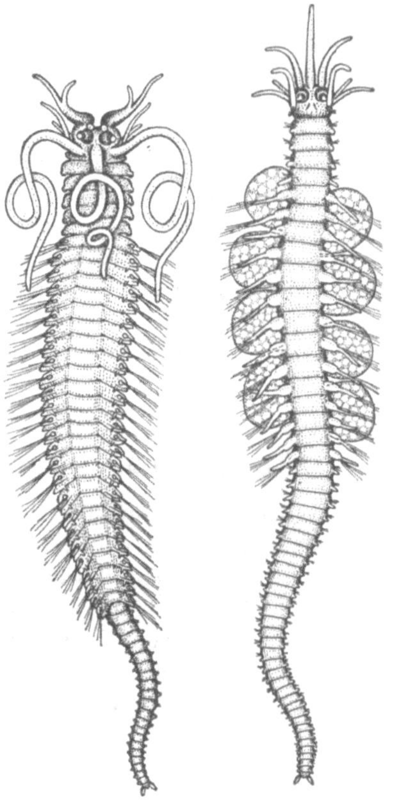

viduen (Stolonen) Geschlechtszellen ausbilden (Abb. 68). Diese Stolonisation kann verschiedenartig erfolgen. Entweder werden einzelne Individuen oder ganze Ketten erzeugt. Weiterhin bestehen Unterschiede in der Ausbildung der Stolonen insofern, als Stolone ohne Kopf gebildet werden (*Syllis spongicola*) oder aber der Kopf sich erst nach Ablösung von der Amme differenziert (*Syllis gracilis*), weiterhin der Kopf bereits mit der Stolonanlage angelegt wird und nach der Trennung ein Pygidium hinzutritt (*Syllis amica*). Beide Bereiche können auch mit der Anlage des Stolons ausgebildet werden (*Trypanosyllis*

Abb. 67. Epitokie bei *Procerastea halleziana* in beiden Geschlechtern (a) ♂, (b) ♀. (Nach OKADA 1937)

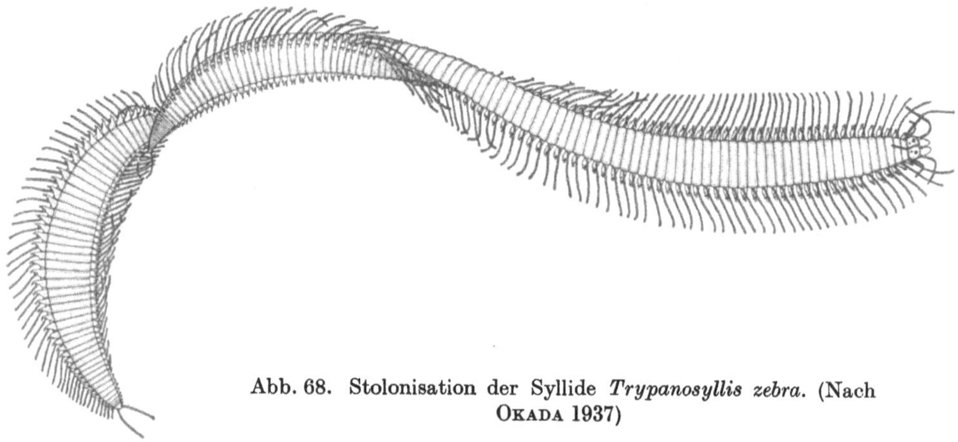

Abb. 68. Stolonisation der Syllide *Trypanosyllis zebra*. (Nach OKADA 1937)

zebra) (Abb. 68). Bei manchen Sylliden (Eusyllidae) tritt Epitokie auf. *Autolytus longiferiens* vermag sich sowohl durch Epitokie als auch durch Stolonisation fortzupflanzen. Die Art der Fortpflanzung kann demnach bei den Sylliden sehr verschieden sein.

Sowohl die Ausbildung der Epitokie bei Nereiden als auch die Stolonisation der meisten Sylliden werden durch Hormone gesteuert (Abeloos 1950; Baltarvide 1958; Durchon 1948–1963; Hauenschild 1955, 1960, 1964; Bobin und Durchon 1953; Defretin 1952; 1959; Junqua 1957; Hauenschild und Fischer 1962; Durchon und Choquet 1961; Durchon und Wissocq 1962, 1963; Choquet 1962; Durchon und Schaller 1963).

Bei den Nereiden wird vom Gehirn ein die Geschlechtsreife hemmender Faktor abgegeben. Dabei ist gleichgültig, ob die jeweilige Art Epitokie aufweist oder nicht (Boilly-Marer 1962). Verschiedene experimentelle Wege beweisen die Hemmwirkung des Gehirns (Abb. 69). Entfernung des Prostomiums bei jungen, unreifen *Nereis irrorata*, *Nereis pelagica*, *Platynereis dumerilii* u. a. hat vorzeitige Reifung der Geschlechtszellen und damit in Verbindung die Umwandlung zur Heteronereis-Form zur Folge. Der Entwicklungszustand der Vorderenden bleibt demgegenüber unverändert. Umgekehrt kann die vorzeitige Reifung isolierter Hinterenden unreifer Individuen durch Implantation von Kopfstücken oder auch durch Injektion von Kopfextrakten unterdrückt werden. Einen weiteren Beweis, daß die Umbildung zur Heteronereis-Form von einem Hormon gehemmt wird, das während des atoken Stadiums vom Cerebralganglion sezerniert wird, liefern Transplantationsexperimente (Durchon 1961, 1962, 1963). Die Transplantate von Hinterenden auf Empfänger der gleichen Art entwickeln sich synchron mit dem Wirt. Ein Transplantat von einem atoken Spender durchläuft in einem Wirt, der sich in der Metamorphose zur Heteronereis-Phase befindet, gleichfalls eine epitoke Umwandlung. Umgekehrt wird die Heteronereis-Umwandlung eines Transplantates in einem atoken Wirt abgestoppt. Wahrscheinlich wird das Reifen der Geschlechtszellen und das Ablaichen auch bei anderen Polychaeten durch den neurokrinen Mechanismus kontrolliert (Howie 1962).

Der exakte Nachweis, daß der Hemmstoff mit dem Neurosekret identisch ist, steht zwar noch aus. Eine Reihe indirekter Hinweise führt jedoch zu dieser Vermutung. Im hinteren Gehirnteil befinden sich neurosekretorische Zellen, deren Aktivitätsrhythmik in direkter

Parallele zur Geschlechtsreife steht. Das Hemmungshormon des Gehirns von Nereiden ist in der wasserlöslichen Fraktion solcher Extrakte enthalten (DURCHON, MONTREUIL und BOILLY-MARER 1963). Nach neueren Befunden bei *Platynereis dumerilii* und *Nereis diversicolor* scheint die Entwicklung zur Geschlechtsreife komplizierter zu sein, als ursprünglich angenommen wurde. Hoher Gehalt an Neurohormon des Gehirns (teilweise als „Juvenilhormon" bezeichnet) hemmt das Wachstum der Oocyten. Dagegen ist ein bestimmter Spiegel des Hormons für die Vorbereitung der Metamorphose und für die Ausbildung der Endstadien der Eientwicklung erforderlich (HAUENSCHILD und FISCHER 1962; CLARK und RUSTON 1963; HAUENSCHILD 1964).

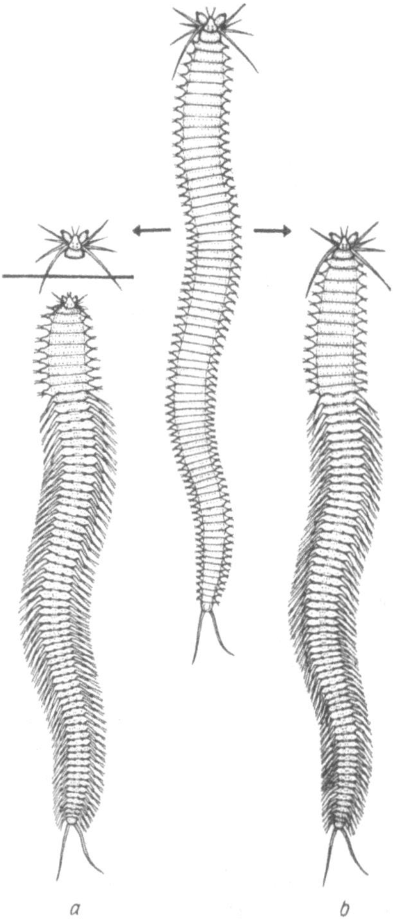

Abb. 69. Hemmungswirkung des Gehirns auf die Geschlechtsreife bei *Platynereis*. a) Auslösung der Epitokie durch Dekapitation; b) normale Epitokie infolge Einstellens der Produktion des Gehirnhormons. (Nach Untersuchungen von DURCHON)

Auch das Schwärmverhalten von *Platynereis dumerilii*, das in rhythmischen Perioden unmittelbar nach Beendigung der Metamorphose einsetzt, wird durch ein Neurohormon des Gehirns gesteuert. Dafür spricht, daß sich das Schwärmen und seine zeitliche Verteilung von *Platynereis dumerilii* einerseits und die Sekretionstätigkeit der Gehirnzellen andererseits völlig entsprechen (HAUENSCHILD 1959, 1960, 1964). Durch Implantation verschiedener Bereiche des Gehirns ebenso wie durch Injektion von Gehirnextrakten in isolierte Hinterenden unreifer Individuen müßte verhältnismäßig unschwer der experimentelle Beweis für diese zunächst auf Analogien beruhende Schlußfolgerung zu erbringen sein. Die Hemmwirkung auf die Ausreifung der Gonaden kann entweder durch den Gehirnfaktor allein oder durch ein Gleichgewicht zwischen ihm und einem aus den Keimzellen stammenden antagonistisch wirkenden Hormon bedingt sein.

Die Keimzellen sondern ebenfalls einen hormonalen Faktor ab. Dieser beeinflußt als ,,Geschlechtshormon" die Ausbildung sekundärer Geschlechtsmerkmale, wie sie bei der Heteronereis-Form, z. B. an den Parapodien, auftreten. Durch Implantation mehrerer Gehirne von geschlechtsreifen *Platynereis dumerilii* in dekapitierte unreife Weibchen wurde im Gegensatz zu Implantationen von Gehirnen unreifer Tiere die Ausreifung der Geschlechtsprodukte nicht verhindert. In ähnlicher Weise ist die Feststellung zu deuten, daß nach Abtrennung geschlechtsreifer Hinterenden die Umbildung des Vorderendes beeinträchtigt wird (HAUENSCHILD 1956). Wurden weiterhin in junge weibliche *Perinereis cultrifera* fast reife Oocyten implantiert, trat bei der Hälfte der Versuchstiere eine vorzeitige Epitokie auf. Sie kann damit erklärt werden, daß ein hormonaler Faktor aus den Keimzellen die Tätigkeit der neurosekretorischen Zellen des Gehirns hemmt, wodurch der Hemmfaktor der Vorgänge für die Geschlechtsreifung ausgeschaltet wird und somit eine frühzeitige Metamorphose einsetzt.

Bei Sylliden ergaben Zerschneidungs- und Exstirpationsversuche, daß die Stolonisation verschiedener Arten (*Syllis prolifera, Syllis amica, Syllis vittata, Trypanosyllis zebra*) durch Entfernung der Proventrikelregion erzwungen werden kann (ABELOOS 1950; DURCHON 1952; JUNQUA 1957). Es ist jedoch unklar, welcher Quelle der Hemmfaktor für die Stolonisation entstammt. Nach Untersuchungen des hemmenden Einflusses der Proventrikelregion auf die Stolonisation und die Ausbildung der Eier bei *Autolytus prolifer* vermutet HAUENSCHILD (1959), daß Drüsenzellen der entsprechenden Bauchmarksregion für die Stolonisation verantwortlich sind. Obgleich es zur Zeit nicht möglich ist, alle Erscheinungen der geschlechtlichen Fortpflanzung und die Wirkung der Faktoren völlig zu erklären, sind Vorkommen und Beteiligung von Hormonen bei Polychaeten unbestritten. Nach allem spielen hierbei Neurohormone eine entscheidende Rolle.

b) Oligochaeten

Bei Oligochaeten besteht nach den experimentellen Befunden an *Eisenia foetida* ebenfalls eine neurokrine Kontrollfunktion der Reifung der Geschlechtsprodukte (HERLANT-MEEWIS 1956, 1959, 1962). Wird bei geschlechtsreifen Eisenien der Schlundring mit den anhängenden Blutgefäßen entfernt, kommt es zur Unterbrechung der Eiablage. Sie setzt erst wieder ein, wenn das Nerven- und das Blutgefäßsystem regeneriert sind. Versuche, bei denen die einzelnen Bereiche des Nervensystems getrennt entfernt worden waren, zeigten, daß die Zeit bis zur Wiederaufnahme der Eiablage verschieden ist, je nachdem, welche Bezirke des Nervensystems ausgeschaltet worden waren. Die Entfernung des Schlundringes unterbricht die Geschlechtstätigkeit am längsten. Weniger ausgedehnt ist dies nach der Entfernung von Gehirn und Unterschlundganglion. Bemerkenswert erscheint, daß auch nach experimenteller Ausschaltung des Bauchmarkes eine wenn auch zeitlich gegenüber den anderen Operationen deutlich geringere Einflußnahme auf die Wiederherstellung normaler Geschlechtsverhältnisse zutage tritt.

Die Wiederaufnahme der Geschlechtsfunktion fällt mit dem Erscheinen neurosekretorischer Zellen innerhalb des Nervenregenerats zusammen. Daher kann man annehmen, daß das Inkret der neurosekretorischen Zellen die Gonadenfunktion steuert.

Zwei Erscheinungen treten auf: Entwicklungsstillstand bei beiderlei Arten von Keimdrüsen und Rückbildungserscheinungen bis zu völligem Verschwinden der äußeren Geschlechtsmerkmale und des Clitellarapparates. Allerdings kann nach den bisherigen Versuchen nicht gesagt werden, ob beide Prozesse auf denselben Wirkungsfaktor zurückzuführen sind. Denkbar wäre immerhin die Möglichkeit, daß die äußeren Rückbildungen eine Sekundärerscheinung darstellen, die auf der Stillegung der Keimdrüsentätigkeit durch den neurokrinen Faktor beruhen. In dieser Hinsicht ist aufschlußreich, daß ebenso wie der Wiedereintritt der Geschlechtsreife auch die Wiederherstellung der äußeren Geschlechtsmerkmale mit dem Zeitpunkt des Wiederauftretens der neurosekretorischen Zellen zusammenfallen. Die an diesem Objekt erbrachten Befunde dürften zu weiteren Experimenten an geeigneten Oligochaeten anregen, durch die sich das Verständnis für die hormonalen Kontrollfunktionen bei dieser Tiergruppe vertiefen werden. Inzwischen zeigte sich auch bei anderen Oligochaeten, daß die Spermiogenese durch Entfernung des Zentralnervensystems blockiert wird (SAUSSEY 1963).

Von allgemein endokrinologischer Bedeutung ist die Feststellung, daß *neurohormonale* Faktoren die Geschlechtstätigkeit kontrollieren.

2. Hormonale Regulation der Gonaden bei Mollusken

Von neueren Befunden bei Cephalopoden abgesehen, können die übrigen Beobachtungen über die Beeinflussung der Geschlechtstätigkeit bei Mollusken lediglich als erste Hinweise auf die Möglichkeit einer auch hier bestehenden hormonalen Kontrolle bewertet werden. Bei dem in vielerlei funktioneller Hinsicht vorhandenen Niveauunterschied, der zwischen den Cephalopoden und den anderen Klassen der Mollusken vorliegt, kann damit gerechnet werden, daß ebenfalls die hormonalen Kontrollmechanismen beider Gruppen Unterschiede aufweisen. Es ist daher zu erwarten, daß weitere Untersuchungen über die hormonale Regulation gerade der Mollusken wichtige Erkenntnisse in vergleichend-endokrinologischer Hinsicht erbringen.

a) Bivalvier

Bei Muscheln könnte man höchstens auf Grund zeitlicher Übereinstimmung zwischen den Phasen der Neurosekretion und dem Sexualzyklus (GABE 1951; LUBET 1955) auf eine hormonale Kontrolle der Geschlechtstätigkeit schließen (S. 22). Experimentelle Befunde hierzu fehlen fast völlig. Nach Befunden bei der Miesmuschel *Mytilus* übt das Gehirn einen hemmenden Einfluß auf den Laichvorgang aus (BREESE, MILLEMANN und DIMICK 1963).

b) Gastropoden

Auch bei verschiedenen Gastropoden bestehen zeitliche Beziehungen zwischen der Tätigkeit neurosekretorischer Zellen einzelner Ganglien und der Gonadenentwicklung (GABE 1953; HERLANT-MEEWIS und VAN MOL 1959), die aber wie im Falle der Muscheln nur Analogieschlüsse erlauben (WAUTIER, PAVANS DE CECCATTY, RICHARDOT, BUISSON und HERNANDEZ 1962) (S. 22).

Um so aufschlußreicher erscheinen die experimentellen Befunde über das Vorkommen von Neurohormonen in dem Augententakel und dem Gehirn der beiden Pulmonaten-Arten, *Arion subfuscus* und *Arion ater*, welche das Eiwachstum und die Spermienbildung kontrollieren (PELLUET und LANE 1961). Die Entfernung der Augententakel junger Tiere führt zu einer Erhöhung der in den Acini der Zwitterdrüse ausgebildeten Eier. Sekundär kann dies durch Injektion von Tentakelextrakt in tentakellose Tiere wieder unterdrückt werden (Abb. 70). Der hormonale Faktor der Tentakel, dessen

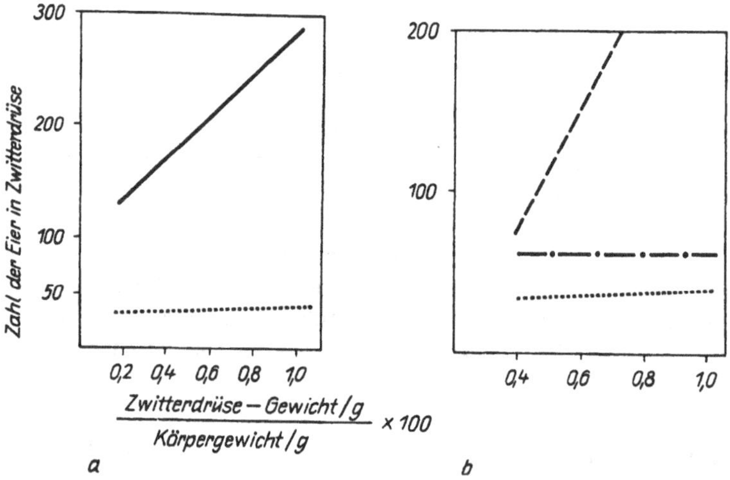

Abb. 70. Zunahme der Eizahl in der Zwitterdrüse von *Arion subfuscus* a) Nach Entfernung der Augententakel. b) Nach Injektion von Gehirnextrakt in augententakellose Tiere (-----) ist die Eizahl noch weiter erhöht. Injektion von Augententakel-Extrakt in tentakellose Tiere kompensiert dagegen das besondere Eiwachstum (– · – · –). Zum Vergleich das Verhalten normaler, nicht operierter Tiere als Kontrolle, bei denen keine Eivermehrung eingetreten ist (........). (Nach PELLUET und LANE 1961)

Bildungsort bestimmte, in der Tentakelspitze liegende, von Blutlakunen reich versorgte Nervendrüsenzellen darstellen, hemmt bei jungen Tieren das Eiwachstum. Außerdem muß noch die Beteiligung eines neurohormonalen Faktors des Gehirns angenommen werden, denn Injektion von Gehirnextrakten in tentakellose Tiere ruft eine zusätzliche Steigerung des Eiwachstums hervor (Abb. 70b). Ungewöhnlich hohe Dosen des Gehirnfaktors scheinen die Wirkung des hemmenden Tentakelfaktors auszugleichen, bzw. – wie in diesem Fall –, das durch den Wegfall des Tentakel-Hemmungshormons bereits stimulierte Eiwachstum noch zu verstärken. Auf Grund des Verhaltens gegenüber verschiedenen Solventien wird angenommen, daß beide Faktoren entweder Proteide oder Glykoproteide sind. Wahrscheinlich werden in jungen Tieren beide Faktoren gebildet. Bei der proterandrischen Form unterdrückt der Tentakelfaktor das Eibildungshormon des Gehirns, so daß nur Spermien zur Ausbildung gelangen. Später wird das Eibildungshormon aktiv und nicht mehr völlig vom Tentakelhormon gehemmt. In älteren Tieren besteht demnach eine Balance zwischen den Hormonen, wodurch sich die Ausbildung beider Arten von Geschlechtszellen erklärt.

Zur *Frage des Vorkommens von Geschlechtshormonen* sind die bisherigen experimentellen Ergebnisse widersprechend. Während in früheren Versuchen bei Limaciden und Arioniden, in denen die Gonade entfernt worden war, Rückbildungen der Anhänge der Geschlechtsausführgänge beobachtet wurden (ABELOOS 1943; LAVIOLETTE 1954, 1956), ergaben neuerdings Experimente der Gonadektomie bei *Helix aspersa* keine Hinweise für eine hormonale Kontrolle des Genitaltraktus und seiner Anhangsorgane durch die Zwitterdrüse (GODDARD 1960). Dieses negative Ergebnis erlaubt allerdings auch keine eindeutigen Schlußfolgerungen, da bei der Mehrzahl der operierten Tiere die Ausschaltung der Gonade unvollständig war, denn es fanden sich bei histologischen Überprüfungen später noch intakte Drüsenschläuche der Gonade mit Oocyten und Spermien.

Einen experimentell bisher ungenügend bearbeiteten Fall, der auf die Wirkung von Sexualhormonen bei der Ausbildung sekundärer Geschlechtsmerkmale hinweist, stellt die Strandschnecke *Littorina littorea* dar. Mit dem normalen Jahreszyklus sind die Gonaden ebenso wie Penis, Vesicula seminalis und Prostata im Frühjahr besonders ausgebildet. Mit dem Einstellen der Keimdrüsentätigkeit werden auch die Nebenapparate rückgebildet (LINKE 1933). Bei parasitischem Befall der Hoden durch Trematoden-Entwicklungsstadien, der zur völligen Zerstörung der Gonaden führen kann, bleiben auch die anderen Teile des Geschlechtsapparates rudimentär. Die Entwicklung der sekundären Geschlechtsmerkmale scheint durch Sexualhormone bedingt zu sein. Dafür spricht, daß zwei andere Arten (*Littorina obtusata* und *Littorina rudis*) zwar keinen saisonbedingten Rhythmus der Geschlechtstätigkeit aufweisen, bei parasitärem Trematoden-Befall aber die äußeren Geschlechtsmerkmale zurückgebildet werden (LINKE 1934). Es ist dabei aber kaum anzunehmen, wie dies von ROHLACK (1959) zu beweisen versucht wird, daß die verantwortlichen Sexualhormone Oestrogene sind. Einmal wird diese Stoffgruppe auch bei *Littorina* recht unspezifisch in verschiedenen Organen festgestellt, zum anderen bleibt die naheliegende Frage nach der möglichen Bedeutung der Neurohormone hierbei völlig unberücksichtigt. Neurosekretion tritt aber auch bei *Littorina* in den Ganglien auf (GABE 1953; GORF 1961).

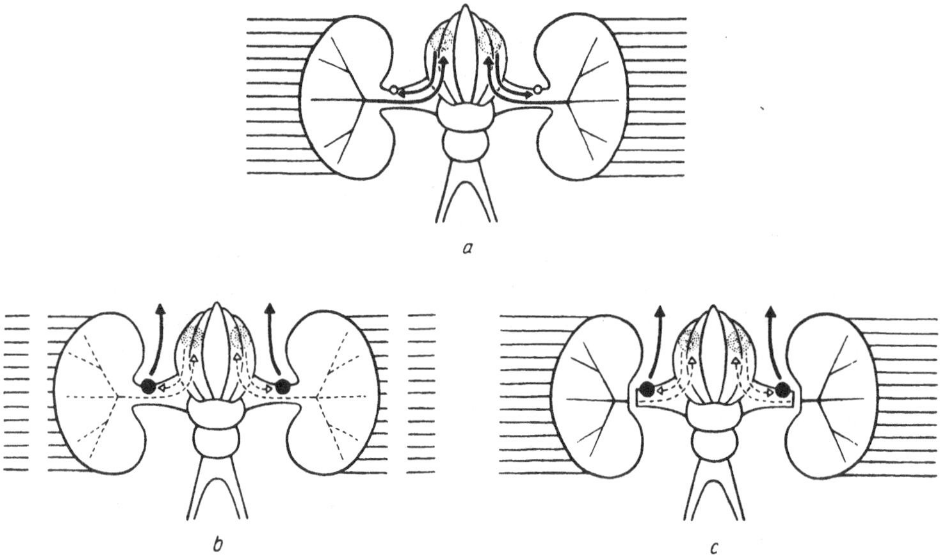

Abb. 71. Übersicht über den hormonalen Kontrollmechanismus der sexuellen Reife bei *Octopus*. a) Zustand beim unoperierten unreifen Tier: Die Sekretion der optischen Drüse wird durch einen vom Gehirn ausgehenden und durch Licht stimulierten nervösen Hemmeffekt verhindert. b) Anregung der Sekretion der optischen Drüse und dadurch ausgelöste Vergrößerung der Gonaden: Durch Wegfall der Lichtstimulation Ausschaltung der nervösen Hemmwirkung auf die optische Drüse. c) Experimentell erzeugte Aktivität der optischen Drüse durch Ausschaltung der Lichtstimulation und damit Wegfall der nervösen Hemmwirkung auf die Drüsentätigkeit nach beidseitiger Durchtrennung des Lobus opticus. (Nach WELLS 1960)

c) Cephalopoden

Die Gonaden werden von der bei allen Dibranchiaten vorhandenen Augendrüse kontrolliert (WELLS und WELLS 1959; WELLS 1960). Diese sitzt als kleines sphärisches Gebilde paarig am Augenstiel und besteht aus sogenannten Hauptzellen und Bindegewebszellen (Abb. 71;

S. 105). Die Hauptzellen produzieren Sekrete, die in das Drüsenlumen abgeschieden und als verantwortlich für die Stimulation der Gonadentätigkeit angesehen werden.

Die Funktion der Augendrüse unterliegt nervöser Steuerung. Durch Ausschalten der vom Gehirn ausgehenden Hemmwirkung auf die Augendrüse infolge Durchschneidens der Nerven bzw. Entfernung bestimmter Bereiche des Oberschlundganglions wird bei jungen Tieren eine Vergrößerung der Drüse und, damit zusammenhängend, erhöhte sekretorische Aktivität der Hauptzellen stimuliert (Abb. 71). Einseitige Durchtrennung der Nervenverbindung führt auf der operierten Seite zu einer Vergrößerung. Die Wirkung auf die Gonaden ist dieselbe wie bei beidseitiger Nervendurchtrennung.

Das Sekret der Augendrüse induziert die Reifung der Gonaden. Bei Weibchen kommt es gleichzeitig zur Entwicklung der Eileiter. Nach Entfernung der paarigen Augendrüse unreifer *Octopus* werden weder das sexuelle Verhalten noch die Entwicklung der Gonaden gefördert, die weiterhin auf dem unreifen Stadium verharren.

Aus den Ergebnissen dieser Versuche ist zu folgern, daß die sexuelle Reife bei *Octopus* (und wahrscheinlich bei allen mit einer Augendrüse ausgestatteten Cephalopoden) durch Faktoren aus den Augendrüsen verursacht wird, deren Sekretion unter normalen Verhältnissen durch nervöse Einflüsse aus dem Oberschlundganglion gehemmt wird. Blendungsversuche und Durchschneidung des Nervus opticus zeigten, daß die Hemmzentren des Gehirns selbst wiederum unter dem Lichteinfluß stehen, Durchschneiden des Opticusnervs bewirkt Zunahme des Gonadengewichts, was auf die Inaktivierung des nervösen Hemmzentrums zurückzuführen ist.

3. Hormonale Regulation der Geschlechtsfunktion bei Insekten

Die Entwicklung des Ovars der Insekten wird durch die Corpora allata und die medianen neurosekretorischen Zellen des Gehirns kontrolliert. Unklarer dagegen ist, ob auch die Hodenentwicklung einer unmittelbaren hormonalen Steuerung unterliegt, obgleich die Corpora allata männlicher Tiere in qualitativer und quantitativer Hinsicht über die gleichen Hormonverhältnisse wie die Weibchen verfügen. Das zeigen Implantationsversuche von Corpora allata aus männlichen Spendertieren in allatektomierte Weibchen. Der hormonale Einfluß der Corpora allata bei der Eireifung erstreckt sich vor allem auf die Dotterbildung. Bei manchen Insekten allerdings fehlt diese hormonale Kontrolle.

Nach Untersuchungen an Blattiden scheinen dort die Corpora allata auf die Spermiogenese und auf die Ausbildung der Spermien eine Hemmwirkung auszuüben. Damit ließe sich erklären, daß mit der Erniedrigung des Juvenilhormontiters im letzten Larvenstadium bereits die Ausreifung der Spermien erfolgt. Zugleich würde die Beobachtung verständlich, daß mit der bei jüngeren Larven durch Exstirpation der Corpora allata erzwungenen vorzeitigen Adultentwicklung auch eine frühzeitige Spermiogenese einsetzt (Mulkern und Lawson 1957). Dementsprechend kann die Entfernung der Corpora allata bei reifen Männchen keine Rückwirkung auf die Entwicklung der Geschlechtsprodukte besitzen.

a) Gonadotrope Wirkung der Corpora allata

Die gonadotrope Hormonwirkung ist bei Vertretern zahlreicher Insektenordnungen, erstmalig bei der Wanze *Rhodnius prolixus*, nachgewiesen worden. Operative Entfernung der Corpora allata, wie sie mit der Dekapitation verbunden ist, zieht Einstellen des Oocytenwachstums und schließlich Degeneration der Eizellen nach sich (Wigglesworth 1934). Der Ausfall kann durch Implantation von Corpora allata in das Abdomen dekapitierter Tiere, wie auch durch Parabiose mit normalen Imagines beiderlei Geschlechts ausgeglichen werden. Prinzipiell ähnliche Ergebnisse erbrachten spätere Versuche mit der Wanze *Oncopeltus fasciatus* (Johansson 1954, 1958). Hungertiere sind nicht mehr zur normalen Entwicklung der Eier befähigt. Zusätzlich implantierte Corpora allata normal gefütterter Spender bewirken jedoch Ausreifung der Ovarien. Der Mangel an Nährstoffen wirkt sich hier wie auch in anderen Fällen offenbar nicht direkt auf die Gonaden, sondern primär in einer Unterfunktion der Corpora allata aus (v. Harnack 1958).

In ähnlicher Weise ist bei der Heuschrecke *Melanoplus differentialis* schon länger erwiesen, daß die Entfernung der Corpora allata Hemmung des Eiwachstums und Einstellen der Sekretionstätigkeit der Ovidukte zur Folge haben (Pfeiffer 1939, 1945). Bei verschiedenen Dipteren wurde der hormonale Einfluß der Corpora allata durch Exstirpation der gesamten Ringdrüse wie auch nur durch deren Corpora-allata-Anteil erwiesen. So bewirkte bei frischgeschlüpften Weibchen von *Lucilia* und *Calliphora* die Entfernung der Corpora allata Hemmung der Ovarienentwicklung (THOMSEN 1940). Ganz entsprechende Ergebnisse erzielte DAY (1943) nach Exstirpation der gesamten Ringdrüse. Aus Implantationsversuchen mit Ringdrüsen des 1. Larvenstadiums von *Drosophila* in allatektomierte *Drosophila*-Weibchen läßt sich schließen, daß bereits die Drüsen der jüngsten Larvenstadien das gonadotrope Prinzip aufweisen, da diese die Ovarien zur Reife veranlassen (VOGT 1943).

Diese Wirkung der Corpora allata auf die Ovarentwicklung ist außerdem u. a. in Experimenten bei der Schabe *Leucophaea maderae* (B. SCHARRER, 1946; JOHANSSON 1955; ENGELMANN 1957, 1962; ENGELMANN und LÜSCHER 1957), bei anderen Blattariern (ENGELMANN 1959; ROTH und STAY 1959), bei *Dytiscus* (JOLY 1945), *Locusta migratoria* (JOLY 1958, 1960), bei *Pieris brassicae* (KALINSKY 1962, 1963) und bei dem Ohrwurm *Anisolabis maritima* (OZEKI 1958, 1959) festgestellt worden. Offenbar sind die Ovarien erst nach der Metamorphose für das gonadotrope Hormon empfindlich (GIRARDIE 1962).

Eine weitere Bestätigung und darüber hinaus ergänzende interessante Einblicke haben die Untersuchungen an Stechmücken erbracht (DETINOWA 1945; CLEMENTS 1956; GILLETT 1956, 1958; LARSEN 1958; LARSEN und BODENSTEIN 1959; LEA 1963). Arten wie *Culex pipiens* und *Aedes aegypti* benötigen für die Ausbildung der Eier eine vorherige Blutmahlzeit, andere dagegen, wie *Culex molestus*, vermögen ihre Eier ohne diese zur Reife zu bringen. Dieser Unterschied beruht jedoch nicht auf den spezifischen Eigenschaften der verschiedenen Ovarien oder auf verschiedenen Nährstoffreserven der betreffenden Arten, sondern auf einer zeitlich unterschiedlichen Ausschüttung des für alle Ovarien erforderlichen Hormons der Corpora allata. Den Beweis liefern die Ergebnisse homo- und heteroplastischer Transplantationen von Ovarien. Die Ovarien von *Culex molestus*, die sich in eigener Umgebung ohne Blutmahlzeit entwickeln, reifen nach Transplantation in *Culex pipiens* oder *Aedes aegypti* als Wirtstiere nicht. Nach Verabreichung einer Blutmahlzeit dagegen kommt es auch in den transplantierten Gonaden zur Oogenese. Umgekehrt entwickeln sich die Ovarien aus den anautogenen Arten *Culex pipiens* und *Aedes aegypti* nach Transplantation in autogene *molestus*-Wirte, ohne daß diesen eine Blutmahlzeit geboten wird.

Bei den autogenen Arten übt vermutlich die mit der Blutaufnahme verbundene Füllung des Magens einen nervösen Reiz auf das Gehirn aus, wodurch auf nervösem oder hormonalem Wege die Corpora allata zur Abgabe des gonadotropen Faktors veranlaßt werden. Für diese Deutung spricht der Befund, daß Mitteldarmerweiterungen, die auf verschiedene andere Weisen herbeigeführt wurden, ebenfalls eine Eientwicklung auslösten. Andererseits haben Blutinjektionen direkt in die Leibeshöhle bei *Culex pipiens* oder *Aedes aegypti* keine Wirkung auf die Eientwicklung. Den endgültigen Beweis, daß die Eientwicklung durch die Corpora allata kontrolliert wird, liefern die Transplantationsversuche von Corpora allata aus *Culex molestus* in nichtblut-

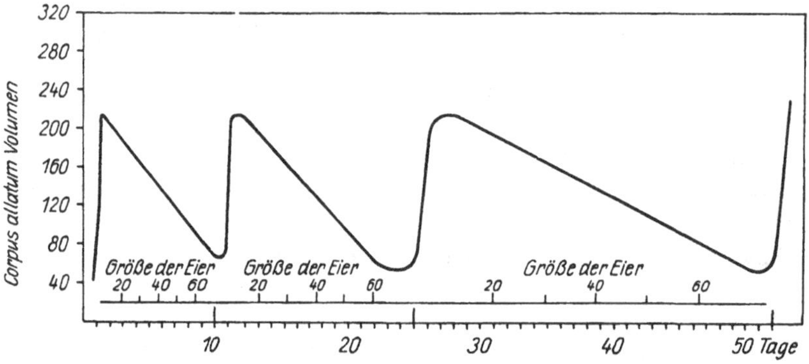

Abb. 72. Volumen der Corpora allata in Beziehung zu dem Fortpflanzungszyklus bei der Schmeißfliege *Calliphora erythrocephala*. (Verändert nach STRANGWAYS-DIXON 1961)

gefütterte *pipiens*-Wirte, denn dadurch wurde die Eientwicklung ohne die normalerweise bei dieser Art erforderliche Blutmahlzeit in Gang gebracht. Ebenso können Extrakte der Corpora allata aus *Periplaneta* in nichtgefütterte Weibchen von *Culex pipiens* und *Aedes aegypti* die Gonadenentwicklung stimulieren.

Nach den Untersuchungen an der Schmeißfliege *Calliphora erythrocephala* erstreckt sich der Einfluß der Corpora allata auf die Aufnahme und den Verbrauch an Kohlenhydraten (STRANGWAYS-DIXON 1959 bis 1962). Die Entfernung der Corpora allata allein oder bei gleichzeitiger Kastration junger, frisch geschlüpfter Weibchen führt zu stark erniedrigter Aufnahme von Kohlenhydraten. Demgegenüber scheinen die neurosekretorischen Zellen der pars intercerebralis an der Kontrolle des Eiweißstoffwechsels beim Eiwachstum beteiligt zu sein (HIGHNAM 1963; HIGHNAM, LUSIS und HILL 1963; HILL 1963).

Die zyklische Aktivität der Corpora allata, die in enger zeitlicher Beziehung zur Eireifung steht, kennzeichnet ebenfalls ihre Bedeutung für das Eiwachstum (Abb. 72). Implantation aktiver Corpora allata in trächtige Weibchen der Schabe *Leucophaea* 4 bis 5 Wochen nach der Ovulation führte in einem wesentlich höheren Prozentsatz zur Eireifung als nach Implantation inaktiver Drüsen (ENGELMANN 1962).

Wahrscheinlich ist jedoch an der Eireifung nicht allein das Hormon der Corpora allata, sondern auch in diesem Fall der gesamte endokrine Apparat beteiligt. Eine genaue funktionelle Aufgliederung ist dabei jetzt allerdings noch nicht möglich. Verschiedene Feststellungen sprechen dafür, daß die Corpora allata in bezug auf die Steuerung der Ovarreifung in funktionellem Antagonismus zu den Prothoracaldrüsen stehen. Ihre Implantation in trächtige Weibchen der Schabe *Leucophaea* sofort nach Entfernen des Eipaketes verhindert eine Dotterbildung der folgenden Eigeneration. Gleichzeitig bleibt die sonst nach Entfernung des Eipaketes einsetzende Aktivität der Corpora allata aus. Dies zeigt an, daß die Hemmwirkung der Prothoracaldrüsen auf die Eireifung nicht direkt, sondern über die Corpora allata erfolgt (ENGELMANN und LÜSCHER 1957).

Andererseits ist aus den Versuchen mit der Wanderheuschrecke *Locusta migratoria* zu entnehmen, daß umgekehrt die totale Entfernung der Ventraldrüsen die Ovarentwicklung blockiert, sofern sie vor der kritischen Periode im 4. Larvenstadium vorgenommen wird (STRICH-HALBWACHS 1958). Dies würde im Gegensatz zu *Leucophaea* auf eine unmittelbare Stimulierung der Eientwicklung durch die Ventraldrüsen hindeuten. Bestärkt wird diese Vermutung durch den Befund, daß die Exstirpation dieser Drüsen nach der kritischen Periode erwartungsgemäß zu einer weiteren Häutung und einem allerdings stark verzögerten Oocytenwachstum führt, das aber schließlich in eine degenerative Phase ausmündet. Eine verständliche Erklärung dieser widersprechenden Feststellungen ist jetzt nicht möglich. Vermutlich ist sie in der Verknüpfung der Wirkung mit den anderen endokrinen Anteilen zu suchen, die bisher hierbei noch unberücksichtigt geblieben sind.

Die Kontrolle über die gonadotrope Funktion der Corpora allata wird über das Gehirn sowohl auf nervösem als auch auf hormonalem Wege ausgeübt. Unterschiedlich sind die Auffassungen, welchem der beiden Mechanismen die größere Bedeutung zuerkannt werden kann.

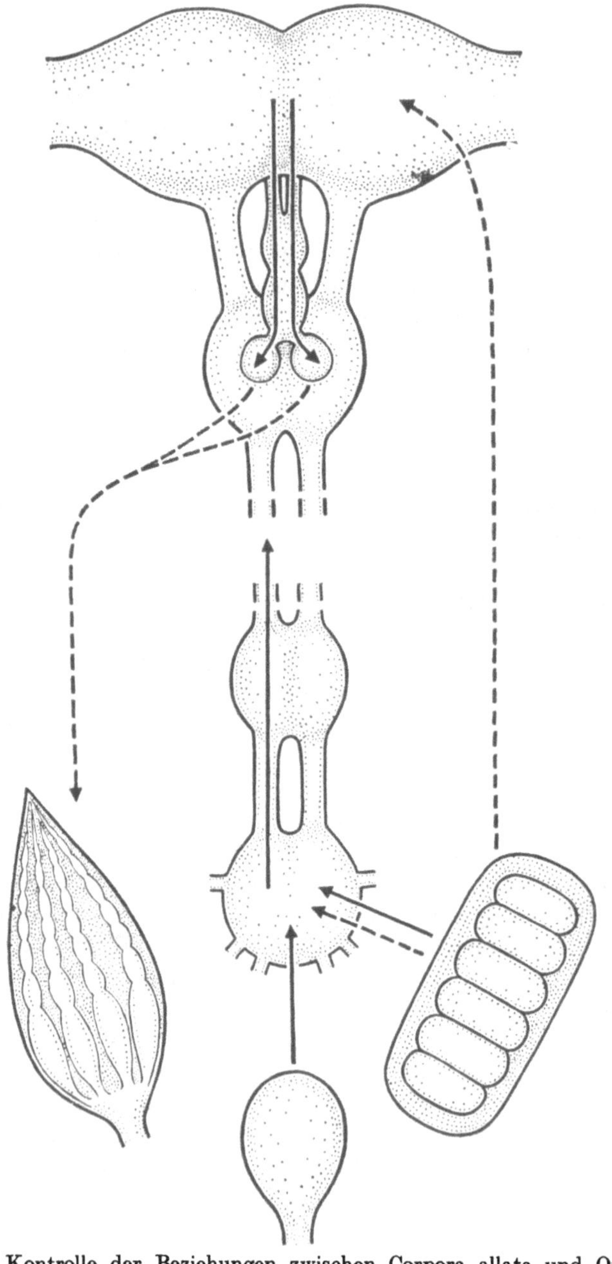

Abb. 73. Kontrolle der Beziehungen zwischen Corpora allata und Ovar bei *Leucophaea*. (Nach ENGELMANN 1962, verändert). – – – – → Hormonale Kontrolle, ———→ nervöse Kontrolle

Für nervöse Regulation spricht der bei verschiedenen Insekten nachgewiesene Befund, daß die Durchtrennung der Nervi corpori allati, die die Verbindung zwischen Gehirn und Corpora allata darstellen, Aktivierung und Vergrößerung dieser Drüsen zur Folge hat. Dies zeigen die Beobachtungen bei den Schaben *Leucophaea maderae* (SCHARRER 1952; ENGELMANN und LÜSCHER 1957) und *Diploptera punctata* (ENGELMANN 1959) sowie bei der Stabheuschrecke *Carausius morosus* (zit. nach ENGELMANN 1957). Eine Vergrößerung der Corpora allata nach Durchtrennung ihrer Nervenverbindung mit dem Gehirn stellte bereits DAY (1943) in beiden Geschlechtern von *Sarcophaga* fest. Aus diesen Tatsachen ergibt sich die Schlußfolgerung, daß die Funktion der Corpora allata durch Nervenimpulse gehemmt wird.

Bei der Schabe *Leucophaea* besteht nach den Untersuchungen von ENGELMANN (1957, 1962) folgender Kontrollmechanismus des weiblichen Fortpflanzungszyklus (Abb. 73). Die mit der Begattung der Weibchen im Genitalapparat empfangenen Stimuli werden über das Abdominalganglion und das Bauchmark dem Gehirn zugeleitet. Damit wird die Hemmwirkung auf die Corpora allata eingestellt. Die Corpora allata sezernieren ein gonadotropes Hormon, das die Dotterbildung in den Oocyten verursacht und die akzessorischen Drüsen aktiviert.

Nach der Ovulation und Lagerung der Eier im Brutsack werden die Corpora allata erneut durch das Gehirn gehemmt. Möglicherweise wird von reifen Eiern im Uterus ein stofflicher Faktor abgegeben, der aktivierend auf das Hemmzentrum des Protocerebrums wirkt. Nach den Befunden von ROTH und STAY (1959) ist die Hemmwirkung der Ootheken auf das Gehirn nervöser Natur, der von Druck- und Berührungsreizen ausgeht. Durchschneidung des Bauchmarkes hebt die auf das Gehirn sich erstreckende Hemmwirkung auf. Bei der viviparen Blattide *Diploptera punctata* konnten durch künstliche Reizung mit einer Glasspermatophore die durch Begattung und Geburt verursachten Effekte imitiert und die dadurch erzielten Erregungen über das Bauchmark dem Gehirn zugeleitet werden (ENGELMANN 1959). Der vom Gehirn ausgehenden Hemmwirkung steht die fördernde Aktivität des Unterschlundganglions antagonistisch gegenüber.

Bei der Schmeißfliege *Calliphora erythrocephala* unterliegt die rhythmische Aktivität der Corpora allata einer hormonalen Steuerung (STRANGWAYS-DIXON 1962). Denervierung der Drüsen verhindert weder Bildung noch Abgabe, sondern lediglich die Speicherung des Sekretes.

b) Wirkung des Corpora-allata-Hormons auf die Geschlechtsanhangsdrüsen

Verschiedentlich wirkt sich die Entfernung der Corpora allata außer auf das Ovar selbst auch auf den Ausbildungszustand und die Aktivität der akzessorischen Geschlechtsanhangsdrüsen aus, indem sie ihre Sekretionstätigkeit einstellen. Beispiele hierfür bieten *Leucophaea maderae* (B. Scharrer 1946; Johansson 1955), *Diploptera punctata* (Engelmann 1959), *Melanoplus differentialis* (Pfeiffer 1939) und *Rhodnius prolixus* (Wigglesworth 1936). Die Kopulationsbereitschaft wird bei den Schaben *Leucophaea maderae* und *Byrsotria fumigata* durch das Hormon der Corpora allata gefördert (Engelmann 1960; Barth 1962). Reimplantation dieser Drüsen in allatektomierte Weibchen führt meistens zu einer baldigen Kopulation.

Bei dem Ohrwurm *Anisolabis maritima* bewirkt Exstirpation der Corpora allata auf dem vorletzten Larvenstadium Abnormitäten der Genitalorgane, besonders des Ductus ejaculatorius. Umgekehrt entstehen durch Implantation der Corpora allata aus Imagines oder Larven überzählige Larvenstadien mit nymphalen, aber wiederum abnorm gestalteten Genitalorganen. Eine hormonale Beeinflussung dieser Verbildungen ist insofern anzunehmen, als die durch erhöhte Temperatur erzielten Abnormitäten davon deutlich unterschieden sind (Ozeki 1959).

Verkleinerung der akzessorischen Drüsen erfolgt bei allatektomierten Weibchen von *Calliphora erythrocephala* (Thomsen 1942). Andererseits war bei den beiden verwandten Dipteren-Arten *Lucilia* und *Sarcophaga* keinerlei Wirkung des Corpora-allata-Hormons auf die akzessorischen Drüsen feststellbar (Day 1942).

Obwohl in den meisten Fällen die Corpora allata auf die Ausbildung des weiblichen Geschlechtsapparates Einfluß haben, ist neuerdings bei der Wüstenheuschrecke *Schistocerca gregaria* eine solche Kontrolle auch im männlichen Geschlecht erkannt worden (Loher 1960, 1961). Reife Männchen von *Schistocerca*, die sich durch ihre gelbe Färbung von unreifen unterscheiden, bilden in der Epidermis einen Stoff (Pheromon), der bei unreifen Tieren den Reifungsvorgang beschleunigt. Exstirpation der Corpora allata auf dem letzten Larvenstadium hat zur Folge, daß die Ausbildung der Geschlechtsanhangsdrüsen, die Bildung des Pheromons und somit die Wirkung auf andere unreife Artgenossen wie auch die für die reifen Tiere charakteristische Gelbfärbung unterbleiben (Abb. 74). Die verschiedenen Ausfallserscheinungen können durch Reimplantation von Corpora allata wieder beseitigt werden. Selbst bei männlichen Imagines stellen sich nach Exstirpation der Corpora allata die Charakteristika der Unreife, wie Nachlassen des sexuellen Verhaltens, Verblassen der Gelbfärbung und Verminderung der epidermalen Sekretion ein. Die Corpora allata üben im männlichen Geschlecht von *Schistocerca* eine dauernde Kontrolle auf den Reifezustand aus. Ihre Stimulation erfolgt wahrscheinlich auf nervösem Wege über die Antennen und das Gehirn. Die von den Antennen wahrgenommene Erregersubstanz ist das Pheromon, das von reifen Männchen in der Epidermis produziert und ausgeschieden wird (S. 6).

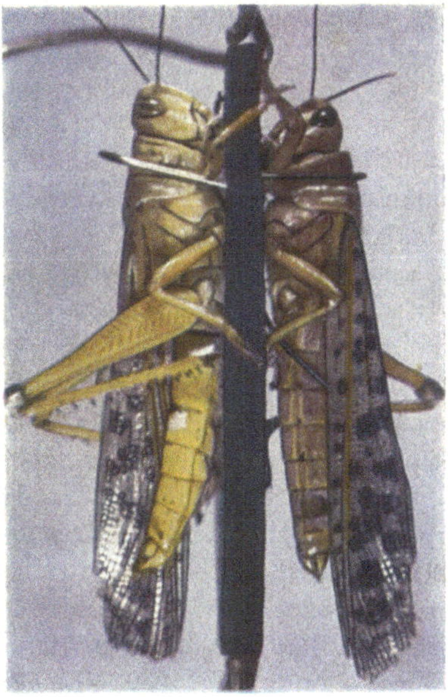

Abb. 74. Männchen von *Schistocerca gregaria*. Dem rechten Tier waren im Alter von 4 Wochen die Corpora allata entfernt worden. 3 Wochen nach Operation fast völliger Verlust der Gelbfärbung. Links Kontrolltier gleich alt in der typischen Ausfärbung. (Original von LOHER 1960)

c) Beziehung gonadotropes Hormon-Juvenilhormon

Hinsichtlich der Frage, ob die Corpora allata außer dem Juvenilhormon noch ein weiteres gonadotropes Hormon ausscheiden oder ob es sich um ein und denselben Faktor handelt, spricht vieles für die zweite Auffassung. Wie bei der Wanze *Rhodnius* (WIGGLESWORTH 1936) vermögen die Corpora allata erwachsener Männchen auch bei anderen Insekten die Eientwicklung adulter Weibchen zu induzieren. Es ist weiterhin möglich, Corpora allata aus Larven der verschiedensten Stadien gegen solche aus Imagines auszutauschen, ohne daß eine Beeinträchtigung des Eiwachstums erfolgt. Eine weitere Stütze bilden die Befunde über die Wirkung des Farnesols (S. 342). Bei kurz nach der Fütterung dekapitierten Weibchen, denen Farnesol der Hypodermis aufgetragen wurde, kommt es zur Dotterbildung und Eireifung in der gleichen Weise, wie nach der Implantation von Corpora allata. Zahlreiche Befunde sprechen dafür, daß Juvenil- und gonadotropes Hormon identisch oder zumindest nahe verwandte Verbindungen sind (Chen, Robbins und Monroe 1962; Deoras und Bhaskaran 1963).

Demgegenüber verlieren die andersartigen Deutungen zumeist schon etwas älterer Versuchsergebnisse an Gewicht (Vogt 1943). Allerdings hat neuerdings Ozeki (1958, 1959) auf Grund von Implantationsversuchen des Corpora cardiaca—Corpora allata-Komplexes aus verschiedenen Stadien des Ohrwurms *Anisolabis maritima* die Vermutung geäußert, daß getrennt neben dem Juvenilhormon ein gonadotroper Faktor vorkommt. Solche Implantate aus jungen Larvenstadien wie auch aus Imagines erzeugen den Juvenileffekt und regen gleichzeitig die Dotterbildung der Ovarien an. Implantate des letzten Larvenstadiums besitzen dagegen nur einen Einfluß auf die Eientwicklung. Es wird daher als wahrscheinlich angesehen, daß das Corpus allatum von *Anisolabis*-Imagines wie auch von jungen Larven beiderlei Geschlechts sowohl das Juvenil- als auch das gonadotrope Hormon erzeugen, während das Corpus allatum des letzten Larvenstadiums nur den dotterbildenden Faktor ausschüttet. Durch das Fehlen des Juvenilhormons kommt es zugleich zur Metamorphose.

d) Wirkung der Kastration auf die Corpora allata

In umgekehrter Weise zur Wirkung der Corpora allata auf das Ovar besteht in Art einer „feed-back-reaction" meistens auch eine vom Ovar ausgehende Beeinflussung der Corpora allata. Sie tritt nach Kastration mit der vielfältig beobachteten Hypertrophie dieser Hormondrüse in Erscheinung (Pfeiffer 1940, 1945; Thomsen 1942; Vogt 1942; Day 1943; Bodenstein 1947; Wigglesworth 1948; v. Harnack und B. Scharrer 1956; Gersch 1960; B. Scharrer und v. Harnack 1961; Strangways-Dixon 1961). Im Gegensatz zu anderen Blattiden zeigten sich an den Corpora allata von *Diploptera punctata* nach Entfernung des Ovars keine Rückwirkungen (Engel-

MANN 1959). Nach histologischen Befunden an den Corpora allata kastrierter Weibchen von *Leucophaea maderae* ändern sich auch die Sekretionsprodukte. Hierbei handelt es sich jedoch nicht um eine für die Hormondrüsen typische Erscheinung, da ähnliche färberische Veränderungen auch in anderen Geweben auftreten (SCHARRER und v. HARNACK 1960, 1961).

Ob die an den Corpora allata durch Kastration bei Weibchen hervorgerufenen Veränderungen auf einer direkten Wirkung der Gonaden oder aber einer indirekten über das Zentralnervensystem beruhen, ist nicht eindeutig geklärt. Es ist auffällig, daß bei männlichen Tieren die Kastration zu keinen Rückwirkungen an den Corpora allata führt.

e) Fehlende gonadotrope Wirkung der Corpora allata

Die Vorstellung über die gonadotrope Wirkung der Corpora allata kann nicht ohne weiteres für alle Insekten verallgemeinert werden. Bei den Phasmiden *Carausius morosus* (PFLUGFELDER 1938, 1947; NEUGEBAUER 1961) und *Sipyloidea sipylus* (POSSOMPÈS 1956) gelangen die Gonaden auch nach vorausgegangener Exstirpation der Corpora allata zur Reifung. Ihre Entfernung selbst auf frühzeitigem Larvenstadium verhindert die Eireifung nicht. Lediglich bei der Eiablage entstanden infolge zu geringer Entwicklung der Ovidukte Schwierigkeiten.

Bei verschiedenen Schmetterlingen sind die Corpora allata ebenfalls ohne Einfluß auf die Ovarentwicklung (BOUNHIOL 1942; FUKUDA 1944; WILLIAMS 1959; ICHIKAWA und NISHIITSUTSUJI-UWO 1959). Raupen von *Bombyx mori*, denen sie im 3., 4. oder 5. Stadium entfernt wurden, vermochten befruchtungsfähige Eier abzulegen, wenngleich auch die Anzahl gegenüber Normaltieren geringer war (FUKUDA 1944; YAMASHITA, TANI und KOBAYASHI 1961). Exstirpation des Corpora-cardiaca—allata-Komplexes auf dem Puppenstadium behinderte weder die Entwicklung zum Falter noch beeinflußte dies die Entwicklung, Zahl und Ablage der Eier (WILLIAMS 1959). Bei *Philosamia cynthia* erscheint das Ausbleiben einer Rückwirkung der Allatektomie auf das Ovar um so bemerkenswerter, als hier das Corpus allatum normaler, frischgeschlüpfter Falter beträchtlich größer als im letzten Larvenstadium ist, was auf seine besondere Aktivität im Adultstadium hindeutet (ICHIKAWA-NISHIITSUTSUJI-UWO 1959).

Unklar bleibt fernerhin, wie die widersprechenden Ergebnisse bei der Schmeißfliege *Calliphora* zu erklären sind. Exstirpation der

Corpora allata bei jungen weiblichen Imagines führt nach THOMSEN (1940, 1942) zum Ausfall des Eiwachstums. Andererseits stellte POSSOMPÈS (1955, 1956) fest, daß die Entfernung der Corpora allata auf frühen Larvenstadien die Oogenese nicht wesentlich beeinträchtigt. Die unterschiedlichen Ergebnisse sind nur verständlich, wenn man annimmt, daß der auf dem Larvenstadium eingetretene Ausfall der Corpora allata späterhin anderweitig kompensiert wurde, was offensichtlich bei Exstirpation im Imagostadium nicht mehr möglich ist. Mit gewisser Einflußnahme des Gehirns (SCHARRER 1946; THOMSEN 1948, 1952; NOIROT 1957) oder auch der Prothoracaldrüsen (STRICH-HALBWACHS 1958) auf die Gonadentätigkeit ist zumindest in bestimmten Fällen zu rechnen.

f) Neurohormonale Kontrolle der Ovarfunktion

Aus experimentellen Befunden bei *Calliphora erythrocephala*, der Wanze *Iphita limbata* und der Wüstenheuschrecke *Schistocerca gregaria* ist zu erkennen, daß die Entwicklung vom neurosekretorischen System der pars intercerebralis des Gehirns hormonal mitgesteuert wird.

Diese Bedeutung des Gehirns und des Corporis allati bei der Schmeißfliege *Calliphora* zeigt die Wirkung, welche die Ausschaltung der medianen Gruppen neurosekretorischer Zellen auf das Ovar ausübt, die sich deutlich von der der Allatektomie unterscheidet (THOMSEN 1952). Es handelt sich dabei auf dem Wege über die unmittelbare hormonale Kontrolle des Eiweißstoffwechsels vermutlich um eine allgemeine Beeinflussung der Wachstumsvorgänge.

Die Beschleunigung der Eireifung, die bei *Schistocerca* erreicht werden kann, wenn die unreifen Weibchen mit reifen Männchen zusammengebracht werden, beruht auf der Wirkung eines Pheromons, das die neurosekretorischen Zellen im Gehirn aktiviert (HIGHNAM 1961, 1962). Ihre experimentelle Ausschaltung verhindert die Entwicklung der Terminaloocyten. Die erneute Implantation von Gehirn in vorher derartig operierte Tiere fördert in gewissem Maße die Ovarentwicklung. Normalerweise scheint die Kopulation die Abgabe von Neurohormon zu stimulieren. Die Funktion der neurosekretorischen Zellen beim Eiwachstum kann zugleich die Umbildung von der solitären zur gregären Phase erklären, denn es ist anzunehmen, daß die günstigere Jahreszeit und die damit verbundene höhere Stimulation der Sinnesorgane eine erhöhte Sekretionsaktivität auslöst, die ihrerseits eine größere Fertilität bewirkt und damit zur Entwicklung eines Schwarmes führt.

Bei der Termite *Calotermes flavicollis* und der Wanze *Iphita limbata* unterliegt die Eiabgabe einer neurohormonalen Kontrolle. Für den ersten Fall gründet sich dieses auf den Vergleich der histologischen Aktivität verschiedener Lebensphasen (Noirot 1957). Beachtenswert erscheint dabei, daß sich die Sekretionsrhythmik nicht nur auf die neurosekretorischen Elemente des Gehirns, sondern ebenso auch auf die Zellen der Thoracal- und Abdominalganglien bezieht.

Noch überzeugender erscheinen die experimentellen Befunde bei der Wanze *Iphita* (Nayar 1958). Ein im Blut vorhandener Faktor vermag die Eiablage zu induzieren; denn Injektion von Blut einer Spenderin, die vor der Eiablage steht, in noch nicht ausgereifte Weibchen veranlaßt diese innerhalb der recht kurzen Zeit von 1 bis 3 Stunden zur Abgabe von Eiern. Der Blutfaktor ist mit dem Neurohormon des Gehirns identisch. Das kann daraus geschlossen werden, daß die Implantation von pars-intercerebralis-Bereich mit neurosekretorischem Material in noch nicht ablegebereite Weibchen fast sofort die für die Eiablage charakteristischen Erscheinungen auslöst. Nach Mokia (1941) wird die Eiablage des Seidenspinnerweibchens *Bombyx mori* ebenfalls hormonal reguliert. Die Injektion von Blut befruchteter Weibchen in unbefruchtete löst bei diesen gewisse für begattete Tiere charakteristische Gewohnheiten aus. Allerdings ist hier die Herkunft des Wirkfaktors unbekannt. In grundsätzlich gleichartiger Richtung ist die Auslösung peristaltischer Rhythmik des Ovidukts der Stabheuschrecke *Carausius morosus* durch Gehirnextrakte zu bewerten (Enders 1955).

g) Geschlechtshormone der Insekten

Das Vorkommen von Geschlechtshormonen bei Insekten wird zumeist sehr kritisch beurteilt, wenn nicht überhaupt negiert. Hierfür sind in erster Linie die zwar schon länger zurückliegenden, insgesamt jedoch sehr umfangreichen und in ihren Ergebnissen völlig einheitlichen Kastrations-, sowie Implantations- und Transplantationsexperimente von Gonaden bestimmend, wie sie vor allem bei Schmetterlingen unternommen worden sind (Oudemans 1899; Meisenheimer 1908, 1910; Kopeč 1908, 1910, 1913/14; Klatt 1919; Prell 1914, 1915). In keinem Fall ließen sich die sekundären Merkmale durch Exstirpation der Gonaden oder durch Überpflanzen in das andere Geschlecht beeinflussen. Nicht nur morphologisch-färberische Charakteristika, sondern auch beispielsweise die Lautäußerungen der Grillen betrifft dies (REGEN 1909). Die Ergebnisse sind auch späterhin prinzipiell immer wieder bestätigt worden (PAUL 1937; SELLIER 1950; PANTELOURIS 1955).

Die bei verschiedenen Insekten in Verbindung mit parasitärer Kastration beobachtete Umbildung äußerer Geschlechtsmerkmale in Richtung einer intersexuellen Prägung bedeutet nicht zwangsläufig die Anwesenheit von Sexualhormonen. Vielmehr handelt es sich eher um eine umfassende, aber indifferente Stoffwechselschädigung, die durch den Parasiten verursacht wird und durch welche die Sexualcharaktere weitgehend reduziert werden. Auf die Literatur soll hier nicht im einzelnen eingegangen werden (vgl. hierzu v. BUDDENBROCK 1950).

Ebensowenig ist es angängig, aus dem Vorkommen von oestrogenen Stoffen bei Insekten wie auch bei anderen Tiergruppen, aus den Gonaden und anderen Organen extrahiert und an Wirbeltieren getestet, ohne weiteres auf Geschlechtshormone bei diesen Wirbellosen zu schließen (LOEWE, VOSS, RAUDENBUSCH und VAN HEUREN 1932; STEFANI 1931). Bei der weiten Verbreitung dieser Stoffgruppe im Tierreich erlaubt ein solcher Befund keine eindeutigen Rückschlüsse (STEIDLE 1931; VAN DER WENSE 1938).

Umgekehrt aber muß das Fehlen einer hormonalen Beziehung zwischen den Gonaden und den äußeren Geschlechtsmerkmalen nicht zwangsnotwendig heißen, daß grundsätzlich bei den Insekten keine Sexualhormone vorkommen. Da ursprünglich die hormonalen Verhältnisse der Wirbeltiere den Ausgang besonders auch für die Frage der Geschlechtshormone bei Wirbellosen darstellten, ist diese Schlußfolgerung allerdings gezogen worden. Man übersieht dabei jedoch, daß selbst die Sexualhormone der Wirbeltiere außer ihrer Bedeutung für die Ausbildung der sekundären Geschlechtsmerkmale auch noch in andere Funktionen regulierend eingreifen, wie z. B. die Korrelation mit der Hypophyse.

Die bisherigen Hinweise einer von den Gonaden ausgehenden hormonalen Kontrolle bei Insekten deuten darauf hin, daß sich ihre Wirkung nicht auf die Ausbildung äußerer Körpermerkmale wie bei den Wirbeltieren erstreckt, sondern daß sie in erster Linie an der Kontrolle einer koordinierten Tätigkeit der Geschlechtsdrüsen selbst beteiligt sind. Es handelt sich also um Faktoren des inneren Regulationsgetriebes sexueller Vorgänge. Experimentelle Befunde sowohl bei der Schabe *Leucophaea* (ENGELMANN 1957) als auch bei der Wanze *Iphita* (NAYAR 1958) zeigen, daß die Ovarien Stoffe abgeben, die in beiden Fällen auf das Gehirn einwirken. Bei *Leucophaea* wird auf diese Weise das regulative Allata-Zentrum veranlaßt, die Corpora allata auf nervösem Wege an der vorzeitigen Ausschüttung ihres Hormons zu hemmen. Durch die Ovariensubstanz von *Iphita* erfolgt die Stimulation der pars intercerebralis des Gehirns, deren Hormon vermutlich die Eiablage fördert. Als ein Zeichen hormonaler Funktion der Gonaden ist teilweise auch die Feststellung gewertet worden, daß Kastration zu einer Vergrößerung der Corpora allata führt (S. 220). Prinzipiell dürfte es sich dabei um die gleiche Wirkkette handeln, wie sie an den eben erwähnten beiden Beispielen *Leucophaea* und *Iphita* in Erscheinung tritt.

Kastration führt in gewissen Fällen zu einer Veränderung der Neurosekretion. B. SCHARRER (1955) stellte bei Weibchen von *Leucophaea* nach Kastration eine färberische Umstimmung bestimmter Zellen im Unterschlundganglion (sogenannte Kastrationszellen) fest. Kastrierte Männchen zeigen diese Erscheinungen nicht. In Untersuchungen an *Periplaneta americana*, bei denen männliche und weibliche Tiere im Larvenstadium und als Imagines kastriert worden waren, ergab sich, daß nicht nur Zellen des Unterschlundganglions, sondern auch ein spezieller Zelltyp in den übrigen Ganglien der Bauchkette betroffen sein können, allerdings nur dann, wenn die Kastration bei weiblichen Imagines erfolgte (GERSCH 1961). Im Gehirn sind derartige Zellen niemals anzutreffen. Die Bedeutung dieses Phänomens ist noch ungeklärt. Auch diese Verhältnisse geben einen Hinweis auf die hormonalen Beziehungen zwischen Gonade und neurohormonalem System.

Die Ovarien wildlebender Weibchen von *Drosophila melanogaster* setzen im Gegensatz zu denen einer Mutante ein Hormon frei, das den Fettstoffwechsel und in Verbindung damit die Fortpflanzungsaktivität reguliert (DOANE 1960).

Immer wieder werden schließlich Angaben über ein aus dem inaktiven Ovar kokontragender Weibchen von *Phyllodromia* stammendes Hemmungshormon zitiert (IWANOFF und MESTSCHERSKAJA 1935). Es soll in der Lage sein, reife Ovarien sowohl nach Implantation in kokontragende Weibchen als auch im in-vitro-Versuch die Eigenschaften des unreifen Ovars zu induzieren. Diese Ergebnisse, die selbst nur auf wenigen Versuchen basieren, sind niemals anderweitig eindeutig bestätigt, eher angezweifelt worden (HERRMANN 1957, unveröffentlicht). Interessanterweise verfügen die männlichen Gonaden des Leuchtkäfers *Lampyris noctiluca* über ein Hormon, das auf die Ovarien und andere Gewebe vermännlichend wirkt, auch auf die Ausbildung der sekundären Geschlechtsmerkmale (NAISSE 1963). Es ist wahrscheinlich, daß es durch das endokrine System der Corpora cardiaca—Corpora allata kontrolliert wird.

Bei zahlreichen Insekten übt das Juvenilhormon der Corpora allata im weiblichen Geschlecht eine gonadotrope Wirkung aus, indem es Eiwachstum und Dotterbildung fördert. Bei verschiedenen Arten sind die Corpora allata jedoch ohne Bedeutung. Weitere Hinweise besagen, daß auch die Prothoracaldrüsen und das Neurohormon des Gehirns an der Steuerung der Ovarfunktion beteiligt sein können. Die Entwicklung der Hoden vollzieht sich demgegenüber nach allem ohne hormonale Beeinflussung. Allerdings erweisen sich die Corpora allata von Männchen für das Eiwachstum in gleicher Weise wirksam, wie die von Weibchen. Die Corpora allata üben als bisher einzig bekannten Fall im männlichen Geschlecht bei der Wüstenheuschrecke Schistocerca gregaria eine ständige Kontrolle auf den Reifezustand der Gonade aus. Ein direkter Einfluß der Gonaden auf die Ausbildung äußerer sekundärer Geschlechtsmerkmale besteht bei Insekten nicht. Dagegen scheinen die Ovarien hormonal das Gehirn und damit entweder indirekt nervös oder ebenfalls direkt hormonal die Corpora allata zu kontrollieren.

4. Hormonale Regulation der Geschlechtsfunktion bei Krebsen

Unsere Kenntnisse beziehen sich im wesentlichen auf Malacostracen. Auf die letzte Larvenhäutung folgen hier im Gegensatz zu den Insekten zunächst noch einige Juvenilhäutungen, wodurch die Tiere zwar ihre äußeren Adultmerkmale, nicht jedoch gleichzeitig die Geschlechtsreife erhalten. Diese erfolgt erst mit einer späteren „Reifungshäutung", mit der das Erscheinen der äußeren sekundären Geschlechtsmerkmale verbunden ist.

Bei proterandrischen Decapoden entwickeln sich mit der ersten Reifungshäutung die Hoden und gleichzeitig auch die sekundären männlichen Geschlechtsmerkmale (CARLISLE 1953, 1954; CHARNIAUX-COTTON 1958). Später vollzieht sich die Umwandlung der Gonade in die weibliche Phase, und in Verbindung mit einer weiteren Häutung treten die sekundären weiblichen Geschlechtsmerkmale auf.

Die Determination der Gonaden in männlicher oder weiblicher Richtung, ihr Wachstum und ihre Reifung ebenso wie auch die Ausbildung der sekundären Geschlechtsmerkmale werden bei den Malacostracen hormonal gesteuert. Eine entscheidende Rolle spielt hierbei die androgene Drüse. Einige Befunde deuten darauf hin, daß ihre Funktion durch das neuroendokrine System des Augenstiels gesteuert wird (DEMEUSY und VEILLET 1958). Inwieweit auch das Carapaxorgan mit eingeschaltet ist, läßt sich noch nicht eindeutig abgrenzen.

a) Gonadotrope Hormonwirkungen

Das endokrine System des Augenstiels übt eine hemmende Wirkung auf die Entwicklung der Eier, besonders auf die Dotterbildung aus. Diese Tatsache wurde von PANOUSE (1943, 1944) entdeckt. Durch Entfernung der Augenstiele bei der Garneele *Leander serratus* erfolgt vorzeitige Eiablage. Die gleichen Ergebnisse konnten mit gewissen Unterschieden auch bei anderen Arten beobachtet werden. So führt bei dem Flußkrebs *Cambarus immunis* ebenso wie bei der Winkerkrabbe *Uca pugilator* die Entfernung der Augenstiele zu verstärktem Wachstum der Ovarien (BROWN und JONES 1947, 1949). Umgekehrt wurde die Gonadenentwicklung augenstielloser Winkerkrabben durch Implantation von Augenstielen in das Abdomen erneut gehemmt. Der Bildungsort des Hormons ist das Medulla-terminalis-X-Organ, während die Sinusdrüse als Speicherorgan fungiert (PASSANO 1951, 1953; HANAOKA und OTSU 1957).

Nach den Befunden bei der Strandkrabbe *Carcinus maenas* (DEMEUSY und LENEL 1954) und bei der Garneele *Leander* (DRACH 1955) bestehen Relationen zwischen der Dauer der Zwischenhäutung und der Dotterbildung — der Art, daß ein Prozeß den anderen hemmt. Dies würde zu der Annahme berechtigen, daß die Augenstiele neben einem häutungshemmenden auch noch ein die Ovarentwicklung hemmendes Hormon erzeugen (CARLISLE 1953; DEMEUSY und LENEL 1954). Im Gegensatz zu den Ergebnissen bei *Carcinus maenas* (DEMEUSY und VEILLET 1952; DEMEUSY 1963), führt die Exstirpation der Augenstiele bei *Pachygrapsus* zwar zu Häutungen, niemals aber kam es zur Reifung der Gonaden und zur Eiablage, gleichgültig ob die Operation bei unreifen oder reifen Weibchen vorgenommen wurde (CORNUBERT 1954).

Noch andere Befunde lassen sich für die Annahme zweier unterschiedlicher Hormone für die Häutung und für die Kontrolle des Eiwachstums anführen. Die Gastrolithenbildung, die einen sehr sicheren Indikator für einsetzende Häutungsvorbereitung darstellt, läuft nach Untersuchungen an dem Flußkrebs *Procambarus clarkii* weder im normalen Verlauf noch experimentell nach Entfernung der Augenstiele mit dem Eiwachstum parallel, sondern vielmehr gegensätzlich (YAMAMOTO 1961).

Die Wirkung eines die Ovarentwicklung hemmenden Hormons tritt besonders klar bei *Pandalus borealis* mit dem proterandrischen Zwittertum in Erscheinung (CARLISLE 1959). In der männlichen Phase wird die Entwicklung des Ovars durch den Hemmungsfaktor des Augenstiels verhindert. Die Prozesse der Umbildung von Männchen in die weibliche Phase, beispielsweise in Form beginnender Hodendegeneration, können durch Injektion von Augenstielextrakten angehalten werden (CARLISLE 1957). Auf die Ausbildung der männlichen primären und sekundären Geschlechtsmerkmale haben dagegen weder Augenstielexstirpation noch Injektion von Augenstielextrakten einen Einfluß. Ebenso bleibt der Zustand der Hoden bei *Lysmata seticaudata* nach Entfernung der Augenstiele unverändert (CARLISLE 1954). Dagegen hat die Exstirpation der Augenstiele bei der Strandkrabbe *Carcinus maenas* starkes Anwachsen der Hoden zur Folge (DEMEUSY 1953). Dies beruht auf der dadurch primär ausgelösten Hypertrophie der androgenen Drüse und weist auf die komplizierten Verhältnisse hin, die zwischen dem neuroendokrinen System des Augenstiels und den Gonaden bestehen (DEMEUSY und VEILLET 1958; DEMEUSY 1959 bis 1963; TRILLES 1963).

Die von der Sinusdrüse ausgeübte hormonale Kontrolle über die Gonaden ist ähnlich wie im Fall der Regulierung der Häutungsvorgänge (S. 118) von verschiedenen Außenfaktoren abhängig (STEPHENS 1952; LOWE 1961). Hierbei spielt das Licht die wichtigste Rolle, wobei über das Auge und den Nervus opticus die neurokrinen Zentren stimuliert werden. Demgegenüber dürfte der Einfluß der Temperatur mehr indirekter Natur sein, wobei die Korrelation zwischen Häutungsperiodik und Eiwachstum bzw. Eiablage beteiligt ist. Bei der Wasserassel *Asellus aquaticus* bewirkt Temperaturerhöhung während der sexuellen Ruhephase eine Verstärkung des Häutungsrhythmus und Hemmung der Oogenese. Die Zwischenhäutungsphasen werden somit verringert. Die häufige Häutung der Asseln bedingt zugleich eine Verringerung der Eiablage (BALESDENT-MARQUET 1955).

Die Bedeutung des neurokrinen Apparates für die hormonale Kontrolle der Gonadentätigkeit tritt ungeachtet zahlreicher noch ungeklärter Detailfragen auch in der Aktivitätsperiodik bestimmter neurosekretorischer Zellen in Beziehung zur Entwicklung der Keimdrüsen in Erscheinung. So üben wahrscheinlich einige Zellgruppen im Zentralnervensystem verschiedener Krabben eine Kontrolle über die Funktion des Ovars aus (MATSUMOTO 1958). In dem Sinnespapillen-Organ von *Pandalus* zeigen Zellen eines bestimmten Bezirkes eine zyklische Aktivität in enger Anlehnung an die Geschlechtsumkehrphase dieses Krebses (CARLISLE 1959). Nach STEPHENS (1952) beeinflussen zwei im Gehirn produzierte neurohormonale Faktoren die Entwicklung des Ovars. Einen besonderen Höhepunkt sekretorischer Tätigkeit erreichen einige neurosekretorische Zellen des Gehirns und des Thoracalganglions eierlegender Weibchen des Krebses *Paratelphusa hydromous* (PARAMESWARAN 1955).

Möglicherweise existiert nach Befunden an dem proterandrischen Zwitter *Pandalis kessleri* ein dem Ovar-Hemmungshormon antagonistisch wirkender Faktor (AOTO und NISHIDA 1956). Je nach der Jahreszeit, in der die Operation vorgenommen wird, verursacht die Augenstielentfernung im einen Fall ein Wachstum der Eier, im anderen bleibt es dagegen aus. Entsprechend dem Entwicklungsgrad der Eier im normalen Wachstumsverlauf verhält sich die Sekretionstätigkeit der um die Lamina terminalis gelegenen Circumorbitaldrüse. Daher wird hier außer dem Hemmungsfaktor der Sinusdrüse ein das Ovarwachstum förderndes Hormon angenommen, das in der Circumorbitaldrüse gebildet werden soll.

Da bei Entomostracen weder etwas über Regulationsfaktoren der Häutung noch der Ovartätigkeit und der Entwicklungsvorgänge bekannt ist, verdient die Feststellung bei Cirripediern Beachtung, daß die Zwischenhäutungsphasen der Seepocken verlängert sind, wenn die Tiere Embryonen enthalten, obgleich hier die Dauer der Zwischenhäutungsperioden nicht völlig regelmäßig ist. Solange die Embryonen nicht geschlüpft sind, erfolgt jedoch keine Häutung (CRISP und PATEL 1958). Die bei Malacostracen gültigen Korrelationen zwischen Häutung und Eireifung scheinen demnach eine allgemeine Erscheinung bei Krebsen zu sein.

Für die Frühphase der Ovarentwicklung ist bei der Strandkrabbe *Carcinus maenas* die Anwesenheit der Carapaxdrüse erforderlich. Ihre Entfernung bei unreifen Weibchen führt nach ARVY, ÉCHALIER und

Gabe (1953, 1954) zum Einstellen der Geschlechtszellenausbildung und schließlich zu Degenerationserscheinungen. Ausschaltung der Carapaxdrüse bei reifen Weibchen dagegen verändert den Zustand und die Funktion des Ovars nicht. Die Bedeutung der Carapaxdrüse in sehr jungen weiblichen Tieren erstreckt sich auf die Stimulierung der Teilungs- und Wachstumsvorgänge der Oocyten. In der späteren Phase wird die Drüse entbehrlich. Die Dotterablagerung und das damit verbundene Oocytenwachstum vollziehen sich auch in ihrer Abwesenheit (Demeusy 1959, 1962). Es kann dann sogar zu einer vorzeitigen und zugleich verstärkten Dotterbildung kommen, ehe das Ovar den hierfür normalerweise charakteristischen Entwicklungszustand erreicht hat.

Von besonderem vergleichend-endokrinologischem Interesse ist der Befund, daß bei Bienen und Krebsen (*Palaemon*) die Eibildung wechselseitig durch das Sinusdrüsenhormon der Crustaceen und die Königinnen-Substanz der Bienenkönigin (queen substance) gehemmt werden kann (Carlisle und Butler 1956). Injektion einer „queen substance"-Lösung in augenstiellose *Palaemon* führte zu weitgehender Unterdrückung der Eientwicklung. Im umgekehrten Versuch verhinderte die Verfütterung eines Extraktes von 20 Sinusdrüsen aus *Leander-serratus*-Weibchen in Verbindung mit Pollenzuckerfutter an frisch geschlüpfte Bienenarbeiterinnen weitgehend die Drohnenbrütigkeit. Damit wird die Frage nach der Beziehung und möglicherweise der Ähnlichkeit hormonaler Faktoren bei Krebsen und Insekten berührt, wie sie auch bereits durch einige andere Feststellungen offenbar geworden ist (Carlisle, Dupont-Raabe und Knowles 1955; Karlson und Skinner 1960; Gersch, Unger, Fischer und Kapitza 1963, 1964).

b) Sexualhormone bei Krebsen

Die schon länger zurückliegenden ersten Befunde über die Folgen der *parasitären Kastration* (Giard 1886) wie auch die zahlreichen späteren Feststellungen, die sich vor allem auf Brachyuren und Anomuren beziehen, sind von jeher als Hinweise für das Vorkommen von Sexualhormonen bei Krebsen gewertet worden. Der Befall erfolgt vor allem durch Rhizocephalen, seltener durch parasitische Asseln (*Gyge branchialis*). Die Zerstörung der Gonaden durch den Parasiten verursacht im männlichen Geschlecht der Wirtstiere eine Umwandlung äußerer Merkmale, wie z. B. der Pleopoden und des Habitus des

Abdomens in weiblicher Richtung. In diesen Prozeß kann sogar der Hoden mit einbezogen werden, so daß sich dann ein vollständig ausgebildetes Ovar entwickelt, besonders umfassend z. B. bei der Wollhandkrabbe *Eriocheir* (Okada und Miyashati 1935). Die durch den Parasiten befallenen weiblichen Decapoden erfahren dagegen kaum äußerlich erkennbare Veränderungen ihrer Körpermerkmale. In der Vergangenheit hat dieser Unterschied im Verhalten beider Geschlechter nach Ausschaltung der Gonaden zu verschiedenen Deutungen geführt. Einerseits wurden das Nichterscheinen bzw. die Rückbildung der entsprechenden sekundären Geschlechtsmerkmale mit Störungen im Gleichgewicht der Geschlechtshormone zu erklären versucht (Reinhard 1956). Andererseits wurden die Ausfallserscheinungen als Folgen einer allgemeinen Stoffwechselschädigung durch den Parasiten angesehen (Veillet 1955). Ein wirkliches Verständnis ist aber erst neuerdings nach Entdeckung der sogenannten androgenen Drüse und der Feststellung ihrer allgemeinen Verbreitung bei Decapoden möglich geworden (Charniaux-Cotton 1954) (S. 111).

Kastration auf experimentellem Wege ist zunächst mittels Röntgen- und Radiumbestrahlungen in erster Linie bei Isopoden und Amphipoden erreicht worden. Recht aufschlußreich erscheinen überdies die allerdings bisher wenig umfangreichen Befunde mit Entomostracen, da hier kaum Hinweise auf hormonale Kontrollmechanismen vorhanden sind. Bestrahlungen von *Daphnia magna* wirken sich in beiden Geschlechtern verschieden aus. Im männlichen Geschlecht bleiben die sekundären Geschlechtsmerkmale unbeeinflußt, im weiblichen dagegen wird die Ausbildung des Brutraumes gehemmt (Mori 1933).

In ähnlicher Weise verhindert die Bestrahlung von Asseln nach vollständiger Zerstörung des Ovars die Entwicklung der den Brutsack bildenden Oostegiten (Haemmerli-Boveri 1926; Balesdent-Marquet 1954, 1955; Patane und de Luca 1956, 1957; Balesdent-Marquet und Veillet 1958, 1959). Daraus ist jedoch nicht ohne weiteres auf eine direkte hormonale Beziehung zwischen Ovar und Zustand des Brutsackes zu schließen. Lokal begrenzte und getrennte Bestrahlung des Vorder- und Hinterkörpers führt zu unterschiedlichen Veränderungen. Im ersten Fall (Bestrahlung von Kopf und ersten Thoraxsegmenten) wird die Bruttaschenbildung unterdrückt, ohne daß die Eibildung in Mitleidenschaft gezogen wird (Balesdent-Marquet 1955). Möglicherweise ist hierfür der neurokrine Bereich des Gehirns verantwortlich. Diese Schlußfolgerung wird zwar aus den

Versuchen nicht gezogen. Für sie spricht jedoch die Feststellung bei den Krabben *Carcinus maenas* und *Pachygrapsus marmoratus*, daß die Entwicklung der äußeren Geschlechtsmerkmale an die Anwesenheit der Augenstiele gebunden und unabhängig vom Ovar ist (DEMEUSY und VEILLET 1952; CORNUBERT, DEMEUSY und VEILLET 1952; DEMEUSY 1958). Totale Kastration der Weibchen von *Armadillidium vulgare* während der sexuellen Ruhepause hemmt die normale Ausbildung der Oostegiten. Blieben jedoch kleine Fragmente des Ovars bestehen oder wurden Ovarien nach Kastration reimplantiert, erfolgte verfrühte Entwicklung des Marsupiums (LEGRAND 1955). Die Ausbildung des Marsupiums scheint daher von der Wirkung eines Ovarhormons abhängig zu sein, nicht dagegen in gleicher Weise die Ausbildung der Oostegiten (TAKEWAKI und NAKAMURA 1944). Daraufhin deutet weiter das Verhalten der sekundären Geschlechtsmerkmale nach Implantation von Hoden in adulte Weibchen. Die Oostegiten bleiben trotz teilweiser Rückbildung des Ovars infolge der Einwirkung des Hodenimplantates normal ausgebildet.

Der Sexualdimorphismus bei Amphipoden erstreckt sich in ähnlicher Weise auf Form und Ausbildung der Oostegiten. Sie sind bei unreifen Weibchen mit kleinen Borsten besetzt, während die eierlegenden Tiere große Borsten tragen (LE ROUX 1933, CHARNIAUX 1952). Die Ausbildung der Oostegiten scheint auch hier unabhängig vom Ovar zu erfolgen, während die Borsten unter hormonalem Einfluß der Gonaden stehen.

Die Kastration der Weibchen von *Orchestia gammarella* verhindert die Entwicklung der Oostegiten nicht. Dagegen verlieren die kastrierten Weibchen mit der nächsten Häutung die weiblichen Borsten. Bei unvollständiger Kastration wachsen die Eier weiter heran, ebenso bleiben die Borsten auf den Oostegiten erhalten. Die Borstenausbildung vollzieht sich während der Dotterbildung (CHARNIAUX 1953). Es ist daher anzunehmen, daß ihre Bildung bei den geschlechtsreifen Weibchen unter dem Einfluß eines Hormons erfolgt, das vom Ovar während der Dotterbildung erzeugt wird (CHARNIAUX-COTTON 1963). Als Bildungsort kommen in erster Linie die Follikelzellen in Frage.

Im männlichen Geschlecht wird die Ausbildung primärer und sekundärer Geschlechtsmerkmale durch das Hormon einer Drüse gesteuert, die bei *Orchestia gammarellus* entdeckt und als androgene Drüse bezeichnet wurde (CHARNIAUX 1954) (S. 111). Auf Grund der anatomischen Beziehungen hält CARLISLE (1959) die Bezeichnung „Vas-deferens-Drüse" für geeigneter. Sie liegt im letzten Thoracalsegment am Vas deferens und mündet in dessen Endabschnitt ein (Abb. 41).

Die Bedeutung der androgenen Drüse beweisen Exstirpations- und Implantationsexperimente (CHARNIAUX-COTTON 1954 bis 1963). Entfernung der androgenen Drüse bei Männchen hat zur Folge, daß die Hoden degenerieren und die sekundären männlichen Geschlechtsmerkmale verlorengehen. Umgekehrt führt die Implantation einer Drüse in reife oder unreife Weibchen nach einigen Häutungen zu völliger Geschlechtsumkehr. Die Ovarien entwickeln sich zu Hoden, die bereits nach 3 postoperativen Häutungen Spermien enthalten können. Gleichzeitig treten die männlich ausgebildeten Pereiopoden auf (Abb. 75). Ebenso wird bei kastrierten Weibchen das Erscheinen männlicher sekundärer Geschlechtsmerkmale nach Einpflanzung dieser Drüse induziert. Die bestimmende hormonale Rolle, die der androgenen Drüse zufällt, beweist weiterhin das Ergebnis der Implantation von Ovarien in männliche Tiere mit entwickelter Drüse. Die weibliche Gonade wird zu Hoden umgewandelt. Dagegen behalten Ovarien, die in Männchen implantiert worden waren, denen vorher die androgene Drüse entfernt wurde, ihren ursprünglichen Charakter, bilden Dotter und stimulieren die Ausbildung der Oostegiten. Dies zeigt, daß sich die weiblichen Geschlechtsmerkmale nur in Abwesenheit des von der androgenen Drüse ausgehenden männlichen Hormons entfalten können.

Androgene Drüsen werden embryonal in beiden Geschlechtern angelegt. Jedoch nur beim Männchen kommt es, bedingt durch genetische Einflüsse zu ihrer Weiterentwicklung. Damit ist einerseits die Hemmung der Selbstdifferenzierung des Ovars wie andererseits die Kontrolle über die Ausbildung des Hodens und der sekundären Geschlechtsmerkmale verbunden. Im Gegensatz zu den Ovarien hat der Hoden keine endokrine Funktion. Die ursprünglich zwittrige Gonade wird somit durch die androgene Drüse in männlicher Richtung determiniert. Derselbe Vorgang vollzieht sich nach Implantation androgener Drüsen in erwachsene Individuen der normalerweise zwittrigen Art *Orchestia carimana* (BALESDENT-MARQUET und VEILLET 1958). Die Embryonen besitzen beim Verlassen des Brutraumes einen gleichartigen Genitaltraktus und eine Gonade, die ohne hormonalen Einfluß zur Ovarentwicklung tendiert (VEILLET und GRAF 1958; GRAF 1958).

Die androgene Drüse tritt wahrscheinlich bei allen Malacostracen auf. Sie wurde außer bei Amphipoden bei *Nebalia geoffroyi* (DUVEAU 1957), bei verschiedenen Decapoden (Macruren, Anomuren, Brachy-

Abb. 75. Übersicht über den Sexualdimorphismus bei Männchen und Weibchen von *Orchestia gammarella* (zusammengestellt nach Untersuchungen von CHARNIAUX-COTTON)

uren) (CHARNIAUX-COTTON 1956, 1958), Stomatopoden (CHARNIAUX-COTTON 1960) und bei Isopoden (BALESDENT-MARQUET 1958, 1960; LEGRAND 1958; LEGRAND und JUCHAULT 1960, 1961; BONNENFANT 1961) festgestellt. Mit gewisser Ausnahme bei Isopoden zieht sie sich bei allen übrigen Malacostracen am Vas deferens entlang. Bei den Asseln dagegen liegen Gewebeanteile der Drüse auch dem Hoden auf. Dies macht die vermännlichende Wirkung nach Implantation von

Hoden in Weibchen bei verschiedenen Asseln verständlich (DE LATTIN und GROSS 1953; DE LATTIN 1956; LEGRAND 1954, 1955, 1956; KATAKURA 1959, 1960, 1961). Ob die interstitiellen Zellen des Hodens, die als Hormonquelle angesehen werden, dem androgenen Gewebe entsprechen, wird allerdings teilweise negiert (BALESDENT-MARQUET 1960).

Für das Schicksal der androgenen Drüse während der Ontogenese ist die genetische Konstitution ausschlaggebend. Exakte Befunde liegen hierfür zwar nicht vor. Indirekt zeigt dies jedoch die Tatsache, daß nach Paarung von experimentell maskulinisierten Weibchen mit normalen Weibchen der Assel *Armadillidium vulgare* Eier abgelegt wurden, die nur weibliche Nachkommen ergaben (KATUKURA 1961). Die Chromosomenkonstitution von *Armadillidium vulgare* ist zwar unbekannt, dennoch würde sich das Ergebnis unter der Annahme der Heterogametie im männlichen Geschlecht damit erklären, daß die maskulinisierten Weibchen nur X-Chromosomen enthaltende Spermien erzeugen.

Mit dem Vorkommen der androgenen Drüse und ihrer Funktion im männlichen Geschlecht lassen sich zugleich die Erscheinungen von Zwittertum und Intersexualität verschiedener Vertreter der Malacostracen verstehen. Ebenso werden damit die lange Zeit schwer deutbaren Verhältnisse parasitärer Kastration verständlich.

Die Geschlechtsumkehr, die sich normalerweise im Entwicklungsgang der beiden proterandrisch hermaphroditen Garneelen *Lysmata seticaudata* (DOHRN 1950; CARLISLE 1953) und *Pandalus borealis* vollzieht, beruht auf der Reduktion der androgenen Drüse. Sie verliert infolge ihrer holokrinen Sekretionstätigkeit allmählich an Aktivität (CHARNIAUX-COTTON 1960, 1961; CARLISLE 1959), bis schließlich Kernpyknosen auftreten. Mit der nächsten Häutung bildet sich das Ovar aus, und die Dotterbildung setzt ein. Die beginnende Degeneration der Hoden konnte bei *Pandalus borealis* durch Injektion frischer Drüsenextrakte verzögert oder teilweise auch verhindert werden. Bei dem ebenfalls proterandrischen zwittrigen Isopoden *Nerocila orbignyi* wurde der Einfluß des neurokrinen Kopfkomplexes auf die androgene Drüse erwiesen. Gehirnimplantate in Tiere der weiblichen Phase lösen Vermännlichung aus (TRILLES 1963).

Bei verschiedenen terrestrischen Isopoden (*Porcellio dilatatus*, *Porcellio maculatus* und *Porcellionides pruinosus*) treten häufig unter den Weibchen Formen mit männlichem Einschlag auf (LEGRAND

1956; SHIMOIZUMI 1955, 1956, 1958), derart, daß sich in den normal ausgebildeten Ovarien einzelne Tuben mit Spermien finden. Bei *Porcellio dilatatus* konnten Intersexe mit mehr oder weniger ausgeprägter Maskulinisierung auch durch erhöhte Temperaturen erzielt werden. Obgleich in all diesen Fällen das Ovar noch gut entwickelt war, traten sekundäre männliche Geschlechtsmerkmale auf. Die Implantation von Hodenstückchen in intersexe Weibchen beschleunigt die Vermännlichung. Es liegt nahe zu vermuten, daß der Zustand der androgenen Drüse in diesen Fällen ausschlaggebend für die geschlechtlichen Verhältnisse dieser Arten ist, obgleich Kreuzungsversuche auf die Beteiligung genetischer Faktoren hinweisen und Feststellungen über die jeweilige Ausdehnung der androgenen Drüse in den einzelnen Fällen nicht vorliegen.

Unter einigen Gammariden finden sich mitunter Intersexe mit äußerlich sekundären männlichen Geschlechtsmerkmalen, im Inneren jedoch mit Ovarien (SEXTON 1924; SEXTON und HUXLEY 1921; DAVID 1936). Dies läßt sich eventuell damit erklären, daß sich primär durch Nichtdifferenzierung der androgenen Drüse das Ovar ausbildete und erst später durch eine gewisse Tätigkeit dieser Drüse die Intersexualität veranlaßt wurde. Auch in diesen Fällen ist bisher über den Zustand der androgenen Drüse nichts bekannt. Für die Deutung spricht jedoch die Beobachtung, daß die sexuelle Umstimmung in männlicher Richtung durch Implantate androgener Drüsen gefördert werden kann (BALESDENT-MARQUET und VEILLET 1958).

Die Funktion der androgenen Drüse macht schließlich auch die Erscheinungen bei der parasitären Kastration von Krabben verständlich. Vor allem erklären sich dadurch die einseitigen Veränderungen im Habitus befallener Männchen, während die weiblichen Merkmale unverändert erhalten bleiben. Durch den Parasiten werden neben anderen Organen und Geweben auch die androgenen Drüsen zerstört, so daß nun die vermännlichende Hormonproduktion ausbleibt. Dadurch setzt sich die primäre Anlage der weiblichen Entwicklungstendenz mit der Ausbildung des Ovars und seiner von ihm kontrollierten äußeren Geschlechtsmerkmale durch. Als Kompensationserscheinung auf das Frühstadium des Parasitenbefalls kann es zunächst zu einer Hypertrophie der androgenen Drüse kommen, ehe schließlich die degenerative Phase voll in Erscheinung tritt, wie es bei einigen von *Sacculina* befallenen Krabben beobachtet worden ist (CHARNIAUX-COTTON 1956). Auch dies deutet auf die Beziehung zwischen dem Parasiten und dem Zustand der androgenen Drüse hin (Veillet und Graf 1958).

Bisher wandte sich die Aufmerksamkeit hinsichtlich der Bedeutung der Sexualhormone der Krebse fast ausschließlich nur der hormonalen Kontrolle bei der Ausbildung der sekundären Geschlechtsmerkmale zu. Kaum beachtet aber wurde, ob die Sexualhormone noch andere Vorgänge beeinflussen. Es erscheint daher von allgemeinerem Interesse, daß bei Isopoden nach Kastration eine Vergrößerung der Sinusdrüse in beiden Geschlechtern wie bei der Rollassel *Armadillidium* (Yamamoto 1955) und bei der marinen Form *Tecticeps japonicus* (Oguro 1960) erfolgt. Vor allem die letzteren Untersuchungen machen es wahrscheinlich, daß die Wirkung der Hoden auf die Sinusdrüse hormonal bedingt ist.

Die meisten Krebse weisen einen ausgeprägten Sexualdimorphismus auf. Bei den Malacostracen sind hierfür in erster Linie Sexualhormone verantwortlich. Die genetische Konstitution entscheidet über das Schicksal der androgenen Drüse während der Embryonalentwicklung. Durch die androgene Drüse wird hormonal die Differenzierung des Hodens und der männlichen sekundären Geschlechtsmerkmale induziert. Unterbleibt ihre Ausbildung, entwickelt sich die Gonade zu einem Ovarium. Weibliche Sexualhormone, die wahrscheinlich in den Follikelzellen produziert werden, stimulieren die permanenten weiblichen Geschlechtsmerkmale. In enger Beziehung zur Ausbildung der Eizellen und der Eiablage stehen die temporären weiblichen Geschlechtsmerkmale (Vergrößerung der Oostegiten und ihrer Borsten, Brutraumbildung). Die Funktion der androgenen Drüsen erklärt zugleich die verschiedenen Erscheinungen von Zwittertum, Intersexualität und die Umwandlung geschlechtlicher Verhältnisse nach parasitärer Kastration. Außerdem dürfte eine hormonale Beziehung der Gonaden zum neurokrinen System bestehen, die jedoch noch weiterer Untersuchung bedarf. Demgegenüber ist die umgekehrte Kontrolle des endokrinen Systems auf die Entwicklung der Eier, besonders der Dotterbildung vielseitig belegt.

5. Laichfaktoren aus dem Nervensystem der Echinodermen

Extrakte des Radialnervensystems verschiedener Echinodermen veranlassen geschlechtsreife Seesterne nach Injektion zur Abgabe ihrer Geschlechtsprodukte (Chaet und McConnoughy 1959; Chaet und Rose 1961; Noumura und Kanatani 1962). Besonders aktiv erwiesen sich solche aus Tieren der Fortpflanzungsperiode. Im einzelnen zeigten die Extrakte aus verschiedenen Arten unterschiedliche Wirksamkeit. Sie scheinen aber allgemein bei Echinodermen verbreitet zu sein. Das Verhalten der Laichfaktoren gegenüber Solventien und Enzymen läßt vermuten, daß ihre aktive Komponente ein Polypeptid ist (Kanatani und Noumura 1962). Ob es sich dabei um ein Hormon handelt, ist noch ungewiß. Es liegt nahe, ebenfalls an einen neurohormonalen Faktor zu denken.

C. Hormonale Steuerung von Stoffwechselvorgängen

Wachstums- und Entwicklungsprozesse, die vor allem bei Arthropoden hormonaler Kontrolle unterliegen, sind mit grundlegenden Stoffwechselvorgängen eng verknüpft. Daher ist es von vornherein sehr wahrscheinlich, daß diese ebenfalls hormonal reguliert werden. Die enge Verflechtung beider Komplexe erschwert allerdings auch die genaue Abgrenzung der Wirkungsbereiche der Hormone. Eine zweite Schwierigkeit besteht darin, daß in den wenigsten Fällen isolierte oder zumindest abgetrennte Hormonfraktionen zur Testung spezifischer Prozesse des Stoffwechsels zur Verfügung stehen. Meist wird mit ganzen Organen gearbeitet, so daß möglicherweise mehrere Faktoren gleichzeitig einwirken. Schließlich sind überhaupt nur dort Aussagen über das Eingreifen von Hormonen in den inneren Chemismus möglich, wo bereits unsere Kenntnisse über hormonal kontrollierte Vorgänge weiter vorgedrungen sind. Es erscheint daher nicht überraschend, daß wir uns hinsichtlich der hormonalen Steuerung der Stoffwechselvorgänge nur auf die Arthropoden, speziell nur auf Krebse und Insekten beschränken müssen. Beide Tierklassen aber liefern zahlreiche Hinweise für die Bedeutung des neurokrinen Systems bei der Regulation verschiedener Stoffwechselvorgänge.

1. Atmung

a) Kontrolle bei Krebsen

Schon ältere Beobachtungen ergaben, daß Krebse, von denen im wesentlichen Decapoden untersucht wurden, rhythmische Schwankungen des Sauerstoffverbrauches in Beziehung zum Häutungszyklus aufweisen. Mit dem Einsetzen der Häutung steigt der O_2-Bedarf stark an (SCUDAMORE 1947). Schwankungen des O_2-Verbrauches treten ebenfalls im Tag-Nacht-Rhythmus auf. Bei der Winkerkrabbe *Uca* ist der Sauerstoffbedarf am Tage niedrig und nachts hoch (EDWARDS 1950). In ähnlicher Weise kann sich auch die Tiden- und

Lunarperiodizität auswirken (Brown, Bennett und Webb 1954). Größtenteils erlischt diese Rhythmik der Atmung nach Entfernung der Augenstiele.

Entfernung der Augenstiele hat deutlichen Anstieg des Sauerstoffverbrauches und eine Senkung des R/Qu zur Folge (Bauchau 1948; Bliss 1951, 1953; Frost, Saloum und Kleinholz 1951; Altmann 1959; Valente 1959), (Abb. 76, 77). Wie besonders die Untersuchungen

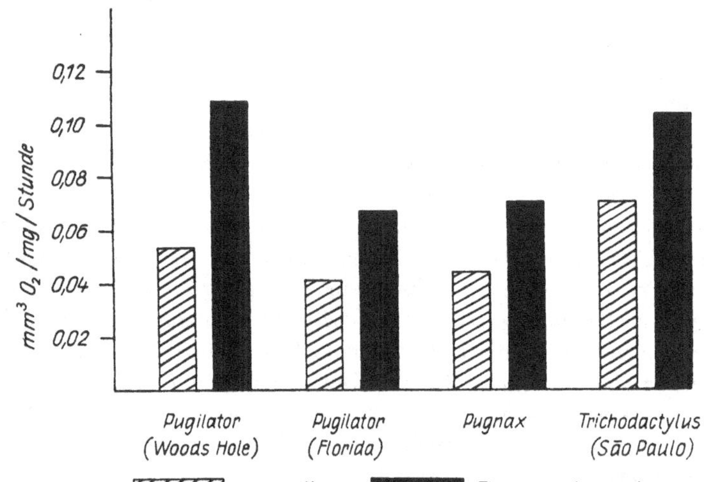

Abb. 76. Erhöhung der Atmungsrate nach Entfernung der Augenstiele bei verschiedenen Krebsen. (Zusammengestellt nach Valente 1959)

an der Bermuda-Landkrabbe *Gecarcinus lateralis* ergaben, treten deutliche Unterschiede der Respirationsrate zwischen sinusdrüsenlosen und augenstiellosen Tieren auf. Bei den ersteren bewegt sich die Respirationsrate nach anfänglicher Erhöhung in den ersten Tagen nach der Operation bald um den normalen Wert. Dagegen tritt bei den augenstiellosen Tieren eine starke Erhöhung bis durchschnittlich 130 bis 190% ein, die zur Häutung eine weitere Steigerung erfährt (Abb. 77). Die Atmungsänderung erklärt sich also mit der Beseitigung des Augenstiels als Bildungsort der Hormone, während die Entfernung der Sinusdrüse als Speicherort keinen bleibenden Einfluß hinterläßt. Es wird daher allgemein angenommen, daß der Faktor, der die Häutung hemmt, identisch mit demjenigen ist, der den Sauerstoffverbrauch herabsetzt. Dafür spricht auch die Tatsache, daß der Zeitpunkt der Augenstielentfernung für das Ergebnis mitbestimmend ist. Weiterhin läßt sich durch Injektion von Augenstielextrakten in augenstiellose Tiere der Sauerstoffverbrauch senken. Auf diese Weise müßte durch vorherige geeignete Trennung des gesamten Augenstielextraktes eine sichere Beurteilung auf experimentellem Wege möglich sein, ob der neurohormonale Faktor die Häutungsvorgänge insgesamt oder auch speziell einzelne Stoffwechselprozesse, wie z. B. die Atmung, kontrolliert.

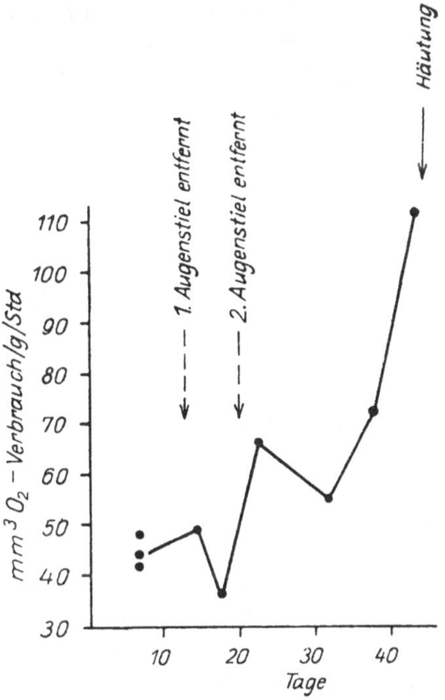

Abb. 77. Sauerstoffverbrauch der Landkrabbe *Gecarcinus lateralis* nach Entfernung der Augenstiele. Entfernung des 2. Augenstieles führt zu deutlicher Erhöhung der O_2-Rate. (Nach BLISS 1953)

b) Kontrolle bei Insekten

Die Beantwortung der Frage der hormonalen Regulation der Atmung der Insekten läßt die erwähnten Unsicherheiten recht offensichtlich werden. Verschiedene Tatsachen sprechen für eine Kontrolle des O_2-Verbrauchs durch die Corpora allata, denen allerdings auch negative Befunde gegenüberstehen. Andere Faktoren des Hormonsystems der Insekten scheinen weniger beteiligt zu sein.

Die Bedeutung der Corpora allata für die Atmung wurde in Versuchen mit *Calliphora erythrocephala* nachgewiesen (THOMSEN 1949). Allatektomierte Weibchen erfahren eine Senkung des O_2-Verbrauchs um ein Viertel, was durch Reimplantation der Drüsen ausgeglichen werden kann. Männliche Tiere reagieren allerdings nach einer Allatektomie nicht mit einer entsprechenden Änderung der Respirationsrate. Daher wäre es naheliegend, das Verhalten der operierten Weibchen mit dem Ausfall des gonadotropen Faktors zu erklären. Der dadurch bedingte Wachstumsstillstand der Ovarien führt zwangsläufig zu einer verminderten Stoffwechselrate, die in einer Senkung des Sauerstoffverbrauches ihren Ausdruck findet. Dieser Deutung widerspricht jedoch die Feststellung, daß die Kastration bei *Calliphora*-Weibchen keinen Einfluß auf die Atmung ausübt (THOMSEN und HAMBURGER 1955).

Entfernung der Corpora allata beim Kartoffelkäfer *Leptinotarsa decemlineata* bewirkt in ähnlicher Weise eine Erniedrigung der O_2-Aufnahme (DE WILDE und STEGWEE 1958). Hinweise für eine direkte Wirkung des Allata-Hormons auf die Atmungsintensität werden in der Feststellung erblickt, daß Messungen mit Homogenaten weiblicher Käfer mit und ohne Corpora allata deutliche Unterschiede zeigen. Im ersten Fall ist die Rate deutlich höher. In ähnlicher Weise ergaben Messungen von Gewebebrei der Kartoffelkäfer in Winterruhe, bei denen die Corpora allata gegenüber Sommertieren ein kleines Volumen aufweisen, wesentlich niedrigere Werte des O_2-Verbrauchs gegenüber denen von Homogenaten der Käfer im Wachzustand (SCHROEDER 1957). Zwingende Schlußfolgerungen für eine unmittelbare Wirkung des Corpora-allata-Hormons auf die Atmung lassen sich hieraus nicht ableiten, da die Möglichkeit einer primären allgemeinen stoffwechselphysiologischen Stimulation nicht ausgeschlossen werden kann. Dies trifft in gleicher Weise für ähnliche Befunde bei anderen Objekten zu.

Hieraus ist eher eine teilweise Beeinflussung bestimmter Stoffwechselvorgänge als umgekehrt eine direkte Kontrolle der Atmung zu entnehmen, wie es Befunde an der Stabheuschrecke *Carausius* zeigen. Entfernung der Corpora allata verursacht Erhöhung des Gehaltes an Kohlenhydraten, Aminosäuren, Fetten und organischen Phosphaten in den Geweben (L'HÉLIAS 1945, 1955). Exstirpation der Corpora cardiaca führt zur Erhöhung reduzierender Substanzen.

Auch die zum Teil sehr eindeutigen Beziehungen zwischen der jeweiligen Größe der Corpora allata in bestimmten Entwicklungs- oder Zustandsphasen und der Atmungsintensität erlauben verschiedene Möglichkeiten der Deutung. Genauer untersucht wurden die Verhältnisse bei Bienen (LUKOSCHUS 1955, 1956; ALTMANN 1960) und bei der Schabe *Leucophaea maderae* (SÄGESSER 1960). Bei diesem Objekt wird durch Entfernung des Eipaketes eine Vergrößerung der Corpora allata ausgelöst. Zugleich kommt es zur Erhöhung des Sauerstoffverbrauches. Das gleiche bewirkt allerdings die Implantation aktiver Corpora allata in kastrierte Weibchen. Wenn man im ersten Fall die Möglichkeit einer indirekten hormonalen Beeinflussung der Atmung über die Ovarien durch die Corpora allata einbeziehen muß, kann dies für den zweiten Fall ausgeschlossen werden. Die über längere Zeit sich erstreckenden Atmungsmessungen an Puppen der Seidenraupe *Antheraea polyphemus*, denen Juvenilhormon injiziert worden war, ergaben deutlichen Anstieg der Atmungsintensität gegenüber normalen Kontrolltieren (STEEN 1961). Völlig widerspruchsfrei kann aber auch dieser Befund nicht als Zeichen einer direkten Hormonwirkung der Corpora allata auf die Atmung angesehen werden. Die Kompliziertheit dieser Verhältnisse erhellen weiterhin Ergebnisse über den Sauerstoffverbrauch der Bienen nach Injektion von Extrakten der Corpora allata aus Arbeiterinnen einerseits und drohnenbrütigen Arbeiterinnen andererseits (ALTMANN 1960, 1961). Nach früheren Befunden verfügen nur die letzteren über das gonadotrope Hormon (ALTMANN 1950). Da nur die Extrakte der drohnenbrütigen Arbeiterinnen eine Erhöhung der O_2-Aufnahme hervorrufen, ist die Atmungssteigerung auf die Wirkung des gonadotropen Hormons zu beziehen (Abb. 78). Damit wird schließlich auch verständlich, daß Juvenilhormonextrakte, die aus dem Abdomen männlicher *Cecropia*-Puppen gewonnen wurden, Steigerung der Atmung hervorrufen (DE WILDE 1960; STEGWEE 1960; GILBERT und SCHNEIDERMAN 1961).

In-vitro-Versuche mit Homogenaten des Fettgewebes und der Muskulatur von *Locusta-migratoria*-Imagines und *Schistocerca-gregaria*-Larven erlauben ebenfalls keine eindeutige Schlußfolgerung über die Wirkungsweise des Corpora-allata-Hormons, sondern zeigen im Gegenteil den komplexen Charakter der Verhältnisse von ganz anderer Seite nochmals auf. Die Ermittlung des Sauerstoffverbrauches der Mitochondrienfraktion nach Zugabe von Extrakten der Corpora allata führte zu der Feststellung, daß bei *Locusta* eine Steigerung der Atmungsintensität, im Fall *Schistocerca* dagegen eine Senkung eintreten (CLARKE und BALDWIN 1960). Genau umgekehrt verhielt sich bei beiden Objekten Dinitrophenol. Die Deutungen solcher Versuchsergebnisse bleiben so lange unbefriedigend, solange der Wirkungsmechanismus einzelner Hormone unbekannt ist.

Aus diesem Grunde können auch aus den gegenteiligen Befunden keine endgültigen Schlüsse gezogen werden. In Exstirpations- und Transplantationsversuchen mit Corpora allata bei der Stabheuschrecke

Carausius morosus wurden keine eindeutigen Veränderungen des Sauerstoffverbrauches gefunden (PFLUGFELDER 1952; NEUGEBAUER 1961). Den Corpora allata wird daher kein Einfluß auf das Atmungsgeschehen eingeräumt. Ebenso ist aus den Ergebnissen der Implantationsversuche mit Corpora allata in normale und kastrierte Weibchen der Feuerwanze *Pyrrhocoris apterus* zu schließen, daß die Hormonwirkung in Verbindung mit der Ovarentwicklung zu erklären

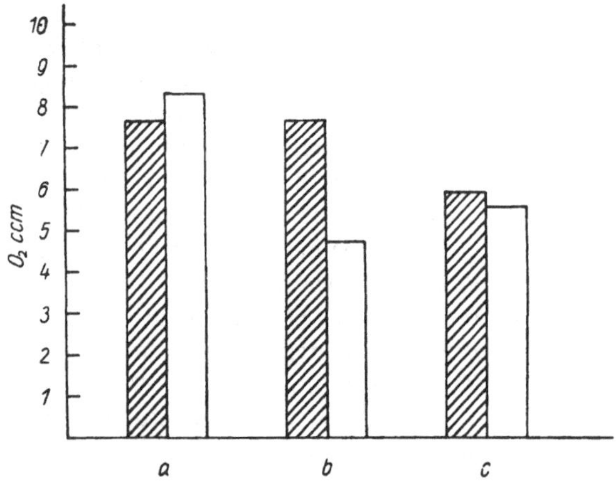

Abb. 78. Sauerstoffaufnahme der Honigbienen nach Injektion von a) Corpora-allata-Extrakten in normale Tiere; b) von Corpora-allata-Extrakten drohnenbrütiger Bienen in normale Tiere; c) von Corpora-allata-Extrakten drohnenbrütiger Bienen in drohnenbrütige Bienen. Die Corpora-allata Extrakte drohnenbrütiger Bienen in normale Bienen bewirken Erhöhung des Sauerstoffverbrauchs. Versuchstiere gestrichelte Säule, Kontrolltiere freie Säule (Zusammengestellt nach ALTMANN 1960)

und daher nur indirekter Natur ist (NOVÁK, SLAMA und WENIG 1961; NOVÁK und SLÁMA 1962; SLÁMA und HRUBEŠOVÁ 1963).

Die heterogenen Ergebnisse und Beobachtungen über die Wirkung der Corpora allata auf die Atmung können teilweise damit zusammenhängen, daß ihre Kontrollfunktion in diesem wie in anderen Fällen von übergeordneten Zentren hormonal oder nervös gesteuert wird. Die starke Zunahme der Atmungsintensität der Mücken, die ohne gleichzeitige Entfernung der Corpora allata dekapitiert worden waren, deutet auf ein im Kopf liegendes Hemmungszentrum hin, das nach seiner Entfernung erhöhte Aktivität der Hormondrüsen auf die Atmung bewirkt (GALUN 1960).

Im Gegensatz zu der Frage nach hormonaler Kontrolle der Atmungsvorgänge allgemein bei Insekten ist der Mechanismus der hormonalen Regulation der Zellatmung für den speziellen Fall der Diapause des Riesenseidenspinners *Hyalophora cecropia* besser bekannt (SCHNEIDERMAN und WILLIAMS 1952, 1954). Das Prothoracaldrüsenhormon, das die Entwicklung mit Beendigung der Diapause wieder in Gang bringt, scheint Veränderungen im Energiebedarf hervorzurufen, die eine adaptische Synthese des Cytochromsystems auslösen. In den Geweben der Diapause-Puppen ist der Gehalt an Cytochromoxydase höher als der von Cytochrom c. Die Unempfindlichkeit von Diapause-Puppen gegenüber Atmungsgiften wie Cyanid und Kohlenmonoxyd beruht nach Auffassung von KURLAND und SCHNEIDERMAN (1959) auf diesem Überschuß der Cytochromoxydase gegenüber dem Cytochrom c. Entgegen früheren Vorstellungen, nach denen mit Eintritt der Diapause eine qualitative Umstellung der Atmungsprozesse vom Cytochromsystem auf Flavinenzyme erfolgt, ist jetzt eine Verminderung der Atmungsintensität anzunehmen, bei der Cytochrom c das beschränkende Glied in der Kette der Atmungsfermente darstellt.

2. Der Kohlenhydratstoffwechsel

Die Kohlenhydrate bilden neben Fetten und Eiweißen die wichtigste Energiequelle der Atmung. Infolge der zumindest für Krebse als sicher anzunehmenden neurohormonalen Steuerung der Respirationsvorgänge erhebt sich die Frage, inwieweit der Stoffwechsel der dafür wesentlichen organischen Grundsubstanzen in die hormonale Kontrolle einbezogen ist. Darüber hinaus besitzen die Kohlenhydrate für die Arthropoden noch eine besonders große Bedeutung für den Aufbau des Chitinmoleküls als Anteile des Glukosamins. Es besteht somit eine enge Beziehung zwischen Kohlenhydraten und dem Häutungszyklus.

a) Kontrolle bei Krebsen

Während der Zwischenhäutungsphase ist der Karbohydratgehalt sowohl in den Geweben als auch im Blut verhältnismäßig niedrig. Ein deutlicher Anstieg erfolgt in der Vorhäutungsperiode, bevor morphologische Anzeichen erkennbar sind (SCHEER 1959; RIEGEL 1960; MINORU, SEKI und NITAHARA 1960). Das Glykogen, welches nach vorausgegangener Hydrolyse zur Synthese des Chitins Verwendung findet und sich während der Vorhäutungsphase im Integument anhäuft, entstammt größtenteils der Mitteldarmdrüse (VERNE 1924; RENAUD 1949; TRAVIS 1951, 1954, 1955; SCHWABE, SCHEER und SCHEER 1952). Die Hydrolyse des Glykogens bewirkt in erster Linie den hohen Blutzuckergehalt in dieser Phase. Hierfür stellen Befunde bei *Callinectes sapidus* (BAUMBERGER und DILL 1928), beim Flußkrebs *Astacus fluviatilis* (DAMBOVICEANÚ 1932) und *Maia squinado* (DRILHON 1933, 1935) speziell untersuchte Beispiele dar. Eine weitere Funktion des Glykogens besteht in dem Einschluß von Kalkspheriten innerhalb der Mitteldarmdrüsenzellen (TRAVIS 1955).

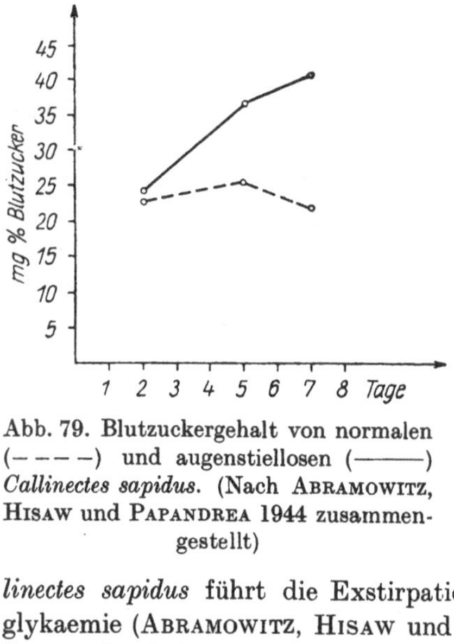

Abb. 79. Blutzuckergehalt von normalen (– – – –) und augenstiellosen (———) *Callinectes sapidus*. (Nach ABRAMOWITZ, HISAW und PAPANDREA 1944 zusammengestellt)

Auf eine Beziehung zwischen dem Kohlenhydratgehalt und den Prozessen der Häutungsvorbereitung einerseits sowie ihrer hormonalen Kontrolle andererseits deuten die Erscheinungen hin, welche nach Entfernen der Augenstiele bzw. nach Injektion von Augenstielextrakten bei verschiedenen Krebsen zu beobachten sind (Abb. 79). Bei der Krabbe *Callinectes sapidus* führt die Exstirpation der Augenstiele zu Hyperglykaemie (ABRAMOWITZ, HISAW und PAPANDREA 1944). Eine Regulierung durch das neurokrine System ist auch für andere Decapoden bekannt (KLEINHOLZ und LITTLE 1949; SCHEER 1951, 1960; RANGNEKER, SABNIS und NIRMAL 1961; PAUTSCH und Mitarbeiter 1960). Umgekehrt beobachtete man nach Entfernen der Augenstiele in verschiedenen Fällen keine Veränderung des Blutzuckergehaltes (MCWHINNIE und SCHEER 1958). Beim Flußkrebs *Orconectes virilis* wiederum führt die Exstirpation der Augenstiele zur Senkung des Blutzuckers (MCWHINNIE und SALLER 1960). *Carcinus maenas* dagegen reagiert darauf mit einer Erhöhung des Karbohydratgehaltes des gesamten Körpers (SCHEER 1959, 1960). Dies ist allerdings von der jeweiligen Häutungsphase abhängig. Die Erhöhung wird nur im

Stadium der Zwischenhäutung, nicht aber auch während der frühen Vorhäutungsphase erzielt.

Die widerspruchsvollen Ergebnisse beruhen sicherlich teilweise auf Nichtbeachten der Entwicklungsstadien der für die Versuche herangezogenen Krebse. Außerdem wurden die Kohlenhydratbestimmungen unterschiedlich durchgeführt.

Die hormonale Steuerung des Kohlenhydratstoffwechsels, die aus der Wirkung von Augenstiel und Sinusdrüse erkennbar ist, zeigt sich besonders durch Stress verschiedener Art. Dadurch kommt es stets zu einer Hyperglykaemie, die bei augenstiellosen Tieren ausbleibt (Kleinholz, Havel und Reichardt 1950; Riegel 1960).

Es ist zur Zeit nicht möglich, eine einheitliche und widerspruchslose Vorstellung von der Art der hormonalen Kontrolle des Kohlenhydratstoffwechsels der Krebse zu entwickeln. Ein Hormon der Sinusdrüse, das als diabetogener Faktor bezeichnet wurde, wahrscheinlich aber mit dem häutungshemmenden Hormon identisch ist, hält einen bestimmten Minimalwert an Kohlenhydraten im Blut aufrecht. Sie dienen als Energiequelle der Atmung. Nach Scheer (1959, 1960) hat der diabetogene Faktor vor allem die Aufgabe, die Bildung von Kohlenhydraten und Polysacchariden während der Zwischenhäutungsphasen zu unterbinden. Die mit der Exstirpation von Augenstielen verbundene Entfernung der Hormonquelle würde danach eine beschleunigte Synthese der Kohlenhydrate bzw. speziell der Polysaccharide zur Folge haben.

Andererseits lassen sich die Erscheinungen der Hyperglykaemie nach Injektion von Augenstielextrakten oder auch nach Stresseinwirkungen nicht ausschließlich mit einem hemmenden Faktor erklären. Es liegt am nächsten, hierfür ein weiteres Hormon anzunehmen, das die Steigerung des Kohlenhydratgehaltes reguliert. Da im Augenstiel wahrscheinlich verschiedene Neurohormone produziert werden, erscheint diese Möglichkeit von vornherein nicht ausgeschlossen. Eine Entscheidung hierüber setzt aber auch in diesem Fall eine vorherige Trennung der einzelnen Faktoren voraus. Sicherlich stellt der Augenstiel als komplexe Hormonbildungsstätte mit einen wesentlichen Grund für die bisherigen unterschiedlichen Ergebnisse dar, zu denen Implantation, Exstirpation und Injektion von Extrakten geführt haben.

b) Kontrolle bei Insekten

Für die Regulierung des Kohlenhydratgehaltes der Insekten spielen die Corpora allata und die Corpora cardiaca nach den Untersuchungen von L'HÉLIAS (1953—1957) eine gleichartige Rolle. Exstirpation

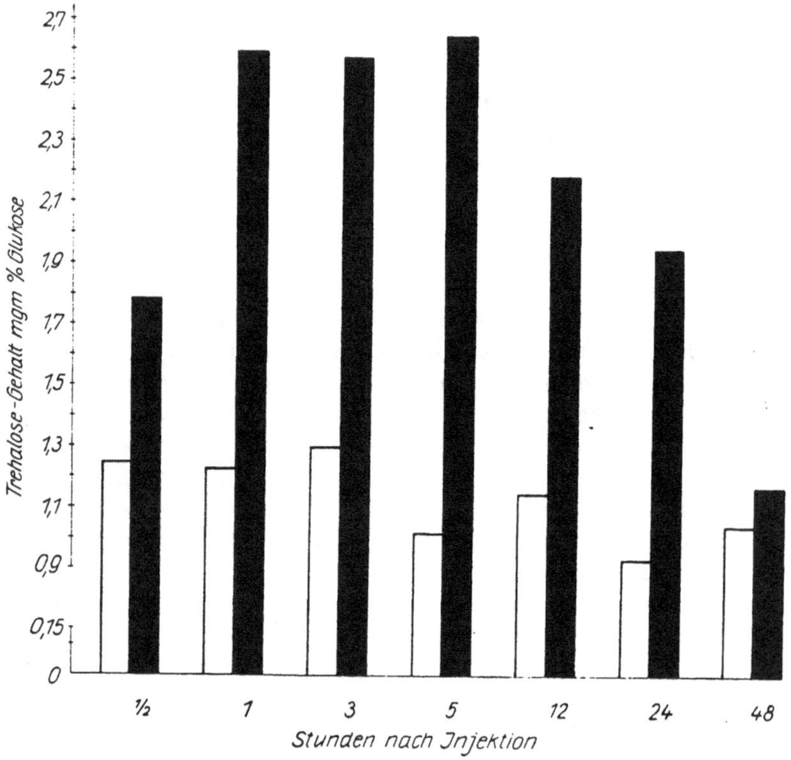

Abb. 80. Trehalose-Gehalt im Blut von *Periplaneta americana* nach Injektion von Corpora-cardiaca-Extrakt. Der Extrakt bewirkt starke Erhöhung des Blutzuckers. (Nach Angaben von STEELE 1961 zusammengestellt; weiße Säule Kontrolltiere)

jeder der beiden Hormondrüsen bei *Carausius morosus* führt in den Geweben zu einer Erhöhung des Zuckergehaltes und gleichzeitig zu einer Erniedrigung im Blut.

In den allatektomierten Tieren soll sich eine Umwandlung von Aminosäuren in Zucker anstatt in Proteine vollziehen. Es wird daher angenommen, daß die Corpora allata außer dem Kohlenhydratstoffwechsel auch die Eiweißsynthese kontrollieren.

Ähnlich dem diabetogenen Faktor der Sinusdrüse der Krebse wurde bei der Küchenschabe *Periplaneta americana* eine entsprechende Substanz aus den Corpora cardiaca ermittelt (STEELE 1961). Der hauptsächlichste Blutzuckergehalt liegt bei Insekten in Form des nichtreduzierenden Disaccharids Trehalose vor. Injektion von Corpora-cardiaca-Extrakt bewirkt Erhöhung des Trehalosewertes (Abb. 80). Beachtlich ist dabei die noch wirksame hohe Verdünnungsstufe des Extraktes. Mengen von $^1/_{500}$ eines Paares der Corpora cardiaca erzielten noch eine gewisse Erhöhung des Trehalosewertes. Die Wirkung des Hormons besteht vermutlich in der Aktivierung der für den Glykogenabbau verantwortlichen Phosphorylase (STEELE 1963). Eine Aussage über die Bedeutung der Corpora allata ist bisher nicht möglich, weil infolge technischer Schwierigkeiten bei der vollständigen Entfernung der Drüsen keine eindeutigen Werte erzielt wurden.

Die bei der Schmeißfliege *Calliphora erythrocephala* festgestellten Veränderungen des Mengenverhältnisses zwischen der Aufnahme von Kohlenhydraten und Eiweißen, welche mit dem Fortpflanzungszyklus zusammenhängen, sprechen für eine Beteiligung der Corpora allata an der hormonalen Kontrolle. Während der Dotterbildungsphase werden von den Weibchen Kohlenhydrate bevorzugt (STRANGWAYS-DIXON 1961). Allatektomierte Tiere nehmen dagegen nur in geringem Maße Kohlenhydrate auf.

3. Stickstoff- und Eiweißstoffwechsel

a) Kontrolle bei Krebsen

Die enge Beziehung, die zwischen Wachstum und Eiweißstoffwechsel besteht, macht die Annahme hormonaler Regulation des Eiweißstoffwechsels sehr wahrscheinlich. Indirekte Hinweise stellen die rhythmischen Veränderungen dar, die in Verbindung mit den Häutungsphasen auch beim Stickstoff-Stoffwechsel vorhanden sind (DRILHON 1935; RENAUD 1949; TRAVIS 1955). Mit der Häutung treten deutliche Abnahme des Gesamtstickstoffgehaltes, in der Zwischenhäutungsphase erneuter Anstieg auf, bis mit der Vorhäutungsphase das Maximum erreicht wird.

Die Entfernung der Augenstiele hat hinsichtlich des Stickstoffgehaltes zu unterschiedlichen Ergebnissen geführt. Bei der Wollhandkrabbe wurden in der Exuvie und im Körper keine Unterschiede im Stickstoffgehalt zwischen normalen und augenstiellosen Krebsen vor der Häutung festgestellt (KOCH 1952). Dagegen besaßen augenstiellose Tiere nach der Häutung wesentlich weniger Stickstoff als normale Individuen gleicher Größe. Die Augenstiele sollen darnach keine Bedeutung für die Protheinsynthese besitzen. Bei der Krabbe *Hemigrapsus nudus* dagegen führte die Entfernung der Sinusdrüse bei Hungertieren zur Senkung der Stickstoffwerte in beiden Geschlechtern (NEILAND und SCHEER 1953). Weitere Befunde bei den beiden Flußkrebsarten *Orconectes ozarkae* und *Procambarus blandingi* erhellen die Bedeutung der Neurohormone der Augenstiele für den Eiweißstoffwechsel (FINGERMAN, MIYAWAKI, OGURO und DOMINICZAK 1963). Für die Aufrechterhaltung der Ribonukleinsynthese in der Mitteldarmdrüse ist das neurosekretorische System des Augenstiels erforderlich.

In gewisser Weise erlaubt die Korrelation zwischen Stickstoffbedarf und Stickstoffausscheidung Rückschlüsse auf die regelnden Faktoren. Entsprechend dem hohen Stickstoffbedarf vor der Häutung ist die Abgabe von Stickstoff in dieser Periode ziemlich niedrig. Nach der Häutung erfolgt dagegen starke und rasche Ausscheidung, die später allmählich wieder abklingt (NEEDHAM 1955, 1956). In der Zwischenhäutungsphase bestehen einerseits niedrige Stickstoffausscheidung und andererseits hohe Aktivität des häutungshemmenden Hormons. Die Beziehung zwischen beiden Erscheinungen kann als möglicher Hinweis für die hormonale Regulation des Eiweißstoffwechsels geltend gemacht werden.

b) Kontrolle bei Insekten

Die hormonale Steuerung des Eiweißstoffwechsels der Insekten erfolgt in erster Linie durch das neurokrine System. Hierfür kann man mehrere Hinweise anführen. Die Bedeutung des Neurohormons des Gehirns für die Proteinsynthese tritt eindrucksvoll bei *Calliphora erythrocephala* zutage (THOMSEN und MØLLER 1959, 1963). Nach Entfernung der neurosekretorischen Zellen des Gehirns bei Weibchen entwickeln sich die Ovarien trotz ausreichenden Nährstoffangebotes nur unzureichend. Ebenso ruft Durchschneiden des Nervi oesophagi, der neurosekretorisches Material vom Gehirn zum Mitteldarm transportiert, Wachstumsstillstand der Ovarien hervor. Beides ist auf mangelnde Eiweißsynthese zurückzuführen, bedingt durch die nach Ausschaltung des Neurohormons verursachte Verminderung der Proteaseaktivität (Abb. 82). Die bei der Wüstenheuschrecke *Schistocerca gregaria* bestehende Parallele zwischen der Aktivität des neurosekretorischen Systems und dem Proteingehalt der Hämolymphe ist gleichfalls ein Ausdruck der neurohormonalen Kontrolle des Eiweißstoffwechsels (Hill 1962). Ausschaltung des Hormonbildungszentrums durch Brennen der Region der Pars intercerebralis bedingt niedrige Proteinkonzentration bei gleichzeitig hohem Gehalt an Aminosäuren in der Hämolymphe. Ein Absinken der Eiweißverdauung als Folge des Ausfalls der neurosekretorischen Zellen der pars intercerebralis wurde auch bei *Calliphora* bestätigt (Strangways-Dixon 1961).

Ähnlich können die Befunde von Dadd (1961) nach Dekapitation von Puppen des Mehlkäfers *Tenebrio molitor* gedeutet werden, obgleich hier keine genauen Angaben über den Produktionsort des Hormons vorliegen. Die Proteaseaktivität des Mitteldarms, die normalerweise kurz vor dem Schlüpfen stark ansteigt, erfährt durch Dekapitation schlüpfreifer Puppen oder auch frisch geschlüpfter Käfer deutliche Erniedrigung (Abb. 81). Nervöse Stimulation kann nicht in Frage kommen. Das ergibt sich aus Blutübertragungen von gefütterten Tieren in Hungertiere, bei denen die Proteaseaktivität zunächst gering, nach der Blutinjektion jedoch erhöht ist. Das Blut muß demnach den Wirkstoff enthalten. Sein Ausfall nach Dekapitation erklärt sich am ehesten mit der Annahme eines aus dem Gehirn stammenden Neurohormons. Möglicherweise ist die Wirkung von Gehirn-Implantaten auf die Flügelentwicklung der Grillen ebenfalls auf eine hormonale Wachstumsstimulation zurückzuführen (Sellier 1940—1956). In ähnlicher Weise führten die Versuche mit *Bombyx mori*, bei denen Gehirne in vorher enthirnte Raupen implantiert worden waren, zu dem Schluß, daß das Gehirn einen trophischen Faktor erzeugt, der eventuell hormonal wirksam wird (Bounhiol und Lavenseau 1963).

Wahrscheinlich wird nicht nur die Eiweißverdauung, sondern auch die Stickstoffausscheidung durch Neurohormone kontrolliert. Das lehren Befunde an der Schabe *Periplaneta americana* (Bodenstein 1953). Das Vorkommen der in bestimmten Bereichen des Fettkörpers anzutreffenden Urate hängt von der Anwesenheit der Corpora cardiaca ab, Exstirpation der Corpora allata allein hat hierauf keinen Einfluß.

In Form einer „Rückkoppelung“ scheinen die Nährstoffe ihrerseits die Funktion der Hormonbildungsstätten beeinflussen zu kön-

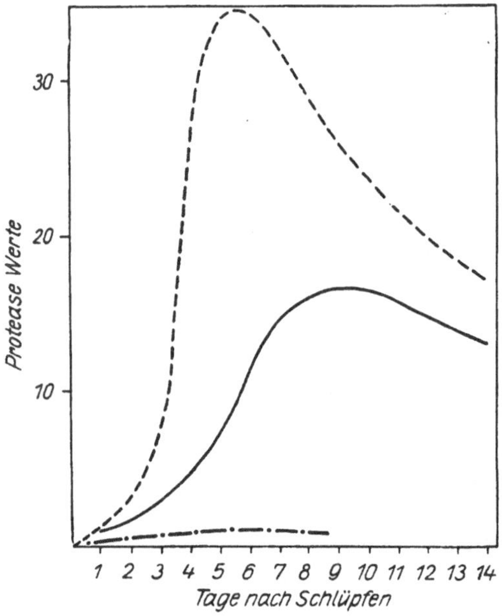

Abb. 81. Neurohormonale Steuerung der Eiweißsynthese bei Insekten. Protease-Aktivität des Mitteldarms adulter Schwarzkäfer (*Tenebrio molitor*) zu verschiedenen Zeiten nach dem Schlüpfen. Bei Dekapitation der Puppen 1 Tag vor dem Schlüpfen keine Protease im Mitteldarm feststellbar (–·–·–). Puppen, die 1 Tag nach dem Schlüpfen dekapitiert wurden, zeigen eine deutliche Aktivität der Protease (———), gegenüber nicht dekapitierten Kontrolltieren jedoch geringere Proteasewerte (– – – –). (Nach DADD 1961 umgezeichnet)

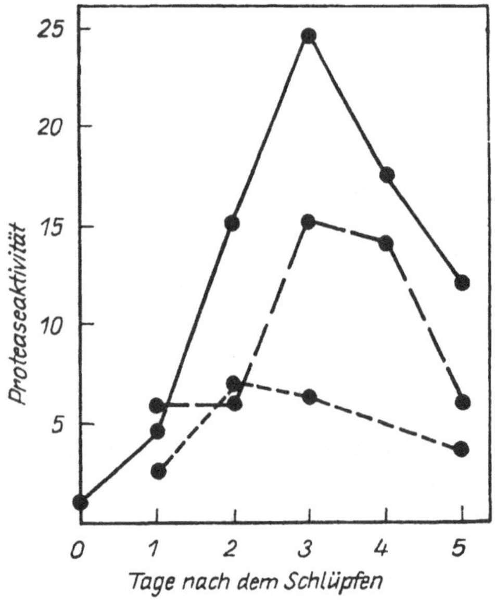

Abb. 82. Neurohormonale Steuerung der Eiweißsynthese. Protease-Aktivität bei Weibchen der Schmeißfliege *Calliphora erythrocephala*. ——— normale Weibchen, — — — allatektomierte Weibchen, – – – Weibchen, denen die mittleren neurosekretorischen Zellen des Gehirns entfernt wurden. Hier zeigt sich deutliche Erniedrigung der Protease-Aktivität. (Nach THOMSEN und MØLLER 1963)

nen. Hierüber wissen wir allerdings noch sehr wenig. Um so aufschlußreicher ist die Schlußfolgerung, die aus dem Verhalten von *Calliphora*-Weibchen bei der Nahrungsauswahl gezogen werden kann (STRANGWAYS-DIXON 1959, 1961). Die während der frühen Eiwachstumsphase bevorzugt aufgenommenen Eiweiße bewirken zugleich eine Aktivierung der Corpora allata auf vermutlich indirektem Wege. Dieses führt zur Erhöhung des Kohlenhydratstoffwechsels, was in zeitlicher Korrelation mit der vorzugsweisen Aufnahme von Kohlenhydraten während der Dotterbildungsphase steht.

Möglicherweise sind sowohl die Corpora allata als auch das Häutungshormon in die hormonale Kontrolle des Eiweißstoffwechsels eingeschaltet. Hierfür sprechen einige neue Befunde (WANG und DIXON 1960; RÖLLER 1962; KRISHNAKUMARAN 1962).

4. Der Fettstoffwechsel

a) Kontrolle bei Krebsen

Der Fettstoffwechsel der Krebse ist wesentlich weniger untersucht als der Stoffwechsel von Kohlenhydraten und Eiweißen. Hinweise auf eine endokrine Steuerung sind daher auch kaum vorhanden. Der Fettgehalt unterliegt rhythmischen Schwankungen, die eng mit dem Häutungszyklus in Übereinstimmung stehen (SMITH 1915; PAUL und SHARPE 1919; DRILHON 1935; RENAUD 1949; TRAVIS 1955). Ganz allgemein steigt der Fettgehalt in der Zwischenhäutungsperiode bis zu dem Stadium der Häutungsvorbereitung an, in dem die Nahrungsaufnahme eingestellt wird (Stadium D_1). Der tiefste Punkt wird nach der Häutung unmittelbar vor Wiederbeginn der Nahrungsaufnahme erreicht. Die Fette dienen dem Krebs vor allem als ein wichtiger Energiespeicher. Die gleichen Unterschiede bestehen auch im Gehalt an Fettsäuren im Blut und in der Mitteldarmdrüse (DAMBOVICEANU 1932; RENAUD 1949).

Diese Beziehungen können zwar nicht als exakte Daten für eine hormonale Kontrolle des Fettstoffwechsels gewertet werden. Es ist aber bei der engen Verflechtung mit anderen stoffwechselphysiologischen Vorgängen, deren neurohormonale Steuerung erwiesen ist, kaum anzunehmen, daß der Fettstoffwechsel davon ausgeschlossen bleibt. Bei der Krabbe *Hemigrapsus nudus* bewirkt die Entfernung der Augenstiele von Hungertieren eine deutliche Abnahme des Fettgehaltes. Dies kann als Zeichen hormonaler Beeinflussung angesehen werden (Neiland und Scheer 1953). In diesem wie auch in anderen Fällen bleibt es ungewiß, an welcher Stelle die Hormonwirkung primär einsetzt und welche sekundären Prozesse eine hormonale Steuerung infolge der wechselseitigen stoffwechsel-physiologischen Beziehungen nur vortäuschen. Die Fette sind außer als Reservesubstanzen für den Aufbau des neuen Integumentes und den Transport von Calcium infolge ihrer Wasserunlöslichkeit auch bei der Häutung selbst von Bedeutung.

b) Kontrolle bei Insekten

Ähnlich wie bei Krebsen besteht auch bei Insekten eine enge Beziehung zwischen den Häutungsphasen und dem Fettgehalt. Der Umfang des Fettkörpers nimmt während der Fraßperiode in der Häutungszwischenphase zu, zur Zeit der Häutung selbst dagegen deutlich ab. Dies zeigen außer ganz allgemeinen Beobachtungen planimetrische Ausmessungen des Fettkörpers einerseits und quantitative Befunde im Laufe der postembryonalen Entwicklung andererseits (Marel 1959; Neugebauer 1961). Der Fettkörper bildet einen wichtigen Reserve- und Energiespeicher. Darüber hinaus stellt er ein vielseitiges stoffwechselphysiologisches Organ dar, dessen umfassende Bedeutung noch längst nicht erkannt sein dürfte. Vermutlich liegt hierin einer der Gründe für die heute bestehende undurchsichtige Situation hinsichtlich der Frage nach der hormonalen Kontrolle des Fettstoffwechsels der Insekten.

Die Entfernung der Corpora allata führt nach übereinstimmenden Befunden bei verschiedenen Insekten zu einer Vergrößerung des Fettkörpers (Thomsen 1942; Pfeiffer 1945; Bodenstein 1953; Neugebauer 1961). Gleiches bewirkt auch die Kastration von Weibchen, so daß eine spezifische Aussage über die hormonale Bedeutung der Corpora allata eingeschränkt ist. In Übereinstimmung mit der Vergrößerung des Fettkörpers befindet sich die Erhöhung des Fettgehaltes nach Allatektomie adulter Stabheuschrecken (L'Hélias 1953, 1957).

5. Wasserhaushalt und Mineralstoffwechsel

a) Hormonale Kontrolle bei Krebsen

Wasserhaushalt und Mineralstoffwechsel stehen bei Krebsen in enger Beziehung zum Häutungszyklus. Unmittelbar vor der Häutung erfolgt innerhalb kurzer Zeit eine Vergrößerung des Volumens durch Wasseraufnahme. Die Erhöhung des Wassergehaltes ist eine wichtige Voraussetzung für den Häutungsvorgang selbst wie auch für die Vergrößerung des neuen Exoskeletts. Außerdem sind während der Häutung erhöhte Mengen an Mineralstoffen im Blut vorhanden. Dies bezieht sich vor allem auf den Calcium- und Phosphatgehalt. Die Konzentration anderer wichtiger Ionen, insbesondere Natrium und Kalium, bleibt dagegen nahezu konstant (DRILHON 1935; BRYAN 1960; SHAW 1960). Bei einzelnen Arten kommen jedoch gewisse Unterschiede der osmoregulatorischen Fähigkeiten vor (ROBERTSON 1957).

Wasserhaushalt. Eine hormonale *Kontrolle des Wasserhaushaltes* bei Krebsen kann darin erblickt werden, daß die Entfernung der Augenstiele in den folgenden Häutungen zu abnorm hoher Wasseraufnahme führt. Dadurch treten mitunter Schwierigkeiten beim Häutungsvorgang ein (ABRAMOWITZ und ABRAMOWITZ 1940; BAUMBERGER und DILL 1928; BAUMBERGER und OLMSTEDT 1928; BAUCHAU 1948; KOCH 1952; BLISS 1953; CARLISLE 1955). Exstirpation der Sinusdrüse allein hat dagegen nur geringeren Einfluß. Die Volumenvergrößerung beruht nicht auf echten Wachstumsprozessen.

Zwiespältige Auffassungen bestehen in der Beurteilung der Frage, ob der für die Regulation des Wasserhaushaltes verantwortliche Faktor mit dem häutungshemmenden Hormon identisch ist oder nicht. Abgesehen von den zeitlichen Übereinstimmungen in der Rhythmik zwischen Häutung und Veränderungen des Wasserhaushaltes, kann für eine solche Identität die Feststellung gelten, daß der Wasserhaushalt ebenso wie die hormonal gelenkte Gastrolithenbildung einem täglichen Rhythmus unterliegen (GUYSELMAN 1953). Zwei verschiedene Hormone sind deshalb anzunehmen, weil sowohl Augenstielexstirpation als auch Injektion von Sinusdrüsenextrakten in allen Phasen des Häutungszyklus auf den Wasserhaushalt einwirken (CARLISLE 1955; CARLISLE und KNOWLES 1959). Allerdings läßt sich dieser Unterschied auch mit einer verschiedenartigen Empfindlichkeit der Tiere im Zusammenhang mit dem jeweiligen physiologischen Zustand in den einzelnen Jahreszeiten erklären. Besonders aufschlußreich erscheinen daher die Befunde bei der Landkrabbe *Gecarcinus lateralis* (BLISS 1956). Hier erfolgt die Wasseraufnahme zu einem Zeitpunkt, zu dem die Extremitätenregeneration bereits beendet ist, obgleich beide Prozesse durch das neurosekretorische System kontrolliert werden. Das spricht eher für zwei verschiedene Faktoren.

Mineralstoffwechsel. Die Schwankungen des Calciumgehaltes der Krebse während der verschiedenen Phasen des Häutungszyklus beruhen auf Abbau- und Wiederaufbauprozessen des Exoskelettes. In der Zwischenhäutungsphase trifft man einen verhältnismäßig niedrigen Calciumspiegel im Blut an. Erste Anzeichen der Häutungsvorbereitung bilden erhöhte Mengen von Calciumsalzen im Blut. Ungefähr zwei Drittel der gesamten Calciummenge werden bei der Häutung entweder auf dem Wege der Exkretion oder direkt beim Abwerfen der alten Cuticula abgegeben (Abb. 83). Ein Teil des Restcalciums wird in Form der Gastrolithen gespeichert. Im Verlauf der Nachhäutungsperiode erfolgt die Aufnahme von Calcium aus dem Seewasser durch Diffusion auf Grund von Konzentrationsunterschieden. Die Epidermis entzieht der Körperflüssigkeit die Calciumsalze zum Aufbau des neuen Exoskelettes. In Form von Calciumphosphat bzw. Calciumcarbonat werden die Salze abgelagert. Parallel den hohen Calciumwerten im Blut während der Häutungsvorbereitung läuft der hohe Gehalt an mineralischem Phosphor. Beide Werte bleiben während der Phase des erhärteten Carapax auf niedrigem Niveau. Der Gehalt an organischem Phosphor erfährt demgegenüber keine derartigen Schwankungen während des Häutungszyklus. Das Calcium der Gastrolithen scheint vor allem zur Erhärtung der Mundwerkzeuge benützt zu werden, so daß der Krebs bald nach seiner Häutung wieder zur Nahrungsaufnahme befähigt ist.

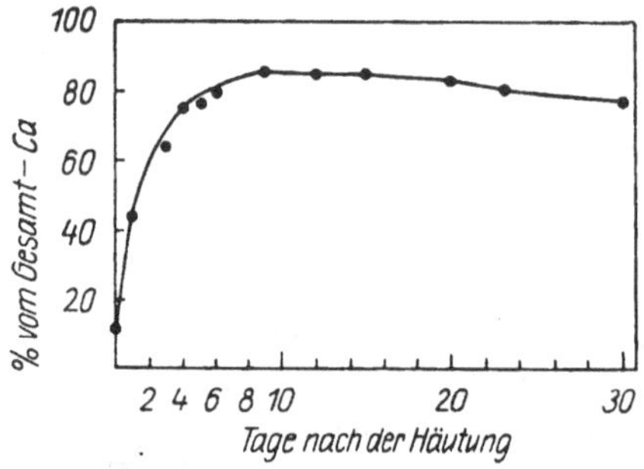

Abb. 83. Beziehung zwischen Häutungsvorgang und Ca-Haushalt nach Untersuchungen am Edelkrebs. Ca-Gehalt in % des Gesamt-Ca von Gastrolithen, Rückenpanzer und anderen Körperteilen an verschiedenen Tagen nach der Häutung. (Nach RYHÄNEN 1962)

Die hormonale Steuerung des Calciumstoffwechsels ergibt sich in erster Linie aus den Veränderungen, welche die Exstirpation der Augenstiele hervorrufen. Der Calciumgehalt des Blutes erhöht sich, zugleich wird die Gastrolithenbildung im Magen der Krebse gefördert (SCUDAMORE 1942, 1947; KYER 1942; EDWARDS 1950; TRAVIS 1951; BLISS 1953; YAMAMOTO 1961; MIYAWAKI und SASAKI 1961). Beide stellen Folgeerscheinungen beginnender Herauslösung von Calciumsalzen aus der alten Cuticula dar. Sie unterbleiben nach Reimplantation der Sinusdrüse oder ganzer Augenstiele ebenso wie nach Injektion von Augenstielextrakten in augenstiellose Tiere (Abb. 84). Die Gastrolithen, die Abscheidungen von kohlensaurem Kalk an der

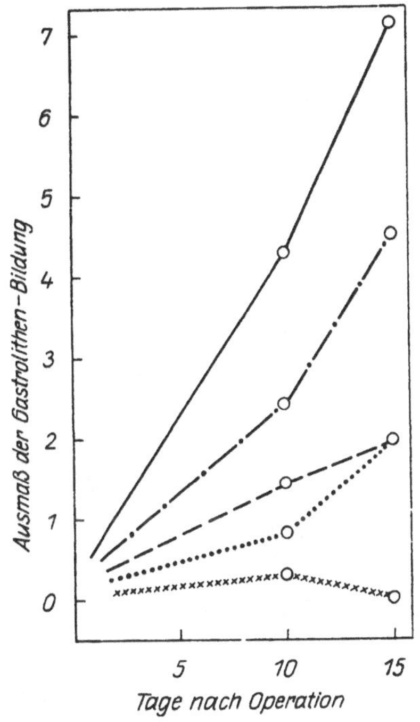

Abb. 84. Gastrolithen-Bildung bei augenstiellosen Flußkrebsen (*Procambarus clarkii*) nach Implantation verschiedener Gewebe. Implantation von Muskel bleibt wirkungslos, d. h. volle Gastrolithenbildung (———). Implantation von Augenstiel ohne Sinusdrüse und X-Organ hemmt die Gastrolithenbildung kaum (— · — · —). Nach Implantation des X-Organs keine bzw. nur geringe Gastrolithenbildung (- - - - -). Nach Implantation von Augenstielen ohne X-Organ, jedoch mit Sinusdrüse ebenfalls Hemmung der Gastrolithenbildung (......). Normale Kontrolltiere (xxxx). (Nach YAMAMOTO, 1961)

Magenwand darstellen, bilden besonders gute Indikatoren für die einsetzende Hormonwirkung. Bereits 24 Stunden nach Entfernung der Augenstiele des Flußkrebses *Cambarus virilis* erfolgt eine Proliferation des Magenepithels als erstes Anzeichen der Gastrolithenbildung.

Nach den Ergebnissen von Implantationsversuchen einzelner spezieller Bereiche der Augenstiele ist anzunehmen, daß der Faktor, der den Calciumstoffwechsel kontrolliert, vor allem im X-Organ und in der Sinusdrüse enthalten ist (Abb. 84). Wahrscheinlich sind das häutungshemmende Hormon und der die Gastrolithenbildung verhindernde Faktor identisch. Möglicherweise erfolgt seine Wirkung wie bei der Häutung über die Carapaxdrüse (CARLISLE 1957). Dafür würde die Feststellung sprechen, daß eine einzige Injektion von Extrakt dieser Drüse eine dreifache Erhöhung des Calciumgehaltes im Blut

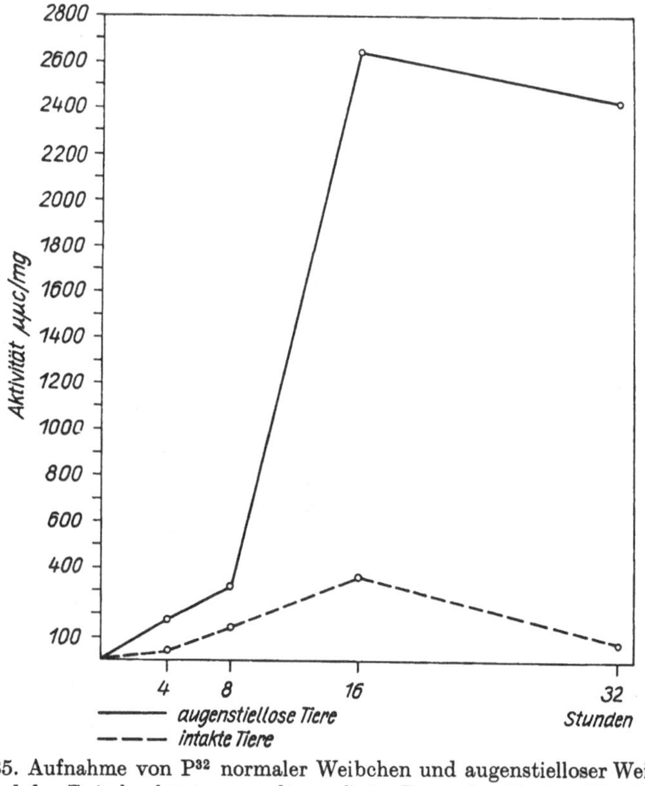

Abb. 85. Aufnahme von P^{32} normaler Weibchen und augenstielloser Weibchen während des Zwischenhäutungsstadiums C_3 im Darm der Krabbe *Hemigrapsus nudus*. (Nach LEHMANN und SCHEER 1956)

von *Carcinus* innerhalb 24 Stunden verursacht. Im Gegensatz zu der die Häutung einleitenden Phase des Calciumstoffwechsels, die durch das Herauslösen der Salze aus dem alten Exoskelett charakterisiert und hormonal gesteuert ist, vollzieht sich die Aufnahme neuer Calciummengen auf Grund der vorhandenen Konzentrationsunterschiede. Eine Beteiligung hormonaler Regulation hierbei kann dennoch nicht völlig ausgeschlossen werden. Extrakte des Zentralnervensystems bewirken bei dem Flußkrebs *Cambarus virilis* eine

Beschleunigung der Gastrolithenbildung neben gleichzeitiger Erhöhung der Atmungsrate (SCUDAMORE 1942, 1947). Außerhalb der Augenstiele ist demnach hier ein Faktor zu vermuten, der antagonistisch zur Hemmung des Hormons aus den Augenstielen stimulierend eingreift. Eine genauere experimentelle Überprüfung dieser Frage bietet sich unter Ausnutzung der für die Nachhäutungsphase gültigen Verhältnisse an.

Anorganische Phosphate sind ebenso wie die Calciumsalze an der Festigung des Außenskeletts beteiligt. Sie unterliegen der gleichen Rhythmik. Es ist daher wahrscheinlich, daß auch ihr Stoffwechsel in derselben Weise hormonal gesteuert wird. Erhärtet wird diese Vermutung durch den experimentellen Befund bei der Krabbe *Hemigrapsus nudus*, daß Entfernung der Augenstiele auf dem späten Zwischenhäutungsstadium erhöhte Phosphoraufnahme auslöst (LEHMANN und SCHEER 1956) (Abb. 85).

Weiterhin erfährt der Kupfergehalt in der Hämolymphe und in der Mitteldarmdrüse rhythmische und in Übereinstimmung mit dem Häutungszyklus stehende Schwankungen (ZUCKERKANDL 1956, 1957). In der Zwischenhäutungsphase enthält die Lymphe nur geringe Mengen an Kupfer. Sein Gehalt steigt in der Vorhäutungsphase um das 20fache an. Sicherlich hängt dies engstens mit der Erhöhung der Atmungsintensität zusammen. Dem Anstieg in der Haemolymphe geht eine entsprechende Senkung des Gehalts in der Mitteldarmdrüse parallel. Auf Grund der engen Beziehungen, die zwischen Atmung, Haemocyanin und Kupfer einerseits und der hormonalen Regulation der Atmung andererseits bestehen, ist eine Einbeziehung des Kupferstoffwechsels in den Komplex von Prozessen, die durch Neurohormone kontrolliert werden, sehr wahrscheinlich. Genaue experimentelle Daten liegen hierüber jedoch nicht vor.

b) Hormonale Kontrolle des Wasserhaushaltes der Insekten

Für die hormonale Regulation des Wasserhaushaltes der Insekten spielt das neurosekretorische System eine wichtige Rolle. Von ihm wird vermutlich ein diuretisches und ein antidiuretisches Neurohormon abgegeben. Anders lassen sich kaum die gegensätzlichen experimentellen Befunde in befriedigender Weise verstehen. Bei Larven des Käfers *Anisotarsus cupripennis* treten Störungen des verhältnismäßig hohen Wasserkreislaufes nach Unterbrechung der Bauchganglienkette, nach Entfernung des dorsalen Gehirnbezirkes und auch nach

Unterbinden der Zirkulationsmöglichkeit der Haemolymphe auf (NÚÑEZ 1956). Dagegen können die Schäden durch Injektion von Gehirnextrakten in vorher operierte Tiere mit gestörtem Wasserhaushalt ausgeglichen werden (Abb. 86, 87). Beide Tatsachen deuten auf einen diuretischen Faktor hin, der nicht nur im Gehirn-Retro-

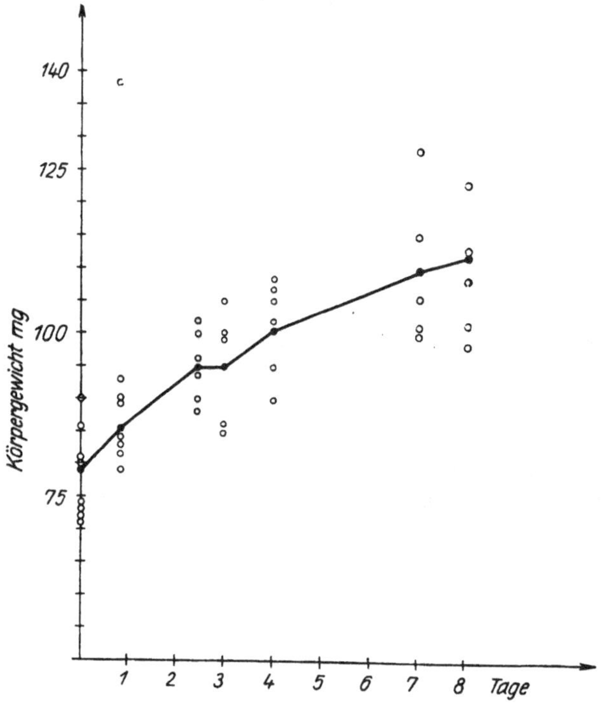

Abb. 86. Gewichtsveränderungen der Larven des Käfers *Anisotarsus cupripennis* nach Schnürungen hinter dem Kopf. (Zusammenfassung der Einzelwerte nach Untersuchungen von NÚÑEZ 1956)

cerebralkomplex, sondern auch im Bereich des Bauchmarks vorhanden ist. Ein diuretisches Prinzip ist auch bei der Wanze *Rhodnius prolixus* auf Grund der Feststellung anzunehmen, daß Dekapitation unmittelbar nach Fütterung zur Störung der Wasserausscheidung führt (NÚÑEZ 1962, 1963). Wahrscheinlich wird die Diurese durch ein Neurohormon aus neurosekretorischen Zellen des Ganglionkomplexes des Mesothorax reguliert (MADDRELL 1962). Jedenfalls erweisen sich

Extrakte dieses Bereiches aktiver als solche aus anderen Bezirken des Zentralnervensystems.

Gehirn und Thoracalganglien der Schabe *Blaberus giganteus* verfügen in ähnlicher Weise über einen diuretischen Faktor, wie aus dem

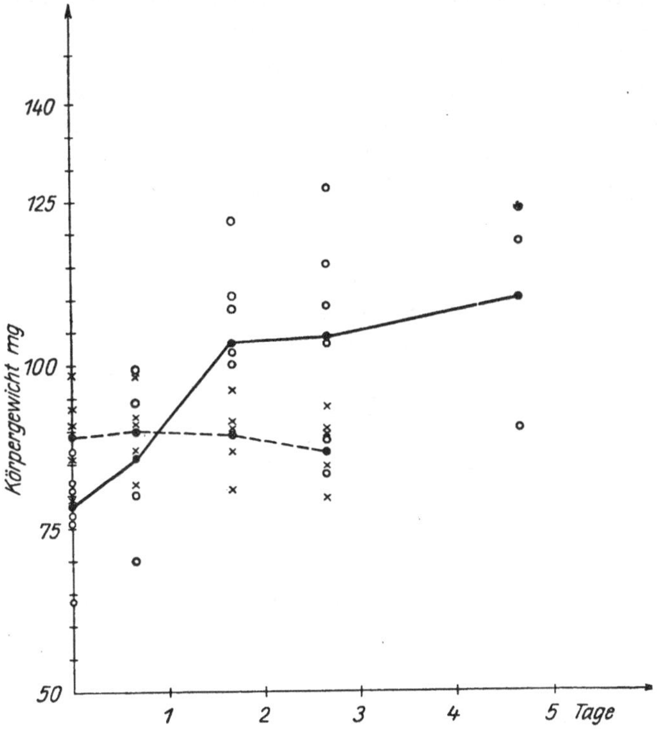

Abb. 87. Gewichtsveränderungen der Larven des Käfers *Anisotarsus cupripennis* nach Entfernung protocerebraler Bereiche des Gehirns (einschließlich pars intercerebralis) und der Corpora cardiaca (———) im Vergleich zu normalen Kontroll-Larven (– – –). Bei den operierten Tieren deutliche Erhöhung des Körpergewichts. (Nach Ergebnissen von Núñez 1956)

histologischen Bild bestimmter neurosekretorischer Zellen nach Dehydration geschlossen wird (Wall und Ralph 1962). Untersuchungen an Bienen haben ergeben, daß der Wasserhaushalt durch die Corpora cardiaca und die Corpora allata reguliert wird (Altmann 1956). Extrakte der Corpora allata erhöhen, solche der Corpora cardiaca dagegen erniedrigen die Wasserspeicherung im Blut und im Darm. In gleicher Weise wie die Corpora cardiaca wirken Gehirnextrakte.

Andere Autoren betonen ebenfalls das Vorkommen antidiuretischer Faktoren. Auf Grund von Vergleichen des färberischen Verhaltens neurosekretorischer Zellen nach Injektion von Aqua dest. oder Kochsalzlösung bei der Wanze *Iphita limbata* wurde zunächst ein diuretischer Faktor, später dagegen ein antidiuretisches Prinzip angenommen (NAYAR 1957, 1960). Diese an ein und demselben Objekt getroffenen, sich widersprechenden Feststellungen sind bisher ungeklärt geblieben (NAYAR 1962). Nach STUTINSKY (1953) verhindern Extrakte der Pars intercerebralis und der Corpora cardiaca der Schabe *Blaberus* nach Injektion zeitweilig den Harnfluß bei der Ratte, was ebenfalls als eine Bestätigung für einen antidiuretischen Effekt des neurosekretorischen Materials der Schabe gewertet wird.

Die Aufnahme von Wasser scheint demgegenüber nervös über spezifische Wasserrezeptoren reguliert zu werden, soweit man dies nach Ergebnissen bei der Schmeißfliege *Phormia regina* verallgemeinern kann (DETHIER und EVANS 1962). Eine hormonale Steuerung der Wasseraufnahme erscheint allerdings bei dem Käfer *Chilo simplex* denkbar (KOIDSUMI 1952). Die normalerweise unmittelbar vor der Verpuppung erfolgende Steigerung des Wassergehaltes der Larven kann durch Schnürung dicht hinter dem Kopf bzw. dem Thorax verhindert werden.

Zahlreiche Fragen zur Regulation des Wasserhaushaltes der Insekten sind noch offen. An der Beteiligung des neurosekretorischen Systems ist jedoch grundsätzlich nicht zu zweifeln. Vermutlich erklären sich die bisherigen Widersprüche und Unklarheiten teilweise damit, daß in den einzelnen Bereichen des Zentralnervensystems verschiedene Faktoren gebildet werden.

c) Neurohormonale Regulation des Wasserhaushaltes bei Schnecken

Exstirpationsexperimente mit verschiedenen Ganglien der Süßwasser-Lungenschnecke *Limnaea stagnalis* ergaben eine Zunahme des Körpervolumens infolge Wasserspeicherung, wenn die Pleuralganglien entfernt worden waren (HEKSTRA und LEVER 1960; LEVER, JANSEN und DE VLIEGER 1961; LEVER und JOOSSE 1961 (Abb. 88). Exstirpationen des Cerebral- und Visceralganglions blieben ohne Einfluß. Geringere

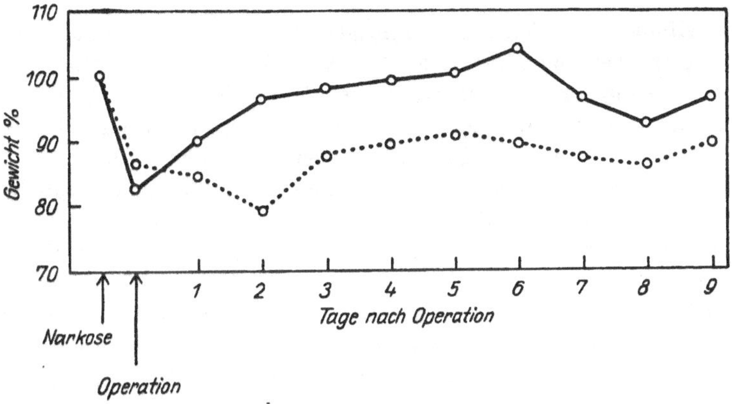

Abb. 88. Veränderung des Gewichts der Schnecke *Limnaea stagnalis* (ausgedrückt in Prozenten nach Narkose), die nach Entfernung der Pleuralganglien eintrat (———). Infolge Wasseraufnahme deutliche Gewichtsvergrößerung im Vergleich zu Kontrollen (.........). (Nach Lever, Jansen und de Vlieger 1961)

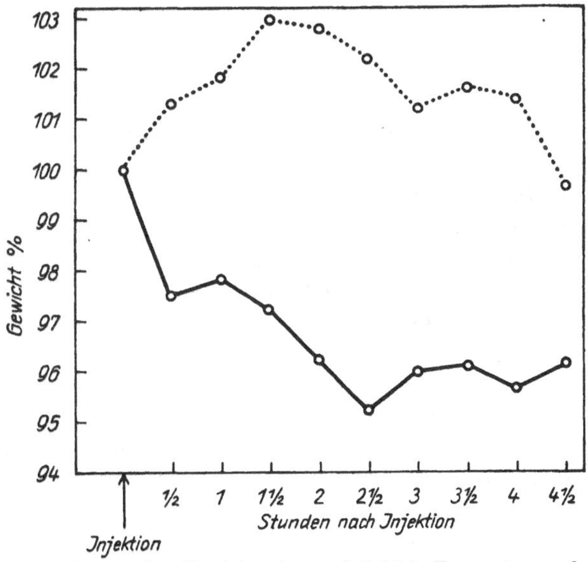

Abb. 89. Veränderung des Gewichts (ausgedrückt in Prozenten nach Injektion) bei der Schnecke *Limnaea stagnalis*, der nach vorheriger Entfernung der Pleuralganglien (Kontrolle ....) Extrakt injiziert wurde (———). Im Gegensatz zu den Kontrolltieren ohne Pleuralganglien tritt bei den Tieren nach Injektion des Ganglienextraktes Gewichtsverminderung ein (antidiuretisches Prinzip der Pleuralganglien). (Nach Lever, Jansen und de Vlieger 1961)

Schwellung zeigte sich nach einseitiger Pleuralektomie wie auch nach Reimplantation der Ganglien (Abb. 89). Bei dem Opisthobranchier *Aplysia* erfolgte nach Exstirpation der Pleuralganglien, in geringerem Maße auch nach Entfernung der Cerebralganglien eine Gewichtsveränderung. Es kam hier jedoch zur Gewichtsabnahme (VICENTE 1963). Übereinstimmend ist nach allem die Beteiligung der Pleuralganglien an der hormonalen Regulation des Wasserhaushaltes. Nach den histologischen und färberischen Erscheinungen bestimmter neurosekretorischer Zellen gegenüber hypertonischen und hypotonischen Medien zu schließen, handelt es sich dabei um Neurohormone. Ähnliche indirekte Hinweise auf Zusammenhänge zwischen der Sekretionsaktivität neurosekretorischer Zellen in verschiedenen Ganglien und dem Salz- bzw. Wassergehalt des Außenmediums liefern morphologische Befunde bei dem Süßwasserprosobranchier *Vivipara vivipara* (GORF 1960), der Weinbergschnecke *Helix pomatia* (JUNGSTAND 1962) und anderen Heliciden (KUHLMANN 1963).

d) Hormonale Regelung des Wasserhaushaltes bei Echinodermen

Veränderungen des Salzgehaltes des Seewassers beeinflussen die sekretorische Tätigkeit bestimmter Zelltypen im Nervensystem von Seesternen (UNGER 1960, 1962). Der Gehalt an färbbarem Sekretmaterial steigt im hypertonischen und sinkt im hypotonischen Medium. Möglicherweise erfolgt auf diesem Wege die Regulation des Wasserhaushaltes. Dafür spricht die Feststellung von CHAET und MCCONNOUGHY (1959), daß Nervenextrakte eine diuretische Wirkung ausüben. Mit Sicherheit kann hier allerdings noch nicht von hormonalen Faktoren gesprochen werden.

Man kann auf Grund der bisherigen, mehr oder weniger sporadischen Befunde annehmen, daß der für den Ablauf der Lebensprozesse überaus wichtige Wasserhaushalt der Tiere nicht nur für die bisher bekannt gewordenen Beispiele einer hormonalen Steuerung unterliegt. Tiergruppen, die in dieser Hinsicht noch völlig unbeachtet geblieben sind, sollten genauer untersucht werden. So sprechen beispielsweise einige erste, mehr tastende Versuche für eine hormonale Beteiligung des Nervensystems bei der Osmoregulation der Süßwasseroligochaeten (CHAUCHEPRAT und DE PUYTORAC 1962) wie auch der Turbellarien (UDE 1964).

Die bisherigen Kenntnisse über hormonale Regulation der Stoffwechselvorgänge erstrecken sich fast ausschließlich auf Krebse und Insekten. Bei den Krebsen werden wichtige Funktionen wie Atmung, Kohlenhydratstoffwechsel, Eiweißstoffwechsel (?), weiterhin vor allem Calcium- und Phosphatstoffwechsel wie auch der Wasserhaushalt von dem neurosekretorischen Bereich Gehirn—Augenstiel—Sinusdrüse hormonal geregelt. Soweit bei den Insekten für die einzelnen stoffwechselphysiologischen Vorgänge eine hormonale Kontrolle angenommen werden kann, wird sie von den Corpora allata ausgeführt. Bemerkenswert ist jedoch, daß der Eiweißstoffwechsel der Insekten durch neurohormonale Faktoren des Gehirns gesteuert wird.

Es besteht also somit eine auffällige Parallele hinsichtlich der hormonalen Regulationstätigkeit der Stoffwechselprozesse zwischen den Corpora allata und dem Augenstielkomplex. Außer bei Krebsen und Insekten ist bisher hormonale Steuerungsfunktion des Stoffwechsels nur in bezug auf den Wasserhaushalt bei Seesternen und Schnecken festgestellt worden. Die Befunde deuten auf eine wesentlich weitere Verbreitung der hormonalen Regulation hin, als es bisher offenbar geworden ist.

D. Hormonale Regulation des Farbwechsels

Veränderungen der Körperfarbe beruhen entweder auf Neubildungen von Pigmenten oder aber auf Pigmentverschiebungen. Ersteres kann sich in Verbindung mit bestimmten Entwicklungsschritten vollziehen. Ebenso werden durch Umweltfaktoren modifikatorische Farbänderungen hervorgerufen, die irreversibel für einzelne Entwicklungsstadien, wie z. B. das Larven- bzw. Raupenstadium der Schmetterlinge sind. Diese auf Pigmentbildung zurückgehenden Farbänderungen werden gewöhnlich als „morphologischer Farbwechsel" dem „physiologischen Farbwechsel" gegenübergestellt. Die Bezeichnung ist nicht glücklich, denn in beiden Fällen handelt es sich um physiologische Vorgänge. Besser wäre es, zwischen permanentem und temporärem Farbwechsel zu unterscheiden.

1. Der physiologische (temporäre) Farbwechsel

Unter physiologischem Farbwechsel versteht man die Fähigkeit verschiedener Tiere, die Körperfarbe auf Grund von Bewegungen bestimmter Pigmente in spezifischen Farbzellen (Chromatophoren) oder in Epithelzellen zu wechseln. Diese Änderungen der Körperfarbe stellen meistens Anpassungen an den Untergrund oder an Hell-Dunkel-Einflüsse dar. Mitunter erfolgen die Veränderungen in einer bestimmten Periodizität und werden dann von einer endogenen Rhythmik gesteuert. Die in Pigmentzellen eingelagerten Pigmente wandern entweder in bestimmten prädestinierten Bahnen, oder die ganze Zelle breitet sich unter gleichzeitiger Bewegung aus. In beiden Fällen führt die zentrifugale Bewegungsrichtung zur Verdunkelung, die zentripetale dagegen zur Kontraktion und damit zur Aufhellung. Bei den Pigmenten in Epithelzellen kommt es zu Farbänderungen durch horizontale Verschiebungen.

Der physiologische Farbwechsel tritt unter den wirbellosen Tieren vor allem bei Cephalopoden und Krebsen, weiterhin bei Echinodermen,

Egeln, verschiedenen Schnecken und einigen Insekten auf. Über die ältere Literatur gibt die Zusammenfassung von PARKER (1943) eine Übersicht. Die Cephalopoden vermögen sehr rasch auf äußere Reize mit Änderung ihrer Körperfarbe zu reagieren. Bei den anderen Formen dagegen erfolgt die Farbumstellung wesentlich langsamer. Soweit bisher bekannt, wird in diesen Fällen der Farbwechsel hormonal gesteuert. Untersucht sind vor allem hierbei die Verhältnisse bei Krebsen und Insekten. Beim physiologischen Farbwechsel der Egel scheint nach neueren Ergebnissen ebenfalls hormonale Regulation beteiligt zu sein.

a) Physiologischer Farbwechsel bei Krebsen

Nur die höheren Krebse besitzen einen physiologischen Farbwechsel. Den Entomostracen fehlen Chromatophoren. Die bei verschiedenen marinen Copepoden auffallend schönen Schillerfarben beruhen auf guaninähnlichen Kristallen in den Epithelzellen, die jedoch unbeweglich sind. Dennoch wurden in einigen Entomostracen hormonale Substanzen aus dem Nervensystem extrahiert, die auf Chromatophoren höherer Krebse wirksam sind. Die Injektion von Kopfextrakten von *Artemia salina* in augenstiellose *Leander adspersus* bewirkte Kontraktion des Pigments (STÄHL 1938). Ebenso sind im Nervensystem der Copepoden chromatotrope Substanzen enthalten (CARLISLE und PITMAN 1961). Weiterhin verursachen Extrakte des Nervensystems verschiedener Cirripedier (*Balanus*, *Lepas*, *Chelonibia*) nach Injektion in augenstiellose Winkerkrabben Expansion des dunklen Pigments, Injektion in *Leander* führt zu Expansion der roten Pigmente (SANDEEN und COSTLOW 1961). Ähnlich wie Entomostracen, die, ohne selbst diese Farbanpassungen aufzuweisen, aktive Faktoren enthalten, verhält sich der Molukkenkrebs *Limulus*. Alle Teile des Zentralnervensystems enthalten Wirkfaktoren, die nach Injektion in blinde *Uca pugnax* die Ausbreitung der schwarzen und weißen Chromatophoren hervorrufen. Die weißen Farbzellen des Flußkrebses *Cambarus* werden durch sie geballt (BROWN und CUNNINGHAM 1941).

Unsere Kenntnisse vom physiologischen Farbwechsel und seiner hormonalen Regulation bei Malacostracen erstrecken sich in erster Linie auf Decapoden, von denen vor allem Macruren und Brachyuren untersucht wurden. Außer Decapoden kommen für unsere Darstellung noch Isopoden in Frage.

α) *Erscheinungen des physiologischen Farbwechsels*

Pigmente und Farbzellen. Die Chromatophoren der Malacostracen stellen im expandierten Zustand weit verzweigte Zellen in z. T. syncytialer Anordnung dar, in denen eine oder mehrere Pigmentarten enthalten sind. Man unterscheidet daher monochromatische bis im Höchstfall tetrachromatische Zellen. Monochromatisch sind z. B. die roten (Erythrophoren), gelben und weißen Chromatophoren der Winkerkrabbe *Uca*, die braunen und weißen Farbzellen der Isopoden oder auch die mit schwarzen Pigmenten ausgestatteten Zellen (Melanophoren) der Garneele *Crangon*. Diese besitzt außerdem dichromatische Chromatophoren mit schwarzen und gelben Pigmenten, trichromatische mit braunen, roten und gelben und schließlich tetrachromatische Farbzellen mit schwarzen, weißen, roten und gelben Pigmenten (Brown und Wulff 1941). Bei anderen Krebsen, vor allem Decapoda Natantia, differiert die Pigmentzusammenstellung polychromatischer Chromatophoren. Außer den genannten Pigmenten kann dabei noch ein blaues Pigment vorkommen, das dem roten entspricht und seinen Farbeindruck dem besonderen Kontraktionszustand verdankt.

Das dunkle Pigment, das gewöhnlich als Melanin gekennzeichnet wurde, ähnelt dem Ommatin. Die weißen Pigmente wurden bisher meist als Guanin angesprochen. Wahrscheinlich sind es Pterine (Busnel und Drilhorn 1948). Bei dem retinalen reflektierenden Pigment handelt es sich um Purine (Kleinholz 1959). Die roten Pigmente der Strandkrabbe *Carcinus maenas* entsprechen dem Astraxanthin und werden aus dem mit der Nahrung aufgenommenen β-Carotin und Xanthophyll gebildet. Die Entfernung der Augenstiele führt zu erheblicher Vermehrung einer Isomere des Astaxanthins in der Hypodermis, was das „Rotwerden“ erklärt. Gleichzeitig verringert sich der Gehalt an β-Carotin in der Mitteldarmdrüse bis auf minimale Werte (Lenel 1953, 1959).

In polychromatischen Chromatophoren bleiben die verschiedenen Pigmente untereinander getrennt. Gewöhnlich besitzt jedes von ihnen seine eigenen Verzweigungen, in die es sich bei der Expansion ausbreitet. Parallel der morphologischen Trennung besteht die relativ unabhängige Kontrolle der Pigmentbewegungen nicht nur zwischen verschiedenen monochromatischen, sondern auch zwischen den einzelnen Pigmenten polychromatischer Farbzellen. So reagieren z. B. die weißen und schwarzen Pigmente in den dichromatischen Zellen von *Crangon* je nach Untergrund völlig verschieden voneinander (Koller 1927). Die roten Chromatophoren der Garneele *Palaemonetes* enthalten außer roten auch gelbe Pigmente. Beide werden durch Extrakte des Augenstiels kontrahiert, ebenso wie sich auch beide auf hellem Untergrund zusammenballen, auf dunklem dagegen expandieren. Unterschiede bestehen hier jedoch in der Geschwindigkeit der Expansions- und Kontraktionsbewegungen (Brown 1933, 1935). Zahlreich sind die Beispiele für unabhängiges Verhalten verschiedener Chromatophoren innerhalb eines Individuums. Die Entfernung der Augenstiele bei *Palaemonetes* verursacht beispielsweise Verdunklung infolge Ausbreitung der Erythrophoren bei gleichzeitiger Ballung der weißen Chromatophoren. Infolge dieser verschiedenartigen, unabhängigen Pigmentbewegungen ergeben sich starke Farbveränderungen der Krebse. Diese komplexen Vorgänge erschweren die Aufklärung der bei der Kontrolle des Farbwechsels beteiligten Faktoren.

Einfluß äußerer Faktoren auf den physiologischen Farbwechsel. Von äußeren Faktoren, die einen Einfluß auf den Zustand der Chromatophoren ausüben, sind vor allem die Belichtungsverhältnisse, der Helligkeitsgrad des Untergrundes und die Temperatur bedeutungsvoll. Ihre Beziehungen zum inneren Regulationsmechanismus sind dabei in den meisten Fällen nicht genügend aufgeklärt. Am ehesten ist die Wirkung des Lichtes über die Augen auf den endokrinen Augenstielkomplex verständlich.

Der Grad der Reaktion der Chromatophoren kann auch durch osmotische Bedingungen beeinflußt werden. Der Expansionsfaktor der Melanophoren der Winkerkrabbe *Uca* zeigt in einer hypotonischen Lösung größere Wirksamkeit als in hypertonischer. Ebenso erweisen sich rasch eindringende Moleküle oder verschiedene einwertige Kationen als besonders wirksam (FINGERMAN, MIYAWAKI und OGURO 1963). Teilweise handelt es sich bei der Beeinflussung durch äußere Faktoren um eine direkte Wirkung auf die Chromatophoren.

Recht interessant sind in dieser Hinsicht die Erscheinungen der Farbanpassung von *Crangon*, wenn die Tiere gruppenweise zusammen gehalten werden (CHASSARD 1963). In diesem Falle reagiert ein auf hellen Untergrund angepaßtes Tier nicht mehr auf den Untergrund, sondern ausschließlich auf die Färbung der Tiere, die es umgeben. Die Entfernung der Augenstiele oder ihre Abschirmung unterdrückt jegliche Reaktion. Dagegen vollzieht sich diese gegenseitige Beeinflussung auch dann, wenn die Krebse durch eine Glaswand getrennt bleiben. Demnach ist diese Farbanpassung rein visuell bedingt.

Wirkung des Lichtes (*Hell-Dunkel-Veränderungen*). Als typische Reaktion auf die Belichtung breiten sich die Pigmente in den Chromatophoren aus. Verdunklung führt dagegen zu Pigmentzusammenballung. Diese Verhaltensweise (primäre Reaktion) trifft auch für die Farbzellen anderer Tiergruppen zu (KLEINHOLZ 1938). Vielfach ist der Expansionsgrad unmittelbar von der Stärke der Belichtung abhängig. Hierbei ist die Art der Chromatophoren von geringerer Bedeutung.

Die weißen polychromatischen Chromatophoren von *Leander* und *Palaemonetes* (KNOWLES 1939; FINGERMAN und TINKLE 1956) reagieren in gleicher Weise wie beispielsweise die monochromatischen schwarzen von *Uca* (BROWN und SANDEEN 1948) oder von *Crangon* (KOLLER 1927). Der direkten Lichtwirkung entgegen steht teilweise die Einwirkung des Untergrundes. Schwarze Pigmente der Winkerkrabbe

Uca pugilator tendieren zur Ausbreitung auf dunklem Untergrund, zur Kontraktion dagegen auf hellem. Der Expansionszustand der Chromatophoren hängt in diesem Fall von dem Verhältnis der Lichtintensität als primärem zu dem vom Untergrund reflektiertem Licht als sekundärem Faktor ab. Ein ganz ähnliches Beispiel liefert das Verhalten von *Eupagurus prideauxi* (STEPHENSON 1932). Entsprechend der Primärreaktion, werden die Krebse in der Dunkelheit infolge Kontraktion der Pigmente blaß. Blaß werden sie jedoch auch bei mäßigem Licht auf hellem Untergrund. Bei starker Lichteinwirkung erfolgt dagegen trotz des hellen Untergrundes Verdunklung. Im letzteren Fall setzt sich also die direkte Lichteinwirkung dem „Untergrund-Effekt" gegenüber durch. Einen weiteren Hinweis auf direktes Reagieren der Chromatophoren auf das Licht bildet das Verhalten der schwarzen Chromatophoren augenstielloser *Uca* in den abgedeckten proximalen Segmenten einer Extremität nach stärkerer Belichtung (BROWN, GUYSELMAN und SANDEEN 1949). Während die ursprünglich kontrahierten schwarzen Pigmente sich in den dem Licht ausgesetzten Körperpartien zur Hälfte expandieren, bleiben die Pigmente innerhalb der abgedeckten Beinsegmente unverändert kontrahiert. Am eindeutigsten beweisen die Bewegungen weißer Pigmente in isolierten Chromatophoren von *Leander* gegenüber verschiedenen Beleuchtungsintensitäten eine direkte Lichtbeeinflussung.

Beim intakten Tier werden grundsätzlich außer der direkten Lichteinwirkung auf die Chromatophoren auch die Beeinflussung über das Nervensystem und damit zugleich die hormonale Regulation beteiligt sein. Das Verhalten der roten Pigmente in augenlosen *Palaemonetes* zeigt das (BROWN, SANDEEN und WEBB 1948). Die dann maximal ausgebreiteten Pigmente verändern ihren Zustand weder durch Belichtung noch durch Verdunklung.

Bei der durch Belichtung erzielten Pigmentexpansion handelt es sich wahrscheinlich um Schutzmaßnahmen infolge extrem einseitiger Bedingungen. Hierfür würde das erwähnte unterschiedliche Verhalten der Chromatophoren von *Eupagurus* auf hellem Untergrund bei mäßiger und andererseits bei starker Lichteinwirkung sprechen. In gleicher Weise zeigten augenstiellose Exemplare der Krabbe *Sesarma reticulatum*, die verschiedenen Lichtintensitäten ausgesetzt worden waren, bei geringer Belichtung maximale Kontraktion, bei starker Belichtung dagegen maximale Expansion der Melanophoren

(FINGERMAN, NAGABHUSHANAM und PHILPOTT 1961). Der bei Winkerkrabben stark ausgeprägte Tag-Nacht-Rhythmus des Farbwechsels wird gestoppt, und die Tiere nehmen eine bleibende Dunkelfärbung an, wenn sie für etwa 10 Tage einer intensiven Belichtung ausgesetzt werden (BROWN und WEBB 1949). Sicherlich erklärt sich auch das

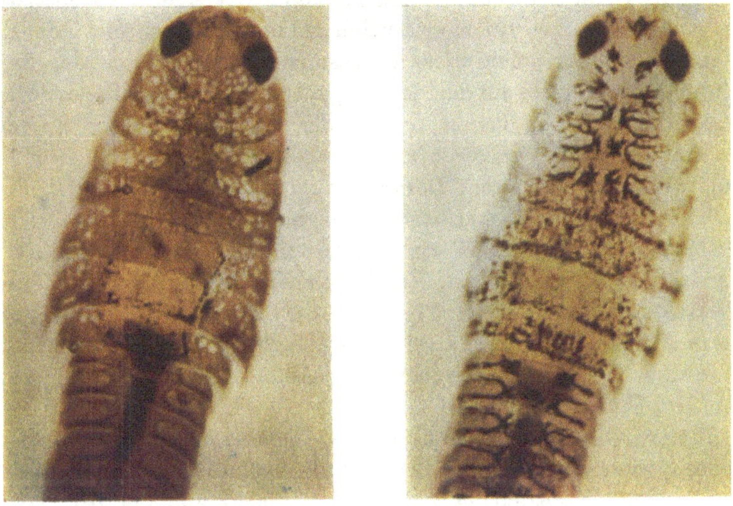

a b

Abb. 90. Physiologischer Farbwechsel bei dem Isopoden *Eurydice*. a) Melanophoren auf dunklem Untergrund expandiert; b) Melanophoren weitgehend kontrahiert

Nachlassen der Farbanpassung bei älteren *Carcinus* auf gleiche Weise (STEPHENSON 1932).

Einfluß des Untergrundes. Pigmentbewegungen, die heller oder dunkler Untergrund hervorrufen, werden hormonal gesteuert. Gewöhnlich breiten sich die dunklen Pigmente auf dunklem Untergrund im Licht aus, während sich die hellen Pigmente unter diesen Bedingungen kontrahieren (Abb. 90). Auf weißem Untergrund verhalten sich die Pigmente umgekehrt (PERKINS 1928; BROWN 1933, 1950; SMITH 1938; FINGERMAN, SANDEEN und LOWE 1958; NOMOTO 1961).

Die hormonale Regulation der Pigmentveränderungen ergibt sich aus der Tatsache, daß die Entfernung der Augenstiele die Untergrundanpassung vermindert oder überhaupt zum Erliegen bringt.

Andererseits können die durch hellen oder dunklen Untergrund erzielten Pigmenteinstellungen mittels hormonaler Faktoren aus dem Zentralnervensystem erreicht werden (Abb. 91, 92). Das rote Pigment des Zwergflußkrebses *Cambarellus shufeldti*, das sich auf dunklem Untergrund maximal expandiert, auf hellem kontrahiert, wird durch Faktoren aus Gehirn, Circumoesophagealkonnektiven und Augenstielen zur Expansion bzw. zur Kontraktion gebracht. Dabei schwindet die Fähigkeit zu entsprechender Anpassung mit der Länge der Zeit, während der die Tiere auf dem jeweiligen Untergrund gehalten wurden. Bei helladaptierten Tieren nimmt der Expansionsfaktor zu, der Kontraktionsfaktor dagegen ab. Umgekehrt verhält es sich bei dunkeladaptierten Tieren. Daraus ist zu schließen, daß auf hellem Untergrund das Kontraktionshormon verbraucht, der Expansionsfaktor dagegen gespeichert wird. Tiere auf dunklem Untergrund verbrauchen den Expansionsstoff und speichern den Kontraktionsfaktor (FINGERMAN und LOWE 1957, 1958; FINGERMAN und AOTO 1961). Hiermit stimmt überein, daß sich der Gehalt der jeweiligen Hormone im Blut in Beziehung zur Dauer des Aufenthaltes auf hellem oder dunklem Untergrund ändert.

Rhythmische Erscheinungen von Pigmentbewegungen. Verschiedene Krebse weisen einen Tag-Nacht-Rhythmus mit Pigmentexpansion am Tag und Kontraktion während der Nacht auf, der bei Dauerverdunklung lange Zeit erhalten bleibt (Abb. 110). Genauer bekannt sind die Verhältnisse bei dem Isopoden *Ligia* (KLEINHOLZ 1937; FINGERMAN 1955, 1956) und bei der Winkerkrabbe *Uca* (BROWN und STEPHENS 1951; BROWN und HINES 1952; BROWN, FINGERMAN und HINES 1953; WEBB, BENNETT und BROWN 1953; HINES 1954; BROWN, BENNETT und WEBB 1954; BROWN 1957, 1961). Letztere verfügt außer dem Tag-Nacht-Rhythmus über einen diesem aufgepropften Tiden-Rhythmus. Beide Rhythmen prägen sich nicht nur hinsichtlich des Farbwechsels, sondern auch im O_2-Verbrauch aus (BROWN, BENNETT und WEBB 1954). Die Tidenkomponente der Rhythmik weist das Maximum im O_2-Verbrauch kurz vor der Ebbe, das Minimum kurz vor der Flut auf. Durch Korrelation beider Rhythmen entsteht ein neuer periodischer Zyklus. Der durch tiefe Temperatur zum Erliegen gebrachte Tag-Nacht-Rhythmus kann durch erneute Belichtung innerhalb sensibler Phasen wieder in Gang kommen. Wahrscheinlich ist die Photoperiodizität für die Induktion dieser Zyklen von Bedeutung. Beobachtungen hierzu sind jedoch noch sehr mangelhaft.

Einfluß der Temperatur. Höhere Temperaturen, als sie den normalen Verhältnissen der Arten entsprechen, bedingen Zusammenballung der dunklen und Ausbreitung der hellen Pigmente. Dies wird als Schutz- und Regulationsmechanismus betrachtet. Inwieweit die Vorgänge unter Beteiligung endokriner Faktoren ablaufen, ist unklar.

β) Hormonale Steuerung des physiologischen Farbwechsels

Die Steuerung des physiologischen Farbwechsels erfolgt offenbar ausschließlich durch Neurohormone. Ursprünglich war das Interesse im wesentlichen auf den Augenstiel bzw. die Sinusdrüse gerichtet. Es hat sich jedoch inzwischen gezeigt, daß alle Anteile des Zentralnervensystems chromatophorenaktive Faktoren enthalten können. Besondere Aktivität besitzen die Sinusdrüse und die Circumoesophagealkonnektive. In beiden Fällen handelt es sich um Neurohaemalorgane, die Neurosekrete speichern (S. 70).

Die Bedeutung des Augenstiels und der Sinusdrüse tritt nach ihrer Exstirpation durch die Veränderung des Zustandes der Pigmentzellen in Erscheinung. Beträchtliche Unterschiede bestehen allerdings in der Art dieser Veränderungen zwischen den verschiedenen Chromatophoren und auch zwischen den einzelnen Gruppen der Krebse. Bei Brachyuren verursacht die Exstirpation der Augenstiele eine Blässe des Körpers, in erster Linie bedingt durch die Kontraktion von braunschwarzen und roten Pigmenten (Krabbentypus). Weitgehend einheitlich reagieren andererseits die Macruren und Anomuren nach Augenstielentfernung (CARSTAM 1931). Es tritt Verdunklung infolge Ausbreitung dunkler und roter Pigmentzellen ein (Garneelentypus). Weniger einheitlich verhalten sich die Isopoden (BROWN 1944; SUNESON 1947; FINGERMAN 1955). Exstirpation der Augen belichteter Tiere führt zur Verdunklung infolge Ausbreitung des Pigments. Ebenso aber kommt es auch nach Injektion der Augenstielextrakte von Garneelen und Krabben in hell-adaptierte Asseln zur Pigmentausbreitung und damit zur Verdunklung der Tiere.

(1) Bedeutung der Sinusdrüse

Brachyura. Die Sinusdrüse enthält mehrere Neurohormone des Farbwechsels, soweit dies nach ihrer Wirkung zu beurteilen ist (Abb. 91). Von diesen sind der Expansionsfaktor der schwarzen Pigmente (nach der Terminologie anglo-amerikanischer Autoren

UDH = *Uca* darkening hormone) und der Expansionsfaktor der roten Pigmente (URDH = *Uca* red [pigment] darkening hormone) identische Faktoren.

Außer bei *Uca* (CARLSON 1936; ABRAMOWITZ 1937; BROWN, GUYSELMAN und SANDEEN 1949; SANDEEN 1950; BROWN und FINGERMAN 1951; BURGERS 1958) wurden entsprechende Expansionsfaktoren in den Augenstielen von *Hemigrapsus oregonensis* (BOWMAN 1949), der Schwimmkrabbe *Macropius vernalis* (BURGERS 1959), verschiedener *Sesarma*-Arten (AOTO 1961; FINGERMAN, NAGABHUSHANAM und PHILPOTT 1961), bei *Rhithropanopeus* (PAUTSCH und Mitarbeiter 1960) sowie einer Reihe weiterer Brachyuren (CARSTAM 1942) festgestellt. Offensichtlich wird der Faktor bereits auf dem frühen Larvenstadium gebildet (BROCH 1960). Bereits in den ungestielten Augen des 1. Zoeastadiums wie auch in den Augenstielen aller folgenden Stadien von *Sesarma reticulatum* war er nachzuweisen (COSTLOW 1961). Ein das dunkle Pigment von *Uca* expandierender Faktor ist auch im Nervenextrakt von Cirripediern enthalten (SANDEEN und COSTLOW 1961). Bei *Uca pugilator* zeigen die Geschlechter Unterschiede im Expansionsgrad der Melanophorenpigmente. Die Weibchen erscheinen infolge ausgebreiteter Melanophoren dunkler. Dieses beruht auf einem verschiedenen Hormontiter, der durch Größenunterschiede der Tiere bedingt ist. Bei den größeren Männchen ist der Hormongehalt im Blut verdünnter. Werden männlichen Tieren Körperanhänge entfernt, so verdunkeln sie sich um so mehr, je mehr das Körpervolumen verkleinert wird (FINGERMAN und FITZPATRICK 1956).

Ausbreitungswirkung auf die roten Chromatophoren von *Uca* besitzen nach BROWN (1950) auch Extrakte anderer Bezirke des Zentralnervensystems, entsprechend ihrer Intensität in folgender Reihenfolge: Optische Ganglien, Gehirn, Sinusdrüse, Thoracalganglien, Konnektive. Das Hormon ist somit in allen Anteilen des Nervensystems vorhanden (BROWN, SANDEEN und WEBB 1949). Die Extrakte enthalten jedoch verschiedene Faktoren. Elektrophoretische Trennung des Sinusdrüsen-Extraktes von *Uca* ergab mehrere physiologisch wirksame Aktivitätsbereiche für schwarze und rote Pigmente (STEPHENS, FRIEDL und GUTTMANN 1956).

Die wirksamen Extrakte des Zentralnervensystems werden durch die Antennendrüse inaktiviert (STEPHENS, STRICKHOLM und FRIEDL 1956; STEPHENS und GREEN 1958). Andererseits sollen Antennendrüsen-Extrakte selbst starke Expansion der schwarzen und Kontraktion der weißen Pigmente veranlassen (STEPHENS, GUTTMANN und GREEN 1958).

Aus der Sinusdrüse wurde weiterhin auf methodisch allerdings verschiedene Weise ein Kontraktionsfaktor ermittelt (ENAMI 1951; FINGERMAN 1956; FINGERMAN, NAGABHUSHANAM und PHILPOTT 1961). Diese Feststellung gründet sich auf das Verhalten der Melanophoren nach Injektion von Augenstielextrakten in augenstiellose Krabben der Gattung *Sesarma*. Dabei kommt es zunächst zur Expansion der Melanophoren, später folgt Kontraktion. Erklärbar ist die Erscheinung damit, daß zunächst der Expansionsfaktor überwiegt, nach dessen Inaktivierung jedoch das Kontraktionshormon wirksam wird. In ähnlicher Weise können die Befunde an isolierten Extremitäten von *Uca* gedeutet werden. Die anfangs maximal expandierten Melanophoren verhalten sich in Lösungen mit Blut- aus Hell- oder Dunkeltieren verschiedenartig. Erstere führt eine raschere Kontraktion herbei als eine Lösung mit Blut aus Dunkeltieren. Dies scheint für das Vorkommen eines Hellfaktors zu sprechen. Es darf dabei allerdings nicht übersehen werden, daß es sich um einen Test in vitro handelt. Für ein Kontraktionshormon in Sinusdrüsenextrakten können jedoch auch die Ergebnisse elektrophoretischer Trennung gewertet werden (STEPHENS, FRIEDL und GUTTMANN 1956). Nach AOTO (1961) läßt sich kein Kontraktionsfaktor nachweisen.

Ein weiteres Hormon der Sinusdrüse der Brachyuren führt zur Ballung der weißen Pigmente (S-Hormon bei *Sesarma* nach ENAMI 1951, bzw. *Uca* white concentrating hormone = UWCH anglo-amerikanischer Autoren).

Macrura — Anomura. Anders als Brachyuren verhalten sich Natantia, Reptantia und Anomura nach Entfernung der Augenstiele (Abb. 92). Infolge Expansion der dunklen und roten Chromatophoren kommt es hier zur Verdunklung der Tiere, wie umgekehrt Injektion von Augenstielextrakt in augenstiellose Tiere Aufhellung infolge Kontraktion der Melanophoren verursacht (KOLLER 1925, 1927, 1929; PERKINS 1928; BROWN 1933, 1935; ABRAMOWITZ 1937; KALMUS 1938; FINGERMAN 1957, 1959; NOMOTO 1960, 1961). Dieses unterschiedliche Verhalten beruht auf den Eigenarten der Chromatophoren; denn Heteroinjektionen zwischen Brachyuren und Macruren-Anomuren ändern die Chromatophorenreaktionen nicht. Während Augenstielextrakte von Garneelen bei Garneelen Ballung der Chromatophoren hervorrufen, führen sie nach Injektion in Krabben (*Uca*) zur

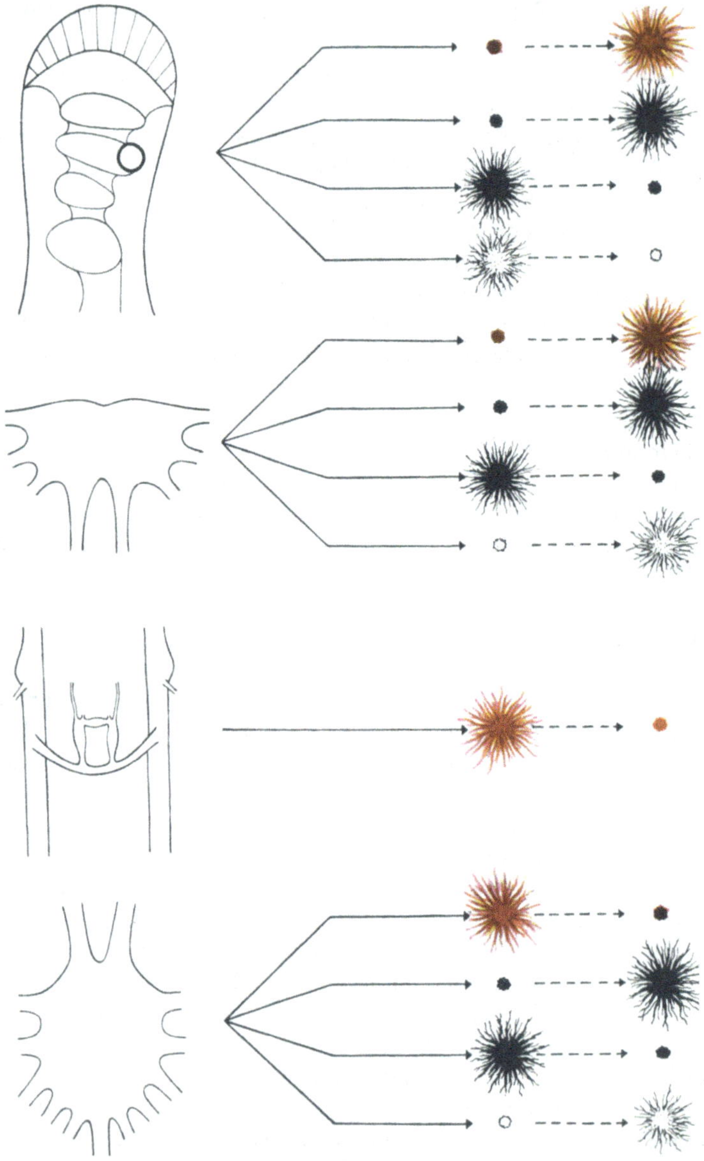

Abb. 91. Zusammenfassende Übersicht über die Wirkung der einzelnen neurohormonalen Bereiche auf die verschiedenen Pigmente bei Brachyuren

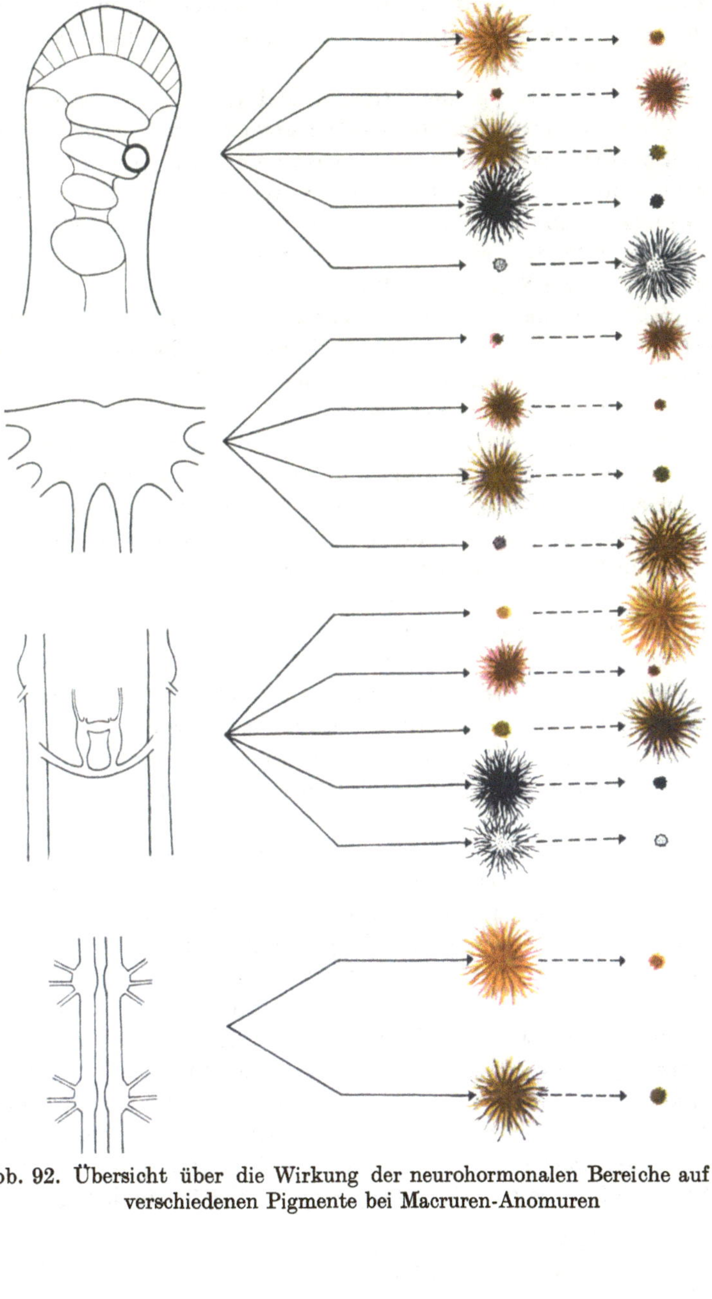

Abb. 92. Übersicht über die Wirkung der neurohormonalen Bereiche auf die verschiedenen Pigmente bei Macruren-Anomuren

Expansion und somit zur Verdunklung. Umgekehrt bewirkt der Extrakt von *Uca* bei Garneelen Kontraktion, bei *Uca* selbst Expansion (CARSTAM 1942).

In den Augenstielen, dem Gehirn und den Circumoesophagealkonnektiven des Zwergflußkrebses *Cambarellus shufeldti* sind Faktoren enthalten, die das rote Pigment expandieren. Entgegen dem Kontraktionshormon für die roten Pigmente reagierten sie elektropositiv (FINGERMAN und AOTO 1958; FINGERMAN und LOWE 1958). Bei *Palaemonetes* kommt eine entsprechende Substanz vor (FINGERMAN, SUNDARARAJ und SANDEEN 1958).

Schließlich enthält die Sinusdrüse aller Decapoden mit Ausnahme der Brachyuren einen die weißen Pigmente ausbreitenden Faktor (*Palaemonetes* white dispersing hormone = PWDH) (BROWN und MEGLITSCH 1940; FINGERMAN 1957).

Entfernung der Augenstiele führt bei *Cambarellus shufeldti* zu maximaler Expansion der roten und der weißen Pigmente, obgleich die vorherrschenden Hormone des Augenstiels ein Expansionsfaktor für die roten und ein Kontraktionsfaktor für die weißen Pigmente sind. Ähnlich erfolgt bei dem Süßwasserkrebs *Orconectes immunus* nach Augenstielentfernung maximale Ausbreitung der roten und weißen Pigmente, obgleich in diesem Falle ein Kontraktionsfaktor für rotes Pigment und ein Expansionsfaktor für weiße Pigmente in der Sinusdrüse und im Augenstiel enthalten sind. Der endgültige Zustand der Chromatophoren ist demnach nicht allein von den Hormonen des Augenstiels abhängig, sondern wird vielmehr auch von Faktoren anderer endokriner Bereiche des Zentralnervensystems mitbestimmt.

Isopoda. Das System der Chromatophoren der Isopoden ist weniger differenziert als das der Decapoden. Sie besitzen außer weißen Pigmentzellen Melanophoren mit braun-schwarzen Pigmenten, die infolge ihrer Zahl und Verbreitung am Körper in erster Linie für den Farbwechsel bestimmend sind. In der Beurteilung der hormonalen Wirkfaktoren besteht jedoch keine völlige Einheitlichkeit. In weitgehender Übereinstimmung wird das Vorkommen eines Kontraktionsfaktors im Kopf angenommen (KLEINHOLZ 1937; OKAY 1945; SUNESON 1946; NAGANO 1949; CARSTAM und SUNESON 1949). Der Faktor entstammt nach den Befunden bei *Sphaeroma serratum* dem BELLONCIschen Organ (S. 44), das dem X-Organ der Decapoden homolog ist (PIGEAULT 1958). Nach Herausschneiden dieses Organs tritt Verdunklung infolge

Expansion der Chromatophoren ein. Nach FINGERMAN (1956) verhält sich *Ligia exotica* gegenüber allen anderen untersuchten Arten insofern anders, als Extrakte der Sinusdrüse, des thoracalen Nervenstranges sowie des Gehirns, der optischen Ganglien und der Circumoesophagealkonnektive ausschließlich Ausbreitung der Pigmente hervorrufen. Der Grund dieser widerspruchsvollen Befunde bleibt zunächst noch ungeklärt.

Es ist damit zu rechnen, daß außer dem Pigment-Ballungsfaktor auch ein Expansionsfaktor auftritt (ENAMI 1941). Hierfür ließe sich das uneinheitliche Verhalten der Chromatophoren des Landisopoden *Trachelipus rathkei* auf die Injektion eigener Extrakte anführen (McWHINNIE und SWEENEY 1955). Hinzu kommt die Wirkung von Extrakten dieses Isopoden auf die roten Pigmente des Flußkrebses *Cambarellus*. Extrakte der Sinusdrüse verursachen ihre starke Ausbreitung. Weniger expandierend wirken Extrakte des Gehirns und der optischen Ganglien. Dagegen kommt es durch Extrakte der Konnektive und einiger Thoracalganglien zu starker Kontraktion der roten Pigmente. Bei diesen Unterschieden müßte die Möglichkeit einer enzymatischen Inaktivierung des Kontraktionsfaktors näher geprüft werden (CARSTAM 1951).

(2) Neurokrine Bedeutung des Gehirns

Brachyura. Im Vergleich zu den verschiedenen chromotropen Faktoren der Sinusdrüse ist das Gehirn von untergeordneter Bedeutung. Der funktionelle Zusammenhang zwischen dem Augenstielkomplex und dem Gehirn tritt dennoch klar in Erscheinung (MATSUMOTO 1954) (Abb. 91). Wenngleich auch in geringerer Menge als die optischen Ganglien, produziert das Cerebralganglion der Winkerkrabbe *Uca* Neurohormone, die die roten Chromatophoren expandieren (BROWN, SANDEEN und WEBB 1949; BROWN 1950; BROWN und FINGERMAN 1951). Kontraktionsfaktoren scheinen demgegenüber in beiden Bereichen in wesentlich geringerer Konzentration vorzuliegen. Diese Verhältnisse finden wir bei allen Krabben in grundsätzlich ähnlicher Weise (BOWMAN 1949; ENAMI 1951; FINGERMAN, NAGABHUSHANAM und PHILPOTT 1961).

Macrura-Anomura. Im Gehirn sind meistens mehrere Faktoren enthalten, die teilweise auch in der Sinusdrüse und in den optischen Ganglien vorliegen (NOMOTO 1961). Andererseits bestehen auch gewisse Unterschiede zwischen den Faktoren dieser beiden neurokrinen

Bereiche. So besitzen die gleichartig auf die roten Chromatophoren wirkenden Substanzen aus Gehirn und Augenstielen des Zwergflußkrebses *Cambarellus shufeldti* gegensätzliche Ladung (FINGERMAN und AOTO 1958, 1962; FINGERMAN 1959). Es wird angenommen, daß es sich bei den Substanzen um Peptide handelt, so daß sich diese Verschiedenheiten mit der für diese Stoffgruppe charakterischen Umladbarkeit erklären ließen. Aus demselben Grunde besitzt wahrscheinlich bei pH = 2,3 der Gehirnfaktor elektropositive, dagegen bei pH = 7,8 elektronegative Ladung (FINGERMAN und MOBBERLY 1960). Ein weiteres Beispiel für Unterschiede der Faktoren zwischen Gehirn und

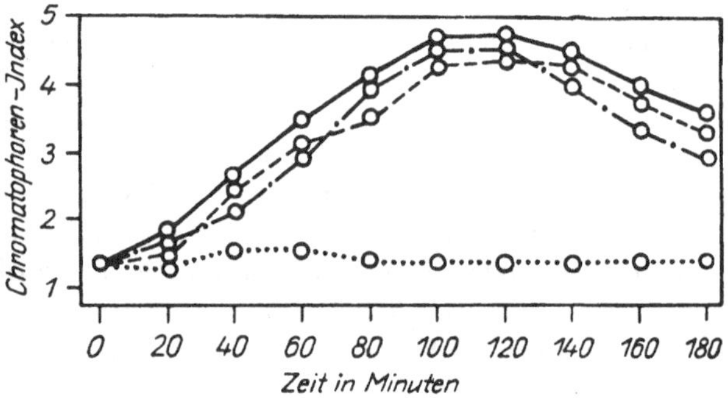

Abb. 93. Expansionszustand der schwarzen Pigmente nach Injektion von Thoracalganglion-Extrakt (————), Gehirn-Extrakt (–·–·–) und Extrakt der Augenstiele (------) von *Eriocheir japonicus*. Alle 3 Extrakte sind gleich wirksam. Muskel-Extrakt (........) ohne Wirksamkeit. (Nach MATSUMOTO 1954)

Augenstiel bietet *Crangon*. Der wasserlösliche Stoff des Gehirns führt im Gegensatz zu dem alkohollöslichen der Sinusdrüse bei sämtlichen Melanophoren zur Kontraktion (CBLH = *Crangon* body lightening hormone). Darüber hinaus soll im Gehirn aller Decapoda Reptantia ein Expansionsfaktor für schwarze Pigmente vorkommen, der in seiner Wirkung dem Verdunklungsfaktor der Winkerkrabbe *Uca* entsprechen würde (UDH = *Uca* Darkening Hormone).

(3) Bedeutung der Tritocerebralkommissur

Die Tritocerebralkommissur stellt neben der Sinusdrüse den einflußreichsten hormonalen Bereich für die Regulation des physiologischen Farbwechsels bei Krebsen dar. Die hieraus freigesetzten Neurohormone wirken häufig antagonistisch zu den Faktoren aus der Sinusdrüse (Abb. 92). Extrakte der Circumoesophageal-Konnektive des

Molukkenkrebses *Limulus* besitzen im Vergleich zu allen anderen Bereichen des Zentralnervensystems die stärksten Farbwechselwirkungen, z. B. hinsichtlich der Expansion von schwarzen und weißen Chromatophoren bei *Uca* oder der Kontraktion weißer Pigmente von *Cambarus* (Brown und Cunningham 1941).

Brachyura. Ein anschauliches Beispiel für gegensinnige Wirkung der Faktoren aus Sinusdrüse und Tritocerebralkommissur bietet das Verhalten der roten Chromatophoren der Krabben. Das Neurohormon der Sinusdrüse expandiert die Erythrophoren (*Uca* red [chromatophores] dispersing hormone = URDH), der Faktor aus der Tritocerebralkommissur dagegen kontrahiert sie (Brown 1950; Brown, Sandeen und Webb 1949). Die Unterscheidung zwischen dem sogenannten S-Hormon der Sinusdrüse und dem sogenannten N-Hormon der Krabbe *Sesarma* drückt ebenfalls diesen Antagonismus aus (Enami 1951). Das N-Hormon tritt außer im Gehirn und in der Medulla terminalis zugleich in den Kommissurganglien und den Thoracalganglien auf. Nach neueren Ergebnissen enthält die Sinusdrüse von *Sesarma* sowohl Expansions- als auch Kontraktionsfaktoren, während Extrakte des Zentralnervensystems ausschließlich Pigmentausbreitung bedingen (Fingerman, Nagabhushanam und Philpott 1961).

Macrura-Anomura. Die experimentellen Befunde über die Bedeutung der Tritocerebralkommissur erstrecken sich vor allem auf Natantia und Reptantia. Ein Expansionsfaktor für rote Pigmente wird von der Kommissur bei allen Decapoda Natantia freigesetzt (*Palaemonetes* dispersing hormone = PDH) (Knowles 1954; Fingerman 1959; Fingerman und Aoto 1958). Ganz ähnlich ist er auch bei *Cambarellus* nachzuweisen und stellt in beiden Fällen den Antagonisten zu dem Kontraktionsfaktor roter Pigmente der Sinusdrüse dar. Dem Expansionsfaktor der Melanophoren von *Crangon* aus der Tritocerebralkommissur entgegen stehen die Kontraktionsfaktoren aus Sinusdrüse und Gehirn (Brown 1946; Brown und Saigh 1946). Schließlich enthalten Extrakte der Kommissur von *Leander* einen Faktor, der die weißen Pigmente kontrahiert (Knowles 1954). Ein entsprechendes Hormon dürfte auch bei Vertretern der Reptantia anzutreffen sein, wobei allerdings außerdem auch andere Teile des Zentralnervensystems als Bildungsort in Frage kommen (Fingerman und Lowe 1957; Nomoto 1961). Auch für diesen Faktor kommt ein antagonistisch wirkendes Hormon in der Sinusdrüse der Macruren und Anomuren vor.

(4) Bedeutung des ventralen Bauchmarks

Das Bauchmark der Decapoden enthält neurohormonale Faktoren, die auf den Farbwechsel einwirken. Die Zahl der konkreten Angaben ist gegenüber denen anderer Bereiche des Zentralnervensystems verhältnismäßig gering, weil sich erst neuerdings die Auffassung durchzusetzen beginnt, daß das gesamte Zentralnervensystem der Krebse auch in endokrinologischer Hinsicht als funktionelle Einheit ver-

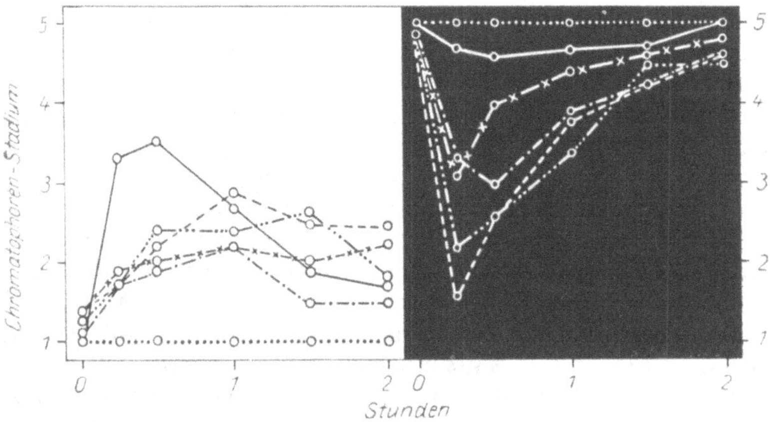

Abb. 94. Reaktion der Chromatophoren des Zwergflußkrebses *Cambarellus shufeldti*, die auf hellem oder dunklem Untergrund gehalten wurden, auf Extrakte von 1. Gehirn (– · – · –), 2. Circumoesophageal-Konnektive (- - - - - -), 3. Thoracalganglien (– · · · – · · · –), 4. Abdominalganglien (-×-×-×-), 5. Augenstiele (———), 6. Kontrolle (physiologische Lösung nach von Harreveld (........). (In Anlehnung an Fingerman und Aoto 1962, verändert)

standen werden muß. In dieser Beziehung verdienen die Feststellungen besondere Beachtung, daß bei der Winkerkrabbe *Uca* die Thoracalganglien-Extrakte höhere Wirksamkeit als die der Sinusdrüse auf die roten Chromatophoren dunkeladaptierter Tiere aufweisen (Brown 1950; Brown, Sandeen und Webb 1949). Einen Verdunklungsfaktor enthalten in verhältnismäßig hoher Konzentration die Abdominalganglien von *Palaemonetes* (Brown, Webb und Sandeen 1952). Meistens ist jedoch die Hormonquantität ebenso wie auch die Zahl der wirksamen Faktoren im Bauchmark geringer als in anderen Nervenbezirken. Bei juvenilen *Sesarma* weisen Thoracalganglien-Extrakte einen Kontraktionsfaktor für die schwarzen Pigmente auf, wobei es gleichzeitig zur Dispersion der weißen Farbzellen kommt (ENAMI 1951). Nach MATSUMOTO (1954) enthält das Thoracalganglion der Süßwasserkrabbe *Eriocheir japonicus* einen Expansionsfaktor für dunkle und einen Kontraktionsfaktor für rote Pigmente, wobei diese Substanzen auf bestimmte neurosekretorische Zellen bezogen werden.

HOSOI (1932, 1934) stellte schon vor längerer Zeit bei *Penaeus japonicus* fest, daß außer Extrakten der Augenstiele auch solche aller anderen Teile des Zentralnervensystems „Kontraktionssubstanzen" enthalten, allerdings mit einer deutlichen Abstufung der Intensität zwischen Augenstiel und Bauchmark. Das Aufhellungshormon des Körpers von *Crangon* ist außer in den Circumoesophageal-Konnektiven vor allem in den Thoracalganglien anzutreffen (BROWN und SAIGH 1946). Bei dem Flußkrebs *Procambarus clarkii* besteht neben der abgestuften Wirksamkeit verschiedener Bezirke des Zentralnervensystems auf die Kontraktion der roten Pigmente eine hohe Aktivität der Abdominalganglien zu maximaler Kontraktion des weißen Pigments (NOMOTO 1961). Bei *Cambarellus shufeldti* findet sich die höchste Konzentration an Kontraktionshormon für die weißen Pigmente in den Thoracalganglien (FINGERMAN und LOWE 1957). Wahrscheinlich produziert auch das Bauchmark der Isopoden chromatotrope Faktoren (LEGRAND und JOHNSON 1962). Die bisherigen Befunde über das Vorkommen aktiver Substanzen im Bauchmark sollten bei ihrer Bedeutung für die grundsätzliche Beurteilung der endokrinen Verhältnisse anregen, in alle künftigen Untersuchungen vergleichend das ventrale Bauchstrangsystem mit einzubeziehen.

γ) *Trennung neurohormonaler Farbwechselfaktoren der Krebse*

Neben älteren Untersuchungen zur Isolierung einzelner wirksamer Komponenten (ABRAMOWITZ 1937, 1938, 1940; CARLSON 1936) interessieren hier vor allem die mittels Papierchromatographie bzw. Elektrophorese erzielten Ergebnisse. Sie erlauben allerdings bisher kaum Aussagen über die chemische Natur der einzelnen Substanzen. Es ist sogar fast unmöglich, zwischen den von verschiedenen Arbeitsgruppen erzielten Befunden gewisse Übereinstimmungen und Beziehungen aufzustellen, da Unterschiede hinsichtlich der Herkunft, der Ladungsverhältnisse oder der Art der Wirkung vorhanden sind.

Aus Extrakten der Sinusdrüse und dem Post-Kommissur-Organ von *Leander* wurden elektrophoretisch vier Faktoren getrennt, die sich außer durch ihre Wanderungsgeschwindigkeit und ihre Ladung auch durch die biologische Wirkung auf die Pigmente unterscheiden (Knowles, Carlisle und Dupont-Raabe 1955; Carlisle, Dupont-Raabe und Knowles 1955). Es wird angenommen, daß ein der „Substanz A" entsprechender Faktor, der die Kontraktion der roten Pigmente bewirkt, bei Brachyuren, Stomatopoden, Reptantia und Natantia in gleicher Weise auftritt (Carlisle und Knowles 1959). Ähnlich soll die sogenannte „Substanz B", aus dem Post-Kommissur-Organ außer bei Natantia bei allen Reptantia und möglicherweise auch bei Brachyuren vorkommen.

Eine solche Vereinheitlichung ist jedoch nicht genügend sicher zu begründen. Fingerman und Lowe (1957) isolierten zwar aus Extrakten des Gehirns und der Circumoesophageal-Konnektive von *Cambarellus shufeldti* einen der „Substanz A" ähnelnden Faktor. Weitere elektrophoretische Auftrennungen von Extrakten der Sinusdrüse, der optischen Ganglien, der Tritocerebralkommissur und des Gehirns von *Cambarellus* ergaben vier Komponenten, die auf die roten Pigmente einwirken (Fingerman 1959; Fingerman und Aoto 1958, 1962; Fingerman, Nagabhushanam und Philpott 1961). Dabei stimmt jedoch keiner der Faktoren hinsichtlich Herkunft, biologischen Verhaltens und elektrischer Ladung mit den Verhältnissen bei *Leander* völlig überein. Die „Substanz A" aus *Leander* unterscheidet sich durch ihre Ladung von der elektronegativen Kontraktionssubstanz von *Cambarellus*. Die „Substanz B" aus *Leander* besitzt im Vergleich zu dem gleichartig geladenen Faktor des Post-Kommissural-Organs von *Cambarellus* eine gegensätzliche Wirkungsweise auf die roten Pigmente. Ebensowenig erlaubt die Eigenschaft einer Komponente aus den Augenstielen von *Pandalus borealis* mit hoher biologischer Wirksamkeit auf die roten Chromatophoren eine Identifizierung mit einem der Faktoren aus *Leander* (Östlund und Fänge 1956; Edman, Fänge und Östlund 1958).

Auf Grund weiterer vergleichender Untersuchungen und biochemischer Auftrennung können die vier Faktoren aus *Leander* folgendermaßen gekennzeichnet werden (Gersch, Unger, Fischer und Kapitza 1963, 1964): „Substanz A" entspricht dem kristallin dargestellten Neurohormon D_1, das ursprünglich aus dem Zentralnervensystem von Insekten gewonnen (Gersch, Fischer, Unger und Koch 1960), neuerdings aber auch im Augenstiel von Krebsen (*Leander*) ermittelt wurde (Fischer, Kapitza, Gersch und Unger 1962). „Substanz B" stellt Serotonin dar. Die „Substanz α anodisch" ist dem Neurohormon C_1 gleichzusetzen, das ebenso wie D_1 sowohl in Insekten als auch in Krebsen vorliegt. „Substanz α kathodisch“ ist Acetylcholin.

Ob die erwähnten weiteren wie auch andere aufgetrennte Faktoren (STEPHENS, FRIEDL und GUTTMANN 1956) aus den endokrinen Bereichen in ähnlicher Weise auf bekannte Wirksubstanzen bezogen werden können, ist jetzt nicht zu entscheiden. Einige dieser Faktoren besitzen offenbar Peptidstruktur. Die uneinheitlichen Ergebnisse beruhen vielleicht teilweise darauf, daß das Trennungsverfahren die Struktur des Makromoleküls beeinflußt.

Der physiologische Farbwechsel der Malacostracen wird durch Neurohormone gesteuert, die in allen Bereichen des Zentralnervensystems vorkommen. Hier und in den damit unmittelbar zusammenhängenden Neurohaemalorganen (Sinusdrüse, Tritocerebralkommissur) finden sich bei Decapoden Expansions- und Kontraktionsfaktoren für rote, gelbe, braun-schwarze und weiße Pigmente. Die Isopoden verfügen über Neurohormone, die Expansion und Ballung schwarz-brauner Pigmente verursachen.

Die Hauptquelle der Farbwechsel-Hormone sind die Sinusdrüse und die Tritocerebralkommissur. Ihre Faktoren wirken größtenteils in antagonistischer Weise. Weiterhin enthalten das Gehirn und das Bauchmark einige Wirkfaktoren.

Papierchromatographische und elektrophoretische Trennung der Extrakte der Sinusdrüse und verschiedener Bereiche des Zentralnervensystems, die bei Brachyuren und Macruren vorgenommen worden sind, führten zur Isolierung einiger aktiver Wirkkomponenten. Ihre genauere (chemische) Kennzeichnung ist bisher nur in wenigen Einzelfällen möglich. Manche Befunde sprechen für eine Peptidnatur der Neurohormone. Allerdings können die meisten bisher getrennten Faktoren nicht ohne weiteres miteinander in direkte Beziehung gebracht werden, da untereinander Unterschiede hinsichtlich des Ursprungsortes, der biologischen Wirksamkeit oder der Ladungsverhältnisse bestehen.

b) Der physiologische Farbwechsel bei Insekten

Der physiologische Farbwechsel bei Insekten beschränkt sich nur auf vereinzelte Fälle, von denen die Verhältnisse bei der Stabheuschrecke *Carausius* und bei der Mückenlarve *Chaoborus* (*Corethra*) experimentell näher untersucht worden sind. Darüber hinaus scheint physiologischer Farbwechsel auch bei Phloeothripiden-Larven

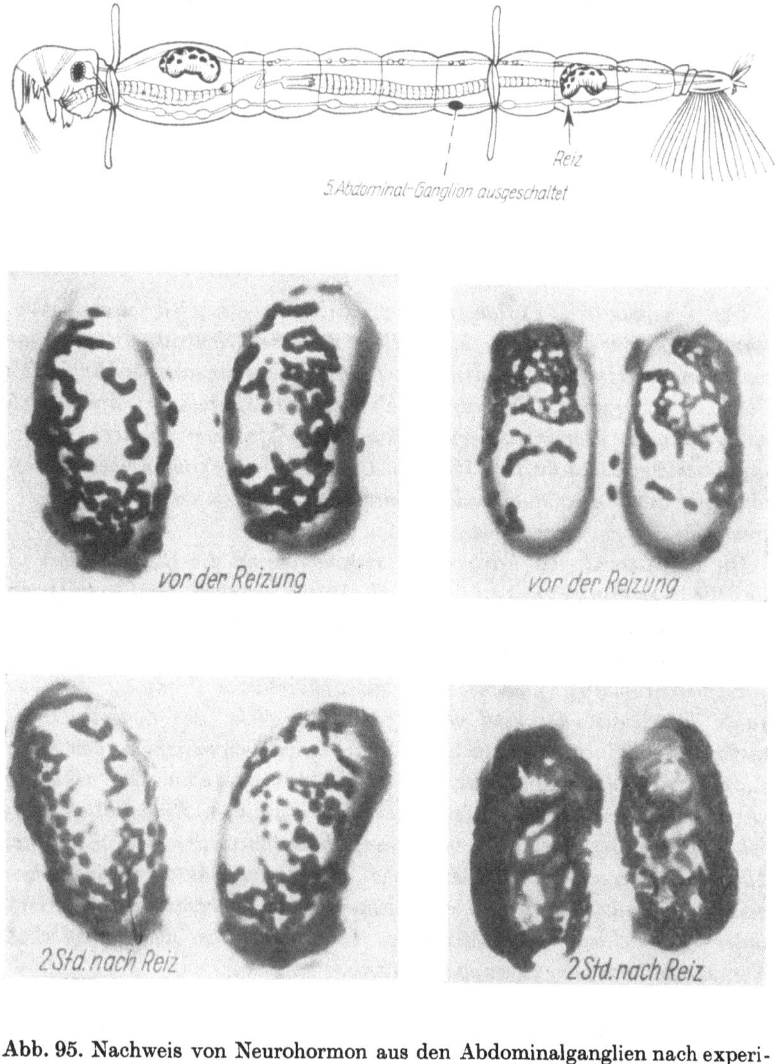

Abb. 95. Nachweis von Neurohormon aus den Abdominalganglien nach experimenteller Reizung des Nervensystems. Das ausgeschüttete Neurohormon bewirkt Expansion der Melanophoren auf den Tracheenblasen des 7. Abdominalsegments. Infolge vorheriger Unterbrechung der Bauchganglienkette und gleichzeitiger Schnürung des Tieres unterbleibt in den vorderen Ganglien die Hormonausschüttung. Die Melanophoren der Tracheenblasen im Thorax verändern sich dagegen nicht. (Nach GERSCH 1956)

(SCHMIDT 1919) und bei verschiedenen australischen Odonaten (Zygoptera) vorzukommen (O'FARRELL 1963). Unabhängig davon erfährt eine Reihe von Insekten, zu denen auch *Carausius* gehört, Veränderung der Körperfarbe durch Neubildung von Pigmenten (S. 296).

Bei der Larve von *Chaoborus* befinden sich die für den physiologischen Farbwechsel verantwortlichen Pigmente in amöboiden Pigmentzellen auf den Tracheenblasen, von denen jeweils ein Paar im Thorax und im

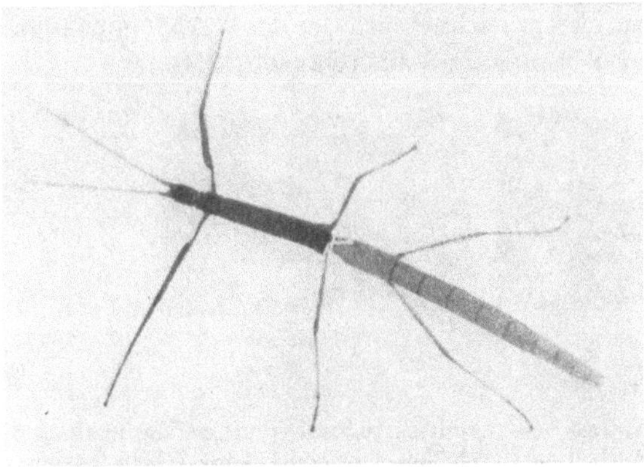

Abb. 96. Schnürung der Stabheuschrecke *Carausius morosus*. Verdunklung des Vorderendes infolge Hormonausschüttung vom Gehirn

7. Abdominalsegment liegen. Auf dunklem Untergrund breiten sich die Zellen zu breiten Komplexen aus, auf hellem dagegen ziehen sie sich punktförmig zusammen. Diese Bewegungen werden hormonal kontrolliert (HANSTRÖM 1938, 1940, TEISSIER 1947; DUPONT-RAABE 1949, 1956, 1957; HADORN und FRIZZI 1949, KOPENEC 1949; GERSCH 1956).

Schnürungs-, Dekapitations- und Injektionsversuche mit Extrakten haben ergeben, daß das Gehirn den Hauptproduktionsort der für die Pigmentveränderungen verantwortlichen Neurohormone darstellt. In geringerem Ausmaß enthält auch das Bauchmark aktive Faktoren (DUPONT-RAABE 1949; GERSCH 1956). Dieses stimmt mit der Feststellung gut überein, daß im ganzen Zentralnervensystem der *Corethra*-Larve Neurosekret vorhanden ist (FÜLLER 1960).

Vorkommen, Abgabe und Bedeutung der Neurohormone für den physiologischen Farbwechsel bei der *Corethra*-Larve sind besonders klar durch thermische Reizung einzelner Ganglien demonstriert worden. Durch geeignete vorherige Schnürung kann die Verbreitung des später freigesetzten Hormons begrenzt werden, ebenso wie durch vorherige Unterbrechung des Bauchmarks eine nervöse Erregungsleitung unterbrochen wird. Nach Reizung des Ganglions eines in dieser Weise vorher abgegrenzten Segmentes bewirken die dadurch freigesetzten Neurohormone eine Expansion der Chromatophoren (Abb. 95). Die stärkste Aktivität besitzt das Cerebralganglion. Unter den Ganglien der Bauchkette zeichnet sich das des 7. Abdominalsegments durch einen hohen Wirkungsgrad aus (GERSCH 1956).

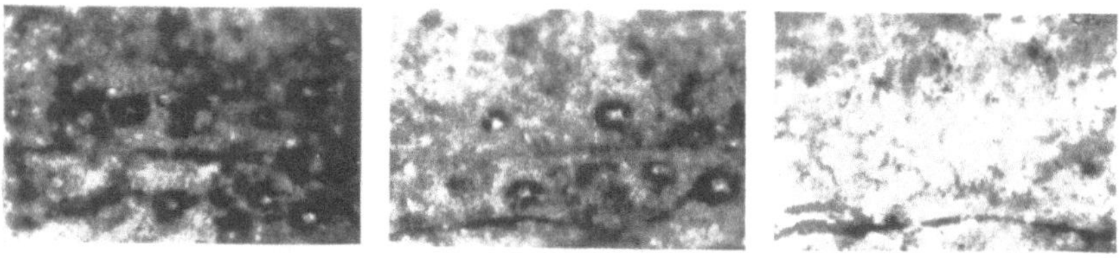

Abb. 97. Hauttest von *Carausius morosus* in vitro: Verdunklung durch Neurohormon C, Aufhellung durch Neurohormon D konz. (Nach GERSCH und MOTHES 1956)

Einen antagonistischen Einfluß üben die beiden Neurohormone C_1 und D_1 aus, die aus dem Nervensystem von *Periplaneta americana* und *Carausius morosus* isoliert und inzwischen ebenso bei anderen Insekten wie auch bei Krebsen festgestellt wurden (GERSCH, FISCHER, UNGER und KOCH 1960; GERSCH, UNGER, FISCHER und KAPITZA 1963): Neurohormon C_1 verursacht Expansion, Neurohormon D_1 dagegen in stärkerer Konzentration Ballung der Pigmente.

In ähnlicher Weise wie bei der *Corethra*-Larve ist bei der Stabheuschrecke *Carausius morosus* mittels Schnürung, Exstirpation und Implantation einzelner Ganglien sowie durch Injektion von Nervenextrakten der Nachweis der hormonalen Steuerung des physiologischen Farbwechsels erbracht worden (GIERSBERG 1928; ATZLER 1929; JANDA 1934; DUPONT-RAABE bzw. RAABE 1951 bis 1963) (Abb. 96). Der physiologische Farbwechsel beruht hier auf Bewegungen schwarzer Pigmente innerhalb der Hypodermiszellen. Während des Tages befinden sie sich an der Basis der Zellen. Die Tiere erscheinen daher hell. Nachts dagegen rücken die Pigmente an die Zelloberfläche, was Verdunklung bewirkt. Außer neurohormonalen Faktoren des Gehirns, die eine wichtige Rolle spielen, sind ebenfalls im Bauchmark aktive Faktoren mit jedoch geringer Wirksamkeit vorhanden (DUPONT-RAABE 1956; MOTHES 1960). Im Gehirn wird eine Verdunklungssubstanz gebildet, die über die Schlundkonnektive zum Unterschlundganglion transportiert und dort vermutlich ausgeschüttet wird. Diese Verdunklungssubstanz entstammt wahrscheinlich dem Tritocerebrum (DUPONT-RAABE 1954, 1956; MOTHES 1960). Ein weiterer Faktor, der an isolierter Hypodermis der Stabheuschrecke Aufhellung hervorruft (GERSCH und MOTHES 1956), dürfte der pars intercerebralis des Protocerebrums entstammen (MOTHES 1960) (Abb. 97).

Besonders interessant erscheinen die Befunde, die zeigen, daß ein unterschiedlicher Hormontiter der beiden Neurohormone C_1 und D_1 in Beziehung zu dem den Stabheuschrecken eigenen Nacht-Tag-Rhythmus besteht, der sich neben anderen Erscheinungen auch im physiologischen Farbwechsel ausprägt (MOTHES 1960). Nach papierchromatographischer Isolierung der beiden Neurohormone aus den verschiedenen Anteilen des Zentralnervensystems aus Tag- und Nachttieren wurden die Eluate in konstanten Verdünnungsreihen an dem Hypodermis-Test in vitro von *Carausius* geprüft (Abb. 98, 99). Dieses Verfahren ermöglicht es, den Gehalt in den einzelnen Bereichen des Zentralnervensystems und in der Hämolymphe quantitativ zu bestimmen (Abb. 100).

Im normalen Tageslauf erfolgt während des Tages die Speicherung beider Neurohormone im Gehirn. Sie werden gegen Abend in die Hämolymphe ausgeschüttet. Daraus erklärt sich ihr verhältnismäßig hoher Hormongehalt während der Nacht. Unterschlundganglion und Bauchmark verhalten sich gegensätzlich zum Gehirn, denn sie speichern in der Nacht und schütten am frühen Tage aus. Dementsprechend ist der Gehalt an Hormonen in der Hämolymphe von *Carausius* am Tag geringer. Die Anhangsdrüsen des Gehirns beteiligen sich an dieser Rhythmik nicht.

Nach experimenteller Umkehr des Färbungsrhythmus, die durch entsprechenden Belichtungswechsel des 24-Stundentages innerhalb von 45 Tagen erreicht wird (SCHLEIP 1911), erfolgt nun auch eine veränderte Speicherung und Ausschüttung der Neurohormone. Vom Gehirn werden nach vorheriger Ansammlung während der Nacht (experimentelle Hellphase) jetzt die Neurohormone frühmorgens in die Hämolymphe abgegeben. Sie weist somit nun während des Tages (experimentelle Dunkelphase) einen hohen Hormongehalt auf (Abb. 100). Dagegen speichern Unterschlundganglion und Bauchmark nun in der Dunkelphase (Tag). Mit beginnender Umkehr der Belichtung

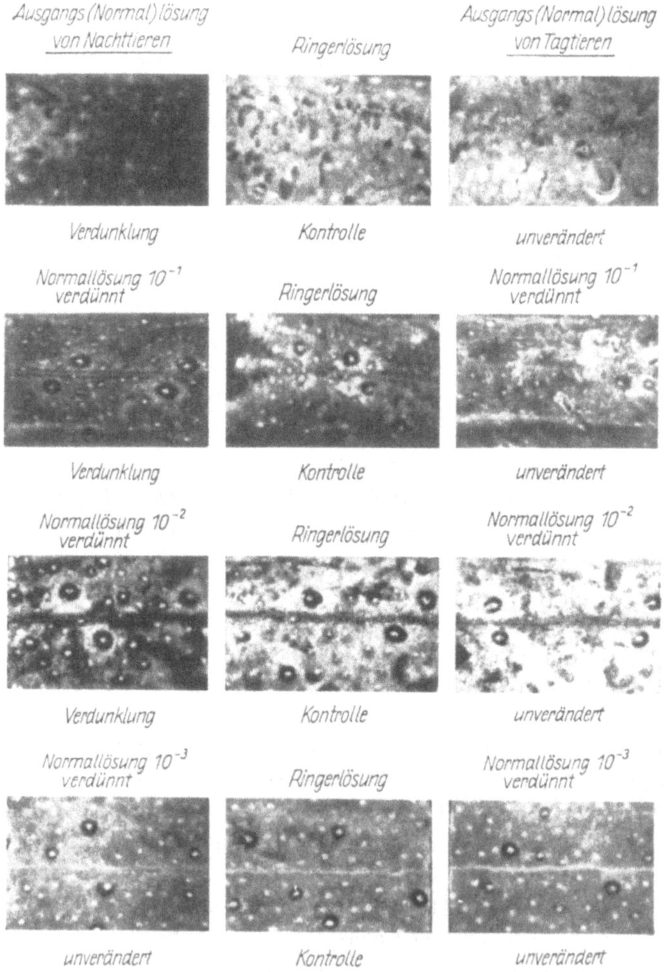

Abb. 98. Testreihe zur quantitativen Feststellung von Neurohormon C von Tag- und Nacht-Tieren (*Carausius morosus*), aus dem Unterschlundganglion extrahiert und am Hauttest in vitro ermittelt. (Nach Untersuchungen von MOTHES 1960)

stellt sich zunächst das Gehirn auf die neue Rhythmik ein. Es reagiert in endokriner Hinsicht unmittelbar auf die neuen Belichtungsverhältnisse. Das Bauchmark scheint dagegen unabhängig von einer kurzzeitigen Belichtung autonom zu arbeiten. Es wird erst später auf die

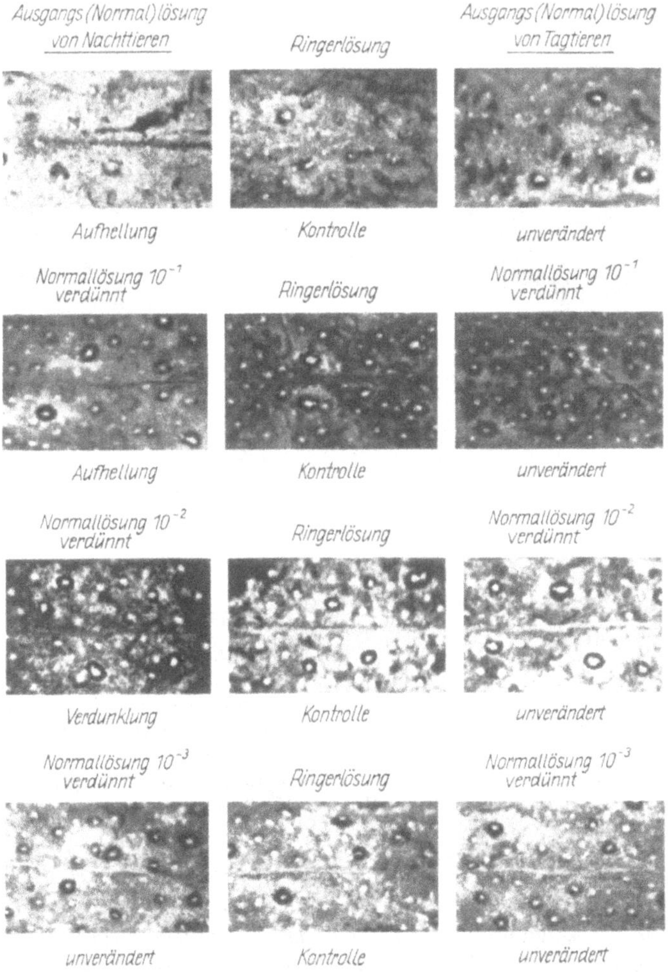

Abb. 99. Testreihe zur quantitativen Feststellung von Neurohormon D von Tag- und Nacht-Tieren (*Carausius morosus*), aus dem Unterschlundganglion extrahiert und am Hauttest in vitro ermittelt. (Nach Untersuchungen von MOTHES 1960)

neue Rhythmik umgestellt. Es ist daher anzunehmen, daß die jeweiligen quantitativen hormonalen Verhältnisse die Ursachen für die Rhythmik des physiologischen Farbwechsels darstellen. Ungeklärt bleibt dabei allerdings die Diskrepanz, daß die beiden Neurohormone C_1 und D_1 im in-vitro-Test in antagonistischer Weise wirken,

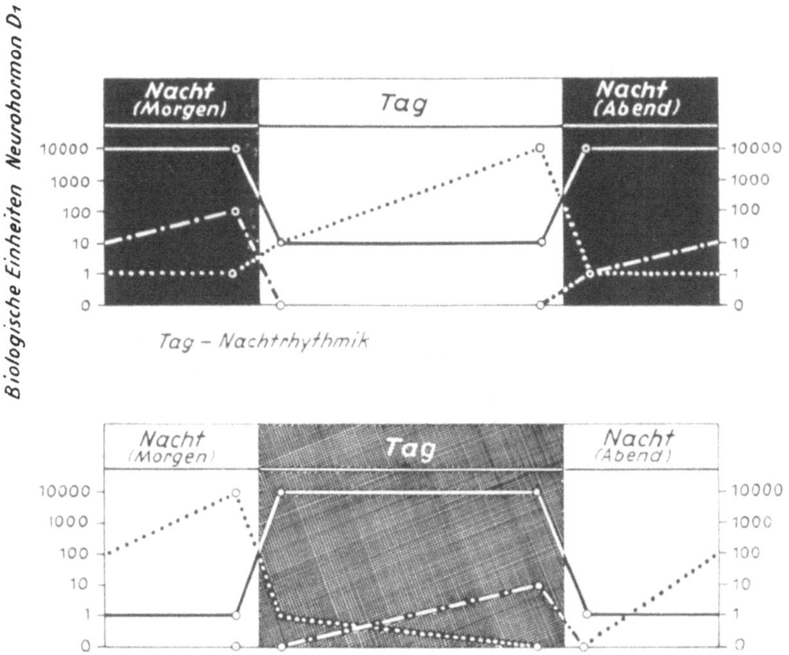

Abb. 100. Quantitative Unterschiede im Vorkommen von Neurohormon D a) im normalen Tag-Nacht-Rhythmus; b) nach experimenteller Umkehr des Tag-Nacht-Rhythmus im Gehirn (·····), im Bauchmark (–·–·–) und in der Hämolymphe (———). (Zusammengestellt nach Untersuchungsergebnissen von MOTHES 1960)

dagegen in vivo sowohl in der Dunkel- als auch in der Hellphase in gleichen Mengenverhältnissen vorhanden sind.

Diese experimentellen Befunde gewähren somit grundsätzliche Einblicke in die Beziehung zwischen einem äußeren Faktor und dem inneren endokrinen Mechanismus. Darüber hinaus wird offensichtlich, in welcher Weise in diesem Fall das Zentralnervensystem als endokriner Apparat funktioniert.

Aus verschiedenen Ganglien der Schabe *Blaberus* wurden ebenfalls farbwechselaktive Faktoren extrahiert, ihre physiologische Wirksamkeit hier allerdings am Carapax von Krebsen getestet (ROUNDS und MACCLAIN 1961).

c) Physiologischer Farbwechsel bei Anneliden

Ein mehr oder weniger ausgeprägter physiologischer Farbwechsel ist unter den Anneliden vor allem bei verschiedenen Hirudineen bekannt (STSCHEGOLEW 1927; WELLS 1932; JANZEN 1932; DENZER 1935; SMITH 1942; BRADBURY 1957). Darüber hinaus bestehen lediglich für einige Polychaeten Hinweise für Farbwechselerscheinungen. *Platynereis dumerilii* besitzt an der Basis der Parapodien verschiedenfarbige Chromatophoren, die in der Dunkelheit oder nach Verlust der Augen zur Ballung, in Licht dagegen zur Expansion führen (HEMPELMANN 1940). Über die Faktoren, die an der Steuerung der Pigmentbewegungen beteiligt sind, läßt sich dabei nichts aussagen. Die bisherigen Beobachtungen deuten nicht auf nervöse Kontrolle hin.

Unter den Hirudineen ist der physiologische Farbwechsel bei *Protoclepsis tesselata* (VAVROUŠKOVÁ 1952) und bei *Piscicola geometra* (GERSCH und RICHTER 1961) experimentell untersucht worden. *Piscicola* besitzt vier Typen von Chromatophoren, die sich in Form, Farbe, Lage und physiologischem Verhalten unterscheiden. Für die Farbveränderungen sind in erster Linie die Chromatophoren mit den dunklen Pigmenten maßgeblich, die, im ganzen Tier verteilt, dicht unter dem Hautmuskelschlauch liegen.

Veränderungen der Lichtverhältnisse bewirken Veränderungen in der Verteilung der Pigmente. Dunkelheit führt zur Kontraktion, Belichtung umgekehrt zur Expansion. Schnürungen sowie Injektion von Nervenextrakten lassen entgegen früheren Annahmen vermuten, daß die Expansion auf einer neurohormonalen und humoralen Steuerung beruht. Eine Ligatur in Körpermitte bei helladaptierten Tieren führt zur Aufhellung des Hinterendes, während das Vorderstück dunkel gefärbt bleibt (Abb. 101). Nach Lösen der Ligatur expandieren sich auch die Chromatophoren des Hinterendes wieder. Als Quelle der wirksamen Substanz kommt der Nervenring in Frage. Injektion von Extrakten des Nervenringes in die hellen Hinterenden doppelt geschnürter Tiere, bei denen das Mittelstück als Kontrolle dient, ergeben Verdunkelung im hinteren Bereich (Abb. 102). Ebenso kann Verdunkelung durch Injektion einer wirksamen Substanz erzielt werden.

die nach papierchromatographischer Trennung des Nervenextraktes eluiert wird. Da andererseits elektrische Reizung an isolierten Hinterenden mit kompakten Chromatophoren innerhalb weniger Minuten Expansion hervorruft, ist anzunehmen, daß durch den Nervenreiz eine Aktionssubstanz humoraler Natur freigesetzt wird.

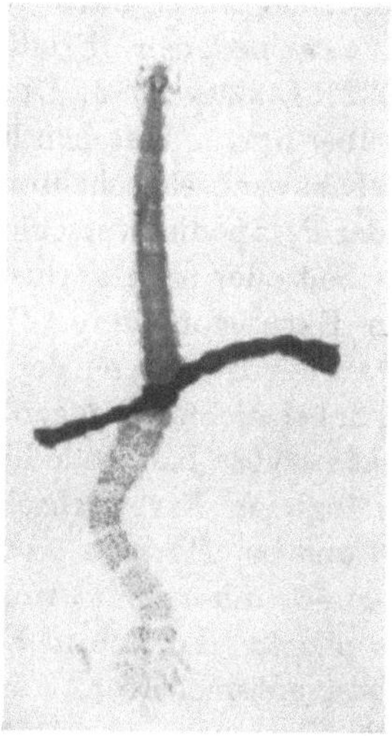

Abb. 101. Durch Schnürung eines dunklen Fischegels (*Piscicola*) hellt sich das Hinterende auf. Hinweis auf einen im Vorderende lokalisierten Verdunklungsfaktor. (Nach GERSCH und RICHTER 1961)

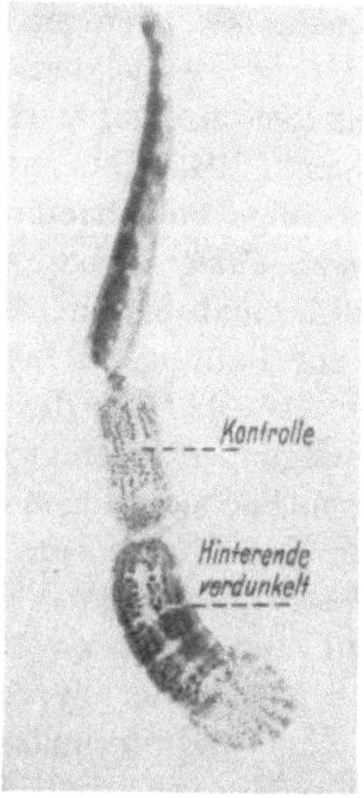

Abb. 102. Injektion von Nervenextrakt in das Hinterende eines doppelt geschnürten Fischegels bewirkt dort Verdunklung. Im Vergleich zum Kontrollstück (Mitte) auch wiederum Verdunklung des Vorderendes. (Nach GERSCH und RICHTER 1961)

Für den physiologischen Farbwechsel von *Piscicola* ist offenbar zunächst der Lichtreiz über die Lichtsinnesorgane wirksam. Die dadurch ausgelösten Erregungen gelangen über das Nervensystem an die peripheren Nervenendigungen und veranlassen die Ausschüttung eines neurohumoralen Faktors. Außerdem scheinen die Erregungen in bestimmten Bereichen des Zentralnervensystems die Bildung eines Wirkfaktors zu veranlassen, der durch Extraktion und papierchromatographische Trennung faßbar wird und als Neurohormon anzusprechen ist. Er wird nach allem in die Hämolymphe abgegeben.

Der humorale Faktor löst die Expansion aus, der hormonale hält dagegen den Zustand aufrecht. Trotz dieser Hinweise auf das Wirken neurokriner Faktoren beim physiologischen Farbwechsel von *Piscicola* bleiben noch zahlreiche Einzelfragen offen. Außerdem kann nichts über die Regulierung bei anderen Arten gesagt werden, da früher meist eine nervöse Beeinflussung diskutiert wurde.

d) Steuerung des physiologischen Farbwechsels bei Mollusken

Innerhalb der Mollusken weisen vor allem die Cephalopoden einen deutlichen Farbwechsel in Anpassung an den Untergrund auf. Gewisse Farbveränderungen treten außerdem bei verschiedenen Gastropoden auf. Die hierbei verantwortlichen Faktoren sind noch ungeklärt (Keyl, Michaelson und Whittaker 1957).

Die verschiedene Färbung der Haut kommt bei *Sepia* und *Octopus* durch ein System von schwarzen, braunen und gelben Chromatophoren und von Iridozyten zustande (Kühn 1950). Nach Untersuchungen an dem Kraken *Octopus vulgaris* vollzieht sich die Ausbreitung der Farbzellen durch Muskelzellen, die von Nervenfasern begleitet werden. Elektrische Reizung bewirkt Chromatophorenexpansion. Vermutlich wird dadurch Acetylcholin freigesetzt, das die Ausbreitung der Farbzellen verursacht. Es würde sich demnach um einen neurohumoralen Wirkungsmechanismus handeln. Die Kontraktion aller drei Arten von Farbzellen wird dagegen durch Serotonin bewirkt (Kahr 1958, 1959). Adrenalin, Histamin und Melanophorenhormon der Wirbeltiere zeigen keine Wirkung.

e) Physiologischer Farbwechsel bei anderen Wirbellosen

Außer den hier genannten Fällen kennt man bei anderen wirbellosen Tieren kaum Farbwechselerscheinungen und ihre Ursachen. Von einigen Seeigeln ist schon länger bekannt, daß Chromatophoren bei Belichtung expandiert, in Dunkelheit dagegen kontrahiert werden (Uexküll 1896; Kleinholz 1938; Yoshida 1956). Auch Seesterne scheinen über eine gewisse Farbregulation zu verfügen. *Asterias glacialis* hellt sich im Dunklen auf, in Helligkeit erfolgt dagegen Verdunklung der Tiere (Unger 1962). Inwieweit jedoch die frühere Auffassung noch zutrifft, die im wesentlichen auf Beobachtungen an dem Seeigel *Centrostephanus* basiert, daß die Veränderungen durch direkte Lichteinwirkung ohne Beteiligung des Nervensystems zustande kommen, muß im Hinblick auf unsere neuen Erfahrungen zweifelhaft erscheinen.

2. Morphologischer (permanenter) Farbwechsel und endokrine Regulation bei Insekten

Verschiedene Insekten besitzen die Fähigkeit, sich bei entsprechend langer Einwirkung einer Untergrundfärbung mit dem nächsten Häutungsschritt durch Ausbildung der jeweiligen Pigmente den Farbverhältnissen anzupassen. Unter den Schmetterlingen sind diese Erscheinungen vor allem bei Pieriden, Papilioniden und Vanessiden untersucht worden (BRECHER 1922, 1923, 1924; DÜRKEN 1923; HIDAKA 1956, 1959, 1960, 1961; OHNISHI 1959; BÜCKMANN 1960; OHTAKI 1960; HIDAKA und OHTAKI 1963). Ähnliche Verhältnisse bestehen auch bei Blattwanzen (Pentatomiden, ALTENKIRCH 1960), sowie bei Mantiden und Acrididiern (ERGENE 1952, 1953; ALBRECHT 1955; 1959; L. JOLY, 1954—1960; P. JOLY 1951—1958; OKAY 1954; NIKKERSON 1954; LOHER 1960, 1961). Es ist anzunehmen, daß bei dieser Farbanpassung hormonale Faktoren als Regulatoren beteiligt sind. Dies zeigen insbesondere neuere Ergebnisse bei *Papilio*-Arten unter den Schmetterlingen (HIDAKA 1961; OHTAKI 1960), bei der Stabheuschrecke *Carausius* (RAABE 1961, 1962), sowie bei der Wander- und Wüstenheuschrecke (JOLY 1962; LOHER 1961) unter den Acrididiern. Die endokrine Kontrolle scheint sich auf zwei unterschiedlichen Wegen zu vollziehen. Für die bisher daraufhin untersuchten Schmetterlinge kommt dem neurohormonalen System eine besondere Bedeutung zu. Die Farbveränderungen bei den Heuschrecken werden durch die Corpora allata beeinflußt.

Von der Wanderheuschrecke *Locusta migratoria* tritt in der Natur eine dunkle gregäre und eine grüne solitäre Form auf. Implantation von Corpora allata aus verschiedenen Entwicklungsstadien in Tiere der gregären Phase führt zu einer Veränderung der Färbung, wobei das Grün der solitären Phase vorherrscht. Das Ausmaß der Umfärbung hängt vom Aktivitätszustand der Corpora allata ab. Grundsätzlich entspricht jedoch die durch Implantation erzielte Grünfärbung der Tiere derjenigen, die bei isoliert gehaltenen Individuen spontan auftritt. Die Bedeutung der Corpora allata für die Färbung ist umgekehrt auch daran erkennbar, daß nach ihrer Exstirpation die Grünfärbung schwindet.

Ebenso unterliegt der morphologische Farbwechsel der Wüstenheuschrecke *Schistocerca gregaria* der Kontrolle der Corpora allata (Abb. 74). Die Wüstenheuschrecke tritt gleichfalls in zwei Phasen auf: der solitären oder seßhaften und der gregären oder wandernden Phase. Das gregäre Männchen, das zunächst hellbraun erscheint, färbt sich mit Eintritt in die Geschlechtsreife infolge Bildung eines gelben Pigments gelb. Diese Umfärbung wird durch einen von reifen Männchen ausgehenden stofflichen Faktor (Pheromon) gefördert, wobei die Produktion des Pheromons von den Corpora allata gesteuert wird (LOHER 1961). Werden allatektomierte Männchen mit anderen Jungtieren zusammengebracht, bleibt die Gelbfärbung bei ihnen aus. Das bedeutet, daß die Corpora allata hier nicht nur für das Zustandekommen des Reifungsprozesses, sondern auch für dessen Aufrechterhaltung wichtig sind. Unbekannt ist dabei, ob ein und dasselbe Hormon für die Färbungserscheinungen und zugleich für die Steuerung der Häutungsvorgänge verantwortlich ist. Größenunterschiede der Ventraldrüsen zwischen der solitären und der gregären Form lassen vermuten, daß ihre Inkrete in Balance mit anderen Hormonen ebenfalls eine Rolle bei der Umfärbung von der solitären in die gregäre Phase spielen (ELLIS und CARLISLE 1961).

Über die Faktoren, die bei der Farbanpassung von Schmetterlingen beteiligt sind, geben neuere Untersuchungen an *Papilio xuthus* und *Papilio protenos* Aufschluß (HIDAKA 1956 bis 1961). Die Puppen können hier braun oder grün gefärbt sein. Die Determination der jeweiligen Färbung erfolgt durch Umweltsfaktoren während der Larvenperiode unmittelbar vor der Verpuppung. Die Braunfärbung ist abhängig von einem Hormon, das nach Stimulation des Gehirns vom Prothoracalganglion ausgeschieden wird. Bei vorausgegangener Determination zur Bildung einer grünen Puppe unterbleibt die Stimulierung des Gehirns. Andererseits kann die Braunfärbung braundeterminierter Puppen durch frühzeitige Schnürung zwischen Kopf und Thorax unterbunden werden. Nach einer Ligatur zwischen Thorax und Abdomen färbt sich nur das Vorderstück braun, während das Abdomen grün bleibt. Die Braunfärbung so determinierter Puppen kann andererseits auch durch Trennung der Konnektive zwischen Gehirn und Unterschlundganglion oder zwischen diesem und dem 1. Thoracalganglion verhindert werden. Die Durchtrennung der Konnektive der folgenden Ganglien hat dagegen keinen Einfluß auf die Ausfärbung. Umgekehrt läßt sich durch Implantation eines Pro-

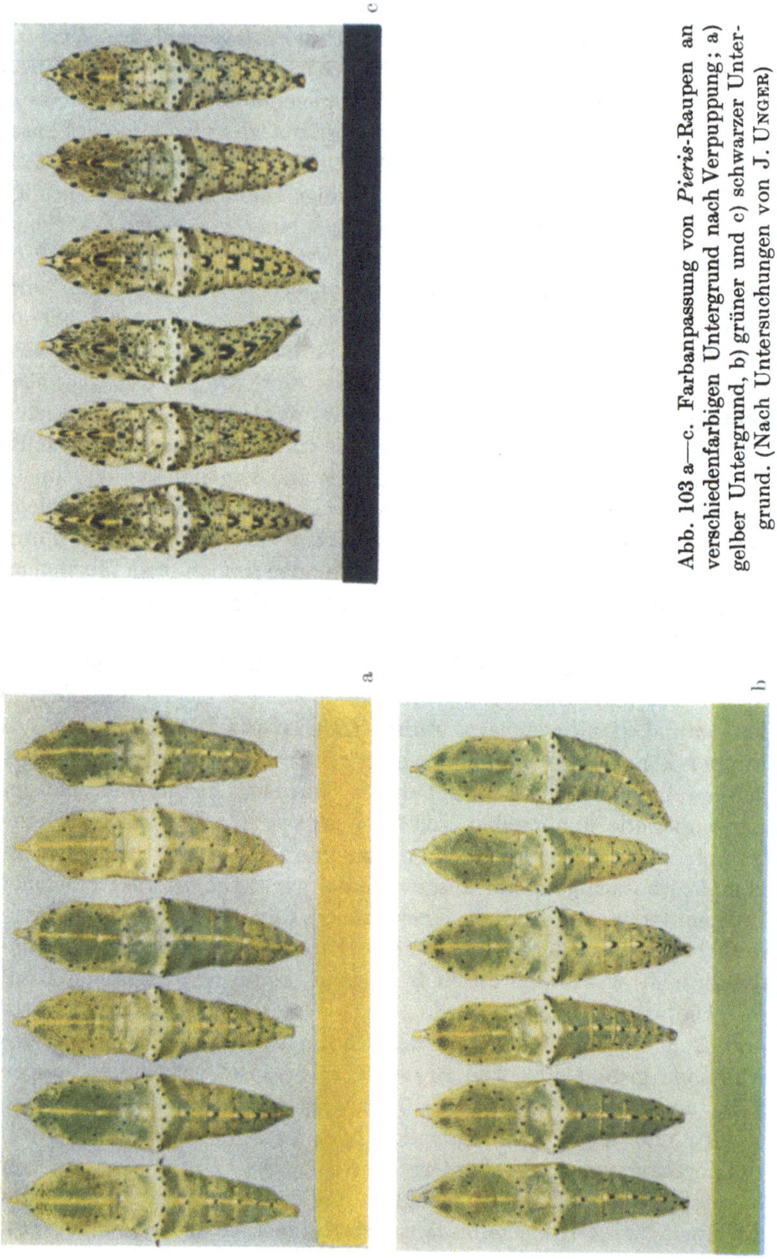

Abb. 103 a—c. Farbanpassung von *Pieris*-Raupen an verschiedenfarbigen Untergrund nach Verpuppung; a) gelber Untergrund, b) grüner und c) schwarzer Untergrund. (Nach Untersuchungen von J. Unger)

c

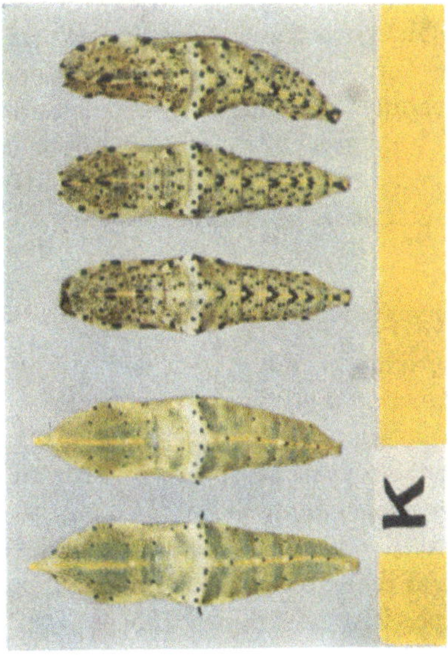

a

b

Abb. 104 a—c. Die Farbanpassungen bleiben nach Enthirnung (a, c) und nach Entfernung des Unterschlundganglions (b) aus. (Nach unveröffentlichten Experimenten von J. Unger) thoracalganglions in das abgeschnürte grüne Abdomen die Braunfärbung induzieren. Offenbar ist in diesem Fall an dem morphologischen Farbwechsel kein Metamorphosehormon, sondern allein der neurokrine Faktor des 1. Thoracalganglions beteiligt.

Der Regulationsmechanismus bei der Puppenfärbung des Weißlings *Pieris* scheint ähnlicher Natur zu sein (Ohtaki 1960; Unger, unveröffentlicht, zit. bei Gersch 1963). Nach Untersuchungen an *Pieris rapae crucivora* üben hier auch die Corpora allata einen Einfluß mit aus (Hidaka und Ohtaki 1963). Die Anpassung der Larven vor der Verpuppung an verschiedene Farben des Untergrundes kann auch hier durch Schnürungen hinter dem Prothorax oder auch durch Exstirpation von Gehirn, Unterschlund- und Prothoracalganglion unterbunden werden (Abb. 104). Ein für die Umfärbung der Raupen der Nymphalide *Hestina japonica* verantwortliches Zentrum liegt dagegen weder im Kopf noch im Thorax, sondern im Bereich des 6. Abdominalsegments (Osanai und Arai 1962). Für die Umfärbung der *Hestina*-Raupe ist charakteristisch, daß sie nicht mit der Häutung oder Verpuppung, sondern mit der Diapause gekoppelt ist. Das Häutungshormon hat dementsprechend keine Bedeutung.

Die sich mit Eintritt in die Metamorphose vollziehende Umfärbung der Raupen des Gabelschwanzes *Cerura vinula* wurde bereits erörtert (S. 155; Bückmann 1953, 1957, 1958; Karlson und Bückmann 1956; Linzen und Bückmann 1961). Schnürungs- und Injektionsexperimente ergaben, daß die Umfärbung durch eine zunächst vorhandene geringe Konzentration des Prothoracaldrüsenhormons zustande kommt. Die Injektion von Ekdyson in abgeschnürte, grün gebliebene Abdomina führte bei geringer Dosierung nur zur Umfärbung der Epidermis, bei stärkerer dagegen auch noch zur Puppenhäutung.

3. Pigmentverschiebungen in den Augen der Krebse und ihre Kontrolle

Unter dem Einfluß des Lichtes erfolgt in den Augen der Tintenfische, Insekten und Krebse eine Pigmentwanderung. Bei den Krebsen sind hierfür teilweise neurohormonale Faktoren verantwortlich.

Die Komplexaugen der Krebse setzen sich ebenso wie die der Insekten aus zahlreichen Einzelaugen, sogenannten Ommatidien, zusammen. Jedes Ommatidium besteht 1. aus den dioptrischen und 2. aus den das Licht absorbierenden und reflektierenden Elementen. Zu ersteren gehören die Linse oder Cornea sowie der Kristallkörper samt

Kristallkörperzellen. Seh- und Pigmentzellen bilden den katoptrischen Apparat. Die Zahl der Retinulazellen schwankt entsprechend dem Differenzierungsgrad der einzelnen Augentypen. In einfachen Komplexaugen, wie z. B. bei *Gammarus* oder Schizopoden, enthält jedes Ommatidium 6, bei höheren Krebsen gewöhnlich 8 Retinulazellen, die in der Mitte das Rhabdom bilden. Aus den Ommatidien ziehen Nervenfasern durch die bindegewebige Basal- oder Grenzmembran hindurch, die zur Lamina ganglionaris und Medulla externa führen.

Gewöhnlich treten drei Arten von Pigmenten auf, die nach ihren Eigenschaften und ihrem Vorkommen unterschieden werden (Abb. 105). Der distale Bereich jedes Ommatidiums höherer Krebse wird von zwei dunkle Pigmente enthaltenden Zellen umgeben. In der älteren Literatur werden sie häufig als Iris- oder Hauptpigmentzellen, heute als distale Pigmentzellen bezeichnet. In den Außenzellen der Retinulazellen befindet sich ebenfalls dunkles Pigment, sogenanntes proximales Pigment. Die dritte Art von Pigmenten, das reflektierende Pigment, erscheint besonders bei reflektierendem Licht weiß und befindet sich in Zellen, die die unregelmäßigen Räume der proximalen Enden benachbarter Ommatidien ausfüllen.

Deutlich vom Licht beeinflußte Bewegungen weisen die distalen Pigmente auf. Bei Belichtung verlagert sich das Pigment proximalwärts, während es bei schwacher Belichtung oder Dunkelheit distalwärts wandert (Abb. 105). Seine Bewegung vollzieht sich bei den einzelnen Arten nach zwei verschiedenen Prinzipien. Bei dem einen Typ kommt es zu einer direkten Verlagerung der Pigmente innerhalb einer langgestreckten Pigmentzelle als Folge protoplasmatischer Strömungen, wie dies z. B. bei *Astacus*, *Carambus* (Exner 1891; Bennitt 1924) und bei den Brachyuren *Dromia* und *Maja* (Exner 1891) der Fall ist. Die Bewegung der Pigmente des 2. Typs vollzieht sich mittels kontraktiler Fibrillen, die die Gestalt der Zelle verändern, was zugleich eine Verlagerung der Pigmente mit sich bringt (Welsh 1936). Untersucht wurden vor allem die Garneelen *Palaemonetes*, *Leander* und *Achistioides*.

Die proximalen Pigmente schirmen bei Belichtung in der gesamten Länge die Retinulazellen ab. In der Dunkelphase sind sie dagegen meist auf die Faserpartien unterhalb der Basalmembran begrenzt. Im Gegensatz zum distalen Pigment bewegen sie sich bei Belichtung zentrifugal, bei Dunkelheit dagegen zentripetal. Unterschiedlich

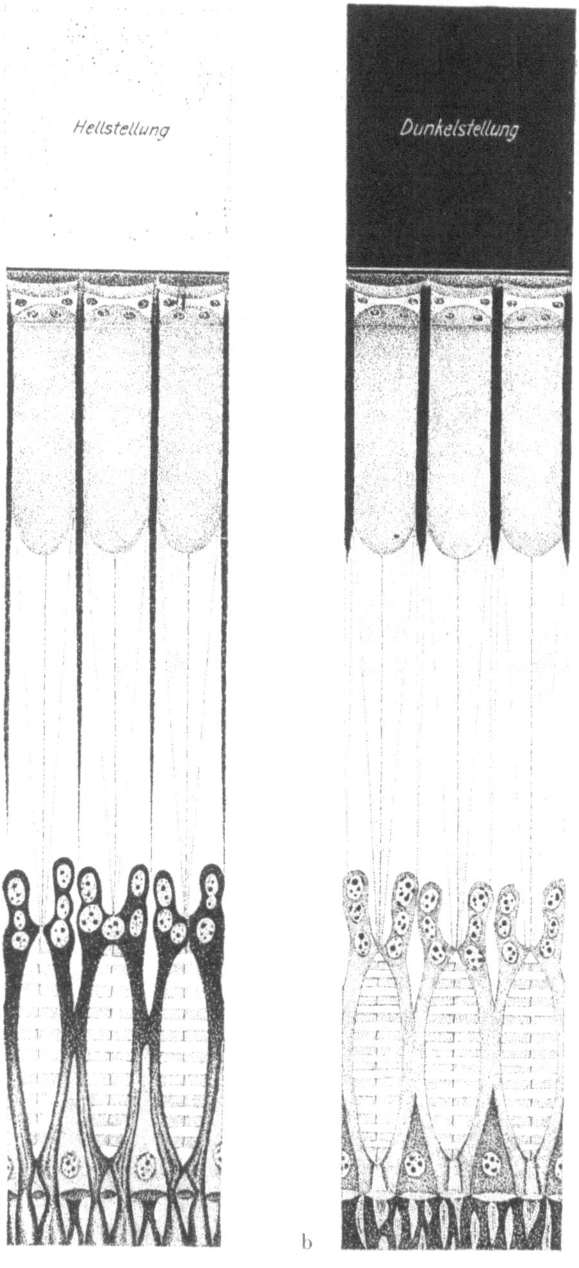

Abb. 105 a b

intensiv sind die Bewegungen der weißen Pigmente. Bei gut auf Licht reagierenden Formen, wie z. B. *Palaemonetes vulgaris*, entspricht die Wanderung der des distalen Pigments.

Außerdem bestehen Unterschiede bei den Augen verschiedener Krebse im Ausmaß der Pigmentbewegungen, ihrer Reaktionsgeschwindigkeit nach Veränderungen der Lichtverhältnisse und hinsichtlich der Beteiligung der einzelnen Pigmenttypen. Beim Flußkrebs wird eine deutliche Dunkelstellung der Pigmente im Auge erst nach vorausgegangener 15stündiger Dunkelhaltung erzielt, bei *Palaemon* dagegen bereits nach etwa 60 Minuten (Welsh 1930). Hinsichtlich der Beweglichkeit der Pigmente erscheinen die beiden Extreme kennzeichnend. In dem einen Fall sind alle drei Pigmentarten frei beweglich, im anderen nur das proximale Pigment. Die Bewegung der proximalen Pigmente, die bei allen Krebsen angetroffen wird, scheint vor allem durch direkte Lichteinwirkung bedingt zu sein (Kleinholz 1949; Knowles 1950).

Die ersten Hinweise auf ein Licht-Anpassungs-Hormon, das die Bewegungen des distalen Pigments kontrolliert, erbrachte Kleinholz (1936) bei *Palaemonetes vulgaris*. Die Injektion von Augenstielextrakten in dunkeladaptierte Tiere führte zu einer Pigmentstellung, die der völlig helladaptierter Individuen entsprach. Über die Lokalisation des Helladaptions-Hormons ist bisher wenig bekannt. Als Haupthormonquelle kommt der Augenstiel in Frage. Jedoch bestehen beträchtliche Unterschiede in der Wirkung zwischen Sinusdrüse und dem übrigen Augenstiel. Bei verschiedenen Krabben (*Carcinus*, *Callinectes*, *Libinia*) erwies sich die Sinusdrüse als wesentlich weniger wirksam als Augenstielextrakte ohne sie. Dagegen zeigten Extrakte der Sinusdrüse von *Pandalus borealis* die gleiche Aktivität wie die Extrakte der Augenstiele. Ähnliche Verhältnisse bestehen bei dem Macruren *Nephrops norvegicus*. Bei *Homarus americanus* wiederum waren die Augenstielextrakte gut, Sinusdrüsenextrakte dagegen nur wenig wirksam. Diese Verschiedenheiten deuten daraufhin, daß das Augenpigmenthormon mit neurosekretorischen Zellen in verschiedenen Bereichen des Zentralnervensystems in Beziehung zu bringen ist

Abb. 105. Längsschnitt durch Ommatidien vom Komplexauge des Flußkrebses *Astacus fluviatilis*; a) Hellstellung, distales und proximales Pigment stoßen aneinander; b) Dunkelstellung, distales Pigment distal, proximales Pigment unter der Basalmembran. (In Anlehnung an Bernhards 1916)

(WELSH 1941; KLEINHOLZ 1958; KLEINHOLZ, BURGESS, CARLISLE und PFLUEGER 1962). Zwischen der Konzentration des Hormonextraktes und seiner Wirkung auf die distalen Retinapigmente besteht eine lineare Beziehung (KLEINHOLZ, ESPER, JOHNSON und KIMBALL 1962).

Außer im Augenstiel wird das Helladaptions-Hormon auch im Gehirn und in den Ventralganglien angetroffen (BROWN, HINES und FINGERMAN 1952). Der Gehalt an „Hellhormon" ist bei Tieren, die in Dunkelheit gehalten werden, wesentlich größer als bei den an Licht angepaßten Exemplaren (FINGERMAN, PHILPOTT, SANDEEN und MOBBERLY 1959). Dies kann damit erklärt werden, daß das Hellhormon während der Dunkelheit gespeichert wird, weil das Licht als Stimulator für die Hormonausschüttung fehlt.

Als antagonistisch wirkender Faktor ist ein Dunkelanpassungs-Hormon in den Krebsen vorhanden. Man schließt das aus der Beobachtung, daß die Reaktion der distalen Pigmente auf einen Lichtreiz von den Belichtungsverhältnissen der betreffenden Versuchstiere abhängig ist. Die distalen Pigmente derjenigen Tiere, die nachts in Dunkelheit gehalten werden, zeigen eine weit größere Reaktionsbereitschaft auf eine ganz kurze Belichtung als Tiere, die sich vorher in gedämpftem Licht befanden. Der Unterschied wird durch die Vorstellung verständlich, daß diese Tiere über ein Dunkelanpassungs-Hormon verfügen. WEBB und BROWN (1953) und BROWN, WEBB und SANDEEN (1953) interpretierten ähnliche Experimente in entsprechender Weise. Die Rate der Dunkelanpassung läßt sich durch Injektion von Augenstielextrakten zum Zeitpunkt der Dunkelstellung der Tiere erhöhen (BROWN, HINES und FINGERMAN 1952). Ebenso kann eine Dunkelanpassung bei im Licht gehaltenen Krebsen erzielt werden, wenn Augenstielextrakte dunkeladaptierter Tiere injiziert werden (FINGERMAN, LOWE und SUNDARARAJ 1959). Nach kurzer Belichtung dunkeladaptierter *Palaemonetes* zeigt sich eine reziproke Beziehung zwischen der Länge der vorausgegangenen Dunkeladaptionsphase und der Länge der Hellanpassung der distalen Pigmente einerseits wie der Kürze der darauffolgenden Dunkelanpassungsperiode andererseits.

Die Hauptquelle des Dunkelanpassungshormons bildet die Tritocerebralkommissur. Geringere Mengen treten im Augenstiel und in anderen Bereichen des Zentralnervensystems auf (BROWN, HINES und FINGERMAN 1952). Extrakte von Tritocerebralkommissuren führen über eine wenig deutliche Helladaption zu einer mehrstündigen Dunkeladaption. Ebenso zeigte sich nach Injektion von Extrakten der Augenstiele, der Sinusdrüse und der optischen Ganglien zunächst stets eine starke Lichtanpassungsreaktion, der darauf eine Dunkelanpassungsphase folgte. Dies spricht somit für die Wirkung zweier Faktoren, wobei der Dunkelanpassungsfaktor dem „Hell-Faktor" untergeordnet zu sein scheint (FINGERMAN, LOWE und SUNDARARAJ 1959). Die Voraussetzung für die Aktivität des Dunkelhormons könnte durch enzymatische Inaktivierung des Hellhormons geschaffen sein. Experimentell ist dies in Augenstielextrakten von *Palaemonetes*, die 12 bis 18 Stunden bei 25 °C verblieben, erreicht worden. Das Enzym, dessen optimale Wirkung bei pH = 7,5 liegt, kommt außer im Augenstiel auch in den Nervensträngen und in der Hypodermis vor (KLEINHOLZ und KIMBALL 1961).

Papierelektrophoretische Trennungen von Augenstielextrakten ergaben auf der kathodischen Seite eine Hell- und eine Dunkelsubstanz, auf der anodischen dagegen allein eine Dunkelsubstanz. Hell- und Dunkelhormon sind hitzestabil und werden durch Trypsin inaktiviert (FINGERMAN und MOBBERLY 1960; FINGERMAN, MOBBERLY und PHILPOTT 1959). Entsprechende Befunde über zweierlei Faktoren liegen auch bei *Crangon* vor (FINGERMAN, SANDEEN und MOBBERLY 1960).

Für die Bewegungsregulation der distalen Augenpigmente besteht ein ähnlicher Antagonismus zwischen Sinusdrüse und Tritocerebralkommissur als Hormonquellen wie für die roten Pigmente der Körperchromatophoren der Natantia. Dabei kann es sich wohl kaum um die gleichen Hormone handeln, da die für die Chromatophoren aktiven Faktoren gegenüber den distalen Augenpigmenten wirkungslos sind (KLEINHOLZ 1958; CARLISLE und KNOWLES 1959; KLEINHOLZ, BURGESS, CARLISLE und PFLUEGER 1962).

Hinsichtlich der Aktivität der Sinusdrüse gegenüber den distalen Retinapigmenten unterscheiden sich Brachyuren und Macruren. Bei ersteren erweisen sich die Extrakte im Gegensatz zu denen der Macruren als sehr wenig aktiv auf die Augenpigmente von *Leander* (KLEINHOLZ 1958).

Nach neueren Befunden verfügt *Palaemonetes* weiterhin über einen Lichtanpassungsfaktor für die proximalen Retinapigmente (FINGERMAN, NAGABHUSHANAM und PHILPOTT 1962). Diese Auffassung, die den Vorstellungen von KLEINHOLZ (1961) entgegensteht, gründet sich auf die Beobachtung, daß die proximalen Pigmente von Tieren, die während der Nacht in Dunkelheit gehalten worden waren, nach Stimulation durch höhere Lichtintensitäten eine größere Bereitschaft zur Lichtanpassung aufwiesen als bei geringerer Lichtintensität. Weiterhin spricht dafür, daß die proximalen Pigmente die Lichtanpassung nach kurzer Zwischenbelichtung bei Wiederüberführen in Dunkelheit beibehalten.

Ob die Bewegungen der weißen Pigmente ebenfalls hormonal gesteuert werden, ist ungeklärt. Zwischen den weißen Chromatophoren und diesen Augenpigmenten ist eine grundsätzliche Ähnlichkeit vorhanden.

Außer bei Krebsen (Malacostracen) besteht eine neurohormonale Kontrolle des physiologischen Farbwechsels bei einigen Insekten und auch bei manchen Hirudineen. Für andere Gruppen wirbelloser Tiere ist dagegen nichts Sicheres auszusagen. Bei Krebsen und Insekten lassen sich in allen Bereichen des Zentralnervensystems chromatophorenaktive Substanzen nachweisen.

Die morphologischen (permanenten) Farbanpassungen verschiedener Insekten auf veränderte Untergrundverhältnisse werden ebenfalls hormonal gesteuert. Bei den in Frage kommenden Schmetterlingen (Pieriden, Vanessiden, Papilioniden) sind Neurohormone des Prothoracalganglions wirksam. Hormonale Beeinflussung der Farbveränderungen der Heuschrecken vollzieht sich durch die Corpora allata.

Von den drei Pigmentarten, die in den Komplexaugen der Krebse vorkommen, ist die hormonale Kontrolle der Pigmentbewegung für das distale Retinapigment erwiesen. Sie beruht auf einem Hell- und einem Dunkelanpassungshormon. Beide werden vom neurokrinen System produziert. Möglicherweise unterliegt auch die Lichtanpassung der proximalen Pigmente einer hormonalen Steuerung. Die Frage nach den Steuerungsfaktoren der Bewegungen der weißen reflektierenden Pigmente ist ungeklärt.

E. Hormonale Steuerung der Bewegungen innerer Organe

Seit längerer Zeit ist für einige Insekten und Krebse bekannt, daß verschiedene innere Organe, wie der Darm, das Herz, die MALPIGHIschen Gefäße und die Ausführgänge der Geschlechtsorgane zu länger andauernden rhythmischen Bewegungen befähigt sind (MILLER 1910; PALM 1946). Gesteuert werden sie in direkter oder indirekter Weise durch neurohumorale und neurohormonale Faktoren.

Für die Beteiligung neurohumoraler Faktoren spricht, daß cholinerge und adrenerge Substanzen auf die Bewegungen von Darm, Herz und von anderen Organen außer bei Arthropoden auch bei Angehörigen der Mollusken und Anneliden wirken. Acetylcholin verursacht Beschleunigung der Herztätigkeit bei *Arenicola* und *Lumbricus* (PROSSER und ZIMMERMANN 1943), Hemmung dagegen bei Gastropoden und Muscheln (WELSH 1953; JULLIEN und RIPPLINGER 1956; HILL 1958; MENG 1960). Bei Insekten wirkt Acetylcholin auf die Darmperistaltik (KOOISTRA 1952; GERSCH 1955) und auf die Herzfrequenz stimulierend (DAVENPORT 1949; FOLLIOT 1957; KRIJGSMAN und KRIJGSMAN 1950; ÖSTLUND 1954; PROSSER 1942; UNGER 1957). Ganz entsprechend reagieren beide Organe der Krebse auf Acetylcholin (WELSH 1938, 1939; FLOREY 1954).

Der Wirkung dieser neurohumoralen Substanzen entspricht ihr weit verbreitetes Vorkommen bei diesen Tiergruppen (SMITH 1939; MIKOLANIS und BROWN 1941; ÖSTLUND 1954). Der Acetylcholingehalt im Nervensystem von *Periplaneta* liegt um 5- bis 50mal höher als in den Nerven der Vertebraten (TOBIAS, KOLLROS und SAVIT 1946). Die neurohumorale Reaktion ist weiterhin daran ersichtlich, daß es nach Reizung bestimmter Nerven je nachdem zur Erhöhung oder Hemmung der Bewegungsfrequenz der Organe kommt. Reizung der Herznerven bei Schnecken bewirkt die Verringerung der Amplitude und Verlangsamung des Herzschlages infolge Freisetzung von Acetylcholin (WELSH 1953). Die nach Reizung der Herznerven bei dem Krebs *Maia squinado* auftretende Aktionssubstanz regt die

Darmtätigkeit an (PARROT 1941). Die verschiedenen Erscheinungen neurohumoraler Steuerung stehen jedoch außerhalb unseres eigentlichen Betrachtungskreises und können daher hier nicht weiter verfolgt werden.

1. Neurohormonale Regulation der Herztätigkeit bei Krebsen

Ob der Herzschlag der Entomostracen hormonal gesteuert wird, kann nicht mit Sicherheit gesagt werden. Es ist jedoch auffällig, daß die Herzfrequenz juveniler Männchen von *Daphnia* rhythmische Veränderungen in Beziehung zu den Häutungen zeigen. In der Zwischenhäutungsphase ist die Frequenz geringer, sie steigt aber jeweils bis zur nächsten Häutung wieder an (FRITSCH 1959; MEIJERING 1960). Im pharmakologischen Testversuch am *Daphnia*-Herzen kann außerdem die Frequenz durch 5-Hydroxytryptamin beschleunigt, durch Acetylcholin verringert werden, was allerdings nichts über die natürliche Regulationsweise besagt (HENTSCHEL 1959, unveröffentlicht; SUOLAMAINEN 1959).

Das Vorkommen von Pericardialorganen bei allen Malacostracen und die Wirkung ihrer Extrakte auf die Herztätigkeit sprechen für die Beteiligung einer neurohormonalen Steuerung. Die Pericardialorgane stellen Neurohaemalorgane dar, die innerhalb des Pericardraumes liegen und frei von dem zum Herzen führenden Blut umspült werden (ALEXANDROWICZ 1952, 1953). Sie bestehen aus Nervenfasern, die in einem Netzwerk enden und mit Bindegewebsanteilen eine neuropilemartige Struktur bilden (S. 78). Anstelle einer lokalen Konzentration kann sich das Netzwerk auch über die ganze Oberfläche des Pericards ausbreiten. An diesen Stellen werden Neurosekrete an das Blut abgegeben. Morphologisch ist dies an den dort vorhandenen Neurosekretgranula und physiologisch an der stimulierenden Wirkung des Herzschlages durch Extrakte dieser Organe zu erkennen. Sie verursachen eine deutliche Zunahme der Frequenz und der Amplitude des Herzens (ALEXANDROWICZ und CARLISLE 1953). In der Wirkung der Extrakte verschiedener Arten bestehen gewisse Unterschiede. Außer Amplitudenvergrößerung kann manchmal zugleich auch Verringerung der Frequenz hervorgerufen werden. Ob die Pericardialorgane außer einem Stimulationsfaktor auch einen Hemmungsfaktor erzeugen, was teilweise die Wirkung der Extrakte andeutet, ist noch ungeklärt.

Durch papierchromatographische Trennung der Extrakte lassen sich mehrere aktive Faktoren feststellen. Hierbei soll es sich einerseits um Indolverbindungen und um Tryptamin handeln (CARLISLE 1956), andererseits sind wirksame Polypeptide ermittelt worden (MAYNARD und WELSH 1959). Ihre Charakteristika sind Löslichkeit in Alkohol und Wasser, Hitzebeständigkeit im neutralen und sauren Bereich, Hydrolisierbarkeit in alkalischem Milieu und Inaktivierung durch Trypsin und Chymotrypsin. Gegenüber 5-Hydroxytryptamin unterscheiden sie sich wirkungsmäßig in mehrfacher Hinsicht. Die Verschiedenheiten beziehen sich auf die Beeinflussung der Frequenz und der Amplitude, auf die erforderliche Zeit zur Erreichung des maximalen Wirkungsgrades und auf das Verhältnis zwischen Dosis und Wirkung. Es ist anzunehmen, daß die Extrakte der Pericardialorgane und 5-Hydroxytryptamin verschiedene Angriffspunkte bei der Regulation der Herztätigkeit besitzen (COOKE 1962).

Auch Augenstielextrakte können die Herztätigkeit beeinflussen. In dem einen Fall verursacht der Augenstielextrakt Verminderung, in dem anderen dagegen Verstärkung des Herzschlages. In Verbindung mit der Erhöhung oder Verringerung der Herztätigkeit vollzieht sich häufig auch eine Veränderung der am Farbwechsel beteiligten Pigmentzellen (BROWN 1944; WELSH 1939; SCUDAMORE 1941; HARA 1952). Beide Faktoren scheinen jedoch nicht identisch zu sein. Augenstiel- und Gehirnextrakte der Garneele *Paratypa compressa* ließen sich in einen alkohollöslichen und einen -unlöslichen Faktor trennen. Ersterer hat auf den Herzschlag keinen Einfluß, führt jedoch zur Kontraktion der roten Chromatophoren. Umgekehrt erhöht der alkoholunlösliche Faktor den Herzschlag, ohne jedoch die Chromatophoren zu beeinflussen (HARA 1952). In ähnlicher Weise erwies sich die aus den Augenstielen von *Astacus astacus* papierchromatographisch isolierte myotrope Substanz auf die Chromatophoren der Sandgarneele *Crangon crangon* als inaktiv (KOLLER und KUHNEN 1957). Auch die Extrakte des Pericardialorgans verschiedener Krabben zeigten keine Wirkung auf die Melanophoren der Winkerkrabbe *Uca* (MAYNARD und WELSH 1959). Diese Beispiele weisen erneut auf die Verschiedenheit der aus dem Nervensystem extrahierten Substanzen hin.

2. Hormonale Steuerung der Darmtätigkeit bei Krebsen

Inwieweit bei Krebsen auch die Darmtätigkeit hormonal gesteuert wird, ist bisher nicht besonders untersucht worden. Diese Frage erscheint, bezogen auf die Befunde bei Insekten, nicht abwegig, zumal hierfür sowohl bei Entomostracen als auch bei Mallacostracen Anzeichen vorliegen. Bei *Daphnia* wird durch mechanische Reizung des Oberschlundganglions eine durch längere Zeit über anhaltende Frequenzsteigerung und Amplitudenvergrößerung gekennzeichnete Stimulierung der Darmtätigkeit induziert (HENTSCHEL 1959, unveröffentlicht). Ebenso können injizierte, gekochte Kopfextrakte die Darmtätigkeit anregen. Beides deutet auf hormonale Beeinflussung hin. Die schon länger zurückliegende Feststellung, daß einmalige elektrische Reizung des Abdominalganglions beim Flußkrebs und Hummer lang anhaltende, kräftige Kontraktionen des Enddarms verursacht, läßt sich ebenfalls mit der Annahme einer neurohormonalen Regulation verstehen (MILLER 1910).

3. Neurohormonale Steuerung der Bewegungsrhythmik verschiedener innerer Organe der Insekten

Seit dem Nachweis KOLLERS (1948), daß Nervenextrakte die Bewegung der MALPIGHIschen Gefäße und des Darmes beeinflussen, ist für verschiedene Organe der Insekten eine neurohormonale Steuerung ihrer Bewegungsrhythmik festgestellt worden. Infolge des verhältnismäßig reichen Vorkommens von Acetylcholin und anderen Catecholaminen im Nervensystem der Insekten (ÖSTLUND 1954) können sichere Aussagen über die Art der wirksamen Faktoren jedoch erst nach Abtrennung der neurohumoralen Substanzen gemacht werden, denn es hat sich mehrfach erwiesen, daß außer neurohumoralen auch neurohormonale Komponenten vorliegen. Ihre Wirkung erstreckt sich in erster Linie auf die Regulation der Herztätigkeit, der Darmperistaltik, der MALPIGHIschen Gefäße und auch der Geschlechtswege.

a) Regulation der Herztätigkeit

Im Nervensystem und in den Anhangsdrüsen treten Faktoren auf, die eine beschleunigende Wirkung auf den Herzschlag ausüben. Unterschiedlich beurteilt werden dabei allerdings das Vorkommen solcher Faktoren innerhalb des Zentralnervensystems, ihre chemische Charakterisierung und auch die Art ihrer Wirkungsweise. Der aus den Corpora cardiaca von *Periplaneta americana* gewonnene herzaktive Stoff soll nach CAMERON (1953) ein Orthodiphenol darstellen. Nach Untersuchungen UNGERS (1957) besitzen verschiedene Anteile des Nervensystems von *Periplaneta* (Gehirn, Corpora cardiaca, Corpora allata, Unterschlundganglion und Bauchmark) eine Wirkung auf das Herz (vgl. auch RALPH 1961, 1962). Papierchromatographische Auftrennung der Extrakte ergab, daß darin außer Acetylcholin noch andere Wirkfaktoren enthalten sind, von denen zwei auf Grund ihrer biologischen Wirkungsweise als Neurohormon C und Neurohormon D bezeichnet werden (Abb. 117). Neurohormon C findet sich in allen geprüften Bereichen, Neurohormon D dagegen nicht in den Corpora allata.

Nach DAVEY (1961, 1962) wirkt der Stimulationsfaktor der Corpora cardiaca auf die Pericardialzellen ein und aktiviert diese zur Freisetzung des eigentlichen Bewegungsfaktors. Werden Extrakte von Corpora cardiaca den Pericardialzellen in vitro zugegeben, so treten histologische Änderungen im Cytoplasma und an den Kernen auf, die auf eine Sekretionstätigkeit schließen lassen. Die freigesetzte Substanz wird als ein Indolalkylamin angesprochen. Der neurohormonale Faktor der Corpora cardiaca, dessen Freisetzung z. B. nervös durch Fütterung induziert werden kann, ist somit dem die Herzbewegung auslösenden Faktor übergeordnet.

Ob dies ein für alle Insekten gültiges Regulationsprinzip darstellt, erscheint ungewiß. Sicher trifft diese Bedeutung der Pericardialzellen nicht bei der Larve von *Chaoborus* zu, bei der nach experimenteller elektiver Ausschaltung aller am Herzschlauch ansitzenden Pericardialzellen die Herztätigkeit unbeeinflußt weiter bestehen bleibt (GERSCH und MÖBIUS 1951). Für dieses Objekt ließ sich die Beteiligung neurohormonaler Faktoren am Herzschlag durch Ganglienreizung erweisen, die, abgesehen von anderen Reaktionen ebenfalls zu einer Erhöhung der Schlagfrequenz des Herzens führt, was auf die durch den Reiz aus dem Nervensystem freigesetzten Neurohormone zurückzuführen ist (GERSCH 1958). Eine Frequenzerhöhung wird hier auch durch Injektion von Nervenextrakt erzielt.

b) Regulation der Darmtätigkeit

Länger anhaltende rhythmische Kontraktionsbewegungen auch des frei präparierten Darmes sind früheren Autoren mehrfach bereits aufgefallen (TEN CATE 1924). Im Gegensatz zu Wirbeltieren können dabei peristaltische und antiperistaltische Wellen miteinander abwechseln. Nach den Untersuchungen am Darm der Mückenlarve *Chaoborus* sind hierbei neurohormonale Faktoren wesentlich mitbeteiligt (GERSCH 1952, 1955).

Die Verdauung erfolgt bei diesem Objekt im Vorderdarm, da zwischen Vorder- und Mitteldarm ein Reusenapparat zwischen-

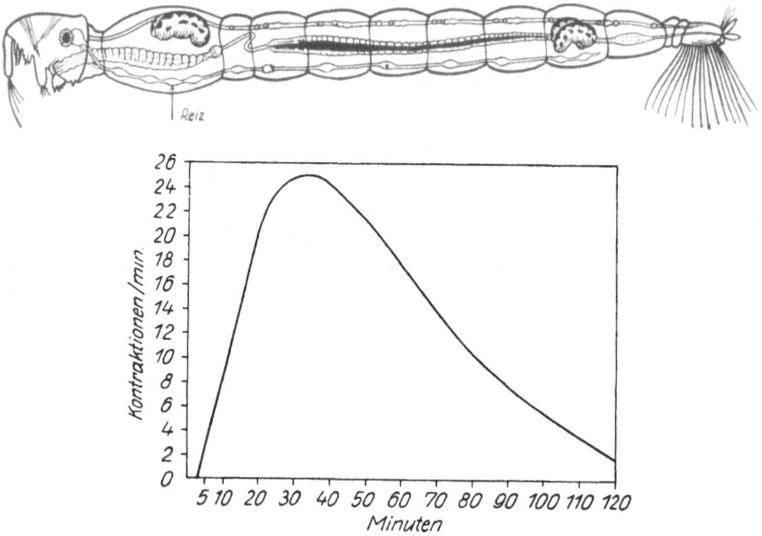

Abb. 106. Auslösung antiperistaltischer Bewegungen des Mitteldarms der Larve von *Chaoborus* nach experimenteller Reizung des Zentralnervensystems. Die dadurch ausgeschütteten Neurohormone führen zu länger anhaltenden Darmbewegungen. (Nach GERSCH 1955)

geschaltet ist, der den Durchtritt fester Partikel verhindert. Mittels antiperistaltischer Bewegungen werden Verdauungssäfte aus dem Mitteldarm über den dünnen Oesophagus in den Vorderdarm gepumpt. Diese Bewegungen setzen unmittelbar nach Fütterung einer Larve ein. Sie lassen sich ohne vorherige Nahrungsaufnahme experimentell in gleicher Weise durch Reizung eines Ganglions auslösen (Abb. 106). Das gleiche Ergebnis tritt ein, wenn das Nervensystem vor und hinter der Reizstelle unterbrochen worden ist. Diese Tatsachen zeigen, daß nicht nervöse, sondern hormonale Regulationsfaktoren wirken. Die Auffassung wird am Verhalten des isolierten Darmes bestätigt. Der isolierte Darm, der in der physiologischen Lösung belassen wird, in dem die Präparation erfolgte, beginnt einige Zeit nach der Operation mit erneuter Peristaltik. Sie erlischt, wenn die alte Ringerlösung durch neue ersetzt wird, weil dadurch auch die ursprünglich vorhandenen Wirkfaktoren mit entfernt werden. Erneute Pumpbewegungen kommen jedoch nach Zugabe von Nervenextrakten in Gang

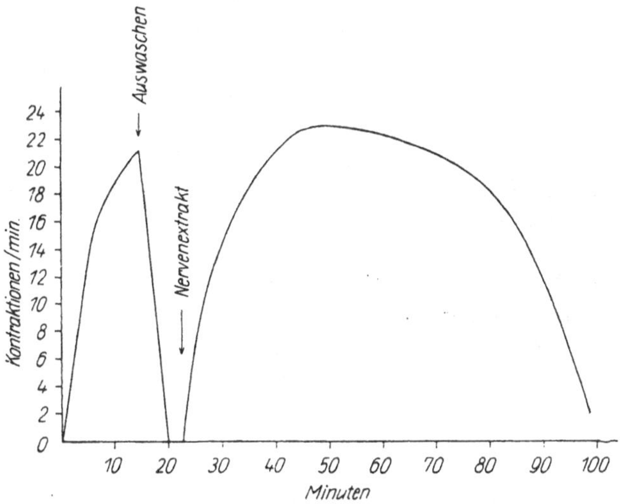

Abb. 107. Nachweis neurohormonaler Faktoren an der Reaktion des isolierten Darms der Larve von *Chaoborus*. Die mit der Präparation des Darms zunächst freigesetzten neurohormonalen Faktoren werden durch Auswaschen entfernt. Spätere Zugabe von Nervenextrakt bewirkt erneute Darmperistaltik. (Nach Gersch 1955)

(Abb. 107). Diese Extrakte wirken, ähnlich wie solche der Corpora cardiaca auf die Herztätigkeit der Schabe *Periplaneta americana*, auch auf den Enddarm stimulierend. Es wird angenommen, daß die Stimulation über argentaffine Zellen am Enddarm zustande kommt, die ein für die Darmbewegungen verantwortliches Indolalkylamin freisetzen (Davey 1962).

Anregende Wirkung auf die Darmperistaltik verschiedener Insekten besitzen auch Augenstielextrakte von in Helligkeit gehaltenen Krebsen (*Crangon*, *Leander*, *Astacus*). Dagegen zeigten die entsprechenden Extrakte von Dunkeltieren eine Hemmwirkung auf den Darm (Koller 1955).

Im intakten Organismus unterliegt die Steuerung wohl einem komplizierten Mechanismus, bei dem außer der neurohormonalen auch die neurohumorale und die nervöse Regulation eine Rolle spielen (CLARKE und GRENVILLE 1960).

c) Steuerung der Bewegungsrhythmik der MALPIGHIschen Gefäße und der Ovidukte

Ähnlich wie beim Darm sind auch die rhythmischen Kontraktionen der MALPIGHIschen Gefäße (EASTHAM 1925) sowie die Bewegungen von Teilen der weiblichen Geschlechtswege (KORSCHELT 1886; GROSS 1903; HEBERDEY 1931) seit längerem bekannt. Gehirnextrakte und Extrakte der Corpora cardiaca steigern die Bewegungsfrequenz der MALPIGHIschen Gefäße (KOLLER 1948). Auf die rhythmischen Bewegungen der Ovidukte der Stabheuschrecke *Carausius morosus* wirken Gehirnextrakte deutlich beschleunigend, während Extrakte der retrocerebralen Drüsen zu hemmen scheinen (ENDERS 1956). Die durch Extrakte hervorgerufenen Wirkungen erlauben jedoch keinen endgültigen Rückschluß auf die Natur der Stoffe selbst. Die Beteiligung neurohormonaler Faktoren ist jedoch auch hier sehr wahrscheinlich.

4. Steuerung der Herztätigkeit der Mollusken

Die umfangreichen Untersuchungen von WELSH und seiner Schule (1948 bis 1964) zeigen, daß die Tätigkeit des Herzens der Schnecken und Muscheln durch die neurohumoralen Substanzen Acetylcholin und 5-Hydroxytryptamin gesteuert wird. Herzregulierende Faktoren sind auch aus den Ergebnissen der französischen Autoren anzunehmen (JULLIEN, RIPPLINGER, CARDOT und Mitarbeiter 1950 bis 1963). Der beträchtliche Vorrat des Herzmuskels an Serotonin und Acetylcholin spricht dafür, daß dadurch eine automatische, vom Nervensystem weitgehend unabhängige Tätigkeit des Organs gewährleistet wird (MENG 1958; 1960). Inwieweit außerdem spezifische neurohormonale Faktoren mitwirken, ist nicht klar zu entscheiden. Ihre Beteiligung erscheint nicht ausgeschlossen (Abb. 108). Nervenextrakte der Meeresschnecke wie auch papierchromatographisch daraus getrennte Anteile, die nicht den beiden genannten neurohumoralen Substanzen gleichen, bewirken z. T. heftige Frequenzsteigerung und Amplitudenerhöhung des *Aplysia*-Herzens (GERSCH und DEUSE 1960) (Abb. 109). Im Gehirn wie auch in anderen Organen der Schnecke *Helix aspersa* wurde eine Substanz extrahiert, die sich in verschiedenen biochemischen und pharmakologischen Eigenschaften von 5-Hydroxytryptamin unterscheidet und die Herztätigkeit beschleunigt, außer-

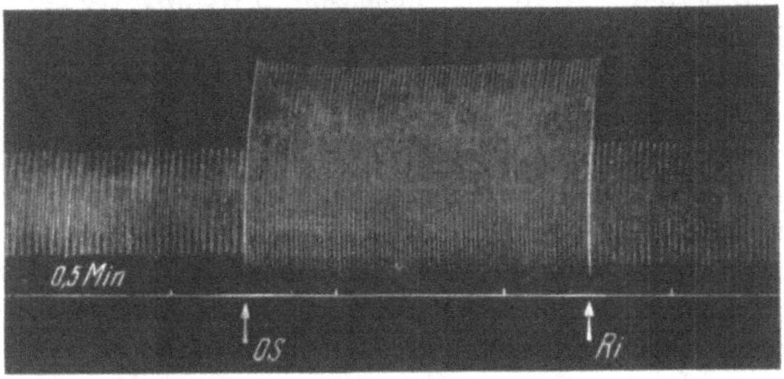

Abb. 108. Wirkung von Oberschlundganglion-Extrakt der Weinbergschnecke *Helix pomatia* auf die Tätigkeit des isolierten *Helix*-Herzens. (Nach MENG 1960)

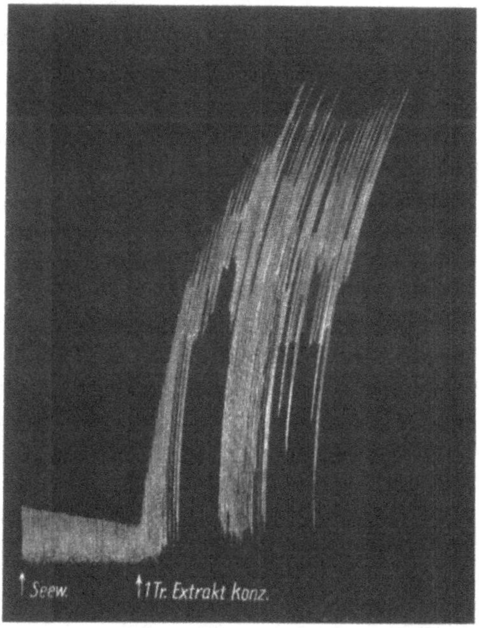

Abb. 109. Wirkung von Extrakt des Nervi pedalis von *Aplysia depilans* auf das isolierte *Aplysia*-Herz. (Nach GERSCH und DEUSE 1960)

dem auch die Stoffwechselrate erhöht (Kerkut und Laverack 1958, 1960). Ebenso ist aus den Befunden am isolierten Herzen der Schnecke *Strophocheilus oblongus* zu entnehmen, daß seine Tätigkeit durch eine Substanz gesteuert wird, die nicht mit 5-Hydroxytryptamin und Acetylcholin identisch ist (Jaeger 1963).

Vereinzelte Feststellungen über die Bewegungsrhythmik innerer Organe bei verschiedenen anderen Objekten werfen dort gleichfalls die Frage nach dem Wirksystem auf. Nephridialschläuche des Sipunculiden *Phascolosoma vulgare* führen rhythmische Kontraktionen aus, die evtl. durch Neurohormone des Gehirns gesteuert werden (Kobayashi und Yoshida 1951; Koller 1959). Bei der Nahrungsaufnahme des Polychaeten *Autolytus* setzt ein ausgeprägter Pumpmechanismus des Proventriculus ein, der längere Zeit anhält (Okada 1929). Über die verursachenden Faktoren ist nichts bekannt. Ähnlich wie bei Insekten vermag das Herz des Skorpions *Palamnaeus bengalensis* isoliert längere Zeit weiter zu schlagen. Ob dabei endokrine Faktoren mitwirken, wurde nicht untersucht (Kanungo 1955).

An der Steuerung der Bewegungsrhythmik verschiedener innerer Organe sind nach den bisher vor allem auf Insekten und Krebse bezogenen Untersuchungen außer neurohumoralen auch neurohormonale Faktoren beteiligt. Die Pericardialorgane der Malacostracen geben außer einer die Herztätigkeit stimulierenden Substanz wahrscheinlich auch einen Hemmfaktor ab. Die verschiedenen Anteile des Zentralnervensystems der Insekten enthalten Faktoren, die die Rhythmik der Bewegungen des Herzens, des Darmes, der Malpighischen Gefäße und der Ovidukte regulieren können. Ihre Natur ist größtenteils noch nicht genügend aufgeklärt, obgleich einige dieser Neurohormone kristallin vorliegen. Möglicherweise wirken sie in verschiedenen Fällen nicht direkt auf die Muskulatur der betreffenden Organe, sondern über andere Zelltypen. Außer bei Arthropoden kennt man lediglich bei einigen Mollusken Fälle, die auf einen ähnlichen Steuerungsmechanismus der Herztätigkeit schließen lassen. Es ist jedoch anzunehmen, daß das Prinzip der neurohormonalen Steuerung der Bewegungsrhythmik innerer Organe bei wirbellosen Tieren weiter verbreitet, als bisher bekannt geworden ist.

F. Physiologische Rhythmen und ihre Steuerung

Einzelne Lebensvorgänge oder Lebenserscheinungen verlaufen bei verschiedenen Organismen in einem sich wiederholenden Wechsel. Phänomene regelmäßiger Veränderungen durch Faktoren inneren Ursprungs bezeichnet man als Zyklen. Sie werden von Rhythmen unterschieden, unter denen Phänomene regelmäßiger Veränderungen zu verstehen sind, die durch äußere Ursachen veranlaßt werden (Bouillon und Lekie 1961). Regelmäßigkeit bedeutet dabei eine Konstanz des Intervalls, das zwei identische Stadien dieser Veränderungen voneinander trennt. Häufig wird allerdings nicht eindeutig zwischen den Begriffen Zyklen, Periodizität und Rhythmen unterschieden, sondern sie werden weitgehend als Synonyme gebraucht.

Diese physiologischen Rhythmen entsprechen entweder dem Tag-Nacht- oder dem Tidenwechsel, andere den Mond- oder auch Jahresphasen. Als exogene Rhythmen bezeichnet man diejenigen, die als unmittelbare Antwort auf äußere Faktoren auftreten und bei konstanten Außenbedingungen verlorengehen. Dagegen bleiben die endogenen Rhythmen auch bei Fortfall des Wechsels der Außenbedingungen eine Zeitlang bestehen. Über das Vorkommen sowie die Art und Weise physiologischer Rhythmen geben verschiedene Zusammenfassungen aus früherer und neuerer Zeit Auskunft (Welsh 1938; Korringa 1947; Kleitman 1949; Caspers 1951; Brown 1957, 1961; Harker 1958, 1961; Bünning 1958; Cloudsley-Thompson 1961). Unter den Wirbellosen sind die Verhältnisse besonders bei Krebsen und Insekten und neuerdings auch bei Polychaeten näher untersucht worden. Sie interessieren in unserem Rahmen nur, soweit Hinweise für eine Beteiligung hormonaler Faktoren vorliegen.

Bei dem *Polychaeten Platynereis dumerilii* beruht die Schwärmperiodizität auf einem inneren Rhythmus, der neurohormonal gesteuert ist (Hauenschild 1959, 1960). Die Umwandlung der *Nereis*-Form zur *Heteronereis* wird durch Einstellen der Sekretion neurosekre-

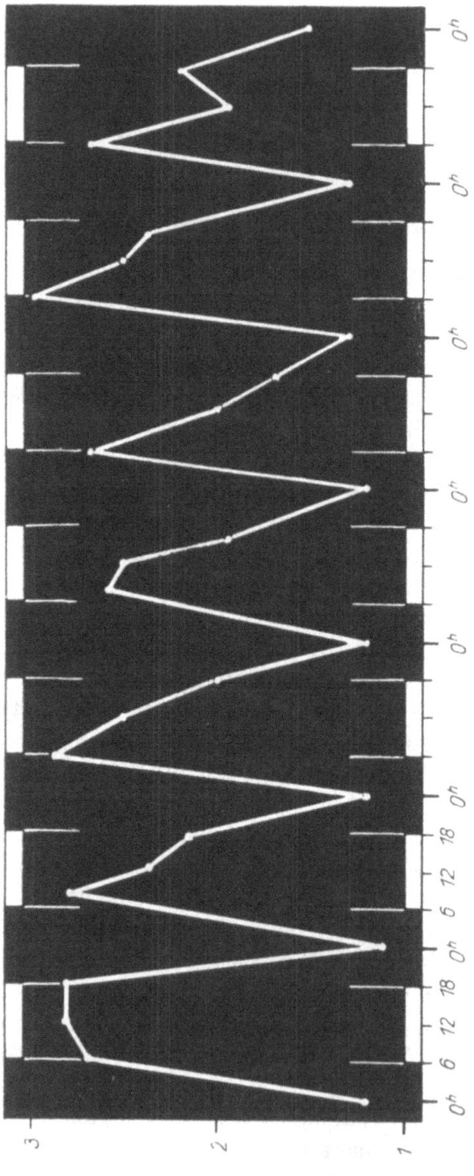

Abb. 110. Beibehalten der rhythmischen Pigmentbewegungen bei der Winkerkrabbe *Uca* trotz Dauerdunkelstellung. (In Anlehnung an FINGERMAN 1956)

torischer Zellen hervorgerufen. Der Wirkstoff hemmt die Umbildung entweder allein oder im Gleichgewicht mit einem antagonistischen Faktor aus den Keimzellen. Die lunare Schwärmperiodizität von *Platynereis* ist demnach auf eine rhythmische innere Sekretion zurückzuführen.

Die Erscheinungen physiologischer Rhythmen bei *Krebsen* erstrecken sich auf Vorgänge des Stoffwechsels, des physiologischen Farbwechsels, der Bewegung von Retinapigmenten und der allgemeinen Aktivität der Tiere. Bisher ist es allerdings nicht möglich, widerspruchsfreie Vorstellungen über die Faktoren zu entwickeln, die die Rhythmen verursachen. Es handelt sich um einen sehr verwickelten Komplex.

Unter den Krebsen mit einem ausgeprägten Tag-Nacht-Rhythmus ihres Farbwechsels sind die Verhältnisse vor allem bei verschiedenen Isopoden und bei der Winkerkrabbe *Uca* bekannt. Alle Isopoden erscheinen ebenso wie auch *Uca* während der Tagesphase verdunkelt, während der Nacht dagegen aufgehellt. Tiere, die über längere Zeit in völliger Dunkelheit leben, behalten ihre ursprüngliche Rhythmik bei (Abb. 110). Durch konstante Belichtung wird sie dagegen ganz oder teilweise zum Erlöschen gebracht (ENAMI 1941; KLEINHOLZ 1937; BROWN 1950; FINGERMAN 1956; BROWN, FINGERMAN, SANDEEN und WEBB 1953).

Bei *Uca* hört die exogene Rhythmik nach Entfernung beider Augenstiele auf (ABRAMOWITZ 1937; CARLSON 1936). Die periodische Abgabe chromatotroper Substanzen aus den endokrinen Bereichen des Augenstiels ins Blut dürfte hierfür verantwortlich sein. Darüber hinaus besteht ein endogener Rhythmus, der auch bei Abwesenheit der Augenstiele und der Sinusdrüse erhalten bleibt. Hierauf verweist die Tatsache, daß die Tendenz dunkler Pigmente zur Expansion nach Injektion von Augenstielextrakten am Tag doppelt so stark wie nachts ist (WEBB, BENNETT und BROWN 1953). Die Fälle endogener Rhythmen lassen sich nicht mit der zyklischen Ausschüttung von Hormonen erklären. Kopfextrakte heller und dunkler Individuen der Isopoden erweisen sich dementsprechend gleich wirksam gegenüber dunklen Pigmenten (KLEINHOLZ 1937). Damit ist allerdings nicht ausgeschlossen, daß andere endokrine Bereiche beteiligt sein können.

Sehr uneinheitlich verhalten sich die Retinapigmente verschiedener Crustaceen-Arten. Die distalen Pigmente von *Palaemon*, *Heptacarpus geniculatus* und *Paratya compressa* behalten auch unter konstanten

Außenlichtbedingungen einen persistierenden Rhythmus bei (Welsh 1936; Nagano 1950). Dagegen stellen die distalen Pigmente anderer Arten, z. B. *Palaemonetes*, *Hippolyte*, bei Konstanz der Außenfaktoren ihre rhythmischen Bewegungen ein (Webb und Brown 1953; Kleinholz 1937, 1938). Teilweise zeigen auch die proximalen Pigmente (*Latreutes fucorum*, Welsh 1935) rhythmische Bewegungen, in anderen Fällen jedoch wiederum nicht (z. B. *Portunus*, Kleinholz 1937; *Orconectes virilis*, Bennett 1932). Der persistierende Rhythmus der Pigmentbewegungen ist nach übereinstimmender Auffassung auf die Wirkung von hell- und dunkeladaptierenden Hormonen zurückzuführen, die aus der Sinusdrüse stammen (Brown, Fingerman und Hines 1952; Brown, Webb und Sandeen 1953; Webb und Brown 1953; Kleinholz 1934, 1936; Welsh 1939).

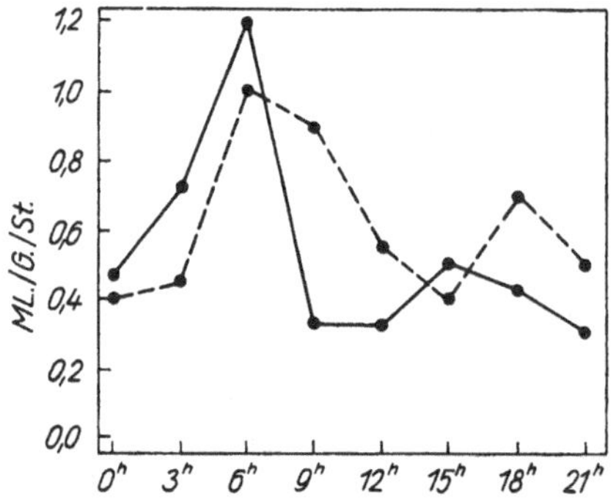

Abb. 111. Tagesrhythmus des Sauerstoffverbrauchs des Zwergflußkrebses *Cambarellus shufeldti* normaler Tiere (———) und augenstielloser Tiere (- - - -). Die Rhythmik bleibt auch nach Entfernung der Augenstiele erhalten. (Nach Fingerman 1955)

Die Frage nach der Steuerung rhythmischer Stoffwechselvorgänge ist sehr kompliziert; denn einerseits unterstehen diese Prozesse größtenteils hormonaler Kontrolle, andererseits aber bleibt die Rhythmik nach Ausfall des Augenstiel-Sinusdrüsen-Systems bestehen. *Uca pugilator* zeigt einen mit der Gezeitenfolge parallel gehenden O_2-Verbrauch mit maximalen Werten kurz vor der Ebbe und Minimum zur Flut, der auch bei augenstiellosen Tieren erhalten bleibt (Brown, Bennett und Webb 1954). In entsprechender Weise wird der Tag-Nacht-Rhythmus im O_2-Verbrauch der Flußkrebse *Cambarellus shufeldti* (Fingerman 1955) und *Orconectes clypeatus* (Fingerman und Lago 1957) in augenstiellosen Exemplaren aufrecht erhalten (Abb. 111). Hier also kann ein möglicher innerer Kontrollmechanismus nicht mit der Sinusdrüse in Verbindung gebracht werden. Andererseits aber bleibt die Tidenrhythmik im Sauerstoffverbrauch bei augenstiellosen Krabben aus (Webb, Bennett und Brown 1954), was auf eine periodische Sekretion neurokriner Elemente schließen läßt. So zieht auch bei der Landkrabbe *Gecarcinus lateralis* die Entfernung der Augenstiele eine grundsätzliche Änderung des täglichen Stoffwechsels nach sich (BLISS 1953).

In enger Beziehung damit steht hier ein 24stündiger Bewegungsrhythmus mit nächtlicher aktiver Periode. Durch Entfernung der Augenstiele kommt es zu einer Veränderung, wenn auch nicht zum völligen Erliegen des 24-Stunden-Rhythmus (BLISS 1960). Es müssen demnach außer dem hormonalen System der Augenstiele noch andere Faktoren für diese Rhythmik verantwortlich sein. Tag-Nacht-Rhythmus der Bewegungsaktivität ist gleichfalls bei dem Flußkrebs *Astacus astacus* wie auch bei einer Reihe anderer Arten aufgedeckt worden (ROBERTS 1942, 1944; SCHALLEK 1942; KALMUS 1948). Im Dauerdunkel bleiben sie unverändert erhalten. Die Entfernung der Augenstiele führt zur Einstellung der rhythmischen Bewegungsaktivität.

Insekten. Von den Beispielen rhythmischer Aktivität bei Insekten sind die Verhältnisse bei *Periplaneta americana* besonders aufschlußreich. Die Tiere weisen im Laboratorium ebenso wie auch unter natürlichen Bedingungen einen deutlichen Tag-Nacht-Rhythmus auf, der durch erhöhte Tätigkeit während der ersten Dunkelstunden und geringe Aktivität während der Lichtphase gekennzeichnet ist. Die Aktivitätsrhythmik ist abhängig von der rhythmischen Sekretion eines Neurohormons aus dem Unterschlundganglion (HARKER 1954, 1955). Dies zeigen Ergebnisse von Parabiose- und Implantationsversuchen. Nach Parabiose zweier Tiere, von denen das eine vorher Hell-Dunkel-Rhythmus zeigte, das andere infolge Haltung in Dauerlicht arhythmisch reagierte, zeigten beide Individuen den sonst üblichen Rhythmus der Aktivität. In entsprechender Weise kann bei einem nach Dekapitation sich arhythmisch verhaltenden Tier durch Implantation eines Unterschlundganglions aus einem rhythmisch reagierenden Individuum eine dem Spender entsprechende Rhythmik induziert werden (Abb. 112). Durchschneiden des Ocellarnerven bzw. Zerstören oder Abdecken der Ocellen bewirken deutliches Absinken der normalen Rhythmik. Die Ocellen wirken demnach als Rezeptoren des Wechsels von Licht zu Dunkelheit.

Innerhalb des 24stündigen Rhythmus lassen sich drei Phasen sekretorischer Tätigkeit unterscheiden (HARKER 1960). Die Sekretionsphase von etwa 4 Stunden Dauer fällt mit der normalen Aktivität der Tiere zusammen. Vorher und nachher kann eine Sekretion erfolgen

(„Phase möglicher Sekretion“), während der die Neurosekretion durch einen Wechsel der Licht-Dunkel-Verhältnisse ausgelöst werden kann. Schließlich ist in dem 3. Abschnitt der „unmöglichen Sekretion“ durch die Lichtbedingungen zwar keine Sekretion, wohl aber eine vorübergehende Periodenverkürzung zu erzielen, die dazu führt, daß nach einigen Tagen der Beginn der Dunkelphase wieder mit der Akti-

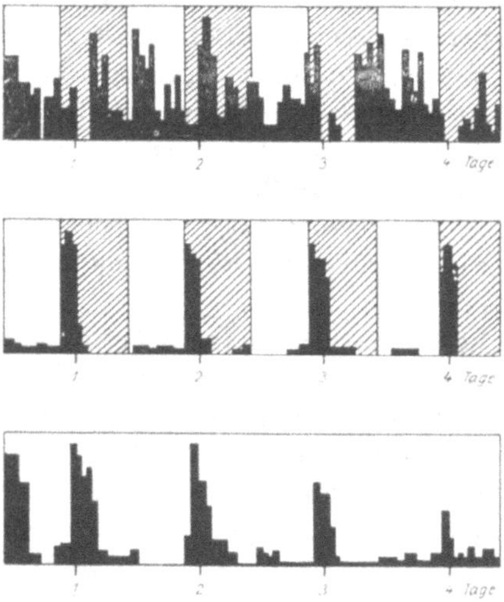

Abb. 112. Aktivitätsrhythmik von *Periplaneta americana* unter verschiedenen experimentellen Bedingungen. a) Unregelmäßige Aktivitäten einer dekapitierten Schabe unabhängig von Licht-Dunkel-Einwirkung. b) Wieder in Gang gebrachte Aktivitätsrhythmik in Beziehung zur Hell-Dunkel-Einwirkung nach Implantation von 2 Unterschlundganglien normaler Tiere in eine vorher dekapitierte Schabe. c) Aktivitätsrhythmik einer dekapitierten Schabe in Dauerhell nach Implantation eines Unterschlundganglions. (Nach Harker 1955)

vitätsentfaltung zusammenfällt. Die neurosekretorischen Elemente sind wahrscheinlich von anderen Zentren abhängig, die nach Implantation erst wirksam werden müssen.

Das Einstellen der Aktivitätsrhythmik kann weiterhin durch Abkühlen des Unterschlundganglions in situ auf 3 °C erzwungen werden. Nach Erwärmen wird die Sekretionstätigkeit mit einer Phasenverschiebung wieder aufgenommen, die dem Zeitmaß der Abkühlung entspricht (Harker 1960). Durch Licht-Dunkel-Wechsel während der Zeitspanne, in der sich das Unterschlundganglion in gekühltem Zustand befindet, kann die Phase des zweiten Zyklus in Gang gesetzt werden. Dabei kommt es offensichtlich sofort nach Einsetzen der Dunkelheit unabhängig von dem Zeitpunkt bzw. der Sekretionsphase zur Auslösung dieses zweiten Zyklus.

Die Rhythmik der neurosekretorischen Tätigkeit des Unterschlundganglions und somit der Bewegungsaktivität der Tiere wird durch eine Substanz der Corpora cardiaca aufrecht erhalten (HARKER 1960). Sie erreicht das Unterschlundganglion durch eine Nervenverbindung über die Corpora allata. Durchschneidung dieser Nerven hat den Zusammenbruch der Tagesrhythmik nach etwa einer Woche zur Folge. Die Substanz wird vermutlich unter dem Einfluß exogener oder (und) endogener tagesrhythmischer Vorgänge frei gesetzt. Dementsprechend können isolierte Unterschlundganglien nach Transplantation dem neuen Spender ihre Aktivitätsrhythmik induzieren, solange der Faktor aus den Corpora cardiaca im Implantat vorhanden ist.

Die Bewegungsaktivität von *Periplaneta americana* unterliegt demnach einem neurohormonalen Kontrollsystem, das wahrscheinlich in abgestufter Weise wirksam wird. Bei anderen Arten sind die Verhältnisse nicht annähernd gleich gut untersucht, so daß hieraus keine allgemeinen Aussagen möglich sind. Interessant ist immerhin, daß auch bei der Laubheuschrecke *Romalea* die Tag-Nacht-Bewegungsrhythmik nach Entfernung des Unterschlundganglions zum Erliegen kommt (FINGERMAN, LAGO und LOWE 1958) und die Corpora cardiaca in diesem Falle auch für die nervöse Aktivität der Thoracalganglien bestimmend sind (MILBURN, WEIANT und ROEDER 1960).

Bedenkt man diese verschiedenen Befunde, müssen die Feststellungen bei der Stabheuschrecke *Carausius morosus*, die in einigen neueren Untersuchungen veröffentlicht worden sind, zu weiterer Bearbeitung anregen. Hier wurde einerseits auf eine nervöse Steuerung der rhythmischen Bewegungsaktivität geschlossen, die vom Gehirn ausgeht, dabei jedoch dem Unterschlundganglion eine zentrale Rolle einräumt (EIDMANN 1956). Andererseits zeigen die Untersuchungen über die Steuerung der rhythmischen Erscheinungen des physiologischen Farbwechsels, die der Bewegungsaktivität parallel laufen, daß jene durch eine rhythmisch sich vollziehende Ausschüttung der Neurohormone aus dem Zentralnervensystem zustande kommen (MOTHES 1960). Nach experimenteller Umkehr der Rhythmik des physiologischen Farbwechsels tritt ebenfalls eine entsprechend veränderte Ausschüttung der neurohormonalen Faktoren auf, die sich in diesem

Fall sogar quantitativ nachweisen läßt. Licht wirkt als exogener Faktor auf das Oberschlundganglion, während das Bauchmark eine autonome inkretorische Reaktion über längere Zeit beibehält (S. 289). Die Tag-Nacht-Rhythmik des Farbwechsels der Stabheuschrecke wird also durch neurohormonale Faktoren gesteuert.

Obgleich das Wissen über die inneren physiologischen Mechanismen der Rhythmen von Organismen noch außerordentlich dunkel ist, ist aus den wenigen genauer bekannten Fällen eine Beteiligung hormonaler Faktoren zu entnehmen. Damit läßt sich allerdings der verwickelte Komplex nicht vollständig verstehen. Dennoch scheint die Tatsache von allgemeinerer Bedeutung zu sein, daß bisher die wirksamen hormonalen Faktoren, ungeachtet der verschiedenen von der Rhythmik betroffenen Prozesse und Vorgänge bei Anneliden, Krebsen und Insekten Neurohormone darstellen. Die Rhythmen sind teilweise unmittelbar, in phylogenetischer Hinsicht wohl sogar grundsätzlich von exogenen Faktoren abzuleiten. Mit dem neurohormonalen Steuerungsmechanismus repräsentiert sich daher auch in dieser Form die ursprünglich gemeinsame nervöse und hormonale Koordination.

G. Hormonale Steuerung von Verhaltensweisen

Hormonal gesteuerte Verhaltensweisen unter wirbellosen Tieren sind vor allem bei Insekten bekannt. Ältere Aussagen basieren häufig auf indirekten Schlußfolgerungen zwischen der Aktivität bzw. den morphologischen Erscheinungen der Hormondrüsen und einer zeitlich damit zusammenfallenden Verhaltensweise. Diese Feststellungen bedürfen daher weiterer experimenteller Nachprüfung. So ist aus der Vergrößerung des Volumens der Corpora allata bei Flugbienen auf eine Beziehung des Corpora-allata-Hormons zur Wahl des Aufenthaltsortes der Bienen geschlossen worden (LUKOSCHUS 1956). Bei Carabiden treten rhythmische Schwankungen im Volumen der Corpora allata in Verbindung mit rhythmischer Aktivität auf (KLUG 1958). Zu diesen Verhaltensweisen zählen letztlich auch die im vorigen Abschnitt behandelten Erscheinungen rhythmischer Aktivitäten bei Krebsen und Insekten, für die eine neurohormonale Regulation erwiesen wurde.

Krebse. Bei Krebsen besteht offensichtlich eine hormonale Kontrolle des Geschlechtsverhaltens. Krabben, denen die Augenstiele entfernt wurden, zeigen Paarungsbereitschaft. Andererseits wird das Verhalten der Männchen durch das androgene Hormon beeinflußt (CHARNIAUX-COTTON 1962). Beides ist durch die Annahme verständlich, daß ein Neurohormon der Augenstiele hemmend das androgene Hormon kontrolliert. Denkbar, wenngleich nicht erwiesen, erscheint weiterhin, daß das Verhalten sakkulinisierter männlicher Krabben (*Carcinus maenas*) hormonal beeinflußt wird. Sie wandern ebenso wie normalerweise die ablegereifen Weibchen aus der Litoralregion in die tieferen und salzhaltigeren Bereiche ab, in denen die Weibchen bis zum Schlüpfen der Larven verbleiben (RASMUSSEN 1959).

Insekten. Hinweise für hormonal gesteuerte Verhaltensweisen bei Insekten bieten das Spinnen von Kokons bei Häutungs- und Metamorphosevorgängen sowie das Geschlechtsgebaren. An der Wachsmotte *Galleria mellonella* ist die Wirkung der Hormone beim Spinnverhalten anschaulich demonstriert worden (PIEPHO 1950). Hierfür ist der Umstand günstig, daß die Larve vor der Häutung ein Häutungsgespinst in Röhrenform fertigt, während die Raupe des letzten Stadiums vor der Verpuppung ein Puppengespinst in Kokonform ausbildet. Änderungen der normalen hormonalen Situation, wie sie durch Exstirpation der Corpora allata auf dem drittletzten Stadium oder durch Implantation zusätzlicher Drüsen herbeigeführt werden können, haben außer morphogenetischen Abwandlungen auch Veränderungen der Gespinste zur Folge. Im ersteren Fall kommt es zu einer vorzeitigen Puppenhäutung mit gleichzeitiger Anfertigung typischer Puppenkokons. Bei überzähligen Larvenhäutungen nach vorheriger Einpflanzung weiterer Corpora allata werden zugleich auch entsprechend vergrößerte Larvenhäutungsgespinste in Röhrenform erzeugt. Im Zusammenhang mit dem Auftreten von Larven-Puppenhäutungen, die durch Implantation weiterer Corpora allata in immer späteren Zeitabschnitten des letzten Larvenstadiums ausgelöst werden können, erscheinen ebenfalls Mischformen der Gespinste. Die Form der Raupengespinste hängt ebenso wie die Art der späteren Häutung von dem Konzentrationsverhältnis zwischen Juvenil- und Häutungshormon ab. Derartige Verhaltenszwischenformen ließen sich allerdings bei Schwärmerraupen nicht erzielen (WIEDBRAUCK 1955; PIEPHO, BÖDEN, HOLZ 1960). Zwar treten auch dann je nach Hormonkonzentration morphogenetische Zwischenformen auf. Im Spinnverhalten besteht dagegen eine deutliche Schwelle, die je nachdem für Raupen- oder Puppenhäutung entscheidend ist. In welcher Weise das Nervensystem durch die Hormone beeinflußt wird, ist dabei noch ungeklärt.

Außer verschiedenen Lepidopteren zeigen die Larven der ihnen nahe verwandten Trichopteren eine ausgeprägte Bautätigkeit. Ihr Köcher entsteht durch die sekretorische Funktion der Spinndrüsen und der motorischen Aktivität der Extremitäten unter Verwendung verschiedener Partikel als Baumaterial. Die bisherigen Untersuchungen über die Bautätigkeit der Trichopteren-Larven beziehen sich ausschließlich auf die äußeren Erscheinungen (BIERENS DE HAAN 1922; UHLMANN 1924, 1932; SATTLER 1958). Über die möglicherweise beteiligten inneren Faktoren wissen wir nichts. Die wenigen bisherigen Untersuchungen lassen vermuten, daß auch hierbei hormonale Faktoren beteiligt sind (MARSTALLER unveröffentlicht). Der Bauinstinkt wird durch Ausschalten der Thoracal- und der ersten 4 Abdominalganglien lahmgelegt. Damit in Beziehung stehen Veränderungen des Sekretionszustandes bestimmter neurosekretorischer Zellen, besonders

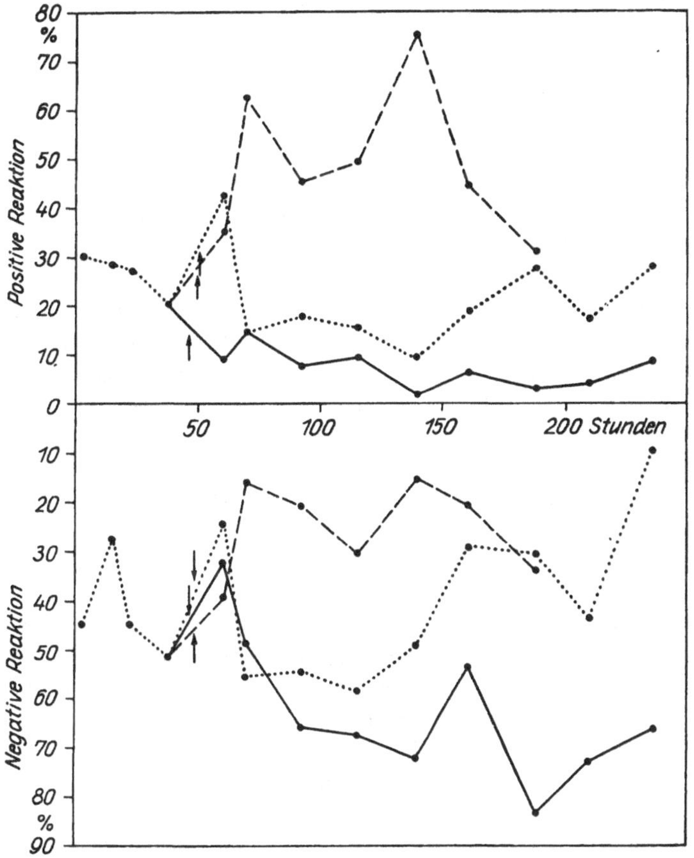

Abb. 113. Einfluß von Juvenilhormon und Ekdyson auf die phototaktischen Bewegungen des Abendpfauenauges *Smerinthus*. Juvenilhormon (– – –) führt zu positiver, Ekdyson (———) zu negativer Phototaxis. Kontrollen (· · · · ·). Die Pfeile bezeichnen den Zeitpunkt der Hormoninjektionen. (Nach BEETSMA, DE RUITER und DE WILDE 1962)

im Gehirn. Die gleichen Erscheinungen werden auch nach osmotischer Belastung der Tiere beobachtet, wobei ebenfalls die Bautätigkeit eingestellt wird. An der Steuerung scheinen daher Neurohormone mitzuwirken, während bisher keine Anhaltspunkte für eine Beteiligung des Häutungshormons ersichtlich sind.

Das für verschiedene Schmetterlingsraupen charakteristische und entwicklungsmäßig bedingte phototaktische Verhalten unterliegt vermutlich hormonaler Lenkung. Raupen des Abendpfauenauges *Smerinthus ocellatus* reagieren nach Injektion von Juvenilhormon mehr positiv, nach Injektion des Häutungshormons dagegen mehr negativ phototaktisch (Beetsma, de Ruiter und de Wilde 1962) (Abb. 113). Es ist sehr wahrscheinlich, daß das Bestreben zahlreicher Insektenlarven, das Erdreich kurz vor der Verpuppung aufzusuchen, gleichfalls auf hormonalen Faktoren beruht.

Auch bei anderen spontanen lokomotorischen Aktivitäten scheint eine hormonale Steuerung beteiligt zu sein. Indirekt kann man dies daraus schließen, daß 5. Larvenstadien der Wüstenheuschrecke *Schistocerca gregaria* der gregären Phase während der Zwischenhäutungsperiode stärkere Bewegungsneigung als unmittelbar vor der Häutung besitzen. Daß hierfür der Grund im Hormontiter zu suchen ist, ergeben experimentelle Befunde (Haskell und Moorhouse 1963). Gaben von Ekdyson führen zu verminderter Aktivität (Carlisle und Ellis 1963).

Das schon seit längerer Zeit bekannte Kopulationsverhalten dekapitierter Männchen von *Periplaneta* und von Mantiden (Roeder 1935) hängt nach neueren experimentellen Ergebnissen mit einer hormonalen Kontrolle eines verantwortlichen Hemmzentrums zusammen (Hodgson 1962). Im Normalfall befinden sich die motorischen Neurone, die die Phallusmuskulatur innervieren, im Stadium der Hemmung. Diese geht vom Unterschlundganglion aus und wird über die Konnektive des Bauchmarks auf das letzte Abdominalganglion ausgeübt. Durchtrennung des Bauchmarks führt ebenso wie die Dekapitation zur Auslösung des Kopulationsverhaltens, weil in beiden Fällen das Hemmzentrum ausgeschaltet wird (Abb. 114). Im ersten Fall erfolgt dies auf dem Wege der Abtrennung, im zweiten dagegen über die Beseitigung der dem Hemmzentrum übergeordneten Corpora cardiaca. Die Tatsache, daß die Injektion von Extrakten der Corpora cardiaca selbst solche Kopulationsbewegungen wie nach Dekapitation auslösen können, dürfte damit zu erklären sein, daß die Hemmwirkung des Extraktes auf das Hemmzentrum des Unterschlundganglions wirkt und somit die umgekehrte Reaktion verursacht. Offenbar besitzen die Corpora cardiaca eine hormonale Kontrolle über das Unterschlundganglion auf das Paarungsverhalten der Schaben ähnlich wie auch auf die Bewegungsaktivität (Abb. 115). Für eine Wirkung des Corpora-cardiaca-Hormons auf das Nervensystem sprechen weiterhin die Reaktionen, die nach Gaben von Neurohormon am Nervensystem in vivo und in vitro zu beobachten sind. Corpora-cardiaca-Extrakte führen zu erhöhter nervöser Aktivität (ÖZBAS und HODGSON 1958;

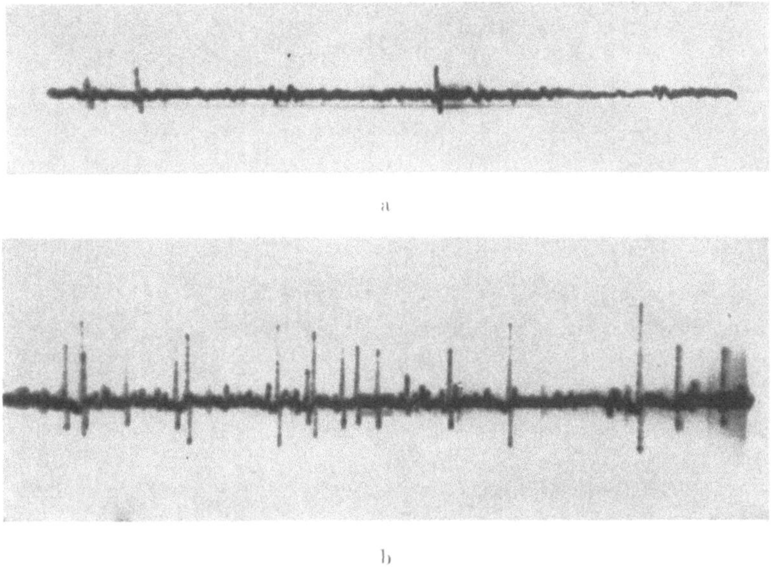

Abb. 114. Aktivität des Phallusnerven von *Periplaneta americana*. a) Beim intakten Tier keine Nervenimpulse infolge der Hemmwirkung des Unterschlundganglions; b) starke Impulse beim dekapitierten Tier infolge der damit verbundenen Ausschaltung des Hemmzentrums

MILBURN, WEIANT und ROEDER 1960; BARTON-BROWNE, DODSON, HODGSON und KIRALY 1961; MILBURN und ROEDER 1962). Der auf den Phallusnerven wirkende und aus den Corpora cardiaca stammende Faktor ist wahrscheinlich mit Neurohormon D_1 identisch (GERSCH 1963, GERSCH und RICHTER 1963). Er kann auch aus anderen Bereichen des Zentralnervensystems, wenn auch in geringerer Konzentration, durch Extraktion gewonnen werden. Allerdings rufen auch verschiedene andere Substanzen ähnliche Aktivitäten am Nerven hervor (HODGSON und WRIGHT 1963).

Eine hormonale Kontrolle des Paarungsverhaltens im weiblichen Geschlecht, bei der vor allem die Corpora allata beteiligt sind, besteht bei der kubanischen Schabe *Byrsotria fumigata* (BARTH 1961 bis 1963). Die Paarung wird durch Stoffe (Pheromone) des Weibchens,

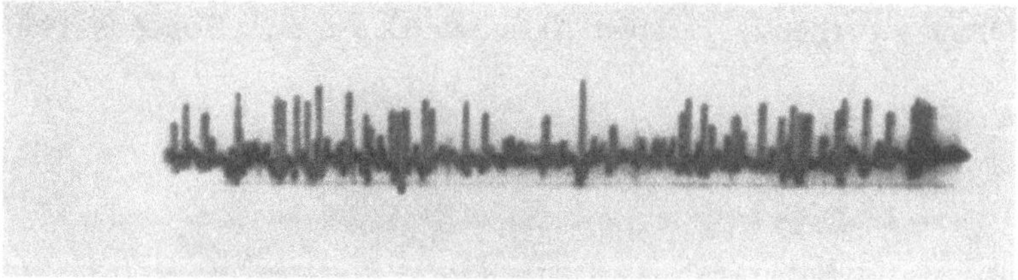

a

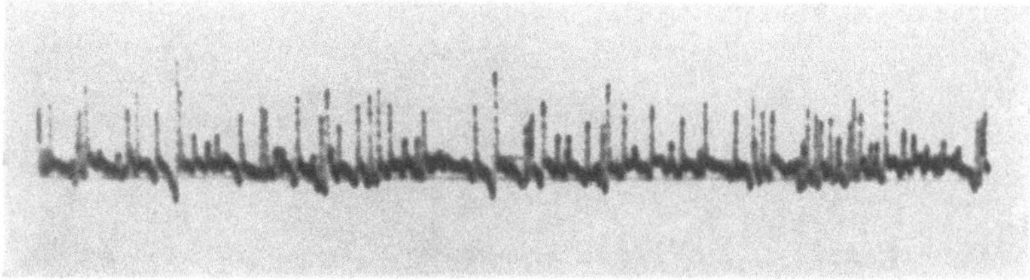

b

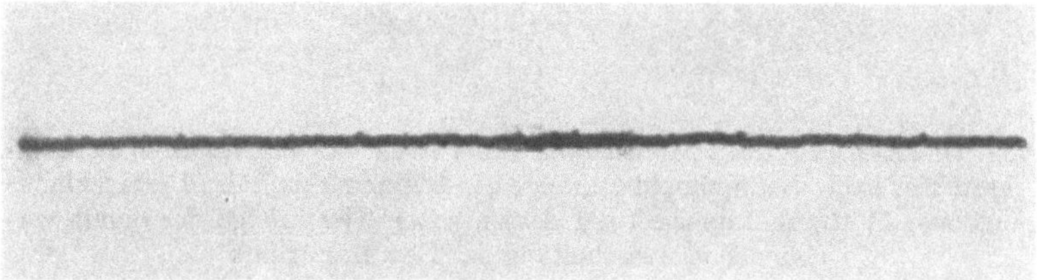

c

Abb. 115. Auslösung der Phallusnervaktivität am intakten Tier durch Neurohormone. a) Wirkung von Corpora-cardiaca-Extrakt; b) Wirkung von Neurohormon D; c) Neurohormon C zeigt dagegen keine Beeinflussung. (Nach GERSCH und RICHTER 1963)

die das Kopulationsverhalten der Männchen anregen, stimuliert. Ihre Bildung kontrollieren die Corpora allata. Allatektomierte Weibchen können die Männchen infolge Aussetzens der Produktion der Pheromone nicht zur Begattung veranlassen. Reimplantation der Drüsen in

Weibchen ändert das Verhalten der Männchen, weil dadurch die Produktion des Pheromons wieder in Gang gebracht wurde. Daraus, daß eine Begattung von allatektomierten Weibchen mit Männchen erreicht werden kann, die unmittelbar vorher durch Pheromone eines anderen jungfräulichen Weibchens stimuliert worden waren, ist ersichtlich, daß nicht das Sexualverhalten der Weibchen, sondern die für das Zusammenführen der beiden Geschlechter erforderliche Bildung des Pheromons durch die Allatektomie unterbunden wurde. Wahrscheinlich erfolgt die für das Verhalten der Weibchen wichtige Reaktivierung der Corpora allata nach der Imaginalhäutung auf hormonale Weise vom Gehirn aus. Bei den Männchen dagegen haben die Corpora allata keine Bedeutung für das Sexualverhalten.

Bei allatektomierten Weibchen der Feldheuschrecke *Gomphocerus rufus* unterbleibt ebenfalls die Paarung, in diesem Falle allerdings infolge ihrer eigenen mangelnden Bereitschaft. Gleichzeitig stellen sie ihren Stridulationsgesang ein (LOHER 1962). Nach Reimplantation der Drüsen ist das normale Kopulationsverhalten wieder hergestellt. Bei dieser Art beeinflußt ebenfalls die Allatektomie das Verhalten der Männchen nicht. Demgegenüber wird das Sexualverhalten der Wüstenheuschrecke *Schistocerca gregaria* gerade von den Corpora allata bestimmt (S. 218).

Die besondere Stechbereitschaft, die befruchtete Weibchen der Mücke *Aedes aegypti* sehr auffällig in enger Anlehnung an den Zyklus der Eientwicklung und im Gegensatz zu unbefruchteten Weibchen zeigen, beruht möglicherweise gleichfalls auf einer hormonalen Regulation (LAVOIPIERRE 1958). Ob dabei das für das Eiwachstum verantwortliche gonadotrope Hormon wirksam ist, kann bisher nicht gesagt werden.

Verallgemeinerungen einzelner Befunde sind jedoch unangebracht. Das Paarungsverhalten männlicher und weiblicher Falter der Wachsmotte *Galleria mellonella* wird beispielsweise weder durch die Corpora allata noch durch die Gonaden beeinflußt (RÖLLER, PIEPHO und HOLZ 1963).

Befunde vor allem aus allerjüngster Zeit bekunden das Vorkommen hormonal gelenkter Verhaltensweisen. Beispiele hierfür liefern besonders die Insekten. Nur wenige Andeutungen sind bisher für Krebse vorhanden. Bei Insekten werden das Spinnverhalten, verschiedene Verhaltensweisen bei der Fortpflanzung und auch Bewegungsaktivitäten hormonal gesteuert.

H. Hormonal induzierte Genaktivitäten

Selbst bei den hinsichtlich der hormonalen Korrelation sehr viel länger und intensiver untersuchten Wirbeltieren sind nur in wenigen Fällen die spezifischen Glieder und die Art und Weise bekannt, in welche die Hormone regulierend eingreifen. Bei Wirbellosen gibt die durch Ekdyson induzierte Genaktivierung an den Riesenchromosomen der Dipteren Aufschlüsse über den hormonalen Wirkungsmechanismus (CLEVER und KARLSON 1960; PANITZ 1960; CLEVER 1961—1963; BECKER 1962).

An den Riesenchromosomen treten zwischen den in ihrer Anordnung und Dicke konstanten Querscheiben Unterschiede auf, die auf dem Gehalt an Ribonukleinsäuren und Proteinen beruhen. Diese reversiblen Veränderungen, die als „Puffs" oder „Balbianiringe" bezeichnet und morphologisch sichtbar werden, stehen in fester Beziehung zum Funktions- und Entwicklungszustand der Zelle (BEERMANN 1952, 1959, 1962; MECHELKE 1953, 1958). Das Ausmaß des „Puffing" kann als Kriterium für die relative Aktivität des betreffenden Chromosomenabschnittes angesehen werden. Die Aktivität beruht auf der Bildung und Abgabe genspezifischer RNS. Diese „Messenger-RNS" induziert die Bildung weiterer RNS an anderen Strukturen der Zelle (Ribosomen) und steuert somit maßgeblich die Proteinsynthese.

Gewisse Strukturmodifikationen an den Riesenchromosomen treten innerhalb eines bestimmten Entwicklungsstadiums auf und bilden sich mit fortschreitender Entwicklung wieder zurück. Sie unterliegen hormonaler Kontrolle und lassen sich dementsprechend experimentell beeinflussen. Bestimmte Balbianiringe, die in den Zellen des Speicheldrüsenvorderlappens der Chironomide *Acricotopus lucidus* während des Larvenstadiums vorkommen und mit dem Eintritt ins Verpuppungsstadium rückgebildet werden, können durch Übertragung von Haemolymphe aus Vorpuppen in Larven zur Rückbildung veranlaßt werden (PANITZ 1960). In ähnlicher Weise treten in den Speichel-

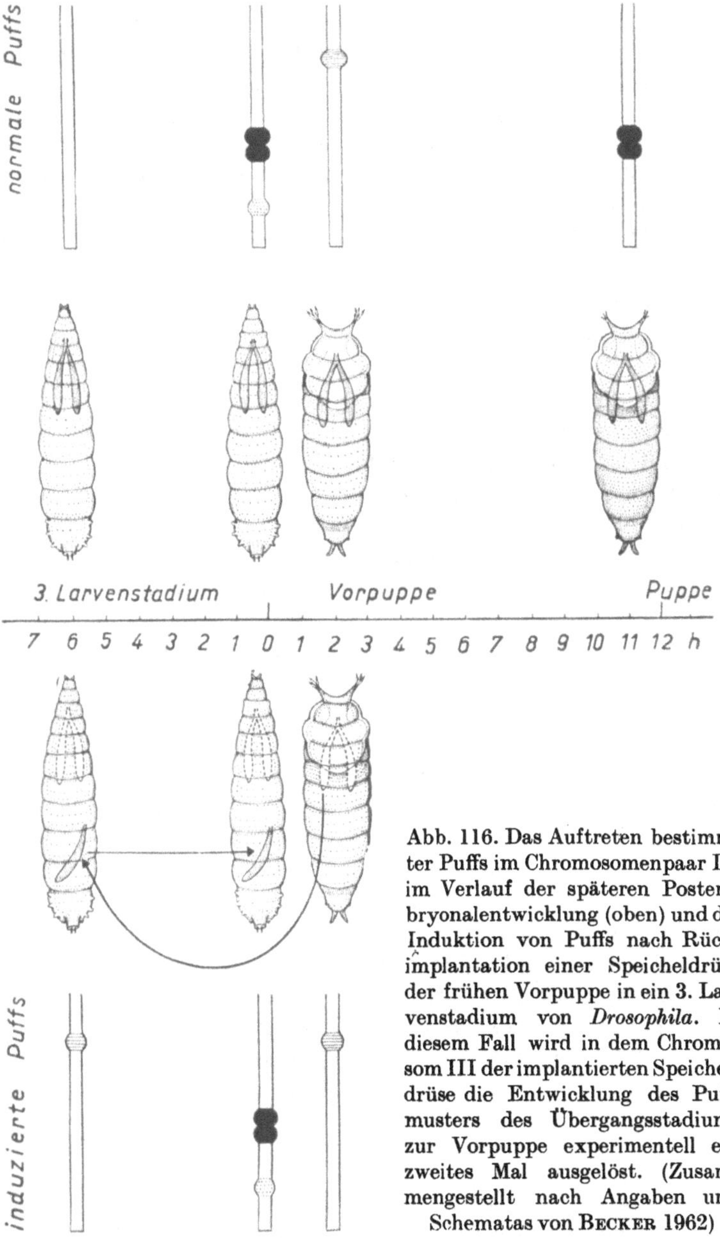

Abb. 116. Das Auftreten bestimmter Puffs im Chromosomenpaar III im Verlauf der späteren Postembryonalentwicklung (oben) und die Induktion von Puffs nach Rückimplantation einer Speicheldrüse der frühen Vorpuppe in ein 3. Larvenstadium von *Drosophila*. In diesem Fall wird in dem Chromosom III der implantierten Speicheldrüse die Entwicklung des Puffmusters des Übergangsstadiums zur Vorpuppe experimentell ein zweites Mal ausgelöst. (Zusammengestellt nach Angaben und Schematas von BECKER 1962)

drüsen der Larven von *Drosophila melanogaster* entwicklungsbedingte Puffs vor allem im linken Arm des dritten Chromosoms auf. Durch Rücktransplantation von Speicheldrüsen aus dem Vorpuppenstadium mit seinem charakteristischen „Puffmuster“ in frühe 3. Larvenstadien wird mit fortschreitender Entwicklung der Wirtstiere in dem Implantat ein dem Zustand des Wirtes entsprechendes Puffmuster induziert (BECKER 1962) (Abb. 116).

Beide Tatsachen sprechen für eine vom Hormonsystem der Wirtstiere ausgehende Kontrolle, wobei in erster Linie die an der Metamorphose beteiligten Hormone in Frage kommen. Die Injektion des Häutungshormons (Ekdyson) in Larven von *Chironomus tentans*, bei denen ebenfalls auf bestimmten Entwicklungsstadien beschränkte Puffs an den Riesenchromosomen der Speicheldrüsen festzustellen sind, liefert den Beweis für die unmittelbare Wirkung auf einzelne Genloci (CLEVER und KARLSON 1960; CLEVER 1961—1963). Das in verschiedener Konzentration in *Chironomus*-Larven injizierte Ekdyson verändert das Puffmuster der Riesenchromosomen in einer Weise, die in der Normalentwicklung für das Vorpuppenstadium charakteristisch ist. Für die unmittelbare Wirkung des Hormons spricht die Tatsache, daß die Größe des induzierten Puffs und die Länge seines Bestehenbleibens von der verabreichten Hormonmenge abhängig sind. Somit ist anzunehmen, daß Ekdyson in einer Primärwirkung spezifische Chromosomenbereiche aktiviert und auf diesem Wege die folgenden Schritte der Eiweißsynthese auslöst. Offen bleiben dabei die Fragen, wie man sich diese Aktivierung vorstellen soll und warum gerade an diesen spezifischen Stellen des Chromosoms die Induktion erfolgt. Grundsätzlich denkbar ist weiterhin die Beteiligung anderer an den Entwicklungsprozessen teilnehmender Hormone.

Der „Puffing-Effekt“ kann bei *Chironomus thummi* auch durch Schwermetallsalze und einige Narkotika erzeugt werden (KROEGER 1963). Hierdurch wird wahrscheinlich ein besonderes Enzym bzw. eine Enzymgruppe ausgeschaltet. Nach diesen neuen Untersuchungen wird angenommen, daß Ekdyson nicht direkt auf die Genloci einwirkt, sondern das Natrium-Kalium-Verhältnis des Kernsaftes kontrolliert.

III. Hauptteil

Die Natur der hormonalen Wirkstoffe

A. Isolierung und Reindarstellung von Hormonen bei wirbellosen Tieren

Unsere Kenntnisse von der chemischen Natur hormonaler Stoffe bei Wirbellosen sind, verglichen mit denen bei Wirbeltieren, höchst minimal. Nachdem bereits in früheren Jahren sowohl bei Krebsen (CARSTAM 1936; ABRAMOWITZ 1940) als auch bei Insekten (BECKER und PLAGGE 1939) durch Fraktionieren und andere Verfahren eine chemische Aufarbeitung der Extrakte aus verschiedenen Hormonbildungsorten in Angriff genommen worden war, gewann man in jüngster Vergangenheit biologisch wirksame Komponenten vor allem mittels papierchromatographischer und papierelektrophoretischer Trennungsmethoden.

Von vergleichend-endokrinologischem Interesse ist die Feststellung, daß einige dieser isolierten Faktoren bei Insekten und Krebsen einander sehr ähnlich, in bestimmten Fällen sogar identisch sind. Eine aus der Sinusdrüse und dem Post-Kommissur-Organ der Garneele *Leander* stammende Substanz kommt auch in den Corpora cardiaca der Stabheuschrecke *Carausius* und dem Wasserkäfer *Hydrous* vor (KNOWLES, CARLISLE und DUPONT-RAABE 1955, 1956). Diese „Substanz A" ist als das kristallin dargestellte Neurohormon D_1 identifiziert worden, das außer im Zentralnervensystem der Insekten gleichfalls bei Krebsen nachzuweisen ist (GERSCH, FISCHER, UNGER und KOCH 1960; GERSCH, UNGER, FISCHER und KAPITZA 1963, 1964). Die gleichen Eigenschaften zeigen die „Substanz C" aus *Carausius* und der elektropositive Faktor aus dem Gehirn und den Circumoesophagealkonnektiven des Zwergflußkrebses *Cambarellus*. Neurohormon C scheint mit der anodischen „Substanz α" aus *Leander* sowie mit der „Substanz γ" von *Carausius* identisch zu sein (S. 283). Zwei weitere, zunächst allgemein bezeichnete Faktoren, die ebenfalls in beiden Tierklassen vorkommen, lassen sich exakter bezeichnen. Bei der sogenannten „Substanz α kathodisch", aus *Leander* isoliert, handelt es sich um Azetylcholin, bei der aus den Augenstielen und dem übrigen

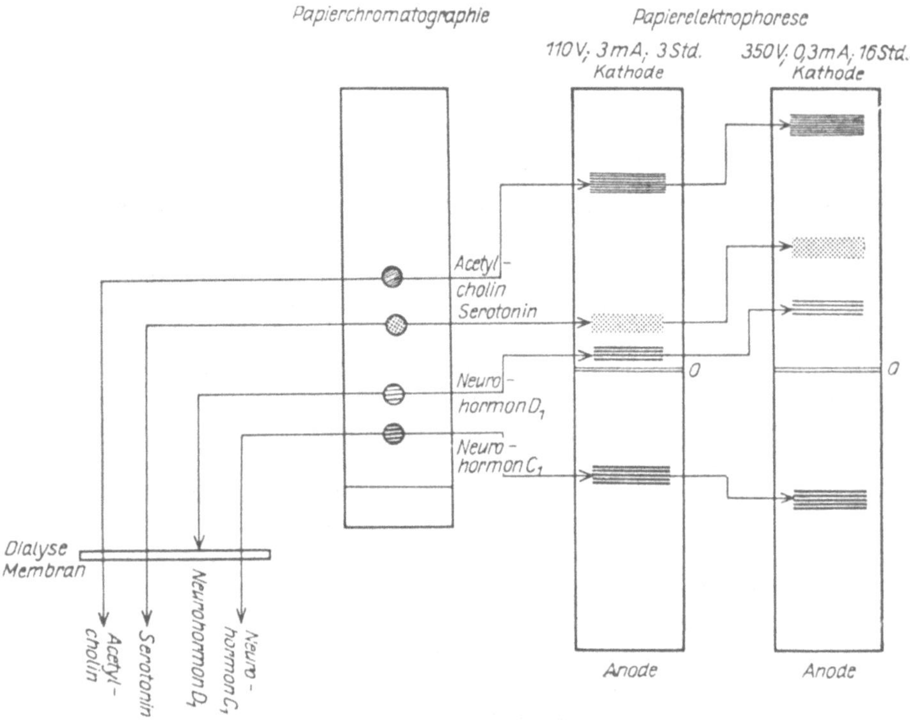

Abb. 117. Übersicht über die papierchromatographische und papierelektrophoretische Trennung der vier Wirkfaktoren aus dem Nervensystem von Insekten und Krebsen: Acetylcholin, Serotonin, Neurohormon C_1 und Neurohormon D_1. (Nach GERSCH, UNGER, FISCHER und KAPITZA 1964)

Zentralnervensystem stammenden sogenannten „Substanz B" um Serotonin (GERSCH, UNGER, FISCHER, KAPITZA 1963, 1964).

Zwischen den Häutungshormonen der Insekten und Krebse bestehen gleichfalls Beziehungen. Extrakte der Carapaxdrüse der Decapoden wie auch die daraus isolierten Stoffe erweisen sich im Häutungstest der Insekten aktiv (KARLSON und SKINNER 1960; GALLEGO und STAMM-MÉNÉNDEZ 1959).

1. Trennung von Neurohormonen

a) Krebse. Vor allem aus den Augenstielen, dem Gehirn und dem Post-Kommissural-Organ verschiedener Decapoden (Natantia, Reptantia und Brachyura) wurden neurohormonale Faktoren papierchromatographisch und papierelektrophoretisch isoliert (KNOWLES, CARLISLE und DUPONT-RAABE 1955; ÖSTLUND und FÄNGE 1956; EDMAN, FÄNGE und ÖSTLUND 1958; STEPHENS, FRIEDL und GUTTMANN 1956; FINGERMAN und LOWE 1957; FINGERMAN 1959; FINGERMAN und AOTO 1958, 1962; FÄNGE und ÖSTLUND 1962). Die Faktoren sind durch ihre Ladungsverhältnisse, die Hydrolisierbarkeit, das Verhalten gegenüber Verdauungsfermenten und durch ihre biologischen Wirkungen charakterisiert. Daraus ergeben sich zum Teil Hinweise auf mögliche Beziehungen zwischen einzelnen dieser Komponenten. Sichere Angaben über ihre chemische Natur erstrecken sich jedoch nur auf die wenigen bereits erwähnten Beispiele, die zugleich auf Übereinstimmungen mit Faktoren bei Insekten hindeuten (S. 336).

Auf Grund biologischer, pharmakologischer und biochemischer Hinweise wird angenommen, daß der aus dem Pericardialorgan der Malacostracen extrahierte, die Herztätigkeit regulierende Faktor Ortho-Dihydroxytryptamin darstellt (CARLISLE 1956) (S. 309).

b) Insekten. Die Isolierung der Neurohormone der Insekten erfolgte vor allem aus dem Gehirn, den Corpora cardiaca und auch aus verschiedenen Bereichen des Bauchmarks. Ihre biologische Wirksamkeit bezieht sich auf Entwicklungs- und Metamorphosevorgänge und damit in Verbindung auf verschiedene Stoffwechselprozesse, auf den Farbwechsel und auf die Bewegungsaktivität verschiedener Organe (S. 134, 239, 285, 310).

Aus dem Unterschlundganglion der Puppen des Seidenspinners *Bombyx mori* extrahierte HASEGAWA (1957; 1963) einen Faktor mit hohen Diapausepotenzen (S. 178).

Eine japanische Arbeitsgruppe beschäftigte sich eingehend mit dem „Gehirn-Hormon" der Insekten. Nach verschiedenen Vorversuchen wurden aus 220000 Gehirnen ebenfalls von Puppen des Seidenspinners *Bombyx* in einem Aufarbeitungsgang 4 mg einer Substanz kristallin gewonnen und als „reines Gehirn-Hormon" angesprochen (KOBAYASHI und KIRIMURA 1958; KOBAYASHI, KIRIMURA und SAITO 1962; KIRIMURA, SAITO und KOBAYASHI 1962; KOBAYASHI 1963). Es soll sich um Cholesterol handeln. Als ein Beweis hierfür wird der

Befund genannt, daß die Injektion dieser Substanz in enthirnte „Dauerpuppen" zu baldiger Metamorphose und somit zur Falterentwicklung führt.

Gegen diese Auffassung können allerdings gewisse Bedenken erhoben werden. Dabei überrascht das Vorkommen von Cholesterin bei Insekten keineswegs.

Es ist hier neben weiteren Steroiden in der Nahrung und auch in verschiedenen Geweben besonders reichlich im Nervengewebe anzutreffen. Selbst vermögen Insekten jedoch Cholesterin nicht zu synthetisieren. Einschränkungen sind auch gegenüber der vorurteilslosen Verwendung des „Enthirnungstestes" zu machen, nachdem erwiesen ist, daß das Gehirn während des Puppenstadiums regenerieren kann (GERSCH 1963). Außerdem zeigten Versuche am *Calliphora*-Test, daß Cholesterin im Gegensatz zu Gehirnextrakten keine Steigerung der Atmung bei geschnürten Halbmaden bewirkt (SAAR 1963, zit. bei GERSCH 1963). Ebenso waren die Ergebnisse nach Cholesterolgaben bei Larven von Locustiden uneinheitlich (CARLISLE und ELLIS 1963).

Andererseits wurde aus dem Gehirn des Schmetterlings *Philosamia cynthia* ein Faktor isoliert, der Protein aufweist und in gehirnlosen Puppen gleichfalls die Entwicklung zu Faltern induziert (ICHIKAWA und ISHIZAKI 1961, 1963).

Aus dem Zentralnervensystem der Schabe *Periplaneta americana* wurden in einem geeigneten Aufarbeitungsverfahren (Tab. 3, 4) die beiden Neurohormone C und D in kristalliner Form gewonnen (GERSCH, FISCHER und UNGER; GERSCH, FISCHER, UNGER und KOCH 1960). Sie sind gleichfalls bei anderen Insekten (*Calliphora*, *Bombyx*) und auch im Augenstiel von Krebsen (*Leander*) ermittelt worden (GERSCH, UNGER, FISCHER und KAPITZA 1963, 1964) (Abb. 118).

In Übereinstimmung mit anderen isolierten neurohormonalen Faktoren sowohl von Insekten als auch von Krebsen und im Gegensatz zu dem „Gehirn-Hormon" aus *Bombyx* ist es sehr wahrscheinlich, daß die beiden Neurohormone C und D Peptide enthalten oder darstellen (vgl. auch ICHIKAWA und ISHIZAKI 1963). Weiterhin hat sich ergeben, daß die Wirkfaktoren nicht mit fluoreszierenden Substanzen identisch sind. Letztere sind Pterine und besitzen im Gegensatz zu den nicht fluoreszierenden Neurohormonen keine physiologische Aktivität in den hierbei üblicherweise benutzten Testen (FISCHER, KAPITZA, GERSCH und UNGER 1962).

Tabelle 2

Aufarbeitungsgang zur Gewinnung des Gehirnfaktors aus Gehirnen von *Bombyx*-Puppen (nach Kobayashi, Kirimura und Saito 1962):

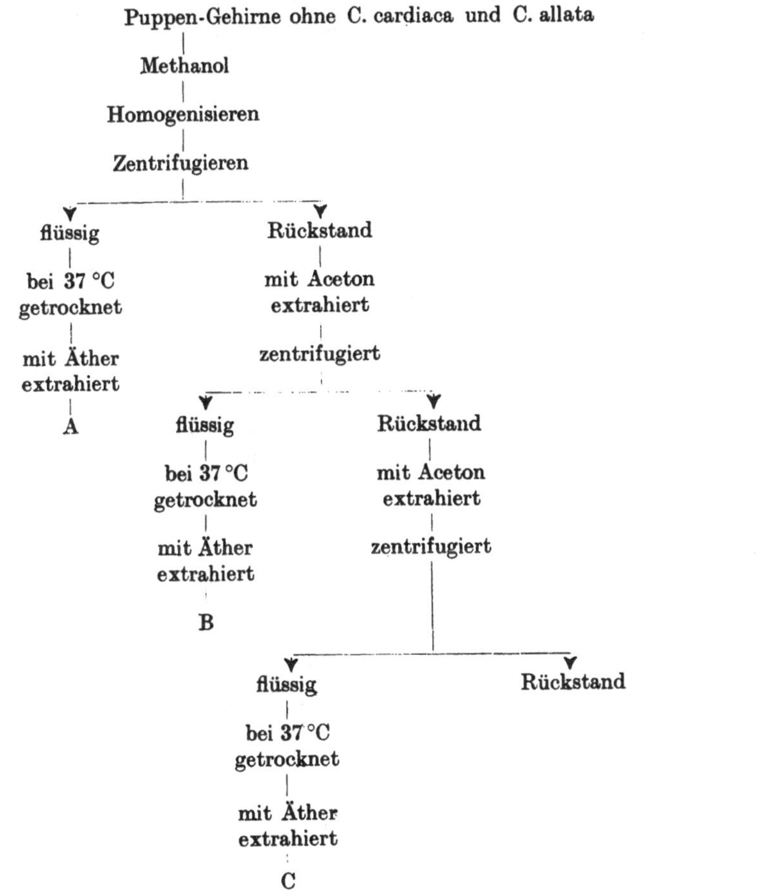

Faktor A, B, C gemischt, unter 37 °C getrocknet: ölige Substanz (aktiver Extrakt)

Speziell die Corpora cardiaca von *Periplaneta americana* haben mehrfach als Ausgangsmaterial für Extraktionsversuche gedient, ohne daß über die isolierten Faktoren allerdings übereinstimmende Vorstellungen entstanden wären. Abgesehen von den beiden Neurohormonen

C und D, beschrieb Cameron (1953) eine herzanregende Substanz und sprach sie als o-Diphenol an. Von den Neurohormonen unterscheidet sie sich in mehrfacher Hinsicht (Unger 1957). Ohne Beachtung der bereits vorliegenden Befunde von Unger (1957) sowie von Gersch, Fischer, Unger und Kapitza (1960) isolierte neuerdings

Tabelle 3

Isolierung der beiden Neurohormone C und D

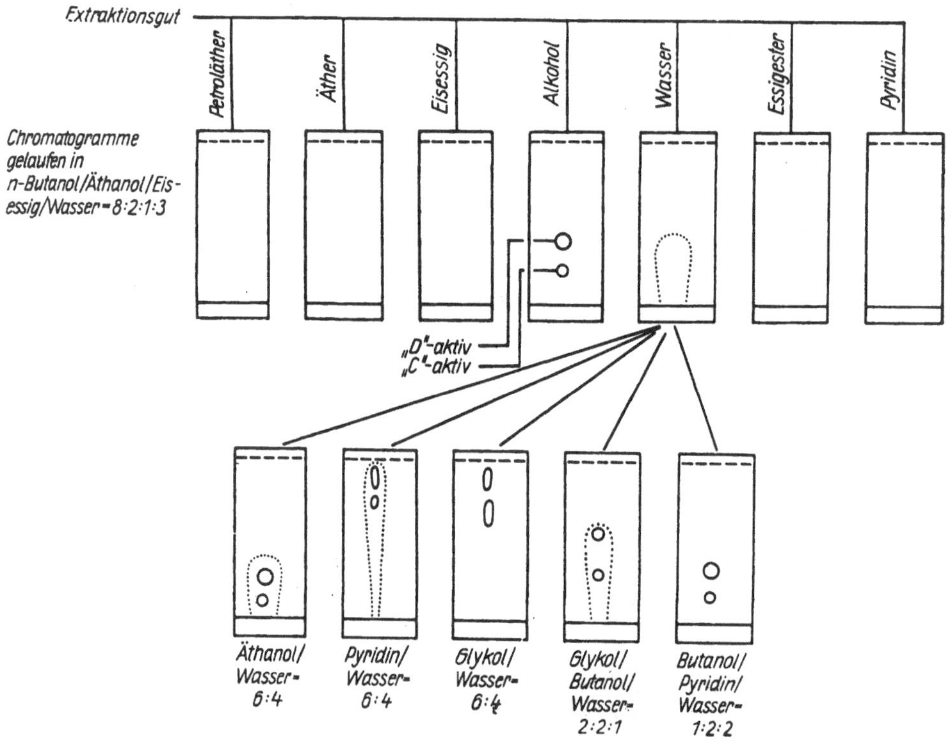

Davey (1961) einen Faktor aus den Corpora cardiaca, der auf indirekte Weise die Herztätigkeit beschleunigt und bei dem es sich um ein Protein oder Peptid handeln soll. Die mögliche Beziehung zu den bereits kristallin vorliegenden Neurohormonen bleibt leider völlig unberücksichtigt, obgleich vieles dafür spricht, daß dieser Faktor mit den neurosekretorischen Granula in den Corpora cardiaca in Beziehung gebracht werden kann (Evans 1962).

Tabelle 4

Isolierung von Neurohormon C und D

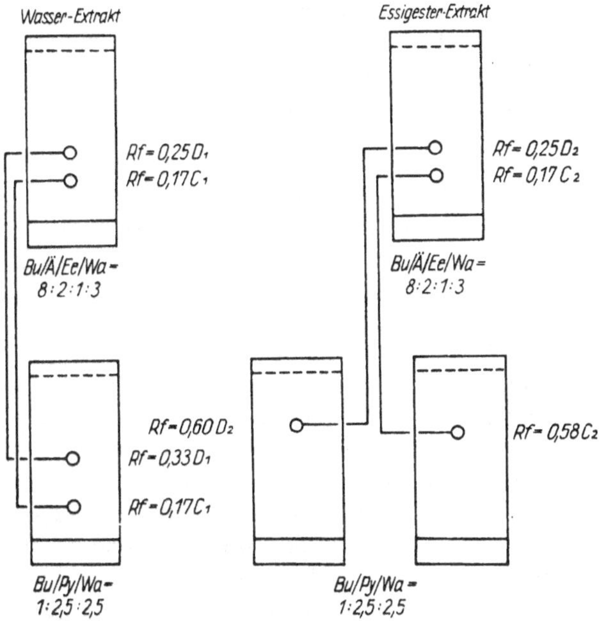

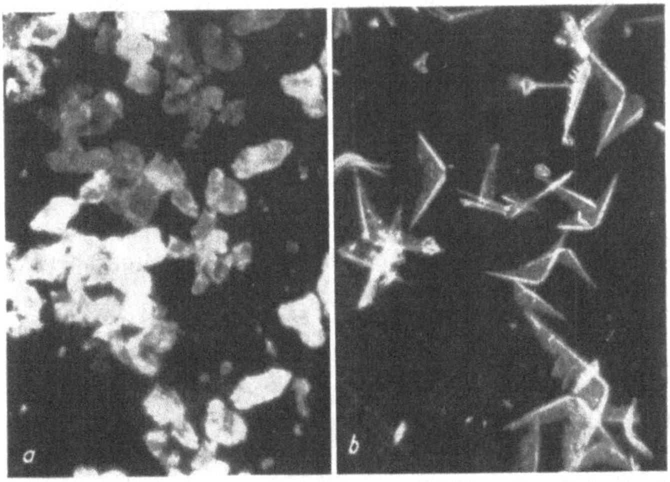

Abb. 118. Die kristallin gewonnenen Neurohormone C und D aus dem Zentralnervensystem von *Periplaneta americana*. a) Neurohormon D; b) Neurohormon C. (Nach GERSCH, FISCHER, UNGER und KOCH 1960)

2. Gewinnung der Juvenilhormon-Extrakte

Das Corpus-allatum-Hormon wurde in größeren Mengen aus dem Abdomen männlicher Imagines von *Hyalophora cecropia* mittels Äther, Petroläther, Äthanol und Methanol extrahiert (Williams 1956). Es ist hitzebeständig, unlöslich in Aqua dest. sowie resistent gegenüber schwachen Alkalien und Säuren. Der rohe Ätherextrakt männlicher Abdomina zeigt Orangefärbung und enthält das gesamte ätherlösliche Material des Abdomens. Im Kopf und im Thorax sind nur geringe Mengen vorhanden. Bei anderen Arten ist der Gehalt an Juvenilhormon dagegen sehr unterschiedlich. In keinem Falle treten ähnlich hohe Konzentrationen wie im Abdomen der *Hyalophora*-Männchen auf (Wigglesworth 1958).

Injektion des Extraktes in junge Schmetterlingspuppen bewirkt statt der Imaginalhäutung eine zweite Puppenhäutung. Zum Nachweis des Juvenilhormons dienen weiterhin der sogenannte „Wachstest" an Schmetterlingspuppen (S. 168) und der „*Tenebrio*-Test" (Karlson und Nachtigall 1961). Die aus *Tenebrio*-Kot isolierten Substanzen, Farnesol und Farnesal, zeigen alle Wirkungen des Corpora-allata-Hormons (Schmialek 1961; Wigglesworth 1961, 1962, 1963; Yamamoto und Jacobson 1962). Damit ist jedoch nicht erwiesen, daß Farnesol das Juvenilhormon der Insekten darstellt. Andere verwandte Verbindungen zeigen ebenfalls ähnliche Aktivität (Schneiderman, 1963). Außerdem ist die Wirkung des isolierten Farnesols geringer als die der teilweise gereinigten Extrakte.

3. Isolierung und Reindarstellung des Häutungshormons (Ekdyson)

Aus 500 kg Frischpuppen des Seidenspinners *Bombyx* isolierten Butenandt und Karlson (1954) in einem mehrstufigen Aufarbeitungsgang (Tab. 5) schließlich 25 mg einer in langen Nadeln kristallisierenden Substanz (Abb. 119). Auf Grund der häutungsauslösenden Wirkung auf die isolierten Abdomina, die der der Prothoracaldrüsen entspricht, handelt es sich bei dem isolierten Stoff um das Häutungshormon. Die Bezeichnung Ekdyson (ekdýsis = Häutung) drückt dies aus. Das Hormon hat einen Schmelzpunkt bei 235 bis 237 °C. Bemerkenswerterweise enthält es keinen Stickstoff. In einer neueren Verarbeitung wurden aus 3000 kg *Bombyx*-Puppen etwa

Tabelle 5

Aufarbeitungsgang zur Reindarstellung des α-Ekdysons

Bombyx-Puppen in Methanol

Abpressen mit 300 Atm.

→ Methanol, wäßriger Preßsaft | → Preßrückstand

Eindampfen auf kleines Volumen
Aufschütteln mit Butanol

→ Butanol-Lösung | → wäßrige Lösung

Ausschütteln mit verd. H_2SO_4 → basische Anteile

Ausschütteln mit verd. Na_2CO_3-Lösung → saure Anteile

Eindampfen

→ Charge B_1

In Butanol über Al_2O_3 filtrieren

→ Butanol-Eluat | → Adsorbat

Eindampfen, in Wasser aufnehmen
mit Äther und Essigester ausschütteln → Ätherlösung; → Essigesterlösung

wäßrige Lösung
eindampfen

→ Charge B_1 ads W

Chromatographie an Al_2O_3
eluiert mit

Essigester Butanol 3:1	Essigester-Methanol 4:1		Essigester-Methanol 1:1
Frakt. Nr. 1–5	6–9	10–17	18–20

10–17 → Kristallisation → kristallisiertes Hormon

100 mg kristallisiertes Ekdyson gewonnen. Ekdyson hat nach neuen Molekulargewichtsbestimmungen die Summenformel $C_{27}H_{44}O_6$ und gehört zur Stoffklasse der Steroide (KARLSON 1963). Wahrschein-

lich wird Ekdyson im Insekt aus Cholesterin gebildet. Die vorläufige Strukturformel des Ekdysons ist folgende (KARLSON 1963):

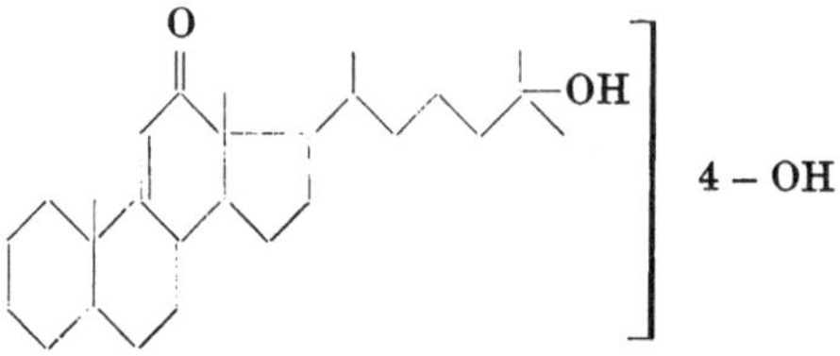

(Die Stellung der 4-OH kann zur Zeit noch nicht angegeben werden.)

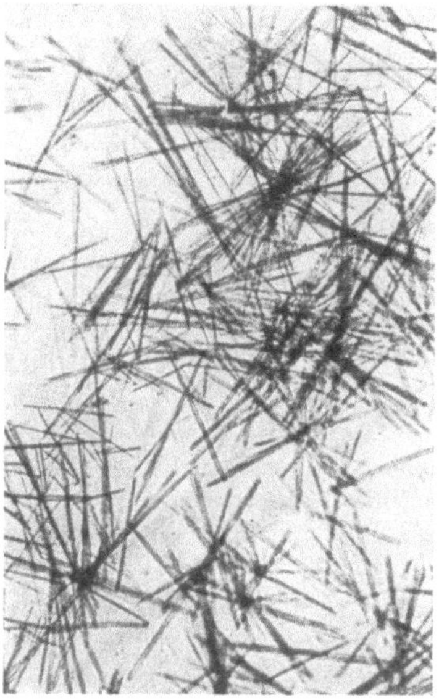

Abb. 119. Kristalle des Häutungshormons Ekdyson (Originalaufnahme P. KARLSON)

Nach weiterer Fraktionierung der Extrakte wird zwischen α- und β-Ekdyson unterschieden. Ihre Trennung erfolgte elektrophoretisch. β-Ekdyson zeigt die Hälfte der Wirksamkeit des α-Ekdysons. Beide Hormone wurden auch in Extrakten von Fliegenlarven, außerdem in Imagines von *Bombyx* (KARLSON und STAMM-MÉNÉNDEZ 1956) und in Orthopteren festgestellt (STAMM 1958, 1959). Darüber hinaus kommen Substanzen gleicher Wirkung in Krebsen vor (KARLSON und SKINNER 1960).

B. Weitere Wirkfaktoren und ihre Verbreitung bei wirbellosen Tieren

Die vergleichende Betrachtung der endokrinen Verhältnisse wirbelloser Tiere ergibt in vielfältiger Weise, daß das Zentralnervensystem ursprünglich zugleich als endokrines System aufzufassen ist. Nervöse und endokrine Funktionen sind eng miteinander verbunden. Eine wesentliche Funktion der Neurone besteht in der Produktion verschiedener physiologisch aktiver Substanzen. Im Falle histo-physiologisch erkennbarer Sekretbildung bezeichnen wir diese als Neurosekretion und die ausgeschiedenen und andernorts wirkenden Stoffe als Neurohormone. Eine andere Funktionsweise der Neurone zeigt sich in der Bildung kurzlebiger „Aktionssubstanzen", die auf andere Neurone, auf Muskeln oder Drüsen wirken. Ein grundsätzlicher Unterschied kann zwischen diesen beiden Wirkungsarten nicht gemacht werden, wenngleich die terminologische Unterscheidung zwischen neurohormonalen und neurohumoralen Substanzen als zweckmäßig erscheint (S. 4).

Es ist anzunehmen, daß alle Abschnitte der Nervenzelle zur Bildung von Acetylcholin bzw. Adrenalin befähigt sind. In erster Linie scheinen das Cytoplasma, für das Adrenalin außerdem das Axonende als Bildungsorte in Frage zu kommen. Der Bildungsmechanismus des Acetylcholins ist im Gegensatz zu dem des Adrenalins oder Noradrenalins größtenteils bekannt (Nachmansohn 1950; Schmidt 1956). Besonders am Axonende werden die Substanzen angereichert, an dem vermutlich ständig geringe, beim Ankommen von Nervenimpulsen größere Mengen Acetylcholin bzw. Adrenalin oder Noradrenalin freigesetzt werden.

Zu den schon länger bekannten Aktionssubstanzen des Nervensystems Acetylcholin, Adrenalin und Noradrenalin sind in neuerer Zeit noch andere Wirkfaktoren hinzugekommen, die teilweise ausschließlich dem Nervensystem entstammen, wie z. B. der sogenannte P-Faktor oder solche, die auch noch in anderen Organen festgestellt worden sind. Letzteres trifft für das offensichtlich im Organismenreich weit verbreitete 5-Hydroxytryptamin zu. Infolge der engen Beziehungen beider Wirkungsarten, die für Adrenalin bei Wirbeltieren schon seit langem bekannt sind, soll in unserer vergleichend-endokrinologischen Übersicht das Auftreten dieser Substanzen bei wirbellosen Tieren ebenfalls gestreift werden.

1. Vorkommen der humoralen Faktoren Adrenalin, Noradrenalin und Acetylcholin

Die Angaben über *Adrenalinvorkommen* bei niederen Tieren basieren im wesentlichen auf färberischen Affinitäten bestimmter Zellkomplexe oder auf Ähnlichkeiten in pharmakologischen Testen. Beide Verfahren erlauben keine zwingenden Feststellungen über die chemische Natur des betreffenden Stoffes. Derartige „chromaffine" Zellen, wie sie den Markzellen der Nebenniere der Wirbeltiere entsprechen, treten bei verschiedenen Plathelminthen, Anneliden, Mollusken und Arthropoden auf (LANCASTER 1939; V. D. WENSE 1939; DAHL 1963). Adrenalin scheint bei Wirbellosen weit weniger verbreitet zu sein als bei Wirbeltieren. Bei verschiedenen Insekten kommen Adrenalin, Noradrenalin und Dopamin gleichzeitig vor (ÖSTLUND 1954). Aus Extrakten der Ganglienkette des Regenwurms wurde eine Mischung von Adrenalin und Noradrenalin gewonnen. Während Adrenalin in geringen Mengen vorhanden ist, überwiegt jeweils Dopamin. Möglicherweise hängt dies damit zusammen, daß Dopamin die Vorstufe des Noradrenalins darstellt. Bei vielen Tierstämmen fehlen dagegen diese Catecholamine gänzlich.

Für das *Vorkommen von Acetylcholin* bei zahlreichen Tierstämmen Wirbelloser spricht außer papierchromatographischen und pharmakologischen Nachweisen das Auftreten teilweise erheblicher Mengen von Cholinesterasen im Nervensystem. Verhältnismäßig große Mengen wurden bei verschiedenen Insekten beobachtet (GAUTRELET 1938; CORTEGGIANI und SERFATY 1939; MIKOLANIS und BROWN 1941; TOBIAS, KOLLROS und SAVIT 1946; LEWIS 1953; UNGER 1957; COLHOUN 1958, 1960, 1963; COLHOUN und GILLEBERG 1961). Hier wie bei Krebsen findet sich Acetylcholin vor allem in den Ganglien, während die peripheren Nerven wesentlich weniger enthalten. Das bedeutet, daß es bei der synaptischen Übertragung eine Rolle spielt (KOELLE 1961, 1962). Die Synthese erfolgt vor allem in den Ganglien (FRONTALI 1956, 1958).

Außer den Arthropoden verdienen besonders die Mollusken hinsichtlich des Acetylcholin-Vorkommens Erwähnung (VINCENT und JULLIEN 1938; WELSH 1956, 1957, 1961; MENG 1960; GERSCHENFELD und TAUC 1961). Größtenteils wurde es aus dem Nervensystem extrahiert. Jedoch ist Acetylcholin auch in den Drüsen nachgewiesen worden. Die Hypobranchialdrüsen mariner Prosobranchier (Muricidae) weisen neben einem hohen Gehalt an Acetylcholin noch andere Cholinverbindungen auf (KEYL, MICHAELSON und WHITTAKER 1957).

Obgleich für Coelenteraten gewöhnlich angenommen wird, daß Acetylcholin nicht vorkommt, weil weder Cholinesterasen nachweisbar sind noch Atropin oder Curare die neuromuskuläre Tätigkeit beeinflussen, zeigte sich, daß die Hydrozoe *Hydractinia echinata* durch Acetylcholin zur Abgabe von Geschlechtsprodukten veranlaßt wird (YOSHIDA 1959). Die Zusammenhänge dieses Vorganges sind noch unklar.

2. Vorkommen von Serotonin bei Wirbellosen

Serotonin (5-Hydroxytryptamin) ist, ebenso wie Tyramin, Dopamin, Noradrenalin und Adrenalin ein biogenes Amin, das durch Decarboxylierung des 5-Hydroxytryptophans entsteht. Die Muttersubstanz stellt die Aminosäure Tryptophan dar.

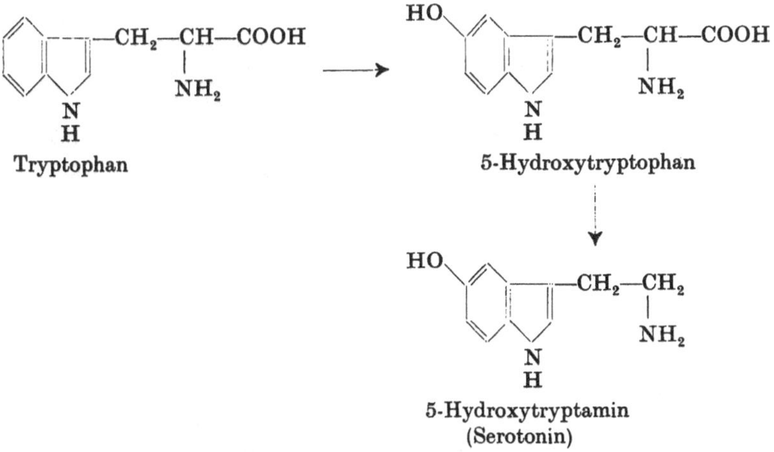

Als wirksames Stoffwechselagens ist Serotonin schon seit längerer Zeit bei Wirbeltieren bekannt. Durch die Arbeiten zweier amerikanischer (RAPPORT, GREEN und PAGE; UDENFRIEND, CLARK und TITUS), einer australischen (REID und RAND) sowie einer italienischen Forschergruppe (ERSPAMER und Mitarbeiter) wurde dieses Amin als ein Prinzip von allgemeiner biologischer Bedeutung ermittelt. Je nach Herkunft erhielt die Substanz, deren Identität später erwiesen wurde, von den einzelnen Bearbeitungsgruppen eine verschiedene Bezeichnung. So erklären sich die Namen Serotonin, Enteramin und Thrombocytin. Die reine Substanz wurde erstmalig gleichzeitig aus Geweben von Wirbellosen und Wirbeltieren gewonnen (ERSPAMER und ASERO 1952). 30000 *Octopus vulgaris* lieferten etwa 30 kg Speicheldrüsengewebe, aus denen man Enteramin isolierte. Für die Isolierung aus Wirbeltiergeweben bildeten Hautextrakte des Frosches *Discoclossus pictus* die Ausgangssubstanz.

Enteramin wird nur in Organen gefunden, die sich durch das Vorkommen feingranulierter Zellen auszeichnen. Diese sind schon lange als enterochromaffine Zellen bekannt. Fehlen chromaffine Zellen in einem Gewebe, das gewöhnlich solche enthält, so tritt auch kein 5-Hydroxytryptamin auf. Die vorderen Speicheldrüsen von *Octopus macropus* enthalten im Gegensatz zu denen von *O. vulgaris* diese Zellen nicht. Serotonin ist demgemäß bei *Octopus macropus* nicht vorhanden (ERSPAMER 1957). Außer bei Wirbeltieren und Wirbellosen wurde es auch in Pflanzen gefunden. Bemerkenswert ist, daß es außer in Drüsenbezirken besonders im Nervengewebe auftritt. Die Frage nach der eigentlichen physiologischen Rolle des Serotonins ist noch weitgehend offen. Im Hinblick auf Bildungsstätten und Vorkommen könnte zwischen Gehirn-Serotonin und Darm-Serotonin unterschieden werden, denen vermutlich auch verschiedene physiologische Funktionen zukommen. Es spielt wahrscheinlich vor allem eine Rolle als Übermittlersubstanz.

Bei den Wirbellosen wird Serotonin in fast allen Tierstämmen angetroffen (ERSPAMER 1957; WELSH 1953 bis 1959; WELSH und MOORHAED 1960; MENG 1960). Mit Sicherheit ist es im Zentralnervensystem der Anneliden, weiterhin bei Vertretern einiger Plathelminthen, Nemertinen, bei verschiedenen Entomostracen und Malacostracen und in verhältnismäßig großen Mengen in den Ganglien der Mollusken, insbesondere der Muscheln vorhanden. Geringe Mengen 5-HT traten bei Coelenteraten und Echinodermen auf. In beiden Fällen bleibt ungewiß, ob das Serotonin aus dem Nervensystem stammt. Außer in den schon erwähnten hinteren Speicheldrüsen von *Octopus vulgaris* wurden erhebliche Mengen in den Ganglien der Muschel *Venus mercenaria* festgestellt, die mit 40 μg/g Frischgewicht mehr 5-Hydroxytryptamin enthalten, als je im Nervengewebe irgendeines Wirbeltieres gefunden wurden (WELSH und MOORHAED 1960). Die verhältnismäßig großen Mengen, die im Herzen und in der Muskulatur der Schnecken und Muscheln vorkommen, weisen auf die Bedeutung des Serotonins als Überträgersubstanz hin (S. 314). Das Auftreten auf frühen Entwicklungsstadien bei Gastropoden läßt bereits eine frühzeitige funktionelle Bedeutung vermuten (BUZNIKOV und MANUCHIN 1961; MANUCHIN und BUZNIKOV 1963). Vereinzelte Angaben deuten weiterhin auf Serotoninvorkommen bei Arthropoden hin, so z. B. bei einem Skorpion (ADAM und WEISS 1956) und bei wenigen Insekten (JAQUES und SCHACHTER 1954; GERSCH, FISCHER, UNGER und KAPITZA 1961; GERSCH, UNGER, FISCHER und KAPITZA 1963, 1964; COLHOUN 1963). Bemerkenswerter Weise tritt es außerdem in verschiedenen Geweben der Coelenteraten, insbesondere bei Seeanemonen auf (MATHIAS, ROSS und SCHACHTER 1957; WELSH 1955, 1960).

3. Vorkommen oestrogener Stoffe

Gelegentliche Feststellungen oestrogener Stoffe bei Wirbellosen sind früher häufig als Hinweise für hormonale Beziehungen zwischen Wirbeltieren und Wirbellosen gewertet worden. Diese Bedeutung kann ihnen sicherlich nicht zuerkannt werden. Grundsätzlich muß man gegenüber der Behauptung über das Vorkommen solcher Substanzen zurückhaltend sein, sofern sich die Begründung im wesentlichen auf pharmakologische Testversuche stützt. Das ist jedoch sehr häufig der Fall (STEIDLE 1930; SCHWERDTFEGER 1932; DONAHUE 1940). Nach Anwendung enzymatischer Methoden wird es sehr fraglich, ob die ehemals angenommene weite Verbreitung oestrogener Stoffe tatsächlich zurecht besteht (HAGERMAN, WELLINGTON und VILLEE 1957; HAGERMAN 1956).

Außerdem existiert eine Reihe weiterer Substanzen, deren Einordnung und Bedeutung noch nicht genügend geklärt sind. Aus den hinteren Speicheldrüsen der Cephalopoden wurde ein Stoff (Cephalotoxin) isoliert, dessen auffälligste Eigenschaft ist, Decapoden und Stomatopoden innerhalb kurzer Zeit zu paralysieren (GHIRETTI 1959; LIBONATI und GHIRETTI 1959). Er unterdrückt die Atmung normaler und augenstielloser Krebse und verhindert die Koagulation von Hummer- und Menschenblut. Auf den isolierten Oesophagus wirkt Cephalotoxin ähnlich wie Acetylcholin. Beide beeinflussen auch die Aktivität der Abdominalganglien des Heuschreckenkrebses *Squilla mantis* in gleicher Weise (SCHIFF 1962). Die Speicheldrüsen verschiedener Schnecken erzeugen gleichfalls verschiedenartige Substanzen von acetylcholinähnlicher Wirkung (FÄNGE 1958).

Einige aus dem Gehirn der Säugetiere gewonnene Substanzen zeigen ebenfalls bei verschiedenen Wirbellosen gewisse Wirksamkeiten. In die Gruppe der polypeptischen neurohumoralen Faktoren gehört die von v. EULER und GADDUM (1931) isolierte und in letzter Zeit wieder ins Blickfeld gerückte Substanz P, der eine Übertragung der Erregung zukommen soll. Unter den Wirbellosen beeinflußt die Substanz P zum Beispiel die Peristaltik der Regenwürmer (MILIN 1961). Ihr Vorkommen ist nicht auf Säugetiere beschränkt (v. EULER und ÖSTLUND 1958). Bei Wirbellosen wurde die Substanz P bisher nicht festgestellt.

Einen im Gehirn und in den Spinalganglien der Säugetiere vorkommenden Faktor haben FLOREY und MACLENNAN (1955) beschrieben. Dieser sogenannte Faktor I hemmt bei Krebsen die neuromuskuläre Übertragung im Gegensatz zu seinem Verhalten bei Säugern. Es scheint sich um einen physiologischen Bestandteil des Gehirns zu handeln.

Diese nicht näher gekennzeichneten Faktoren weisen darauf hin, daß die Fähigkeit des Nervensystems zur Koordination mit stofflichen Mitteln auch bei den höchsten Tierklassen außer den neurosekretorischen Bezirken und den üblichen neurohumoralen Mechanismen auch noch anderen Elementen eigen ist (GIARMAN 1959).

Schlußkapitel: Vergleichende Betrachtung der Grundzüge hormonaler Verhältnisse der wirbellosen Tiere zum Hormonsystem der Wirbeltiere

1. Die Grundzüge des hormonalen Systems der Wirbellosen

Die Darstellung der morphologischen und funktionellen Zusammenhänge hormonaler Regulation innerhalb der einzelnen Stämme der wirbellosen Tiere führte vielfach bereits zu allgemeinen und grundsätzlichen Feststellungen. In den wesentlichsten Gesichtspunkten hier nochmals zusammengefaßt, bilden sie die Grundlage für einen Vergleich der hormonalen Verhältnisse zwischen Wirbellosen und Wirbeltieren. Andere Tatsachen drängen gleichfalls zu einer solchen Betrachtung. Bis heute hat man, mehr oder weniger ausgesprochen, versucht, ein Verständnis der hormonalen Situation der Wirbellosen von der der Wirbeltiere her zu gewinnen. Dieses Verfahren hat zu keinen tieferen Einsichten geführt, was eigentlich verständlich ist. Es ist weiterhin aufschlußreich, daß bisher eine vergleichende Darstellung der Entwicklung des Hormonsystems der Wirbellosen wie überhaupt im Tierreich fehlt, obgleich sie für alle anderen Organsysteme vorliegt (Beklemischew 1958). Trotz dieser unbefriedigenden Sachlage gibt es genügend Hinweise, die uns die Art der Entstehung, die Grundzüge weiterer Vervollkommnung, d. h. also der Evolution der hormonalen Regulation bei wirbellosen Tieren verständlich machen können.

Es kann als erwiesen angesehen werden, daß in allen Tierstämmen, die über ein zentralisiertes Nervensystem verfügen, neurosekretorische Zellen auftreten. Lediglich bei Coelenteraten sind sie bisher nicht beobachtet, allerdings wohl auch nicht mit der hierfür erforderlichen Sorgfalt gesucht worden. Das Auftreten neurosekretorischer Zellen bereits bei niederen Tieren läßt auf ihren früheren phylogenetischen Ursprung schließen. Die Nervenzelle ist offenbar von vornherein in der Lage, mittels stofflicher Faktoren ihre Koordinationsfunktion zu erfüllen. Eine Trennung zwischen „nervöser“ und „hormonaler“

Tätigkeit der Nervenzellen scheint urpünglich nicht vorzuliegen. Wir können an dieser Stelle nicht erörtern, welche Auswirkungen diese Feststellungen auf das von der klassischen Neuronenlehre entworfene Bild von der Funktion der Nervenzelle haben dürfte.

Die schon bei niederen Tierstämmen auftretenden neurosekretorischen Zellen wie überhaupt ihr Vorkommen bei den einzelnen Stämmen wirbelloser Tiere weist auf den primären Charakter dieser Art hormonaler Regulation hin. Sie sind Produktionsstätten von Hormonen, ehe Ansätze anderer Formen hormonaler Regulation festzustellen sind. Das bedeutet, daß die Erscheinung der Neurokrinie als die ursprüngliche hormonale Koordinationsform zu betrachten ist. Andere Erscheinungen, wie z. B. das Auftreten von Hormondrüsen, sei es bei Wirbellosen oder besonders bei Wirbeltieren, müssen als sekundär gewertet werden. Die Neurokrinie ist daher auch nicht als eine „Zwischenform" zwischen nervöser und hormonaler Regulation zu bezeichnen, wie es teilweise geschieht.

Das Nervensystem stellt ursprünglich auch als endokrines System eine funktionelle Einheit dar (GERSCH 1957). Diese Erkenntnis, die sich erst allmählich durchzusetzen beginnt, ergibt sich u. a. daraus, daß in allen Bereichen des Zentralnervensystems der Wirbellosen neurosekretorische Zellen vorhanden sein können.

Von zweitrangiger Bedeutung ist dabei die Frage, ob es sich bei den Granula der sekretorischen Nervenzellen direkt um den hormonalen Faktor (was unwahrscheinlich ist) oder um die Trägersubstanz des eigentlichen aktiven Prinzips oder aber um eine inaktive Vorstufe handelt.

Bereits bei Anneliden, Mollusken, Nemertinen, vielleicht sogar schon bei Plathelminthen treten innerhalb des Nervensystems *Speicherorte für Neurosekrete* auf. In der einfachsten Form bestehen sie aus aufgefaserten Neuriten, die Neurosekrete führen und sich eng an Blutkapillaren anlehnen. Derartige *Neurohaemalorgane* sind in steigendem Vollkommenheitsgrad in verschiedenen Bereichen des Nervensystems bei Wirbellosen anzutreffen.

In der primitivsten und wohl auch ursprünglichsten Form sind diese Speicherbezirke innerhalb des Zentralnervensystems angelegt. Dabei bestehen Unterschiede im Vollkommenheitsgrad der Ausbildung, die sich an Neurohaemalorganen verschiedener Tierstämme oder auch innerhalb einer Tiergruppe verfolgen lassen. Im einfachsten Fall stellt das Neurohaemalorgan lediglich einen Ort zusammenführender und aufgefaserter sekretführender Axone dar. In differenzierterer Form werden die Speicherorte durch Bindegewebe oder auch durch Epithelien abgegrenzt und eingeschlossen.

Der Bedeutung des Gehirns als Hauptproduktionsort für die Neurohormone entsprechend, finden sich Neurohaemalorgane sehr häufig ihm ein- oder angelagert. Ein weiterer Schritt der Differenzierung ist in der anatomischen Trennung von Gehirn und Gehirnanhangs-„drüse" zu erblicken. Dabei handelt es sich ursprünglich keineswegs um „Drüsen" im eigentlichen Sinn, sondern um Speicherorte für Neurosekret, deren Herkunft aus dem Nervensystem und deren funktionelle Beziehung zu den Produktionsorten im Gehirn stets erkennbar bleiben (S. 65).

Beispiele für diese Art von Neurohaemalorganen geben außer der Sinusdrüse der Malacostracen die Cerebraldrüse der Chilopoden (und sicherlich auch der Diplopoden) und die Corpora cardiaca der Insekten. Teilweise kann man für diese Organe eine fortschreitende Tendenz der Vervollkommnung in den einzelnen Ordnungen der jeweiligen Tierklassen erkennen. Bei der Sinusdrüse der Malacostracen lassen sich alle Übergänge vom Typus eines primitiven Neurohaemalorganes (Mysidaceen) bis zu komplizierten Bildungen verfolgen. Der komplexe Charakter einer solchen Sinusdrüse (wobei die Bezeichnung „Drüse" auf alle Fälle irreführend ist) wird beispielsweise daraus ersichtlich, daß in diesem Bereich die Produkte verschiedener neurosekretorischer Bezirke des Augenstiels und des Gehirns gespeichert bzw. in die Blutbahn abgegeben werden. Die Tendenz zu einer entsprechenden Entwicklung der Corpora cardiaca der Insekten ist daran erkennbar, daß sie außer ihrer ursprünglichen Speicherfunktion möglicherweise noch eigene Sekrete erzeugen. Dies stellt den Übergang zur echten Drüsenfunktion dar und bildet somit eine „Brücke" zu den Hormondrüsen vom Typ der Corpora allata der Insekten.

Dieser Typus, zu dem außer den Corpora allata u. a. die Follikeldrüse mancher Pulmonaten, vielleicht auch bestimmte Drüsen des retrocerebralen Komplexes der Myriapoden und der Arachniden zu rechnen sind, wird durch Hormondrüsen gekennzeichnet, die vom Nervensystem unabhängig als ektodermale Bildung entstehen. Sie erlangen aber im Laufe der Ontogenese eine anatomische und funktionelle Beziehung zum neurokrinen System (S. 86). Wir bezeichneten sie daher hier als *neuroendokrine Drüsen.* Im Gegensatz zu den differenzierteren Neurohaemalorganen in der Art der Corpora cardiaca besteht ihre primäre Funktion in der Bildung eigener Sekretprodukte, zu der zusätzlich eventuell die Speicherung von Neurosekret hinzukommen kann. Das hierfür am besten bekannte Beispiel sind die Corpora allata.

Schließlich trifft man bei den Arthropoden „*echte Hormondrüsen*" an, d. h. solche, die sich unabhängig vom neurokrinen System entwickeln und in morphologischer Hinsicht auch so bestehen bleiben. Hierzu gehören die Prothoracal- bzw. Ventraldrüsen der Insekten, die Carapaxdrüse der Malacostracen und möglicherweise verschiedene bisher nicht näher bekannte Gebilde der Spinnen und Milben. Charakteristisch ist für alle diese näher untersuchten Organe, daß sie ektodermaler Herkunft sind und daß sie funktionell dem neurokrinen System unterstehen. Hierin kann man abermals einen Hinweis dafür erblicken, daß das neurokrine System als primäre hormonale Regulationsform anzusprechen ist. Zugleich wird damit augenfällig, daß bei wirbellosen Tieren außer den anderen verschiedenartigen Erscheinungsformen der Neurokrinie „echte Hormondrüsen" entwickelt sind.

Die bisher erwähnten Hormonspeicherorgane und Hormondrüsen stehen in direkter oder indirekter Weise mit dem neurohormonalen System in Beziehung. Beide Arten von Organen entsprechen jeweils den Forderungen der Homologie, die REMANE (1952, 1961) in Form von 3 Hauptkriterien und 3 Nebenkriterien aufstellte.

Die einzige Ausnahme in dieser Hinsicht macht die androgene Drüse der Malacostracen. Sie fügt sich weder hinsichtlich ihrer mesodermalen Entstehungsweise noch hinsichtlich des Kriteriums der Lage in das endokrine System der Krebse ein. Dies bedeutet einen Ansatz für eine weitere Entwicklungstendenz in der Ausbildung des Hormonsystems der wirbellosen Tiere.

Über die hormonale Funktion der Gonaden bei wirbellosen Tieren wissen wir noch sehr wenig. Entsprechende Hinweise, die bei Turbellarien, Anneliden, Gastropoden, Krebsen und Insekten vorliegen, führen zu der Vermutung, daß eine hormonale Kontrolle der Ausbildung der Geschlechtsanhangsdrüsen oder sekundärer Geschlechtsmerkmale schon frühzeitig im Tierreich vorzukommen scheint. Ihr Umfang ist dabei noch nicht genügend klar zu übersehen.

Als Ausgangsbasis für den Vergleich grundsätzlicher Verhältnisse im Aufbau des Hormonsystems im Tierreich sind somit folgende Tatsachen der hormonalen Situation bei Wirbellosen als wesentlich anzusehen: 1. Die primäre Form hormonaler Regulation stellt die neurokrine dar. 2. Es bilden sich in enger Anlehnung an die Produktionsstätten im Nervensystem Speicherorgane aus, die in weiterer Vervollkommnung anatomisch vom Bildungsort, z. B. in Form von Anhangsdrüsen getrennt sind. 3. Weiterhin finden sich ektodermale Drüsenorgane, die sich anatomisch und funktionell eng an das neurokrine System anlehnen. 4. Schließlich treten „echte Hormondrüsen“ auf, die vor allem bei Arthropoden bekannt sind. Sie leiten sich ebenfalls vom Ektoderm her und unterstehen bei dauernder morphologischer Selbständigkeit in funktioneller Hinsicht dem neurokrinen System. 5. Die androgene Drüse der Malacostracen entsteht mesodermal und unterliegt auch nicht der neurohormonalen Steuerung.

2. Grundzüge des Aufbaus des Hormonsystems der Wirbeltiere

Seit langem ist die Analogie zwischen dem Gehirn-Anhangsdrüsenkomplex der Insekten bzw. dem System Gehirn—Sinusdrüse bei Krebsen einerseits und dem Hypothalamus-Hypophysensystem der Wirbeltiere andererseits bekannt (Hanström 1941; Bliss und Welsh 1952; Scharrer und Scharrer 1954). Die Befunde bei anderen Klassen der Arthropoden, die allerdings nicht so vollkommen wie bei Insekten und Krebsen sind, führen zu der Vermutung, daß von einer solchen Analogie grundsätzlich bei Arthropoden einerseits und Wirbeltieren andererseits gesprochen werden kann.

Für alle Klassen der Wirbeltiere einschließlich der Cyclostomen besteht Einheitlichkeit in der Ausbildung des Hypothalamus-Hypophysensystems. Diese Übereinstimmung bezieht sich zunächst auf die Ausbildung der Hormonbildungsstätten im Hypothalamus. Bei den Anamniern sind dies der Nucleus praeopticus, bei den Amnioten der Nucleus supraopticus und der Nucleus paraventricularis. Die im Nucleus praeopticus gebildeten Neurosekrete werden vermutlich nicht nur auf den Nervenbahnen in die Hypophyse geleitet, sondern zu einem Teil auch in den Ventrikel abgegeben.

Die Hypophyse stellt ebenso wie die Nebenniere der Wirbeltiere eine zusammengesetzte Drüse dar. In beiden Fällen verbinden sich Anteile nervöser Herkunft mit andersartigen Elementen. Die Hypophyse setzt sich aus der Adenohypophyse, als einem Derivat der Mundhöhle, und der Neurohypophyse zusammen.

Die frühe *Embryogenese der Neurohypophyse* vollzieht sich bei allen Wirbeltieren sehr ähnlich. Den Ausgang stellt ein zunächst unpaarer Divertikel des Zwischenhirnbodens dar, der als Saccus infundibuli bezeichnet wird und der weiterhin ein Paar laterale Divertikel ausbildet. In der Region des Saccus infundibuli entwickeln sich bei Fischen die Neurohypophyse und der Saccus vasculosus (S. 365). Letzterer nimmt die aboralen Bereiche und die lateralen Divertikel des Saccus infundibuli ein. Aus dem oralen Gebiet des Saccus infundibuli entsteht die Neurohypophyse. Ihre enge Beziehung zum Saccus vasculosus tritt bei ausgewachsenen Haien und bei Ganoiden deutlich in Erscheinung, während bei vielen Teleostiern beide Teile voneinander getrennt sind, wenn nicht überhaupt der Saccus vasculosus völlig zurückgebildet wird. Er fehlt allen Tetrapoden. Dennoch lassen sich während der Anlage der Neurohypophyse mancher Amphibien, Reptilien und Vögel noch Anzeichen dieser Bildung erkennen. Die Neurohypophyse nimmt von den medianen Bereichen des Saccus infundibuli ihren Ausgang, während die lateralen Divertikel zunächst undifferenziert bleiben.

Die Größe und *Ausbildung der Neurohypophyse* variieren innerhalb der einzelnen Wirbeltierklassen. Bei Cyclostomen besteht sie nur aus einer Verdickung der Ventrikelwandung. Dagegen ist die Neurohypophyse der Hai- und Knochenfische ein von adenohypophysärem Gewebe umgebenes, gut entwickeltes Organ. Bei allen Tetrapoden besteht eine Trennung zwischen einem medianen Abschnitt und der Pars nervosa. Auf die Entstehungsweise der Adenohypophyse werden wir in Verbindung mit der Frage der Ableitung der Hormondrüsen der Wirbeltiere zurückkommen (S. 363).

Der morphologischen Verbindung von Adenohypophyse und Neurohypophyse entsprechen funktionelle Beziehungen. Die Neurohypophyse wirkt mit als Kontrollorgan für die Adenohypophyse. Es kommt hiermit die auch bei Wirbeltieren bestehende übergeordnete Stellung des neurokrinen Systems zum Ausdruck. Die Neurohypophyse, der Speicherort der in den Kernen des Hypothalamus gebildeten Neurosekrete, kann somit in Erweiterung des zunächst nur auf die Verhältnisse der Wirbellosen bezogenen Begriffes der Neurohaemalorgane als ein solches der Wirbeltiere eingeordnet werden.

Die ursprüngliche Bedeutung des neurokrinen Systems der Wirbeltiere läßt sich auch daraus schließen, daß außer im Hypothalamus auch in anderen Bereichen des Zentralnervensystems vor allem bei niederen Formen Zellgruppen mit sekretorischer Funktion auftreten. Im Gehirn, Rückenmark und in den Spinalganglien des Bachneunauges *Lampetra planeri* finden sich Sekretionszellen, die besonders im caudalen Abschnitt des Rückenmarks gehäuft sind (STERBA 1962). Ältere und neuere Befunde weisen auf das Vorkommen neurosekretorischer Tätigkeit im Rückenmark von Fischen hin. Die im Rückenmark von Haien beschriebenen Riesenzellen (SPEIDEL 1919, 1922; DAHLGREN 1914; BERN und HAGADORN 1959; FRIDBERG 1962; AFZELIUS und FRIDBERG 1963), die stark mit Sekretgranula angefüllt sein können, stellten die ersten Hinweise auf Neurosekretion überhaupt dar.

Besonderes Interesse verdient eine im kaudalen Ende des Rückenmarks verschiedener Teleostier schon länger bekannte, knotenförmige Anschwellung, die jedoch erst neuerdings als neurosekretorisches System erkannt wurde (ENAMI 1955, 1958; SANO u. a. 1958—1961). Ihre Bezeichnung Neurophysis spinalis caudalis drückt die große Ähnlichkeit mit der Neurohypophyse aus. Es handelt sich um ein Speicherorgan für Neurosekrete. Diese entstammen multipolaren Nervenzellen aus dem caudalen Bereich des Rückenmarks und werden in z. T. sehr dicken Fortsätzen zur Neurophysis transportiert. Hier wie bereits im Gebiet der neurosekretorischen Zellen finden sich zahlreiche Blutkapillaren. Somit kann auch die Neurophysis spinalis caudalis als ein Neurohaemalorgan bezeichnet werden. Sie trägt überdies primitivere Züge als die Neurohypophyse, insofern als sich ihre Speicherfunktion häufig innerhalb des Zentralnervensystems ohne anatomische Abgliederung vollzieht. Obgleich nicht alle Teleostier im Kaudalrückenmark eine neurohypophysäre Anschwellung aufweisen, ist sie weit verbreitet. Dabei treten Unterschiede in der Ausbildung auf. Eine sehr primitive Form findet sich beispielsweise beim Hecht (Abb. 120) (FRIDBERG 1962). Bei allen untersuchten Thunfisch-Arten wurden außer der Neurophysis spinalis caudalis noch weitere neurophysäre Anschwellungen im caudalen Rückenmark beobachtet (SANO, HAMANA und KAWAMOTO 1962). Bei manchen Fischarten tritt sie demnach multipel in mehreren Segmenten auf.

Den Knochenfischen vergleichbare Bildungen finden sich auch bei Elasmobranchiern und im Kaudalrückenmark der Vögel (SANO 1954, 1958; FRIDBERG 1962). Bei Elasmobranchiern sind sie, verglichen mit denen der Knochenfische, weitaus primitiver gebaut (BERN und TAKASUGI 1962). Aber auch innerhalb der Elasmobranchier selbst bestehen in der Ausbildung hinsichtlich der Lage der Endigungen neurosekretführender Axone auffällige Unterschiede. Im einfachsten Fall, wie z. B. bei *Raia batis* und *Raia radiata*, enden die Fasern im Nervengewebe selbst. Bei *Torpedo* und *Trygon* dagegen erfolgt die Sekretspeicherung außerhalb des Nervengewebes im Rückenmark (Abb. 120). Bei Teleostiern ist schließlich diese Abtrennung noch weiter vollzogen. Es zeigt sich somit hier dasselbe Prinzip einer Differenzierung der Neurohaemalorgane, wie es auch in verschiedenen Stämmen wirbelloser Tiere zu beobachten war und als Etappen in der Ausbildung des Hormonsystems überhaupt gedeutet wurde. Weitere neue Befunde lassen sogar vermuten, daß ein lumbo-sacrales neurosekretorisches Zentrum nicht nur bei Fischen, sondern auch bei anderen Klassen der Vertebraten (Amphibien bis Mammalier) vorkommt (GANGULY und RAY 1961). Diese Feststellungen bedürfen jedoch noch weiterer Bestätigung.

Die für die niederen Chordaten charakteristische Ausdehnung der Neurosekretion auf das gesamte Zentralnervensystem kann als ein

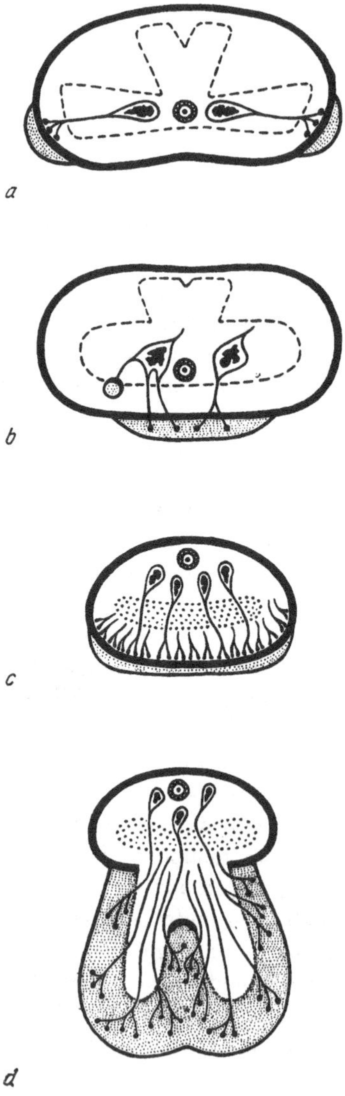

Abb. 120. Schematische Übersicht über die verschiedenen Grade der Ausbildung der Neurophysis spinalis caudalis bei Haien und Knochenfischen: a) *Squalus acanthias*; b) *Torpedo ocellata*; c) junger *Esox lucius*; d) deutliche Trennung des Speicherortes für Neurosekret vom Rükkenmark bei *Leuciscus rutilus*. (Nach FRIDBERG 1962)

Kennzeichen der Einheitlichkeit des Zentralnervensystems in endokrinologischer Hinsicht angesehen werden, wie es für die Wirbellosen gilt und wie es in dieser Form auch bei den Wirbeltieren noch in Erscheinung tritt. Diese Tatsache bedeutet eine weitere Stütze für die Auffassung, daß das neurokrine System der Wirbeltiere im Verlauf der phylogenetischen Entwicklung eine Reduktion erfahren haben muß. Sie dürfte mit dem Aufbau des für die Wirbeltiere charakteristischen Hormonsystems in Beziehung stehen. Das aber bedeutet, daß das neurosekretorische Hypothalamus-Hypophysensystem der Wirbeltiere als ein funktionsfähig gebliebener Anteil eines ehemals viel ausgedehnteren ursprünglicheren Systems zu bewerten ist (GERSCH 1957, 1960). Damit erscheint auch die Analogie des Hypothalamus-Hypophysen-Systems der Wirbeltiere mit dem Gehirnkomplex der Arthropoden in einem anderen Licht verständlich. Die bei den Arthropoden wichtigste Hormonbildung und -speicherstätte, zu der dort zusätzlich auch andere endokrine Bereiche des Zentralnervensystems hinzukommen, sind bei den höheren Wirbeltieren im wesentlichen bis auf die neurosekretorischen Kerne des Hypothalamus reduziert.

Sekretorisch tätige Zellen sind auch im Mes-, Met- und Rhombencephalon verschiedener Wirbeltiere wie auch bei Cyclostomen bekannt geworden. Jedoch ist ihre Charakterisierung zu unsicher, als daß hieraus jetzt Schlußfolgerungen grundsätzlicher Art abzuleiten wären. Diese Unsicherheit in der Beurteilung und Einordnung erstreckt sich auch auf verschiedene sekretorische Gebiete im Zwischenhirn der Wirbeltiere, von denen, für alle Klassen übereinstimmend, die Epiphyse und das Subkommissuralorgan zu nennen sind.

Das *Subkommissuralorgan* und das *Infundibularorgan* sind möglicherweise Hormonbildungsstätten der Chordaten. Das Infundibularorgan der Acranier, das den sekretorisch tätigen Ependymbereich des Neuralbläschens darstellt, entspricht dem Subkommissuralorgan der Cranioten. Die Infundibularzellen erzeugen ein Sekret, welches in den Liquor abgegeben wird. Das Sekretionsprodukt durchzieht als geformter Faden (sogenannter REISSNERscher Faden) im Liquor das Neuralrohr bis zu seinem Ende (OLSSON und WINGSTRAND 1954; ADAM 1956; HOFER 1959; OLSSON 1962, 1963). Die frühere Deutung als Sinnesorgan erscheint somit überholt. Außerdem sind im Rückenmark von *Branchiostoma* große dorsal gelegene Zellen (sogenannte Joseph-Zellen) sekretorisch tätig (P. DE CECCATTY 1957). Über ihre Bedeutung bleiben weitere Ergebnisse zunächst abzuwarten.

Das Subkommissuralorgan (SKO), ein am Dach des 3. Ventrikels hinter der Epiphyse gelegener Bezirk besonders differenzierter hoher Ependymzellen, wurde in letzter Zeit morphologisch-histologisch und auch teilweise in funktioneller Hinsicht von verschiedenen Autoren bearbeitet (LEGAIT 1946, 1949; OLSSON 1956–1958; OKSCHE 1956–1962; GILBERT 1956–1958; STERBA 1962; HOFER 1964; ALTNER 1964). Es findet sich von den Cyclostomen an in allen Klassen der Wirbeltiere. Bemerkenswerterweise ist dieser Bereich bei Cyclostomen und Anamniern wesentlich sekretreicher und auch ausgedehnter entwickelt als bei höhe-

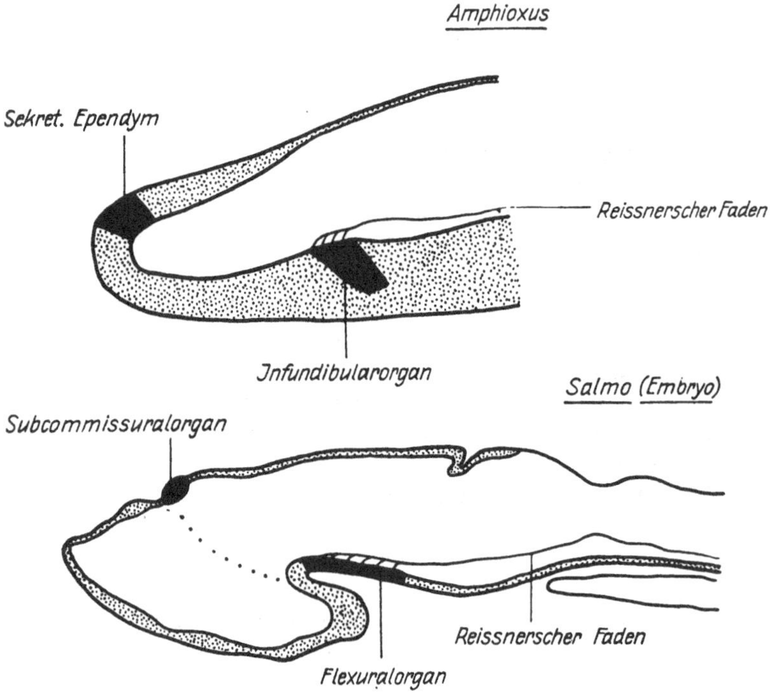

Abb. 121. Sekretorisch tätige Ependymbereiche im vordersten Teil des Zentralnervensystems a) bei Acraniern; b) bei niederen Cranioten. (Nach OLSSON 1956)

ren Wirbeltieren. Trotz mancher Hinweise liegen nach OKSCHE (1961) keine klar erkennbaren phylogenetischen Beziehungen hinsichtlich Ausbildung und Tätigkeit des SKO in der Wirbeltierreihe vor. Die Abgabe des Sekretes aus den Ependymzellen vollzieht sich nach der einen Auffassung sowohl apikal in den strömenden Liquor als auch gleichzeitig basal über die Zellausläufer in anliegende Gefäße. Andererseits wird eine vorwiegend apikale Sekretion unter Bildung des REISSNERschen Fadens behauptet. Das Sekret stellt einen hochmolekularen Mucopolysaccharid-Eiweißkomplex dar. Es verhält sich färberisch wie das hypothalamische Neurosekret, ist jedoch mit diesem nicht identisch. Eine für alle Wirbeltiere zutreffende Funktion des SKO besteht nicht. Teilweise wurden Wirkungen der Extrakte auf den Wasserhaushalt, den Farbwechsel und die Stoffwechseltätigkeit beobachtet. Obgleich der eigentliche Wirkstoff des Sekrets noch völlig unbekannt ist, scheint es sich um einen hormonalen Faktor zu handeln.

Zwischen dem SKO und dem hypothalamischen neurosekretorischen System bestehen morphologische und funktionelle Parallelen, vielleicht sogar funktionelle Beziehungen. Im Gegensatz zum Hypothalamus leiten sich jedoch die sekretorischen Zellen des SKO von Gliaelementen ab. Außer dem SKO existieren im Epithalamus der Wirbeltiere noch andere ependymale Sekretionsbezirke. Hierzu gehören das Subfornikalorgan und das Paraventrikularorgan. Alle Organe in der nervösen Peripherie (Paraganglien) und im Zentralnervensystem, die physiologisch bedeutungsvoll sind und räumliche Beziehung zum Ventrikel besitzen, faßt HOFER (1964) als Circumventrikuläre Organe zusammen. Unter ihnen ist das SKO das am besten bekannte. Es ist zu erwarten, daß die Untersuchung auch anderer derartiger Organe zu Ergebnissen führen wird, die das Verständnis vergleichend-endokrinologischer Probleme grundsätzlich fördern können.

Zu den epithalamischen Bezirken zählt auch die Epiphyse, die zu den gliokrinen Systemen gewisse Verbindungen aufweist. Die in vielem noch unklare Bedeutung des epithalamischen Bereiches kann bisher nicht befriedigend eingeordnet werden. Es besteht jedoch ein funktioneller Zusammenhang der Organe des Zwischenhirndaches, auf den ROUSSY und MOSINGER (1938, 1939) hinwiesen. Darüber hinaus erscheint der von OKSCHE (1959/1960) geäußerte Gedanke recht plausibel, daß das Zwischenhirn außer dem hypothalamischen neurosekretorischen System einen epithalamischen Regulationsbereich entwickelt hat, der nach allem gliokriner Natur ist. Es erscheint denkbar, daß zwischen den neurosekretorischen Hypothalamusbereichen und der Epiphysenregion Beziehungen bestehen, wofür Hinweise in morphologischer und physiologischer Hinsicht gegeben sind (SCHARRER 1951; BARRY 1954; MILIN 1958; ARON, COMBESCOT DEMARET und GUYON 1960).

Die Feststellung sekretorischer Tätigkeit beider Elemente des Nervensystems, sowohl der Neuronen als auch der Gliazellen, wirft eine Anzahl grundsätzlicher Probleme hinsichtlich der Beurteilung der ursprünglichen hormonalen Regulation auf, die sich auf Wirbellose ebenso wie auf Wirbeltiere beziehen.

Die histologischen und funktionellen Analogien, die zwischen den Vorgängen der Neurosekretion und der Gliasekretion bestehen, haben mitunter dazu geführt, beide Erscheinungen zusammenzufassen (DE ROBERTIS 1962; VIGH, AROS, ZARAND, WENGER und TÖRK 1962). Das erscheint nicht berechtigt. Die verschiedenen sekretorisch tätigen Ependymbereiche innerhalb des Zentralnervensystems können allerdings im Zusammenhang mit der Entwicklung des neurokrinen Systems als dem primär im Tierreich entstandenen hormonalen Regulationssystem bewertet werden. So verstanden, müßte man die Gliasekretion als eine phylogenetische Erscheinung zur Erweiterung des primären Koordinationssystems ansehen. Mit diesen Zellbezirken bzw. Organen sind zusätzlich zu den Neuronen auch die Gliazellen in die für die höher differenzierten Organismen erforderlich gewordene Aufgabe einer umfassenden hormonalen Koordination seiner einzelnen Teile mit einbezogen worden. Offenbar ist dieses Prinzip nicht zur vollen Entwicklung gekommen. Hierfür sprechen diejenigen Komplexe sekretorischer Gliazellen, die entweder in ihrem Umfang und ihrer Aktivität gering oder aber in ihrer funktionellen Bedeutung nicht eindeutig erkennbar sind. Hierfür spricht weiterhin die Tatsache, daß das SKO gewisse Tendenzen der Rückbildung innerhalb der Wirbeltierklassen mehr oder weniger deutlich erkennen läßt. Ähnliches gilt, abgesehen von der bis heute bestehenden grundsätzlichen Unsicherheit in der Beurteilung ihrer funktionellen Bedeutung, auch für die Epiphyse. Ihre regressive Tendenz kann man daraus entnehmen, daß sie bei Ratten voll aktiv ist, während sie beim Menschen nur in der ersten Lebenshälfte in normalem Ausmaß funktioniert, später jedoch allmählich Verkalkungserscheinungen zeigt. Die gegenüber früheren Anschauungen neue Einschätzung der Bedeutung der Gliazellen ergibt sich außerdem aus der Vorstellung, daß sie in dem nichtneuralen Vermittlerprozeß von Informationen generell einbezogen sein können (GALAMBOS 1961).

Der „Gliasekretion" wurde bei wirbellosen Tieren bisher sehr wenig Beachtung geschenkt. Charakteristisch hierfür sind die histophysiologisch erkennbaren Sekretionsvorgänge und die Sekretabscheidung. Die wenigen bisher genauer bekannten Fälle (*Periplaneta americana* und *Asterias rubens*) erlauben jedoch noch keine Aussagen, ob den Faktoren irgendwelche funktionelle Bedeutung zukommt (FÜLLER 1960; BARGMANN, v. HARNACK und JACOB 1962; NOVÁK und GUTMANN 1962; PIPA, NISHIOKA und BERN 1962).

Die in unserer Darstellung vertretene Auffassung, daß die Neurokrinie als die primäre Form hormonaler Regulation im Tierreich anzusehen ist und die — wie sich wohl gezeigt haben dürfte — bei wirbellosen Tieren mit fortschreitender Erkenntnis ständig neue Bestätigungen erfährt, ist letztlich auch bei Wirbeltieren nachweisbar. Dieses für das ganze Tierreich gültige einheitliche Prinzip führt zwangsläufig nochmals zu der Frage nach der Beziehung zwischen den nichtsekretorisch tätigen Elementen und den Sekretionszellen des Nervensystems (S. 24). Es ist einzusehen, daß ein Verständnis eher von den phylogenetisch ursprünglichen Verhältnissen der wirbellosen Tiere her als durch das Beispiel des differenzierten Systems der Wirbeltiere zu erwarten ist. In diesen Fragenkomplex können auch die Gliazellen einbezogen werden, denn sie leiten sich ebenso wie die Neurone von denselben embryonalen Zellen ab. Die an früherer Stelle erörterte Auffassung, daß die Neurosekretion nicht der Ausdruck besonderer Spezialisierung, sondern im Gegenteil eine ursprüngliche Eigenschaft der aus dem Ektoderm hervorgegangenen spezialisierten Nervenzelle ist (Gersch 1957, 1960) (S. 25), schließt die Möglichkeit ein, daß auch die Gliazellen zu Sekretionsleistungen befähigt sein können (Novák und Gutmann 1962). Ihre mit den Neuronen zunächst gemeinsame Abstammung aus dem Ektoderm läßt erwarten, daß ihnen in gleicher Weise das Vermögen zur Sekretion zukommen kann (Abb. 122). Daß es jedoch nicht stets so in Erscheinung tritt wie bei den Neuronen, dürfte sich mit der im Zuge der weiteren Differenzierung eingetretenen Spezialisierung zwischen diesen beiden Zelltypen des Nervensystems erklären lassen.

In dieser Hinsicht ließe sich vielleicht sogar verstehen, daß die Gliasekretion bei wirbellosen Tieren offenbar eine weit geringere Bedeutung haben muß (von der wir allerdings überhaupt noch nichts wissen — vielleicht gerade aus dem soeben genannten Grunde), während diese Form bei Wirbeltieren mehr in Erscheinung tritt, ohne daß alle ependymalen Bereiche eine gleichmäßige Stufe der Sekretionstätigkeit erreichen. Es erscheint recht spekulativ, wenngleich nicht ausgeschlossen, daß auch diese Tatsache damit in Verbindung zu bringen ist, daß bei den Wirbeltieren mit ihren verschiedenen hormonalen Drüsenorganen ein neuer Weg in der Ausbildung des Hormonsystems im Tierreich beschritten ist. Unwahrscheinlich ist diese Vorstellung deshalb nicht, weil innerhalb der einzelnen Klassen der Wirbeltiere sowohl im Bereich der neurohormonalen als auch der „gliokrinen" Regulation mehr oder weniger deutliche Tendenzen zur Reduktion erkennbar sind.

Hormondrüsen, die untereinander in meist wechselseitiger Kontrolle stehen, stellen die entscheidenden Strukturelemente des endokrinen Systems der Wirbeltiere dar. Bezeichnend ist dabei, daß sämtliche Drüsen mit Ausnahme der Adenohypophyse nicht, wie fast ausschließlich bei allen wirbellosen Tieren, ektodermaler Herkunft sind. Mit der Einbeziehung von Entoderm und Mesoderm zum Aufbau des ohne Zweifel ursprünglich ektodermalen Koordinationssystems zeichnet sich der neue und für die Wirbeltiere typische Weg der Anlage ihres Hormonsystems ab. Von den verschiedenen Hormondrüsen erscheint es in phylogenetischer Hinsicht aufschlußreich, die ontogenetische Entwicklung der Adenohypophyse in Betracht zu ziehen. Dies ist sowohl

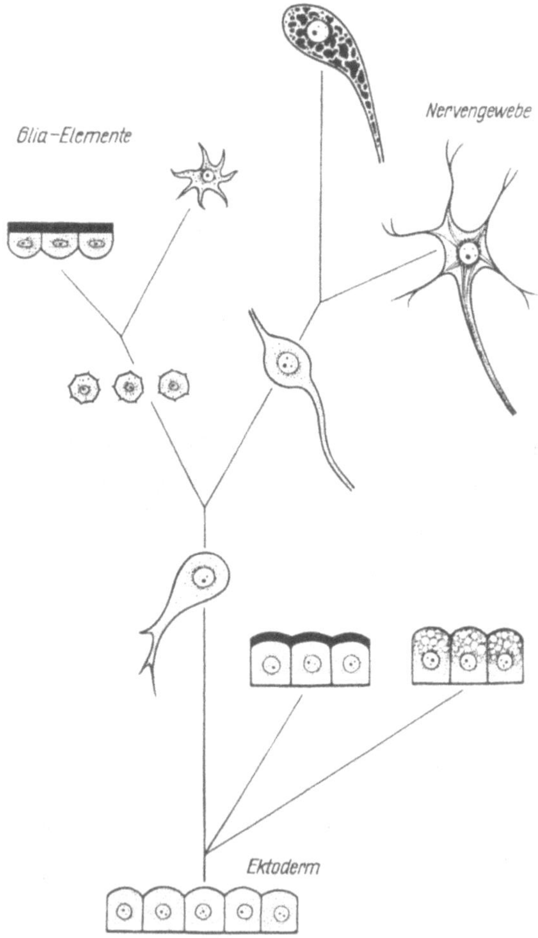

Abb. 122. Ontogenetische Zusammenhänge von Zell- und Gewebestrukturen ektodermaler Herkunft. (Zusammengestellt nach GERSCH 1960 sowie NOVÁK und GUTTMANN 1962)

für das Verständnis der Evolution des Hormonsystems der Wirbeltiere als auch für den Vergleich mit dem bei Arthropoden (speziell Insekten) analogen Komplex von Gehirn-Gehirnanhangsdrüsen von Bedeutung.

Die Adenohypophyse entwickelt sich aus dem ektodermalen Epithel der Mundbucht durch Einschnürung unter Bildung der Hypophysen- oder RATHKEschen Tasche (Abb. 123). Hinter dieser Bildung erscheint eine zweite Tasche, die von vornherein nur seicht ist und sich später immer mehr abflacht, bis sie schließlich ganz verschwindet. Diese in der menschlichen Entwicklung hinter der Rachenhaut gelegene SEESSELsche Tasche wird dem Entoderm zugerechnet. Mit der folgenden Vertiefung gliedert sich die Hypophysentasche im Verlauf des weiteren Wachstums in zwei Abschnitte, den Hypophysenstiel, der die Verbindung zum Entstehungsort zunächst noch aufrecht erhält, und einen dem Zwischenhirnboden anliegenden breiten Sack, den Hypophysensack. Der Hypophysengang rudimentiert allmählich, wobei am Hypophysensack und am Mundhöhlendach noch kleine Anhänge auf die Entstehungsweise hindeuten. Der Hypophysensack bildet sich zur Adenohypophyse um. Ein Einschnitt am oberen Rande kann den vom Gehirn aus ventralwärts wachsenden Processus infundibuli aufnehmen, woraus sich schließlich die Neurohypophyse herleitet. Durch Verdickung der medianen und lateralen vorderen Wandung des Hypophysensackes entsteht schließlich die Anlage des Hypophysenvorderlappens.

Aus diesem hier nur ganz gedrängt dargestellten Entwicklungsverlauf erscheinen uns drei Tatsachen von grundsätzlicher Bedeutung zu sein (Abb. 123): 1. die ektodermale Herkunft, 2. die dorsalwärts gerichtete Wachstumstendenz, die zur direkten Verbindung mit dem neurokrinen System führt und 3. die der Adenohypophyse in Verbindung mit der Neurohypophyse zukommende übergeordnete Stellung gegenüber den anderen Hormondrüsen. Hieraus kann der Schluß gezogen werden, daß die Adenohypophyse als die ursprünglichste *Hormondrüse* der Wirbeltiere anzusehen ist.

Zugleich lenkt diese Entstehungsweise unsere Aufmerksamkeit auf analoge Vorgänge bei denjenigen wirbellosen Tieren, die gleichfalls über ektodermale Hormondrüsen verfügen und für die ebenfalls eine Beziehung zum neurokrinen System besteht. Am besten können diese Verhältnisse am Beispiel der Insekten als der am eingehendsten untersuchten Tiergruppe dargestellt werden.

Die Corpora allata der Insekten sind ektodermaler Herkunft. Ihre ersten Anlagen stellen entweder solide Zellhaufen, in denen später Höhlungen auftreten, oder aber Einstülpungen an der Grenze zwischen Mandibular- und Maxillarsegment dar (S. 89). Durch einen passiven

Vorgang in Verbindung mit Wachstumsprozessen mesodermaler Gewebe werden sie im Verlauf der weiteren Ontogenese an das Dorsalgefäß herangezogen (Abb. 124). Hier vollzieht sich die weitere Differenzierung. Eine unmittelbare morphologische Verbindung mit dem neurokrinen System erfolgt bei den Corpora allata zwar nicht. Dennoch ist eine Beziehung außer durch die von den Corpora cardiaca aus erfolgende Innervierung auch durch die bei verschiedenen Insekten wahrscheinliche Speicherung von Neurosekret über den Nervus allatus ersichtlich.

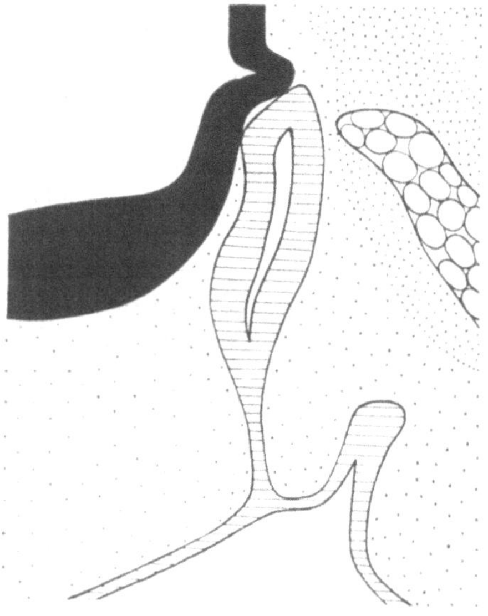

Abb. 123. Schematische Darstellung der Entwicklung der Adenohypophyse: Aus dem ektodermalen Munddach faltet sich die RATHKEsche Tasche ab. Die Anlage wandert dorsalwärts und gewinnt dadurch Verbindung mit den nervösen Elementen des Diencephalons (Infundibulum)

Die Parallele in der Entstehungsweise und im weiteren Verhalten zwischen den Corpora allata der Insekten und der Adenohypophyse der Wirbeltiere führt dazu, die schon lange bekannte Analogie zwischen dem Komplex Gehirn-Corpora cardiaca der Insekten und dem Hypothalamus-Neurohypophysensystem der Wirbeltiere zu erweitern. Der Vergleich läßt sich auch auf den Hypophysenvorderlappen ausdehnen. Die dem ektodermalen Munddachepithel entstammende Adenohypophyse kann den ebenfalls ektodermalen Kopfbereichen entstammenden Corpora allata der Insekten zur Seite gestellt werden. Daß erstere unpaar entsteht, während die Corpora allata paarig angelegt werden, dürfte keinen wesentlichen Unterschied bedeuten. Die Corpora allata haben im Gegensatz zur analogen Bildung der Wirbeltiere nicht den Weg zur morphologischen Einheit mit dem als primär anzusehenden neurokrinen System gefunden, obgleich auch bei ihnen Beziehungen dazu bestehen.

Bei dem jetzigen Stand unserer Kenntnisse erscheint es ohne Zweifel unsicher und verfrüht, die ontogenetisch-anatomische Analogie der Corpora allata der Insekten mit der Adenohypophyse der Wirbeltiere auch auf das funktionelle Gebiet auszudehnen. Dennoch kann

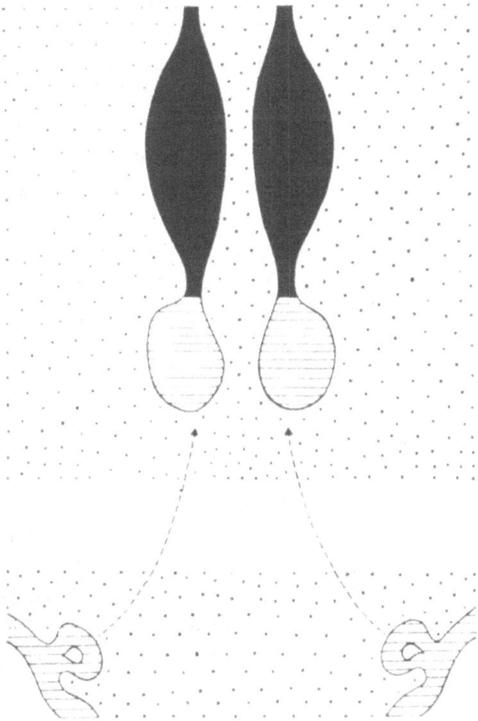

Abb. 124. Schematische Darstellung der Entwicklung der Corpora allata der Insekten: Aus dem Ektoderm schnüren sich paarige Bläschen ab, die im Zuge dorsaler Bewegung Anschluß an das neurokine System (Corpora cardiaca) finden

die Parallele zwischen der vielseitigen stoffwechselregulatorischen Tätigkeit des Hypophysenvorderlappens der Wirbeltiere mit der stoffwechselphysiologisch-regulierenden Bedeutung der Corpora allata der Insekten nicht übersehen werden.

Im Gegensatz zur Adenohypophyse bieten die anderen Hormondrüsen keine direkte Möglichkeit der Analogie zu den Verhältnissen bei wirbellosen Tieren. Hier tritt das den Wirbeltieren eigene Prinzip bei der Entwicklung ihres Hormonsystems zutage, nämlich die Ausbildung hormonaler Drüsenorgane aus dem Entoderm und dem Mesoderm. Die Wandlungsfähigkeit des entodermalen Epithels wird daraus ersichtlich, daß hieraus sowohl die verschiedenen Epithelarten, die den Darm auskleiden, als auch so verschiedenartige Organe, wie z. B. die Thyreoidea, der Thymus, Epithelkörperchen ebenso wie die großen Verdauungsdrüsen, Leber und Pankreas, sich ableiten.

Keimdrüsen und Nebennierenrinde entstammen dagegen bekanntlich dem Mesoderm. Dabei weist das Verhalten der beiden Anteile der Nebenniere, Rinde und Mark, in den einzelnen Klassen der Wirbeltiere auf Vorgänge hin, die nur phylogenetisch verständlich sind. Bei den Cyclostomen und Fischen sind diese beiden Bestandteile voneinander getrennt. Bei den Amphibien und Reptilien legen sie sich aneinander, bei den Vögeln durchwachsen sie sich, und bei den Säugetieren wird das Mark von der Rinde umwachsen.

Die phylogenetisch ursprünglichen Züge im Hormonsystem der Wirbeltiere repräsentieren sich somit fast ausschließlich im neurokrinen Bereich. Andererseits treten auch bei verschiedenen Wirbellosen gewisse Kennzeichen einer erst bei Wirbeltieren allgemein verwirklichten Ausprägung im Hormonsystem auf. Hierzu gehören die androgene Drüse der Malacostracen und die Geschlechtsdrüsen.

Häufig ist das Vorkommen bestimmter Stoffe oder Stoffgruppen als ein Hinweis auf Ähnlichkeit der hormonalen Regulation zwischen Wirbellosen und Wirbeltieren bewertet worden. Dies trifft z. B. für die im Tierreich weit verbreiteten Catecholamine zu (Östlund 1954). Vergleichend-endokrinologisch ist außerdem die Feststellung bemerkenswert, daß das Herz der Cyclostomen analog den Verhältnissen mancher Achordaten spezifische granuläre chromaffine Zellen aufweist, die Catecholamine enthalten (Bloom, Östlund, v. Euler 1962). Diese Zusammenhänge lassen sich mit der hier entwickelten Vorstellung über die Funktion der Nervenzellen als neurokrine Bildungsstätten in Einklang bringen.

Einen Ansatz für weitere Analogieschlüsse über hormonale Beziehungen zwischen Wirbellosen und Wirbeltieren bilden die im Tierreich festgestellten Jodverbindungen. Ihr Vorkommen bei niederen Chordaten und deren physiologische Wirkungen werden als Vorstufe der Funktion der Schilddrüse angesehen (Barrington 1959, 1962). Die Fähigkeit zur Thyroxinsynthese tritt nicht nur im Endostyl der Larven von Cyclostomen (Abb. 126), sondern auch in bestimmten Bereichen des Endostyls von *Branchiostoma* und selbst im Ascidien-Endostyl auf (Abb. 125). Extrakte dieser Bereiche lösen bei Amphibien-Larven Metamorphoseerscheinungen aus. Viel größer als im Endostyl scheint der Gehalt solcher Jodverbindungen im Mantel der Ascidien zu sein (ROCHE, SALVATORE, RAMETTA und VARRONE 1961). Es wird angenommen, daß Jodverbindungen ganz allgemein für die Entwicklung besondere Bedeutung besitzen. Das Auftreten solcher Verbindungen bereits bei Coelenteraten und verschiedenen marinen Wirbellosen anderer Tierstämme wird als ein Hinweis für eine phylogenetisch frühzeitige Erscheinung der darauf beruhenden Hormonwirkung gewertet (TONG und CHAIKOFF 1961; GORBMAN 1941, 1954, 1955; ROCHE und JOUAN 1956; BERG, GORBMAN und KOBAYASHI 1960). Inwieweit eine solche Parallele zu den Hormondrüsen der Wirbeltiere, die als sekundäre Bildungen zu verstehen sind, allgemeine Bedeutung hat, läßt sich aus den verhältnismäßig wenigen Angaben nicht sagen. Eher scheinen die spärlichen Anzeichen anzudeuten, daß diese Art der Regulation den Hormondrüsen der Wirbeltiere vorbehalten geblieben und nicht so frühzeitig in der Stammesgeschichte verankert ist.

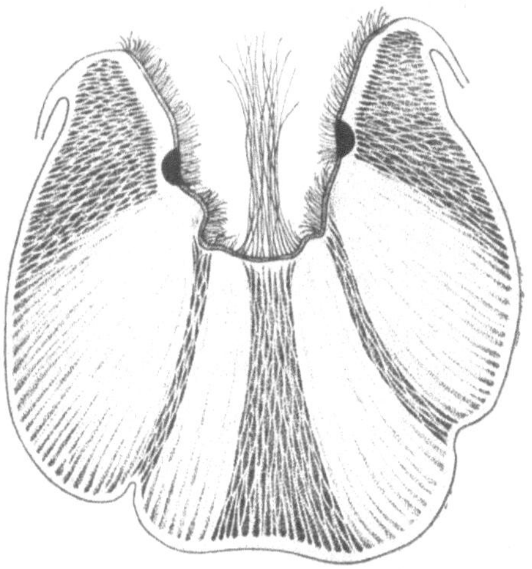

Abb. 125. Endostyl von *Branchiostoma*. Synthese von Jodverbindungen in bestimmten Bereichen (schwarz gekennzeichnet). (Nach BARRINGTON 1962)

Für einen Vergleich des Chemismus der Hormone zwischen Wirbellosen und Wirbeltieren kommen nach dem bisher Gesagten viel eher die Neurohormone in Betracht. Dies wird allerdings durch die Unkenntnis, die hierin für die Wirbellosen besteht, sehr erschwert und ungewiß.

Kein Neurohormon der wirbellosen Tiere kann bisher chemisch charakterisiert werden. Die beiden Neurohormone C und D aus dem Zentralnervensystem von Krebsen und Insekten (S. 338) sind aller Wahrscheinlichkeit nach Peptide. Ihre genaue Kenntnis dürfte von grundsätzlicher Bedeutung in vergleichend-endokrinologischer Hinsicht sein. Die chemische Aufklärung dieser beiden wie auch der Neurohormone aus anderen Tierklassen der Wirbellosen dürfte eine wesentliche Vertiefung des Verständnisses der evolutionistischen Zusammenhänge der Hormone zwischen wirbellosen Tieren und Wirbeltieren mit sich bringen.

Aber auch bei dem jetzigen Stand unserer Kenntnisse ergibt die vergleichende Betrachtung der Hormone des phylogenetisch ursprünglichen endokrinen Bereiches der Wirbeltiere bemerkenswerte Hin-

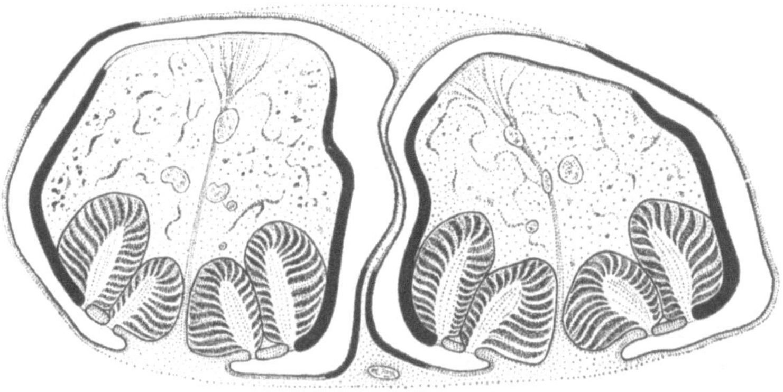

Abb. 126. Fähigkeit zur Thyreoid-Synthese in bestimmten Bereichen des Endostyls von Cyclostomen. (Nach BARRINGTON 1962 umgezeichnet)

weise. Diese ordnen sich nicht nur gut in die aufgezeigte Entwicklungslinie ein, sondern sie liefern vielmehr weitere Tatsachen, die unsere Vorstellungen von der physiologisch-biochemischen Seite unterbauen können.

Nochmals steht damit das System Hypothalamus-Hypophyse zur Diskussion.

Gewisse Gemeinsamkeiten sowie zugleich auffällige Unterschiede des chemischen Aufbaues der Hormone beider Anteile der Hypophyse, Neurohypophyse und Adenohypophyse, erscheinen gleichermaßen aufschlußreich. Das Gemeinsame besteht darin, daß alle Hypophysenhormone Peptide darstellen, unter denen die vier aus der Neurohypophyse der Wirbeltiere bekannten und isolierten Neurohormone Octopeptide sind. Die Hormone des Hypophysenvorderlappens dagegen bilden höher molekulare Einheiten.

Tabelle 6. Die vier bei Wirbeltieren vorkommenden Neurohormone

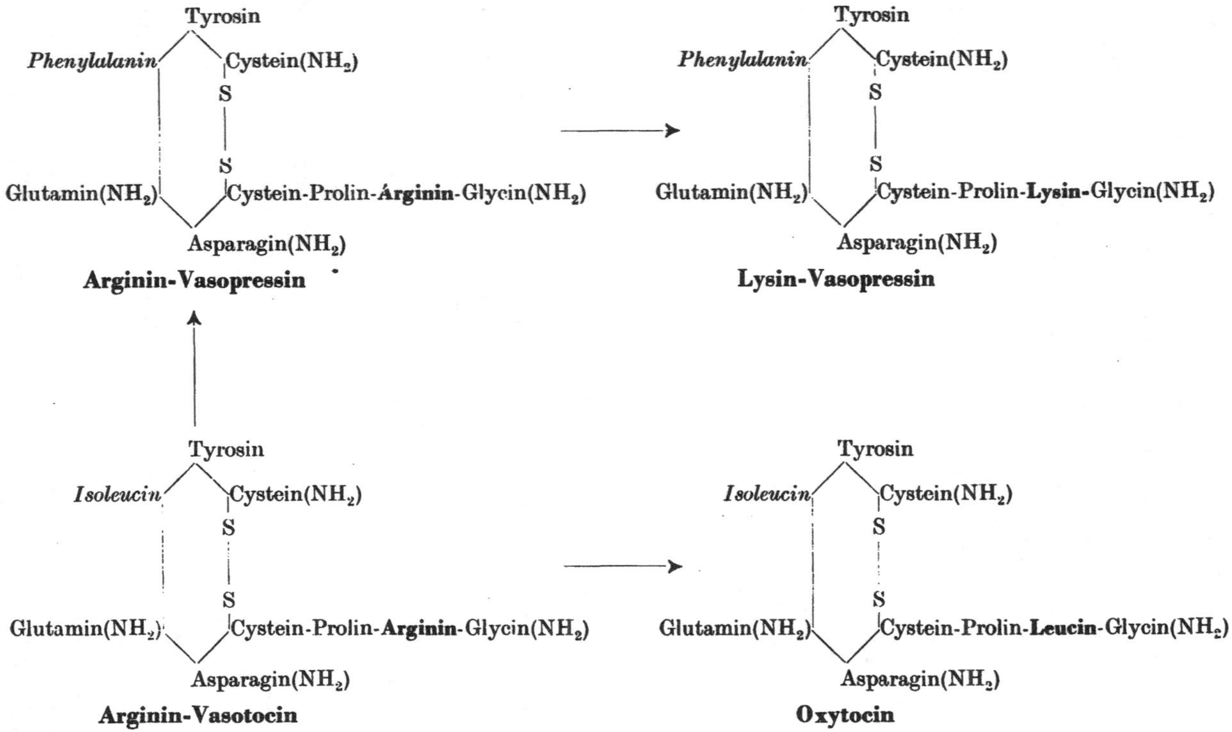

Die jeweilige Zusammensetzung der Neurohormone aus 8 Aminosäuren und ihr Vorkommen in den einzelnen Wirbeltierklassen drängen zu einer phylogenetischen Interpretation (Tab. 6). Als ursprüngliches Neurohormon aus der Gruppe dieser Octopeptide ist Arginin-Vasotocin anzusehen, das bei allen poikilothermen Wirbeltieren und den Vögeln angetroffen wird, und von dem sich das bei allen Wirbeltieren vorkommende Oxytocin durch Austausch der Aminosäuren Arginin mit Leucin ableitet. Andererseits läßt sich, vom Arginin-Vasotocin ausgehend, ohne Schwierigkeit die Herkunft von Arginin-Vasopressin der Säuger und von Lysin-Vasopressin der Schweine durch den Einbau von Phenylalanin anstelle von Isoleucin verstehen. Im zweiten Falle ist außerdem Arginin aus dem Peptidenmolekül des Arginin-Vasotocins durch Lysin ersetzt (SAWYER 1961).

Das neuerdings aus der Neurohypophyse von Knochenfischen isolierte neue Hormon (Isotocin) kann in unserer Darstellung nicht weiter berücksichtigt werden (ACHER, CHAUVET, CHAUVET und CREPY 1962).

Darüber hinaus wurde aus dem Vorderlappen mit dem sogenannten Neurophysin ein Protein von großer Ähnlichkeit mit Oxytocin und den Vasopressinen isoliert (STOUFFER, HOPE und DU VIGNEAUD (1963).

Aus vergleichend-endokrinologischen Gesichtspunkten erscheint es recht belangreich, daß sämtliche Hormone des Hypophysenvorderlappens ebenfalls Proteine von z. T. wesentlich höherem Molekulargewicht als diejenigen des Hinterlappens sind. Demgegenüber fällt die Tatsache weniger ins Gewicht, daß einzelne Hormone in dieser Hinsicht bei verschiedenen Tierarten beträchtliche Unterschiede aufweisen. So setzt sich das Wachstumshormon (Somatotropin) der menschlichen Hypophyse aus 256, das des Rindes aus 416 Aminosäuren zusammen. Ebenso wurden aus der Pars intermedia mehrere verwandte Substanzen von gleicher physiologischer Wirkung isoliert. Das jeweilige ACTH aus Schwein, Rind und Schaf weist gleichfalls strukturelle Unterschiede in der Aminosäuresequenz auf.

Aufschlußreich für phylogenetische Zusammenhänge dürfte jedoch sein, daß Somatotropin, Prolactin, Intermedin und das adenocorticotrope Hormon (ACTH) reine Proteine darstellen, während das thyreotrope Hormon und die beiden weiblichen gonadotropen Hormone, Follikelstimulations- und Gelbkörperhormon, Glykoproteinkomplexe bilden. Für die ,,Verwandtschaft" einiger Proteinkörper spricht, daß sie einander entsprechende physiologische Wirkungen ausüben. Damit wiederum steht die streckenweise gleichartige Sequenz der Aminosäuren in der Proteinkette des betreffenden Moleküls im Zusammenhang (Li 1963). So vermag das Somatotropin eine laktogene Aktivität, das adenocorticotrope Hormon einen Einfluß auf die Melanophoren entsprechend dem Intermedin auszuüben.

Die molekularen Unterschiede, die zwischen den Octopeptiden und den Proteinhormonen bestehen, bezeichnen die Linie, die von den niedermolekularen Peptiden des Hinterlappens über die hochmolekularen Proteinhormone zu den Glykoproteidhormonen des Vorderlappens führt. Von einer Ausnahme – dem Insulin – abgesehen, leiten sich alle anderen Hormone der Wirbeltiere, die den Hormondrüsen des Entoderms und Mesoderms entstammen, auch von anderen chemischen Grundkörpern her. Hierin kann eine Parallele zu den Einsichten erblickt werden, zu denen der anatomisch-ontogenetische Vergleich des Hormonsystems führt. Es bestätigt sich auch von jener Seite die Vorstellung, daß der Aufbau des Hormonsystems der Wirbeltiere und seine Funktionsweise am ehesten aus zwei graduell zu unterscheidenden Komplexen verständlich wird: dem phylogenetisch ursprünglichen Bereich mit seinen Proteinhormonen und den phylogenetisch offensichtlich jüngeren Hormondrüsen aus Entoderm und Mesoderm mit im wesentlichen anderen chemischen Vermittlersubstanzen.

In diesem Zusammenhang erscheint es bemerkenswert, daß das Prothoracaldrüsenhormon der Insekten (Ekdyson), das das einzige in seiner chemischen Natur bekannte Hormon der wirbellosen Tiere ist, keinen Peptidkörper darstellt. Vielmehr ist es wahrscheinlich der Stoffgruppe der Steroide zuzuordnen (S. 342). Gebildet wird es in einer vom neurokrinen System morphologisch unabhängigen Hormondrüse.

Der Vergleich lehrt insgesamt, daß die Prinzipien im Aufbau des Hormonsystems, die für die wirbellosen Tiere bestehen, auch bei Wirbeltieren ursprünglich erkennbar sind. Sie treten in Form der Neurosekretion mit der Produktion von Wirkfaktoren in Erscheinung. Als weitere Stufe dieser Entwicklung sind die bei Wirbellosen wie bei Wirbeltieren vorhandenen Speicherorgane (Neurohaemalorgane) zu bewerten. Auch bei Wirbeltieren sind hierbei graduell verschiedene Entwicklungsstufen erkennbar. Das bezieht sich sowohl auf die Neurophysis spinalis caudalis als auch auf die Neurohypophyse. Der nächste Schritt ist die Entstehung ektodermaler Hormondrüsen. Die bei der Adenohypophyse vorliegende Tendenz, in enge morphologische und funktionelle Beziehung zu dem neurokrinen System zu treten, findet unter den Wirbellosen ihre aus-

gesprochenste Parallele im Verhalten der Corpora allata der Insekten. Das Hypophysensystem kann daher als primäre Form des Hormondrüsensystems der Wirbeltiere angesehen werden. Die funktionelle Überordnung der Hypophyse anderen Hormondrüsen gegenüber ist hierfür sicherlich ein Ausdruck. Ein wesentliches Charakteristikum des Hormonsystems der Wirbeltiere stellt schließlich die Ausbildung spezifischer Hormondrüsen, die dem Entoderm und dem Mesoderm entstammen, dar. Für sie trifft bezeichnenderweise kein so enges funktionelles Verhältnis zu dem phylogenetisch als primär zu wertenden neurokrinen System zu.

Die durch die anatomisch-ontogenetischen Tatsachen begründeten Vorstellungen finden eine sehr aufschlußreiche Stütze durch die Feststellungen über die chemische Natur der Hormone der Neurohypophyse und des Hypophysenvorderlappens im Vergleich zu den sonstigen Drüsenhormonen der Wirbeltiere.

Die vergleichend-endokrinologische Betrachtung zeigt, abgesehen von zahlreichen Einzeltatsachen, daß das Hormonsystem in ganz entsprechender Weise wie alle anderen Organsysteme des tierischen Organismus Entwicklungsstufen aufweist, deren grundsätzliche Kenntnis erst eine verständnisvolle Einordnung der jeweiligen morphologisch-funktionellen Verhältnisse im einzelnen erlaubt. Es kann nicht verwundern, daß in einem solch umfassenden Versuch der Deutung von Zusammenhängen viele Fragen noch offen bleiben oder auch manche Einzelheiten der Vorstellung vielleicht noch revidiert werden müssen. Dennoch ist zu hoffen, daß andererseits dadurch weitere Untersuchungen angeregt werden, die zu einem grundlegenden und allgemeinen Verständnis der hormonalen Koordinationsweise bei wirbellosen Tieren wie überhaupt im Tierreich beitragen.

Literatur

Arbeiten, die im Text der verschiedenen Hauptteile des Buches zitiert sind, findet der Leser nur in einer Zusammenstellung der hier vorgenommenen Unterteilung des Literaturverzeichnisses angegeben.

Darstellungen über Hormone der wirbellosen Tiere in Buchform

BUDDENBROCK, W. VON: Vergleichende Physiologie, Bd. 4 Hormone, Basel 1950.[1])

CARLISLE, D. B., und F. G. W. KNOWLES: Endocrine control in crustaceans, Cambridge 1959.

GORBMAN, A., und H. A. BERN: A textbook of comparative endocrinology. New York, London (1962).[1])

HANSTRÖM, B.: Hormones in invertebrates, Oxford 1939.

JENKIN, P. M.: Animal hormones, Bd. 1, Kinetic and metabolic hormones, Oxford, London, New York, Paris 1962.[1])

KOLLER, G.: Hormone bei wirbellosen Tieren, Leipzig 1938.

LELU, P.: Les corrélations humorales chez les invertébrés, Paris 1938.

NOVÁK, V. J. A.: Insektenhormone. Prag 1959.

SCHARRER, E. und B.: Neuroendocrinology, New York, London 1963.[1])

UMEYA, Y.: Hormones in invertebrates, Sŷokoko (Tokyo) 1953 (japanisch).

WENSE, VON DER, TH.: Wirkungen und Vorkommen von Hormonen bei wirbellosen Tieren, Leipzig 1938.

Einzelarbeiten

1. Literatur zu den Kapiteln Einleitung, Protozoen und zum I. Hauptteil

ÁBRAHÁM, A.: Histological, histochemical and cytological examinations on the central nervous system of the swimming beetle (Dytiscus marginalis). Acta biol. Acad. Sci. Hung. Suppl. 4, **12** (1962) 35.

ÅKESSON, B.: A study of the nervous system of the sipunculoideae with some remarks on the development of the two species *Phascolion strombi* Montagu and *Golfingia minuta* Keferstein. Undersökningar över Öresund Lund **38** (1958) 1–249.

—: The development of *Golfingia elongata* Keferstein (Sipunculidea) with some remarks on the development of neurosecretory cells in sipunculids. Ark. Zool. **13** (1961) 511–531.

---

[1]) In diesen Werken sind die Hormone der wirbellosen Tiere zwar nicht ausschließlich behandelt, jedoch wesentlich mit berücksichtigt worden.

ALEXANDROWICZ, J. S.: Notes on the nervous system in the stomatopoda. I. The system of median connectives. Pubbl. Staz. zool. Napoli **23** (1952) 201–214.

—: Nervous organs in the pericardial cavity of the decapod crustacea. J. Marine Biol. Assoc. **31** (1953) 563–580.

—: Notes on the nervous system in the stomatopoda. II. The system of dorsal trunks. III. Small nerve cells in motor nerves. Pubbl. Staz. zool. Napoli **24** (1953) 29–45.

ALTMANN, G.: Über die Wirkung von gonadotropen Substanzen und Sexualhormonen der Wirbeltiere auf das Ovar der Honigbiene. Z. Bienenforschg. **6** (1963) 135–136.

— und D. KUHNEN-CLAUSEN: Innersekretorische Zellen im Nervensystem von *Lymnea stagnalis*. Ann. Univ. Saravensis Sci. **8** (1961) 135–140.

AMAR, R.: Les formations endocrines cérébrales des isopodes marins. C. R. Acad. Sci. Paris **230** (1950) 407–409.

AMMON, R., und W. DIRSCHERL: Fermente, Hormone, Vitamine. Bd. Hormone, 2. Aufl., Stuttgart 1960.

ANTHEUNISSE, L. J.: Neurosecretory phenomena in the zebra mussel *Dreissena polymorpha* Pallas. Gen. comp. Endocrinol. **3** (1963) 680.

—: Neurosecretory phenomena in the zebra mussel *Dreissena polymorpha* Pallas. Arch. Neerl. Zool. **15** (1963) 237–314.

AROS, B.: Histochemische Untersuchung des neurosekretorischen Systems des Regenwurms *Eisenia foetida* Sav. in verschiedenen Lebensperioden. Gen. comp. Endocrinol. **3** (1963) 681.

— und E. BODNÁR: Histologische Untersuchungen über die neurohumorale Funktion von *Eisenia rosea* (Oligochaeta). Symp. Biol. Hung. **1** (1960) 191–202.

— und B. VIGH: Changes in the neurosecretion of the nervous system of earth worm under various external conditions. Acta. biol. Acad. Sci. Hung. Suppl. **3** (1959) 47.

— —: Histology of the neurohormonal apparatus in invertebrates. Acta morph. Acad. Sci. Hung. Suppl. **9** (1960) 13.

— —: Neurosecretory activity of the central and peripheral nervous system in the earthworm. Acta biol. Acad. Sci. Hung. **12** (1961) 169–186.

— —: Neurosecretory changes in the nervous system of *Lumbricus rubellus* Hoffm. provoked by various experimental influences. Acta biol. Acad. Sci. Hung. **12** (1961) 87–98.

— —: Neurosecretion as holocrine gland function in lumbricidae. Acta biol. Acad. Sci. Hung. **13** (1962) 177–192.

— —: Regeneration of the neurosecretory system of the cerebral ganglion in the earthworm (*Lumbricus terrestris*). Acta biol. Acad. Sci. Hung. **13** (1962) 323 bis 337.

ARVY, L.: Sur l'existence de cellules neurosécrétrices chez quelques annélides polychètes sédentaires. C. R. Acad. Sci. Paris **238** (1954) 511–513.

—: Contribution à l'étude de la neurosécrétion chez les annélides polychètes sédentaires. Bull. Labor. Dinard **40** (1954) 15–24.

—: Le système pars intercerebralis-corpus cardiacum-corpus allatum chez *Euroleon nostras* Fourcroy (néuroptéroide planipenne). BERTIL HANSTRÖM zoological papers in honour of his sixty-fifth birthday. Nov. 20th 1956, Zool. Institute Lund (1956) 47–55.

ARVY, L.: Neurosécrétion et glandes endocrines rétrocérébrales chez *Euroleon nostras* Fourcroy. Bull. Soc. zool. France **81** (1956) 166–167.

—, J. J. BOUNHIOL, und M. GABE: Déroulement de la neurosécrétion protocérébrale chez *Bombyx mori* L. au cours du développement post-embryonnaire. C. R. Acad. Sci. Paris **236** (1953) 627–629.

— und M. GABE: Données histophysiologiques sur les formations endocrines rétrocérébrales chez les „Ecdyonuridae" (ephéméroptères). Bull. Soc. zool. France **75** (1950) 267–285.

— —: Données histophysiologiques sur les formations endocrines rétrocérébrales de quelques odonates. Ann. Sci. nat. Sér. Zool. Biol. animale **14** (1952) 345–374.

— —: Données histo-physiologiques sur la neurosécrétion chez quelques éphéméroptères. Cellule **55** (1952) 203–222.

— —: Particularités morphologiques des formations endocrines rétrocérébrales chez *Ecdyonurus dispar* (CURT) et chez *Ecdyonurus torrentis* KIMMINS. Bull. Soc. zool. France **77** (1952) 229–230.

— —: Contribution à l'histologie des glandes endocrines cephaliques chez la larve de *Prosopistoma foliaceum* Fourcroy. Bull. Soc. zool. France **78** (1953) 451–462.

— —: Données histophysiologiques sur la neurosécrétion chez les paléoptères (éphémeroptères et odonates). Z. Zellf. **38** (1953) 591–610.

— —: Particularités histophysiologiques des glandes endocrines céphaliques chez *Tenebrio molitor* L. C. R. Acad. Sci. Paris **237** (1953) 844–846.

— —: The intercerebralis-cardiacum-allatum system of some plecoptera. Biol. Bull. **106** (1954) 1–14.

— —: Données histophysiologiques sur la neurosécrétion chez les insectes paléoptères (ephéméropterès et odonates). Pubbl. Staz. zool. Napoli Suppl. **24** (1954) 54–55.

— —: Contribution à l'histologie des glandes endocrines céphaliques chez la larve de *Prosopistoma foliaceum* Frourcroy. Bull. Soc. zool. France **78** (1954) 451–462.

— —: Histochemistry of the neurosecretory product of the pars intercerebralis of pterygote insects. Mem. Soc. Endocrinol. Nr. 12 Neurosecretion (1962) 331–344.

ASHHURST, D. E.: The cytology and histochemistry of the neurones of *Periplaneta americana*. Quart. J. microsc. Sci. **102** (1961) 399–405.

AUBRY, R.: L'action de l'hormone mâle sur la gonade des pulmonés. C. R. Acad. Sci. Paris **248** (1959) 1036–1038.

BAFFONI, G. M.: Osservazioni sui neuroni secretori del cerebro e dei gangli ventrali di un ortottero (*Gryllotalpa gryllotalpa* L.). Atti Accad. naz. Lincei. Rend. Cl. Sci. fis. mat. nat. **29** (1960) 400–404.

BAKER, I. R.: The golgi controversy. Symp. Soc. exp. Biol. **10** (1957) 1–10.

BARANYI, I. B., und J. SALÁNKI: Studies on neurosecretion in the central nervous system of Anodonta cygnea. Acta Biol. Hung. **13** (1963) 371–378.

BARETH, C.: Neurosécrétion cérébrale et corpora cardiaca chez *Campodea* (C.) *remyi* Denis (diploures, campodéidés). C. R. Acad. Sci. Paris **255** (1962) 1792–1794.

BARETH, C.: Mise en évidence de cellules neurosécrétrices dans le ganglion sous-oesophagien, les ganglions thoraciques et abdominaux chez *Campodea* (C.) *remyi* Denis (diploures, campodéidés). C. R. Acad. Sci. Paris **256** (1963) 785–786.

BARNES, H., und J. J. GONOR: Neuroscretory cells in some cirripedes. Nature 181 (1958) 194.

— —: Neurosecretory cells in the cirripede *Pollicipes polymerus*. J. mar. Res. **17** (1959) 81–102.

BART, A.: Sur le système neurosécréteur de *Petrobius maritimus* Leach (insecte thysanoure). C. R. Acad. Sci. Paris **254** (1962) 3244–3246.

—: Données histologiques et expérimentales sur le système neurosécréteur de l'insecte aptérygote *Petrobius maritimus* (*Leach*). Gen. comp. Endocrinol. **3** (1963) 398–411.

BAUER, E. E.: Über weibliche Sexualhormone bei einzelligen Tieren. Naunyn-Schmiedebergs Arch. exp. Path. Pharmakol. **163** (1931) 602–610.

BAYER, G., und T. VON DER WENSE: Über den Nachweis von Hormonen in einzelligen Tieren. I. Mitt. Cholin und Acetylcholin im Paramaecium. Pflügers Arch. ges. Physiol. **237** (1936) 417–422.

BAYLISS, W. M., und E. H. STARLING: Die chemische Koordination der Funktionen des Körpers. Ergeb. Physiol. **5** (1906) 664–697.

BEALE, G. H.: The genetics of *paramecium aurelia*, Cambridge 1954.

BEAULATION, J.: Observations sur la cytologie de la glande prothoracique des chrysalides en diapause de *Philosamia cynthia* Drury (lépidoptère attacide). C. R. Acad. Sci. Paris **253** (1961) (2126–2128.

BEKLEMISCHEW, W. N.: Grundlagen der vergleichenden Anatomie der Wirbellosen Bd. I, Berlin 1958; Bd. II, 1960.

BELIAEVA, T. G.: Certain data on the secretion of corpora allata in larvae of *Antheraea pernyi*. Dokl. Akad. Nauk UdSSR. **134** (1960) 987–990.

—: Data on the secretion of corpora cardiaca in caterpillars and moths of the chinese oak silkworm (*Antheraea pernyi*). Dokl. Akad. Nauk. UdSSR **140** (1961) 652–655.

BELLONCI, G.: Système nerveux et organes des sens du *Sphaeroma serratum*. Arch. Ital. Biol. **1** (1882) 176–192.

BERN, H. A.: The properties of neurosecretory cells. Gen. comp. Endocrinol. Suppl. **1** (1961) 117–132.

—: The secretory neuron as a doubly specialized cell. J. gen. Physiol. **46** (1962) Abstr. S. 357.

— R. S. NISHIOKA und I. R. HAGADORN: Association of elementary neurosecretory granules with the golgi complex. J. Ultrastruct. Res. **5** (1961) 311–320.

— — —: Neurosecretory granules and organelles of neurosecretory cells. Mem. Soc. Endocrinol. Nr. 12 Neurosecretion (1962) 21–34.

BERNARDINI-MOSCONI, P.: Morphologie de la glande ventrale et de la glande prothoracique chez les blattes et les termites. Abstr. Pap. 2nd Conf. Europ. Comp. Endocr. (1963) 5.

BHASKARAN, G., und P. J. DEORAS: Secretory activity of the corpus cardiacum. during the pupal development of *Musca nebulo*. Proc. XVI. Internat. Congr. Zool. Washington **2** (1963) 125.

Biedermann, M.: Neurosekretion bei Arbeiterinnen und Königinnen von *Apis mellifica* L. unter natürlichen und experimentellen Bedingungen. Z. w. Z. **141** (1964) (im Druck).

Bieniarz, B.: Influence of vertebrate gonadotropic hormones upon the reproductive cycle of certain protoza in frogs. Nature **165** (1950) 650–651.

Bitsch, J.: Le complexe nerveux hypocérébral et les corpora allata des Machilides (Ins. thysanura). C. R. Acad. Sci. Paris **254** (1962) 1501–1503.

Bliss, D. E., J. B. Durand und J. H. Welsh: Neurosecretory systems in decapod crustacea. Z. Zellf. **39** (1954) 520–536.

— — —: Some decapod crustacean neurosecretory systems. Pubbl. Staz. zool. Napoli Suppl. **24** (1954) 68–69.

— und J. H. Welsh: The neurosecretory system of brachyuran crustacea. Biol. Bull. **103** (1952) 157–169.

Bobin, G., und M. Durchon: Étude histologique du cerveau de *Perinereis cultifera* Grube (annélide polychète). Mise en évidence d'un complexe cérébro-vasculaire. Arch. anatom. microsc. Morph. exp. **41** (1952) 25–40.

— —: Sur le cerveau d'une annélide en voie de transformation hétéronéréidienne (*Perinereis cultrifera* Grube) et sur le déroulement d'un phénomène neurosécréteur. Arch. anatom. microsc. Morph. exp. **42** (1953) 112–126.

Boer, H. H.: A preliminary note on the histochemistry of the neurosecretory material (NSM) of the snail *Lymnaea stagnalis* (Basommatophora) Gen. comp. Endocrinol. **3** (1963) 687.

— und J. Lever: On the anatomy of the circulatory system in *Ferrissia shimekii* (ancylidae, pulmonata), especially of the blood supply of the central nervous system. Proc. Koninkl. Nederl. Akad. Wetensch. Ser. C **62** (1959) 76–83.

Bogoraze, D., und P. Cazal: Recherches histologiques sur le système nerveux du poulpe: les neurones, le tissu interstitiel et les éléments neuricrines. Arch. Zool. exp. gén. **83** (1944) 413–444.

— —: Remarques sur le système stomatogastrique du poulpe (*Octopus vulgaris* Lamarck). Arch. Zool. exp. gén. **84** (1946) 115–131.

Boisson, C. J.: Mode de sécrétion des corpora incerta de *Bacillus rossi* (Fabr.). C. R. Soc. Biol. **144** (1950) 784–786.

Bounhiol, J., M. Gabe und L. Arvy: Données histophysiologiques sur la neurosécretion chez *Bombyx mori* L. et sur ses rapports avec les glandes endocrines. Pubbl. Staz. zool. Napoli **24** (1954) 52–53.

Boycott, B. B., und J. Z. Young: The subpedunculate body and nerve and other organs associated with the optic tract of cephalopods. Bertil Hanström zoological papers in honour of his sixty-fifth birthday Nov. 20th 1956, Zool. Institute Lund. (1956) 76–105.

Bozler, E.: Untersuchungen über das Nervensystem der Coelenteraten. I. Teil: Kontinuität oder Kontakt zwischen den Nervenzellen? Z. Zellf. **5** (1927) 244–261.

Brandenburg, J.: Neurosekretorische Zellen des Regenwurms. Naturwissenschaften **43** (1956) 453.

Bretschneider, F.: Über die Gehirne der Küchenschabe und des Mehlkäfers. Jenaische Z. Naturwiss. **52** (1914) 269–362.

Brian, M. V.: The neuro-secretory cells of the brain, the corpora cardiaca and the corpora allata during caste differentiation in an ant. The ontogeny of insects. Prag 1960, 167–171.

BRIEN, P.: Substances gamétique, substance sexuelle chez les hydres d'eau douce. Gen. comp. Endocrinol. **3** (1963) 689–690.

BROUSSE, P., S. IDELMAN und D. ZAGURY: Mise en évidence de lipoprotéines à groupements-SH au niveau des grains de sécrétion des cellules neurosécrétrices de la blatte, *Blabera fusca* Br. C. R. Acad. Sci. Paris **246** (1958) 3106–3108.

BROWN, F. A.: Endocrine activity of the tritocerebral commissure of *Crago* (crustacea). Anatom. Rec. **94** (1946) 405.

— und O. CUNNINGHAM: Upon the presence and distribution of a chromatophorotropic principle in the central nervous system of *Limulus*. Biol. Bull. **81** (1941) 80–95.

BURDETTE, W. J.: Effect of invertebrate hormones on vertebrate tissues. Science **138** (1962) 987.

BURNETT, A. L., R. DAVIDSON und P. WIERNIK: On the presence of a feeding hormone in the nematocyst of *Hydra pirardi*. Biol. Bull. **125** (1963) 226–233.

BURTT, E. T.: On the corpora allata of dipterous insects. Proc. roy. Soc. London **124** (1937) 13–23.

—: On the corpora allata of dipterous insects. Proc. roy. Soc. London **126** (1938) 210–223.

CARLISLE, D. B.: Note préliminaire sur la structure du système neurosécréteur du pédoncule oculaire de *Lysmata seticaudata* Risso (crustacea). C. R. Acad. Sci. Paris **236** (1953) 2541–2542.

—: On the sexual biology of *Pandalus borealis* (crustacea decapoda). I. Histology of incretory elements. J. Mar. Biol. Assoc. U. K. **38** (1959) 381–394.

—: On the neurosecretory system of the brain and associated structures in *Sipunculus nudus* with a note on the cuticle. Gumma J. Medical Sci. **8** (1959) 183–194.

— und P. M. JENKIN: Terminology of hormones. Nature **183** (1959) 336–337.

— und P. E. ELLIS: La persistance des glandes ventrales céphaliques chez les criquets solitaires. C. R. Acad. Sci. Paris **249** (1959) 1059–1060.

— und W. J. PITMAN: Diapause, neurosecretion and hormones in copopoda. Nature **190** (1961) 827–828.

CASE, J.: The median nerves and cockroach spiracular function. J. Insect Physiol. **1** (1957) 85–94.

CAZAL, P.: Les glandes endocrines rétrocérébrales des insectes. (Étude morphologique). Bull. biol. France Belg. Suppl. **32** (1948) 1–127.

— und D. BOGORAZE: Un organe neuricrine du poulpe: la glande pédonculaire. Bull. Inst. Océanogr. Monaco. **847** (1943) 1–10.

— —: La glande épistellaire du poulpe (*Octopus vulgaris* Lam.). Organe neuricrine. Arch. Zool. exp. gén. **84** (1944) 10–22.

— —: Les glandes endocrines des céphalopodes. Année Biol. **25** (1949) 225–238.

ČEHOVÍC, G.: Recherches expérimentales sur la corrélation hormonale entre le cycle saisonnier de la grenouille et celui de ses parasites. C. R. Acad. Sci. Paris **242** (1956) 2176–2178.

CHAUDONNERET, J.: Sur la présence d'une glande neuroendocrine dans la maxille de *Thermobia domestica* Pack. (insecte thysanoure lepismatide). C. R. Acad. Sci. Paris **223** (1946) 292–293.

CHMURZYNSKA, W., und L. WOJTCZAK: Effect of thiourea on moulting and pupation of the silkworm, *Bombyx mori* L. Biol. Bull. **125** (1963) 61–68.

CLARK, R. B.: The posterior lobes of the brain in nephtys and the mucus-glands of the prostomium. Quart. J. microsc. Sci. **96** (1955) 545–565.

— Caractères histologiques des cellules neuro-sécrétrices de nephtys (annélide polychète). C. R. Acad. Sci. Paris **241** (1955) 1171–1173.

—: On the transformation of neurosecretory cells into ordinary nerve cells. Kungl. Fysiogr. Sällskap. Lund Förh. **26** (1956) 1–8.

—: The blood vascular system of nephtys (annelida, polychaeta). Quart. J. microsc. Sci. **97** (1956) 235–249.

—: On the origin of neurosecretory cells. Ann. Sci. nat. Zool. 11.e Sér. **18** (1956) 199–207.

—: The neurosecretory system of the polychaete nephtys and its role in reproduction. XX. Internat. Physiol. Congr. Bruxelles (1956) 178.

—: The neurosecretory system of the supra-oesophageal ganglion of nephtys (annelida, polychaeta). Zool. Jb. Physiol. **68** (1959) 395–424.

—: Problems of interpreting neurosecretory phenomena in annelids. J. Endocrinol. **26** (1963) XVIII–XIX.

CLAUSEN, D. M., und F. E. PALZ: Das Problem der Sekretion im Zentralnervensystem der Crustaceen. Zool. Anz. Suppl. **22** (1959) 92–101.

CLEMENTS, A. N.: Hormonal control of ovary development in mosquitoes. J. exp. Biol. **33** (1956) 211–223.

CLEVELAND, L. R.: Hormone-induced sexual cycles of flagellates. IX. Haploid gametogenesis and fertilization in *Barbulanympha*. J. Morph. **93** (1953) 371 bis 403.

—: Brief accounts of the sexual cycles of the flagellates of *Cryptocercus*. J. Protozool. **3** (1956) 161–180.

—: Correlation between the molting period of *Cryptocercus* and sexuality in its protozoa. J. Protozool. **4** (1957) 168–175.

—: Sex induced with ecdysone. Proc. National Acad. Sci. Washington **45** (1959) 747–753.

—, A. W. BURKE jr. und P. KARLSON: Ecdysone induced modifications in the sexual cycle of the protozoa of *Cryptocercus*. J. Protozool. **7** (1960) 229–239.

CONANT, F. A., und H. L. CLARK: On the accelerator and inhibitor nerves to the crab's heart. J. exp. Med. **1** (1896) 341–347.

CZECHOWICZ, K.: Studies on the distribution of nucleic acids in the neurosecretory cells of the central nervous system in some leeches. Zool. Poloniae. **11** (1960) 91–99.

DAHL, E.: Embryology of X organs in *Crangon allamanni*. Nature **179** (1957) 482.

—: The ontogeny and comparative anatomy of some protocerebral sense organs in notostracan phyllopods. Quart. J. microsc. Sci. **100** (1959) 445–462.

DAMME, N. VAN: Neurosecretion in *Nereis diversicolor*. Gen. comp. Endocrinol. **2** (1962) 611–612.

DANIEL, R.: Neurosecretion in crustacea. I. The neurosecretory organs of the eyestalk of *Squilla holoschista*. J. Madras Univ. *B* **28** (1958) 49–63.

DAY, M. F.: Neurosecretory cells in the ganglia of Lepidoptera. Nature **145** (1940) 264.

DAY, M. F.: The homologies of the ring gland of Doptera Brachycera. Ann. Ent. Soc. Amer. **36** (1943) 1–10.

DEFRETIN, R.: Aspects de neurosécrétion chez *Nereis irrorata* Malmgren. C. R. Acad. Sci. Paris **235** (1952) 100–102.

—: Cytologie et histochemie de la neurosécrétion chez les néréidiens. Proc. XIV. Congr. Internat. Zool. Copenhagen (1953) 302–303.

—: Recherches cytologiques et histochimiques sur le système nerveux des néréidiens. La neurosécrétion des polyosides et ses rapports avec l'épitoquie. Arch. Zool. exp. gen. **92** (1955) 73–140.

—: La neurosécrétion des polyosides et ses rapports avec l'épitoquie chez les néréidiens. Ann. Sci. nat. Sér. Zool. Biol. animale **18** (1956) 209–221.

DEFRETIN, R.: Nouvelles neurosécrétions chez les néréidiens. XV. Internat. Zool. Congr. London 1958. (1959) 489–490.

DELIGNE, J., und J. M. PASTEELS: Phénomènes endocrines chez les reines de *Microerotermes* sp. (isoptères, termitidae). Gen. comp. Endocrinol. **3** (1963) 694.

DELPHIN, F.: Histology and possible functions of neurosecretory cells in the ventral ganglia of *Schistocerca gregaria* Forsk. Nature **200** (1963) 913–914.

DENIS, R.: Études sur l'anatomie de la tête de quelques collemboles suivies de considérations sur la morphologie de la tête des insectes. Arch. Zool. **68** (1928) 1–291.

DEUSE-ZIMMERMANN, R.: Vergleichende Untersuchungen über Neurosekretion bei Enchytraeidae, Tubificidae und Naididae. Z. Zellf. **52** (1960) 801–816.

DÖHMER, I.: Das neurosekretorische System der Honigbiene, insbesondere der Arbeiterinnen verschiedenen Alters. Math.-nat. Fak. d. Fr. Univ. Berlin/ Diss. 1958.

DOHRN, R.: Die Nervenendigung in Sinnesnervenzellen eines Schizopoden. Zool. Anz. **29** (1905) 347–352.

DRACH, P., und M. GABE: Existence, dans la pars distalis de l'organe X des crustacés, décapodes, d'une glande élaborant des mucopolysaccharides acides. C. R. Acad. Sci. Paris **250** (1960) 3886–3888.

DUPONT-RAABE, M.: Étude morphologique et cytologique du cerveau de quelques phasmides. Bull. Soc. zool. France **76** (1951) 386–397.

—: Contribution à l'étude du rôle endocrine du cerveau et notamment de la pars intercérébralis chez les phasmides. Arch. Zool. exp. **89** (1952) 128–138.

—: Neurosécrétion chez les phasmides. Bull. Soc. zool. France. **77** (1952) 235.

—: Répartition des activités chromatiques dans le ganglion susoesophagien des phasmides: mise en évidence d'une région sécrétoire dans la partie deuto- et tritocérébrale. C. R. Acad. Sci. Paris **238** (1954) 950–951.

—: Quelques données relatives aux phénomènes de neurosécrétion chez les phasmides. Ann. Sci. nat. Sér. Zool. Biol. animale **18** (1956) 293–303.

—: Mise en évidence, chez les phasmides, d'une troisième paire de nervi corporis cardiaci, voie possible de cheminement de la substance chromactive tritocérébrale vers les corpora cardiaca. C. R. Acad. Sci. Paris **243** (1956) 1240–1243.

—: Quelques aspects des phénomènes de neuro-sécrétion chez les phasmides. 2. Internat. Symp. über Neurosekretion, Lund 1957, Berlin, Göttingen, Heidelberg (1958) 85–90.

DURAND, J. B.: Neurosecretory cell types and their secretory activity in the crayfish. Biol. Bull. **111** (1956) 62–76.

DURCHON, M., und E. VIVIER: Déterminisme de la gamogonie chez une grégaire parasité de *Perinereis cultrifera* Grube (Annélide polychète). C. r. Acad. Sci. (Paris) **253** (1961) 318–320.

— —: Influence des sécretions endocrines sur le cycle des Grégarines chez les Néréidiens. Gen. comp. Endocrinol. **3** (1963) 697.

DUVEAU, J.: Données morphologiques sur la voie neurosécrétrice protocéphalique de *Nebalia geoffroyi* Leach. Bull. Soc. zool. France **86** (1961) 51–59.

ENAMI, M.: The sources and activities of two chromatophorotropic hormones in crabs of the genus *Sesarma*. I. Experimental analysis. Biol. Bull. **100** (1951) 28–43.

—: The sources and activities of two chromatophorotropic hormones in crabs of the genus *Sesarma*. II. Histology of incretory elements. Biol. Bull. **101** (1951) 241–258.

EHNBOHM, K.: Studies on the central and sympathetic nervous system and some sense organs in the head of neuropteroid insects. Lund. Acad. Philos. Fac. Diss. 1948. Opusc. entomol. Suppl. **8** (1948) 1–162.

EVANS, J. J. T.: Insect neurosecretory material separated by differential centrifugation. Science **136** (1962) 314–315.

FAHLANDER, K.: Beiträge zur Anatomie und systematischen Einteilung der Chilopoden. Zool. Bid. Uppsala **17** (1938) 1–148.

FÄHRMANN, W.: Licht- und elektronenmikroskopische Untersuchungen des Nervensystems von *Unio tumidus* (Philipsson) unter besonderer Berücksichtigung der Neurosekretion. Z. Zellf. **54** (1961) 689–716.

FINGERMAN, M.: Effects of eyestalk ablation upon neurosecretion in the supraesophageal ganglia of the dwarf crayfish, *Cambarellus shufeldti*. Trans. Amer. Microsc. Soc. **79** (1960) 68–74.

— und T. AOTO: The neurosecretory system of the dwarf crayfish, *Cambarellus shufeldti*, revealed by electron and light microscop. Trans. Amer. Microsc. Soc. **78** (1949) 305–317.

FLEISCHMANN, W.: Zur Frage der Beeinflussung Wirbelloser durch Wirbeltierinkrete. Pflügers Arch. ges. Physiol. **221** (1929) 591–593.

FONTAINE, A. R.: Neurosecretion in the ophiuroid *Ophiopholis aculeata*. Science **138** (1962) 908–909.

FORMIGONI, A.: Neurosécrétion et organes endocrines chez *Apis mellifica* L. Ann. Sci. nat. Sér. Zool. Biol. animale **18** (1956) 283–291.

FORREST, H.: Lack of dependence of the feeding reaction in hydra on reduced glutathione. Biol. Bull. **122** (1962) 343–361.

FÖRSTER, H.: Das Wirkungsspektrum der Kopulation von *Chlamydomonas eugametos*. Z. Naturf. **12b** (1957) 765–770.

— und L. WIESE: Untersuchungen zur Kopulationsfähigkeit von *Chlamydomonas eugametos*. Z. Naturf. **9b** (1954) 470–471.

— —: Gamonwirkungen bei *Chlamydomonas eugametos*. Z. Naturf. **9b** (1954) 548–550.

— —: Gamonwirkung bei *Chlamydomonas reinhardi*. Z. Naturf. **10b** (1955) 91–92.

FÖRSTER, H., L. WIESE und G. BRAUNITZER: Über das agglutinierend wirkende Gynogamon von *Chlamydomonas eugametos*. Z. Naturf. **11 b** (1956) 315–317.

FRASER, A.: The retrocerebral endocrine organs of the larva of *Protophormia terrae-novae* Robineau-Desvoidy (diptera: cyclorrhapha). Proc. roy. Entomol. Soc. London **A 32** (1957) 40–46.

—: Neurosecretory cells in the brain of the larva of *Lucilia caesar* L. Nature **179** (1957) 257–258.

—: Neurosecretion in the brain of the larva of the sheep blowfly *Lucilia caesar*. Quart. J. microsc. Sci. **100** (1959) 377–394.

—: The anatomy of the central nervous system and retrocerebral endocrine organs of the larvae of *Lucilia caesar* L. and certain other diptera cyclorrhapha. Proc. roy. Entomol. Soc. London **A 34** (1959) 186–192.

—: Neurosecretory cells in the abdominal ganglia of larvae of *Lucilia caesar* (diptera). Quart. J. miscros. Sci. **100** (1959) 395–399.

FÜLLER, H.: Morphologische und experimentelle Untersuchungen über die neurosekretorischen Verhältnisse im Zentralnervensystem von Blattiden und Culiciden. Zool. Jb. Physiol. **69** (1960) 223–250.

GABE, M.: Sur la présence de cellules neuro-sécrétrices chez *Dentalium entale* Deshayes. C. R. Acad. Sci. Paris **229** (1949) 1172–1173.

—: Données histologiques sur la neuro-sécrétion chez les Pterotracheidae (Hétéropodes). Rev. Canad. Biol. **10** (1951) 391–410.

—: Sur l'existence d'un cycle sécrétoire dans la glande du sinus (organe pseudofrontal) chez *Oniscus asellus* L. C. R. Acad. Sci. Paris **235** (1952). 900–902.

—: Sur l'emplacement et les connexions des cellules neurosécrétrices dans les ganglions cérébroides de quelques chilopodes. C. R. Acad. Sci. Paris **235** (1952) 1430–1432.

—: Données histologiques sur la neuro-sécrétion chez quelques Sipunculiens. Bull. Lab. Dinard **38** (1953) 3–15.

—: Particularités histologiques de la glande cérébrale de *Scutigera coleoptrata* L. Bull. Soc. zool. France **78** (1953) 338.

—: Particularités morphologiques des cellules neuro-sécrétrices chez quelques prosobranches monotocardes. C. R. Acad. Sci. Paris **236** (1953) 323–325.

—: Sur l'existence, chez quelques crustacés malacostracés, d'un organe comparable à la glande de la mue des insectes. C. R. Acad. Sci. Paris **237** (1953) 1111–1113.

—: Quelques acquisitions récentes sur les glandes endocrines des arthropodes. Experientia **9** (1953) 352–356.

—: Emplacement et connexions des cellules neurosécrétrices chez *quelques* diplopodes. C. R. Acad. Sci. Paris **239** (1954) 828–830.

—: Données histologiques sur les glandes endocrines céphaliques de quelques thysanoures. Bull. Soc. zool. France **78** (1954) 177–193.

—: Sur l'existence de cellules neuro-sécrétrices chez quelques Onychophores. C. R. Acad. Sci. Paris **238** (1954) 272–274.

—: Situation et connexions des cellules neuro-sécrétrices chez *Phalangium opilio* L. C. R. Acad. Sci. Paris **238** (1954) 2450–2452.

—: Emplacement et connexion des cellules neuro-sécrétrices chez quelques aranéides. C. R. Acad. Sci. Paris **238** (1954) 1265–1267.

—: La neuro-sécrétion chez les invertébrés. Ann. Biol. **30** (1954) 6–62.

GABE, M.: Données histologiques sur la neuro-sécrétion chez les arachnides. Arch. anatom. microsc. morph. exp. **44** (1955) 351–383.

—: Particularités histologiques des cellules neuro-sécrétrices chez quelques lamellibranches. C. R. Acad. Sci. Paris **240** (1955) 1810–1812.

—: Histologie comparée de la glande de mue (organe Y) des crustacées malacostracés. Ann. Sci. nat. Sér. Zool. Biol. animale **18** (1956) 145–152.

—: Contribution à l'histologie de la neuro-sécrétion chez les chilopodes. BERTIL HANSTRÖM zoological papers in honour of his 65. birthday. (1956) 163–183.

—: Caractères histologiques des cellules neuro-sécrétrices chez quelques invertébrés. C. R. Assoc. Anatom. **42** (1956) 527–532.

— und P. RANCUREL: Caractères histologiques des cellules neurosécrétrices chez quelques Teredo (mollusques lamellibranches). Bull. Inst. Français Afrique Noire **A 20** (1958) 73–79.

GANGULY, D. N., und M. BANERJEE: Morphological study of the neurosecretory system of the plant bug *Macroceroea grandis* (Gray), Fam.: Pyrrhocoridae; Hemiptera. Proc. Zool. Soc. Calcutta **13** (1960) 71–82.

— und B. D. BASU: Studies on some chemical contents of the neurosecretory cells of adult silk worm *Bombyx mori* L. Acta histochem. **13** (1962) 31–46.

— —: Studies in some cytoplasmic inclusions of the neurosecretory cells of the adult silk-worm *Bombyx mori* L. Anatom. Anz. **111** (1962) 81–90.

— und D. C. DEB: Studies on the cephalic incretory pathways of *Chrysocoris stolli* Wolff (Pentatomidae: Hemiptera). Anatom. Anz. **109** (1960) 28–35.

GELDIAY, S.: Neurosecretory cells in ganglia of the roach, *Blaberus craniifer*. Biol. Bull. **117** (1959) 267–274.

GEORGE, C. F.: Ultrastructure of the retrocerebral complex of the stick insect, *Carausius morosus*. Gen. comp. Endocrinol **3** (1963) 701–702.

GEORGE, J. C., D. JYOTI, A. WINFRED und O. G. W. BERLIN: Is not the so-called lymph gland of the scorpion also an endocrine organ? J. anim. morph. Physiol. **8** (1961) 19–21.

GEROULD, H.: The eyes and the nervous systems of *Phascolosoma Verrillii* and other Sipunculids. Trav. Stat. Zool. Wimereux **13** (1938) 313–326.

GERSCH, M.: Wesen und Wirkungsweise von Neurohormonen im Tierreich. Naturwissenschaften **44** (1957) 525–532.

— und H. SCHEFFEL: Sekretorisch tätige Zellen im Nervensystem von *Ascaris*. Naturwissenschaften **45** (1958) 345–346.

GIERYNG, R.: The central nervous system of *Leptinotarsa decemlineata* (Say) with special consideration of the brain. Ann. Univ. M. Curie-Sklodowska **C 14** (1959) 141–159.

GLASER, R.: Histologische Untersuchungen über das neurosekretorische System bei *Polydesmus testaceus* LTZ. (Diplopoda). Diplomarbeit unveröffentlicht (1958).

GOLDSCHMIDT, R.: Das Nervensystem von *Ascaris lumbricoides* und *megalocephala*. Z. wiss. Zool. **90** (1908) 73–136.

GORF, A.: Untersuchungen über Neurosekretion bei der Sumpfdeckelschnecke *Vivipara vivipara* L. Zool. Jb. Physiol. **69** (1961) 379–404.

—: Der Einfluß des sichtbaren Lichtes auf die Neurosekretion der Sumpfdeckelschnecke *Vivipara vivipara* L. Zool. Jb. Physiol. **70** (1963) 266–277.

GRÄBER, H.: Über die Gehirne der Amphipoden und Isopoden. Z. Morph. Ökol. Tiere **26** (1933) 334–371.

GRANDORI, L., und E. CARÈ: Studio anatomo-istologico sul sistema neurosecretore in *Musca domestica* e *Calliphora erythrocephala*. Pubbl. Staz. zool. Napoli Suppl. **24** (1954) 50–51.

GRANDORI, R., und GRANDORI, L.: Sistema capillare nel complesso neuroendocrino di *Musca domestica* L. e *Calliphora erythrocephala* Meig. Riv. Parasit. **15** (1954) 437–448.

GRELL, K. G.: Morphologie und Fortpflanzung der Protozoen. Fortschr. Zool. **14** (1962) 1–85.

HABIBULLA, M.: Secretory structures associated with the neurosecretory system of the immature scorpion, *Heterometrus swammerdami*. Quart. J. microsc. Sci. **102** (1961) 475–479.

HAEFELFINGER, H. R.: Inkretorische Drüsenkomplexe im Gehirn decapoder Cephalopoden (Untersuchungen an *Illex coindeti*). Rev. Suisse Zool. **61** (1954) 153–162.

HAGADORN, I. R.: Neurosecretion and the brain of the Rhynchobdellid leech, *Theromyzon rude* (BAIRD, 1869). J. Morph. **102** (1958) 55–84.

—: Neurosecretory phenomena in the leech, *Theromyzon rude*. Mem. Soc. Endocrinol. Nr. 12 Neurosecretion (1962) 313–321.

—: Functional correlates of neurosecretion in the rhynchobdellid leech, *Theromyzon rude*. Gen. comp. Endocrinol. **2** (1962) 516–540.

— H. A. BERN und R. S. NISHIOKA: The fine structure of the supraesophageal ganglion of the rhynchobdellid leech, *Theromyzon rude*, with special reference to neurosecretion. Z. Zellf. **58** (1963) 714–758.

— und R. S. NISHIOKA: Neurosecretion und granules in the neurones of the brain of the leech. Nature **191** (1961) 1013–1014.

HAHN, J.: Über den Einfluß von Schilddrüsenfütterung auf die Metamorphose von *Vanessa io* und *Tenebrio molitor*. Arch. Entwicklungsmech. **115** (1929) 336–359.

HANSTRÖM, B.: Neue Untersuchungen über Sinnesorgane und Nervensysteme der Crustaceen II. Zool. Jb. Anat. **56** (1933) 387–520.

—: Inkretorische Organe und Hormonfunktionen bei den Wirbellosen. Ergebn. Biol. **14** (1937) 143–224.

—: Inkretorische Organe, Sinnesorgane und Nervensystem des Kopfes einiger niederer Insektenordnungen. Kongl. Svenska Vetenskap. Akad. Handlingar **18** (1940) 1–265.

—: Die Corpora cardiaca und Corpora allata der Insekten. Biol. gen. **15** (1942) 485–531.

—: Ergänzende Beobachtungen über das Corpus cardiacum und das Stirnauge der Machiliden und das Gehirn der Campodeiden. Kungl. Fysiogr. Sällskap. Lund Förhandl. **13** (1943) 1–5.

—: The brain, the sense organs, and incretory organs of the head in the crustacea malacostraca. Lunds Univ. Arsskr. N. F. Avd. 2, **43** (1947). 1–44.

—: The brain, the sense organs, and the incretory organs of the head in the crustacea malacostraca. Bull. Biol. France Belg. Suppl. **33** (1949) 98–126.

—: Neurosecretory pathways in the head of crustaceans, insects and vertebrates. Nature **171** (1953) 72–73.

HARMS, J.: Morphologische und kausal-analytische Untersuchungen über das Internephridialorgan von *Physcosoma lanzarotae* nov. spec. Roux' Arch. Entwicklungsmech. **47** (1921) 307–374.
—: Über ein inkretorisches Cerebralorgan bei Lumbriciden sowie Beschreibung eines verwandten Organs bei drei neuen Lycastis-Arten. Roux' Arch. Entwicklungsmech. **143** (1948) 332–346.
HARNACK, M. VON: Histophysiological studies in the corpus allata of *Leucophaea maderae*. II. The effect of starvation. Biol. Bull. **115** (1958) 521 bis 529.
HÉLIAS, C. L': Étude des glandes endocrines postcérébrales de la larve d'*Apis mellifica* (hyménoptère). Bull. Soc. zool. France **75** (1950) 70–74.
—: Étude des glandes endocrines postcérébrales et du cerveau de la larve des *Lophyrus pini* (L.) et *rufus* (André) (hyménoptères). Bull. Soc. zool. France **77** (1952) 106–112.
—: Étude de la glande prothoracique chez la larve d'*Apis mellifica* (hyménoptère). Bull. Soc. zool. France **77** (1952) 191–195.
HELLER, H., und K. LEDERIS: Characteristics of isolated neurosecretory vesicles from mammalian neural lobes. Mem. Soc. Endocrinol. Nr. 12 Neurosecretion (1962) 35–50.
HENNINGS, C.: Das Tömösvarysche Organ der Myriopoden. I. Z. wiss. Zool. **76** (1904) 26–52.
—: Das Tömösvarysche Organ der Myriopoden. II. Z. wiss. Zool. **80** (1906) 576–641.
HENTSCHEL, C. C.: On the correlation of the life-history of the acephaline gregarine, *Gonospora*, with the sexual cycle of its host. Parasitology **18** (1926) 137–143.
—: On the correlation of the life history of the acephaline gregarine, *Gonospora*, with the sexual cycle of its host. II. *Gonospora* (*Kalpidorhynchus*) *arenicolae*. Parasitology **22** (1930) 505–509.
HENTSCHEL, E.: Zum neurosekretorischen System der Anostraca, Crustacea (*Artemia salina* Leach und *Chirocephalus grubei* Dybowsci). Zool. Anz. **170** (1963) 187–190.
—: Neurosekretion bei *Chirocephalus grubei* Dybowsci und *Artemia salina* Leach (Anostraca, Crustacea). Z. wiss. Zool. (1964) (im Druck).
HENZE, M.: p-Oxyphenyläthylamin, das Speicheldrüsengift der Cephalopoden. HOPPE-SEYL. Z. physiol. Chem. **87** (1913) 51–58.
HERLANT-MEEWIS, H.: Neurosécrétion chez les oligochètes. Bull. Acad. roy. Belg. Cl. Sci. **41** (1955) 500–508.
—: Phénomènes neurosécrétoires et ponte chez *Eisenia foetida*. C. R. Acad. Sci. Paris **243** (1956) 823–825.
—: Croissance et neurosécrétion chez *Eisenia foetida* (Sav.) Ann. Sci. nat. Sér. Zool. Biol. animale **18** (1956) 185–198.
—: Reproduction et neurosécrétion chez *Eisenia foetida* (Sav.) Ann. Soc. roy. Zool. Belg. **87** (1957) 151–185.
—: Phénomènes neuro-sécrétoires et sexualité chez *Eisenia foetida*. C. R. Acad. Sci. Paris **248** (1959) 1405–1407.
— und N. VAN DAMME: Phénomènes neurosécrétoires chez *Nereis diversicolor* et *Eisenia foetida*. C. R. Acad. Sci. Paris **255** (1962) 2291–2293.

HERLANT-MEEWIS, H., und J. NAISSE: Phénomènes neurosécrétoires et glandes endocrines chez les opilions. C. R. Acad. Sci. Paris **245** (1957) 858–860.
— und J. J. VAN MOL: Phénomènes neurosécrétoires chez *Arion rufus* et *A. subfuscus*. C. R. Acad. Sci. Paris **249** (1959) 321–322.
— und L. PAQUET: Neurosécrétions et mue chez *Carausius morosus* Brdt. Ann. Sci. nat. Sér. Zool. Biol. animale **18** (1956) 163–169.
HEUSON-STIENNON, J. A.: Ultrastructure of the neurosecretory cell of the phasmidae. Mem. Soc. Endocrinol. Nr. 12 Neurosecretion (1962) 99–101.
HEYMONS, R.: Über bläschenförmige Organe bei den Gespenstheuschrecken. Sitzungsber. Preuß. Akad. d. Wissensch. Berlin, Physik.-math. Kl. Jg. 1899, 563–575.
—: Die Entwicklungsgeschichte der Scolopender. Bibl. zool. **33** (1901) 1–244.
HIGHNAM, K. C.: The histology of the neurosecretory system of the adult female desert locust, *Schistocerca gregaria*. Quart. J. microsc. Sci. **102** (1961) 27–38.
—: Induced changes in the amounts of material in the neurosecretory system of the desert locust. Nature **191** (1961) 199–200.
HODGE, M. H., und G. B. CHAPMAN: Some observations on the fine structure of the sinus gland of a land crab, *Gecarcinus lateralis*. J. Biophys. Biochem. Cytol. **4** (1958) 571–574.
HOLMGREN, N.: Zur vergleichenden Anatomie des Gehirns von Polychaeten, Xiphosuren, Arachniden, Crustaceen, Myriapoden und Insekten. Kongl. Svenska Vetenskap. Akad. Handlingar N. F. **56** (1916) 1–303.
HOORIDGE, A.: The nervous system of the Ephyra larva of *Aurelia aurita*. Quart. J. microsc. Sci. **97** (1956) 59–74.
HOSTE, J., L': Données histo-physiologiques sur les cellules neurosécrétrices céphaliques et le complexe rétrocérébral de *Forficula auricularia* L. Arch. Zool. exp. gén. **89** (1953) 169–183.
HUBL, H.: Die inkretorischen Zellelemente im Gehirn der Lumbriciden. Roux' Arch. Entwicklungsmech. **146** (1953) 421–432.
—: Über die Beziehungen der Neurosekretion zum Regenerationsgeschehen bei Lumbriciden nebst Beschreibung eines neuartigen neurosekretorischen Zelltyps im Unterschlundganglion. Roux' Arch. Entwicklungsmech. **149** (1956) 73–87.
—: Ein neuer Typ neurosekretorischer Zellen im Unterschlundganglion der Regenwürmer. Naturwissenschaften **43** (1956) 284.
HUBSCHMAN, J. H.: Development and function of neurosecretory sites in the eyestalks of larval *Palaemonetes* (decapoda: natantia). Biol. Bull. **125** (1963) 96–113.
HUTCHINSON, G. E.: The branchial gland of the cephalopode: a possible endocrine organ. Nature **121** (1928) 674–675.
HUXLEY, J. S.: Chemical regulation and the hormone concept. Biol. Rev. & Biol. Proc. Cambridge Philos. Soc. **10** (1935) 427–441.
ICHIKAWA, M., J. NISHIITSUTSUJI-UWO und K. YASHIKA: Studies on the insect metamorphosis. IV. Prothoracic glands of *Ephestia cautella*. Mem. Coll. Sci. Univ. Kyoto. Ser. B **22** (1955) 1–9.
JANDA, V.: Über den Einfluß der Schilddrüsenfütterung auf das Wachstum, Metamorphose und Artcharaktere von *Anthrenus museorum* und *Dixippus morosus*. Acta Soc. Entomol. Cechosl. **27** (1930) 31–45.

JANET, CH.: Sur les nerfs céphaliques, les corpora allata et le tentorium de la fourmi (*Myrmica rubra*). Mem. Soc. zool. France **12** (1899) 295–335.

JOHANSSON, A. S.: Neurosecretion and metamorphosis in the milkweed bug, *Oncopeltus fasciatus* (Dallas). Experientia **13** (1957) 410–411.

—: Neurosecretion in the milkweed bug, *Oncopeltus fasciatus* (Dallas). 2. Internat. Symp. über Neurosekretion Lund 1957. Berlin, Göttingen, Heidelberg 1958, 98–101.

JOHNSON, Br.: Neurosecretion and the transport of secretory material from the corpora cardiaca in aphids. Nature **196** (1962) 1338–1339.

—: A histological study of neurosecretion in aphids. J. Insect Physiol. **9** (1963) 727–739.

JOLYET, F., und H. VIALLANES: Recherches physiologiques sur le système nerveux accélérateur et moderateur du cœur chez le crabe. Ann. Sci. nat. Zool. **14** (1893) 387–404.

JONES, B. M.: Activity of the incretory centres of *Locustana pardalina* during embryogenesis: Function of the prothoracic glands. Nature **172** (1953) 551.

—: Endocrine activity during insect embryogenesis. Function of the ventral head glands in locust embryos (*Locustana pardalina* and *Locusta migratoria*, Orthoptera). J. exp. Biol. **33** (1956) 174–185.

JONES, W. C.: Is there a nervous system in sponges? Biol. Rev. **37** (1962) 1–50.

JOOSSE, J.: The dorsal bodies and neurosecretory cells of the cerebral ganglia of *Lymnaea stagnalis* L. (A preliminary note). Gen. comp. Endocrinol. **3** (1963) 709.

JUBERTHIE-JUPEAU, L.: Données sur la neurosécrétion protocérébrale et mise en évidence de glandes céphaliques chez *Scutigerella pagesi* Jupeau (Myriapode, Symphyle). C. R. Acad. Sci. Paris **253** (1961) 3081–3083.

— und M. MEŠTROV: Données sur la neurosécrétion d'un oligochète souterrain, *Pelodrilus leruthi* Hrabé. C. R. Acad. Sci. Paris **255** (1962) 394–396.

— —: Étude de la neurosécrétion chez *Pelodrilus leruthi* Hrabé (oligochète, haplotaxidae). Ann. Spéléol. **17** (1962) 551–566.

JUNGSTAND, W.: Untersuchungen über die Neurosekretion und deren Abhängigkeit von verschiedenen Außenfaktoren bei der Lungenschnecke *Helix pomatia* L. Zool. Jb. Physiol. **70** (1962) 1–23.

JUNQUA, C.: Étude morphologique et histophysiologique des organes endocrines de L'*Hydrocyrius columbiae* Spin. (hémiptères belostomidès). Bull. biol. France Belg. **90** (1956) 154–162.

—: Sur l'existence de glandes endocrines protocérébrales chez *Othoes saharae* Panouse (arachnides, solifuges). C. R. Acad. Sci. Paris **256** (1963) 3762 bis 3765.

JUPEAU, L.: Présence d'organes glandulaires céphaliques chez *Scutigerella immaculata* Newport (Symphyles). C. R. Acad. Sci. Paris **243** (1956) 96–98.

KAISER, P.: Histologische Untersuchungen über die Corpora allata und die Prothoraxdrüsen der Lepidopteren in bezug auf ihre Funktion. Roux' Arch. Entwicklungsmech. **144** (1949) 99–131.

—: Cyclic changes in the corpora allata and their relation to function of the ovaries in *Hydrophilus*. Anais Acad. Brasil. Ci. **26** (1954) 283–288.

KARLINSKY, A.: Effets de l'ablation des corpora allata larvaires sur le développement ovarien de Pieris brassicae L. (lépidoptère). C. R. Acad. Sci. Paris **225** (1962) 191–193.

—: Effets de l'ablation des corpora allata imaginaux sur le développement ovarien de *Pieris brassicae* L. (lépidoptère). C. R. Acad. Sci. Paris **256** (1963) 4101–4103.

KE, O.: Morphological variation of the prothoracic gland in the domestic and the wild silkworm. Bull. Sci. Fak. Terkult, Kjussu, J. Univ. **4** (1930) 12–21.

KESTNER, O.: Die Pericardialdrüse von *Sepia officinalis*. Z. vergl. Physiol. **15** (1931) 159–163.

KHAN, T. R., und A. FRASER: Neurosecretion in the embryo and later stages of the cockroach (*Periplaneta americana* L.). Mem. Soc. Endocrinol. Nr. 12 Neurosecretion (1962) 349–369.

KIRSCHENBLATT, J.-D.: Классификация некоторых биологически актифных веществ вырабатываемых животными. Trav. Soc. Natural. Leningrad **73** (1957) 225–228.

—: Телергоны и их биологическое значение. Usp. sovr. Biol. **46** (1958) 322 bis 336.

—: Terminology of some biologically active substances and validity of the term „Pheromones". Nature **195** (1962) 916–917.

KLOOT, W. G. VAN DER: Neurosecretion in insects. Ann. Rev. Entomol. **5** (1960) 35–52.

KLUG, H.: Neurosekretion und Aktivitätsperiodik bei Carabiden. Naturwissenschaften **45** (1958) 141–142.

KNOWLES, F. G. W.: Hormone production within the nervous system of a crustacean. Nature **167** (1951) 564.

—: Endocrine activity in the crustacean nervous system. Proc. roy. Soc. **B 141** (1953) 248–267.

—: Neurosecretion in the tritocerebral complex of crustaceans. Pubbl. Staz. zool. Napoli Suppl. **24** (1954) 74–78.

—: Electron miscroscopy of a crustacean neurosecretory organ. 2. Internat. Symp. über Neurosekretion Lund 1957. Berlin, Göttingen, Heidelberg 1958, 105–109.

—: The control of pigmentary effectors. In: Comparative Endocrinology. New York und London 1959. Proc. Columbia Univ. Symp. on comparative endocrinology New York 1958 (1959) 223–232.

—: A highly organized structure within a neurosecretory vesicle. Nature **185** (1960) 709–710.

—: The ultrastructure of a crustacean neurohaemal organ. Mem. Soc. Endocrinol. Nr. 12 Neurosecretion (1962) 71–88.

KOBAYASHI, M.: Studies on the neurosecretion in the silkworm, *Bombyx mori* L. Bull. Sericult. Exp. Station **15** (1957) 181–273.

KÖPF, H.: Über Neurosekretion bei *Drosophila*. I. Zur Topographie und Morphologie neurosekretorischer Zellen bei der Imago von *Drosophila*. Biol. Zbl. **76** (1957) 28–42.

—: Zur Topographie und Morphologie neurosekretorischer Zentren bei *Drosophila*. Naturwissenschaften **44** (1957) 121–122.

Köpf, H.: Beitrag zur Topographie und Histologie neurosekretorischer Zentren bei *Drosophila*. (II. Larven- und Puppenstadien.) Zool. Anz. Suppl. **21** (1957) 439–443.

Koller, G.: Die innere Sekretion bei wirbellosen Tieren. Biol. Rev. & Biol. Proc. Cambridge Philos. Soc. **4** (1929) 269–306.

—: Beobachtungen an den Nephridien von *Physcosoma japonicum*. Naturwissenschaften **24** (1936) 827–828.

—: Über die Nephridien von *Physcosoma japonicum*. Zool. Anz. Suppl. **12** (1939) 440–447.

—: Der Stand der Hormonforschung. Grundlagen, Ergebnisse, Aufgaben. Bonn 1948.

—: Hormonale Regulation bei *Phascolosoma vulgare*. Zool. Anz. Suppl. **22** (1959) 84–91.

Koller, P. Ch.: Der Einfluß chemisch reinen Thyroxins auf die Entwicklung von *Drosophila melanogaster*. Roux' Arch. Entwicklungsmech. **125** (1932) 663–672.

Konok, I.: Untersuchungen über die neurosekretorische Aktivität während der Häutung und Verpuppung bei den Raupen von *Deilephila euphorbiae* (Lepidoptera). Ann. Inst. Biol. Hung. Acad. Sci. Tihany **25** (1958) 37–45.

—: Studies on the neurosecretory activity of the brain in the fresh water crustacean, *Astacus leptodactylus* Eschscholz (decapoda). Ann. Inst. Biol. Hung. Acad. Sci. Tihany **27** (1960) 15–28.

Korn, H.: Vergleichend embryologische Untersuchungen an *Harmothoe* Kinberg, 1857 (Polychaeta, Annelida). Organogenese und Neurosekretion. Z. wiss. Zool. **161** (1959) 346–442.

Krause, E.: Untersuchungen über die Neurosekretion im Schlundring von *Helix pomatia* L. Z. Zellf. **51** (1960) 748–776.

Kuhlmann, D.: Neurosekretion bei Heliciden (Gastropoda). Z. Zellf. **60** (1963) 909–932.

Kühne, H.: Untersuchungen über Neurosekretion bei Spinnen. Naturwissenschaften **44** (1957) 431.

—: Die neurosekretorischen Zellen und der retrocerebrale neuroendocrine Komplex von Spinnen (Araneae, Labidognatha). Zool. Jb. Anat. **77** (1959) 527–600.

Lane, N. J.: Neurosecretory cells in the optic tentacles of certain pulmonates. Quart. J. microsc. Sci. **103** (1962) 211–226.

—: Neurosecretion in the pulmonate gastropods. Gen. comp. Endocrinol. **3** (1963) 712–713.

Lea, A. O., und E. Thomsen: Cycles in the synthetic activity of the medial neurosecretory cells of *Calliphora erythrocephala* and their regulation. Mem. Soc. Endocrinol. Nr. 12 Neurosecretion (1962) 345–347.

Lechenault, H.: Sur l'existence de cellules neurosécrétrices dans les ganglions cérébroides Lineidae (hétéronémertes). C. R. Acad. Sci. Paris **255** (1962) 194–196.

—: Sur l'existence de cellules neurosécrétrices chez les Hoplonémertes. Caractéristiques histochimiques de la neurosécrétion chez les némertes. C. R. Acad. Sci. Paris **256** (1963) 3201–3203.

LEGENDRE, R.: Le système sympathique stomaco-gastrique („organe de Schneider") des araignées du genre *Tegenaria*. C. R. Acad. Sci. Paris **237** (1953) 1283–1285.
—: Sur la présence de cellules neurosécrétrices dans le système nerveux central des aranéides. C. R. Acad. Sci. Paris **238** (1954) 1267–1268.
—: Données anatomiques sur le complexe neuro-endocrine rétrocérébral des aranéides. Ann. Sci. nat. Sér. Zool. Biol. animale **16** (1954) 419–426.
—: Les éléments neurosécréteurs de la masse nerveuse et leur cycle d'activité chez les aranéides. C. R. Acad. Sci. Paris **242** (1956) 2255–2256.
—: Sur l'origine embryologique et la répartition métamérique des cellules neurosécrétrices chez les araignées. C. R. Acad. Sci. Paris **242** (1956) 2405–2407.
—: Contributions à l'étude du système nerveux des aranéides. Année Biol. **34** (1958) 193–223.
—: Contribution à l'étude du système nerveux des aranéides. Ann. Sci. nat. Zool. Biol animale Sér. 12 **1** (1959) 339–473.
—: Sur la présence de cellules neurosécrétrices dans les ganglions sous-oesophagiens de la sangsue médicinale (*Hirudo medicinalis* L.) suivie de quelques considérations sur la neurosécrétion. Bull. Biol. France Belg. **93** (1959) 462–471.
—: Sur deux particularités du système nerveux central de la mygale *Scodra calceata* Fabre. Ann. Sci. nat. Zool. Biol. animale Sér. 12 **3** (1962) 767–771.
LEMCHE, H.: Neurosecretion and incretory glands in a tectibranch mollusc. Experientia **11** (1955) 320–322.
—: The anatomy and histology of *Cylichna* (gastropoda, tectibranchia). Spolia Zool. Musei Hauniensis **16** (1956) 1–278.
LENDER, TH.: Sur la régénération des yeux de la planaire *Polycelis nigra* en présence de broyats de région antérieure du corps. C. R. Acad. Sci. Paris **238** (1954) 1742–1744.
—: Mise en évidence et rôles de la neurosécrétion chez les planaires d'eau douce (turbellaries, triclades). Gen. comp. Endocrinol. **3** (1963) 716–717.
— und N. KLEIN: Mise en évidence de cellules sécrétrices dans le cerveau de la planaire *Polycelis nigra*. Variation de leur nombre au cours de la régénération postérieure. C. R. Acad. Sci. Paris **253** (1961) 331–333.
— —: Les cellules neurosécrétrices de *Dendrocoelum lacteum*. Bull. Soc. zool. France **87** (1962) 380.
LENHOFF, H. M.: Activation of the feeding reflex in *Hydra littoralis*. I. Role played by reduced glutathione, and quantitative assay of the feeding reflex. J. gen. Physiol. **45** (1961) 331–344.
— und J. BOVAIRD: Enzymatic activation of a hormon-like response in *Hydra* by proteases. Nature **187** (1960) 671–673.
— —: Action of glutamic acid and glutathione analogues on the *Hydra* glutathione-receptor. Nature **189** (1961) 486–487.
LERMA, B. DE: Osservazioni sul sistema endocrino degli insetti (corpora allata e corpi faringei) Arch. Zool. Ital. **24** (1937) 339–368.
—: Note originali e critiche sulla morfologia comparata degli organi frontali degli artropodi. Annuario Istit. Museo Zool. Univ. Napoli **3** (1951) 1–25.
—: Osservazioni sulla neurosecrezione in *Hydrous piceus* L. (Coleotteri) Pubbl. Staz. zool. Napoli **24** (1954) 56–58.

LERMA, B. DE: Corpora cardiaca et neurosécrétion protocérébrale chez le coléoptère *Hydrous piceus* L. Ann. Sci. nat. Sér. Zool. Biol. animale **18** (1956) 235–250.

LEUZINGER, H., R. WIESMANN und F. E. LEHMANN: Zur Kenntnis der Anatomie und Entwicklungsgeschichte von *Carausius morosus* Br., Jena 1926.

LEVER, J.: Some remarks on neurosecretory phenomena in Ferrissia Sp. (*gastropoda pulmonata*). Proc. Koninkl. Nederl. Akad. Wetensch. Ser. C **60** (1957) 510–522.

—: On the occurence of a paired follicle gland in the lateral lobes of the cerebral ganglia of some ancylidae. Proc. Koninkl. Nederl. Akad. Wetensch. Ser. C **61** (1958) 235–242.

—, H. H. BOER, R. J. TH. DUIVEN, J. J. LAMMENS und J. WATTEL: Some observations on follicle glands in pulmonates. Proc. Koninkl. Nederl. Akad. Wetensch. Ser. C **62** (1959) 139–144.

—, M. KOK, E. A. MEULEMAN und J. JOOSSE: On the location of Gomori-positive neurosecretory cells in the central ganglia of *Lymnaea stagnalis*. Proc. Koninkl. Nederl. Akad. Wetensch. Ser. C **64** (1961) 640–647.

LEVINSON, L. B., und G. N. PLATANOVA: Les cellules neurosécrétrices de l'abeille mellifère. Dokl. Akad. Nauk UdSSR **60** (1948) 129–132.

LINDVIG, P. G., M. E. GRIEG und S. W. PETERSEN: The effect of acetylcholine and physostigmine on the permeability of human erythrocytes to sodium and potassium. Arch. Biochem. **30** (1951) 241–250.

LOCHHEAD, J. H., und R. RESNER: Functions of the eyes and neurosecretion in crustacea anostraca. XVth International Congress of Zoology London 1958 (1959) 397–399.

LOOMIS, W. F.: Specific qualitative microbioassay for reduced glutathione. Federation Proc. **14** (1955) 247.

LUBET, P.: Cycle neurosécrétoire chez *Chlamys varia* L. et *Mytilus edulis* L. (mollusques lamellibranches). C. R. Acad. Sci. Paris **241** (1955) 119–121.

LUKOSCHUS, F.: Über die Prothoraxdrüse der Honigbiene (*Apis mellifica* L.) Naturwissenschaften **39** (1952) 116.

MATHIAS, P., und R. LUCILE: Action de quelques substances hormonales sur le développement d'un insecte diptère: *Calliphora erythrocephala* Mg. C. R. Soc. Biol. **148** (1954) 2062–2063.

MATSUMOTO, K.: Neurosecretion in the thoracic ganglion of the crab, *Eriocheir japonicus*. Biol. Bull. **106** (1954) 60–68.

—: Migration of the neurosecretory products in the thoracic ganglion of the crab, *Chionoectes opilio*. Biol. J. Okayama Univ. **2** (1954) 137–146.

—: Neurosecretion of the thoracic ganglion of *Chionoectes opilio* O. Fabricius. Zool. Mag. **64** (1955) 361–365.

—: Neurosecretion of the brain of *Chionoectes opilio* O. Fabricius. Zool. Mag. **64** (1955) 366–369.

Morphological studies on the neurosecretion in crabs. Biol. J. Okayama Univ. **4** (1958) 103–176.

—: Neurosecretory cells of an isopod *Armadillidium vulgare* (Latreille). Biol. J. Okayama Univ. **5** (1959) 43–50.

—: Experimental studies of the neurosecretory activities of the thoracic ganglion of a crab, *Hemigrapsus*. Gen. comp. Endocrinol. **2** (1962) 4–11.

MAYNARD, D. M.: Thoracic neurosecretory structures in brachyura. I. Gross anatomy. Biol Bull. **121** (1961) 316–329.

—: Thoracic neurosecretory structures in brachyura. II. Secretory neurons. Gen. comp. Endocrinol. **1** (1961) 237–263.

— und E. A. MAYNARD: Thoracic neurosecretory structures in brachyura. III. Microanatomy of peripheral structures. Gen. comp. Endocrinol. **2** (1962) 12–28.

MAYRAT, A.: Oeil, centres optiques et glandes endocrines de *Praunus flexuosus* (O. F. Müller) (crustacés mysidacés). Arch. Zool. exp. gen. **93** (1956) 319–353.

McCONNACHIE, E. W.: Experiments on the encystation of *Opalina* in *Rana temporaria*. Parasitol. **50** (1960) 171–181.

MEDNIKOVA, M. V.: The endocrine glands corpora allata and corpora cardiaca of mosquitos (Fam. culicidae). Zool. Ž. **31** (1952) 676–685.

MELLANBY, K.: The later embryology of *Rhodnius prolixus*. Quart. J. microsc. Sci. **79** (1936) 1–42.

MENDES, M. V.: Histology of the corpora allata of *Melanoplus differentialis* (orthoptera: saltatoria). Biol. Bull. **94** (1948) 194–207.

MENON, M.: Neurosecretory system of *Streptocephalus* sp. (anostraca: branchiopoda). Mem. Soc. Endocrinol. Nr. 12 Neurosecretion (1962) 411–416.

MESSNER, B.: Neue histologische Befunde zur Neurosekretion bei terrestrischen Isopoden (*Porcellio scaber* Latr. und *Oniscus asellus* (L.). Naturwissenschaften **50** (1963) 338–339.

METALNIKOFF, S.: *Sipunculus nudus*. Z. wiss. Zool. **68** (1900) 261–322.

METZ, C. B.: Effect of various agents on the mating types substance *Paramecium aurelia* variety 4. Anatom. Rec. **94** (1946) 347.

—: The nature and mode of action of the mating type substances. Amer. Naturalist **82** (1948) 85.

—: Mating substances and the physiology of fertiliziation in ciliates. In: Sex in microorganisms, Washington (1954) S. 284–334.

MEYER, G. F., und O. PFLUGFELDER: Elektronenmikroskopische Untersuchungen an den Corpora cardiaca von *Carausius morosus* Br. Z. Zellf. **48** (1958) 556–564.

MICHON, J.: Les phases du développement post-embryonnaire chez les Lumbricidae à diapause. Un cas de reversibilité. C. R. Acad. Sci. Paris **236** (1953) 2545–2547.

— und F. ALAPHILIPPE: Contribution à l'étude de la neurosécrétion chez Lumbricidae. C. R. Acad. Sci. Paris **249** (1959) 835–837.

MIYAWAKI, M.: Neurosecretory cells of the crab, *Telmessus cheiragonus* (Tilesius), in the living condition. Annotat. Zool. Japon. **28** (1955) 163–166.

—: PAS-positive material in the neurosecretory cells of the crab, *Telmessus cheiragonus* (Tilesius). Annotat. Zool. Japon. **29** (1956) 151–154.

—: Histological observations on the incretory elements in the eyestalks of a brachyura *Telmessus cheiragonus* (Tilesius). J. Fac. Sci. Hokkaido Univ. Ser. 6 Zool. **12** (1956) 325–332.

—: On the neurosecretory system of the isopod, *Idotea japonica*. Annotat. Zool. Japon. **31** (1958) 216–221.

—: On the neurosecretory cells of some decapod crustacea. Kumamoto J. Sci. Ser. B. Sec. 2 **5** (1960) 1–20.

MIYAWAKI, M.: Studies on the cytoplasmic globules in the nerve cells of the crab, *Gaetice depressus*. I. Histochemical observations. Kumamoto J. Sci. Ser. B. Sec. 2 **5** (1960) 21–28.
—: Studies on the cytoplasmic globules in the nerve cells of the crabs, *Gaetice depressus* and *Potamon dehaani*. II. Observations by conventional, phase-contrast and electron microscopes. Kumamoto J. Sci. Ser. B. Sec. 2 **5** (1960) 29–40.
MOFTY, M. E., und J. D. SMYTH: Endocrine control of sexual reproduction in *Opalina ranarum* parasitic in *Rana temporaria*. Nature **186** (1960) 559.
MOL, J. J. VAN: Phénomènes neurosécrétoires dans les ganglions cérébroides d'*Arion rufus*. C. R. Acad. Sci. Paris **250** (1960) 2280–2281.
—: Neurosecretory phenomena in the slug *Arion rufus* (Gasteropoda: pulmonata). Gen. comp. Endocrinol. **2** (1962) 616–617.
MOUSSA, T. A., und M. BANHAWY: The golgi dictyosomes during the differentiation and growth of the nerve cells of *Schistocerca gregaria* with special reference to the problem of neurosecretion. J. roy. microsc. Soc. **79** (1960) 19–36.
MÜLLER, J.: Über ein eigentümliches, dem Nervus sympathicus analoges Nervensystem der Eingeweide bei Insekten. Nova Acta (physico-medica) Acad. Caesareae Leopoldino-Carolinae (Germanicae) naturae curiosorum **14** (1828) 71–108.
NABERT, A.: Die Corpora allata der Insekten. Z. wiss. Zool. **104** (1913) 181–385.
NAISSE, J.: Neurosécrétion et glandes endocrines chez les Opilions. Arch. Biol. Liège **70** (1959) 217–264.
—: Élaboration de la neurosécrétion au niveau de vésicules golgi ergastoplasmiques chez l'Opilion. C. R. Acad. Sci. Paris **252** (1961) 185–186.
—: Neurosecretion and corpora cardiaca-corpora allata during postembryonic development in *Lampyris noctiluca* L. (Insecta-coleoptera). Gen. comp. Endocrinol. **2** (1962) 630–631.
—: Cellules neurosécrétrices chez *Lampyris noctiluca* L. C. R. Acad. Sci. Paris **256** (1963) 3895–3897.
NAYAR, K. K.: The neurosecretory system of the fruit fly *Chaetodacus cucurbitae* Coq. I. Distribution and description of the neurosecretory cells in the adult fly. Proc. Indiana Acad. Sci. Sect. B **40** (1954) 138–144.
—: Neurosecretory cells in the larvae of gall midges. Current Sci. **24** (1955) 90–91.
—: Studies on the neurosecretory system of *Iphita limbata* Stal. I. Distribution and structure of the neurosecretory cells of the nerve ring. Biol. Bull. **108** (1955) 296–307.
—: Enzyme complex of the corpus allatum of the female *Iphita limbata* Stal. Current Sci. **24** (1955) 306–307.
—: Studies on the neurosecretory system of *Iphita limbata* Stal. II. Acid phosphatase and cholinesterase in the neurosecretory cells. Proc. Indiana Acad. Sci. Sect. B **42** (1955) 27–30.
—: The endocrine organs of the adult wheat-blossom midge, *Sitodiplosis mosellana* Gehin (Cecidomyiidae: diptera). Proc. Zool. Soc. Bengal **9** (1956) 13–18.
—: The structure of the corpus allatum of *Iphita limbata* (hemiptera). Quart. J. microsc. Sci. **97** (1956) 83–88.

NAYAR, K. K.: Studies on the neurosecretory system of *Iphita limbata* Stal (hemiptera). III. The endocrine glands and the neurosecretory pathways in the adult. Z. Zellf. **44** (1956) 697–705.

—: Studies on the neurosecretory system of *Iphita limbata* Stal (Pyrrhocoridae: hemiptera). IV. Observations on the structure and functions of the corpora cardiaca of the adult insect. Proc. Nat. Inst. Sci. India B **22** (1957) 171–184.

—: Effects of injecting juvenile hormone extracts on the neurosecretory system of adult male cockroaches (*Periplaneta americana*). Mem. Soc. Endocrinol Nr. 12 Neurosecretion (1962) 371–378.

NAMBUDIRI, P. N. und K. P. VIJAYAKRISHNAN: Neurosecretory cells of the brain of the leech *Hirudinaria granulosa* (Sav.). Current Sci. **27** (1958) 350–351.

NISHIITSUTSUJI-UWO, J.: Fine structure of the neurosecretory system in lepidoptera. Nature **188** (1960) 953–954.

—: Electron microscop studies on the neurosecretory system in lepidoptera. Z. Zellf. **54** (1961) 613–630.

NISHIOKA, R. S., I. R. HAGADORN und H. A. BERN: Ultrastructure of the epistellar body of the *octopus*. Z. Zellf. **57** (1962) 406–421.

NOIRET, C.: Neurosécrétion et sexualité chez le termite à cou jaune (*Calotermes flavicollis* F.). C. R. Acad. Sci. Paris **245** (1957) 743–745.

NOLTE, A.: Eine Cerebraldrüse bei Heliciden (Gastropoda). Licht- und elektronenoptische Untersuchungen. Gen. comp. Endocrinol. **3** (1963) 721 bis 722.

NOVÁK, V. J.: Growth of the corpora allata during the postembryonal development in insects. Věstn. Českosl. zool. Spol. **18** (1954) 98–133.

—: On the question of the phylogenetical origin of neurosecretion. Gen. comp. Endocrinol. **3** (1963) 722–723.

NÚÑEZ, J. A.: Über das Vorkommen von Prothoraxdrüsen bei *Anisotarsus cupripennis* (Coleoptera, Carabidae). Biol. Zbl. **73** (1954) 602–610.

NUTTING, W. L., und L. R. CLEVELAND: Effects of glandular exstirpations on *Cryptocercus* and the sexual cycles of its protozoa. J. exp. Zool. **137** (1958) 13–37.

OGURO, CH.: On the neurosecretory system in the cephalic region of the isopod *Tecticeps japonicus*. Endocrinol. Jap. **7** (1960) 137–145.

—: On the neurosecretory system of two parasitic isopods, *Argeia pugettensis* Dana and *Athelges japonicus* Shiino. Annotat. Zool. Japon. **34** (1961) 43–48.

OLSSON, R.: The evolution of neurosecretory cells and systems. Proc. XVI. Internat. Congr. Zool. Washington **3** (1963) 38–43.

ORLAMÜNDER, J.: Zur Entwicklung und Formbildung des *Birgus latro* L. mit besonderer Berücksichtigung des X-Organs. Z. wiss. Zool. **155** (1942) 280 bis 316.

OTREMBA, P.: Beobachtungen an neurosekretorischen Zellen des Regenwurmes (*Lumbricus* spec.). Z. Zellf. **54** (1961) 421–436.

OZEKI, K.: Neurosecretion of the earwing, *Anisolabis maritima*. Sci. papers Coll. general Education, Univ. Tokyo. **8** (1958) 85–92.

ÖZBAS, S.: Two kinds of secretions in corpora cardiaca of *Locusta migratoria* (L.) *Ph. soltaria* (orthoptera: acrididae). Communic. Fac. Sci. Univ. Ankara Ser. C **8** (1957) 45–47.

Özbas, S., und E. S. Hodgson: Action of insect neurosecretion upon central nervous system in vitro and upon behavior. Proc. National Acad. Sci. Washington **44** (1958) 825–830.

Palm, N. B.: Neurosecretory cells and associated structures in *Lithobius forficatus* L. Ark. Zool. **9** (1956) 115–129.

Pandalai, K. R.: Morphology of the neurosecretory cells of *Calotes versicolor.* J. Anat. Soc. India **7** (1958) 92–104.

—: Reactions of neurosecretory cells of *Calotes versicolor* to dehydration, stress, variations in temperature, blinding and injection of sex hormones. J. Anat. Soc. India **9** (1960) 88–96.

Panov, A. A.: Распределение нейросекреторных клеток в брюшном отделе нервной цепочки прямокрылых насекомых (Orthoptera, Insecta). Dokl. Akad. Nauk UdSSR **145** (1962) 1409–1412.

Passano, L. M.: Phase contrast observations on living neurosecretory cells of *Sesarma.* Anat. Rec. **112** (1952) 460–461.

Pavans de Ceccatty, M.: Les structures cellulaires de type nerveux chez *Hippospongia communis* LMK. Ann. Sci. nat. Zool. Biol. animale Sér. 12 **1** (1959) 105–112.

—: Système nerveux et intégration chez les spongiaires. Ann. Sci. nat. Zool. Biol. animale **4** Sér. 12 (1962) 127–137.

Perez, Z.: Les cellules sécrétrices du cerveau de quelques Lépidoptères. Ann. Fac. Ciéncias Porto **25** (1940) 92–94.

—: Les cellules sécrétrices du cerveau de quelques nerve ganglia of *Hirudo medicinalis.* Lin. J. comp. Neurol. **76** (1940) 367–401.

—: On the chromaffin cells of the nerve ganglia of *Hirudo medicinalis.* J. comp. Neurol. **76** (1942) 367–394.

Perez-Gonzáles, M. D.: Evidence for hormone-containing granules in sinus glands of the fiddler crab *Uca pugilator.* Biol. Bull. **113** (1957) 426–441.

Pesson, P.: Sur la présence de cellules à aspect sécréteur dans le protocerebrum des femelles de Coccides. Bull. Soc. zool. France **67** (1942) 56–58.

Pflugfelder, O.: Vergleichend-anatomische, entwicklungsgeschichtliche und experimentelle Untersuchungen über das Nervensystem der Rhynchoten. Zoologica **93** (1936) 1–102.

—: Bau, Entwicklung und Funktion der Corpora allata und cardiaca von *Dixippus morosus* Br. Z. wiss. Zool. **149** (1937) 477–512.

—: Weitere experimentelle Untersuchungen über die Funktion der Corpora allata von *Dixippus morosus* Br. Z. wiss. Zool. **151** (1938) 149–191.

—: Über die Ventraldrüsen und einige andere inkretorische Organe des Insektenkopfes. Biol. Zbl. **66** (1947) 211–235.

—: Die Funktion der Pericardialdrüsen der Insekten. Zool. Anz. Suppl. **14** (1950) 169–173.

Pipa, R. L.: Studies on the hexapod nervous system. III. Histology and histochemistry of cockroach neuroglia. J. comp. Neurol. **116** (1961) 15–26.

—: Studies on the hexapod nervous system. IV. A cytological and cytochemical study of neurons and their inclusions in the brain of a cockroach, *Periplaneta americana* (L.). Biol. Bull. **121** (1961) 521–534.

PIPA, R. L.: A cytochemical study of neurosecretory and other neuroplasmic inclusions in *Periplaneta americana*. Gen. comp. Endocrinol. **2** (1962) 44–52.

—, E. F. COOK und A. G. RICHARDS: Studies on the hexapod nervous system. II. The histology of the thoracic ganglia of the adult cockroach *Periplaneta americana* (L.). J. comp. Neurol. **113** (1959) 401–433.

POLICE, G.: Sul sistemo nervoso stomatogastrico dello Scorpione. Arch. Zool. Napoli **1** (1903) 179–200.

POLL, H., und H. SOMMER: Über phaeochrome Zellen im Zentralnervensystem des Blutegels. Arch. Anat. Physiol. Jg. 1903, 549–550.

POSSOMPÈS, B.: Les glandes endocrines postcérébrales des diptères. I. Étude chez la larve de *Chironomus plumosus* L. Bull. Soc. zool. France **71** (1946) 99–109.

—: Les glandes endocrines post-cérébrales des diptères. II. Étude sommaire des corpora allata et des corpora cardiaca chez la larve de *Tipula* sp. Bull. Soc. zool. France **72** (1947) 57–62.

—: Les glandes endocrines post-cérébrales des diptères. III. Étude chez la larve de *Tabanus* sp. Bull. Soc. zool. France **73** (1948) 228–235.

—: Les corpora cardiaca de la larve de *Chironomus plumosus* L. Bull. Soc. zool. France **73** (1948) 202–206.

—: Évolution des cellules neuro-sécrétrices protocérébrales et de la glande péritrachéenne de *Calliphora erythrocephala* Meig (diptère) après section des connexions nerveuses entre le cerveau et l'anneau de WEISMANN. 2. Internat. Symposium über Neurosekretion Lund 1957. Berlin, Göttingen, Heidelberg (1958) 96–97.

POTTER, D. D.: Histology of the neurosecretory system of the blue crab *Callinectes sapidus*. Anatom. Rec. **120** (1954) 716.

—: Observations on the neurosecretory system of portunid crabs. 2. Internat. Symposium über Neurosekretion Lund 1957. Berlin, Göttingen, Heidelberg (1958) 113–118.

POULSON, D. F.: On the origin and nature of the ring gland (Weismann's ring) of the higher diptera. Trans. Connect. Acad. Arts Sci. **36** (1945) 449–488.

PRABHU, V. K. K.: Note on the cerebral glands and a hitherto unknown connective body in *Jonespeltis splendidus* Verhoeff (myriapoda, diplopoda). Current Sci. **28** (1959) 330–331.

—: The structure of the cerebral glands and connective bodies of *Jonespeltis splendidus* Verhoeff (myriapode; diplopoda). Z. Zellf. **54** (1961) 717–733.

—: Neurosecretory system of *Jonespeltis splendidus* Verhoeff (myriapoda: diplopoda). Mem. Soc. Endocrinol. Nr. 12 Neurosecretion (1962) 417–420.

PYLE, R. W.: The histogenesis and cyclic phenomena of the sinus gland and x-organ in crustacea. Biol. Bull. **85** (1943) 87–102.

RAABE, M.: Existence chez divers insectes d'une inervation trito-cérébrale des corpora cardiaca. C. R. Acad. Sci. Paris **257** (1963) 1552–1555.

—: Mise en évidence, chez des insectes d'ordres variés, d'éléments neurosécréteurs tritocérébraux. C. R. Acad. Sci. Paris **257** (1963) 1171–1173.

—: Nouvelles recherches sur la neurosécrétion chez les insectes. Gen. comp. Endocrinol. **3** (1963) 727–728.

RAE, C. A.: Possible new elements in the endocrine complex of cockroaches. Austral. J. Sci. **18** (1955) 33–34.

RAE, C. A.: Prothoracic glands in a mantid (*Orthodera ministralis* Fabr.) Austral. J. Sci. **19** (1957) 229.

RAHM, U. H.: Die innersekretorische Steuerung der postembryonalen Entwicklung von *Sialis lutaria* L. (megaloptera). Rev. Suisse Zool. **59** (1952) 173–237.

RANGNEKER, P. V., und H. B. NIRMAL: Neurosecretory cells in the beetle, *Heliocopris bucephalus* F. J. anim. Morph. Physiol. **8** (1961) 130–136.

REHM, M.: Sekretionsperioden neurosekretorischer Zellen im Gehirn von *Ephestia kühniella*. Z. Naturf. **5b** (1950) 167–169.

—: Die zeitliche Folge der Tätigkeitsrhythmen inkretorischer Organe von *Ephestia kühniella* während der Metamorphose und des Imaginallebens. Roux' Arch. Entwicklungsmech. **145** (1951) 205–248.

—: Morphologische und histochemische Untersuchungen an neurosekretorischen Zellen von Schmetterlingen. Z. Zellf. **42** (1955) 19–58.

—: Observations on the localisation and chemical constitution of neurosecretory material in nerve terminals in *Carcinus maenas*. Acta histochem. **7** (1959) 88–106.

REIDENBACH, J. M.: Présence d'une nouvelle formation endocrine cérébrale dans la région distale des lobes optiques chez *Idotea* (isopode-valvifère). C. R. Acad. Sci. Paris **257** (1963) 2728–2730.

RESNITSCHENKO, M. S.: Zur Frage der spezifischen Wirkung der Schilddrüse und Ca- und K-Ionen auf die Entwicklung von *Drosophila melanogaster*. Trudy Lab. eksp. Biol. Moskov. Zooparka **3** (1927) 27–35.

DE ROBERTS, E. D. P.: A general interpretation of neurosecretory microvesicles. In: Perspectives in Biology. Elsevier Publ. Comp. Amsterdam, London, New York (1963) 409–423.

RODECK, H.: Zusammenhänge zwischen Neurosekret und den sogenannten Hypophysenhinterlappenhormonen. II. Mitt. Untersuchungen an handelsüblichen Hypophysenhinterlappenextrakten. Z. ges. exp. Med. **132** (1959) 113–121.

—: Zusammenhänge zwischen Neurosekret und den sogenannten Hypophysenhinterlappenhormonen. III. Mitt. Untersuchungen zur färberischen Darstellung von synthetischem Ocytocin. Z. ges. exp. Med. **132** (1959) 122–135.

—: Zusammenhänge zwischen Neurosekret und den sogenannten Hypophysenhinterlappenhormonen. IV. Mitt. Untersuchungen an schwefelhaltigen Aminosäuren. Z. ges. exp. Med. **132** (1959) 225–233.

RÖHLICH, P., B. AROS und B. VIGH: Elektronenmikroskopische Untersuchungen der Neurosekretion im Cerebralganglion des Regenwurmes (*Lumbricus terrestris*). Z. Zellf. **58** (1962) 524–545.

ROMEIS, B., und L. VON DOBKIEWICZ: Experimentelle Untersuchungen über die Wirkung von Wirbeltierhormonen auf Wirbellose. I. Roux' Arch. Entwicklungsmech. **47** (1921) 119–130.

— und J. WÜST: Die Wirkung von Thyroxin auf den Gasstoffwechsel von Schmetterlingspuppen II. Roux' Arch. Entwicklungsmech. **125** (1932) 673–736.

ROONWALL, M. L.: Studies on the embryology of the African migratory locust, *Locusta migratoria migratorioides* (orthoptera, acrididae). II. Organogeny. Phil. Trans. roy. Soc. London **B 227** (1937) 175–244.

ROWATT, E.: The relation of pantothenic acid to acetylcholine formation by a strain of *Lactobacillus plantarum*. J. gen. Microbiol. **2** (1948) 25–30.

SAHLI, F.: Quelques données sur la neurosécrétion chez le diplopode *Tachypodoiulus albipes* C. L. Koch. C. R. Acad. Sci. Paris **246** (1958) 470–472.

—: Sur une formation hypocérébrale chez les diplopodes Julides. C. R. Acad. Sci. Paris **252** (1961) 2443–2444.

—: Sur le système neurosécréteur du Polydesmoide *Orthomorpha gracilis* C. L. Koch (*myriapoda, diplopoda*). C. R. Acad. Sci. Paris **254** (1962) 1498 bis 1500.

—: Sur le système neurosécréteur des myriapodes diplopodes. Proc. XVI. Internat. Congr. Zool. Washington **2** (1963) 149.

SAINT-REMY, G.: Contribution à l'étude du cerveau chez les arthropodes trachéates. Arch. Zool. exp. gén. Sér. 2 Suppl. **5** (1887) 1–276.

SANCHEZ, S.: Cellules neurosécrétrices et organes infracérébraux de *Peripatopsis moseleyi* Wood (onychophores) et neurosécrétion chez *Nymphon gracile* Leach (pycnogonides). Arch. Zool. exp. gén. **96** (1958) 57–62.

—: Histophysiologie neuro-hormonale chez quelques mollusques gastéropodes. I. Complexes neuroendocriniens. Bull. Soc. zool. France **87** (1963) 309–319.

— und C. BORD: Origine des cellules neurosécrétrices chez *Helix aspersa*. C. R. Acad. Sci. Paris **246** (1958) 845–847.

— und M. PAVANS DE CECCATTY: Neurosécrétion et fonction élaboratrice des neurones chez quelques mollusques gastéropodes. C. R. Soc. Biol. **151** (1957) 2172–2173.

SATIJA, R. C.: A histological study of the brain and thoracic nerve cord of *Calliphora erythrocephala* with special refence to the descending nervous pathways. Res. Bull. Panjab Univ. **142** (1958) 81–96.

—: A histological and experimental study of nervous pathways in the brain and thoracic nerve cord of *Locusta migratoria migratoriodes* (R and F). Res. Bull. Panjab Univ. **137** (1958) 13–32.

—: A histological study of the brain and thoracic nerve cord of *Apis mellifera* with special reference to the descending nervous pathways. Res. Bull. Panjab Univ. **137** (1958) 49–65.

SCHALLER, F.: Étude comparative de la glande prothoracique dans les trois castes de l'abeille (*Apis mellifica*). C. R. Soc. Biol. **149** (1955) 1487–1490.

SCHAEFER, K.: Lage und Sekretion der Drüsennervenzellen von *Nereis diversicolor* Müll. Zool. Anz. **125** (1939) 195–202.

SCHARRER, B.: Über das Hanströmsche Organ X bei Opistobranchiern. Pubbl. Staz. zool. Napoli **15** (1935) 132–142.

—: Über „Drüsen-Nervenzellen" im Gehirn von *Nereis virens Sars*. Zool. Anz. **113** (1936) 299–302.

—: Über sekretorisch tätige Nervenzellen bei wirbellosen Tieren. Naturwissenschaften **25** (1937) 131–138.

—: Neurosecretory cells in the central nervous system of cockroaches. J. comp. Neurol. **74** (1941) 93–108.

—: Neurosecretion III. The cerebral organ of the Nemerteans. J. comp. Neurol. **74** (1941) 109–130.

—: Neurosecretion. IV. Localization of neurosecretory cells in the central nervous system of *Limulus*. Biol. Bull. **81** (1941) 96–104.

SCHARRER, B.: The prothoracic glands of *Leucophaea maderae* (orthoptera). Biol. Bull. **95** (1948) 186–198.
—: The storage of neurosecretory material in the corpus cardiacum. Anatom. Rec. **111** (1951) 554–555.
—: The effect of the interruption of the neurosecretory pathway in the insect *Leucophaea maderae.* Anatom. Rec. **112** (1952) 386–387.
—: Neurosecretion XI. The effects of nerve section on the intercerebralis-cardium-allatum system of the insect *Leucophaea maderae.* Biol. Bull. **102** (1952) 261–272.
—: Aberrations in the distribution of neurosecretory cells in the suboesophageal ganglion of *Leucophaea maderae* (Blattaria). Anatom. Rec. **122** (1955) 489 bis 490.
—: „Castration cells“ in the central nervous system of an insect (*Leucophaea maderae* Blattaria). Trans. New York Acad. Sci. Ser. 2 **17** (1955) 520–525.
—: The corpus allatum of *Leucophaea maderae* (Blattaria). Proc. tenth intern. Congr. of Entomology **2** (1956) 57.
—: Correlations endocrines dans la reproduction des insectes. Ann. Sci. nat. Ser. Zool. Biol. animale **18** (1956) 231–234.
—: Neuro-endocrine mechanisms in insects. 2. Internat. Symposium über Neurosekretion Lund 1957. Berlin, Göttingen, Heidelberg 1958 S. 79–84.
—: The role of neurosecretion in neuroendocrine integration. Comp. Endocrinology. Proc. Col. Univ. Symp. Comp. Endocrinol. New York, London 1958, (1959) 134–148.
—: Functional analysis of the corpus allatum of the insect, *Leucophaea maderae,* with the electron microscope. Biol. Bull. **121** (1961) 370.
—: The neurosecretory system of *Leucophaea maderae* and its role in neuroendocrine integration. Gen. comp. Endocrinol. **2** (1962) 30.
—: The fine structure of the neurosecretory system of the insect *Leucophaea maderae.* Mem. Soc. Endocrinol. Nr. 12 Neurosecretion (1962) 89–97.
—: Neurosecretion XIII. The ultrastructure of the corpus cardiacum of the insect *Leucophaea maderae.* Z. Zellf. **60** (1963) 761–796.
— und E. HADORN: The structure of the ring-gland (Corpus allatum) in normal and lethal larvae of *Drosophila melanogaster.* Proc. National Acad. Sci. USA **24** (1938) 236–242.
— und M. VON HARNACK: Histophysiological studies on the corpus allatum of *Leucophaea maderae.* I. Normal life cycle in male and female adults. Biol. Bull. **115** (1958) 508–520.
— —: Histophysiological studies on the corpus allatum of *Leucophaea maderae.* III. The effect of castration. Biol. Bull. **121** (1961) 193–208.
SCHARRER, E., und S. BROWN: The fine structure of neurosecretory cells in the earth-worm, *Lumbricus terrestris* L. Anatom. Rec. **139** (1961) 271.
— —: Neurosecretion. XII. The formation of neurosecretory granules in the earthworm, *Lumbricus terrestris* L. Z. Zellf. **54** (1961) 530–540.
— —: Neurosecretion in *Lumbricus terrestris.* Gen. comp. Endocrinol. **2** (1962) 1–3.
— —: Electron-microscop studies of neurosecretory cells in *Lumbricus terrestris.* Mem. Soc. Endocrinol. Nr. 12 Neurosecretion (1962) 103–108.

SCHARRER, E., und B. SCHARRER: Neurosekretion. Handb. mikrosk. Anatomie des Menschen Bd. 6, Teil 5, Berlin, Göttingen, Heidelberg 1954, S. 953–1066.

SCHEFFEL, H.: Untersuchungen zur Neurosekretion bei *Lithobius forficatus* L. (Chilopoda). Zool. Jb. Anat. **79** (1961) 529–556.

SCHIEBLER, TH.: Darstellung von B-Zellen in Pankreasinseln und von Neurosekret mit Pseudoisocyanin. Naturwiss. **45** (1958) 214.

SCHIMKEWITSCH, W.: Étude sur l'anatomie de l'epeire. Ann. Sci. nat. Zool. Ser. 6 **17** (1884) 1–94.

SCHLOTE, F. W.: Neurosekretorische Grana in den peripheren Nerven und in den Nerv-Muskel-Verbindungen von *Helix pomatia*. Z. Zellf. **60** (1963) 325–347.

SCHMID, L. A.: Induced neurosecretion in *Lumbricus terrestris*. J. exp. Zool. **104** (1947) 365–377.

SCHMIDT, E. L., und C. M. WILLIAMS: Physiology of insect diapause. V. A cytological study of neurosecretion in the brain of the *cecropia* silkworm. Biol. Bull. **105** (1953) 174–187.

SCHMIDT, G. H.: Histologische Untersuchungen zur Aktivität der Pericardialdrüsen während der Metamorphose von *Formica polyctena* Foerst (Ins. Hym.) Zool. Anz. Suppl. **27** (1964) 330–334.

SCHNEIDER, A.: Système stomatogastrique des aranéides. Tabl. zool. Poitiers **2** (1887–1892) 87–94.

SCHULTZ, R. L.: Electron microscopic observations of the corpora allata and associated nerves in the moth *Celerio lineata*. J. Ultrastruct. Res. **3** (1960) 320–327.

SCHWINK, I.: Veränderungen der Epidermis, der Pericardialzellen und der Corpora allata in der Larvenentwicklung von *Panorpa communis* L. unter normalen und experimentellen Bedingungen. Roux' Arch. Entwicklungsmech. **145** (1951) 62–108.

SEAMAN, G. R., und R. K. HOULIHAN: Enzyme systems in *Tetrahymena geleii* S. II. Acetylcholinesterase activity. Its relation to motility of the organism and to coordinated ciliary action in general. J. cellular comp. Physiol. **37** (1951) 309–321.

SEITE, R., und G. CHAMBOST: Elaborations neuronales: Observations cytologiques sur le ganglion stellaire et le muscle du manteau de deux céphalopodes (*Octopus vulgaris* et *Sepia offisinalis*). C. R. Soc. Biol. **151** (1957) 1573 bis 1575.

SELLIER, R.: La glande prothoracique des gryllides. Arch. Zool. exp. gén. **88** (1951) 61–72.

SERENI, E.: Sulla funzione delle ghiandole salivari posteriori dei cefalopodi. Bull. Soc. Ital. biol. sperim. Napoli **4** (1929) 749–753.

—: Correlazioni umorali nei cefalopodi. Amer. J. Physiol. **90** (1929) 512.

—: Sulla funzione dei corpi branchiali dei cefalopodi. Arch. Zool. Ital. **16** (1932) 941–947.

SIEWING, R.: Morphologische Untersuchungen an Tanaidaceen und Lophogastriden. Z. wiss. Zool. **157** (1953) 333–426.

SLOPER, J. C.: Presence of a substance rich in protein-bound cystine or cysteine in the neurosecretory system of an insect. Nature **179** (1957) 148–149.

SMITH, R. I.: The action of electrical stimulation and of certain drugs on cardiac nerves of the crab, *Cancer irroratus*. Biol. Bull. **93** (1947) 72–88.

SONNEBORN, T. M.: Sex hormones in unicellular organisms. Cold Spring Harbor Symp. quantitat. Biol. **10** (1942) 111–125.
—: Recent advances in the genetics of *Paramecium* and *Euplotes*. Adv. Genetic **1** (1947) 263–358.
—: Breeding systems, reproductive methods, and species problems in protozoa. In: The species problem, Washington 1957, S. 155–324.
—: The gene and cell differentiation. Proc. National Acad. Sci. Washington. **46** (1960) 149–165.
SPANGENBERG, D. B., und R. G. HAM: The epidermal nerve net of *Hydra*. J. exp. Zool. **143** (1960) 195–201.
SRIVASTAVA, S. U.: The prothoracic glands of some coleopteran larvae. Quart. J. microsc. Sci. **100** (1959) 51–64.
STARLING, E. H.: The chemical correlation of the function of the body. Lancet **Pt 2** (1905) 339–341.
STÄHL, F.: Über das Vorkommen von inkretorischen Organen und Farbwechselhormonen im Kopf einiger Crustaceen. Acta Univ. Lund. N. F. Adv. **34**, No. 12 (1938) 1–12.
STERBA, G.: Die neurosekretorischen Zellgruppen einiger Cladoceren (*Daphnia pulex* und *magna, Simocephalus vetulus*). Zool. Jb. Anat. **76** (1957) 303–310.
—: Über eine sehr spezifische neue Methode zum Nachweis von Neurosekret. Acta biol. med. Germanica **7** (1961) 228–231.
—: Histochemischer und biochemischer Nachweis der Identität zwischen der als Neurosekret nachweisbaren Substanz und dem Trägerprotein des Oxytocin. Gen. comp. Endocrinol. **3** (1963) 733.
— und K. P. WELLNER: Biochemische Korrelation der Pseudocyaninreaktion zum Nachweis von Neurosekret. Naturwissenschaften **50** (1963) 334–335.
STIENNON, J. A., und P. DROCHMANS: Electron microscope study of neurosecretory cells in phasmidae. Gen. comp. Endocrinol. **1** (1961) 286–294.
STIFTER, J.: Untersuchungen über einige Zusammenhänge zwischen Stoffwechsel- und Sexualphysiologie an dem Flagellaten *Chlamydomonas eugametos*. Arch. Protistenkunde **104** (1959) 364–388.
STUTINSKY, F.: Étude du complexe rétro-cérébral de quelques insectes avec l'hématoyline chromique. Bull. Soc. zool. France. **77** (1952) 61–67.
SUGIYAMA, K.: Observations of the endocrine organs in the head of a grasshopper *Oxya japonica*. Zool. Mag. Tokyo **67** (1958) 80–83.
SZIDAT, L.: Hormonale Beeinflussung von Parasiten durch ihren Wirt. Z. Parasitenkunde **19** (1959) 503–524.
TOYAMA, K.: Contributions to the study of silkworms. I. On the embryology of the silkworm. Bull. Coll. Agr. Tokyo Imp. Univ. **5** (1902) 73–118.
THOMSEN, E.: Ringdrüse und Corpus allatum bei Musciden. Naturwissenschaften **29** (1929) 605–606.
—: Functional significance of the neurosecretory brain cells and the corpus cardiacum in the female blow-fly, *Calliphora erythrocephala* Meig. J. exp. Biol. **29** (1952) 137–172.
—: Studies on the transport of neurosecretory material in *Calliphora erythrocephala* by means of ligaturing experiments. J. exp. Biol. **31** (1954) 322–330.
THOMSEN, M.: Weismann's ring and related organs in larvae of diptera. Kongl. Danske Vidensk. Selsk. Biol. Skr. **6** (1951) 1–32.

THOMSEN, M.: Neurosecretion in some hymenoptera. Kongl. Danske Vidensk. Selsk. Biol. Skr. **7** (1954) 1–24.

—: Observation on the cytology of neurosecretion in various insects (diptera and hymenoptera). Pubbl. Staz. zool. Napoli Suppl. **24** (1954) 46–47.

THOMSEN, E., und M. THOMSEN: Darkfield microscopy of living neurosecretory cells. Experientia **10** (1954) 206–207.

THORE, S.: Cephalopodenstudien. I. Beiträge zur Kenntnis der sog. weißen Körper nebst Mitteilung über ein neues Organ bei *Octopus vulgaris*. Kongl. Fysiogr. Sällsk. Lund Förh. **6** (1936) 147–156.

—: Beiträge zur Kenntnis der vergleichenden Anatomie des zentralen Nervensystems der dibranchiaten Cephalopoden. Pubbl. Staz. zool. Napoli **17** (1939) 313–506.

TÜMPLING, W. VON: Untersuchungen über Neurosekretion bei Hirudineen. Z. wiss. Zool. (1964) (im Druck).

TURNER, C. D.: General endocrinology, Philadelphia und London 1948.

TURNER, R. S.: Observations on the central nervous system of *Leptoplana acticola*. J. comp. Neurol. **85** (1946) 53–65.

TUZET, O., S. SANCHEZ und M. PAVANS DE CECCATTY: Données histologiques sur l'organisation neuroendocrine de quelques mollusques gastéropodes. C. R. Acad. Sci. Paris **244** (1957) 2962–2964.

UDE, J.: Neurosekretorische Zellen im Cerebralganglion von *Dicrocoelium lanceatum* St. u. H. (Trematoda-Digena). Zool. Anz. **169** (1962) 455–457.

—: Untersuchungen zur Neurosekretion bei *Dendrocoelum lacteum* OERST (Plathelminthes-Turbellaria). Z. wiss. Zool. (1964) (im Druck).

ULRICH, H.: Vergleichend-histologische und zyklische Untersuchungen an den weiblichen Geschlechtsorganen und den innersekretorischen Drüsen adulter Hippobosciden (Diptera, Pupipara). Dt. Entomol. Z. N. F. **10** (1963) 28–71.

UNGER, H.: Experimentelle und histologische Untersuchungen über Wirkfaktoren aus dem Nervensystem von *Asterias* (*Marthasterias*) *glacialis* (Asteroidea; Echinodermata). Zool. Jb. Physiol **69** (1962) 481–536.

VANDEL, P.: Généralités sur les arthropodes. Composition de l'embranchement. In: Traité de Zoologie, Bd. 6, Paris 1949, S. 79–158.

VERSON, E.: Zur Kenntnis der Drüsenzellen (sogenannter innerer Sekretion), welche in den Blutlacunen der Insekten vorkommen. Zool. Anz. **38** (1911) 295–301.

VICENTE, N.: Particularités histologiques des cellules nerveuses et notamment des cellules neurosécrétrices chez *Haminaea navicula* (Da Costa) (mollusque opisthobranche). Rec. trav. Stat. mar. Endoume **39** (1962) 293–304.

WAUTIER, J., M. PAVANS DE CECCATTY, M. RICHARDOT, B. BUISSON und M. L. HERNANDEZ: Notes sur les complexes neuro-endocriniens de *Gundlachia* sp. (Mollusque ancylidae). Bull. Soc. Linn. Lyon **30** (1961) 79–87.

WELLS, M. J.: The thoracic glands in hemiptera heteroptera. Quart. J. microsc. Sci. **95** (1954) 231.

WEYER, F.: Über drüsenartige Nervenzellen im Gehirn der Honigbiene *Apis mellifica* L. Zool. Anz. **112** (1935) 137–141.

WEYGOLDT, P.: Zur Kenntnis der Sekretion im Zentralnervensystem der Ostrakoden *Cyprideis litoralis* (G. S. Brady) (Podocopa Cytheridae) und

Cyris pubera (O. F. M.) (Podocopa Cypridae). Neurosekretion und Sekretzellen im Perineurium. Zool. Anz. **166** (1961) 69–79.

WHEELER, W. M.: A contribution to insect embryology. J. Morph. **8** (1893) 1–160.

WICKWIRE, G. C., und W. E. BURGE: The mode of action of ultra-violett radiation in decreasing sugar metabolism. Amer. J. Physiol. **81** (1927) 514–515.

WIGGLESWORTH, V. B.: Neurosecretion and the corpus cardiacum of insects. Pubbl. Staz. zool. Napoli Suppl. **24** (1954) 41–45.

—: Axon structure and the dictyosomes (Golgi bodies) in the neurones of the cockroach, *Periplaneta americana*. Quart. J. microsc. Sci. **101** (1960) 381 bis 388.

WILLEY, R. B.: The morphology of the stomodeal nervous system in *Periplaneta americana* L. and other Blattaria. J. Morph. **108** (1961) 219–261.

— und G. B. CHAPMAN: The ultrastructure of certain components of the corpora cardiaca in orthopteroid insects. J. Ultrastructure Res. **4** (1960) 1–14.

— —: Fine structure of neurons within the pars intercerebralis of the cockroach, *Blaberus craniifer*. Gen. comp. Endocrinol. **2** (1962) 31–43.

WILSON, E. O., und W. H. BOSSERT: Chemical communication among animals. Proc. 1962 Laurentian Hormone Conference. Rec. Progress in Hormone Research. Ed. by G. Pincus. 1963, 673–716.

YAGI, K., H. A. BERN und I. R. HAGADORN: Action potentials of neurosecretory neurons in the leech *Theromyzon rude*. Gen. comp. Endocrinol. **3** (1963) 490–495.

YASHIKA, K.: Studies on the neurosecretory system in Apterygota. I. Histological observation on the corpus allatum and neurosecretory cells in *Ctenolepisma*. Mem. Coll. Sci. Univ. Kyoto. Ser. B **27** (1960) 1–7.

—: Studies on the neurosecretory system in Apterygota. II. Development of the corpus allatum in *Ctenolepisma* and its juvenile action on the *Philosamia*-pupa. Mem. Coll. Sci. Univ. Kyoto. Ser. B **27** (1960) 83–88.

YOUNG, J. Z.: Sopra un nuovo organo dei cefalopodi. Boll. Sec. biol. sperim. Napoli **4** (1929) 1022–1024.

—: The giant nerve fibres and epistellar body of cephalopods. Quart. J. microsc. Sci. **78** (1936) 367–386.

ZEE, H. C., und S. PAI: Corpus allatum and c. cardiacum in *Chironomus* sp. Amer. Natural. **78** (1944) 472–477.

2. Literatur zum II. Hauptteil

ABELOOS, M.: Sur les relations entre la mue et le pouvoir régénérateur chez le crabe *Carcinus maenas* Pennant. C. R. Soc. Biol. **112** (1933) 1613–1614.

—: Régénération et stolonisation épigame chez l'annélide *Syllis prolifera* Krohn. C. R. Acad. Sci. Paris **230** (1950) 1899–1900.

—: Le problème morphogénétique dans la régénération des annélides polychètes. Bull. Soc. zool. France **80** (1956) 228–256.

ABRAMOWITZ, A. A.: Color changes in cancroid crabs of Bermuda. Proc. National Acad. Sci. Washington **21** (1935) 677–681.

—: The chromatophorotropic hormone of the crustacea: Standardiziation, properties and physiology of the eye-stalk glands. Biol. Bull. **72** (1937) 344–365.

ABRAMOWITZ, A. A.: The comparative physiology of pigmentary responses in the crustacea. J. exp. Zool. **76** (1937) 407–422.
— und R. K. ABRAMOWITZ: On the specifity and related properties of the crustacean chromatophorotropic hormone. Biol. Bull. **74** (1938) 278–296.
— F. L. HISAW und D. N. PAPANDREA: The occurence of a diabetogenic factor in the eyestalks of crustaceans. Biol. Bull. **86** (1944) 1–5.
ABRAMOWITZ, R. K., und A. A. ABRAMOWITZ: Moulting, growth, and survival after eyestalk removal in *Uca pugilator*. Biol. Bull. **78** (1940) 179–188.
AGRELL, I.: Pupal diapause caused by vitamin deficiency. Nature **167** (1951) 283–284.
—: The diapause problem. Ann. Biol. **27** (1951) 287–295.
AIZAWA, K., M. KOBAYASHI und F. ABE: Electrophoresis on filter paper of blood protein of the "Dauer-pupae" in the silkworm, *Bombyx mori*. J. Sericult. Sci. Japan **29** (1960) 197–202.
ALBRECHT, F. O.: La densité des populations et la croissance chez *Schistocerca gregaria* (Forsk.) et *Nomadacris septemfasciata* (Serv.); La mue d'ajustement. J. Agricult. Trop. Bot. appl. **2** (1955) 109–192.
ALEXANDROWICZ, J. S.: Innervation of the heart of *Praunus flexuosus* (Mysidacea). J. Mar. Biol. Assoc. U. K. **34** (1955) 47–53.
— und D. B. CARLISLE: Some experiments on the function of the pericardial organs in crustacea. J. Mar. Biol. Assoc. U. K. **32** (1953) 175–192.
ALLEN, T. H.: Enzymes in ontogenesis (orthoptera). Cytochrome oxidase in relation to respiratory activity and growth of the grasshopper egg. J. cellular comp. Physiol. **16** (1940) 149–163.
ALTENKIRCH, W.: Weitere Untersuchungen über die Färbung und Färbungsentwicklung von *Palomena prasina* L. und *Piezodorus lituratus* F. (Pentatomidae: Insecta, Hemiptera-Heteroptera). Art und Lokalisation der „Farben" im Körper der Jugendstadien und Imagines. Zool. Beitr. N. F. **6** (1960) 9–83.
ALTMANN, G.: Hormonale Steuerung des Wasserhaushaltes der Honigbiene. Zool. Anz. Suppl. **19** (1956) 107–112.
—: Hormonale Beeinflussung des Stoffwechsels bei *Carcinus maenas*. Experientia **15** (1959) 191–192.
—: Die Beeinflussung des Insektenstoffwechsels durch Hormone der Corpora allata. Zool. Anz. Suppl. **24** (1961) 253–258.
—: Hormonphysiologische Untersuchungen des Stoffwechsels der Honigbiene. Dt. Bienenwirtsch. **11** (1960) 74–76.
AMAR, R.: Un organe endocrine chez *Idothea* (*crustacea isopoda*). C. R. Acad. Sci. Paris **227** (1948) 301–303.
—: Formations endocrines cérébrales des isopodes marins et comportement chromatique d'*Idothea*. Thesis, Paris (1951) S. 1–139.
ANDERSON, B. G., und L. A. BROWN: A study of chitin secretion in *Daphnia magna*. Physiol. Zoöl. **3** (1930) 485–493.
ANDREWARTHA, H. G.: Diapause in relation to the ecology of insects. Biol. Rev. **27** (1952) 50–107.
AOTO, T.: Sexual phases in the prawn, *Pandalus kessleri* Czerniavski, with special reference to the reversal of sex. J. Fac. Sci. Hokkaido Univ. Ser. 6. Zool. **11** (1952) 1–20.

Aoto, T.: Chromatophorotropins in the prawn *Palaemon paucidens* and their relationship to long-term background adaption. J. Fac. Sci. Hokkaido Univ. Ser. 6 Zool. **14** (1961) 544–560.

—: Chromatophorotropins in the prawn *Palaemon paucidens* during the molting cycle. J. Fac. Sci. Hokkaido Univ. Ser. 6. Zool. **14** (1961) 561–565.

—: Regulation of the melanophores in three species of *Sesarma* from Japan. Annotat. Zool. Japon. **34** (1961) 193–196.

—, und H. Nishida: Effect of removal of the eyestalks on the growth and maturation of the oocytes in a hermaphroditic prawn, *Pandalus kessleri*. J. Fac. Sci. Hokkaido Univ. Ser. 6. **12** (1956) 412–424.

Armitage, K. B.: Chromatophore behavior of the isopod *Ligia occidentalis* Dana, 1853. Crustaceana **1** (1960) 193–207.

Arvy, L., G. Echalier und M. Gabe: Modifications de la gonade de *Carcinides* (*Carcinus*) *maenas* L., (crustacé, décapode), après ablation bilatérale de l'organe Y. C. R. Acad. Sci. Paris **239** (1954) 1853–1855.

— — —: Organe Y et gonade chez *Carcinides maenas* L. Ann. Sci. nat. Ser. Zool. biol. animale **18** (1956) 263–267.

Atzler, M.: Untersuchungen über den morphologischen und physiologischen Farbwechsel von *Dixippus* (*Carausius*) *morosus*. Z. vgl. Physiol. **13** (1930) 505–533.

Avel, M.: Sur le déterminisme humoral des caractères sexuels secondaires anatomiques externes chez les Lombriciens. C. R. Soc. Biol. **99** (1928) 501–502.

Bain, W. A.: The action of adrenaline and of certain drugs upon the isolated crustacean heart. Quart. J. exp. Physiol. **19** (1929) 297–308.

Balesdent-Marquet, M. L.: Remarques sur le cycle ovarien, le cycle des mues et les caractères sexuels secondaires chez le crustacé isopode *Asellus aquaticus* Linné. C. R. Acad. Sci. Paris **236** (1953) 1086–1088.

—: Remarques sur le déterminisme de la poche incubatrice chez le crustacé isopode *Asellus aquaticus* L. C. R. Acad. Sci. Paris **239** (1954) 1872–1873.

—: Castration temporaire aux rayons X et déterminisme des caractères sexuels temporaires chez le crustacé isopode *Asellus aquaticus* L. C. R. Acad. Sci. Paris **240** (1955) 1275–1277.

—: Influence de la témperature sur la mue, l'activité ovarienne et les caractères sexuels temporaires du crustacé isopode *Asellus aquaticus*. C. R. Acad. Sci. Paris **240** (1955) 1372–1374.

—: Irradiations localisées aux rayons X et déterminisme des caractères sexuels temporaires chez le crustacé isopode *Asellus aquaticus* L. femelle, C. R. Acad. Sci. Paris **241** (1955) 609–611.

—: Présence d'une glande androgène chez le crustacé isopode *Asellus aquaticus*. C. R. Acad. Sci. Paris **247** (1958) 534–536.

—: Disposition structure et mode d'action de la glande androgène d'*Asellus aquaticus* L. (crustacé isopode). C. R. Acad. Sci. Paris **251** (1960) 803–805.

— und A. Veillet: Castration chirurgicale, irradiations localisées aux rayons X et déterminisme des caractères sexuels externes chez le crustacé isopode *Asellus aquaticus* L. femelle. C. R. Acad. Sci. Paris **246** (1958) 1753–1756.

— —: Note sur la glande androgène de quelques *Orchestia* hermaphrodites. Bull. Soc. Sci. Nancy. [N. S.] **17** (1958) 28–30.

Balesdent-Marquet, M. L., und A. Veillet: Déterminisme des caractères sexuels externes chez le crustacé isopode *Asellus aquaticus* L. Proc. XV. Internat. Congr. Zool. London 1958 (1959) 921–924.

Baltarvide, C.: Sur ia régénération de la région pharyngienne chez *Syllis gracialis* Grube (annélide polychète). C. R. Acad. Sci. Paris **246** (1958) 2295–2296.

Barnes, H.: Processes of restoration and synchronization in marine ecology. The spring diatom increase and the „spawning" in the common barnacle, *Balanus balanoides* (L.) Année Biol. **33** (1957) 67–85.

—: Variation of the seasonal growth rate of *Balanus balanoides* with special reference to the presence of endogeneous factors. Internat. Rev. ges. Hydrobiol. **46** (1961) 427–428.

— und M. Barnes: Note on stimulation of cirripede nauplii. Oikos, Acta oecol. Scand. Copenhagen **10** (1959) 19–23.

Barth, R. H. jr.: Hormonal control of sex attractant production in the Cuban cockroach. Science **133** (1961) 1598–1599.

—: The endocrine control of mating behavior in the cockroach *Byrsotria fumigata* (Guérin). Gen. comp. Endocrinol. **2** (1962) 53–69.

—: Endocrine-exocrine mediated behavior in insects. Proc. XVI. Internat. Congr. Zool. Washington 1963. **3** (1963) 3.

Barton-Browne, L., L. F. Dodson, E. S. Hodgson und J. K. Kiraly: Adrenergic properties of the cockroach corpus cardiacum. Gen. comp. Endocrinol. **1** (1961) 232–236.

—, E. S. Hodgson und J. K. Kiraly: Stimulation of uterine contraction by extracts of the cockroach, *Periplaneta*. Science **134** (1961) 669–670.

— und K. R. Norris: The effect of a diazinon formulation on the oviposition behaviour of the Australian sheep blowfly, *Lucilia cuprina*. Austral. J. agricult. Res. **12** (1961) 715–724.

Basavanna, G. P.: Occurrence of thoracic glands in *Mylabris pustulata* Thunbg. (coleoptera: meloidae). Current Sci. **30** (1961) 111–112.

Bauchau, A. G.: Intensité de métabolisme et glande sinusaire chez *Eriocheir sinensis* H. M.-Edw. Ann. Soc. roy. zool. Belg. **79** (1948) 73–86.

—: Phénomènes de croissance et glande sinusaire chez *Eriocheir sinensis* H. M.-Edw. Ann. Soc. roy. zool. Belg. **79** (1948) 125–131.

—: Contrôle endocrinien de la régénération chez le crabe chinois *Eriocheir sinensis* H. M. Edw. Naturwissenschaften **47** (1960) 142–143.

—: Régénération des péréiopodes et croissance chez les crustacés décapodes brachyoures. I. Conditions normales et rôle des pédoncules oculaires. Ann. Soc. roy. Zool. Belg. **91** (1961) 57–84.

—: Endocrine control of growth in brachyuran crustacea. Gen. comp. Endocrinol. **2** (1962) 600.

Baumberger, J. P., und D. B. Dill: A study of the glycogen and sugar content and the osmotic pressure of crabs during the molt cycle. Physiol. Zoöl. **1** (1928) 545–549.

— und J. M. D. Olmsted: Changes in the osmotic pressure and water content of crabs during the molt cycle. Physiol. Zoöl. **1** (1928) 531–544.

Beach, F. A.: Hormones and behavior, New York 1948.

Beck, St. D.: Photoperiodic induction of diapause in an insect. Biol. Bull. **122** (1962) 1–12.

Becker, E.: Über Versuche zur Anreicherung und physiologischen Charakterisierung des Wirkstoffes der Puparisierung. Biol. Zbl. **61** (1941) 360–388.

Becker, H. J.: Stadienspezifische Genaktivierung in Speicheldrüsen nach Transplantation bei *Drosophila melanogaster*. Zool. Anz. Suppl. **25** (1962) 92–101.

—: Die Puffs der Speicheldrüsenchromosomen von *Drosophila melanogaster*. II. Mitteilung. Die Auslösung der Puffbildung, ihre Spezifität und ihre Beziehung zur Funktion der Ringdrüse. Chromosoma **13** (1962) 341–384.

Beermann, W.: Genaktivität und Genaktivierung in Riesenchromosomen. Zool. Anz. Suppl. **25** (1962) 44–75.

Beetsma, J.: L. de Ruiter und J. de Wilde: Possible influence of neotenine and ecdyson on the sign of phototaxis in the eyed hawk caterpillar (*Smerinthus ocellata* L.). J. Insect Physiol. **8** (1962) 251–257.

Beloserov, V. N.: Исследование нейро- гуморальной регуляции вольтинизма у чешуекрылых с факультативной диапаузой куколок. Вестник Ленинградского университета, Но. **9** (1962) 54–66.

Bennett, M. F. und F. A. Brown: Experimental modification of the lunar rhythm of running activity of the fiddler crab, *Uca pugnax*. Biol. Bull. **117** (1959) 404.

Berger, H.: Die Wirkung der Neurohormone auf das Metamorphosegeschehen bei *Calliphora erythrocephala* Meig. Zool. Jb. Physiol. **70** (1963) 245–265.

Bernardini-Mosconi, P.: La ghiandola protaracica in alcune specie di isotteri. Boll. Zool. Napoli **26** (1959) 307–310.

Bernhards, H.: Der Bau des Komplexauges von *Astacus fluviatilis* (*Potamobius astacus* L.). Z. wiss. Zool. **116** (1916) 649–707.

Berlese, A.: Intorno alle metamorfosi degli insetti. Redia **9** (1913) 121–136.

Berreur-Bonnenfant, J.: La culture in vitro de gonades de crustacés et son intérêt pour l'étude endocrinologique. Gen. comp. Endocrinol. **3** (1963) 686.

Biedermann, W.: Über die Struktur des Chitins bei Insekten und Crustaceen Anat. Anz. **21** (1902) 485–490.

Biellmann, G.: Étude du cycle des mues chez *Periplaneta americana*. Bull. Soc. Zool. France **84** (1959) 340–351.

Bierens de Haan, J. A.: Über den Bauinstinkt einer Köcherlarve (*Limnophilus marmoratus*). Bijdr. Dierkunde **22** (1922) 321–327.

Blake, G. M.: Decreasing photoperiod inhibiting metamorphosis in an insect. Nature **188** (1960) 168–169.

Bliss, D. E.: Metabolic effect of sinus gland or eyestalk removal in the land crab, *Gecarcinus lateralis*. Anatom. Rec. **111** (1951) 502–503.

—: Endocrine control of metabolism in the land crab, *Gecarcinus lateralis* (Fréminville). I. Differences in the respiratory metabolism of sinus glandless and eyestalkless crabs. Biol. Bull. **104** (1953) 275–296.

—: Neurosecretion and crab metabolism. Anatom. Rec. **117** (1953) 599.

—: Light inhibition of regeneration and growth in the crab, *Gecarcinus lateralis*. Anatom. Rec. **120** (1954) 742–743.

—: Neurosecretion and the control of growth in a decapod crustacean. In: Bertil Hanström Zoological papers in honour of his 65th birthday. (1956) 56–75.

Bliss, D. E.: Factors controlling regeneration of legs and molting in land crabs. In: Physiology of insect development. Chicago (1959) 131–140.
—: Autotomy and regeneration. In: The physiology of crustacea. Bd. 1, New York und London 1960, 561–589.
—: Locomotor activity of land crabs during the premolt period. Science **132** (1960) 145–147.
—: Neuroendocrine control of locomotor activity in the land crab *Gecarcinus lateralis*. Mem. Soc. Endocrinol. Nr. 12 Neurosecretion (1962) 391–410.
Bodenstein, D.: Beintransplantationen an Lepidopteren Raupen. I. Transplantationen zur Analyse der Raupen- und Puppenhäutung. Roux' Arch. Entwicklungsmech. **128** (1933) 564–583.
—: Untersuchungen zum Metamorphoseproblem. I. Kombinierte Schnürungs- und Transplantationsexperimente an *Drosophila*. Roux' Arch. Entwicklungsmech. **137** (1938) 474–505.
—: Untersuchungen zum Metamorphoseproblem. II. Entwicklungsrelationen in verschmolzenen Puppenteilen. Roux' Arch. Entwicklungsmech. **137** (1938) 636–660.
—: Investigations on the problem of metamorphosis. IV. Developmental relations of interspecific organ transplants in *Drosophila*. J. exp. Zool. **82** (1939) 1–30.
—: Investigations on the problem of metamorphosis. V. Some factors determining the facet number in the *Drosophila* mutant bar. Genetics **24** (1939) 494–508.
—: Investigations on the problem of metamorphosis. VII. Further studies on the determination of the facet number in *Drosophila*. J. exp. Zool. **86** (1941) 86–111.
—: Investigations on the problem of metamorphosis. VIII. Studies on leg determination in insects. J. exp. Zool. **87** (1941) 31–53.
—: Factors influencing growth and metamorphosis of the salivary gland in *Drosophila*. Biol. Bull. **84** (1943) 13–33.
—: Hormones and tissue competence in the development of *Drosophila*. Biol. Bull. **84** (1943) 34–58.
—: The function of the corpus allatum in the muscoid diptera. Biol. Bull. **86** (1944) 113–124.
—: The role of hormones in molting and metamorphosis. In: Insect physiology, New York (1953) 879–931.
—: Studies on the humoral mechanisms in growth and metamorphosis of the cockroach, *Periplaneta americana*. I. Transplantations of integumental structures and experimental parabiosis. J. exp. Zool. **123** (1953) 189–232.
—: Studies on the humoral mechanisms in growth and metamorphosis of the cockroach *Periplaneta americana*. II. The function of the prothoracic gland and the corpus cardiacum. J. exp. Zool. **123** (1953) 413–433.
—: Studies on the humoral mechanisms in growth and metamorphosis of the cockroach, *Periplaneta americana*. III. Humoral effects on metabolism. J. exp. Zool. **124** (1953) 105–115.
—: Regeneration. In: Insect physiology, New York 1953, 866–878.
—: Endocrine mechanisms in the life of insects. Recent Progr. Hormone Res. **10** (1954) 157–182.

BODENSTEIN, D.: Contributions to the problem of regeneration in insects. J. exp. Zool. **129** (1955) 209–224.
—: Humoral dependence of growth and differentiation in insects. In: Recent advances in invertebrate physiology. Eugene, 1957, 197–211.
—: Studies on nerve regeneration in *Periplaneta americana*. J. exp. Zool. **136** (1957) 89–115.
—: Role of hormones and nerves in regeneration. In: Physiology of insect development, Chicago (1959) 151–153.
— und B. SACKTOR: Cytochrom oxidase activity during the metamorphosis of *Drosophila virilis*. Science **116** (1952) 299–300.
BODINE, J. H.: The effect of cyanide on the oxygen consumption of normal and blocked embryonic cells (orthoptera). J. cellular comp. Physiol. **4** (1934) 397–404.
— und E. J. BOELL: Respiratory mechanisms of normally developing and blocked embryonic cells (orthoptera). J. cellular comp. Physiol. **5** (1934) 97–113.
— und A. C. EVANS: Hibernation and diapause. Physiological changes during hibernation and diapause in the mud-dauber wasp, *Sceliphron caementarium* (hymenoptera). Biol. Bull. **63** (1932) 235–245.
BOILLY, B.: Contribution à l'étude de la régénération antérieure chez *Eusyllis blomstrandi* Malmgren (annélide polychète). Bull. Soc. zool. France **86** (1961) 216–229.
—: Inhibition de la régénération caudale par irradiation X chez *Syllis amica* Quatrefages (annélide polychète). C. R. Acad. Sci. Paris **255** (1962) 1414 bis 1416.
BOILLY-MARER, Y.: Inhibition des transformations hétéronéréidiennes par le cerveau d'espèces sans épitoquie (nééridiens-annélides polychètes). C. R. Acad. Sci. Paris **254** (1962) 2830–2832.
BONDI, C.: Considerazioni sui rapporti tra sistema nervoso ed induzione del faringe in planaria, durante la rigenerazione. Riv. biol. Roma N. S. **54** (1961) 355–365.
BONNEMAISON, L.: Action de cautérisations sur la mue de *Mamestra brassicae* L. C. R. Acad. Sci. Paris **255** (1962) 2196–2197.
BONNENFANT, J.: La glande androgène de deux isopodes: *Paragnathia formica* et *Meinertia oestroides*. C. R. Acad. Sci. Paris **252** (1961) 1518–1520.
BONNET, P.: La mue, l'autotomie et la régénération chez les araignées, avec une étude des dolomèes d'Europe. Bull. Soc. Hist. nat. Toulouse **65** (1930) 237–700.
BORCHERT, A.: Untersuchungen über die Morphologie und Entwicklungsdauer der Larven der kleinen Wachsmotte (*Achroea grisella* F.). Zool. Jb. Anat. **61** (1936) 99–106.
BORNEMISSZA, G. F.: Termination of pupal diapause in the cinnabar moth and the reproductive capacity of the resulting females. Nature **190** (1961) 936 bis 937.
BOUILLON, A., und R. LEKIE: Cycle and rhythm in the ovulation of the spider *Latrodectus geometricus* C. Koch. Nature **191** (1961) 620–621.
BOUNHIOL, J. J.: Métamorphose après ablation des c. allata chez le ver à soie (*Bombyx mori* L.). C. R. Acad. Sci. Paris **203** (1936) 388–389.

BOUNHIOL, J. J.: Métamorphose prématurée après ablation des c. allata chez le jeune ver à soie. C. R. Acad. Sci. Paris **205** (1937) 175–177.

—: Recherches expérimentales sur le déterminisme de la métamorphose chez les lépidoptères. Bull. biol. France Belg. Suppl. **24** (1938) 1–199.

—: Récentes recherches expérimentales sur les insects. Les fonctions des corps allates (corpora allata). Arch. Zool. exp. gén. **81** (1939) 54–64.

—: L'ablation des corps allates au dernier âge larvaire n'affecte pas, ultérieurement la reproduction chez *Bombyx mori*. C. R. Acad. Sci. Paris **215** (1942) 334–336.

—: Endocrinologie de la métamorphose des lépidoptères. Bull. Biol. France Belg. Suppl. **33** (1948) 27–51.

—: L'achèvement de la métamorphose de la mue imaginale seraient commandés par le cerveau à la fin de la vie larvaire chez *Bombyx mori*. C. R. Acad. Sci. Paris **235** (1952) 671–672.

—: Functions of the corpus allata in insect metamorphosis. Trans. 9th Internat. Congr. Entomol. **2** (1953) 63–72.

—: La métamorphose se produit, chez *Bombyx mori*, après suppression, au dernier stade larvaire, des relations nerveuses entre cérébroides et corps allates, ceux-ci restant longtemps imprégnés de neurosécrétion. C. R. Acad. Sci. Paris **245** (1957) 1087–1089.

— und L. LAVENSEAU: Influence comparée de l'inanition da la décérébration sur la taille et le poids des ailes de *Bombyx mori*. C. R. Acad. Sci. Paris **256** (1963) 5422–5424.

BOWMAN, T. R.: Chromatophorotropins in the central nervous organs of the crab *Hemigrapsus oregonensis*. Biol. Bull. **96** (1949) 238–245.

BRADBURY, S.: A histochemical study of the pigment cells of the leech, *Glossiphonia complanata*. Quart. J. microsc. Sci. **98** (1957) 301–313.

BRECHER, L.: Die Puppenfärbungen der Vanessiden (*Vanessa io*, *V. urticae*, *Pyrameis carduj*, *P. atalanta*). Roux' Arch. Entwicklungsmech. **50** (1922) 209–308.

—: Die Puppenfärbung des Kohlweißlings, *Pieris brassicae* L. 8. Teil: Die Farbanpassung der Puppen durch das Raupenauge. Arch. mikroskop. Anat. Entwicklungsmech. **102** (1924) 501–516.

—: Die Puppenfärbungen der Vanessiden (*Vanesso io*, *V. urticae*). Arch. mikrosk. Anat. Entwicklungsmech. **102** (1924) 517–541.

BREESE, W. P., R. E. MILLEMANN und R. E. DIMICK: Stimulation of spawning in the mussels, *Mytilus edulis* Linnaeus and *Mytilus californianus* Conrad, by kraft mill effluent. Biol. Bull. **125** (1963) 197–205.

BRICTEUX-GRÉGOIRE, S., C. DUCHÂTEAU-BOSSON, M. FLORKIN und W. G. VERLY: Aspects biochimiques de la diapause nymphale des lépidoptères. Arch. internat. Physiol. **68** (1960) 424–436.

BROCH, E. S.: Endocrine control of the chromatophores of the zoeae of the prawn, *Palaeomonetes vulgaris*. Biol. Bull. **119** (1960) 305–306.

BROUSSE-GAURY, P.: Contribution à l'étude de l'autotomie chez *Acheta domestica* L. Bull. biol. France Belg. **92** (1958) 55–85.

BROWN, F. A.: The chemical nature of the pigments and the transformations responsible for color changes in *Palaemonetes*. Biol. Bull. **67** (1934) 365 bis 380.

BROWN, F. A.: The source and activity of crago-darkening hormone (CDH). Physiol. Zoöl. **19** (1946) 215–223.
—: Chromatophores and color change. In: Comparative animal physiology, Philadelphia und London 1950, S. 677–724.
—: Regulation of distal retinal pigment cells of the crustacean compound eye. Anatom. Rec. **111** (1951) 442.
— und O. CUNNINGHAM: Upon the presence and distribution of a chromatophorotropic principle in the central nervous system of *Limulus*. Biol. Bull. **81** (1941) 80–95.
— und H. E. EDERSTROM: Dual control of certain black chromatophores of crago. J. exp. Zool. **85** (1940) 53–69.
— und M. FINGERMAN: Differentiation of black- and red-dispersing factors from the brain of the fiddler crab, *Uca*. Fed. Proc. **10** (1951) 20–21.
— und G. M. JONES: Hormonal inhibition of ovarian growth in the crayfish, *Cambarus*. Anatom. Rec. **99** (1947) 657.
— und I. M. KLOTZ: Separation of two mutually antagonistic chromatophorotropins from the tritocerebral commissure of crago. Proc. Soc. exp. Biol. **64** (1946) 310–313.
— und L. M. SAIGH: The comparative distribution of two chromatophorotropic hormones (CDH and CBLH) in crustacean systems. Anatom. Rec. **94** (1946) 404.
—, M. I. SANDEEN und H. M. WEBB: The influence of illumination on the chromatophore system of *Palaemonetes vulgaris*. Anatom. Rec. **101** (1948) 733.
— und V. J. WULFF: Chromatophore types in crago and their endocrine control. J. cellular comp. Physiol. **18** (1941) 339–353.
BROWN, F. A. jr.: The controlling mechanism of chromatophores in *Palaemonetes*. Proc. National Acad. Sci. Washington **19** (1933) 327–329.
—: Control of pigment migration within the chromatophores of *Palaemonetes vulgaris*. J. exp. Zool. **71** (1935) 1–15.
—: Color changes in *Palaemonetes*. J. Morph. **57** (1935) 317–333.
—: The crustacean sinus gland and chromatophore activation. Physiol. Zoöl. **13** (1940) 343–355.
—: Sinus gland exstirpation in the crayfish without eyestalk removal. Proc. soc. exp. Biol. Med. **50** (1942) 295–297.
—: Hormones in the crustacea, their sources and activities. Quart. Rev. Biol. **19** (1944) 118–143.
—: Endocrine activity of the tritocerebral commissure of crago (Crustacea). Anatom. Rec. **94** (1946) 405.
—: Hormones in crustaceans. In: The hormones: Chemistry, physiology and applications, Bd. 1, New York 1948, S. 159–199.
—: Studies on the physiology of *Uca* red chromatophores. Biol. Bull. **98** (1950) 218–226.
—: Hormones in crustaceans. In: The action of hormones in plants and invertebrates, New York 1952, S. 171–214.
—: The rhythmic nature of life. Red. Adv. in Invertebrate Physiol. Univ. Oregon Publ. Oregon 1957, S. 287–304.
—: Physiological rhythms. In: The physiology of crustacea, Bd. 2, New York und London 1961, S. 401–430.

BROWN, F. A. jr., M. F. BENNETT und H. M. WEBB: Persistent daily and tidal rhythms of O_2-consumption in fiddler crabs. J. cellular comp. Physiol. **44** (1954) 477–506.
— und O. CUNNINGHAM: Influence of the sinus gland of crustaceans on normal viability and ecdysis. Biol. Bull. **77** (1939) 104–114.
—, H. E. EDERSTROM und H. H. SCUDAMORE: Sinus glandectomy in crustaceans without blinding. Anatom. Rec. Suppl. **75** (1939) 129–130.
—, M. FINGERMAN und M. N. HINES: Alterations in the capacity for light and dark adaptation of the distal retinal pigment of *Palaemonetes*. Physiol. Zoöl. **25** (1952) 230–239.
— — —: Persisting modifications of the diurnal chromatophore rhythm of *Uca pugnax* by alternating periods of light of various intensities. Anatom. Rec. **117** (1953) 634.
— —, M. I. SANDEEN und H. M. WEBB: Persistent diurnal and tidal rhythms of color change in the fiddler crab, *Uca pugnax*. J. exp. Zool. **123** (1953) 29–60.
—, J. B. GUYSELMAN und M. I. SANDEEN: Black chromatophores of *Uca* as independent effectors. Anatom. Rec. **105** (1945) 616.
— und M. N. HINES: Modifications in the diurnal pigmentary rhythm of *Uca* effected by continuous illumination. Physiol. Zoöl. **25** (1952) 56–70.
— — und M. FINGERMAN: Hormonal regulation of the distal retinal pigment of *Palaemonetes*. Biol. Bull. **102** (1925) 212–225.
— und G. M. JONES: Ovarian inhibition by an sinus-gland principle in the fiddler crab. Biol. Bull. **96** (1949) 228–232.
— und A. MEGLITSCH: Comparison of the chromatophorotropic activity of insect corpora cardiaca with of crustacean sinus glands. Biol. Bull. **79** (1940) 409–418.
— und M. I. SANDEEN: Responses of the chromatophores of the fiddler crab, *Uca*, to light and temperature. Physiol. Zoöl. **21** (1948) 362–371.
— — und H. M. WEBB: Responses of the chromatophores of the fiddler crab, Anatom. Rec. **105** (1949) 615.
— und H. H. SCUDAMORE: Differentiation of two principles from the crustacean sinus gland. J. cellular comp. Physiol. **15** (1940) 103–119.
— und G. C. STEPHENS: Studies of the daily rhythmicity of the fiddler crab. *Uca*. Modifications by protoperiod. Biol. Bull. **101** (1951) 71–83.
BROWN, F. A., H. M. WEBB und M. I. SANDEEN: The action of two hormones regulating the red chromatophores of *Palaemonetes*. J. exp. Zool. 120 (1952) 391–420.
— — —: Differential production of two retinal pigment hormones in *Palaemonetes* by light flashes. J. cellular comp. Physiol. **41** (1953) 123–144.
BROWN, R. H. J., und J. E. HARKER: A method of controlling the temperature of insect neurosecretory cells in situ. Nature **185** (1960) 392.
BRUIN, G. H. P., und D. J. CRISP: The influence of pigment migration on vision of higher crustacea. J. exp. Biol. **34** (1957) 447–463.
BRYAN, G. W.: Sodium regulation in the crayfish *Astacus fluviatilis*. I. The normal animal. J. exp. Biol. **37** (1960) 83–99.
—: Sodium regulation in the crayfish *Astacus fluviatilis*. II. Experiments with sodium-depleted animals. J. exp. Biol. **37** (1960) 100–112.

Bryan, G. W.: Sodium regulation in the crayfish *Astacus fluviatilis*. III. Experiments with NaCl-loaded animals. J. exp. Biol. **37** (1960) 113–128.

Bryn, J.: Endocrine activity during insect embryogenesis. Function of the ventral head glands in locust embryos (*Locustana pardalina* and *Locusta migratoria*, orthoptera). J. exp. Biol. **33** (1956) 174–185.

Buck, J., und M. Keister: Cyclic CO_2 release in diapausing *Agapema* pupae. Biol. Bull. **109** (1955) 144–163.

Bucklin, D. H.: Termination of diapause in grasshopper embryos cultured in vitro. Anatom. Rec. **117** (1953) 539.

Bückmann, D.: Über den Verlauf und die Auslösung von Verhaltensänderungen und Umfärbungen erwachsener Schmetterlingsraupen. Biol. Zbl. **72** (1953) 276–311.

—: Die Umfärbung der Raupen von *Cerura vinula* unter verschiedenen experimentellen Bedingungen. Naturwissenschaften **43** (1956) 43.

—: Die Wirkung des Prothoracaldrüsenhormons als Farbwechselhormon bei Schmetterlingsraupen. Zool. Anz. Suppl. **20** (1957) 220–225.

—: Die Auslösung der Umfärbung durch das Häutungshormon bei *Cerrura vinula* L. (Lepidoptera, Notodontidae). J. Insect Physiol. **3** (1959) 159 bis 189.

—: Farbwechsel als Teilvorgang der Metamorphose und seine Hemmung in jungen Schmetterlingsraupen. Zool. Anz. Suppl. **22** (1959) 137–144.

—: Die Determination der Puppenfärbung bei *Vanessa urticae* L. Naturwissenschaften **47** (1960) 610.

—: Entwicklungsphysiologie der Arthropoden. Postembryonale Entwicklung. Fortschr. Zool. **14** (1962) 164–237.

–: Die Hormonschwelle als steuernder Faktor in der Puppenentwicklung von *Cerura vinula* L. Zool. Anz. Suppl. **26** (1963) 180–189.

—: Der irreversible temperaturabhängige Farbwechsel der Raupen von *Cerura vinula* L. Zool. Anz. Suppl. **27** (1964) 634–640.

Buddenbrock, W. von: Untersuchungen über die Häutungshormone der Schmetterlingsraupen. II. Z. vgl. Physiol. **14** (1931) 415–428.

—: Physiologie der Decapoden. Die Regneration. In: Bronn's Tierreich, Bd. 5, Leipzig 1954, S. 1231–1246.

Bünning, E.: Die physiologische Uhr, Berlin 1958.

Burdette, W. J.: Changes in titer of ecdysone in *Bombyx mori* during metamorphosis. Science **135** (1962) 432.

Burgers, A. C.: The reactions of the melanophores of the fiddler crab, *Uca rapax*, to crustacean eyestalk extrakts and to vertebrate melanophorotropic hormones. Proc. Koningkl. Nederl. Akad. Wetenschappen Ser. C Biol. med. Sci. **61** (1958) 579–594.

—: Investigations of the action of hormones and light on the erythromelanosomes of the swimming crab, *Macropipus vernalis*. Pubbl. Staz. zool. Napoli **31** (1959) 139–145.

Burges, H. D.: Studies on the dermestid beetle *Trogoderma granarium* Everts, IV. Feeding, growth and respiration with particular reference to diapause larvae. J. Insect Physiol. **5** (1960) 317–334.

Burnett, A. L., und N. A. Diehl: Inductive potencies of the manubrium of *Tubularia*. Biol. Bull. **123** (1962) 489.

BURNETT, A. L., N. A. DIEHL und E. MUTTERPERL: The relation between inductive regions and interstitial cell distribution in *Hydra pirardi*, *Tubularia crocea*, and *Hydractinia* sp. Biol. Bull. **123** (1962) 489–490.

BURTT, E. T.: On the corpora allata of dipterous insects. Proc. roy. Soc. London. **B 124** (1937) 13–23.

—: On the corpora allata of dipterous insects II. Proc. roy. Soc. London. **B 126** (1938) 210–223.

BUTLER, C. G.: Some further observations on the nature of „queen substance" and of its role in the organisation of a honey-bee (*Apis mellifera*) community. Proc. roy. Entomol. Soc. London. **31** (1956) 12–16.

BYTINSKY-SALZ, H.: Untersuchungen an Lepidopteren-Hybriden. II. Entwicklungsphysiologische Experimente über die Wirkung der disharmonischen Chromosomenkombinationen. Roux' Arch. Entwicklungsmech. **129** (1933) 356–378.

CALLAN, H. C.: The effects of castration by parasites and X-rays on the secundary sex characters of prawns (*Leander* spec.). J. exp. Biol. **17** (1940) 168–179.

—: Determination of sex in *Scalpellum*. Nature **148** (1941) 258.

CAMERON, M. L.: Secretion of an orthodiphenol in the corpus cardiacum of the insect. Nature **172** (1953) 349–350.

CANTACUZÈNE, J., und A. DAMBOVICEANU: Modifications cytologiques qui se produisent dans le tégument de l'*Astacus fluviatilis* au moment de la mue. C. R. Soc. Biol. **109** (1932) 998–1000.

CARDOT, J.: Sur la présence de dopamine dans le système nerveux et ses relations avec la décarboxylation de la dioxyphénylalanine chez le mollusque *Helix pomatia*. C. R. Acad. Sci. Paris **257** (1963) 1364–1366.

CARLISLE, D. B.: Studies on *Lysmata seticaudata* Risso (crustacea decapoda). III. On the activity of the moult accelerating principle when administered by the oral route. Pubbl. Staz. zool. Napoli **24** (1953) 279–285.

—: Studies on *Lysmata seticaudata* Risso (crustacea decapoda). IV. On the site of origin of the moult-accelerating principle-experimental evidence. Pubbl. Staz. zool. Napoli **24** (1953) 284–291.

—: Studies on *Lysmata seticaudata* Risso (crustacea decapoda). V. The ovarian inhibiting hormone and the hormonal inhibition of sex-reversal. Pubbl. Staz. zool. Napoli **24** (1953) 355–372.

—: Moulting hormones in *Leander* (crustacea decapoda). J. Mar. Biol. Assoc. U. K. **32** (1953) 289–296.

—: Studies on *Lysmata seticaudata* Risso (crustacea decapoda). VI. Notes on the structure of the neurosecretory system of the eyestalk. Pubbl. Staz. zool. Napoli **24** (1953) 434–446.

—: Studies on *Lysmata seticaudata* Risso (crustacea decapoda). VII. The lack of influence of eyestalk ablation and of injection of eyestalk extracts on testicular weight and degree of development of the male genital ducts. Pubbl. staz. zool. Napoli **25** (1954) 241–245.

—: The x-organ-sinus gland complex, somatropin, the ovarian inhibiting hormone and sex-reversal in *Lysmata* (Natantia, Hippolytidae). Pubbl. Staz. zool. Napoli Suppl. **24** (1954) 79–80.

—: On the hormonal inhibition of moulting in decapod crustacea. J. Mar. Biol. Assoc. U. K. **33** (1954) 61–63.

CARLISLE, D. B.: Local variations in the colour pattern of the prawn *Leander serratus* (Pennant). J. Mar. Biol. Assoc. U. K. **34** (1955) 559–563.

—: On the hormonal control of water balance in *Carcinus*. Pubbl. Staz. zool. Napoli **27** (1955) 227–231.

—: Studies on the endocrinology of isopod crustaceans. Moulting in *Ligia oceanica* (L.). J. Mar. Biol. Assoc. U. K. **35** (1956) 515–520.

—: An indole-alkylamine regulating heart-beat in crustacea. Biochem. J. **63** (1956) 32.

—: On the hormonal inhibition of moulting in decapod crustacea. II. The terminal anecdysis in crabs. J. Mar. Biol. Assoc. U. K. **36** (1957) 291–307.

—: A crustacean chromactivator. Nature **182** (1958) 33–34.

—: On the sexual biology of *Pandalus borealis* (crustacea decapoda). I. Histology of incretory elements. J. Mar. Biol. Assoc. U. K. **38** (1959) 381–394.

—: On the sexual biology of *Pandalus borealis* (crustacea decapoda). II. The termination of the male phase. J. Mar. Biol. Assoc. U. K. **38** (1959) 481 bis 491.

—: On the sexual biology of *Pandalus borealis* (crustacea decapoda). III. The initiation of the female phase. J. Mar. Biol. Assoc. U. K. **38** (1959) 493–506.

— und C. G. BUTLER: The „queen-substance" of honeybees and the ovary-inhibiting hormone in crustaceans. Nature **177** (1956) 276–277.

— und P. F. R. DOHRN: Sulla presenza di un ormone d'accrescimento in un crostaceo decapode, la *Lysmata seticaudata* Risso. Ric. Sci. Torino **23** (1952) 95–100.

— —: Studies on *Lysmata seticaudata* Risso (crustacea decapoda). II. Experimental evidence for a growth-and moult-accelerating factor obtainable from eyestalks. Pubbl. Staz. zool. Napoli **24** (1953) 69–83.

— und P. E. ELLIS: Prothoracotropic hormone of locusts. Nature **200** (1963) 496.

— —: Prothoracic gland and gregarious behaviour in locusts. Nature **200** (1963) 603–604.

— und F. G. W. KNOWLES: Neurohaemal organs in crustaceans. Nature **172** (1953) 404–405.

— und L. M. PASSANO: The x-organ of crustacea. Nature **171** (1953) 1070–1071.

— und W. J. PITMAN: Diapause, neurosecretion und hormones in Copepoda. Nature **190** (1961) 827–828.

CARLSEN, H.: Über Ruhestadien erwachsener Insekten. II. Aneurinbestimmungen bei Kartoffelkäfern (*Leptinotarsa decemlineata* Say). Z. vgl. Physiol. **35** (1953) 345–353.

CARLSON, S. P.: Color changes in Brachyura crustaceans, especially in *Uca pugilator*. Kungl. Fysiograf. Sällskapets Lund Förhandl. **6** (1936) 63–80.

CARSTAM, S. P.: Weitere Beiträge zur Farbwechselphysiologie der Crustaceen. Z. vgl. Physiol. **29** (1942) 433–472.

—: Enzymatic inactivation of the pigment hormone of the crustacean sinus gland. Nature **167** (1951) 321–322.

—: Turnover of phosphorus in the ovaries and hepatopancreas of the shrimp *Pandalus borealis*. Arkiv Zool. **4** (1953) 355–361.

— und S. SUNESON: Pigment activation in *Idothea neglecta* and *Leander adspersus*. Kungl. Fysiograf. Sällskapets Lund Förhandl. **19** (1949) 1–5.

CASANOVA, G.: Influence de prostomium sur la régénération caudale chez *Platynereis massiliensis* (Moquin-Tandon). C. R. Soc. Franc. Gynécol. **24** (1954) 1814–1816.

CASPARI, E., und E. PLAGGE: Versuche zur Physiologie der Verpuppung von Schmetterlingsraupen. Naturwissenschaften **23** (1935) 751–752.

CASPERS, H.: Rhythmische Erscheinungen in der Fortpflanzung von *Clunio marinus* (Dipt. Chiron.) und das Problem der lunaren Periodizität bei Organismen. Arch. Hydrobiol Suppl. **18** (1951) 415–594.

CAVALLIN, S., und J. J. BOUNHIOL: Nouvelles expériences d'ablation du ganglion frontal chez le ver à soie. C. R. Acad. Sci. Paris **253** (1961) 3092–3093.

CHADWICK, L. E.: Molting of roaches without prothoracic glands. Science **121** (1955) 435.

—: Removal of prothoracic glands form the nymphal cockroach. J. exp. Zool. **131** (1956) 291–305.

CHAET, A. B., und R. A. MCCONNOUGHY: Physiologic activity of nerve extracts. Biol. Bull. **117** (1959) 407.

— und R. A. ROSE: Further studies on the gamete „shedding substance" from radial nerves. Biol. Bull. **121** (1961) 385–386.

CHARNIAUX, H.: Castration chirurgicale chez un crustacé amphipode (*Orchestia gammarella*) et déterminisme des caractères sexuels secondaires. Premiers resultats. C. R. Acad. Sci. Paris **234** (1952) 2570–2572.

—: Étude du déterminisme des caractères sexuels secondaires par castration chirurgicale et implantation d'ovaire chez un crustacé amphipode (*Orchestia gammarella*). C. R. Acad. Sci. Paris **236** (1953) 141–143.

CHARNIAUX-COTTON, H.: Implantation de gonades de sexe opposé à des mâles et des femelles chez un crustacé amphipode (*Orchestia gammarella*). C. R. Acad. Sci. Paris **238** (1954) 953–955.

—: Découverte chez un crustacé amphipode (*Orchestia gammarella*) d'une glande endocrine responsable de la différenciation des caractères sexuels primaires et secondaires mâles. C. R. Acad. Sci. Paris **239** (1954) 780–782.

—: Le déterminisme hormonal des caractères sexuels d'*Orchestia gammarella* (crustacé amphipode). C. R. Acad. Sci. Paris **240** (1955) 1487–1489.

—: Déterminisme endocrinien des caractères sexuels d'*Orchestia gammarella* (crustacé amphipode). Ann. Sci. nat. Ser. Zool. Biol. animale **18** (1956) 305–310.

—: Existence d'un organe analogue à la „glande androgène" chez un pagure et un crabe. C. R. Acad. Sci. Paris **243** (1956) 1168–1169.

—: Déterminisme hormonal de la différenciation sexuelle chez les crustacés. Année Biol. **32** (1956) 371–399.

—: Croissance, régénération et déterminisme endocrinien des caractères sexuels d'*Orchestia gammarella* (Pallas) crustacé amphipode. Ann. Sci. nat. Ser. Zool. Biol. animale **19** (1957) 411–560.

—: Morphologie de la glande androgène chez *Orchestia gammarella* et *Carcinides maenas*. Bull. Soc. zool. France **82** (1957) 193–194.

—: Contrôle de la différenciation du sexe et de la reproduction chez les crustacés supérieurs. Bull. Soc. zool. France **83** (1958) 314–336.

—: La glande androgène de quelques crustacés décapodes et particulièrement de *Lysmata seticaudata*, espèce à hermaphrodisme protérandrique fonctionnel. C. R. Acad. Sci. Paris **246** (1958) 2817–2819.

Charniaux-Cotton, H.: Étude comparée du développement post-embryonnaire de l'appareil génital et de la glande androgène chez *Orchestia gammarella* et *Orchestia mediterranea* (crustacés, amphipodes). Autodifférenciation ovarienne. Bull. Soc. zool. France **84** (1959) 105–115.

—: Physiologie de l'inversion sexuelle chez la crevette à hermaphrodisme protérandrique fonctionnel, *Lysmata seticaudata*. C. R. Acad. Sci. Paris **250** (1960) 4046–4048.

—: La glande androgène du crustacé stomatopode: *Squilla mantis*. Bull. Soc. Zool. France **85** (1960) 110–114.

—: Sex determination. In: The physiology of crustacea, Bd. 1 New York und London 1960, S. 411–447.

—: Physiologie de la gonade de *Lysmata seticaudata* (crevette à hermaphrodisme protérandrique) chez les individus normaux et les femelles masculinisées. C. R. Acad. Sci. Paris **252** (1961) 199–201.

—: Androgenic gland of crustaceans. Gen. comp. Endocrinol. Suppl. **1** (1962) 241–247.

—: Diskussionsbemerkung. Gen. comp. Endocrinol. Suppl. **1** (1962) 186.

—: Déterminisme de l'intersexualité chez les crustacés supérieurs et particulièrement chez les amphipodes Talitridae. Bull. Soc. Zool. France **137** (1962) 338–366.

—: Démonstration expérimentale de la sécrétion d'hormone femelle par le testicule inversé en ovaire de Talitrus saltator (crustacé amphipode). Considérations sur la génétique et l'endocrinologie sexuelles des crustacées supérieurs. C. R. Acad. Sci. Paris **256** (1963) 4088–4091.

—: Endocrinologie et génétique du sexe chez les crustacés superieurs. Proc. XVI. Internat. Congr. Zool. Washington **2** (1963) 122.

—: Endocrinologie et génétique du sexe chez les crustacés supérieurs. Gen. comp. Endocrinol. **3** (1963) 691.

— und T. Ginsburger-Vogel: Preuve expérimentale de l'autodifférenciation ovarienne chez *Orchestia montagui* Audouin (crustacé amphipode). C. R. Acad. Sci. Paris **254** (1962) 2836–2838.

Chassard, C.: Effets chromatiques à long terme de l'ablation des pédoncules oculaires chez Leander serratus (crustacé décapode). C. R. Acad. Sci. Paris **256** (1963) 5630–5633.

—: Un cas nouveau d'adaptation chromatique physiologique chez *Crangon crangon* (crustacé décapode): l'effet réciproque. C. R. Acad. Sci. Paris **257** (1963) 2169–2172.

—: Adaption chromatique chez le crustacé décapode *Crangon crangon* (Linné) par effet reciproque. Proc. XVI. Internat. Congr. Zool. Washington **2** (1963) 121.

Chauchéprat, M., und P. de Puytorac: Action du système nerveux central sur les échanges d'eau chez les oligochètes. C. R. Soc. Biol. **155** (1961) 2323–2327.

Chauvin, R.: L'action du groupement sur la croissance des grillons (*Gryllulus domesticus*). J. Insect Physiol. **2** (1958) 235–248.

Chefurka, W., und C. M. Williams: Flavoproteins in relation to diapause and development in the *Cecropia* silkworm. Anatom. Rec. **113** (1952) 562.

Chen, P. S., und A. Kühn: Vergleichende Untersuchungen der freien Aminosäuren und Peptide während der Raupen- und Puppenentwicklung verschiedener Genotypen von *Ephestia kühniella*. Z. Naturf. **11 b** (1956) 305 bis 314.

CHEN, D. H., W. E. ROBBINS und R. E. MONROE: The gonadotropic action of *Cecropia* extracts in allatectomized american cockroaches. Experientia **18** (1962) 577–578.

CHINO, H.: Carbohydrate metabolism in the diapause egg of the silkworm *Bombyx mori*. I. Diapause and the change in glykogen content. Embryologia **3** (1957) 295–316.

—: Conversion of glykogen to sorbitol and glycerol in the diapause egg of the *Bombyx* silkworm. Nature **180** (1957) 606–607.

—: Carbohydrate metabolism in the diapause egg of the silkworm, *Bombyx mori*. II. Conversion of glykogen to sorbitol and glycerol during diapause. J. Insect Physiol. **2** (1958) 1–12.

—: Enzymatic pathways in the formation of sorbitol and glycerol in the diapausing egg of the silkworm, *Bombyx mori*. I. On the polyol dehydrogenases. J. Insect Physiol. **5** (1960) 1–15.

CHOQUET, M.: Effet inhibiteur de l'hormone cérébrale sur l'évolution des cellules sexuelles chez *Nereis pelagica* L. (annélide polychète). C. R. Soc. Biol. **156** (1962) 1112–1114.

CHURCH, N. S.: Moisture and diapause in the wheat stem sawfly, *Cephus cinctus* Nort. (hymenoptera, cephidae). Canad. Entomologist **87** (1955) 85–97.

—: Hormones and the termination and reinduction of diapause in *Cephus cinctus* Nort. (hymenoptera: cephidae). Canad. J. Zool. **33** (1955) 339–369.

— und R. W. SALT: Some effects temperature on development and diapause in eggs of *Melanoplus bivittatus* (Say.) (orthoptera: acrididae). Canad. J. Zool. **30** (1952) 173–184.

CLARK, M. E.: Biochemical changes in the coelomic fluid of the polychaete *Nephtys* during different hormonal states. Gen. comp. Endocrinol. **3** (1963) 691–692.

CLARK, R. B.: The hormonal control of growth and reproduction in polychaetes and its evolutionary implications. Mem. Soc. Endocrinol. Nr. 12 Neurosecretion (1962) 323–327.

—: The origin and formation of the heteronereis. Biol. Rev. **36** (1961) 199–236.

—: The hormonal control of growth in *Nereis diversicolor*. Gen. comp. Endocrinol. **3** (1963) 692.

— und D. G. BONNEY: Influence of the supra-oesophageal ganglion on posterior regeneration in *Nereis diversicolor*. J. Embryol. exp. Morph. **8** (1960) 112–118.

— und M. E. CLARK: Role of the supraoesophageal ganglion during the early stages of caudal regeneration in some errant polychaetes. Nature **183** (1959) 1834–1835.

— — und R. J. G. RUSTON: The endocrinology of regeneration in some errant polychaetes. Mem. Soc. Endocrinol. Nr. 12 Neurosecretion (1962) 275–286.

— und R. J. G. RUSTON: The influence of brain extirpation on oogenesis in the polychaete *Nereis diversicolor*. Gen. comp. Endocrinol. **3** (1963) 529–541.

— —: Time of release and action of a hormone influencing regeneration in the polychaete *Nereis diversicolor*. Gen. comp. Endocrinol. **3** (1963) 542–553.

— und S. M. EVANS: The effect of delayed brain exstirpation and replacement on caudal regeneration in *Nereis diversicolor*. J. Embryol. exp. Morph. **9** (1961) 97–105.

CLARKE, K. U., und R. W. BALDWIN: The effect of insect hormones and of 2:4-Dinitrophenol on the mitochondrion of *Locusta migratoria* L. J. Insect Physiol. **5** (1960) 37–46.

— und H. GRENVILLE: Nervous control of movements in the foregut of *Schistocerca gregaria*. Forsk. Nature **186** (1960) 98–99.

— und P. LANGLEY: Factors concerned in the initiation of growth and moulting in *Locusta migratoria* L. Nature **194** (1962) 160–162.

— —: Factors concerned in the initiation of growth and molting in *Locusta migratoria* L. Gen. comp. Endocrinol. **2** (1962) 625–626.

— —: Studies on the initiation of growth and moulting in *Locusta migratoria* migratorioides R. u. F. – I. The time and nature of the initiating stimulus. J. Insect Physiol. **9** (1963) 287–292.

— —: Studies on the initiation of growth and moulting in *Locusta migratoria* migratorioides R. u. F. – II. The role of the stomatograstric nervous system. J. Insect Physiol. **9** (1963) 363–373.

— —: Studies on the initiation of growth and moulting in *Locusta migratoria* migratorioides R. u. F. – III. The role of the frontal ganglion. J. Insect Physiol. **9** (1963) 411–421.

— —: Studies on the initiation of growth and moulting in *Locusta migratoria* migratorioides R. u. F. – IV. The relationship between the stomatogastric nervous system and neurosecretion. J. Insect Physiol. **9** (1963) 423–430.

— —: Effect of the removal of the frontal ganglion on the development of the gonads in *Locusta migratoria* L. Nature **198** (1963) 811–812.

CLAUS, C.: Über den Organismus der Nebaliden und die systematische Stellung der Leptostraken. Arbeiten Zool. Inst. Wien **3** (1888) 1–148.

CLEMENTS, A. N.: Hormonal control of ovary development in mosquitos. J. exp. Biol. **33** (1956) 211–223.

CLEVER, U.: Genaktivitäten in den Riesenchromosomen von *Chironomus tentans* und ihre Beziehungen zur Entwicklung. I. Genaktivierungen durch Ecdyson. Chromosoma **12** (1961) 607–675.

—: Genaktivitäten in den Riesenchromosomen von *Chironomus tentans* und ihre Beziehungen zur Entwicklung. II. Das Verhalten der Puffs während des letzten Larvenstadiums und der Puppenhäutung. Chromosoma **13** (1962) 385–436.

—: Genaktivitäten in den Riesenchromosomen von *Chironomus tentans* und ihre Beziehungen zur Entwicklung. III. Die Aktivitätsmuster in Phasen der Entwicklungsruhe. J. Insect Physiol. **8** (1962) 357–376.

—: Über das Reaktionssystem einer hormonalen Induktion. Untersuchungen an *Chironomus tentans*. Zool. Anz. Suppl. **25** (1962) 75–92.

—: Relationships between hormone dosage and gene activity patterns in the development of *Chironomus tentans*. Gen. comp. Endocrinol. **2** (1962) 604.

—: Gene activities and gene activitations in the hormonal control of molting in insects. Proc. XVI. Internat. Congr. Zool. Washington **4** (1963) 256–263.

— und P. KARLSON: Induktion von Puff-Veränderungen in den Speicheldrüsenchromosomen von *Chironomus tentans* durch Ecdyson. J. exp. cell. Res. **20** (1960) 623–626.

CLOUDSLEY-THOMPSON, J. I.: Rhythmic activity in animal physiology and behaviour, New York und London 1961.

CLOUTIER, E. J., S. D. BECK, D. G. R. MCLEOD und D. L. SILHACEK: Neural transplants and insect diapause. Nature **195** (1962) 1222–1224.

COOKE, I.: Effects of the pericardial organs neurosecretory substance on the crustacean heart. Gen. comp. Endocrinol. **2** (1962) 29.

CORNUBERT, G.: Effets de l'ablation des pédoncules oculaires sur la ponte des femelles du crabe *Pachygrapsus marmoratus* Fabricius. C. R. Acad. Sci. Paris **238** (1954) 952–953.

— N. DÉMUEUSY, und A. VEILLET: Effets de l'ablation des pédoncules oculaires sur le développement des caractères sexuels externes des décapodes brachyoures *Carcinus maenas* Pennant et *Pachygrapsus marmoratus* Fabricius. C. R. Acad. Sci. Paris **234** (1952) 1405–1407.

COSTLOW, J. D. jr.: Fluctuations in hormone activity in brachyura larvae. Nature **192** (1961) 183–184.

—: The effect of eyestalk exstirpation on metamorphosis of megalops of the blue crab, *Callinectes sapidus* Rathburn. Gen. comp. Endocrinol. **3** (1963) 120–130.

—: Regeneration and metamorphosis in larvae of the blue crab, *Callinectes sapidus* Rathburn. J. exp. Zoology **152** (1963) 219–227.

—: Molting and cyclic activity in chromatophorotropins of the central nervous system of the barnacle, *Balanus eburneus*. Biol. Bull. **124** (1963) 254–261.

— und C. G. BOOKHOUT: Moulting and growth in *Balanus improvius*. Biol. Bull. **105** (1953) 420–433.

— —: Molting and shell growth in *Balanus amphitrite niveus*. Biol. Bull. **110** (1956) 107–116.

— —: Body growth versus shell growth in *Balanus improvius*. Biol. Bull. **113** (1957) 224–232.

— —: Molting and respiration in *Balanus amphitrite var. denticulata* Broch. Physiol. Zoöl. **31** (1958) 271–280.

— und M. I. SANDEEN: The appearance of chromatophorotropic activity in the developping crab, *Sesarma reticulatum*. Amer. Zool. **1** (1961) 191.

COTTRELL, C. B.: The imaginal ecdysis of blowflies. The control of cuticular hardening and darkening. J. exp. Biol. **39** (1962) 395–411.

—: The imaginal ecdysis of blowflies. Detection of the bloodborne darkening factor and determination of some of its properties. J. exp. Biol. **39** (1962) 413–430.

COUSIN, G.: Remarques sur la vie larvaire de *Lucilia sericata* Meig. C. R. Soc. Biol. **101** (1929) 653–654.

—: Étude expérimentale de la diapause des insectes. Bull. biol. France Belg. Suppl. **15** (1932) 1–341.

—: Sur la diapause de *Lucilia bufonivora* Meig. Bull. Soc. Entomol. France **38** (1933) 261–264.

—: Les arrêts du développement chez *Lucilia ampullacea* et remarques sur la diapause. Bull. Soc. Entomol. France **42** (1937) 218–221.

CRAMPTON, H. E.: An experimental study upon Lepidoptera. Roux' Arch. Entwicklungsmech. **9** (1900) 293–318.

CRISP, J. D.: A substance promoting hatching and liberation of young cirripedes. Nature **178** (1956) 263.

CRISP, J. D. und B. S. PATEL: Relation between breeding and ecdysis in cirripedes. Nature **181** (1958) 1078–1079.

— —: The moulting cycle in *Balanus balanoides* L. Biol. Bull. **118** (1960) 31–47.

— und C. P. SPENCER: The control of the hatching process in barnacles. Proc. roy. Soc. London. **B 149** (1958) 278–299.

DADD, R. H.: Evidence for humoral regulation of digestive secretion in the beetle, *Tenebrio molitor*. J. exp. Biol. **38** (1961) 259–266.

DAMBOVICEANU, A.: Composition chimique et physico-chimique du liquide cavitaire chez les crustacés décapodes (Physiologie de la calcification). Arch. Roumaines Path. exp. Microbiol. **5** (1932) 239–309.

DANILEVSKII, A. C.: Фотопериодизм. и сезонное развитие насекомых. Издательство ленинградского университета, 1961.

DANILEVSKII, A. S., und K. GEISPITZ: Влияние суточной периодичности освещения на сезонную цикличность насекомых. Dokl. Akad. Nauk UdSSR **59** (1948) 337–340.

— und E. I. GLINANAIA: О влиянии соотношения темных и светлых периодов суток на развитие насекомых. Dokl. Akad. Nauk UdSSR **68** (1949) 785–788.

— —: О влиянии ритма освещения и температуры на возникновение диапаузы у насекомых. Dokl. Akad. Nauk UdSSR **71** (1950) 963–966.

DARBY, H. H.: Moulting in the crustacean, *Crangon armillatus*. Anatom. Rec. Suppl. **72** (1938) 78.

DAVENPORT, D.: Studies in the pharmacology of the heart of the orthopteron, *Stenopelmatus*. Physiol. Zoöl. **22** (1949) 35–44.

DAVEY, K. G.: The physiology of dormancy in the sweet clover weevil (*Sitonia cylindricollis*). Canad. J. Zool. **34** (1956) 86–98.

—: A pharmacologically active agent in the reproductive system of insects. Canad. J. Zool. **38** (1960) 39–45.

—: The mode of action of the heart accelerating factor from the corpus cardiacum of insects. Gen. comp. Endocrinol. **1** (1961) 24–29.

—: Substances controlling the rate of beating of the heart of *Periplaneta*. Nature **192** (1961) 284.

—: The release by feeding of a pharmacologically active factor from the corpus cardiacum of *Periplaneta americana*. J. Insect Physiol. **8** (1962) 205–208.

—: The nervous pathway involved in the release by feeding of pharmacologically active factor from the corpus cardiacum of *Periplaneta*. J. Insect Physiol. **8** (1962) 579–583.

—: The mode of action of the corpus cardiacum on the hind gut in *Periplaneta americana*. J. exp. Biol. **39** (1962) 319–324.

—: Changes in the pericardial cells of *Periplaneta americana* inducted by exposure to homogenates of the corpus cardiacum. Quart. J. microsc. Sci. **103** (1962) 349–357.

—: The release by enforced activity of the cardiaca accelerator from the corpus cardiacum of *Periplaneta americana*. J. Insect Physiol. **9** (1963) 375 bis 381.

—: The possible involvement of an amino acid decarboxylase in the stimulation of the pericardial cells of *Periplaneta* by the corpus cardiacum. J. exp. Biol. **40** (1963) 343–350.

DAVID, R.: Recherches sur la biologie et l'intersexualité de *Talitrus saltator* Mont. Bull. biol. France Belg. **70** (1936) 332–357.

DAY, M. F.: The function of the corpus allatum in muscoid diptera. Biol. Bull. **84** (1943) 127–140.

DEBAISIEUX, P.: Les yeux de crustacés, structure, développement, réactions à l'éclairement. Cellule **50** (1944) 9–122.

DEHN, M. VON: Hemmung der Flügelbildung durch Farnesol bei der schwarzen Bohnenlaus, *Doralis fabae* Scop. Naturwissenschaften **50** (1963) 578–579.

DÉMEUSY, N.: Effets de l'ablation des pédoncules oculaires sur le développement de l'appareil génital mâle de *Carcinus maenas* Pennant. C. R. Acad. Sci. Paris **236** (1953) 974–975.

—: Implantations de gonades chez le crabe *Carcinus maenas* Pennant. C. R. Acad. Sci. Paris **240** (1955) 1147–1150.

—: Recherches sur la mue de puberté du décapode brachyoure *Carcinus maenas* Linné. Thèse doct. Sci. nat. Fac. Sci. Univ. Nancy 1955. Paris 1958, S. 251 bis 491.

—: Recherches sur la mue de puberté de décapode brachyoure *Carcinus maenas* Linné. Arch. Zool. exp. gén. **95** (1958) 253–491.

—: Pédoncules oculaires, glande de mue et appareil génital chez *Carcinus maenas* L. C. R. Acad. Sci. Paris **248** (1959) 2652–2654.

—: Différentiation des voies génitales mâles du crabe *Carcinus maenas* Linné. Rôle des pédoncules oculaires. Cahiers Biol. Marine **1** (1960) 259–277.

—: Rôle de la glande de mue dans l'évolution ovarienne du crabe *Carcinus maenas* Linné. Cahiers Biol. Marine **3** (1962) 37–56.

—: Observations sur la maturation ovarienne du crabe *Carcinus maenas* L. après ablation des glandes de mue chez les femelles adultes. C. R. Acad. Sci. Paris **255** (1962) 3062–3064.

—: Rapports entre mue et vitellogénèse chez le crabe *Carcinus maenas* L. Proc. XVI. Internat. Congr. Zool. Washington **2** (1963) 118.

— und R. LENEL: Effet de l'ablation des pédoncules oculaires sur la fréquence de la ponte chez *Carcinus maenas* Pennant. C. R. Soc. Biol. **148** (1954) 156–158.

— und A. VEILLET: Déclenchement de la ponte chez la crabe *Carcinus maenas* Pennant par ablation des pédoncules oculaires. C. R. Acad. Sci. Paris **234** (1952) 1224–1226.

— —: Influence d'ablation des pédoncules oculaires sur la glande androgène de *Carcinus maenas*. C. R. Acad. Sci. Paris **246** (1958) 1104–1107.

DENNELL, R.: A study of an insect cuticle: the larval cuticle of *Sarcophaga falculata* Pand. (diptera). Proc. roy. Soc. London. **B 133** (1946) 348–373.

—: A study of an insect cuticle: the formation of puparium of *Sarcophaga falculata* Pand. (diptera). Proc. roy. Soc. London. **B 134** (1947) 79–110.

—: Weismann's ring and the control of tyrosinase activity in the larva of *Calliphora erythrocephala*. Proc. roy. Soc. London. **B 136** (1949) 94–109.

—: Epicuticle of blow-fly larvae. Nature **165** (1950) 275.

DENZER, U.: Helligkeits- und Farbsinn bei deutschen Süßwasseregeln. Zool. Jb. Physiol. **55** (1935) 525–562.

DEORAS, P. J., und G. BHASKARAN: Hormonal control of ovary development in the house-fly *Musca nebulo*. Proc. XVI. Internat. Congr. Zool. Washington **2** (1963) 126.

Deroux-Stralla, D.: Recherches expérimentales sur le rôle des „glandes ventrales“ dans la mue et la métamorphose, chez *Aeschna cyanea* Müll. (odonata). C. R. Acad. Sci. Paris **227** (1948) 1277–1278.

Detinowa, T. S.: On the influence of glands of internal secretion upon the ripening of the gonads and the imaginal diapause in *Anopheles maculipennis*. Zool. Ž. **24** (1945) 291–298.

—: Механизм гонотрофической гармонии у обыкновенного маляриинного комара. (*Anopheles maculipennis* Mg.) Zool. Ž. **32** (1953) 1178–1188.

Dewitz, J.: Bedeutung der oxydierenden Fermente (Tyrosinase) für die Verwandlung der Insektenlarven. Zool. Anz. **47** (1916) 123–124.

Diamantis, W.: Activities of respiratory enzymes during the metamorphosis of the mediterranean flour moth, *Ephestia kuhniella* Zeller (lepidoptera: pyralidae). J. N. York Entomol. Soc. **70** (1962) 68–78.

Doane, W. W.: Corpus allatum-complex and ovarian transplantations in the mutant female sterile (2) adipose of *Drosophila melanogaster*. Anatom. Rec. **138** (1960) 344.

Dohrn, P.: Studi sulla *Lysmata seticaudata* Risso (Hyppolitidae). I. Le condizioni normali sessualità in natura. Pubbl. Staz. zool. Napoli **22** (1950) 257–272.

Doskočil, J.: Beitrag zur Kenntnis der Insektendiapause. 2. Einfluß der Beleuchtungslänge auf die Entstehung der Diapause der Eier. Věstn. Českosl. Zool. Spol. **21** (1957) 273–283.

—: Přispěvek k poznáni diapausy hymzu. Beiträge zur Kenntnis der Insektendiapause. III. Diapause der Eier von *Orgyia antiqua* L. (lepidoptera, orgyidae). Čas. Českosl. Spol. Entomol. **54**, 213–216 (1957).

—: Beitrag zur Kenntnis der Insektendiapause. 4. Einfluß der Beleuchtungslänge und Temperatur auf die Entstehung der Diapause der Eier. Věstn. Českosl. Zool. Spol. **25** (1961) 105–114.

—: Beitrag zur Kenntnis der Insektendiapause. 5. Diapause von *Apterona crenulella f. helix* Sieb. und ihre Dauer. Věstn. Českosl. Zool. Spol. **24** (1960) 312–316.

Drach, P.: Le cycle parcouru entre deux mues et ses principles étapes chez *Cancer pagurus* Linné. C. R. Acad. Sci. Paris **202** (1936) 2103–2105.

—: Mue et cycle d'intermue chez les crustacés décapodes. Ann. Inst. océanogr. Paris N. S. **19** (1939) 103–391.

—: Étude préliminaire sur le cycle d'intermue et son conditionnement hormonal chez *Leander serratus* (Pennant). Bull. biol. France Belg. **78** (1944) 40–62.

—: Principles données sur les relations entre la glande du sinus, la mue et le métabolisme des crustacés décapodes. Bull. biol. France Belg. Suppl. **33** (1947) 164–173.

—: Lumière, glande du sinus et vitesse de parcours des intermues chez *Leander serratus* (Pennant). C. R. Acad. Sci. Paris **225** (1947) 1376–1378.

—: Périodes de mue chez un crustacé à croissance lente (*Xantho floridus* Montagu) dans le district septentrional et son aire de répartition. C. R. Acad. Sci. Paris **228** (1949) 128–130.

—: Système endocrinien pédonculaire, durée d'intermue et vitellogénèse chez *Leander serratus* (Pennant) crustacé décapode. C. R. Soc. Biol. **149** (1955) 2079–2083.

Drach, P.: Hormones pédonculaires, oogenèse et durée de l'intermue chez *Leander serratus* Pennant. Ann. Sci. nat. Sér. Zool. Biol. animale **18** (1956) 311.

— und M. Gabe: Évolution cyclique de la neurosécrétion de l'organe X des carididés au cours de l'intermue. C. R. Acad. Sci. Paris **254** (1962) 165–167.

— —: Glandes endocrines protocéphaliques et cycle d'intermue chez *Squilla mantis* Latreille (crustacé stomatopode). Proc. XVI. Internat. Congr. Zool. Washington **2** (1963) 129.

Drescher, W.: Regenerationsversuche am Gehirn von *Periplaneta americana* unter Berücksichtigung von Verhaltensänderung und Neurosekretion. Z. Morph. Ökol. Tiere **48** (1960) 576–649.

Drilhon, A.: La glucose et la mue des crustacées. C. R. Acad. Sci. Paris **196** (1933) 506–508.

—: Étude biochimique de la mue chez les crustacés Brachyoures (*Maia squinado*). Ann. Physiol. Physiochem. biol. **11** (1935) 301–326.

Dupont-Raabe, M.: Réactions humorales des chromatophores de la larve de Corethre. C. R. Acad. Sci. Paris **228** (1949) 130–132.

—: Étude morphologique et cytologique du cerveau de quelques phasmides. Bull. Soc. zool. France **76** (1951) 386–397.

—: Étude expérimentale de l'adaption chromatique chez le phasme, *Carausius morosus*. C. R. Acad. Sci. Paris **232** (1951) 886–888.

—: Substances chromactives de crustacés et d'insectes. Activité réciproque, répartition, différences qualitatives. Arch. Zool. exp. gén. **89** (1952) 102 bis 112.

—: Contribution à l'étude du rôle endocrine du cerveau et notamment de la pars intercerebralis chez les phasmides. Arch. Zool. exp. gén. **89** (1952) 128–138.

—: Mise en évidence de deux substances à affinités tinctoriales différentes dans la région neuro-sécrétrice du cerveau chez les phasmides. Bull. Soc. zool. France **78** (1953) 338.

—: Le rôle endocrine du cerveau dans la régulation des phénomènes d'adaption chromatique et de la ponte chez les phasmides. Pubbl. Staz. zool. Napoli Suppl. **24** (1954) 63–66.

—: Répartition des activités chromatiqués dans le ganglion susoesophagien des phasmides: mise en évidence d'une région sécrétoire dans la partie deuto- et tritocérébrale. C. R. Acad. Sci. Paris **238** (1954) 950–951.

—: Les mécanismes de l'adaption chromatique chez les insectes. Année Biol. **32** (1956) 247–282.

—: Mise en évidence, chez les phasmides, d'une troisième paire de nervi corporis cardiaci, voie possible cheminement de la substance chromactive tritocérébrale vers les corpora cardiaca. C. R. Acad. Sci. Paris **243** (1956) 1240–1243.

—: Rôle des différents éléments du système nerveux central dans la variation chromatique des phasmides. C. R. Acad. Sci. Paris **243** (1956) 1358–1360.

—: Les mécanismes de l'adaption chromatique chez les insectes. Arch. Zool. exp. gén. **94** (1957) 61–293.

—: Quelques aspects des phénomènes de neuro-sécrétion chez les phasmides. 2. Internat. Symposium über Neurosekretion Lund 1957, (1958) 85–90.

DURAND, B. J.: Limb regeneration and endocrine activity in the crayfish. Biol. Bull. **118** (1960) 250–261.

DURCHON, M.: Épitoquie expérimentale chez deux polychètes: *Perinereis cultrifera* Grube et *Nereis irrorata* Malmgren. C. R. Acad. Sci. Paris **227** (1949) 157.

—: Inhibition de l'épitoquie par le prostomium chez les Néréidiens (annélides polychètes). C. R. Acad. Sci. Paris **229** (1949) 81–82.

—: Maturation génitale précoce, stolonisation et polycéphalie, par suppression de la région antérieure chez un Syllidien. C. R. Acad. Sci. Paris **230** (1950) 2236–2237.

—: L'ablation du prostomium provoque, chez les Néréidiens, la maturation précoce des produits génitaux mâles. C. R. Acad. Sci. Paris **232** (1951) 442–443.

—: Recherches expérimentales sur deux aspects de la reproduction chez les annélides polychètes: l'épitoquie et la stolonisation. Ann. Sci. nat. Sér. Zool. Biol. animale **14** (1952) 117–206.

—: Sur le polymorphisme présenté par quelques Néréidiens (annélides polychètes) au moment de la reproduction. Bull. Soc. Hist. nat. Afr. Nord. **46** (1955) 180–194.

—: Influence du cerveau sur les processus de régénération caudale chez les Néréidiens (annélides polychètes). Arch. Zool. exp. gén. **94** (1956) 1–9.

—: Rôle du cerveau dans la maturation génitale et le déclenchement de l'épitoquie chez les Néréidiens. Ann. Sci. nat. Sér. Zool. Biol. animale **18** (1956) 269–273.

—: Nouvelles recherches expérimentales sur l'épitoquie des Néréidiens (annélides polychètes). Ann. Sci. nat. Sér. Zool. Biol. animale **18** (1956) 1–13.

—: Rôle du proventricule dans le déterminisme de la stolonisation chez les Syllidiens (annélides polychètes). C. R. Acad. Sci. Paris **244** (1957) 1283 bis 1286.

—: Déterminisme de l'épitoquie et de la stolonisation chez les annélides polychètes. Congr. Internat. Zool. London 1958, (1959) 949.

—: Contribution à l'étude de la stolonisation chez les Syllidiens (annélides polychètes). I. Syllinae. Bull. biol. France Belg. **93** (1959) 155–219.

—: Organes endocrines et leurs fonctions. In: Traité de Zoologie, Bd. 5 (1959) S. 119–131.

—: L'endocrinologie chez les annélides polychètes. Bull. Soc. zool. France **85** (1960) 275–301.

—: Déterminismes endocrines dans la croissance et l'activité génitale chez les annélides. Bull. Soc. zool. France **86** (1961) 547–568.

—: Homogreffes chez des Néréidiens (annélides polychètes). C. R. Soc. Biol. **154** (1961) 2082–2084.

—: Neurosecretion and hormonal control of reproduction in annelida. Gen. comp. Endocrinol. Suppl. **1** (1962) 227–240.

—: Induction et inhibition expérimentales de l'épitoquie par homogreffes chez les néréidiens (annélides polychètes). Gen. comp. Endocrinol. **2** (1962) 626.

—: Induction et inhibition expérimentale de l'épitoquie par homogreffes chez les néréidiens (annélides polychètes). Bull. Soc. zool. France **87** (1963) 575–582.

Durchon, M. und M. Choquet: Inhibition de l'épitoquie naturelle chez *Perinereis cultrifera* Grube (annélide polychète). C. R. Soc. Biol. **155** (1961) 504 bis 506.

— und J. Frézal: Étude comparée d'un phénomène de neurosécrétion observé dans le cerveau des Néréidiens (annélides polychètes), au moment de la maturité génitale. C. R. Acad. Sci. Paris **241** (1955) 445–447.

— und R. Marcel: Influence du cerveau sur la régénération postérieure chez *Nereis diversicolor* O. F. Müller (annélide polychète). C. R. Soc. Biol. **156** (1962) 661–663.

— J. Montreuil und Y. Boilly-Marer: Résultats préliminaires sur la nature chimique de l'hormon inhibitrice du cerveau des néréidiens (annélides polychètes). C. R. Acad. Sci. Paris **257** (1963) 1807–1808.

— und F. Schaller: Application de la méthode de culture organotypique aux recherches endorcinologiques chez les annélides polychètes. C. R. Acad. Sci. Paris **256** (1963) 5615–5617.

— und J. C. Wissocq: Involution expérimentale de la tête stoloniale chez *Autolytus pictus* (annélide polychète). C. R. Soc. Biol. **156** (1962) 666–668.

— —: Déterminisme de la stolonisation chez *Autolytus pictus* (Ehlers) (annélide polychète). C. R. Soc. Biol. **157** (1963) 563–567.

Dürken, B.: Über die Wirkung farbigen Lichtes auf die Puppen des Kohlweißlings (*Pieris brassicae*) und das Verhalten der Nachkommen. Ein Beitrag zur Frage der somatischen Induktion. Arch. mikrosk. Anat. Entwicklungsmech. **99** (1932) 222–389.

Dutrieu, J.: Observations biochimiques et physiologiques sur le développement d'*Artemia salina* Leach. Arch. Zool. exp. gén. **99** (1960) 1–133.

Duveau, J.: Données histophysiologiques sur la glande androgène de *Nebalia geoffroyi*. Arch. anat. microsc. morph. exp. **46** (1957) 199–209.

Dyar, H. G.: The number of molts in lepidopterous larvae. Psyche **5** (1890) 420–422.

Eastham, L.: Peristalsis in the malpighian tubules of diptera, preliminary account: with a note on the elimination of calcium carbonate from the malpighian tubules of *Drosophila funebris*. Quart. J. microsc. Sci. **69** (1925) 385–398.

Échalier, G.: Recherches expérimentales sur le rôle de l'organe Y dans la mue de *Carcinus moenas* (L.) crustacé décapode. C. R. Acad. Sci. Paris **238** (1954) 523–525.

—: Rôle de l'organe Y dans le déterminisme de la mue de *Carcinides* (*Carcinus*) *moenas* L. (crustacés décapodes): Expériences d'implantation. C. R. Acad. Sci. Paris **240** (1955) 1581–1583.

—: Effets de l'ablation et de la greffe de l'organe Y sur la mue de *Carcinides moenas* L. Ann. Sci. nat. Sèr. Zool. Biol. animale **18** (1956) 153–154.

—: Influence de l'organe Y sur la régénération des pattes, chez *Carcinides moenas* L. (crustacé décapode). C. R. Acad. Sci. Paris **242** (1956) 2179 bis 2180.

—: L'organe Y et le déterminisme de la croissance et de la mue chez *Carcinus maenas* (L.), crustacé décapode. Ann. Sci. nat. Zool. Sèr. 12 **1** (1959) 1–60.

Edwards, G. A.: The influence of eyestalk removal on the metabolism of the fiddler crab. Physiol. Comp. Oecol. **2** (1950) 34–50.

Egelhaaf, A.: Der Gehalt an freiem Tryptophan und Kynurenin bei den Genotypen a+ und a von *Ephestia kühniella* während der Entwicklung. Z. Naturf. **12 b** (1957) 465–472.

Eidmann, H.: Über rhythmische Erscheinungen bei der Stabheuschrecke *Carausius morosus* Br. Z. vergl. Physiol. **38** (1956) 370–390.

Ellis, P. E., und D. B. Carlisle: The prothoracic gland and colour change in locusts. Nature **190** (1961) 368–369.

Emme, A. M.: Einige Fragen zur Theorie der Diapause bei Insekten. Usp. sovrem. Biol. **35** (1953) 395–424.

Enami, M.: Melanophore responses in an isopod crustacean, *Ligia exotica*. I. General responses. Japanese J. Zool. **9** (1941) 497–514.

—: Melanophore responses in an isopod crustacean. *Ligia exotica*. II. Humoral control of melanophores. Japanese J. Zool. **9** (1941) 515–531.

—: Studies on the controlling mechanism of black chromatophores in the young of a fresh-water crab, *Sesarma haematocheir*. I. On a humoral principle from several ganglionic tissues as concerned with the pigmentary activities. Physiol. Ecol. **3** (1949) 23–31.

—: Mechanism of control of the chromatophore responses in teleosts and crustaceans. J. exp. Morph. **7** (1951) 1–22.

—: The sources and activities of two chromatophorotropic hormones in crabs of the genus *Sesarma*. I. Experimental analyses. Biol. Bull. **100** (1951) 28 bis 43.

Enders, E.: Die hormonale Steuerung rhythmischer Bewegungen von Insekten-Ovidukten. Zool. Anz. Suppl. **19** (1956) 113–116.

Engelmann, F.: Die Steuerung der Ovarfunktion bei der ovoviviparen Schabe *Leucophaea maderae* (Fabr.) J. Insect Physiol. **1** (1957) 257–278.

—: Über die Wirkung implantierter Prothoraxdrüsen im adulten Weibchen von *Leucophaea maderae* (Blattaria). Z. vergl. Physiol. **41** (1959) 456–470.

—: The control of reproduction in *Diploptera punctata* (Blattaria). Biol. Bull. **116** (1959) 406–419.

—: Hormonal control of mating behavior in an insect. Experientia **16** (1960) 69–70.

—: Further experiments on the regulation of the sexual cycle in females of *Leucophaea maderae* (Blattaria). Gen. comp. Endocrinol. **2** (1962) 183–192.

— und M. Lüscher: Zur Frage der Auslösung der Metamorphose bei Insekten. Naturwissenschaften **43** (1956) 43–44.

— —: Hemmung der Eireifung durch Prothoraxdrüsen bei *Leucophaea maderae* (Orthoptera). Naturwissenschaften **44** (1957) 455.

— —: Die hemmende Wirkung des Gehirns auf die Corpora allata bei *Leucophaea maderae* (Orthoptera). Zool. Anz. Suppl. **20** (1957) 215–220.

Ergene, S.: Farbanpassung entsprechend der jeweiligen Substratfärbung bei *Acrida turrita*. Z. vergl. Physiol. **34** (1952) 69–74.

—: Homochrome Farbanpassung bei Oedipoda-Larven. Z. vergl. Physiol. **34** (1952) 163–165.

—: Spielt das Auge beim homochromen Farbwechsel von *Acrida turrita* eine Rolle? Z. vergl. Physiol. **34** (1952) 159–162.

—: Homochrome Farbanpassung bei *Mantis religiosa*. Z. vergl. Physiol. **35** (1953) 36–41.

EXNER, S.: Die Physiologie der facettierten Augen von Krebsen und Insekten, Leipzig und Wien 1891.
FÄNGE, R., und E. ÖSTLUND: The effect of adrenaline, noradrenaline, tyramine and other drugs on the isolated heart from marine vertebrates and a cephalopod (*Eledone cirrosa*). Acta Zool. **35** (1954) 289–305.
O'FARRELL, A. F.: Temperature-controlled physiological colour change in some Australian damsel-flies (odonata: zygoptera). Austral. J. Science **25** (1963) 437–438.
— und A. STOCK: Regeneration and moulting cycle in *Blattella germanica* L. I. Single regeneration initiated during the first instar. Austral. J. Biol. Sci. **6** (1953) 485–500.
— —: Regeneration and the moulting cycle in *Blattella germanica* L. III. Successive regeneration of both metathoracic legs. Austral. J. Biol. Sci. **7** (1954) 525–536.
— —: Some aspects of regeneration in cockroaches. Proc. 10th Internat. Congr. Entomol. 1956. **2** (1958) 253–259.
— —: Influence of illumination on moulting and regeneration in the cockroach *Blattella germanica* (L.) Nature **195** (1962) 1122–1123.
— — und J. MORGAN: Regeneration and the moulting cycle in *Blattella germanica* L. IV. Single and repeated regeneration and metamorphosis. Austral. J. Biol. Sci. **9** (1956) 406–422.
— — C. A. RAE und J. A. MORGAN: Regeneration and development in the cockroach *Blattella germanica*. In: The ontogeny of insects. Acta symp. evol. insect. Prag 1959. (1960) 140.
— — — —: Regeneration and development in the cockroach *Blattella germanica*. Čas. Českosl. Spol. Entomol. **57** (1960) 317–324.
FAVERELLE, M.: Effet de l'ablation des corpora allata chez *Bacillus Rossii*. C. R. Acad. Sci. Paris **216** (1943) 215–216.
FERWERDA, F. P.: Genetische Studien am Mehlkäfer *Tenebrio molitor* L. Diss. Groningen. Haag. M. Hijhoff 1928.
FEWKES, D. W.: The effect of farnesol on the eggs of *Aeneolamia varia saccharina* (homoptera, cercopidae). Naturwissenschaften. **50** (1963) 601–602.
FILIPJEV, I. N., und E. MICHAJLOVA: Zahl der Entwicklungsstadien bei *Enoplus communis* Bast. Zool. Anz. **59** (1924) 212–219.
FINGERMAN, M.: Factors influencing the rate of oxygen consumption of the dwarf crawfish, *Cambarellus shufeldtii* (decapoda, astacidae). Tulane Studies Zool. **3** (1955) 103–116.
—: The physiology of the melanophores of the isopod *Idothea exotica*. Tulane Studies Zool. **3** (1955) 139–148.
—: A black pigment concentrating factor in the fiddler crab. Science **123** (1956) 585–586.
—: Physiology of the black and red chromatophores of *Callinectes sapidus*. J. exp. Zool. **133** (1956) 87–105.
—: Comparison of the chromatophorotropic activity of eyestalk and central nervous organ extrakts of the crayfishes. Anatom. Rec. **128** (1957) 548–549.
—: Endocrine regulation of the red chromatophores of the crayfish *Orconectes clypeatus*. Anatom. Rec. **128** (1957) 549.

FINGERMAN, M.: Physiology of the red and white chromatophores of the dwarf crayfish, *Cambarellus shufeldti*. Physiol. Zoöl. **30** (1957) 142–154.

—: The chromatophore system of the crayfish *Orconectes clypeatus*. Amer. Midland Natural. **60** (1958) 71–83.

—: Comparison of the chromatophorotropins of two crayfishes with special reference to electrophoretic behavior. Tulane Studies Zool. **7** (1959) 21–30.

—: The physiology of chromatophores. Internat. Rev. Cytol. **8** (1959) 175 bis 210.

—: Physico-chemical characterization of chromatophorotropins in the crayfish *Cambarellus shufeldti*. Biol. Bull. **117** (1959) 382.

—: Tidal rhythmicity in marine organisms. Cold Spring Harbor Symp. quant. Biol. **25** (1960) 481–489.

—: The control of chromatophores. Internat. Ser. Monogr. pure and appl. Biol. Bd. 14. Pergamon Press. Oxford, London, New York. Paris 1963.

— und T. AOTO: Electrophoretic analysis of chromatophorotropins in the dwarf crayfish, *Cambarellus shufeldti*. J. exp. Zool. **138** (1958) 25–50.

— —: Hormonal regulation of pigmentary effectors in crustaceans. Gen. comp. Endocrinol. Suppl. **1** (1962) 81–93.

— und C. FITZPATRICK: An endocrine basis for the sexual difference in melanin dispersion in *Uca pugilator*. Biol. Bull. **110** (1956) 138–143.

— und A. D. LAGO: Endogenous twenty-four hour rhythms of locomotor activity and oxygen consumption in the crayfish, *Orconectes clypeatus*. Amer. Midland Natural. **58** (1957) 383–393.

— — und M. E. LOWE: Rhythms of locomotor activity and O_2-consumption of the grasshopper *Romalea microptera*. Amer. Midland Natural. **59** (1958) 58–66.

— und M. E. LOWE: Background adaptation in the dwarf crayfish, *Cambarellus shufeldti*. Anatom. Rec. **128** (1957) 458.

— —: Hormones controlling the chromatophores of the dwarf crayfish, *Cambarellus shufeldti*: their secretion, stability and separation by filter paper electrophoresis. Tulane Studies Zool. **5** (1957) 151–171.

— —: Influence of time on background upon the chromatophore systems of two crustaceans. Physiol. Zoöl. **30** (1957) 216–231.

— —: Stability of the chromatophorotropins of the dwarf crayfish, *Cambarellus shufeldti*, and their effects on another crayfish. Biol. Bull. **114** (1958) 317–333.

— M. MIYAWAKI und CH. OGURO: Effects of osmotic pressure and cations on the response of the melanophores in the fiddler crab, *Uca pugnax*, to the melanin-dispersing principle from the sinus gland. Gen. comp. Endocrinol. **3** (1963) 496–504.

— — — und T. DOMINICZAK: Neurosecretory control of ribonucleic acid in crayfish hepatopancreas. Proc. XVI. Internat. Congr. Zool. Washington **2** (1963) 73.

— — und W. C. MOBBERLY jr.: Environmental factors involved in setting the phases of tidal rhythm of color change in the fiddler crabs *Uca pugilator* and *Uca minax*. Limnol. & Oceanogr. **3** (1958) 271–281.

— — und B. I. SUNDARARAJ: Direct evidence for a distal retinal pigment dark-adapting hormone in *Palaemonetes vulgaris* (Abstract). Biol. Bull. **115** (1958) 351.

FINGERMAN, M., M. MIYAWAKI und B. I. SUNDARARAJ: Dark-adapting and light-adapting hormones controlling the distal retinal pigment of the prawn *Palaemonetes vulgaris*. Biol. Bull. **116** (1959) 30–36.

— und W. C. MOBBERLY jr.: Physicochemical properties and differentiation of chromatophorotropins and retinal pigment light-adapting hormone of the dwarf crayfish, *Cambarellus shufeldti*. Amer. Midland Natural. **64** (1960) 474–484.

— —: Trophic substances in a blind cave crayfish. Science **132** (1960) 44–45.

— —: Investigation of the hormones controlling the distal retinal pigment of the prawn *Palaemonetes*. Biol. Bull. **118** (1960) 393–406.

— — und C. W. PHILPOTT: Electrophoretic analysis of the distal retinal pigment dark-adapting and light-adapting hormones in the prawn *Palaemonetes*. Biol. Bull. **117** (1959) 411–412.

— R. NAGABHUSHANAM und L. PHILPOTT: Physiology of the melanophores in the crab *Sesarma reticulatum*. Biol. Bull. **120** (1961) 337–347.

— — —: Photomechanical responses of the proximal pigment in *Palaemonetes* and *Orconectes*. Biol. Bull. **123** (1962) 121–131.

— und CH. OGURO: Chromatophore control and neurosecretion in the mud shrimp, *Upogebia affinis*. Biol. Bull. **124** (1963) 24–30.

—, C. W. PHILPOTT, M. I. SANDEEN und W. C. MOBBERLY jr.: Influence of long exposure to light and darkness upon the distal retinal pigment light-adapting hormone of the prawn *Palaemonetes*. Biol. Bull. **117** (1959) 412.

—, M. I. SANDEEN und M. E. LOWE: Influence of long-term background adaption on the lability of chromatophores and the sources of chromatophorotropins in *Palaemonetes vulgaris*. Biol. Bull. **115** (1958) 351–352.

— — —: Experimental analysis of the red chromatophore system of the prawn *Palaemonetes vulgaris*. Physiol. Zoöl. **32** (1959) 128–149.

— — und W. C. MOBBERLY jr.: Hormonal regulation of the distal retinal pigment of crustaceans with special reference to the shrimp *Crangon septemspinosus*. Physiol. Zoöl. **33** (1960) 260–270.

— — — und C. W. PHILPOTT: Hormonal regulation of the distal retinal pigment of the shrimp *Crangon septemspinosus*. Biol. Bull. **117** (1959) 412–413.

— B. I. SUNDARARY und M. I. SANDEEN: Further studies on the chromatophorotropins of *Palaemonetes vulgaris* (Abstract). Biol. Bull. **115** (1958) 352.

— und D. W. TINKLE: Responses of the white chromatophores of two species of prawns (*Palaemonetes*) to light and temperature. Biol. Bull. **110** (1956) 144–152.

FISHER, F. M. jr., und R. C. SANBORN: Production of insect juvenile hormone by the microsporidian parasite *Nosema*. Nature **194** (1962) 1193.

FLICKINGER, R. A.: A gradient of protein synthesis in planaria and reversal of axial polarity of regenerates. Growth **23** (1959) 251–271.

FLOREY, E.: Neurohormone und ihre Funktion bei Arthropoden. Zool. Anz. Suppl. **16** (1952) 199–206.

—: Über die Wirkung von Acetylcholin, Adrenalin, Nor-Adrenalin, Faktor I und anderen Substanzen auf den isolierten Enddarm des Flußkrebses *Cambarus clarkii* Girard. Z. vgl. Physiol. **36** (1954) 1–8.

FLOREY, E.: Studies on the nervous regulation of the heart beat in decapod crustacea. J. gen. Physiol. **43** (1960) 1061–1081.
— und H. MERWIN: Inhibition in molluscan hearts and the role of acetylcholine. In: Nervous inhibition, Oxford, London, New York, Paris 1961, S. 136–143.
FOLLIOT, R.: Action de l'acétyl-choline sur le fonctionnement du vaisseau dorsal de la larve de *Galleria mellonella* L. Bull. Soc. sci. Bretagne, Sci. Math., phys. nat. **32** (1957) 121–124.
—: Action de l'adrénaline sur le fonctionnement du vaisseau dorsal de la larve de *Galleria mellonella* L. Bull. Soc. sci. Bretagne, Sci. Math. phys. nat. **32** (1957) 125–128.
FRAENKEL, B.: Pupation in flies initiated by a hormone. Nature **133** (1934) 834.
FRAENKEL, G.: A hormone causing pupation in the blowfly *Calliphora erythrocephala*. Proc. roy. Soc. **B 118** (1935) 1–12.
— und C. HSIAO: Hormonal and nervous control of tanning in the fly. Darkening of the adult fly involves neurosecretion and the action of a hormone other than ecdyson. Science **138** (1962) 27–29.
— und K. M. RUDALL: A study of the physical and chemical properties of the insect cuticle. Proc. roy Soc. London **B 129** (1940) 1–35.
— —: The structure of insect cuticles. Proc. roy. Soc. London **B 134** (1947) 111–143.
FRASER, A.: Neurosecretory cells in the brain of the larva of *Lucilia caesar* L. Nature **179** (1957) 257–258.
—: Humoral control of metamorphosis and diapause in the larvae of certain Calliphoridae (Diptera: Cyclorrhapha). Proc. roy. Soc. Edinb. **B 67** (1960) 127–140.
FRITSCH, R. H.: Herzfrequenz, Häutungsstadien und Lebensdauer bei Männchen von *Daphnia magna* Straus. Z. wiss. Zool. **161** (1959) 266–276.
— und M. P. MEIJERING: Die Herzfrequenzkurve von *Daphnia magna* Straus innerhalb einzelner Häutungsstadien. Naturwissenschaften **45** (1958) 346 bis 347.
FROST, F., R. SALOUM und L. H. KLEINHOLZ: Effect of sinus gland and of eyestalk removal on rate of oxygen consumption in *Astacus*. Anatom. Rec. **111** (1951) 572.
FUJIO, Y.: Studies on development of eye-antennal discs of *Drosophila melanogaster* in tissue culture. II. Effects of substances secreted from cephalic complexes upon eye-antennal discs of eye-mutant strains. Japanese J. Genetics **37** (1962) 110–117.
FUKAYA, M., und J. MITSUHASHI: The hormonal control of larval diapause in the rice stem borer, *Chilo suppressalis*. I. Some factors in the head maintaining larval diapause. Jap. J. appl. Entomol. Zool. **1** (1957) 145–154.
— —: The hormonal control of larval diapause in the rice stem borer, *Chilo suppressalis*. II. The activity of th corpora allata during diapausing period. Jap. J. appl. Entomol. Zool. **2** (1958) 223–226.
FUKUDA, S.: Hormonal control of molting and pupation in the silkworm. Proc. Imperial Acad. Tokyo **16** (1940) 417–420.
—: The hormonal mechanism of larval molting and metamorphosis in the silkworm. J. Fac. Sci. Tokyo Univ. Sec. 4, **6** (1944) 477–532.

FUKUDA, S.: Alteration of voltinism in the silkworm by decapitating in the pupa. Zool. Mag. **60** (1951) 119–121.

—: Factors determining the production of the non-diapause eggs in the silkworm. Proc. Imperial Acad. Tokyo **27** (1951) 582–586.

—: The production of the diapause eggs by transplanting the suboesophageal ganglion in the silkworm. Proc. Imperial Acad. Tokyo **27** (1951) 672–677.

—: Function of the pupal brain and suboesophageal ganglion in the production of non-diapause and diapause eggs in the silkworm. Annotat. Zool. Japon. **25** (1952) 149–155.

—: Determination of voltinism in the univoltine silkworm. Proc. Imperial Acad. Tokyo. **29** (1953) 381–384.

—: Determination of volitinism in the multi-voltine silkworm. Proc. Imperial Acad. Tokyo **29** (1953) 385–388.

—: Alteration of voltinism in the silkworm following transection of pupal oesophageal connectives. Proc. Imperial Acad. Tokyo **29** (1953) 389–391.

—: Secretion of juvenile hormone by the corpora allata in pupae and moths of the silkworm, *Bombyx mori*. Annotat. Zool. Japon. **35** (1962) 199–212.

—: Hormonal control of diapause in the silkworm. Gen. comp. Endocrinol. Suppl. **1** (1962) 337–340.

—: Secretion of juvenile hormone by the corpora allata in pupae and moths of the silkworm, *Bombyx mori*. Annotat. Zool. Japon. **35** (1962) 199–212.

—: Induction of supernumerary molting in silkworm larvae by implantation of corpora allata from female moths. Annotat. Zool. Japon. **36** (1963) 1–20.

— und M. FLORKIN: Contributions to silkworm biochemistry. V. Time of biosynthesis of fibroin and its location in the silk of *Bombyx mori* L. (European race). Arch. internat. Physiol. **67** (1959) 185–189.

FUZEAU-BRAESCH, S.: Étude biologique et biochimique de la pigmentation d'un insecte *Gryllus bimaculatus* de Geer (gryllide, orthoptère). Bull. biol. France Belg. **94** (1960) 525–627.

—: Les déterminismes de la diapause chez les insectes. Année Biol. **37** (1961) 43–69.

FYG, W.: Experimentelle Untersuchungen über die Entwicklung der Honigbiene. Mitt. Schweiz. Entomol. Ges. **29** (1956) 404–416.

GALLEGO, M. P., und M. D. STAMM-MENÉNDEZ: Hormonas en crustáceos. Rev. esp. Fisiol. **15** (1959) 263–268.

GALLISSIAN, A.: Action des ganglions cérébroides sur la diapause et la régénération d'*Eophila dollfusi* Tétry (lumbricide). C. R. Acad. Sci. Paris **256** (1963) 1158–1159.

GALUN, R.: Respiration of decapitated mosquitoes. Nature **185** (1960) 391 bis 392.

GAMBLE, F. W., und F. W. KEEBLE: *Hippolyte varians*: a study in colorchange. Quart. J. microsc. Sci. **43** (1900) 589–698.

GASKELL, J. F.: The chromaffin system of annelids and the relation of this system to the contractile vascular system in the leech, *Hirudo medicinalis*. Phil. Trans. **B 205** (1914) 153–211.

—: Adrenalin in annelids, a contribution to the comparative study of the origin of the sympathetic and the adrenalin-secreting systems and of the vascular muscles which they regulate. J. gen. Physiol. **2** (1919) 73–85.

GEBHARDT, H.: Untersuchungen über die Determination bei Planarienregeneraten. Roux' Arch. Entwicklungsmech. **107** (1926) 684–726.

GEIGY, R.: Étude expérimentale de la métamorphose de *Sialis lutaria* L. (Megaloptera). Bull. biol. France Belg. Suppl. **33** (1948) 62–67.

— und W. OCHSÉ: Versuche über die inneren Faktoren der Verpuppung bei *Sialis lutaria*. Rev. Suisse Zool. **47** (1940) 225–241.

GERSCH, M.: Experimentelle Untersuchungen über den Verdauungstraktus der Larve von *Chaoborus* (*Corethra*). Z. vgl. Physiol. **34** (1952) 346–369.

—: Untersuchungen über Auslösung und Steuerung der Darmbewegungen bei der Larve von *Chaoborus* (*Corethra*). Biol. Zbl. **74** (1955) 603–628.

—: Ergebnisse und Probleme der Verdauungsphysiologie der wirbellosen Tiere. Experientia **11** (1955) 413–416.

—: Untersuchungen zur Frage der hormonalen Beeinflussung der Melanophoren bei der *Corethra*larve. Z. vgl. Physiol. **39** (1956) 190–208.

—: Das Hormonsystem der Insekten. Forsch. & Fortschr. **31** (1957) 9–15.

—: Wesen und Wirkungsweise von Neurohormonen im Tierreich. Naturwissenschaften **44** (1957) 525–532.

—: Das Hormonsystem der Insekten auf Grund neuer Forschungsergebnisse. In: Bericht der Hundertjahrfeier der Dt. Entomol. Ges. Berlin 1956, Berlin 1957, S. 146–169.

—: Neurohormone bei wirbellosen Tieren. Zool. Anz. Suppl. **22** (1959) 40–76.

—: Neurohormonale Beeinflussung der Herztätigkeit bei der Larve von *Corethra*. J. Insect Physiol. **2** (1958) 281–297.

—: Weitere Untersuchungen über neurohormonale Beziehungen bei Insekten. In: The ontogeny of insects. Acta symp. evol. insects. Prag 1959, Prag 1960, S. 127–132.

—: Neurosekretion und Neurohormone bei wirbellosen Tieren. Symp. Biol. Hung. **1** (1960) 153–180.

—: Insect metamorphosis and the activation hormone. Amer. Zool. **1** (1961) 53–57.

—: The activation hormone of the metamorphosis of insects. Gen. comp. Endocrinol. Suppl. **1** (1962) 322–329.

—: Hormone als Regulatoren von Lebensvorgängen. Sitzungsber. Sächs. Akad. Wissensch. Leipzig. Math.-nat. Kl. **106** (1963) 1–24.

— und B. ALTHAUS: Untersuchungen über herzanregende Faktoren aus dem Nervensystem bei Spinnen. Mber. Dt. Akad. Wiss. Berlin **1** (1959) 376–379.

— und H. BERGER: Die Wirkung isolierter Neurohormone aus *Periplaneta americana* auf die Pupariumbildung der Schmeißfliege *Calliphora erythrocephala*. Naturwissenschaften **49** (1962) 262.

— und R. DEUSE: Die Wirkung von Neurohormonen aus Insekten auf das Froschherz. Biol. Zbl. **76** (1957) 436–442.

— —: Über herzaktive Faktoren aus dem Nervensystem von *Aplysia*. Zool. Jb. Physiol. **68** (1960) 519–534.

— und G. MOTHES: Neurohormonaler Wirkungsantagonismus beim Farbwechsel von *Dixippus morosus*. Naturwissenschaften **43** (1956) 542.

— und K. RICHTER: Experimentelle Untersuchungen des physiologischen Farbwechsels von *Piscicola geometra* (Hirudinea). Zool. Jb. Physiol. **69** (1961) 273–284.

GERSCH, M. und K. RICHTER: Auslösung von Nervenimpulsen durch ein Neurohormon bei *Periplaneta americana*. Zool. Jb. Physiol. **70** (1963) 301–308.

— und H. UNGER: Nachweis von Neurohormonen aus dem Nervensystem von *Dixippus morosus* mit Hilfe papierchromatographischer Trennung. Naturwissenschaften **44** (1957) 117.

— —, F. FISCHER und W. KAPITZA: Zur Aufklärung und Kennzeichnung einiger farbwechselaktiver Faktoren aus dem Zentralnervensystem von Krebsen und Insekten. Zool. Jb. **70** (1964) 455–488.

GIARD, A.: De l'influence de certains parasites rhizocéphales sur les caractères sexuels extérieurs de leur hôte. C. R. Acad. Sci. Paris **103** (1886) 84–86.

—: Sur les parasites Bopyriens et la castration parasitaire. C. R. Soc. Biol. **4** (1887) 371–373.

—: Sur la castration parasitaire chez les Eukphoytes des genres *Palaemon* et *Hyppolyte*. C. R. Acad. Sci. Paris **106** (1888) 502–503.

—: Comment la castration agit-elle sur les caractères sexuels secondaires? C. R. Soc. Biol. **56** (1904) 4–7.

GIERSBERG, H.: Über den morphologischen und physiologischen Farbwechsel der Stabheuschrecke *Dixippus* (*Carausius*) *morosus*. Z. vgl. Physiol. **7** (1928) 657–695.

GIESE, C. A.: Comparative physiology: annual reproductive cycles of marine invertebrates. Annual. Rev. Physiol. **21** (1959) 547–576.

GIFFORD, C. A.: Some observations on the general biology of the land crab, *Cardisoma guanhumi* (Latreille), in south Florida. Biol. Bull. **123** (1962) 207–223.

GILBERT, L. I.: Evolutionary implications of endocrine regulation in arthropods. Anatom. Rec. **137** (1960) 359.

—: Maintenance of the prothoracic gland by the juvenile hormone in insects. Nature **193** (1962) 1205–1207.

— und H. A. SCHNEIDERMAN: The quantitative assay of the juvenile hormone of insects. Anatom. Rec. **128** (1957) 555.

— —: The inactivation of juvenile hormone extracts by pupal silkworms. Anatom. Rec. **131** (1958) 557–558.

— —: Recent studies on the distribution of the juvenile hormone of insects. Anatom. Rec. **131** (1958) 557.

— —: Occurence of substances with juvenile hormone activity in adrenal cortex of vertebrates. Science **128** (1958) 844.

— —: The initiation of molting by extracts containing juvenile hormone. Anatom. Rec. **134** (1959) 569–570.

— —: Sexual dimorphism in lipid content, juvenile hormone content and size of corpora allata in Lepidoptera. Anatom. Rec. **134** (1959) 569.

— —: Prothoracic gland stimulation by juvenile hormone extracts of insects. Nature **184** (1959) 171–173.

— —: The development of a bioassay for the juvenile hormone of insects. Trans. Amer. Microsc. Soc. **79** (1960) 38–67.

— —: The content of juvenile hormone and lipid in Lepidoptera: sexual differences and development changes. Gen. comp. Endocrinol. **1** (1961) 453 bis 472.

GILBERT, L. I. und H. A. SCHNEIDERMAN: Some biochemical aspects of insects metamorphosis. Amer. Zool. **1** (1961) 11–51.

— und R. A. SLEPECKY: The antibacterial action of juvenile hormone extracts. Anatom. Rec. **137** (1960) 359.

GILLETT, J. D.: Behaviour differences in two strains of *Aëdes aegypti*. Nature **176** (1955) 124–125.

—: Initiation and promotion of ovarian development in the mosquito *Aëdes* (*Stegomyia*) *aegypti* (Linnaeus). Ann. trop. Med. Parasit. **50** (1956) 375–380.

—: Variation in the time of release of the ovarian development hormone in *Aëdes aegypti*. Nature **180** (1957) 656–657.

—: Induced ovarian development in decapitated mosquitoes by transfusion of haemolymph. J. exp. Biol. **35** (1958) 685–693.

GILMOUR, D.: Biochemistry of insects. Academic Press. New York und London. 1961.

GINSBURGER-VOGEL, T.: Effets de l'ablation des glandes androgènes sur la gonade mâle d'*Orchestia montagui*. Bull. Soc. zool. France **86** (1961) 297.

GIRARDIE, A.: Étude biométrique de la croissance ovarienne après ablation et implantation de corpora allata chez *Periplaneta americana*. J. Insect. Physiol. **8** (1962) 199–204.

—: Fonctions de la pars intercerebralis chez *Locusta migratoria* L. C. R. Acad. Sci. Paris **254** (1962) 2669–2670.

—: Rôle de la pars intercerebralis chez *Locusta migratoria* L. (orthoptère). Proc. XVI. Internat. Congr. Zool. **2** (1963) 117.

GLASER, R. W.: A contribution to our knowledge of the function of the oenocytes of insects. Biol. Bull. **23** (1912) 213–224.

GODDARD, C. K.: A study of the reproductive tract of *Helix aspersa* Müller after partial gonadectomy. Austral. J. Biol. Sci. **13** (1960) 378–386.

GOLDING, D. W.: Activation of the supra-esophageal ganglion of *Nereis diversicolor*, for the production of hormones relating to regeneration. Gen. comp. Endocrinol. **3** (1963) 703–704.

GRAF, F.: Développement post-embryonnaire des gonades et des glandes androgènes d'*Orchestia cavimana* (Heller) crustacé amphipode. Bull. Soc. Sci. Nancy N. S. **17** (1958) 223–261.

—: Greffe de glande androgène de crustacé sur un insecte. Bull. Soc. Sci. Nancy N. S. **19** (1960) 253–254.

GRASSO, M.: Fenomeni rigenerativi e apparato genitale in *Dugesia lugubris*. Boll. Zool. **26** (1959) 523–527.

GROSS, J. F.: Zur Bedeutung des Oberschlundganglions beim Spinnverhalten von Raupen. Zool. Jb. Physiol. **68** (1960) 535–538.

GROSSMANN, M.: Gastrointestinal hormones. Physiol. Rev. **30** (1950) 33–90.

GUYSELMAN, J. B.: An analysis of the molting process in the fiddler crab, *Uca pugilator*. Biol. Bull. **104** (1953) 115–137.

HACHLOW, V.: Zur Entwicklungsmechanik der Schmetterlinge. Roux' Arch. Entwicklungsmech. **125** (1931) 26–49.

HACKMAN, R. H.: Biochemistry of the insect cuticle. Proc. 4th Internat. Congr. Biochem. **12** (1959) 48–62.

HADORN, E.: Hormonale Kontrolle der Pupariumbildung bei Fliegen. Naturwissenschaften **25** (1937) 681–682.

HADORN, E. und G. FRIZZI: Experimentelle Untersuchungen zur Melanophoren-Reaktion von *Corethra*. Rev. Suisse Zool. **56** (1949) 306–316.
— und J. NEEL: Der hormonale Einfluß der Ringdrüse (corpus allatum) auf die Pupariumbildung bei Fliegen. Roux' Arch. Entwicklungsmech. **138** (1938) 281–304.
HAEMMERLI-BOVERI, V.: Über die Determination der sekundären Geschlechtsmerkmale. Brutsackbildung der weiblichen Wasserassel durch das Ovar. Z. vgl. Physiol. **4** (1926) 668–698.
HALBWACHS, M. C., L. JOLY und P. JOLY: Résultats d'implantations de „glandes ventrales" à *Locusta migratoria* L. J. Insect Physiol. **1** (1957) 143–149.
HAMASAKI, S.: On the effect of castration in the silkworm *Bombyx mori* L. Proc. Imperial Acad. Tokyo **8** (1932) 267–270.
HANAOKA, K., und T. OTSU: The source of the ovarian inhibiting hormone in the eyestalks of the crab, *Potamon dehaani*. J. Fac. Sci. Hokkaido Univ. Ser. 6, **13** (1957) 379–383.
HANSER, G.: Wirkung eines Metamorphose-Hormons bei *Ephestia kühniella* (Epidermisveränderungen bei der induzierten Puppenhäutung). Zool. Anz. Suppl. **20** (1957) 209–215.
HANSTRÖM, B.: Preliminary report on the probable connection between the blood gland and the chromatophore activator in decapod crustaceans. Proc. Nat. Acad. Sci. Washington. **21** (1935) 584–585.
—: Die Sinusdrüse und der hormonal bedingte Farbwechsel der Crustaceen. Kungl. Svenska Vetenskapsakad. Handl. **16** (1937) 1–99.
—: Vermischte Beobachtungen über die chromatophoroaktivierenden Substanzen der Augenstiele der Crustaceen und des Kopfes der Insekten. Kungl. Fysiograf. Sällskapets Förhandl. Lund. **47** (1937) 1–11.
—: Zwei Probleme betreffs der hormonalen Lokalisation im Insektenkopf. Lunds Univ. Årsskri. N. F. Avd. 2, **34**, Nr. 16 (1938) 1–17.
—: Die chromatophorenaktivierende Substanz des Insektenkopfes. Lunds Univ. Årskri. N. F. Avd. 2, **36**, Nr. 12 (1940) 1–20.
—: Three principal incretory organs in the animal kingdom. Biol. Bull. Suppl. **33** (1949) 182–209.
HARA, J.: On the hormones regulating the frequency of the heart beat in the shrimp, *Paratypa compressa*. Annotat. Zool. Japon. **25** (1952) 162–171.
—: On the effects of extracts of eyestalk of the grapsoid crab, *Sesarma picta*, and of head of the pill bug, *Armadillidium vulgare*, upon heart beat of the shrimp, *Paratypa compressa*. Annotat. Zool. Japon. **25** (1952) 411–414.
HARKER, J. E.: Diurnal rhythms in *Periplaneta americana* L. Nature **173** (1954) 689–690.
—: Control of diurnal rhythms of activity in *Periplaneta americana* L. Nature **175** (1955) 733.
—: Factors controlling the diurnal rhythm of activity of *Periplaneta americana* L. J. exp. Biol. **33** (1956) 224–234.
—: Diurnal rhythms in the animal kingdom. Biol. Rev. Cambridge Philos. Soc. **33** (1958) 1–52.
—: Experimental production of midgut tumours in *Periplaneta americana* L. J. exp. Biol. **35** (1958) 251–259.

HARKER, J. E.: The effect of perturbations in the environmental cycle of the diurnal rhythm of activity of *Periplaneta americana* L. J. exp. Biol. **37** (1960) 154–163.

—: Internal factors controlling the suboesophageal ganglion neurosecretory cycle in *Periplaneta americana* L. J. exp. Biol. **37** (1960) 164–170.

—: Endocrine and nervous factors in insect circadian rhythms. Cold Spring Harbor Symp. quant. Biol. **25** (1960) 279–287.

—: Diurnal rhythms. Ann. Rev. Entomol. **6** (1961) 131–146.

HARMS, I. W.: Überpflanzung von Ovarien in eine fremde Art. 1. Mitt. Versuche an Lumbriciden. Roux' Arch. Entwicklungsmech. **34** (1912) 90–131.

—: Kastration bei wirbellosen Tieren. In: Bethes Handbuch der normalen und pathologischen Physiologie, Bd. 14, Berlin 1926, S. 205–214.

HARNACK, M. VON: The effect of starvation on the endocrine control of the ovary by the corpus allatum in the insect, *Leucophaea maderae*. Anatom. Rec. **130** (1958) 446.

HARUO, K.: Effect of estradiol on head regeneration in the planarian, *Dugesia gonocephala*. J. Fac. Sci. Univ. Tokyo Sec. 4, **8** (1959) 439–447.

HARVEY, W. R.: Metabolic aspects of insect diapause. Ann. Rev. Entomol. **7** (1962) 57–80.

— und C. M. WILLIAMS: Changes in the cyanide sensitivity of the heart-beat of the *Cecropia* silkworm during the course of metamorphosis. Anatom. Rec. **117** (1953) 544.

— —: Physiology of insect diapause. XI. Cyanide-sensitivity of the heartbeat of the *Cecropia* silkworm, with special reference to the anaerobic capacity of the heart. Biol. Bull. **114** (1958) 23–35.

— —: Physiology of insect Diapause. XII. The mechanism of carbon monoxyde-sensitivity and -intensivity during the pupal diapause of the *Cecropia* silkworm. Biol. Bull. **114** (1958) 36–53.

— —: The injury metabolism of the *Cecropia* silkworm. I. Biological amplification of the effects of localized injury. J. Insect Physiol. **7** (1961) 81–99.

HASEGAWA, K.: Studies on the voltinism in the silkworm, *Bombyx mori* L., with special reference to the organs concerning determination of voltinism (a preliminary note). Proc. Imperial Acad. Tokyo **27** (1951) 667–671.

—: Studies on the voltinism in the silkworm, *Bombyx mori* L., with special reference to the organs concerning determination of voltinism. J. Fac. Agric. Tottori Univ. **1** (1952) 83–124.

—: The diapause hormone of the silkworm, *Bombyx mori*. Nature **179** (1957) 1300–1301.

—: Studies on the mode of action of the diapause hormone in the silkworm, *Bombyx mori* L. J. exp. Biol. **40** (1963) 517–529.

HASKELL, P. T., und J. E. MOORHOUSE: A blood-borne factor influencing the activity of the central nervous system of the desert locust. Nature **197** (1963) 56–58.

HAUENSCHILD, C.: Photoperiodizität als Ursache des von der Mondphase abhängigen Metamorphose-Rhythmus bei dem Polychaeten *Platynereis dumerilii*. Z. Naturf. **10 b** (1955) 658–662.

—: Hormonale Hemmung der Geschlechtsreife und Metamorphose bei dem Polychaeten *Platynereis dumerilii*. Z. Naturf. **11 b** (1956) 125–132.

Hauenschild, C.: Weitere Versuche zur Frage des Juvenilhormons bei *Platynereis*. Z. Naturf. **11 b** (1956) 610–611.
—: Neue experimentelle Untersuchungen zum Problem der Lunarperiodizität. Photoperiodizität als Ursache des lunearen Schwärmrhythmus bei dem Polychaeten *Platynereis dumerilii*. Naturwissenschaften **43** (1956) 361 bis 363.
—: Zyklische Veränderungen an den inkretorischen Drüsenzellen im Prostomium des Polychaeten *Platynereis dumerilii* als Grundlage der Schwärmperiodizität. Z. Naturf. **14 b** (1959) 81–87.
—: Hemmender Einfluß der Proventrikelregion auf Stolonisation und Oocyten-Entwicklung bei dem Polychaeten *Autolytus prolifer*. Z. Naturf. **14 b** (1959) 87–89.
—: Abhängigkeit der Regenerationsleistung von der inneren Sekretion im Prostomium bei *Platynereis dumerilii*. Z. Naturf. **15 b** (1960) 52–55.
—: Lunar periodicity. Cold Spring Harbor Symp. quant. Biol. **25** (1960) 491 bis 497.
—: Postembryonale Entwicklungssteuerung durch ein Gehirn-Hormon bei *Platyneris dumerilii*. Zool. Anz. Suppl. **27** (1964) 111–120.
— und A. Fischer: Neurosecretory control of development in *Platynereis dumerilii*. Mem. Soc. Endocrinol. Nr. 12 Neurosecretion (1962) 297–312.
Havel, V. J., und L. H. Kleinholz: Effect of seasonal variation, sinus gland removal, and eyestalk removal on concentration of blood calcium in *Astacus*. Anatom. Rec. **111** (1951) 571–572.
Hecht, S.: Note on the absorption of calcium during the molting of the blue crab, *Callinectes sapidus*. Science **39** (1914) 108.
Hekstra, G. P., und J. Lever: Some effects of ganglion-exstirpations in *Limnaea stagnalis*. Proc. Koningkl. Nederl. Akad. Wetensch. Ser. C **63** (1960) 271–282.
L'Hélias, C.: Rôle des corpora allata dans le métabolisme des glucides, de l'azote et des lipides chez de phasme *Dixippus morosus*. C. R. Acad. Sci. Paris **236** (1953) 2164–2166.
—: Étude comparée de l'azote total et de l'azote non protéinique chez le phasme *Dixippus morosus* après ablation des corpora allata. C. R. Acad. Sci. Paris **236** (1953) 2439–2442.
—: Métabolisme des phosphates chez le phasme *Dixippus morosus* après ablation des corpora allata. C. R. Acad. Sci. Paris **238** (1954) 2352–2354.
—: Études des phosphatases chez le phasme *Dixippus morosus* après ablation des corpora allata. C. R. Acad. Sci. Paris **238** (1954) 2558–2560.
—: Variation des métabolismes glucidique, azote et lipidique après ablation des corpora allata chez le phasme *Dixippus morosus* (Br.). Physiol. Comp. Oecol. **4** (1955) 74–88.
—: Étude de métabolisme basal chez le phasme *Dixippus morosus* après ablation des corpora allata. C. R. Acad. Sci. Paris **239** (1955) 778–780.
—: Recherches préliminaires sur les hormones du cerveau et du complexe postcérébral des phasmes *Carausius morosus*, et *Cuniculina cuniculina*. C. R. Acad. Sci. Paris **240** (1955) 1141–1143.
—: Recherches sur les hormones du complexe postcérébral chez *Carausius morosus*. C. R. Acad. Sci. Paris **241** (1955) 770–772.

L'Hélias: Identification de facteurs hormonaux dans le cerveau et le complexe rétrocérébral du phasme *Carausius morosus*. Ann. Sci. nat. Sér. Zool. Biol. animale **18** (1956) 275–281.

—: Les hormones du complexe rétrocérébral du phasme *Carausius morosus*; action chimique et identification du squelette commun de ces hormones. Ann. Biol. **32** (1956) 203–219.

—: Action du complexe rétrocérebral sur le métabolisme chez le phasme *Carausius morosus*. Bull. Biol. France Belg. Suppl. **44** (1957) 1–96.

—: Le rôle des ptérines dans le mécanisme hormonal du complexe rétrocérébral chez les insectes. 2. Internat. Symp. über Neurosekretion Lund 1957. Berlin, Göttingen, Heidelberg 1958 91–95.

Hempelmann, Fr.: Chromatophoren bei *Nereis*. Z. wiss. Zool. **152** (1940) 353 bis 383.

Hentschel, E.: Hormonale Beeinflussung der Darm- und Herztätigkeit bei *Daphnia* (Diplomarbeit, nicht veröffentlicht.) (1959).

Herbst, C.: Über die Regeneration von antennenähnlichen Organen an Stelle von Augen. I. Mitteilung. Roux' Arch. Entwicklungsmech. **2** (1896) 544 bis 558.

—: Über die Regeneration von antennenähnlichen Organen an Stelle von Augen. III. Weitere Versuche mit total exstirpierten Augen. IV. Versuche mit teilweise abgeschnittenen Augen. Roux' Arch. Entwicklungsmech. **9** (1899) 215–292.

—: Über die Regeneration von antennenähnlichen Organen an Stelle von Augen. V. Weitere Beweise für die Abhängigkeit der Qualität des Regenerates von den nervösen Centralorganen. Roux' Arch. Entwicklungsmech. **13** (1901) 436–447.

Herlant-Meewis, H.: Reproduction et neurosécrétion chez *Eisenia foetida* (Sav.). Ann. Soc. royal zool. Belg. **87** (1957) 151–185.

—: Régénération du système nerveux chez *Eisenia foetida* (Sav.). Bull. biol. France Belg. **95** (1961) 695–730.

—: Neurosecretory phenomena during regeneration of nervous centres in *Eisenia foetida*. Mem. Soc. Endocrinol. Nr. 12 Neurosecretion. (1962) 267 bis 274.

—: Les hormones chez les invertébrés. Mouvement Sci. Belg. **7** (1962) 3–14.

—: Endocrine relationships between nutrition and reproduction in the oligochaete, *Eisenia foetida*. Gen. comp. Endocrinol. **2** (1962) 608.

— und N. van Damme: Neurosecretion and wound-healing in *Nereis diversicolor*. Mem. Soc. Endocrinol. Nr. 12 Neurosecretion. (1962) 287–295.

— und J. M. Pasteels: Les glandes du mue de *Calotermes flavicollis* F. (Insecte isoptère). C. R. Acad. Sci. Paris **253** (1961) 3078–3080.

Heslop-Harrison, G. W.: On some of the more general aspects of insect metamorphosis. Proc. Univ. Durham Philos. Soc. Ser. A **13** (1959) 119 bis 132.

Hess, W. N.: Factors influencing moulting in the crustacean, *Crangon armillatus*. Biol. Bull. **81** (1941) 215–220.

Heyl, H. L.: An observation suggesting the presence of a gonadotropic hormone in royal jelly. Science **89** (1939) 540–541.

Hiatt, R. W.: The biology of the lined shore crab, *Pachygrapsus crassioes* Randall. Pacific Sci. **2** (1948) 135–213.

HIDAKA, T.: Recherches sur le déterminisme hormonal de la coloration pupale chez lépidoptères. I. Les effets de la ligature, de l'ablation des ganglions et de l'incision des nerfs chez prépupes et larves âgées de quelques papilionides. Annotat. Zool. Japon. **29** (1956) 69–74.

—: Recherches sur le déterminisme hormonal de la coloration pupale chez lépidoptères. II. Sur le cas de deux nymphalides. Annotat. Zool. Japon. **30** (1957) 83–85.

—: Recherches sur le déterminisme hormonal de la coloration pupale chez lépidoptères. III. Cas de *Malacosoma neustria testacea*, une espèce à monochronisme pupal. Zool. Mag. Tokyo **68** (1959) 270–273.

—: Mise en évidence de l'activité sécrétoire du ganglion prothoracique dans l'adaptation chromatique de la nymphe du *Papilio xuthus* L. C. R. Soc. Biol. **154** (1960) 1682.

—: Recherches sur le mécanisme endocrine de l'adaptation chromatique morphologique chez les nymphes de *Papilio xuthus* L. J. Fac. Sci. Univ. Tokyo Sect. 4, **9** (1961) 223–261.

— und T. OHTAKI: Effet de l'hormone juvénile et du farnésol sur la coloration tégumentaire de la nymphe de *Pieris rapae crucivora* Boisd. C. R. Soc. Biol. **157** (1963) 928–930.

—, T. KIMURA und M. ONOSAKA: Experiments on the protective coloration of pupae of the swallowtail, *Papilio xuthus* L. Zool. Mag. Tokyo **68** (1959) 222–226.

— und M. YONEKAWA: Distension of body following extirpation of prothoracic ganglion in full-grown larvae of some lepidoptera. Zool. Mag. Tokyo **68** (1959) 27–31.

HIGHNAM, K. C.: Activity of the brain corpora cardiaca system during pupal diapause „break" in *Mimas tiliae* (lepidoptera). Quart. J. microsc. Sci. **99** (1958) 73–88.

—: Activity of the corpora allata during pupal diapause in *Mimas tiliae* (lepidoptera). Quart. J. microsc. Sci. **99** (1958) 171–180.

—: Induced changes in the amounts of material in the neurosecretory system of the desert locust. Nature **191** (1961) 199–200.

—: Hormones and the swarming of locusts. New Scientist **14** (1961) 86–88.

—: Variations in neurosecretory activity during oocyte development in *Schistocerca gregaria*. J. Endocrinol. **24** (1962) 4–5.

—: Neurosecretory control of ovarian development in the desert locust. Mem. Soc. Endocrinol. Nr. 12 Neurosecretion (1962) 379–390.

—: Neurosecretory control of ovarian development in *Schistocerca gregaria*. Quart. y. microsc. Sci. **103** (1962) 57–72.

—: Endocrine effects of crowding and isolation in insects. Proc. XVI. Internat. Congr. Zool. Washington **3** (1963) 6.

— und O. LUSIS: The influence of mature males on the neurosecretory control of ovarian development in the desert locust. Quart. J. microsc. Sci. **103** (1962) 73–83.

—, — und L. HILL: Neuro-endocrine relations during oocyte development in the desert locust. Gen. comp. Endocrinol. **3** (1963) 706–707.

—, — —: Factors affecting oocyte resorption in the desert locust *Schistocerca gregaria* (Forskål) J. Insect Physiol. **9** (1963) 827–837.

Highnam, K. C., O. Lusis und L. Hill: The role of the corpora allata during oocyte growth in the desert locust, *Schistocerca gregaria* Forsk. J. Insect. Physiol. **9** (1963) 587–596.

Hill, L.: Neurosecretory control of haemolymph protein concentration during ovarian development in the desert locust. J. Insect. Physiol. **8** (1962) 609–619.

—: The neurosecretory control of protein metabolism in the desert locust. Gen. comp. Endocrinol. **3** (1963) 707.

Hill, R. B.: The effects of certain neurohumors and of other drugs on the ventricle and radula protractor of *Busycon canaliculatum* and on the ventricle of *Strombus gigas*. Biol. Bull. **115** (1958) 471–482.

—: Excitation and inhibition of the heart of *Aplysia*. Proc. XVI. Internat. Congr. Zool. Washington **2** (1963) 108.

Hines, M. N.: A tidal rhythm in behavior of melanophores in autotomized legs of *Uca pugnax*. Biol. Bull. **107** (1954) 386–396.

Hinton, H. E.: The initiation, maintenance, and rupture of diapause: a new theory. Entomologist **86** (1953) 279–291.

—: On the nature and metamorphosis of the colour pattern of *Thaumalea* (Diptera, Thaumaleidae). J. Insect Physiol. **2** (1958) 249–260.

Hitchcock, H. B.: The coloration and color changes of the gulfweed crab, *Planes minutes*. Biol. Bull. **80** (1941) 26–30.

Hodek, I., und J. Čerkasov: Prevention and artificial induction of the imaginal diapause in *Coccinella 7-punctata* L. Nature **187** (1960) 345.

— —: Prevention and artificial induction of imaginal diapause in *Coccinella septempunctata* L. (Col.: Coccinellidae). Entomol. exp. applicata Amsterdam **4** (1961) 179–190.

— —: Experimental influencing of the imaginal diapause in *Coccinella septempunctata* L. (Coccinellidae, Col.). (7th contribution to the ecology of Coccinellidae). Věst. Českosl. Zool. Spol. **25** (1961) 70–90.

Hodge, M. H.: Autotomy and regeneration in *Gecarcinus lateralis*. Anatom. Rec. **125** (1956) 633.

Hodgson, E. S.: Hormones and behavior in insects. J. N. York Entomol. Soc. **70** (1962) 122.

—: Neurosecretion and behavior in arthropods. Gen. comp. Endocrinol. Suppl. **1** (1962) 180–187.

— und S. Geldiay: Experimentally induced release of neurosecretory materials from roach corpora cardiaca. Biol. Bull. **117** (1959) 275–283.

— und A. M. Wright: Action of Epinephrine and related compounds upon the insect nervous system. Gen. comp. Endocrinol **3** (1963) 519–525.

Hogan, T. W.: The absorption and subsequent breakdown of urea by diapausing eggs of *Acheta commodus* (Walk.) (Orthoptera: Gryllidae). Austral. J. Biol. Sci. **15** (1961) 363–370.

Hogben, L. T., und A. D. Hobsen: Studies on internal secretion. III. The action of pituitary extract and adrenaline on contractile tissues of certain invertebrata. J. exp. Biol. **1** (1924) 487–500.

Homann, W.: Zur Frage nach dem Einfluß des Bauchmarks auf die Regeneration des Vorderendes bei *Lumbricus*. Z. wiss. Zool. **148** (1936) 67–88.

Hoskins, W. M., und R. Craig: Recent progress in insect physiology. Physiol. Rev. **15** (1935) 525–596.

HOSOI, T.: Chromatophore-activating substance in the shrimps. J. Fac. Sci. Imperial Univ. Tokyo Sect. 4, **3** (1934) 265–270.

HOWIE, D. I. D.: Neurosecretion in relation to spawning and maturation of the gametes in *Arenicola marina* L. Gen. comp. Endocrinol. **2** (1962) 624.

—: Experimental evidence for the humoral stimulation of ripening of the gametes and spawning in the polychaete *Arenicola marina* L. Gen. comp. Endocrinol. **3** (1963) 660–668.

HUBL, H.: Über formbildende Beeinflussung der Regeneration am Hinterende bei Lumbriciden durch Implantation von Kopfregenerationsgewebe. Roux' Arch. Entwicklungsmech. **145** (1951) 249–266.

—: Beiträge zur Kenntnis der Regenerationsvorgänge bei Lumbriciden. Roux' Arch. Entwicklungsmech. **145** (1952) 508–527.

—: Die inkretorischen Zellelemente im Gehirn der Lumbriciden. Roux' Arch. Entwicklungsmech. **146** (1953) 421–437.

—: Über die Beziehungen der Neurosekretion zum Regenerationsgeschehen bei Lumbriciden nebst Beschreibung eines neuartigen neurosekretorischen Zelltyps im Unterschlundganglion. Roux' Arch. Entwicklungsmech. **149** (1956) 73–87.

HUGHES, T. E.: Some aspects of molting in the mite *Acarus siro* L. Gen. comp. Endocrinol. **2** (1962) 609–610.

HUSSON, R., und F. GRAF: Comparaison des glandes androgènes d'amphipodes appartenant à des genres hypogé (*Niphargus*) et épigé (*Gammarus*). C. R. Acad. Sci. Paris **252** (1961) 169–170.

ICHIKAWA, M.: Brain and metamorphosis of Lepidoptera. Gen. comp. Endocrinol. Suppl. **1** (1962) 331–336.

— und H. ISHIZAKI: Further study on the physiological role of brain in the imaginal differentiation of swallowtail, *Papilio xuthus*. Mem. Coll. Sci. Univ. Kyoto Ser. B **25** (1958) 11–16.

— und S. KAJI: Function of corpus allatum in the silkworm (*Bombyx mori*), Annotat. Zool. Japon. **24** (1950) 1–12.

— und J. NISHIITSUTSUJI: Studies on insect metamorphosis. II. Determination of the critical period for pupation in the eri-silkworm, *Philosamia cynthia ricini*. Annotat. Zool. Japon. **25** (1952) 143–148.

— —: Effect of the *Papilio*-brain on the imaginaldifferentiation of *Luehdorfia*-pupa. J. Fac. Sci. Hokkaido Univ. Ser. 6, **13**, 390–393 (1957).

— —: Studies on the role of the corpus allatum in the eri-silkworm, *Philosamia cynthia ricini*. Biol. Bull. **116** (1959) 88–94.

— —: Studies on the insect metamorphosis. VII. Effect of the brain hormone to the isolated abdomen of the eri-silkworm, *Philosamia cynthia ricini*. Mem. Coll. Sci. Univ. Kyoto Ser. B **27** (1960) 9–15.

— — und K. YASHIKA: Studies on the insect metamorphosis. V. Implantation of larval brains into the pupae of *Luehdorfia japonica*. Mem. Coll. Sci. Univ. Kyoto Ser. B, **22** (1955) 11–15.

— und S. TAKAHASHI: Study on the endocrine activity of *Bombyx*-allatum in the diapausing *Philosamia*-pupa. Mem. Coll. Sci. Univ. Kyoto Ser. B **26** (1959) 249–252.

ICHIKAWA, M., K. YASHIKA und J. NISHIITSUTSUJI: Studies on the insect metamorphosis. III. Activity of the brain in the post-embryonic development of Lepidopterans. Mem. Coll. Sci. Univ. Kyoto Ser. B **20** (1953) 145–150.

ISHIZAKI, H.: Nuclear activation by the metamorphosis hormone in the fat body cell of *Philosamia cynthia ricini* (Lepidoptera). Exp. Cell Res. **31** (1963) 606–608.

IWANOFF, P. P., und K. A. MESTSCHERSKAJA: Die physiologischen Besonderheiten der geschlechtlich unreifen Insektenovarien und die zyklischen Veränderungen ihrer Eigenschaften. Zool. Jb. Physiol. **55** (1935) 281–348.

JAEGER, C. P.: Pharmacology of the heart of *Strophocheilus oblongus*. Proc. XVI. Internat. Congr. Zool. Washington **2** (1963) 107.

JANDA, V.: Contribution à l'étude des changements périodiques de la coloration chez *Dixippus morosus* Br. et Redt. Mém. Soc. royal Sci. Bohême, Prag. Cl. Sci. (1934) 1–30.

JANZEN, R.: Der Farbwechsel von *Piscicola geometra* L. I. Mitt.: Beschreibung des Farbwechsels und seiner Elemente. Z. Morph. Ökol. Tiere **24** (1932) 327–341.

—: Über das Vorkommen eines physiologischen Farbwechsels bei einigen einheimischen Hirudineen. Zool. Anz. **101** (1933) 35–40.

JENSEN, D.: Some observations on cardiac automatism in certain animals. J. gen. Physiol. **42** (1958) 289–302.

JERMY, T., und G. SÁRINGER: Die Rolle der Photoperiode in der Auslösung der Diapause des Kartoffelkäfers (*Leptinotarsa decemlineata* Say) und des amerikanischen weißen Bärenspinners (*Hyphantria cunea* Druby). Acta agron. Acad. Sci. Hung. **5** (1956) 419–440.

JEUNIAUX, C.: Acitvité des chitinases et des chitobiases de l'hépatopancréas et de l'epiderme de *Maia squinado* Herbst. (crustacé, décapodes) au cours de la mue. Arch. internat. Physiol. **68** (1960) 837–838.

JOHANNSSON, A. S.: Corpus allatum and egg production in starved milkweed bugs. Nature **174** (1954) 89.

—: The relationship between corpora allata and reproductive organs in starved female *Leucophaea maderae* (Blattaria). Biol. Bull. **108** (1955) 40–44.

—: Hormonal regulating of reproduction in the milkweed bug, *Oncopeltus fasciatus* (Dallas). Nature **181** (1958) 198–199.

—: Relation of nutrition to endocrine-reproductive functions in the milkweed bug *Oncopeltus fasciatus* (Dallas) (Heteroptera: Lygaeidae). Nytt Mag. Zool. Oslo **7** (1958) 1–132.

JOLY, L.: Résultats d'implantations systématiques de corpora allata à de jeunes larves de *Locusta migratoria* L. C. R. Soc. Biol. **148** (1954) 579–583.

—: Analyse du fonctionnement des corpora allata chez la larve de *Locusta migratoria* L. C. R. Soc. Biol. **149** (1955) 584–587.

—: Fonctions des corpora allata chez *Locusta migratoria* (L.). Imprimerie des dernières nouvelles de Strasbourg. Strasbourg (1960) 1–103.

JOLY, P.: Les corrélations humorales chez les insectes. Ann. Biol. **21** (1945) 1–34.

—: La fonction ovarienne et son contrôle humoral chez les dytiscides. Arch. Zool. exp. gén. **84** (1945) 49–164.

—: Sur le rôle des corpora allata dans la ponte des dytiscides. C. R. Acad. Sci. Paris **214** (1945) 807–809.

JOLY, P.: Les hormones sexuelles des insectes. Bull. biol. France Belg. Suppl. **33** (1948) 81–86.
—: Déterminisme endocrine de la pigmentation chez *Locusta migratoria* L. C. R. Soc. Biol. **145** (1951) 1362–1364.
—: Déterminisme de la pigmentation chez *Acrida turrita* L. (insecte orthoptéroide). C. R. Acad. Sci. Paris **235** (1952) 1054–1056.
—: Production d'altutoides chez *Locusta migratoria* L. (insecte orthoptéroide). C. R. Acad. Sci. Paris **235** (1952) 1555–1557.
—: Remarques sur la métamorphose chez les acridiens. Act. Soc. Linnéenne Bordeaux **97** (1957) 1–5.
—: Les corrélations humorales chez les acridiens. Ann. Biol. **34** (1958) 97–118.
—: Chromatic adaption in insects. Gen. comp. Endocrinol. Suppl. **1** (1962) 94–98.
—: L'endocrinologie des invertébrés. Experientia **18** (1962) 481–496.
— und L. JOLY: Résultats de greffes de corpora allata chez *Locusta migratoria* L. Ann. Sci. nat. Sér. Zool. Biol. animale **15** (1953) 331–345.
— — und M. BILL: Croissance et métamorphose alaire chez les acridiens. Actes du Congrès de Caen (1955) 1–5 (74. Congr. Assoc. Franc. pour l'avancement des Sci. Juillet 1955).
— — und M. HALBWACHS: Contrôle humoral du développement chez *Locusta migratoria*. Ann. Sci. nat. Sér. Zool. Biol. animale **18** (1956) 257–261.
JOLY, R.: Déclenchement expérimental de la mue chez *Lithobius forficatus* L. myriapode chilopode). C. R. Acad. Sci. Paris **252** (1961) 1673–1675.
—: Les glandes cérébrales, organes inhibiteurs de la mue chez les myriapodes chilopodes. C. R. Acad. Sci. Paris **254** (1962) 1679–1681.
—: Régulation endocrine de la mue chez les myriapodes chilopodes. Gen. comp. Endocrinol. **3** (1963) 708.
JONES, B. M.: Activity of the incretory centres of *Locustana pardalina* during embryogenesis: Function of the prothoracic glands. Nature **172** (1953) 551.
—: Endocrine activity during insect embryogenesis. Function of the ventral head glands in locust embryos (*Locustana pardalina* and *Locusta migratoria*, Orthoptera). J. exp. Biol. **33** (1956) 174–185.
—: Endocrine activity during insect embryogenesis. Control of events in development following the embryonic moult (*Locusta migratoria* and *Locustana pardalina*, Orthoptera). J. exp. Biol. **33** (1956) 685–696.
JOURDHEUIL, P.: Croissance ovocytaire au cours de la diapause imaginale de *Thersilochus longicornis* Thoms (hyménoptère, Ichneumonidae). C. R. Acad. Sci. Paris **240** (1955) 2174–2175.
—: Réactions thermiques multiples au cours de la diapause de *Thersilochus longicornis* Thoms (hymenoptera, Ichneumonidae). C. R. Acad. Sci. Paris **246** (1958) 1602–1605.
—: Influence des conditions thermiques subies au cours de la diapause sur la fonction ovarienne de *Thersilochus longicornis* Thoms (hymenoptera, Ichneumonidae). C. R. Acad. Sci. Paris **246** (1958) 1750–1753.
JUBERTHIE-JUPEAU, L.: Influence de l'ablation des antennes sur la durée de l'intermue et sur le cycle de spermatogenèse chez les symphyles. Gen. comp. Endocrinol. **3** (1963) 710.

JULLIEN, A., und J. RIPPLINGER: De l'action des nerfs vagues ou de type vagal sur le fonctionnement du coeur chez les mollusques et les poissons et ses rapports avec la production éventuelle d'un médiateur: l'acétylcholine. Bull. biol. France Belg. **40** (1956) 33–105.

JUNQUA, C.: Stolonisation et polycéphalie expérimentales chez *Trypanosyllis zebra* Grube (annélide polychète). Ann. Sci. nat. Sér. Zool. Biol. animale **19** (1957) 59–68.

JYSSUM, S., und L. M. PASSANO: Endocrine regulation of preliminary limb regeneration and molting in the crab *Sesarma*. Anatom. Rec. **128** (1957) 571–572.

KAHR, H.: Die Bedeutung des Serotonins für die Melanophorenreaktion des *Octopus vulgaris*. Naturwissenschaften **45** (1958) 243.

—: Zur endocrinen Steuerung der Melanophorenreaktion bei *Octopus vulgaris*. Z. vgl. Physiol. **41** (1959) 435–448.

KAISER, P.: Die Inkretorgane der Termiten im Kastendifferenzierungsgeschehen. Naturwissenschaften **42** (1955) 303–304.

—: Die Bedeutung der Hormonalorgane für die Kastendifferenzierung der Termiten. Zool. Anz. Suppl. **19** (1956) 101–106.

—: Die Hormonalorgane der Termiten im Zusammenhang mit der Entstehung ihrer Kasten. Mitt. Hamburger Zool. Museum und Inst. **54** (1956) 129–178.

KALICKI, H. G., und M. GIORDANO: The effect of juvenile hormone on tanning of the puparium in the ebony mutant of *Drosophila melanogaster*. Proc. XVI. Internat. Congr. Zool. Washington **2** (1963) 116.

KALMUS, H.: Über einen latenten physiologischen Farbwechsel beim Flußkrebs *Potamobius astacus*, sowie seine hormonale Beeinflussung. Z. vgl. Physiol. **25** (1938) 784–797.

—: Das Aktogramm des Flußkrebses und seine Beeinflussung durch Organextrakte. Z. vgl. Physiol. **25** (1938) 798–802.

KANATANI, H.: Effect of estradiol on head regeneration in the planarian *Dugesia gonocephala*. J. Fac. Sci. Univ. Tokyo Sect. 4, **8** (1959) 439–447.

—: Studies on the formation of bipolar heads in the planarian, *Dugesia gonocephala*. I. Suppression of bipolar head formation by mono- and disaccharides, 2,4-dinitrophenol and sodium azide in traverse pieces and its relation to respiration of whole animals. J. Fac. Sci. Univ. Tokyo Sect. 4, **8** (1959) 449–466.

— und T. NOUMURA: On the nature of active principles responsible for gamete-shedding in the radial nerves of starfishes. J. Fac. Sci. Univ. Tokyo Sect. 4, **9** (1962) 403–416.

KANUNGO, M. S.: Physiology of the heart of a scorpion. Nature **176** (1955) 980 bis 981.

KARLSON, P.: Biochemische Probleme der Insektenmetamorphose. Zool. Anz. Suppl. **18** (1955) 68–85.

—: Über die Häutungshormone der Arthropoden. Zool. Anz. Suppl. **20** (1957) 203–208.

—: Zur Chemie und Wirkungsweise der Insektenhormone. Proc. 4th. Internat. Congr. Biochem. Wien 1958. Biochem. of Insects. **12** (1959) 37–47.

—: Zum Tyrosinstoffwechsel der Insekten. III. Über den Einbau von Tyrosin-Umwandlungsprodukten in das Puppentönnchen der Schmeißfliege *Calliphora erythrocephala*. Hoppe-Seyl. Z. physiol. Chem. **318** (1960) 194–200.

KARLSON, P.: On the chemistry and mode of action of insect hormones. Gen. comp. Endocrinol. Suppl. **1** (1962) 1–7.

— und D. BÜCKMANN: Experimentelle Auslösung der Umfärbung bei *Cerura*-Raupen durch Prothoracaldrüsenhormon. Naturwissenschaften **43** (1956) 44–45.

— und G. HANSER: Bildungsort und Erfolgsorgan des Puparisierungshormons der Fliegen. Z. Naturf. **8 b** (1932) 91–96.

— und H. LIEBAU: Zum Tyrosinstoffwechsel der Insekten, V. Reindarstellung, Kristallisation und Substratspezifität der o-Diphenoloxydase aus *Calliphora erythrocephala*. Hoppe-Seyl. Z. physiol. Chem. **326** (1961) 135 bis 143.

— und M. NACHTIGALL: Ein biologischer Test zur quantitativen Bestimmung der Juvenilhormon-Aktivität von Insektenextrakten. J. Insect Physiol. **7** (1961) 210–215.

— und P. SCHMIALEK: Nachweis der Exkretion von Juvenilhormon. Z. Naturf. **14 b** (1959) 821.

— und A. SCHWEIGER: Zum Tyrosinstoffwechsel der Insekten, IV. Das Phenoloxydase-System von *Calliphora* und seine Beeinflussung durch das Hormon Ecdyson. Hoppe-Seyl. Z. physiol. Chem. **323** (1961) 199–210.

— und C. E. SEKERIS: Zum Tyrosinstoffwechsel der Insekten. IX. Kontrolle des Tyrosinstoffwechsels durch Ecdyson. Biochim. biophys. Acta **63** (1962) 489–495.

— und M. D. STAMM-MENÉNDEZ: Notiz über den Nachweis von Metamorphose-Hormon in den Imagines von *Bombyx mori*. Hoppe-Seyl. Z. physiol. Chem. **306** (1956) 109–111.

— und E. WECKER: Die Tyrosinaseaktivität während der Pupariumbildung von *Calliphora erythrocephala*. Hoppe-Seyl. Z. physiol. Chem. **300** (1955) 42–48.

KATAKURA, Y.: Masculinization through implanting testes into the female *Armadillidium vulgare*, an isopod crustacean. Proc. Imperial Acad. Tokyo **35** (1959) 95–98.

—: Transformation of ovary into testis following implantation of androgenous glands in *Armallidium vulgare*, an isopod crustacean. Annotat. Zool. Japon. **33** (1960) 241–244.

—: Hormonal control of development of sexual characters in the isopod crustacean, *Armadillidium vulgare*. Annotat. Zool. Japon. **34** (1961) 60–71.

—: Progeny from the mating of the normale female and the masculinized female of *Armadillidium vulgare*, an isopod crustacean. Annotat. Zool. Japon. **34** (1961) 197–199.

KATO, M.: Light effect on the production of diapause eggs in the silkworm *Bombyx mori*. Annotat. Zool. Japon. **32** 174–178 (1959).

KEMPER, H.: Beiträge zur Biologie der Bettwanze (*Cimex lectularius* L.). II. Über die Häutung. Z. Morph. Ökol. Tiere **22** (1931) 53–109.

KENK, J.: Induction of sexuality in the asexual form of *Dugesia tigrina* (Girard). J. exp. Zool. **87** (1941) 55–69.

KERKUT, G. A., und M. S. LAVERACK: Neurohormone in the snail, *Helix aspersa*. J. Endocrinol. **16** (1958) 12–13.

— —: A cardio-accelerator present in tissue extracts of the snail *Helix aspersa*. Comp. Biochem. Physiol. **1** (1960) 62–71.

KINCAID, F. D., und B. T. SCHEER: Hormonal control of metabolism in crustaceans. IV. Relation of tissue composition of *Hemigrapsus nudus* to intermolt cycle and sinus gland. Physiol. Zoöl. **25** (1952) 372–380.

KINNE, O.: Zur Biologie und Physiologie von *Gammarus duebeni* Lillj. II. Über die Häutungsfrequenz, ihre Abhängigkeit von Temperatur und Salzgehalt, sowie über ihr Verhalten bei isoliert gehaltenen und amputierten Versuchstieren. Zool. Jb. Physiol. **64** (1953) 183–206.

—: Zur Biologie und Physiologie von *Gammarus duebeni* Lillj. VII. Über die Temperaturabhängigkeit der Geschlechtsbestimmung. Biol. Zbl. **72** (1953) 260–270.

—: Ecological data on the amphipod *Gammarus duebeni*. A monograph. Veröff. Inst. Meeresf. Bremerhaven **6** (1959) 177–202.

KISIMOTO, K.: Studies on the diapause in the planthoppers. Effect of photoperiod on the induction and the completion of diapause in the fourth larval stage of the small brown planthopper, *Delphacodes striatella* Fallén. Jap. J. appl. Entomol. Zool. **2** (1958) 128–134.

—: Studies on the diapause in the planthoppers and leafhoppers (homoptera). II. Arrest of development in the fourth and fifth larval stage induced by short photoperiod in the green rice leafhopper, *Nephotettix bipunctatus cincticeps* Uhler. Jap. J. appl. Entomol. Zool. **3** (1959) 49–54.

KLATT, B.: Keimdrüsenplantationen beim Schwammspinner. Z. ind. Abst.-Vererb.-lehre **22** (1919/20) 1–50.

KLEINHOLZ, L. H.: Studies in the pigmentary system of crustacea. I. Color changes and diurnal rhythm in *Ligia baudiniana*. Biol. Bull. **72** (1937) 24 bis 36.

—: Studies in the pigmentary system of crustacea. II. Diurnal movements of the retinal pigments of bermudan decapods. Biol. Bull. **72** (1937) 176–189.

—: Color changes in echinoderms. Pubbl. Staz. zool. Napoli **17** (1938) 53–57.

—: Studies in the pigmentary system of crustacea. IV. The unitary versus the multiple hormone hypothesis of control. Biol. Bull. **75** (1938) 510–532.

—: Hormones in crustacea. Biol. Rev. **17** (1942) 91–119.

—: A method for the removal of the sinus gland from the eyestalk of crustaceans. Biol. Bull. **93** (1947) 52–55.

—: Experimental hyperglycemia in the marine crustacean, *Libinia emarginata*. Anatom. Rec. **101** (1948) 734.

—: Responses of the proximal retinal pigment of the isolated crustacean eyestalk to light and to darkness. Proc. National Acad. Sci. Washington **35** (1949) 215–218.

—: Endocrinology of invertebrates, particularly crustaceans. In: Recent advances in invertebrate physiology. Ed. by B. T. Scheer. Eugene (1957) 173–196.

—: Neurosecretion and retinal pigment movement in crustaceans. In: 2. Internat. Symp. über Neurosekretion Lund 1957. Berlin, Göttingen, Heidelberg. (1958) 110–112.

—: Purines and pteridines from the reflecting pigment of the arthropod retina. Biol. Bull. **116** (1959) 125–135.

—: Pigmentary effectors. In: The physiology of crustacea. Ed. by T. H. Waterman. New York und London. Vol. II (1961) 133–169.

KLEINHOLZ, L. H.: Hormonal activity of sinus glands in *Carcinus maenas* from different geographic localities. Biol. Bull. **121** (1961) 394.

—, P. R. BURGESS, D. B. CARLISLE und O. PFLUEGER: Neurosecretion and crustacean retinal pigment hormone: Distribution of the light-adapting hormone. Biol. Bull. **122** (1962) 73–85.

—, H. ESPER, C. JOHNSON und F. KIMBALL: Neurosecretion and crustacean retinal pigment hormone: Assay and properties of the light-adapting hormone. Biol. Bull. **123** (1962) 317–329.

—, V. J. HAVEL und R. REICHART: Studies in the regulation of blood-sugar concentration in crustaceans. II. Experimental hyperglycemia and the regulatory mechanisms. Biol. Bull. **99** (1950) 454–468.

— und F. KIMBALL: Enzymatic inactivation of crustacean distal retinal pigment hormone. Biol. Bull. **121** (1961) 395.

— und F. G. W. KNOWLES: Studies in the pigmentary system of crustacea. III. Light-intensity and the position of the distal retinal pigment in *Leander adspersus*. Biol. Bull. **75** (1938) 266–273.

— und B. C. LITTLE: Blood-sugar values in the marine crustacean, *Libinia emarginata*. Anatom. Rec. **101** (1948) 734.

— —: Studies in the regulation of blood-sugar concentration in crustaceans. I. Normal values and experimental hyperglycemia in *Libinia emarginata*. Biol. Bull. **96** (1949) 218–227.

— und J. H. WELSH: Colour changes in *Hippolyte varians*. Nature **140** (1937) 851–852.

— und H. WESLEY: The nature of the retinal reflecting pigment in macruran crustaceans. Anatom. Rec. **117** (1953) 637.

KLEITMAN, N.: Biological rhythms and cycles. Physiol. Rev. **29** (1949) 1–30.

KLOOT, W. G. VAN DER: Aberrations in the spinning behavior of the *Cecropia* silkworm induced by surgical injuries to the brain. Anatom. Rec. **117** (1953) 539–540.

—: The control of neurosecretion and diapause by physiological changes in the brain of the *Cecropia* silkworm. Biol. Bull. **109** (1955) 276–294.

—: Neurosecretion in insects. Ann. Rev. Entomol. **5** (1960) 35–52.

—: Insect metamorphosis and its endocrine control. Amer. Zool. **1** (1961) 3–9.

—: Inhibition in the neuro-endocrine system of invertebrates. In: Nervous inhibition. Oxford, London, New York, Paris (1961) 447–458.

—: Comparative endocrinology of the invertebrates. Ann. Rev. Physiol. **24** (1962) 491–516.

— und C. WILLIAMS: An experimental analysis of the spinning behavior of the *Cecropia* silkworm. Anatom. Rec. **108** (1950) 511–512.

— —: Cocoon construction by the *Cecropia* silkworm. II. The role of the internal environment. Behaviour **5** (1953) 157–174.

— —: Cocoon construction by the *Cecropia* silkworm. III. The alteration of spinning behaviour by chemical and surgical techniques. Behaviour **6** (1954) 233–254.

KNIGHT, M. R.: Rhythmic activities of the alimentary canal of the blach blow fly *Phormia regina* (Diptera: Calliphoridae). Ann. Entomol. Soc. Amer. **55** (1962) 380–382.

Knowles, F. G. W.: The control of the white reflecting chromatophores in crustacea. Pubbl. Staz. zool. Napoli **17** (1939) 174–182.
—: Response of isolated white chromatophores of crustacea to change of illumination. Nature **146** (1940) 131.
—: The control of retinal pigment migration in *Leander serratus*. Biol. Bull. **98** (1950) 66–80.
—: Pigment movements after sinus-gland removal in *Leander adspersus*. Physiol. Comp. Oecol. **2** (1952) 289–296.
—: Neurosecretion in the tritocerebral complex of crustaceans. Pubbl. Staz. zool. Napoli Suppl. **24** (1954) 74–78.
—: Crustacean colour change and neurosecretion. Endeavour **14** (1955) 95–104.
—: Some problems in the study of colour-change in crustaceans. Ann. Sci. nat. Sér. Zool. Biol. animale **18** (1956) 315–323.
— und D. B. Carlisle: Endocrine control in the crustacea. Biol. Rev. Cambridge **31** (1956) 396 bis 473.
Kobayashi, M.: Function of the corpus allatum in „Dauer-pupa" of the silkworm, *Bombyx mori*. Nature **187** (1960) 346–347.
—: Endocrinology in the silkworm. 11. Conf. Techn. Sericicole Internat. Murcie. (1960) 279–282.
— und W. J. Burdette: Effect of brain hormone from *Bombyx mori* on metamorphosis of *Calliphora erythrocephala*. Proc. Soc. exp. Biol. Med. **107** (1961) 240–242.
— —: Heterologous transplantation of corpora allata between Lepidoptera diapausing in egg and pupal stages. Nature **194** (1962) 401–402.
— —: Effect of low temperature on the induction of imaginal differentiation of dauer pupa of the silkworm. Nature **199** (1963) 826–827.
— M. Fukaya und J. Mitsuhashi: Imaginal differentiation of „Dauer-pupae" in the silkworm, *Bombyx mori*. J. Sericult. Sci. Japan **29** (1960) 337–340.
— und S. Nakasone: Imaginal differentiation in artificially induced diapausing brainless pupae of the silkworm, *Bombyx mori* by the treatment of carbon monoxide or oxygen. Bull. Sericult. Experiment Station **16** (1960) 100–112.
— —: Inhibitory effect of low temperature on the secretion of the brain hormone in silkworm pupa (*Bombyx mori* L.). J. Sericult. Sci. Japan. **29** (1960) 203–205.
— und Y. Yamashita: A function of corpus allatum in neurosecretory system in the silkworm, *Bombyx mori*. J. Sericult. Sci. Japan **28** (1959) 335–339.
Kobayashi, H., und M. Yoshida: Substances stimulating contraction of nephridial tubes of Physcosoma japonicum, a sipunculid. (Preliminary report.) Zool. Mag. **60** (1951) 132–135.
Koch, H. J. A.: Eyestalk hormones, post moult volume increase and nitrogen metabolism in the crab *Eriocheir sinensis* (M. Edw.). Meded. Koninkl. Vlaam. Acad. Wetensch. Belg. **14** (1952) 3–11.
Koidsumi, K.: Water-content and the hormon-center for the pupation of hibernating larvae of *Chilo simplex* Butler. Annotat. Zool. Japon. **25** (1925) 156–161.
Koller, G.: Farbwechsel bei *Crangon vulgaris*. Verh. Dt. Zool. Ges. **30** (1925) 128–132.

KOLLER, G.: Über Chromatophorensystem, Farbensinn und Farbwechsel bei *Crangon vulgaris*. Z. vgl. Physiol. **5** (1927) 191–246.

—: Versuche über die inkretorischen Vorgänge beim Garneelenfarbwechsel. Z. vgl. Physiol. **8** (1929) 601–612.

—: Die innere Sekretion bei wirbellosen Tieren. Biol. Rev. Cambridge **4** (1929) 269–306.

—: Weitere Untersuchungen über den Farbwechsel und Farbwechselhormone bei *Crangon vulgaris*. Z. vgl. Physiol. **12** (1930) 632–667.

—: Rhythmische Bewegung und hormonale Steuerung bei den Malpighischen Gefäßen der Insekten. Biol. Zbl. **67** (1948) 201–211.

—: Hormone, 2. Aufl., Berlin 1949.

—: Zur Frage der hormonalen Steuerung bei rhythmischen Eingeweidebewegungen von Insekten. Zool. Anz. Suppl. **18** (1955) 417–422.

—: Vergleichende Physiologie der Hormonwirkungen. In: Hormone und ihre Wirkungsweise. 5. Coll. Ges. Physiol. Chemie Mosbach 1954. Berlin, Göttingen, Heidelberg (1955) 1–46.

—: Hormonale Regulation bei *Phascolosoma vulgare*. Zool. Anz. Suppl. **22** (1959) 84–91.

—: Die Hormone der Wirbellosen. In: AMMON, R. und W. DIRSCHERL: Fermente, Hormone, Vitamine, Bd. 2 Hormone 3. Aufl. Leipzig, 1960, S. 814–868.

KONOK, I.: Studies on the light- and dark-adaption of the colour of the crayfish *Astacus leptodactylus* Eschscholz (Decapoda) controlled by the secretory activity of the central nervous system. Ann. Biol. Hungarica, Tihany **28** (1961) 29–47.

—: Studies on the light- and dark-adaptation of the colour of the crayfish, *Astacus leptodactylus* Eschscholz (Decapoda) controlled by the secretory activity of the central nervous system. II. Histomorphological picture of the neuroendocrine system related to the changes in illumination. Ann. Inst. Biol. Hung. Acad. Sci. **29** (1962) 27–37.

KOOISTRA, G.: Contribution ot the knowledge of the action of acetylcholine in the intestine of *Periplaneta americana* L. Physiol. Comp. Oecol. **2** (1950/52) 75–80.

KOPEČ, S.: Experimentaluntersuchungen über die Entwicklung der Geschlechtscharaktere bei Schmetterlingen. Bull. Internat. Acad. Sci. Cracovie Cl. Sci. Math.-nat. (1908) 893–918.

—: Untersuchungen über Kastration und Transplantation bei Schmetterlingen. Roux' Arch. Entwicklungsmech. **33** (1912) 1–116.

—: Nochmals über die Unabhängigkeit der Ausbildung sekundärer Geschlechtscharaktere von den Gonaden bei Lepidopteren. Zool. Anz. **43** (1914) 65–74.

—: Experiments on metamorphosis of insects. Bull. Internat. Acad. Cracovie Ser. B, Sci. nat. (1917) 57–60.

—: Studies on the necessity of the brain for the inception of insect metamorphosis. Biol. Bull. **42** (1922) 322–342.

—: The influence of the nervous system on the development and regeneration of muscles and integument in insects. J. exp. Zool. **37** (1923) 15–25.

—: Studies on the influence of inanition on the development and duration of life in insects. Biol. Bull. **46** (1924) 1–21.

KOPENEC, A.: Farbwechsel der Larve von *Corethra plumicornis*. Z. vgl. Physiol. **31** (1949) 490–505.

KORRINGA, P.: Relations between the moon and periodicity in the breeding of marine animals. Ecol. Monographs **17** (1947) 347–381.

KORSCHELT, E.: Regeneration und Transplantation, Vol. 1 Regeneration, Berlin 1927.

KRAMER, U.: Histologische Betrachtungen über das Verhalten der Oenocyten im Individualzyklus der Honigbiene und im Jahreszyklus des Bienenstaates. Untersuchungen zur Funktion der Oenocyten I. Z. Morph. Oekol. Tiere **51** (1962) 63–86.

KREYENBERG, J.: Experimentell-biologische Untersuchungen über *Dermestus lardarius* L. und *D. vulpinus* F. Ein Beitrag zur Frage nach der Inconstanz der Häutungszahl bei Coleopteren. Z. angew. Entomol. **14** (1929) 140–188.

KRIJGSMAN, B. J.: Contractile and pacemaker mechanisms of the heart of tunicates. Biol. Rev. Cambridge **31** (1956) 288–312.

— und N. E. KRIJGSMAN: Heart mechanism of arthropods. Nature **165** (1950) 936–937.

KRISHNAKUMARAN, A.: Ribonucleic acids in the moult cycle of an insect. Nature **189** (1961) 243–245.

—: Endocrine control of metabolism in arthropods. Ergebn. Biol. **25** (1962) 79–92.

—: On some biochemical aspects of the moult cycle in *Gryllus*. Biol. Zbl. **81** (1962) 529–538.

KROEGER, H.: Cellular mechanisms regulating the activity of genes in insect development. Proc. XVI. Internat. Congr. Zool. Washington **4** (1963) 251–255.

—: Chemical nature of the system controlling gene activities in insect cells. Nature **200** (1963) 1234–1253.

KÜHN, A.: Über Farbensinn und Farbwechsel bei Cephalopoden. Z. vgl. Physiol. **32** (1950) 572–598.

—: Vorlesungen über Entwicklungsphysiologie, Berlin, Göttingen, Heidelberg 1955.

— und H. PIEPHO: Über hormonale Wirkungen bei der Verpuppung der Schmetterlinge. Nachr. wiss. Ges. Göttingen. N. F. Math.-physikal. Kl. Fachgr. 6 Biol. **2** (1936) 141–154.

— —: Die Reaktionen der Hypodermis und der Versonschen Drüsen auf das Verpuppungshormon bei *Ephestia kühniella* Z. Biol. Zbl. **58** (1938) 12–51.

KÜHNELT, W.: Über den Bau des Insektenskeletts. Zool. Jb. Anat. **50** (1929) 219–278.

KUHNEN, H.: Untersuchungen über myotrope Wirkstoffe dekapoder Krebse (Chemismus-Wirkung auf Säugetierdärme). Ann. Univ. Saravienis Naturw. Sci. **7** (1958) 64–75.

KURLAND, C. G., und H. A. SCHNEIDERMAN: The respiratory enzymes of diapausing silkworm pupae: a new interpretation of carbon monoxide-insensitive respiration. Biol. Bull. **116** (1959) 136–161.

KUSKE, G.: Untersuchungen zur Metamorphose der Schmetterlingsbeine. Roux' Arch. Entwicklungsmech. **154** (1963) 354–377.

KUSNEZOV, N. J.: Основы физиологии насекомых. Akad. Nauk. UdSSR. Vol. 2, Moskau 1948.

KUZECOVA, I. A.: Fettgewebsänderungen in Verbindung mit photoperiodischer Reaktion und Diapause der Insekten. Zool. Žurnal **34** (1955) 532–541.

KYER, D. L.: The influence of the sinus glands on gastrolith formation in the crayfish. Biol. Bull. **82** (1942) 68–78.

LAFON, M.: Nouvelles recherches biochimiques et physiologiques sur le squelette tégumentaire des crustacés. Bull. Inst. Océanogr. **45** (1948) 1–28.

LAHARGUE, J.: L'implantation de corps allates imaginaux hâterait la chrysalidation chez les vers à soie décapités, alors qu'elle la diffère chez les vers entiers. C. R. Acad. Sci. Paris **245** (1957) 910–911.

—: Action des corps allates imaginaux sur de jeunes vers à soie expérimentalement privés de leurs propres corps allatas. C. R. Acad. Sci. Paris **248** (1959) 3486–3487.

LAMBREMONT, E. N.: Homogenate respiration of diapausing and nondiapausing boll weevils. Ann. Entomol. Soc. Amer. **54** (1961) 313–316.

LARIMER, J. L.: Responses of the crayfish heart during respiratory stress. Physiol. Zoöl. **35** (1962) 179–186.

LARSEN, J. R.: Hormone induced ovarian development in mosquitoes. Science **127** (1958) 587–588.

— und D. BODENSTEIN: The humoral control of egg maturation in the mosquito. J. exp. Zool. **140** (1959) 343–381.

LATTIN, G. DE: Untersuchungen an Isopodenaugen. Zool. Jb. Anat. **65** (1939) 417–468.

—: Zur hormonalen Beeinflussung des Geschlechtsapparates der Isopoden. Zool. Anz. Suppl. **19** (1956) 96–101.

— und F. J. GROSS: Die Beeinflußbarkeit sekundärer Geschlechtsmerkmale von *Oniscus asellus* durch die Gonaden. Experientia **9** (1953) 338–339.

LAUFER, H.: Hormones and the development of insects. Proc. XVI. Internat. Congr. Zool. Washington **4** (1963) 215–220.

— und MACNAMARA, TH.: Blood protein changes in crustacea. Biol. Bull. **123** (1962) 519.

LAVERACK, M. S.: The physiology of earthworms, Oxford, London, New York, Paris 1963.

LAVIOLETTE, P.: Rôle de la gonade dans la morphogenèse du tractus génital, chez quelques mollusques limacidae et arionidae. C. R. Acad. Sci. Paris **231** (1950) 1567–1569.

—: Rôle de la gonade dans le déterminisme humoral de la maturité glandulaire du tractus génital chez quelques gastéropodes ariodinae et limacidae. Bull. biol. France Belg. **88** (1954) 310–332.

—: Rôle de la gonade dans la maturation glandulaire du tractus génital chez quelques gastéropodes. Ann. Sci. nat. Sér. Zool. Biol. animale **18** (1956) 171–173.

LAVOIPIERRE, J.: Presence of a factor inhibiting biting in *Aedes aegypti*. Nature **182** (1958) 1567–1568.

—: Biting behaviour of mated and unmated females of an frican strain of *Aedes aegypti*. Nature **181** (1958) 1781–1782.

LEA, A. O.: Some relationships between environment corpora allata and egg maturation in *Aedine* mosquitos. J. Insect Physiol. **9** (1963) 793–809.

LEBRUN, D.: Implantation de glandes de la mue de *Periplaneta americana* dans les sexués néoténiques de *Calotermes flavicollis* Fabr. (insecte isoptère). C. R. Acad. Sci. Paris **257** (1963) 2181–2182.

—: Implantation de glandes de mue de *Periplaneta americana* dans les soldats de *Calotermes flavicollis* Fabr. C. R. Acad. Sci **257** (1963) 3487–3488.

LEE, H. T.: A comparative morphological study of the prothoracic glandular bands of some lepidopterous larvae with special reference to their innervation. Ann. Entomol. Soc. Amer. **41** (1948) 200–206.

LEES, A. D.: The physiology of diapause in arthropods, Cambridge 1955.

—: The physiology and biochemistry of diapause. Ann. Rev. Entomol. **1** (1956) 1–16.

—: The role of photoperiod and temperature in the determination of parthenogenetic and sexual forms in the aphid *Megoura viciae* Buckton. I. The influence of these factors on apterous virginoparae and their progeny. J. Insect Physiol. **3** (1959) 92–117.

—: Some aspects of animal photoperiodism. Cold Spring Harbor Symp. quant. Biol. **25** (1960) 261–268.

—: The endocrinology and biochemistry of insect diapause. Proc. Symp. Cryptobiotic Stages Biol. Systems, 5th Biol. Conf. Oholo 1960. Elsevier Monogr. Biol. Subseries **14** (1961) 132–140.

—: The role of photoperiod and temperature in the determination of parthenogenetic and sexual forms in the aphid *Megoura viciae* Buckton. III. Further properties of the maternal switching mechanism in apterous aphids. J. Insect Physiol. **9** (1963) 153–164.

LEGRAND, J. J.: Induction des caractères sexuels secondaires mâles chez les femelles des crustacés isopodes terrestres par implantation testiculaire. Premiers résultats. C. R. Acad. Sci. Paris **238** (1954) 2030–2032.

—: Étude expérimentale de la différenciation du sexe chez les crustacés isopodes terrestres par implantation homoplastique et hétéroplastique d'ovaires chez les mâles. C. R. Acad. Sci. Paris **239** (1954) 108–110.

—: Effets de l'implantation d'un testicule chez les femelles des crustacés isopodes terrestres. C. R. Acad. Sci. Paris **239** (1954) 321–323.

—: Rôle endocrinien du tissu nourricier dans le testicule des crustacés isopodes terrestres. C. R. Acad. Sci. Paris **240** (1955) 120–122.

—: Rôle endocrinien de l'ovaire dans la différenciation des oostégites chez les crustacés isopodes terrestres. C. R. Acad. Sci. Paris **241** (1955) 1083–1085.

—: Étude biométrique de la différenciation mâle des Oniscoides femelles ayant reçu un implantat testiculaire; invalidité de la loi du tout ou rien. C. R. Acad. Sci. Paris **242** (1956) 686–688.

—: Sur un nouveau type d'intersexualité chez l'Oniscoide *Porcellio dilatatus*, révélé par l'élevage au laboratoire. C. R. Acad. Sci. Paris **243** (1956) 1363 bis 1365.

—: Détermination polyfactorielle du sexe et double déterminisme des caractères sexuels mâles chez les Oniscoides. C. R. Acad. Sci. Paris **243** (1956) 1565–1568.

—: Induction de la maturité ovarienne et de la mue parturiale par la fécondation chez l'Oniscoide, *Porcellio dilatatus*. C. R. Acad. Sci. Paris **247** (1958) 754 bis 757.

LEGRAND, J. J.: Mise en évidence histologique et expérimentale d'un tissu androgène chez les Oniscoides. C. R. Acad. Sci. Paris **247** (1958) 1238–1241.

—: Modifications du cycle sexuel chez les femelles des Oniscoides supérieurs ayant reçu un implantat testiculaire. C. R. Acad. Sci. Paris **248** (1959) 1043 bis 1046.

—, und G. JOHNSON: Effets réciproques d'extraits de système nerveux de *Ligia oceanica* L., *Leander serratus* Pen. et *Carcinides moneas* L. sur leurs divers types de chromatophores. C. R. Acad. Sci. Paris **254** (1962) 366 bis 368.

— und P. JUCHAULT: Disposition métamérique du tissu sécréteur de l'hormone mâle chez les différents types d'Oniscoides. C. R. Acad. Sci. Paris **250** (1960) 764–766.

— —: Mise en évidence anatomique et expérimentale des glandes androgènes de *Sphaeroma serratum* Fabricius (isopode, flabellifère). C. R. Acad. Sci. Paris **250** (1960) 3401–3402.

— —: Structure et origine de la glande androgène chez *Helleria brevicornis* Ebner (Oniscoidea, Tylidae). C. R. Soc. Biol. **154** (1960) 676–678.

— —: Glande androgène, cycle spermatogénétique et caractères sexuels temporaires mâles chez *Cyathura carinata* Kröyer (crustacé isopode anthuridé). C. R. Acad. Sci. Paris **252** (1961) 2318–2320.

— —: Sur la glande androgène d'un certain nombre de péracarides, en particulier d'isopodes marins. C. R. Soc. Biol. **155** (1961) 1360–1362.

— —: Description et analyse expérimentale d'un type d'intersexualité chez l'oniscoide *Armadillidium vulgare* Latr. C. R. Acad. Sci. Paris **256** (1963) 1606–1608.

— und G. NOULIN: Accélération de la différenciation sexuelle des régénérates d'appendices chez les femelles masculinisées de *Porcellio dilatatus* Brandt. C. R. Acad. Sci. Paris **252** (1961) 2151–2153.

LEHMANN, R. L., und B. T. SCHEER: Hormonal control of metabolism in crustaceans. VI. The effect of eyestalk removal in phosphate uptake by *Hemigrapsus nudus*. Physiol. Comp. Oecol. **4** (1956) 164–171.

LENDER, TH.: Sur les capacités inductrices de l'organisateur des yeux dans la régénération de la planaire *Polycelis nigra* (Ehr.): Action du cerveau en voie de dégénérescence et en greffes hétéroplastiques. C. R. Soc. Biol. Paris **145** (1951) 1378–1381.

—: Le rôle inducteur du cerveau dans la régénération des yeux d'une planaire d'eau douce. Bull. biol. France Belg. **86** (1952) 140–215.

—: Le rôle inducteur de cerveau dans la régénération des yeux d'une planaire d'eau douce. Proc. XIV. Internat. Congr. Zool. Copenhagen 1953. (1956) 211–213.

—: Sur l'activité inductrice de la région antérieure du corps dans la régénération des yeux de la planaire *Polycelis nigra*: activité de broyats frais ou traités à la chaleur. C. R. Soc. Biol. **148** (1954) 1859–1861.

—: Sur la régéneration des yeux de la planaire *Polycelis nigra* en présence de broyats de la région antérieure du corps. C. R. Acad. Sci. Paris **238** (1954) 1742–1744.

—: Sur quelques propriétés de l'organisine de la régéneration des yeux de la planaire *Polycelis nigra*. C. R. Acad. Sci. Paris **240** (1955) 1726–1728.

LENDER, TH.: Recherches expérimentales sur la nature et les propriétés de l'inducteur de la régénération des yeux de la planaire *Polycelis nigra*. J. Embryol. exp. Morph. **4** (1956) 196–216.

—: Analyse des phénomènes d'induction et d'inhibition dans la régénération des planaires. Année Biol. **32** (1956) 457–471.

—: L'inhibition spécifique de la différenciation du cerveau des planaires d'eau douce en régénération. J. Embryol. Morph. **8** (1960) 291–301.

—: Mise en évidence de cellules sécrétrices dans le cerveau de la planaire *Polycelis nigra*. Variation de leur nombre au cours de la régénération postérieure. C. R. Acad. Sci. Paris **253** (1961) 331–333.

—: Factors in morphogenesis of regenerating fresh-water planaria. Adv. Morph. **2** (1962) 305–331.

— und V. DEUTSCH: L'activité inductrice du broyat d'embryon de poulet au cours de la régénération des yeux de la planaire *Polycelis nigra*. C. R. Acad. Sci. Paris **253** (1961) 550–551.

— und J. DUVEAU: Le développement de la gonade larvaire de *Galleria mellonella* (Linné) après transplantation ou ligature de la larve. C. R. Acad. Sci. Paris **250** (1960) 3511–3513.

LENEL, R.: Influence de l'ablation des pédoncules oculaires sur les pigments caroténoides de l'hypoderme du crabe *Carcinus maenas*. C. R. Acad. Sci. Paris **245** (1957) 746–748.

—: Effet de l'ablation des pédoncules oculaires sur les pigments caroténoides de l'hepatopancreas chez *Carcinus maenas* Pennant. Proc. XV. Internat. Zool. Congr. London 1958. (1959) 491–493.

—: Sur le métabolisme des pigments caroténoides de *Carcinus maenas* Linné. Bull. Soc. Lorraine Sci. **1** (1961) 1–111.

LENGERKEN, H. VON: Prothetelie bei Coleopterenlarven. Zool. Anz. **58** (1924) 179–185.

—: Prothetelie bei Coleopterenlarven. Zool. Anz. **59** (1924) 323–330.

LERMA, B. DE: Richerche sperimentali sulle metamorfosi dei ditteri. Boll. Zool. **13** (1942) 109–114.

—: Endocrinologia degli insetti. Boll. Zool. Suppl. **17** (1950) 67–112.

LEVER, J., J. JANSEN und T. A. DE VLIEGER: Pleural ganglia and water balance in the fresh water pulmonate *Limnaea stagnalis*. Proc. Koninkl. Nederl. Akad. Wetensch. Ser. C **64** (1961) 531–542.

— und J. JOOSSE: On the influence of the salt content of the medium on some special neursecretory cells in the lateral lobes of the cerebral ganglia of *Lymaea stagnalis*. Proc. Koninkl. Nederl. Akad. Wetensch. Ser. C **64** (1961) 630–639.

LINKE, O.: Morphologie und Physiologie des Genitalapparates der Nordseelittorinen. In: Wissenschaftl. Meeresuntersuchungen. N. F. Abt. Helgoland. Bd. 19. Abh. 5. Kiel und Leipzig 1933, 1–60.

—: Über die Beziehungen zwischen Keimdrüse und Soma bei Prosobranchiern. Zool. Anz. Suppl. **7** (1934) 164–175.

LINZEN, B., und D. BÜCKMANN: Biochemische und histologische Untersuchungen zur Umfärbung der Raupe von *Cerura vinula* L. Z. Naturf. **16 b** (1961) 6–18.

LOEWE, S., W. RAUDENBUSCH, H. E. VOSS und I. W. C. VAN HEUREN: Nachweis des Sexualhormon-Vorkommens bei Schmetterlingen. Biochem. Z. **244** (1932) 347–356.

LOHER, W.: The chemical acceleration of the maturation process and its hormonal control in the male of the desert locust. Proc. roy. Soc. London B **153** (1960) 380–397.

—: Die Beschleunigung der Reife durch ein Pheromon des Männchens der Wüstenheuschrecke und die Funktion der Corpora allata. Naturwissenschaften **48** (1961) 657–661.

— The chemical acceleration of the maturation process and its hormonal control in the male of the desert locust. Proc. roy. Soc. London B **153** (1961) 380–397.

—: Die Kontrolle des Weibchengesanges von *Gomphocerus rufus* L. (Acridinae) durch die Corpora allata. Naturwissenschaften **49** (1962) 406.

LOWE, M. E.: The female reproductive cycle of the crayfish *Cambarellus shufeldti*: The influence of environmental factors. Tulane Stud. Zool. **8** (1961) 157–176.

LUBET, P.: Le déterminisme de la ponte chez les lamellibranches (*Mytilus edulis* L.). Intervention des ganglions nerveux. C. R. Acad. Sci. Paris **241** (1955) 254–256.

LUDWIG, D.: Cytochrome oxidase activity during diapause and metamorphosis of the japanese bettle (*Popillia japonica* Newman). J. gen. Physiol. **36** (1953) 751–757.

— und M. C. BARSA: Relationship between the activity of the succinoxidase system and the rate of oxygen consumption during the embryonic development in the mealworm, *Tenebrio molitor* L. J. gen. Physiol. **38** (1955) 729–734.

LUKOSCHUS, F.: Die Bedeutung des innersekretorischen Systems für die Ausbildung epidermaler Kastenmerkmale bei der Honigbiene (*Apis mellifica* L.). Insectes sociaux **2** (1955) 221–236.

—: Stoffwechselvorgänge während der Entwicklung von Königin und Arbeiterin und ihre mögliche Bedeutung für die künstliche Aufzucht von Königinnen. Z. Bienenf. **3** (1955) 40–45.

—: Über die Prothoraxdrüse der Honigbiene (*Apis mellifica* L.) Naturwissenschaften **39** (1955) 116.

—: Stoffwechselstimulierende Hormone als Ursache des Verhaltens der Honigbiene bei der Aufzucht von Geschlechtstieren. Insectes sociaux **3** (1956) 185 bis 193.

—: Untersuchungen zur Entwicklung der Kastenmerkmale bei der Honigbiene (*Apis mellifica* L.). Z. Morph. Ökol. Tiere **45** (1956) 157–197.

LÜSCHER, M.: Experimentelle Untersuchungen über die larvale und die imaginale Determination im Ei der Kleidermotte (*Tineola bisselliella* Hum). Rev. Suisse Zool. **51** (1944) 531–627.

—: The regeneration of legs in *Rhodnius prolixus* (Hemiptera). Brit. J. exp. Biol. **25** (1948) 334–343.

—: Die Produktion und die Elimination von Ersatzgeschlechtstieren bei der Termite *Kalotermes flavicollis* Fabr. Z. vgl. Physiol. **34** (1951) 123–141.

—: Untersuchungen über das individuelle Wachstum bei der Termite *Kalotermes flavicollis* Fabr. (Ein Beitrag zum Kastenbildungsproblem). Biol. Zbl. **71** (1952) 529–543.

—: Die Entstehung von Ersatzgeschlechtstieren bei der Termite *Kalotermes flavicollis* Fabr. Insectes sociaux **3** (1956) 119–128.

LÜSCHER, M.: Ersatzgeschlechtstiere bei Termiten und die Beeinflussung ihrer

Entstehung durch die Corpora allata. 14. Verhandlungsber. Dt. Ges. angew. Entomol. (1957) 144–150.
—: Über die Entstehung der Soldaten bei Termiten. Rev. Suisse Zool. **65** (1958) 372–377.
—: Hormonal control of caste differentiation in termites. Ann. New York Acad. Sci. **89** (1960) 549–563.
—: Sex pheromones in the termite superorganism. Gen. comp. Endocrinol. **2** (1962) 615.
—: Functions of the corpora allata in the development of termites. Proc. XVI. Internat. Congr. Zool. Washington **4** (1963) 244–250.
— und F. Engelmann: Über die Steuerungen der Corpora allata-Funktion bei der Schabe *Leucophaea maderae*. Rev. Suisse Zool. **62** (1955) 649–657.
— —: Histologische und experimentelle Untersuchungen über die Auslösung der Metamorphose bei *Leucophaea maderae* (Orthoptera). J. Insect Physiol. **5** (1960) 240–258.
— und P. Karlson: Experimentelle Auslösung von Häutungen bei der Termite *Kalotermes flavicollis* (Fabr.) J. Insect Physiol. **1** (1958) 341–345.
— und A. Springhetti: Untersuchungen über die Bedeutung der Corpora allata für die Differenzierung der Kasten bei der Termite *Kalotermes flavicollis* F. J. Insect. Physiol. **5** (1960) 190–212.
MacDonald, S., und A. W. A. Brown: Cytochrome oxidase and cyanide sensitivity of the larch sawfly during metamorphosis. Ann. Rep. Entomol. Soc. Ontario **83** (1952) 30–34.
Maddrell, S. H. P.: A diuretic hormone in *Rhodnius prolixus* Stal. Nature **194** (1962) 605–606.
—: Excretion in the blood-sucking bug, *Rhodnius prolixus* Stal. I. The control of diuresis. J. exp. Biol. **40** (1963) 247–256.
Marcel, R.: Régénération céphalique et polarité chez *Sabellaria spinulosa* Leuckart (annélide polychète). C. R. Acad. Sci. Paris **257** (1963) 1809–1810.
Márek, M.: Gesamtstoffwechsel der Insekten. 10. Änderungen der chemischen Zusammensetzung der Hausgrille (*Gryllus domesticus* L.) während der Postembryonalentwicklung. Věstn. Českosl. Spol. Zool. **25** (1961) 55–69.
Marstaller, R.: Experimentelle Untersuchungen über den Köcherbau bei Trichopterenlarven. Diplomarbeit 1963 (unveröffentlicht).
Maslennikova, V. A.: Влияние гормонов хозяина на диапаузу, *Pteromalus puparum* L. (Hymenoptera, Chalcidoidea). Dokl. Akad. Nauk UdSSR **139** (1961) 249–251.
Matsumoto, K.: Chromatophorotropic activity of the neurosecretory cells in the thoracic ganglion of *Eriocheir japonicus*. Biol. J. Okayama Univ. **1** (1954) 234–248.
Maynard, D. M.: Heart rate and body size in the spiny lobster. Physiol. Zoöl. **33** (1960) 241–251.
— und J. H. Welsh: Neurohormones of the pericardial organs of brachyuran Crustacea. J. Physiol. **149** (1959) 215–227.
McWhinnie, M. A., und R. J. Kirchenberg: Crayfish hepatopancreas metabolism and the intermoult cycle. Comp. Biochem. Physiol. **6** (1962) 117–128.
— und P. N. Saller: Analysis of blood sugars in the crayfish, *Orconectes virilis*. Comp. Biochem. Physiol. **1** (1960) 110–122.

McWhinnie M. A., und B. T. Scheer: Blood glucose of the crab *Hemigrapsus nudus*. Science **123** (1958) 90.

— und H. M. Sweeney: The demonstration of two chromatophorotropically active substances in the land isopod, *Trachelipus rathkei*. Biol. Bull. **108** (1955) 160–174.

Mechelke, F.: Reversible Strukturmodifikationen der Speicheldrüsenchromosomen von *Acricotopus lucidus*. Chromosoma **5** (1953) 511–543.

—: The timetable of physiological activity of several loci in the salivary gland chromosomes of *Acriocotopus lucidus*. Proc. X. Internat. Congr. of Genetics Montreal **2** (1958) 185.

—: Spezielle Funktionszustände des genetischen Materials. In: Funktionelle und morphologische Organisation der Zelle. Wiss. Konf. Ges. Dt. Naturf. und Ärzte. Rottach-Egern 1962. Berlin, Göttingen, Heidelberg (1963) 15–29.

Meenakshi, V. R., und B. T. Scheer: Metabolism of glucose in the crabs *Cancer magister* and *Hemigrapsus nudus*. Comp. Biochem. Physiol. **3** (1961) 30–41.

Megusar, F.: Experimente über den Farbwechsel der Crustaceen. Roux' Arch. Entwicklungsmech. **33** (1912) 462–665.

Meijering, M. P. D.: Herzfrequenz und Herzschlagzahlen zwischen Häutung und Eiablage bei Cladoceren. Z. wiss. Zool. **164** (1960) 127–142.

Meisenheimer, J.: Ergebnisse einiger Versuchsreihen über Exstirpation und Transplantation der Geschlechtsdrüsen bei Schmetterlingen. Zool. Anz. **32** (1908) 393–400.

—: Zur Ovarialtransplantation bei Schmetterlingen. Zool. Anz. **35** (1910) 446 bis 450.

Mellanby, K.: Diapause and metamorphosis of the blowfly, *Lucilia sericata* Meig. Parasitology **30** (1398) 392–402.

—: Fertilization and egg production in the bed-bug, *Cimex lectularius* L. Parasitology **31** (1939) 193–199.

Mendes, M. V.: Histology of the corpora allata of *Melanoplus differentialis* (Orthoptera: Saltatoria). Biol. Bull. **94** (1948) 194–207.

Mestscherskaja, K. A.: Experimentelle Untersuchungen über die Permeabilität der wachsenden Oocyten in Insektenovarien. Z. Zellf. **13** (1931) 109–160.

Metzler, S.: Über die Beeinflußbarkeit der Geschlechtsverhältnisse von *Cyclops viridis* Jurine durch Außenfaktoren. Zool. Jb. Physiol. **67** (1957) 81–110.

Meusy, J. J.: Description de la glande androgène chez deux crustacés péracarides: *Paramysis nouveli* Labat (mysidacé) et *Eocuma dollfusi* Calman (cumacé). C. R. Acad. Sci. Paris **256** (1963) 5425–5428.

Michon, J.: La neurosécrétion pendant la régénération postérieure chez *Allobophora terrestris* Sav. f. *typica*. C. R. Acad. Sci. Paris **255** (1962) 3253–3254.

Milburn, N. S., und K. D. Roeder: Control of efferent activity in the cockroach terminal abdominal ganglion by extracts of corpora cardiaca. Gen. comp. Endocrinol. **2** (1962) 70–76.

—, E. A. Weiant und K. D. Roeder: The release of efferent nerve activity in the roach, *Periplaneta americana*, by extracts of the corpus cardiacum. Biol. Bull. **118**, (1960) 111–119.

MILLER, R. F.: On the rhythmical contractility of the anal musculature of the crayfish and lobster. J. Physiol. **40** (1910) 431–444.

MILLER, L. W.: Factors influencing diapause in the european red mite. Nature **166** (1950) 875.

MILLOT, J.: Cicatrisation et régénération. Collect. Armand Colin, Sect. Biol. no. 141. Paris 1931.

MISSONNIER, J.: Contribution à l'étude de la diapause de *Pegomyia betae* Curt. et de *P. hyoscyami* Panz. (diptères muscidae). C. R. Acad. Sci. Paris **247** (1958) 1673–1675.

MITSUHASHI, J., und M. FUKAYA: The hormonal control of larval diapause in the rice stem borer, *Chilo suppressalis*. III. Histological studies on the neuro-secretory cells of the brain and the secretory cells of the corpora allata during diapause and post diapause. Japonese J. appl. Entomol. Zool. **4** (1960) 127–134.

MIYAWAKI, M., und N. SASAKI: A preliminary report on uptake of Ca^{45} by the hepatopancreas of crayfish, *Procambarus clarkii*. Kumamoto J. Sci. **5** (1961) 170–172.

MONRO, J.: A humoral stimulus to the secretion of the brain-hormone in lepidoptera. Nature **168** (1956) 213–214.

—: Cholinesterase and the secretion of the brain hormone in insects. Austral. J. biol. Sci. **11** (1958) 399–406.

MONTALENTI, G.: Recherches récentes sur la sexualité dans les crustacés et les mollusques. C. R. XIIIe Congr. Internat. Zool. Paris 1948. (1949/1950) 162 bis 163.

MORAN, M. R.: Changes in the distribution of nitrogen during metamorphosis of the mealworm, *Tenebrio molitor* Linaeus. J. N. York. Entomol. Soc. **67** (1959) 217–222.

MORGAN, T. H.: Regeneration. Biol. Ser. Vol. 7, New York 1901.

—: Experimental studies of the internal factors of regeneration in the earthworm. Roux' Arch. Entwicklungsmech. **14** (1902) 562–591.

MORY, Y.: Kastrationsversuche bei Cladoceren. I. Die Entwicklung der sekundären Sexualcharaktere bei radiumbestrahlten Männchen von *Daphnia magna*. Z. wiss. Zool. **144** (1933) 289–316.

—: Kastrationsversuche bei Cladoceren. II. Die Entwicklung der sekundären Sexualcharaktere bei radiumbestrahlten Weibchen von *Daphnia magna*. Z. wiss. Zool. **144** (1933) 573–612.

MOROHOSHI, S.: Gene-controlled mechanism of the internal secretions concerned with the growth and development of the silkworm. Cytologia. Suppl. Bd. Proc. Internat. Genetics Symp. 1956 (1957) 472–477.

—: Physiogenetical studies on moltinism and voltinism in *Bombyx mori*; a new hormonal antagonistic balance theory on the growth. Jap. Soc. Promotion Sci. Tokyo. (1957) 1–202.

—: Hormonal studies on the diapause and non-diapause eggs of the silkworm, *Bombyx mori* L. J. Insect Physiol. **3** (1959) 28–40.

—, R. KIKUCHI und H. MIYAZAWA: Studies on the voltinism in the silkworm, *Bombyx mori*. VI. Production of diapause eggs by transplanting the suboesophageal ganglion and brain-suboesophageal ganglion complex. J. sericult. Sci. Tokyo **26** (1957) 232–233.

MOROHOSHI, S. und R. KIKUCHI: Functions of the central nervous system in relation to quantitative characters in a W-translocated strain of silkworm, *Bombyx mori* L. Japanese J. Gen. **34** (1959) 319–326.

—, H. MIYAZAWA und R. KIKUCHI: Production of the non-diapause eggs by transplanting the corpora allata and brain-corpora-allata complex in the silkworm, *Bombyx mori*. Japanese J. Gen. **31** (1956) 305.

— — —: Studies on the voltinism in the silkworm, *Bombyx mori*. VII. Functions of the corpora allata and suboesophageal ganglion. J. sericult. Sci. Tokyo **26** (1957) 233.

MOTHES, G.: Weitere Untersuchungen über den physiologischen Farbwechsel von *Carausius morosus* (Br.). Zool. Jb. Physiol. **69** (1960) 133–162.

MULKERN, G. B., und F. A. LAWSON: Some factors affecting the male reproductive system in cockroaches (Orthoptera: Blattidae). J. Kansas Entomol. Soc. **30** (1957) 54–57.

MÜLLER, H. J.: Die Saisonformenbildung von *Araschnia levana*, ein photoperiodisch gesteuerter Diapause-Effekt. Naturwissenschaften **42** (1955) 134 bis 135.

—: Die Bedeutung der Photoperiode im Lebenslauf der Insekten. Z. angew. Entomol. **47** (1960) 7–24.

MURRAY, F. V., und O. W. TIEGS: The metamorphosis of *Calandra oryzae*. Quart. J. microsc. Sci. **77** (1935) 405–495.

MÜSSBICHLER, A.: Die Bedeutung äußerer Einflüsse und der Corpora allata bei der Afterweiselentstehung von *Apis mellifica*. Z. vgl. Physiol. **34** (1952) 207–221.

MUTCHMOR, A. J., und H. J. MAZUREK: Chemical changes associated with diapause in the european corn borer, *Ostrinia nubilalis* (Hbn.) (Lepidoptera: Pyralidae). Nature **184** (1959) 1077–1078.

NAGANO, T.: Physiological studies on the pigmentary system of crustacea. VI. The oxygen consumption of a shrimp *Paratya compressa* under experimental conditions. Sci. Rep. Tôhoku Imp. Univ. Sendai Ser. 4 Biol. **18** (1950) 446–452.

—: Physiological studies on the pigmentary system of crustacea. VII. The effect of colored light on pigment migration of the compound eye of the shrimps. Sci. Rep. Tôhoku Imp. Univ. Sendai Ser. 4 Biol. **18** (1950) 451–459.

—: Physiological studies on the pigmentary system of crustacea. VIII. The relation between the blood sugar values and the migration of the eye pigment in the shrimps. Sci. Rep. Tôhoku Imp. Univ. Sendai Ser. 4 Biol. **19** (1951) 118–121.

—: Physiological studies on the pigmentary system of crustacea. XII. The effect of chloropromazine upon pigment migration in the eyes of a crayfish. Sci. Rep. Tôhoku Imp. Univ. Sendai, Ser. 4, Biol. **24** (1958) 5–8.

—: Physiological studies on the pigmentary system of crustacea. XIII. Intake and output of water regulated by the eye-stalk hormone of a crayfish. Sci. Rep. Tôhoku Imp. Univ. Sendai, Ser. 4, Biol. **24** (1958) 9–13.

NAISSE, J.: Détermination sexuelle chez *Lampyris noctiluca* L. (insect coléoptère malacoderme). Gen. comp. Endocrinol. **3** (1963) 721.

NAMBU, M., S. SEKI und I. NITAHARA: Changes in the content of reducing sugar and glycogen of *Armadillidium vulgare* in relation to moulting. Annotat. Zool. Japon. **33** (1960) 85–89.

NATON, E.: Über die Entwicklung des schwarzbraunen Mehlkäfers, *Tribolium destructor* Uyttenb. Teil V. Die Auswirkungen „carnitinfreier" Diäten auf innersekretorische Drüsen und auf die Epidermis. Zool. Beitr. N. F. **8** (1963) 173–186.

NAYAR, K. K.: Effect of extirpation of neurosecretory cells on the metamorphosis of *Iphita limbata* Stal. Current Sci. **25** (1956) 192–193.

—: Water content and release of neurosecretory products in *Iphita limbata* Stal. Current Sci. **26** (1957) 25.

—: Studies on the neurosecretory system of *Iphita limbata* Stal. V. Probable endocrine basis of oviposition in the female insect. Proc. Indian. Acad. Sci. Sect. B **47** (1958) 233–251.

—: Probable endocrine mechanism controlling oviposition on the insect *Iphita limbata* Stal. 2. Internat. Symp. über Neurosekretion Lund 1957. Berlin, Göttingen, Heidelberg (1958) 102–104.

—: Studies on the neurosecretory system of *Iphita limbata* Stal. VI. Structural changes in the neurosecretory cells induced by changes in water content. Z. Zellf. **51** (1960) 320–324.

—: Studies on the juvenile hormone extracts of the butterfly *Terias hecambe* Linné. Beitr. Entomol. **11** (1961) 914–922.

—: Effects of injecting juvenile hormone extracts on the neurosecretory system of adult male cockroaches (*Periplaneta americana*). Mem. Soc. Endocrinol. Nr. 12 Neurosecretion (1962) 371–378.

NEEDHAM, A. E.: Peripheral nerve and regeneration in crustacea. J. exp. Biol. **21** (1945) 144–146.

—: Peripheral nerve and regeneration in crustacea. II. J. exp. Biol. **22** (1946) 107–109.

—: Ecdysis and growth in crustacea. Nature **158** (1946) 667–668.

—: Local factors and regeneration in crustacea. J. exp. Biol. **24** (1947) 220 bis 226.

—: Regeneration and wound-healing, London 1952.

—: The central nervous system and regeneration in crustacea. J. exp. Biol. **30** (1953) 151–159.

—: Properties of minerals in the exuvia of crustacea. Quart. J. microsc. Sci. **95** (1954) 183–190.

—: Nitrogen-excretion in *Carcinides maenas* (Pennant) during the early stages of regeneration. J. Embryol. exp. Morph. **3** (1955) 189–212.

—: Nitrogen outpout and ecdysis in crustacea. Nature **178** (1956) 495–496.

NEILAND, K. A., und B. T. SCHEER: The hormonal regulation of metabolism in crustaceans. V. The influence of fasting and of sinus gland removal on body composition of *Hemigrapsus nudus*. Physiol. Comp. Oecol. **4** (1953) 321–326.

NEUGEBAUER, W.: Wirkungen der Exstirpation und Transplantation der Corpora allata auf den Sauerstoffverbrauch, die Eibildung und den Fettkörper von *Carausius* (*Dixippus*) *morosus* Br. et Redt. Roux' Arch. Entwicklungsmech. **153** (1961) 314–352.

NICHOLLS, A. G.: Studies on *Ligia oceanica*. I. A. Habitat and effect of change of environment on respiration. B. Observations on moulting and breeding. J. Mar. Biol. Assoc. U. K. **17** (1931) 655–673.

NICKERSON, B.: A possible endocrine mechanism controlling locust pigmentation. Nature **174** (1954) 357–358.

NISHIITSUTSUJI-UWO, J.: Further studies on the developmental features of the male germ cells in the prospective diapausing and nondiapausing swallowtails, *Papilio xuthus*. Annotat. Zool. Japon. **34** (1961) 30–37.

—: A possible release of brain hormone from the perikaryon of neurosecretory cells in the *Philosamia*-silkworm. Mem. Coll. Sci. Univ. Kyoto Ser. B. **28** (1961) 305–308.

NOIROT, C.: Recherches sur le polymorphisme des termites supérieurs (Termitidae). Ann. Sci. Nat. Sér. Zool. Biol. animale **17** (1955) 399–595.

NOMOTO, Y.: Physiological studies on the chromatophore system of the crayfish, *Procambarus clarkii*. III. Effect of eyestalk tissue extracts on the chromatophores. Zool. Mag. Tokyo **69** (1960) 388–392.

—: Physiological studies on the chromatophore system of the crayfish, *Procambarus clarkii* (Girard). I. On the responses of chromatophore pigments to various backgrounds and darkness. Sci. Rep. Tokyo Kyoiku Daigaku Sect. B **10** (1961) 1–9.

—: Physiological studies on the chromatophore system of the crayfish, *Procambarus clarkii* (Girard). II. On the effect of eyestalk removal on the chromatophore pigments. Sci. Rep. Tokyo Kyoiku Daigaku Sect. B **10** (1961) 11–16.

—: Physiological studies on the chromatophore system of the crayfish, *Procambarus clarkii*. IV. On the presence and distribution of chromatophorotropins in the central nervous system. Zool. Mag. Tokyo **70** (1961) 147 bis 154.

NOUMURA, T., und H. KANATANI: Induction of spawning by radial nerve extracts in some starfishes. J. Fac. Sci. Univ. Tokyo Sect. 4, **9** (1962) 397 bis 402.

NOUVEL, L.: Sur la relation entre la mue et le pouvoir régénérateur (à propos d'expériences de régénération chez les dromies). C. R. Acad. Sci. Paris **210** (1940) 310–312.

NOUVEL VAN RYSSELBERGE, L.: Contribution à l'étude de la mue, de la croissance et de la régénération chez les crustacés Natantia. Recu. Inst. zool. Torley-Rousseau **6** (1937) 5–161.

NOVÁK, V. J. A.: New aspects of the metamorphosis of insects. Nature **167** (1951) 132–133.

—: The metamorphosis hormones and morphogenesis in *Oncopeltus fasciatus* Dal. Věstn. Českosl. Zool. Spol. **15** (1951) 1–48.

—: The question of the gradient-factor and its function in insect metamorphosis. Observations to H. E. Hinton's paper: the initiation, maintenance, and rupture of diapause. A new theory. Beitr. Entomol. **5** (1955) 457–461.

—: Growth of the corpora allata during the postembryonal development in insects. Věstn. Českosl. Zool. Spol. **18** (1954) 98–133.

—: Vznik a vývoj proměny u hmyzu s hlediska poznatků o metamorfosních hormonech. Acta Soc. Entom. Českosl. **52** (1955) 31–48.

Novák, V. J. A.: To the knowledge of the mechanisms conditioning the development of the ventral black pattern in the abdomen of the bug *Oncopeltus fasciatus* Dal. Věstn. Českosl. Zool. Spol. **19** (1955) 233–246.
—: The question of the gradient-factor and its function in insect metamorphosis. Beitr. Entomol. **5** (1955) 457–461.
—: Otázka tvaro vého vývoje u zivocichů s hlediska poznatku o metamorforsnich hormonech hmyzu. Gradient-faktorová teorie morfogenese. Českosl. Biol. **4** (1955) 566–574.
—: Versuch einer zusammenfassenden Darstellung der postembryonalen Entwicklung der Insekten. Die Gradient-Faktor-Theorie der Insektenmetamorphose. Beitr. Entomol. **6** (1956) 206–239, 464–493.
—: The diapause stages of the saw-fly *Cephaleia abietis* L. Čas. Českosl. Spol. Entomol. **54** (1957) 269–276.
—: Insektenhormone, 2. Aufl., Prag 1961.
—: The endocrine basis of the insect development. Proc. XVI. Internat. Congr. Zool. Washington **4** (1963) 235–243.
— und E. Červenkova: The function of corpus allatum in the last larval instar of metabolic insects. In: The ontogeny of insects. Acta symp. evol. insect. Prag 1959. (1960) 152–156.
— und K. Sláma: The influence of juvenile hormone on the oxygen consumption of the last larval instar of *Pyrrhocoris apterus* L. J. Insect Physiol. **8** (1962) 145–153.
— — und K. Wenig: Influence of implantation of corpus allatum on the oxygen consumption of *Pyrrhocoris apterus*. In: The onotogeny of insects. Acta symp. evol. insects Prag 1959. (1960) 147–151.
Núñez, J. A.: Untersuchungen über die Regelung des Wasserhaushaltes bei *Anisotarsus cupripennis* Germ. Z. vgl. Physiol. **38** (1956) 341–354.
—: Regulation of water economy in *Rhodnius prolixus*. Nature **194** (1962) 704.
—: Probable mechanism regulating water economy of *Rhodnius prolixus*. Nature **197** (1963) 312.
Núsbaum, J.: Beitrag zur Frage über die Abhängigkeit der Regeneration vom Nervensystem bei *Nereis diversicolor* O. F. Müll. Roux' Arch. Entwicklungsmech. **25** (1908) 632–642.
Nutting, W. L.: Extirpation of roach prothoracic glands. Science **122** (1955) 30–31.
Oberlander, H., und H. A. Schneiderman: A study of the mechanism of activation of the prothoracic glands. Proc. XVI. Internat. Congr. Zool. Washington **2** (1963) 67.
Ochsé, W.: Experimentelle und histologische Beiträge zur inneren Metamorphose von *Sialis lutaria* L. Rev. Suisse Zool. **51** (1944) 1–82.
Ogura, S.: Erblichkeitsstudien am Seidenspinner *Bombyx mori* L. III. Genetische Untersuchungen der Häutung (2. Teil). Z. indukt. Abstammungs-Vererbungslehre **64** (1933) 205–268.
Oguro, C.: On the physiology of melanophores in the marine isopod, *Idotea japonica*. I. Endoncrinol. Japon. **6** (1959) 246–252.
—: Effects of castration on the neurosecretory system in the marine isopod, *Tecticeps japonicus*. I. Effects on the sinus gland of male animals. Annotat. Zool. Japon. **33** (1960) 37–41.

OHNISHI, E.: Pigment composition in the pupal cuticles of two colour types of the swallowtails, *Papilio xuthus* L. and *P. protenor demetrius* Cramer. J. Insect Physiol. **3** (1959) 132–145.

OHTAKI, T.: Humoral control of pupal coloration in the cabbage white butterfly, *Pieris rapae crucivora*. Annotat. Zool. Japon. **33** (1960) 97–103.

OKADA, Y. K.: Feeding organs and feeding habits of *Autolytus Edwarsi* Sr. Joseph. (Studies on the syllidaen I.) Quart. J. microsc. Sci. **72** (1929) 219–245.

—: La stolonisation et les caractères sexuels du stolon chez les syllidiens polychètes. (Études sur les syllidiens III.) J. Zool. Tokyo **7** (1937) 441–490.

— und J. KAWAKAMI: Transplantation experiments in the earthworm, *Eisenia foetida* (Savigny), with special remarks on the induction effects of the nerve and on the differentiation of the body wall. Tokyo Imperial Univ. Sect. 4, **6** (1943).

OKAY, S.: L'hormone des chromatophores chez les isopodes. C. R. Ann. Arch. Soc. Turque Sci. Physique. Nat. 2–7 (1944/45).

—: Izopodlarda pigment hücrelerinin büzülme hormonu. L'hormone de contraction des cellules pigmentaires chez les isopodes. Istanbul. Univ. Fen. Fak. Mecmuasi Ser. B **10** (1945) 116–132.

—: Further investigations on colour change in Orthoptera. Commun. Fac. Sci. Univ. Ankara Ser. C **4** (1954) 31–43.

OLMSTEDT, J. M. D., und J. P. BAUMBERGER: Form and growth of grapsoid crabs. J. Morph. **43** (1923) 279–294.

OSANAI, M., und Y. ARAI: Über die Umfärbung der Raupen von *Hestina japonica* zu Beginn der Überwinterung. I. Durchschnürungsversuche an der Umfärbung der *Hestina*-Raupe. Gen. comp. Endocrinol. **2** (1962) 311–316.

OUDEMANS, J. T.: Falter aus kastrierten Raupen, wie sie aussehen und wie sie sich benehmen. Zool. Jb. Syst. **12** (1899) 71–88.

OZEKI, K.: Experiments on the formations of imaginal structures in the pupae of the swallowtail, *Papilio xuthus* Linnaeus. Sci. Papers Coll. Gen. Educ. Univ. Tokyo **4** (1954) 47–56.

—: Effects of corpus allatum hormone on development of male genital organs of the earwig, *Anisolabis maritima*. Sci. Papers Coll. Gen. Educ. Univ. Tokyo **8** (1958) 69–75.

—: Experiments on antennal regeneration in the earwig, *Anisolabis maritima*. Sci. Papers Coll. Gen. Educ. Univ. Tokyo **8** (1958) 77–84.

—: Secretion of molting hormone frome the ventral glands of the earwig, *Anisolabis maritima*. Sci. Papers Coll. Gen. Educ. Univ. Tokyo **9** (1959) 255–262.

—: Further studies of the effects of the corpus allatum hormone on the development of the genital organs in males of the earwig *Anisolabis maritima*. Sci. Papers Coll. Gen. Educ. Univ. Tokyo **9** (1959) 127–134.

—: Secretion of molting hormone from the ventral glands of the earwig, *Anisolabis maritima*. Sci. Papers Coll. Gen. Educ. Univ. Tokyo **9** (1959) 255–262.

—: Hormonal control of molting in the earwig, *Anisolabis maritima*. Sci. Papers Coll. Gen. Educ. Iniv. Tokyo **10** (1960) 87–97.

—: Secretion of the juvenile hormone in the imago of the earwig, *Anisolabis maritima*. Sci. Papers Coll. Gen. Educ. Univ. Tokyo **11** (1961) 101–107.

OZEKI, K.: Studies on the secretion of the juvenile hormone in the earwig, *Anisolabis maritima*. Sci. Papers Coll. Gen. Educ. Univ. Tokyo **12** (1962) 65–72.

—: Further studies on the secretion of juvenile hormone by the corpus allatum in the earwig, *Anisolabis maritima*. Sci. Papers Coll. Gen. Educ. Univ. Tokyo **13** (1963) 213–221.

PAIN, J.: Influence des reines mortes sur le developpement ovarien de jeunes ouvrières d'abeilles (*Apis mellifica*). Insectes sociaux **2** (1955) 35–43.

PAINTER, B. TH.: The location of factors of head regeneration in the earthworm. Biol. Bull. **78** (1940) 463–485.

PALM, N. B.: Studies on the peristalsis of the malpighian tubes in insects. Acta Univ. Lundensis. N. F. Avd. 2, **42** Nr. 11. (1946) 3–39.

—: Normal and pathological histology of the ovaries in *Bombus* Latr. (hymenopt.). Opusc. Entomol. Suppl. **7** (1948) 1–101.

PANITZ, R.: Innersekretorische Wirkung auf Strukturmodifikationen der Speicheldrüsenchromosomen von *Acricotopus lucidus* (Chironomide). Naturwissenschaften **47** (1960) 383.

PANOUSE, J. B.: Influence de l'ablation du pédoncule oculaire sur la croissance de l'ovaire chez la crevette *Leander serratus*. C. R. Acad. Sci. Paris **217** (1943) 553–555.

—: L'action de la glande du sinus sur l'ovaire chez la crevette *Leander serratus*. C. R. Acad. Sci. Paris **218** (1944) 293–294.

—: Recherches sur les phénomènes humoraux chez les crustacés. L'adaptation chromatique et la croissance ovarienne chez la crevette *Leander serratus*. Ann. Inst. Océanogr. Paris N. S. **23** (1946) 65–147.

—: Les correlations humorales chez les crustacés. Année Biol. **23** (1947) 33–70.

—: La glande du sinus et la maturation des produits génitaux chez les crevettes. Bull. biol. France Belg. Suppl. **33** (1948) 160–163.

PANTELOURIS, E. M.: Interactions between ovary and lateral oviduct in *Drosophila melanogaster*. J. Embryol. exp. Morph. **3** (1955) 86–91.

PARAMESWARAN, R.: Neurosecretory cells in *Paratelphusa hydrodromous* (Herbst). Current Sci. **24** (1955) 23–24.

—: Neurosecretory cells of the central nervous system of the crab, *Paratelphusa hydrodromous*. Quart. J. microsc. Sci. **97** (1956) 75–82.

PARK, D. H., und J. BUCK: The relation of oxygen consumption to ambient oxygen concentration during metamorphosis of the blowfly, *Phormia regina*. J. Insect Physiol. **4** (1960) 220–228.

PARKER, G. H.: The movements of the retinal pigment. Ergebn. Biol. **9** (1932) 239–291.

—: Animal colour changes and their neurohumours. Cambridge. 1948.

PARROT, J. L.: Recherches sur la transmission chimique de l'influx nerveux chez les crustacés. Libération d'une substance active sur l'intestin de *Maia squinado* par l'excitation des nerfs cardio-inhibiteurs. C. R. Soc. Biol. **135** (1941) 929–933.

PASSANO, L. M.: The X-organ sinus gland neurosecretory system in crabs. Anatom. Rec. **111** (1951) 502.

—: The X-organ, a neurosecretory gland controlling molting in crabs. Anatom. Rec. **111** (1951) 559.

Passano, L. M.: Neurosecretory control of molting in crabs by the X-organ sinus gland complex. Physiol. Comp. Oecol. **3** (1953) 155–189.

—: Phase microscopic observations of the neurosecretory product of the crustacean X-Organ. Pubbl. Staz. zool. Napoli Suppl. **24** (1954) 72–73.

—: Low temperature blockage of molting in *Uca pugnax*. Biol. Bull. **118** (1960) 129–136.

—: The regulation of crustacean metamorphosis. Amer. Zool. **1** (1961) 89 bis 95.

Passonneau, J. V., und C. M. Williams: The moulting fluid of the *Cecropia* silkworm. J. exp. Biol. **30** (1953) 545–560.

Pasteur, C.: Influence de l'ablation de l'organe X sur le comportement chromatique de *Leander serratus*. C. R. Acad. Sci. Paris **246** (1958) 320–322.

—: Note préliminaire sur le rôle de l'organe X dans le contrôle de la mue chez la crevette *Palaemon* (= *Leander*) *serratus* (Pennant). C. R. Soc. Sci. nat. Maroc. **25** (1959) 123–124.

—: Influence de la sous-alimentation sur le déroulement normal des stades d'intermue chez *Leander*. Bull. Soc. Sci. nat. Maroc. **39** (1959) 145–165.

Pasteur-Humbert, C.: Influence de l'ablation de l'organe X (pars distalis) sur la mue, chez la crevette *Palaemon* (= *Leander*) *serratus* (Pennant). C. R. Acad. Sci. Paris **254** (1962) 1160–1162.

—: Différences entre les actions de la glande du sinus et de l'organe X, chez les Natantia et les Brachyoures. Gen. comp. Endocrinol. **3** (1963) 725.

Patane, L., und V. de Luca: Azione dei raggi x sullo sviluppo degli oostegiti di *Porcellio laevis* Latreille (crust. isopoda). Boll. Soc. Ital. Biol. sperim. **32** (1956) 1512–1515.

— —: Sul determinismo di alcuni caratteri sessuali secondari nel l'Onicscoide *Porcellio laevis*. Boll. Zool. **24** (1957) 259–264.

Paul, H.: Transplantation und Regeneration der Flügel zur Untersuchung ihrer Formbildung bei einem Schmetterling mit Geschlechtsdimorphismus, *Orygia antiqua* L. Roux' Arch. Entwicklungsmech. **136** (1937) 64–111.

— und J. S. Sharpe: The relationship of lecithin to the growth cycle in crustacea. Biochem. J. **13** (1919) 487–489.

Pautsch, F.: Colour adaption of the zoea of the shrimp *Crangon crangon* L. Bull. Acad. Pol. Sci. Lettr. Sér. B. Sci. Nat. (1953) 511–523.

—: The larval chromatophoral system of the crab, *Carcinus maenas* (L.) Acta Biol. Med. Soc. Sci. Gedan. **5** (1961) 105–119.

— A. Bomirski, T. Dominiczak, L. Nowiúska, M. Szudarski und J. Tarzýnska-Kleineder: Some morphological and physiological aspects of the internal secretion of the crab *Rhithropanopeus harrisi* (Gould) Subsp. *tridentata* (Maitland). Internat. Congr. Endocrinol. Adv. Abstr. Copenhagen. (1960) 1015.

Pelluet, D., und N. J. Lane: The relation between neurosecretion and cell differentiation in the ovotestis of slugs (Gastropoda: Pulmonata). Cand. J. Zool. **39** (1961) 789–805.

Pentz, S., und F. Seilern-Aspang: Die Entstehung des Augenmusters bei *Polycelis nigra* durch Wechselwirkung zwischen dem Augenhemmfeld und der Augeninduktion durch das Gehirn. Roux' Arch. Entwicklungsmech. **153** (1961) 75–92.

PENZLIN, H.: Experimentelle Untersuchungen über die Regeneration bei *Cordylophora caspia* Pallas. Roux' Arch. Entwicklungsmech. **149** (1957) 624–643.

PEREDELSKIJ, A. A.: Эндокринология беспозвоночных Usp. sovr. Biol. **10** (1939) 51–95.

PÉREZ, C.: Recherches histologiques sur la métamorphose des muscides (*Calliphora erythrocephala* Mg). Arch. Zool. exp. gén. **4** (1910) 1–274.

PERKINS, E. B.: Color changes in crustaceans, especially in *Palaemonetes*. J. exp. Zool. **50** (1928) 71–105.

— und T. SNOOK: Control of pigment migration in the chromatophores of crustaceans. Proc. National Acad. Sci. Washington **17** (1931) 282–285.

PFEIFFER, I. W.: Experimental study of the function of the corpora allata in the grasshopper, *Melanoplus differentialis*. J. exp. Zool. **82** (1939) 439–461.

—: The influence of the corpora allata over the development of nymphal characters in the grasshopper *Melanoplus differentialis*. Trans. Conn. Acad. Arts Sci. **36** (1945) 489–515.

—: Effect on the corpora allata on the metabolism of adult female grasshoppers. J. exp. Zool. **99** (1945) 183–233.

PFLUGFELDER, O.: Untersuchungen über die Funktion der C. allata der Insekten. Zool. Anz. Suppl. **10** (1937) 121–129.

—: Bau, Entwicklung und Funktion der Corpora allata und cardiaca von *Dixippus morosus* Br. Z. wiss. Zool. **149** (1937) 477–512.

—: Weitere experimentelle Untersuchungen über die Funktion der Corpora allata von *Dixippus morosus* Br. Z. wiss. Zool. **151** (1938) 149–191.

—: Untersuchungen über die histologischen Veränderungen und das Kernwachstum der Corpora allata von Termiten. Z. wiss. Zool. **150** (1938) 451–467.

—: Beeinflussung von Regenerationsvorgängen bei *Dixippus morosus* Br. durch Exstirpation und Transplantation der Corpora allata. Z. wiss. Zool. **152** (1939) 159–184.

—: Wechselwirkungen von Drüsen innerer Sekretion bei *Dixippus morosus* Br. Z. wiss. Zool. **152** (1939) 384–408.

—: Austausch verschieden alter Corpora allata bei *Dixippus morosus* Br. Z. wiss. Zool. **153** (1940) 108–135.

—: Tatsachen und Probleme der Hormonforschung bei Insekten. Biol. generalis **15** (1941) 197–235.

—: Die Entwicklung embryonaler Teile von *Carausius* (*Dixippus*) *morosus* in der Kopfkapsel von Larven und Imagines. Biol. Zbl. **66** (1947) 372–387.

—: Volumetrische Untersuchungen an den C. allata der Honigbiene *Apis mellifica* L. Biol. Zbl. **67** (1948) 223–241.

—: Entwicklungsphysiologie der Insekten, 2. Aufl., Leipzig 1958.

PIANFETTI, N., J. HICKMAN und R. C. SANBORN: Chromatophores of decapod crustacea in hypodermal organ culture. Biol. Bull. **123** (1962) 509.

PIEPHO, H.: Über die experimentelle Auslösbarkeit überzähliger Häutungen und vorzeitiger Verpuppung an Hautstücken bei Kleinschmetterlingen. Naturwissenschaften **26** (1938) 841–842.

—: Nicht-artspezifische Metamorphosehormone bei Schmetterlingen. Naturwissenschaften **26** (1938) 383.

PIEPHO, H: Über die Auslösung der Raupenhäutung, Verpuppung und Imaginalentwicklung an Hautimplantaten von Schmetterlingen. Biol. Zbl. **58** (1938) 481–495.

—: Wachstum und totale Metamorphose an Hautimplantaten bei der Wachsmotte *Galleria mellonella*. Biol. Zbl. **58** (1938) 356–366.

—: Raupenhäutungen bereits verpuppter Hautstücke bei der Wachsmotte *Galleria mellonella* L. Naturwissenschaften **27** (1939) 301–302.

—: Über den Determinationszustand der Vorpuppenhypodermis bei der Wachsmotte *Galleria mellonella* L. Biol. Zbl. **59** (1939) 314–326.

—: Über die Hemmung der Verpuppung durch C. allata. Untersuchungen an der Wachsmotte *Galleria mellonella* L. Biol. Zbl. **60** (1940) 367–393.

—: Untersuchungen zur Entwicklungsphysiologie der Insektenmetamorphose. Über die Puppenhäutung der Wachsmotte *Galleria mellonella* L. Roux' Arch. Entwicklungsmech. **141** (1942) 500–583.

—: Wirkstoffe in der Metamorphose von Schmetterlingen und anderen Insekten. Naturwissenschaften **31** (1943) 329–335.

—: Versuche über die Rolle von Wirkstoffen in der Metamorphose der Schmetterlinge. Biol. Zbl. **65** (1946) 141–148.

—: Zur Frage der Bildungsorgane des Häutungswirkstoffes bei Schmetterlingen. Naturwissenschaften **35** (1948) 94–95.

—: Über das Ausmaß der Artunspezifität von Metamorphosehormonen bei Insekten. Biol. Zbl. **69** (1950) 1–10.

—: Hormonale Grundlagen der Spinntätigkeit bei Schmetterlingsraupen. Z. Tierpsychol. **7** (1950) 424–434.

—: Über die Hemmung der Falterhäutung durch Corpora allata. Untersuchungen an der Wachsmotte *Galleria mellonella* L. Biol. Zbl. **69** (1950) 261–271.

—: Über die Lenkung der Insektenmetamorphose durch Hormone. Zool. Anz. Suppl. **16** (1952) 62–76.

—: Wirkung des Juvenilhormons auf den Mitteldarm der Wachsmotte. J. Insect Physiol. **9** (1963) 713–719.

—, E. BÖDEN und I. HOLZ: Über die Hormonabhängigkeit des Verhaltens von Schwärmerraupen vor den Häutungen. Z. Tierpsychol. **17** (1960) 261–269.

— und A. HEIMS: Das Kutikulamuster der Schmetterlingslarve und die hormonale Grundlage seiner Entstehung. Untersuchungen an der Wachsmotte *Galleria mellonella* L. Z. Naturf. **7 b** (1952) 231–237.

— und I. HOLZ: Verjüngung des Mitteldarmes von Schmetterlingen. Biol. Zbl. **78** (1959) 417–424.

— und H. MEYER: Reaktionen der Schmetterlingshaut auf Häutungshormone. Biol. Zbl. **70** (1951) 252–260.

PIGEAULT, N.: L'organe de bellonci et le comportement chromatique de *Sphaeroma serratum* Fab. C. R. Acad. Sci. Paris **246** (1958) 487–489.

PLAGGE, E.: Weitere Untersuchungen über das Verpuppungshormon bei Schmetterlingen. Biol. Zbl. **58** (1938) 1–12.

POHLEY, H. J.: Experimentelle Beiträge zur Lenkung der Organentwicklung des Häutungsrhythmus und der Metamorphose bei der Schabe *Periplaneta americana* L. Roux' Arch. Entwicklungsmech. **151** (1959) 323–380.

POHLEY, H. J.: Experimentelle Untersuchungen über die Steuerung des Häutungsrhythmus bei der Mehlmotte *Ephestia kühniella* Zeller. Roux' Arch. Entwicklungsmech. **152** (1960) 183–203.

—: Interactions between the endocrine system and the developing tissue in *Ephestia kühniella*. Roux' Arch. Entwicklungsmech. **153** (1961) 443–458.

—: Untersuchungen über die Veränderung der Metamorphoserate durch Antennenamputation bei *Periplaneta americana*. Roux' Arch. Entwicklungsmech. **153** (1962) 492–503.

POISSON, R., und R. SELLIER: Brachyptérisme et actions endocrines chez *Gryllus campestris* L. (insecte orthoptère). C. R. Acad. Sci. Paris **224** (1947) 1074–1075.

POSPELOV, V.: Imaginal diapause and sterility of butterflies. C. R. Acad. Sci. Leningrad **1** (1934) 349–350.

POSSOMPÈS, B.: Les glandes endocrines post-cérébrales des diptères. I. Étude chez la larve de *Chironomus plumosus* L. Bull. Soc. Zool. France **71** (1946) 99–109.

—: Les glandes endocrines post-cérébrales des diptères. II. Étude sommaire des corpora allata et des corpora cardiaca chez la larve de *Tipula* sp. Bull. Soc. Zool. France **72** (1947) 57–62.

—: Les glandes endocrines post-cérébrales des diptères. III. Étude chez la larve de *Tabanus* sp. Bull. Soc. Zool. France **73** (1948) 228–235.

—: Technique d'ablation du système nerveux chez la larve de *Calliphora erythrocephala* Meig. Bull. Soc. Zool. France **73** (1948) 100–102.

—: Les corpora cardiaca de la larve de *Chironomus plumosus*. Bull. Soc. Zool. France **73** (1948) 202–206.

—: Ablation fractionnée de l'anneau de Weismann chez la larve de *Calliphora erythrocephala* Meig. C. R. Acad. Sci. Paris **228** (1949) 1527–1529.

—: Implantation fractionelle de l'anneau de Weismann chez des larves permanentes de *Calliphora erythrocephala* Meig. C. R. Acad. Sci. Paris **230** (1950) 409–411.

—: Rôle du cerveau au cours de la métamorphose de *Calliphora erythrocephala* Meig. C. R. Acad. Sci. Paris **231** (1950) 594–596.

—: Recherches expérimentales sur le déterminisme de la métamorphose de *Calliphora erythrocephala* Meig. Arch. Zool. exp. gén. **89** (1953) 203 bis 364.

—: Données expérimentales sur l'activation de l'anneau de Weismann par le cerveau chez *Calliphora erythrocephala* Meig. Pubbl. Staz. zool. Napoli Suppl. **24** (1954) 59–62.

—: Les données expérimentales sur le déterminisme endocrine de la croissance des insectes. Bull. Soc. Zool. France **78** (1954) 240–275.

—: Corpus allatum et développement ovarien chez *Calliphora erythrocephala* Meig (diptère). C. R. Acad. Sci. Paris **241** (1955) 2001–2004.

—: Développement ovarien après ablation du corpus allatum juvénile chez *Calliphora erythrocephala* Meig (diptère) et chez *Sipyloidea sipylus* W. (phasmoptère). Ann. Sci. nat. Sér. Zool. Biol. animale **18** (1956) 313–314.

—: Capacité d'accesion à l'état imaginal des formes juvéniles du phasme *Sipyloidea sipylus* W., après ablation des corpora allata. C. R. Acad. Sci. Paris **245** (1957) 2404–2406.

Possompès, B.: Effets de la section des connexions nerveuses entre le cerveau et l'anneau de Weismann sur les cellules neurosécrétrices protocérébrales et sur la glande péritra chéenne de *Calliphora erythrocephala* Meig (diptère). C. R. Acad. Sci. Paris **246** (1958) 322–324.

Precht, H.: Über Ruhestadien erwachsener Insekten. I. Versuche an Kartoffelkäfern (*Leptinotarsa decemlineata* Say). Z. vgl. Physiol. **35** (1953) 326–343.

Prell, H.: Über den Einfluß der Kastration auf den Antennenbau des Eichenspinners. Zool. Anz. **44** (1914) 170–174.

—: Über die Beziehungen zwischen primären und sekundären Sexualcharakteren bei Schmetterlingen. Zool. Jb. Physiol. **35** (1915) 183–224.

—: Über die Beziehungen zwischen primären und sekundären Sexualcharakteren bei Schmetterlingen II. Zool. Jb. Physiol. **35** (1915) 593–602.

Prosser, C. L.: An analysis of the action of acetylcholine on hearts, particulary in arthropods. Biol. Bull. **83** (1942) 145–164.

— und G. L. Zimmermann: Effects of drugs on the hearts of *Arenicola* and *Lumbricus*. Physiol. Zoöl. **16** (1943) 77–83.

Raabe, M.: Neurohormones chez les insectes. Bull. Soc. zool. France **84** (1959) 272–316.

—: Localisation et action de certaines neurohormones d'insectes. Čas. Československ. Spol. Entomol. **57** (1960) 325–328.

—: Mise en évidence d'une influence parentale non génétique dans le déterminisme de la coloration chez le phasme *Carausius morosus*. C. R. Acad. Sci. Paris **252** (1961) 2310–2312.

—: Influence maternelle, non génétique, modifiant la vitesse de développement chez le phasme, *Carausius morosus*. Relation entre la vitesse de développement et l'évolution pigmentaire. C. R. Acad. Sci. Paris **252** (1961) 2605–2607.

—: Recherches sur le déterminisme des genèses de pigments chez le phasme, *Carausius mororsus*. C. R. Acad. Sci. Paris **252** (1961) 3663–3665.

—: Rôle des glandes endocrines dans la genèse des pigments chez un phasme, *Carausius morosus*. Comparaison avec les faits connus chez les acridiens. Symp. Genetica Biol. Ital. Pavia 1961. (1962) 235–249.

—: Recherches expérimentales sur la localisation intra-cérébrale du facteur chromactif des insectes. C. R. Acad. Sci. Paris. **257** (1963) 1804–1806.

Radtke, A.: Hemmung der Verpuppung beim Mehlkäfer *Tenebrio molitor* L. Naturwissenschaften **30** (1942) 451–452.

Rae, A. C., und A. F. O'Farrell: The retrocerebral complex and ventral glands of the primitive orthopteroid *Grylloblatta campodeiformis* Walker, with a note on the homology of the muscle core of the „prothoracic gland" in dictyoptera. Proc. roy. Entomol. Soc. London **34** (1959) 76–83.

Rahm, U. H.: Die innersekretorische Steuerung der postembryonalen Entwicklung von *Sialis lutaria* L. (Megaloptera). Rev. Suisse Zool. **59** (1952) 173–237.

Ralph, C. L.: Distribution of cardio-accelerator hormone in *Periplaneta americana*. Amer. Zool. **1** (1961) 381–382.

—: Heart accelerators and decelerators in the nervous system of *Periplaneta americana* (L.). J. Insect Physiol. **8** (1962) 431–439.

Rangneker, P. V., P. B. Sabnis und H. B. Nirmal: The occurence of a hypoglycemic faktor in the eyestalks of freshwater crab, *Paratelphusa jacquemontii* (Rathbun). J. animal. Morph. Physiol. **8** (1961) 137–144.

RANZI, S.: Die Wirkung der Bauchganglienkette auf die Ausfärbung von *Ephestia kühniella* Z. Naturwissenschaften **27** (1939) 660.

RASMUSSEN, E.: Behaviour of sacculinized shore crabs (*Carcinus maenas* Pennant). Nature **183** (1959) 479–480.

REGEN, J.: Kastration und ihre Folgeerscheinungen bei *Gryllus campestris* L. ♂ Zool. Anz. **34** (1909) 477–478.

—: Kastration und ihre Folgeerscheinungen bei *Gryllus campestris* L. ♂ Zool. Anz. **35** (1910) 427–432.

REINHARD, E. G.: Parasitic castration of Crustacea. Exp. Parasitol. **5** (1956) 79–107.

REMY, C., und A. VEILLET: Évolution de la glande androgène chez l'isopode *Anilocra physodes* L. Bull. Soc. Lorraine Sci. **1** (1961) 53–80.

RENAUD, L.: Le cycle des réserves organiques chez les crustacés décapodes. Ann. Inst. Océanogr. Paris N. S. **24** (1949) 259–357.

REVERBERI, G.: Ancora sulla trasformazione sperimentale del sesso nei Bopiridi. La trasformazione delle femmine giovanili in maschi. Pubbl. Staz. zool. Napoli **21** (1947) 81–91.

RICHARDS, A. G.: The integument of arthropods, Minneapolis 1951.

—: Structure and development of the integument. In: Insect Physiology, New York, London. 1953, S. 1–22. Ed. by K. D. ROEDER.

—: The cuticle of arthropods. Ergebn. Biol. **20** (1958) 1–26.

— und T. F. ANDERSON: Electron microscope studies of insect cuticle with a discussion of the application of electron optics to this problem. J. Morph. **71** (1942) 135–183.

RICHTER, A.: Über die Entwicklung der Schuppenorgane und der Genitalanhänge in Abhängigkeit vom Hormonsystem bei *Lepsima saccharina* L. Roux' Arch. Entwicklungsmech. **154** (1962) 1–28.

RIEGEL, J. A.: Blood glucose in crayfishes in relation to moult and handling. Nature **186** (1960) 727.

RIPPLINGER, J.: Contribution à l'étude de la physiologie du coeur et de son innervation extrinsèque chez l'escargot (*Helix pomatia*). Ann. Sci. Univ. Besançon Sér. 2, **8** (1957) 1–179.

RISLER, H.: Kernvolumenänderungen in der Larvenentwicklung von *Ptychopoda seriata* Schrk. Biol. Zbl. **69** (1950) 11–28.

ROBERTS, T. W.: Behavior of organisms. Ecol. Monographs. **12** (1942) 339–412.

—: Light, eyestalk chemical, and certain other factors as regulators of community activity for the crayfish, *Cambarus virilis*, Hagen. Ecol. Monographs **14** (1944) 359–392.

ROBERTSON, J. D.: Some features of the calcium metabolism of the shore crab (*Carcinus maenas* Pennant). Proc. roy. Soc. B **124** (1937) 162–182.

—: Ionic regulation in the crab *Carcinus maenas* (L.) in relation to the moulting cycle. Comp. Biochem. Physiol. **1** (1960) 183–212.

—: An experimental analysis of the sexual behavior of the praying mantis (*Mantis religiosa* L.). Biol. Bull. **69** (1935) 203–220.

ROEDER, K. D., L. TOZIAN und E. A. WEIANT: Endogenous nerve activity and behavior in the mantis and cockroach. J. Insect. Physiol. **4** (1960) 45–62.

ROGERS, W. P., und R. J. SOMMERVILLE: Physiology of exsheathment in nematodes and its relation to parasitism. Nature **179** (1957) 619–621.

Rohlack, S.: Über das Vorkommen von Sexualhormonen bei der Meeresschnecke *Littorina littorea* L. Z. vgl. Physiol. **42** (1959) 164–180.

Röller, H.: Über den Einfluß der Corpora allata auf den Stoffwechsel der Wachsmotte. Naturwissenschaften **49** (1962) 524.

—, H. Piepho und I. Holz: Zum Problem der Hormonabhängigkeit des Paarungsverhaltens bei Insekten. Untersuchungen an *Galleria mellonella* (L.). J. Insect Physiol. **9** (1963) 187–194.

Rose, S. M., und F. C. Rose: The role of a cut-surface in Tubularia regeneration. Physiol. Zoöl. **14** (1941) 328–343.

Roth, M. L., und B. Stay: Control of oocyte development in cockroaches. Science **130** (1959) 271–272.

Roubaud, E.: Vie latente et condition hibernale provoquées par les influences maternelles chez certains invertébrés. Ann. Sci. nat. Sér. 10 **18** (1935) 39–51.

—: Diapauses secondaires et diapauses substitutives, dans l'évolution de certains insectes. C. R. Acad. Sci. Paris **236** (1953) 2457–2459.

Le Roux, M. L.: Recherches sur la sexualité des Gammariens. Bull. biol. France Belg. Suppl. **16** (1933) 1–138.

Ryhänen, R.: Beobachtungen über Häutungsvorgang und Ca-Haushalt beim Edelkrebs *Astacus astacus* (L.) Archivum Soc. zool. bot. Fennicae Vanamo **17** (1962) 25–38.

Sacktor, B.: Some aspects of respiratory metabolism during metamorphosis of normal and DDT-resistant house flies, *Musca domestica* L. Biol. Bull. **100** (1951) 229–243.

Sägesser, H.: Über die Wirkung der Corpora allata auf den Sauerstoffverbrauch bei der Schabe *Leucophaea maderae* (F.) J. Insect Physiol. **5** (1960) 264–285.

Samuels, A.: The effect of sex and allatectomy on the oxygen consumption of the thoracic musculature of the insect, *Leucophaea maderae*. Biol. Bull. **110** (1956) 179–183.

Sandeen, M. I.: Chromatophorotropins in the central nervous system of *Uca pugilator*, with special reference to their origins and actions. Physiol. Zoöl. **23** (1950) 337–352.

— und F. A. Brown: Responses of the distal retinal pigment of *Palaemonetes* to illumination. Physiol. Zoöl. **25** (1952) 222–230.

— und J. D. Costlow jr.: The presence of decapod-pigment activating substances in the central nervous system of representative cirripedia. Biol. Bull. **120** (1961) 192–205.

— und M. Fingerman: Studies by filter paper electrophoresis of the hormones controlling color changes in the shrimp *Crangon*. Biol. Bull. **117** (1959) 425 bis 426.

Sattler, W.: Beiträge zur Kenntnis von Lebensweise und Köcherbau der Larve und Puppe von *Hydropsyche angustipennis*. Z. Morph. Ökol. Tiere **47** (1958) 115–192.

Saussey, M.: Influence de l'ablation des centres nerveux antérieurs sur la régénération postérieure d'*Allolobophora icteria* Savigny (oligochète, Lumbricidae). C. R. Acad. Sci. Paris **255** (1962) 1363–1364.

—: Neurosécrétion et régénération caudale chez *Allolobophora icteria* Savigny (Oligochète, Lumbricidae). C. R. Acad. Sci. Paris **256** (1963) 4078–4080.

Saussey, M.: Effets de la décérébration et de l'amputation caudale sur la spermatogenèse d'*Allolobophora icteria* Savigny (Oligochète, Lumbricidae). C. R. Acad. Sci. Paris **257** (1963) 511–513.
—: Précisions sur le déterminisme de la diapause d'*Allolobophora icterica* Savigny (Oligochète, Lumbricidae). C. R. Acad. Sci. Paris **257** (1963) 2527–2529
Schallek, W.: Some mechanisms controlling locomotor activity in the crayfish. J. exp. Zool. **91** (1942) 155–166.
Schaller, F.: Effets d'une ligature postcéphalique sur le développement de larves agées d'*Apis mellifica* L. Bull. Soc. zool. France **77** (1952) 195–204.
—: Contrôle humoral du développement postembryonnaire d'*Aeschna cyanea* Müll. (insecte odonate). C. R. Acad. Sci. Paris **248** (1959) 2525–2527.
—: Rupture de la diapause larvaire chez *Aeschna cyanea* Müll. (insecte odonate) par implantation de complexes cerveau-corps cardiaques de larves activées. C. R. Soc. Biol. **156** (1962) 658–661.
—: Adult differentiation potentialities of the integument in *Aeschna cyanea* Müll. (Insecta: Odonata). Gen. comp. Endocrinol. **2** (1962) 620.
—: Phénomènes d'inhibition de la métamorphose chez des larves âgées d'*Aeschna cyanea* Müll. (insecte odonate), Bull. Soc. zool. France **87** (1963) 582–600.
Scharrer, B.: Endocrines in invertebrates. Physiol. Rev. **21** (1941) 383–409.
—: The role of the corpora allata in the development of *Leucophaea maderae* (Orthoptera). Endocrinology **38** (1946) 35–45.
—: Über neuroendokrine Vorgänge bei Insekten. Pflügers Arch. ges. Physiol. **255** (1952) 154–163.
—: Comparative physiology of invertebrate endocrines. Ann. Rev. Physiol. **15** (1953) 457–472.
—: „Castration cells" in the central nervous system of an insect (*Leucophaea maderae* Blattaria). Trans. N. York Acad. Sci. Ser. 2, **17** (1955) 520–525.
— und M. von Harnack: Castration effects in the insect, *Leucophaea maderae*. Anatom. Rec. **138** (1960) 382.
— —: Histophysiological studies on the corpus allatum of *Leucophaea maderae*. III. The effect of castration. Biol. Bull. **121** (1961) 193–208.
Scheer, B. T.: The hormonal control of metabolism in decapod crustaceans. In: Recent advances in invertebrate physiology. Eugene. Ed. by B. T. Scheer. (1957) 213–227.
—: The hormonal control of metabolism in crustaceans. IX. Carbohydrate metabolism in the transition from intermoult to premoult in *Carcinides maenas*. Biol. Bull. **116** (1959) 175–183.
—: Carbohydrate metabolism in the transition from intermoult to premoult in crabs. Proc. XV. Internat. Congr. Zool. London 1958. (1959) 553–555.
—: The neuroendocrine system of arthropods. Vitamins & Hormones **18** (1960) 141–204.
— und M. A. R. Scheer: The hormonal control of metabolism in crustaceans. VII. Moulting and colour change in the prawn *Leander serratus*. Pubbl. Staz. zool. Napoli **25** (1954) 397–418.
— —: The hormonal control of metabolism in crustaceans. VIII. Oxygen consuption in *Leander serratus*. Pubbl. Staz. zool. Napoli **25** (1954) 419–426.
— —: Relation of colour change to moulting in prawns. Nature **175** (1955) 473 bis 474.

SCHEFFEL, H.: Zur Häutungsphysiologie der Chilopoden. Zool. Jb. Physiol. **70** (1963) 284–290.

SCHLABRITZKY, E.: Die Beeinflussung der embryonalen Dorsal-Kontraktion durch Nervenextrakte und Acetylcholin bei der Wanderheuschrecke (*Locusta migratoria migratorioides* R. et F.). Z. vgl. Physiol. **44** (1961) 237–241.

SCHLÄPFER, T.: Der Einfluß des adulten Wirtsmilieus auf die Entwicklung von larvalen Augenantennen-Imaginalscheiben von *Drosophila melanogaster*. Roux' Arch. Entwicklungsmech. **154** (1963) 378–404.

SCHMIALEK, P.: Die Identifizierung zweier im Tenebriokot und in Hefe vorkommender Substanzen mit Juvenilhormonwirkung. Z. Naturf. **16 b** (1961) 461–464.

SCHMIDT, W. J.: Über Chromatophoren bei Insekten. Arch. mikrosk. Anat. Abt. 1, **93** (1919) 118–136.

SCHMIDT, E. L., und C. M. WILLIAMS: Physiology of insect diapause. V. Assay of the growth and differentiation hormone of Lepidoptera by the method of tissue culture. Biol. Bull. **105** (1953) 174–187.

SCHMIEDER, R. G.: The control of the metamorphosis in Hymenoptera. Anatom. Rec. Suppl. **88** (1942) 514.

SCHNEIDERMAN, H. A.: The discontinuous release of carbon dioxide by diapausing pupal insects. Anatom. Rec. **117** (1953) 540.

—: Onset and termination of insect diapause. In: Physiol. triggers and discontinous rate processes (Symp. Woods Hole Mass Sept. 1955) Washington (1957) S. 46–59.

—: Juvenile hormone activity in microorganisms and plants. Nature **188** (1960) 1041–1042.

—: The juvenile hormone and other insect growth hormones. Čas. Českosl. Spol. Entomol. **58** (1961) 12–28.

— und L. I. GILBERT: The distribution and chemical properties of the juvenile hormone of insects. Anatom. Rec. **128** (1957) 618.

— —: Substances with juvenile hormone activity in Crustacea and other invertebrates. Biol. Bull. **115** (1958) 530–535.

— —: The chemistry and physiology of insect growth hormones. In: Cell, organism and milieu, 17th growth symposium. New York 1959. S. 157–187. Ed. by RUDNICK.

— und J. HORWITZ: The induction and determination of facultative diapause in the chalcid wasps *Mormoniella vitripennis* (Walker) and *Tritneptis klugii* (Ratzeburg). J. exp. Biol. **35** (1958) 520–551.

— M. KETCHEL und C. M. WILLIAMS: The physiology of insect diapause. VI. Effects of temperature, oxygen tension, and metabolic inhibitors on in vitro spermatogenesis in the *Cecropia* silkworm. Biol. Bull. **105** (1953) 188–199.

— und C. M. WILLIAMS: The terminal oxidases in diapausing and non-diapausing insects. Anatom. Rec. **113** (1952) 4.

— —: The physiology of insect diapause. VII. The respiratory metabolism of the *Cecropia* silkworm during diapause and development. Biol. Bull. **105** (1953) 320–334.

— —: The physiology of insect diapause. VIII. Qualitative changes in the metabolism of the *Cecropia* silkworm during diapause and development. Biol. Bull. **106** (1954) 210–229.

Schneiderman, H. A. und C. M. Williams: The physiology of insect diapause. IX. The cytochrome oxidase system in relation to the diapause and development of the *Cecropia* silkworm. Biol. Bull. **106** (1954) 238–252.

— —: An experimental analysis of the discontinuous respiration of the *Cecropia* silkworm. Biol. Bull. **109** (1955) 123–143.

Schroeder, D.: Über die Gewebsatmung des Kartoffelkäfers *Leptinotarsa decemlineata* Say in der Winterruhe und im Wachzustand. J. Insect Physiol. **1** (1957) 131–142.

Schwabe, C. W., B. T. Scheer und M. A. R. Scheer: The molt cycle in *Panulirus japonicus*. II. Of the hormonal regulation of metabolism in crustaceans. Physiol. Comp. Oecol. **2** (1952) 310–320.

Scudamore, H. H.: A correlation between the rate of heart beat and the state of certain chromatophores in the shrimp, *Palaemonetes*. Trans. Illionois Acad. Sci. **34** (1941) 238–240.

—: Hormonal regulation of molting and some related phenomena in the crayfish, *Cambarus immunis*. Anatom. Rec. Suppl. **88** (1942) 514–515.

—: Influence of the sinus glands upon certain metabolic changes associated with molting in the crayfish, *Cambarus immunis*. Anatom. Rec. Suppl. **88** (1942) 515.

—: Hormonal influence of molting and the sexual cycle in the crayfish, *Cambarus immunis*. Anatom. Rec. Suppl. **88** (1942) 515–516.

—: The influence of the sinus glands upon molting and associated changes in the crayfish. Physiol. Zoöl. **20** (1947) 187–208.

Scully, U.: Quantitative activation of the supra-esophageal ganglion of *Nereis diversicolor* to secrete hormones for regeneration. Gen. comp. Endocrinol. **3** (1963) 732.

Seamans, L., and L. C. Woodruff: Some factors influencing the number of moults of the german roach. J. Kansas Entomol. Soc. **12** (1939) 73–76.

Sellier, R.: Diapause larvaire et macroptérisme chez *Gryllus campestris* (Ins. orth.). C. R. Acad. Sci. Paris **228** (1949) 2055–2056.

—: La différenciation sexuelle des élytres chez les orthoptères gryllidés. C. R. Acad. Sci. Paris **231** (1950) 180–182.

—: Gonades, cerveau et morphogenèse alaire chez les grillons. Ann. Sci. nat. Sér. Zool. Biol. animale **18** (1956) 251–255.

Sexton, E. W.: The moulting and growth-stages of *Gammarus*, with descriptions of the normals and intersexes of *G. chevreuxi*. J. Marine Biol. Assoc. U. K. **13** (1924) 340–401.

— und J. S. Huxley: Intersexes in *Gammarus chevreuxi* and related forms. J. Marine Biol. Assoc. U. K. **12** (1921) 506–556.

Shaw, J.: The absorption of sodium ions by the crayfish, *Astacus pallipes* Lereboullet. II. The effect of the external anion. J. exp. Biol. **37** (1960) 534–547.

—: The absorption of sodium ions by the crayfish *Astacus pallibes* Lereboullet. III. The effect of other cations in the external solution. J. exp. Biol. **37** (1960) 548–556.

Shimoizumi, M.: Studies on the sexuality of the land isopod, *Metoponorthus pruinosus*. IV. „Female breeder". J. Gakugei Tokushima Univ. **6** (1955) 1–10.

SHIMOIZUMI, M.: Females with male sexual characters in the land isopod, *Porcellio maculatus*. J. Gakugei Tokushima Univ. **7**, (1956) 19–27.
—: Studies on the sexuality of the land isopod, *Metoponorthus pruinosus*. V. Intersexuality. J. Gakuei Tokushima Univ. **8** (1958) 11–25.
SILEN, L.: Notes on lateral organs in peracaridan Crustacea. Acta Zoologica **35** (1954) 1–10.
SIMMONDS, F. J.: The influence of maternal physiology on the incidence of diapause. Phil. Trans. roy. Soc. London Ser. B **233** (1948) 385–414.
SKINNER, D. M.: The molt cycle of the land crab, *Gecarcinus lateralis*. Anatom. Rec. **132** (1958) 507.
—: Incorporation of labelled valine into the proteins of the *Cecropia* silkworm. Biol. Bull. **125** (1963) 165–176.
SLÁMA, K.: Metabolism during diapause and development in sawfly metamorphosis. In: The ontogeny of insects. Acta symp. evol. insect. Prag 1959. Prag 1960, S. 195–201.
—: Physiology of sawfly metamorphosis. I. Continous respiration in diapausing prepupae and pupae. J. Insect Physiol. **5** (1960) 341–348.
—: Pseudo-juvenilizing effect in insects. Čas. Československ. Spol. Entomol. **58** (1961) 117–120.
—: The juvenile hormone like effect of fatty acids, fatty alcohols, and some other componds in insect metamorphosis. Čas. Českosl. Spol. Entomol. **59** (1962) 323–340.
—: Die Einwirkung des Juvenilhormons auf die Epidermiszellen der Flügelanlagen bei künstlich beschleunigter und verzögerter Metamorphose von *Pyrrhocoris apterus* L. Zool. Jb. Physiol. **70** (1964) 427–454.
—, und H. HRUBESCOVÁ: Übereinstimmung in der Einwirkung von larvalen und imaginalen Corpora allata auf den Respirationsmetabolismus und die Reproduktion bei *Pyrrhocoris apterus* L.-Weibchen. Zool. Jb. Physiol. **70** (1963) 291–300.
SLEPECKY, R. A., und L. I. GILBERT: The antimicrobial activity of some insect extracts possessing juvenile hormone activity. Experientia **18** (1962) 14–15.
SLIFER, E. H.: The effects of xylol and other solvents on diapause in the grasshopper egg, together with a possible explanation for the action of these agents. J. exp. Zool. **102** (1946) 333–356.
—: Diapause in the eggs of *Melanoplus differentialis* (Orthoptera, Acrididae). J. exp. Zool. **138** (1958) 259–292.
SMITH, G.: The life of cladocera, with remarks on the physiology of growth and reproduction in Crustacea. Proc. roy. Soc. London Ser. B **88** (1915) 418 bis 435.
—: The receptive mechanism of the background response in chromatic behaviour of Crustacea. Proc. roy. Soc. London Ser. B **125** (1938) 250–263.
SMITH, R. I.: Studies on the effects of eyestalk removal upon young crayfish (*Cambarus clarkii* Girard). Biol. Bull. **79** (1940) 145–152.
—: Nervous control of chromatophores in the leech *Placobdella parasitica*. Physiol. Zoöl. **15** (1952) 410–417.
—: The role of the sinus glands in retinal pigment migration in grapsoid crabs. Biol. Bull. **95** (1948) 169–185.

SNODGRASS, R. E.: The metamorphosis of a fly's head. Smithson. Miscell Collect. **122** No. 3 (1953) 1–25.

—: Insect metamorphosis. Smithson. Miscell Collect. **122** No. 9 (1954) 1–124.

SOLLAS, J. B. J.: Note on parasitic castration in the earthworm *Lumbricus herculens*. Ann. & Mag. Nat. Hist. **7** (1911) 335–337.

SRIVASTAVA, U. S.: Secretory cycle and disappearance of the prothoracic glands in *Tenebrio molitor* L. (Coleoptera: Tenebrionidae). Experientia **16** (1960) 445.

STAAL, G. B.: Endocrine effects in phase development in locusts. In: The ontogeny of insects. Acta symp. evol. insect. Prag 1959. Prag 1960, S. 142–146.

—: Studies on the physiology of phase induction in *Locusta migratoria migratorioides* R. u. F. Lab. Entomol. Mededeling. Wageningen. No. 72 (1961) 1–125.

STÄHL, F.: Preliminary report on the colour changes and the incretory organs in the heads of some crustaceans. Ark. Zool. **30 B**, Nr. 8 (1939) 1–3.

STEELE, J.-E.: Occurence of a hyperglycaemic factor in the corpus cardiacum of an insect. Nature **192** (1961) 680–681.

—: The site of action of insect hyperglycaemic hormone. Gen. comp. Endocrin. **3** (1963) 46–52.

STEEN, B. J.: The effect of juvenile hormone on the respiratory metabolism of silkworm pupae, as recorded with a new semi-micro device. Acta physiol. Scand. **51** (1961) 275–282.

STEGWEE, D.: Metabolic effect of a corpus allatum hormone in diapausing *Leptinotarsa decemlineata* Say. Verhandl. XI. Internat. Kongr. Entomol. Wien 1960. **3** (1960) 218–221.

—: Biochemical and morphogenetic activities of the corpus allatum hormone on the subcellular level. Proc. XVI. Internat. Congr. Zool. Washington **4** (1963) 264–265.

STEIDLE, H.: Über die Verbreitung des weiblichen Sexualhormons. Arch. exp. Pathol. Pharmakol. **157** (1930) 89.

STEINBERG, D.: Гормоны у насекомых Usp. sovr. Biol. **25** (1948) 401–418.

STEINBERG, M. S.: Studies on the mechanism of physiological dominance in *Tubularia*. J. exp. Zool. **127** (1954) 1–26.

—: Cell movement, rate of regeneration, and the axial gradient in *Tubularia*. Biol. Bull. **108** (1955) 219–234.

STELLWAAG-KITTLER, F.: Zur Physiologie der Käferhäutung (*Tenebrio molitor*). Biol. Zbl. **73** (1954) 12–49.

STÉPHAN-DUBOIS, F., und F. GILGENKRANTZ: Régénération après transplantation chez la planaire *Dendrocoelum lacteum*. C. R. Soc. Biol. **155** (1961) 115–118.

— und TH. LENDER: Corrélations humorales dans la régénération des planaires paludicoles. Ann. Sci. nat. Sér. Zool. Biol. animale **18** (1956) 223–230.

STEPHENS, G. C.: A molt-inhibiting factor in the central nervous system of the crayfish, *Cambarus* sp. Anatom. Rec. **111** (1951) 572–573.

—: Induction of molting in the crayfish, *Cambarus*, by modification of daily photoperiod. Biol. Bull. **108** (1955) 235–241.

—: Twenty-four hour cycles in marine organisms. Amer. Natural. **91** (1957) 135–151.

STEPHENS, G. C., F. FRIEDL und B. GUTTMANN: Electrophoretic separation of chromatophorotropic principles of the fiddler crab, *Uca*. Biol. Bull. **111** (1956) 312 bis 313.

— und J. P. GREEN: Enzymatic inactivation of chromatophorotropic principles from the fiddler crab, *Uca*. Biol. Bull. **115** (1958) 367.

—, B. GUTTMANN und J. P. GREEN: Chromatophorotropic principles of the green gland of the fiddler crab, *Uca*. Biol. Bull. **115** (1958) 367–368.

—, A. STRICKHOLM und F. FRIEDL: The rate of disappearance of the melanophore-dispersing hormone from the blood of the fiddler crab, *Uca*. Biol. Bull. **111** (1956) 313.

STEPHENS, G. J.: Mechanisms regulating the reproductive cycle in the crayfish, *Cambarus*. I. The female cycle. Physiol. Zoöl. **25** (1952) 70–84.

STEPHENSON, E. M.: Colour changes in Crustacea. Nature **130** (1932) 931.

—: Control of the chromatophores in *Leander serratus*. Nature **133** (1934) 912 bis 913.

STOCK, A., und A. F. O'FARRELL: Regeneration and the moulting cycle in *Blattella germanica* L. II. Simultaneous regeneration of both metathoracic legs. Austral. J. Biol. Sci. **7** (1954) 302–307.

STOTT, F. G.: Einige vorläufige Versuche über Veränderungen des Blutzuckers bei Dekapoden. Biochem. Z. **248** (1932) 55–64.

STRANGWAYS-DIXON, J.: Hormonal control of selective feeding in female *Calliphora erythrocephala* Meig. Nature **184** (1959) 2040–2041.

—: The relationship between nutrition, hormones and reproduction in the blowfly *Calliphora erythrocephala* (Meig.). I. Selective feeding in relation to the reproductive cycle, the corpus allatum volume and fertilization. J. exp. Biol. **38** (1961) 225–235.

—: The relationship between nutrition, hormones and reproduction in the blowfly *Calliphora erythrocephala* (Meig.). II. The effect of removing the ovaries, the corpus allatum and the median neurosecretory cells upon selective feeding, and the demonstration of the corpus allatum cycle. J. exp. Biol. **38** (1961) 637–646.

—: The relationship between nutrition, hormones and reproduction in the blowfly *Calliphora erythrocephala* Meig. III. The corpus allatum in relation to nutrition, the ovaries, innervation and the corpus cardiacum. J. exp. Biol. **39** (1962) 293–306.

STRELNIKOV, I. D.: Wasserumsatz und Diapause bei *Loxostege sticticalis* (Lepid). C. R. Acad. Sci. URSS Moskau **1** (1936) 267–271.

STRICH-HALBWACHS, M. C.: Rôle de la glande ventrale chez *Locusta migratoria* (L.). C. R. Soc. Biol. **148** (1954) 2087–2091.

—: Action de la glande ventrale sur le développement ovarien de *Locusta migratoria* L. (Orthoptera). J. Insect Physiol. **1** (1958) 346–351.

—: Contrôle de la mue chez *Locusta migratoria*. Ann. Sci. nat. Zool. Sér. 12, **1** (1959) 483–570.

STSCHEGOLEW, G. G.: Die Änderung der Färbung unter dem Einfluß des Lichtes bei *Protoclepsis tesselata* Braun. Rev. zool. Russe **7** (1928) 149–166.

STUTINSKY, F.: Mise en évidence d'une substance antidiurétique dans le cerveau et le complexe rétrocérébral d'une blatte *Blabera fusca* Brunn. Bull. Soc. zool. France **78** (1953) 202–204.

SUNESON, S.: Colour change and chromatophore activators in *Idothea*. Univ. Arsskr. Lund N. F. Avd. 2, **43** Nr. 5 (1947) 1–34.

SUOLAMAINEN, P.: The effect of adrenaline and choline on the heart rate in *Daphnia pulex* Geer. Ann. Zool. Soc. zool. bot. Fennicae Vanamo **7** (1939) 1–6.

TAABOR, H.: Insect metamorphosis and the hormonal influences (with an introduction by V. J. A. NOVÁK). Dt. Entomol Z. N. F. **9** (1962) 359–366.

TAIT, J.: Experiments and observations on Crustacea. II. Moulting of isopods. Proc. roy. Soc. Edinburgh **37** (1917) 59–68.

TAKAMI, T.: In vitro culture of embryos in the silkworm, *Bombyx mori* L. I. Culture in silkworm egg extract, with special reference to some characteristics of the diapausing egg. J. exp. Biol. **35** (1958) 286–296.

—: In vitro culture of embryos in the silkworm, *Bombyx mori* L. III. Moult of brainless embryos in culture. J. exp. Biol. **40** (1963) 735–739.

TAKAOKA, M.: Studies of the metamorphosis in insects. II. Relation between pupation and the tracheal system in *Drosophila melanogaster*. Embryologia **3** (1957) 343–352.

—: Studies of the metamorphosis in insects. III. Relation between pupation and oxygen tension in *Drosophila melanogaster*. Embryologia **4** (1959) 237–246.

—: Studies of the metamorphosis in insects. IV. Inhibition of pupation by carbon dioxide in the mature larva of *Drosophila melanogaster*. Embryologia **5** (1960) 78–84.

—: Studies of the metamorphosis in insects. V. Factors controlling the larval period of the squash fly, *Zeugodacus depressus shiraki*. Embryologia **5** (1960) 259–269.

TAKEWAKI, K., und N. NAKAMURA: The effects of gonadectomy on the sex characters of *Armadillidium vulgare*, an isopod crustacean. J. Fac. Sci. Tokyo Imperial Iniv. Sect. 4, **6** (1944) 369–382.

— und Y. YAMAMOTO: Hormonal regulation of ovarian development in the shrimp, *Paratya compressa*. Annotat. zool. Japon. **23** (1950) 187–190.

— —: Acceleration of ovarian growth following removal of eyestalks in the shrimp, *Paratya compressa*. Zool. Mag. Tokyo **59** (1950) 5–7.

TARDENT, P.: Zum Nachweis eines regenerationshemmenden Stoffes im Hydranth von *Tubularia*. Rev. Suisse Zool. **62** (1955) 289–294.

—: Pfropf-Experimente zur Untersuchung des regenerationshemmenden Stoffes von *Tubularia*. Rev. Suisse Zool. **63** (1956) 231–236.

— und R. TARDENT: Wiederholte Regeneration bei *Tubularia*. Pubbl. Staz. zool. Napoli **28** (1956) 357–396.

TAUBER, J.: The exometamorphosis of Lepidoptera, its mechanics and the question of hormonal influences during the metabolic development of insects. Folia Biol. **10** (1924) 371–387.

TCHERNIGOVTZEFF, C.: Observations sur l'évolution du bourgeon de régénération du second péréiopode chez *Leander serratus* (Pennant). C. R. Acad. Sci. Paris **244** (1957) 1267–1269.

—: Croissance épithéliale et cycle d'intermue chez *Leander serratus* (Pennant). C. R. Acad. Sci. Paris **248** (1959) 600–602.

—: Influence de l'ablation des pédoncules oculaires sur les durées d'intermue et les taux de croissance chez un décapode Natantia: *Leander serratus* (Pennant). C. R. Acad. Sci. Paris **255** (1962) 400–402.

TEISSIER, G.: Fonctionnement des chromatophores de la larve de corèthre. C. R. Acad. Sci. Paris **225** (1947) 204–205.

TEMPLEMAN, W.: The influence of temperature, salinity, light and foot conditions on the survival and growth of the larvae of the lobster (*Homarus americanus*). J. biol. Board. Canada **2** (1936) 485–497.

TEN CATE, J.: Contribution à la physiologie comparée du tube digestif. III. Les mouvements rhythmiques spontanées de l'oesophage isolé et du gosier de *Dytiscus marginalis*. Arch. Néerl. Physiol. **9** (1924) 598–604.

TESCHNER, D.: Kälte als fördernder Einfluß bei der Eientwicklung von Grundwassermilben (Porohalacaridae). Naturwissenschaften **48** (1961) 724.

THOMSEN, E.: Relation between corpus allatum and ovaries in adult flies (Muscidae). Nature **145** (1940) 28–29.

—: An experimental and anatomical study of the corpus allatum in the blowfly *Calliphora erythrocephala* Meig. Vidensk. Meddel. Dansk naturh. Foren **106** (1942/43) 319–405.

—: Effect of removal of neurosecretory cells in the brain adult *Calliphora erythrocephala* Meig. Nature **161** (1948) 439–440.

—: The gonadotropic hormones in the Diptera. Bull. biol. France Belg. Suppl. **33** (1948) 68–80.

—: Influence of the corpus allatum on the oxygen consumption of adult *Calliphora erythrocephala* Meig. J. exp. Biol. **26** (1949) 137–149.

—: Observations on the oenocytes of the adult *Calliphora erythrocephala* Meig. BERTIL HANSTRÖM zoological papers in honour of his sixty-fifth birthday. (1956) 298–306.

— und K. HAMBURGER: Oxygen consumption of castrated females of the blow-fly, *Calliphora erythrocephala* Meig. J. exp. Biol. **32** (1955) 692–699.

— und I. MØLLER: Neurosecretion and intestinal proteinase activity in an insect, *Calliphora erythrocephala* Meig. Nature **183** (1959) 1401–1402.

— —: Further studies on the function of the neurosecretory brain cells of the adult *Calliphora* female. In: The ontogenety of insects. Acta symp. evol. insect. Prag 1959. Prag (1960) 121–126.

— —: Influence of neurosecretory cells and of corpus allatum on intestinal protease activity in the adult *Calliphora erythrocephala* Meig. J. exp. Biol. **40** (1963) 301–321.

THOMSEN, M.: Effect of corpus cardiacum and other insect organs on the colour-change of the shrimp, *Leander adspersus*. Kongel. danske vidensk. Selsk. biol. Medd. **19** (1943) 1–38.

TITSCHACK, E.: Untersuchungen über das Wachstum, den Nahrungsverbrauch und die Eierzeugung. II. *Tineola bisselliella* Hum. Gleichzeitig ein Beitrag zur Klärung der Insektenhäutung. Z. wiss. Zool. **128** (1926) 509–569.

TÖRÖK, L. J., und I. TÖRÖ: Beiträge zum Problem einer „morphogenetischen Hemmung" an Hand experimenteller Befunde bei der Regeneration von Planarien. Embryologia **6** (1962) 319–354.

TRAVIS, D. F.: Physiological changes which cocur in the blood and urine of *Panulirus argus* Latreille during the molting cycle. Anatom. Rec. **111** (1951) 573.

—: The control of the sinus glands over certain aspects of calcium metabolism in *Panulirus argus* Latreille. Anatom. Rec. **111** (1951) 503.

TRAVIS, D. F.: The molting cycle of the spiny lobster, *Panulirus argus* Latreille. I. Molting and growth in laboratory-maintained individuals. Biol. Bull. **107** (1954) 433–450.

—: The molting cycle of the spiny lobster, *Panulirus argus* Latreille. II. Pre-ecdysal histological and histochemical changes in the hepatopancreas and integumental tissue. Biol. Bull. **108** (1955) 88–112.

—: The molting cycle of the spiny lobster, *Panulirus argus* Latreille. III. Physiological changes which occur in the blood and urine during the normal molting cycle. Biol. Bull. **109** (1955) 485–503.

TRILLES, J. P.: Mise en évidence d'une action complexe céphalique neuro-sécrétoire sur la glande androgène et les gonades de *Nerocila orbignyi* (Schioedte et Meinert) (isopode, Cymothoidae). C. R. Acad. Sci. Paris **257** (1963) 1811–1812.

TUCKER, M.: Inhibitory control of regeneration in nemertean worms. J. Morph. (1955) 569–599.

TWEEDELL, K. S.: Inhibition of regeneration in *Tubularia* by tissue extract injection. Biol. Bull. **123** (1962) 513–514.

UHLMANN, E.: Über Pluripotenz, Spezifikation und Entwicklungsbahnen im Bauinstinkt der Trichopterenlarven. Verh. Dt. Zool. Ges. Leipzig (1924) 99–102.

—: Instinkt und Entwicklung unter besonderer Berücksichtigung des Bauinstinktes der Trichopterenlarven. Jena. Z. Naturw. **67** (1932) 571–588.

UMEYA, Y.: Experiments of ovarian tranplantation and blood tranfusion in silkworms, with special reference to the alternation of voltinism. Bull. Sericult. exp. Stat. Chosen **1** (1926) 1–26.

—: Studies in embryonic hibernation and diapause in insects. Proc. Imperial Acad. Tokyo. **26** (1950) 1–9.

UNGER, H.: Neurohormonale Steuerung der Herztätigkeit bei Insekten. Naturwissenschaften **43** (1956) 66–67.

—: Untersuchungen zur neurohormonalen Steuerung der Herztätigkeit bei Schaben. Biol. Zbl. **76** (1957) 204–225.

—: Neurohormone bei Seesternen. Symp. Biol. Hungaria 1958. **1** (1960) 203–207.

UNGER, J.: Farbanpassung der Puppenfärbung bei Pieriden. Diplomarbeit 1964 (unveröffentlicht).

USCHATINSKAJA, R. S.: Направление некоторых физиологических процессов в теле насекомых в подготовительный к зимовке период. Isv. Akad. Nauk UdSSR Ser. Biol. **1** (1952) 101–114.

—: Основы холодостойкости насекомых, Moskau 1957.

—: Physiologische Untersuchungen über die Diapause der Insekten. Ber. 100-Jahrfeier Dt. Ges. Entomol. Berlin 1956 (1957) 250–263.

—: Физиологические особенности развития гусениц китайского дубого шелкопряда (Antheraea pernyi G.-M.) при длинном и коротком световом дне. Zool. Ž. **40** (1961) 1030–1038.

VALENTE, D.: Contribuição para o estudo da neurosecreção nos crustáceos. Boletins Fac. Fil. Ciên. Letr. Univ. São Paulo (Zool.) **22** (1959) 5–74.

— und G. A. EDWARDS: The regulation of the activity rhythm of the crab (*Trichodactylus petropolitanus*). Boletins Fac. Fil. Ciên. Letr. Univ. São Paulo (Zool.) **20** (1955) 5–17.

VANDEL, A.: Le développement de l'appareil copulateur des planaires est sous la dépendance des glandes génitales. C. R. Acad. Sci. Paris **170** (1920) 249 bis 251.

—: Recherches expérimentales sur les modes de reproduction des planaires triclades paludicoles. Bull. biol. France Belg. **55** (1922) 343–518.

VAVROUŠKOVÁ, K.: Barvoměna pijavky *Protoclepsis tesselata* (O. F. Müller). Věstn. Českosl. Zool. Spol. **16** (1952) 334–353.

VEILLET, A.: Recherches sur le parasitisme des crabes et des galathées par les rhizocéphales et les épicarides. Ann. Inst. Océanogr. Paris **22** (1945) 194 bis 341.

—: Sur l'inhibition hormonale de la mue chez les crustacés décapodes pendant la saison des mues. Bull. Soc. Sci. Nancy **15** (1954) 46–48.

—: Inversion sexuelle et glande androgène chez quelques crustacés. Bull. Soc. Sci. Nancy **17** (1958) 200–203.

—, G. CORNUBERT und N. DÉMEUSY: Hypothèses sur l'influence des pédoncules oculaires sur le déterminisme des caractères sexuels externes des crustacés décapodes. C. R. Soc. Biol. **147** (1953) 1264–1265.

— und F. GRAF: Développement post-embryonnaire des gonades et de la glande androgène chez le crustacé amphipode *Orchestia cavimana* Heller. C. R. Acad. Sci. Paris **246** (1958) 3188–3191.

— —: Dégénérescence de la glande androgène des crustacés décapodes parasités par les rhizocéphales. Bull. Soc. Sci. Nancy N. S. **18** (1958) 123–127.

VERNE, J.: Note histochimique sur le métabolisme du glycogène pendant la mue chez les crustacés. C. R. Soc. Biol. **90** (1924) 186–188.

VERNET-CORNUBERT, G.: Note préliminaire sur la régénération des pléopodes chez les mâles et les femelles de *Pachygrapsus marmoratus* (Fabricius) parasités par *Sacculina carcini* (Thompson). C. R. Acad. Sci. Paris **247** (1958) 1402–1405.

—: Recherches sur la sexualité du crabe *Pachygrapsus marmoratus* (Fabricius). Arch. Zool. exp. gèn. **96** (1958) 101–276.

—: Note préliminaire sur l'influence de l'ablation des pédoncules oculaires sur la mue de l'oxyrhynque *Pisa tetraodon* (Pennant). C. R. Acad. Sci. Paris **248** (1959) 2649–2651.

—: Influence de l'ablation des pédoncules oculaires sur les caractères sexuels externes des femelles de *Pachygrapsus marmoratus* (Fabricius) parasitées par *Sacculina carcini* (Thompson). Bull. Soc. Nancy **18** (1959) 263–275.

—: Régénération des pléopodes chez la crabe *Pachygrapsus marmoratus* (Fabricius) parasitée par *Sacculina carcini* (Thompson). Bull. Inst. Océanogr. Monaco. Nr. 1151 (1959) 1–29.

—: Influence de l'ablation des pédoncules oculaires sur la mue, la ponte et les caractères sexuels externes de *Pisa tetraodon* Pennant. Bull. Inst. Océanogr. Monaco Nr. 1186 (1960) 1–24.

—: Connaissances actuelles sur le déterminisme hormonal de la mue chez les décapodes et étude de quelques phénomènes qui lui sont liés. Arch. Zool. exp. gén. **99** (1961) 57–76.

—: Étude comparée des effets provoqués par la régénération intense et l'ablation des pédoncules oculaires sur la mue et la croissance de *Pachygrapsus marmoratus* (Fabricius). C. R. Acad. Sci. Paris **255** (1962) 2015–2017.

VERNET-CORNUBERT, G. und N. DÉMEUSY: Influence de l'ablation des pédoncules oculaires sur les caractères sexuels externes des femelles pubères de *Carcinus maenas* et *Pachygrapsus marmoratus*. C. R. Acad. Sci. Paris **240** (1955) 360–361.

VERSON, E.: Dei tessuti ghiandolari che il filugello alberga nei suoi vani circolatori. Ann. Staz. Bacologica **28** (1899) 81.

— und E. BISSON: Cellule glandulari ipostigmatiche nel *Bombyx mori*. Bull. Soc. Entomol. Ital. **23** (1891) 3–20.

VICENTE, N.: Ablation de ganglions nerveux et osmorégulation chez *Aplysia rosea* Rathke (gastéropode opisthobranche). C. R. Acad. Sci. Paris. **256** (1963) 2928–2930.

VOGT, M.: Zur Ursache der unterschiedlichen gonadotropen Wirkung der Ringdrüse von *Drosophila funebris* und *Drosophila melanogaster*. Roux' Arch. Entwicklungsmech. **140** (1940) 525–546.

—: Weiteres zur Frage der Artspezifität gonadotroper Hormone. Untersuchungen an *Drosophila*-Arten. Roux' Arch. Entwicklungsmech. **141** (1941) 424 bis 454.

—: Zur hormonalen Bedeutung des *Drosophila*-Gehirnes und seiner hormonal bedingten imaginalen Entwicklung. Naturwissenschaften **30** (1942) 470–471.

—: Die „Puparisierung" als Ringdrüsenwirkung. Biol. Zbl. **62** (1942) 149–154.

—: Induktion von Metamorphoseprozessen durch implantierte Ringdrüsen bei *Drosophila*. Roux' Arch. Entwicklungsmech. **142** (1942) 131–182.

—: Zur Produktion und Bedeutung metamorphosefördernder Hormone während der Larvenentwicklung von *Drosophila*. Biol. Zbl. **63** (1943) 395–446.

—: Zur Produktion gonadotropen Hormons durch Ringdrüsen des ersten Larvenstadiums bei *Drosophila*. Biol. Zbl. **63** (1943) 467–470.

—: Inhibitory effects of the corpora cardiaca and of the corpus allatum in *Drosophila*. Nature **157** (1946) 512.

—: Zur Kenntnis des larvalen und pupalen Corpus allatum von *Calliphora*. Biol. Zbl. **63** (1947) 56–71.

VOGT, W.: Über ein Seitenorgan der Mysideen. Z. Morph. Ökol. Tiere **29** (1935) 507–510.

VOWLES, D. M.: The physiology of the insect nervous system. Internat. Rev. Neurobiol. **3** (1961) 349–373.

WAKU, Y.: Seasonal change of the pupal respiratory metabolism in the chinese oak-silkworm, *Antheraea pernyi* Guérin, with special regard to its hibernation and diapause. Sci. Rep. Tôhoku Imp. Univ. Sendai Ser. 4 (Biol.) **23** (1957) 101–118.

—: Pupal oxygen uptake in the chinese oak-silkworm *Antheraea pernyi* Guérin and braking of its diapause. Sci. Rep. Tôhoku Imp. Univ. Sendai Ser. 4 (Biol.) **23** (1957) 143–155.

—: Studies on the hibernation and diapause in insects. III. Further notes on the O_2-uptake change and breaking of pupal diapause in the chinese oak-silkworm. Sci. Rep. Tôhoku Imp. Univ. Sendai Ser. 4 (Biol.) **25** (1959) 1–12.

—: Studies on the hibernation and diapause in insects. IV. Histological observations of the endocrine organs in the diapause and non-diapause larvae of the Indian meal-moth *Plodia interpunctella* Hübner. Sci. Rep. Tôhoku Imp. Univ. Sendai Ser. 4 (Biol.) **26** (1960) 327–340.

WAKU, Y.: Studies on the hibernation and diapause in insects. V. Respiratory metabolism and enzyme activity in the diapause and non-diapause larvae of the Indian meal-moth, *Plodia interpunctella* Hübner. Sci. Rep. Tôhoku Imp. Univ. Sendai Ser. 4, (Biol.) **26** (1960) 341–352.

WALL, B. J., und C. L. RALPH: A histological study of cockroach neurosecretory cells following dehydration. Amer. Zool. **1** (1961) 396.

— —: Responses of specific neurosecretory cells of the cockroach, *Blaberus giganteus*, to dehydration. Biol. Bull. **122** (1962) 431–438.

WANG, S., und G. E. DIXON: Studies on the transaminase activity of muscle tissue from allatectomized roaches, *Periplaneta americana*. Canad. J. Zool. **38** (1960) 275–283.

WATERMAN, T. H., und M. ENAMI: Neurosecretion in the lateral rudimentary eye of *Tachypleus*, a xiphosuran. Pubbl. Staz. zool. Napoli Suppl. **24** (1954) 81–82.

WAUTIER, J., M. PAVANS DE CECATTY, M. RICHARDOT, B. BUISSON und M.-L. HERNANDEZ: Note sur les complexes neuro-endocrines de *Gundlachia* sp. (Mollusque Ancylidae). Bull. Soc. Linn. Lyon **30** (1961) 79–87.

— — — — —: Histo-physiologie des correlations neuro-hormonales lors du cycle sexuel de *Gundlachia* sp. Bull. Soc. Linn. Lyon **31** (1962) 84–92.

WAY, M. J., und B. A. HOPKINS: The influence of photoperiod and temperature on the induction of diapause in *Diata raxiaol eracea*L. (Lepidoptera). J. exp. Biol. **27** (1950) 365–376.

WEBB, H. M., M. F. BENNETT und F. A. BROWN: Persistence of an endogenous diurnal rhythmicity in eyestalkless *Uca pugilator*. Anatom. Rec. **117** (1953) 633–634.

— — —: A persistent diurnal rhythm of chromatophoric response in eyestalkless *Uca pugilator*. Biol. Bull. **106** (1954) 371–377.

— und F. A. BROWN jr.: Diurnal rhythm in the regulation of distal retinal pigment in *Palaemonetes*. J. cellular comp. Physiol. **41** (1953) 103–122.

— —: Timing long-cycle physiological rhythms. Physiol. Rev. **39** (1959) 127 bis 161.

WEED, J. G.: Removal of corpora allata on egg production in the grasshopper *Melanoplus differentialis*. Proc. Soc. exp. Biol. Med. **34** (1936) 883–885.

WEIR, J. S.: Changes in the retro-cerebral endocrine system of larvae of *Myrmica*, and their relation to larval growth and development. Insectes sociaux **6** (1959) 375–386.

WEISMANN, A.: Die nachembryonale Entwicklung des Musciden nach Beobachtungen an *Musca vomitora* und *Sarcophaga carnaria*. Z. wiss. Zool. **14** (1864) 187–336.

WELLS, G. P.: Colour response in a leech. Nature **129** (1932) 686–687.

WELLS, M. J.: Optic glands and the ovary of *Octopus*. Symp. Zool. Soc. London **2** (1960) 87–107.

— und J. WELLS: Hormonal control of sexual maturity in *Octopus*. J. exp. Biol. **36** (1959) 1–33.

WELSH, J. H.: Diurnal rhythm of the distal pigment cells in the eyes of certain crustaceans. Proc. National Acad. Sci. Washington **16** (1930) 386–395.

—: The mechanics of migration of the distal pigment cells in the eyes of *Palaemonetes*. J. exp. Zool. **56** (1930) 459–494.

WELSH, J. H.: Further evidence of a diurnal rhythm in the movement of pigment cells in eyes of crustaceans. Biol. Bull. **68** (1935) 247–252.

—: Diurnal movements of the eye pigments of *Anchistioides* Biol. Bull. **70** (1936) 217–227.

—: The eye-stalk hormone and rate of heart beat in crustaceans. Proc. National Acad. Sci. Washington **23** (1937) 458–460.

—: Diurnal rhythms. Quart. Rev. Biol. **13** (1938) 123–139.

—: The action of eyestalk extracts on retinal pigment migration in the crayfish, *Cambarus bartoni*. Biol. Bull. **77** (1939) 119–125.

—: The sinus glands and 24-hour cycles of retinal pigment migration in the crayfish. J. exp. Zool. **86** (1941) 35–49.

—: Neurohormones of mollusca. Amer. Zool. **1** (1961) 267–272.

— und A. G. SLOCOMBE: The mechanism of action of acetylcholine on the venus heart. Biol. Bull. **102** (1952) 48–57.

— und R. TAUB: The action of choline and related compounds on the heart of *Venus mercenaria*. Biol. Bull. **95** (1948) 346–353.

— —: The significance of the carbonyl group and ether oxygen in the reaction of acetylcholine with receptor substance. J. Pharmakol. **103** (1951) 62–73.

WHARTON, M. L., und D. R. A. WHARTON: The production of sex attractant substance and of oothecae by the normal and irradiated American cockroach, *Periplaneta americana* L. J. Insect Physiol. **1** (1957) 229–239.

WIEDBRAUCK, J.: Vom Spinnen bei Schmetterlingsraupen und seiner Abhängigkeit von Metamorphosehormonen. Z. Tierpsychol. **12** (1955) 176–202.

—: Wiederholung der Metamorphose von Schmetterlingshaut. Versuche an der Wachsmotte *Galleria mellonella* L. Biol. Zbl. **72** (1953) 530–562.

WIESER, W.: Life cycle and metabolism of a marine nematode, *Enoplus communis*. Biol. Bull. **117** (1959) 383–384.

— und J. KANWISHER: Growth and metabolism in a marine nematode, *Enoplus communis* Bastian. Z. vgl. Physiol. **43** (1960) 29–36.

WIGGLESWORTH, V. B.: The physiology of the cuticle and of ecdysis in *Rhodnuis prolixus* (Triatomidae, Hemiptera); with special reference to the function of the oenocytes and of the dermal glands. Quart. J. microsc. Sci. **76** (1933) 269–318.

—: The physiology of ecdysis in *Rhodnius prolixus* (Hemiptera). II. Factors controlling moulting and „metamorphosis". Quart. J. microsc. Sci. **77** (1934) 191–222.

—: The function of the corpus allatum in the growth and reproduction of *Rhodnius prolixus* (Hemiptera). Quart. J. micros. Sci. **79** (1936) 91–121.

—: Häutung bei Imagines von Wanzen. Naturwissenschaften **27** (1939) 301.

—: The determination of characters at metamorphosis in *Rhodnius prolixus* (Hemiptera). J. exp. Biol. **17** (1940) 201–222.

—: The epicuticle in an insect, *Rhodnius prolixus* (Hemiptera). Proc. roy. Soc. London B **134** (1947) 163–181.

—: The insect cuticle. Biol. Rev. **23** (1948) 408–451.

—: The structure and deposition of the cuticle in the adult mealworm, *Tenebrio molitor* L. (Coleoptera). Quart. J. microsc. Sci. **89** (1948) 197–217.

—: The functions of the corpus allatum in *Rhodnius prolixus* (Hemiptera). J. exp. Biol. **25** (1948) 1–14.

WIGGLESWORTH, V. B.: Source of moulting hormons in *Rhodnius*. Nature **168** (1951) 558.
—: Hormone balance and the control of metamorphosis in *Rhodnius prolixus* (Hemiptera). J. exp. Biol. **29** (1952) 620–631.
—: The thoracic gland in *Rhodnius prolixus* (Hemiptera) and its role in moulting. J. exp. Biol. **29** (1952) 561–570.
—: Neurosecretion and the corpus cardiacum of insects. Pubbl. Staz. zool. Napoli Suppl. **24** (1954) 41–45.
—: The endocrine chain in an insect. Nature **175** (1955) 338.
—: The breakdown of the thoracic gland in the adult insect, *Rhodnius prolixus*. J. exp. Biol. **32** (1955) 485–491.
—: The role of the haemocytes in the growth and moulting of an insect, *Rhodnius prolixus* (Hemiptera). J. exp. Biol. **32** (1955) 649–663.
—: The functions of the amoebocytes during moulting in *Rhodnius*. Ann. Sci. nat. Ser. Zool. Biol. animale **18** (1956) 139–144.
—: The physiology of insect cuticle. Ann. Rev. Entomol. **2** (1957) 37–54.
—: The distribution of esterase in the nervous system and other tissues of the insect *Rhodnius prolixus*. Quart. J. microsc. Sci. **99** (1958) 441–450.
—: Physiologie der Insekten, Basel 1959.
—: The control of growth and form: a study of the epidermal cell in an insect, Ithaca 1959.
—: The epidermal cell and the metamorphosis of insects. Nature **188** (1960) 358–359.
—: Some observations on the juvenile hormone effect of farnesol in *Rhodnius prolixus* Stål (Hemiptera). J. Insect Physiol. **7** (1961) 73–78.
—: Insect polymorphism – A tentative synthesis. In Insect polymorphism Ed. by J. S. KENNEDY. London 1961, S. 103–113.
—: Hormones in relation to metamorphosis. Gen. comp. Endocrinol. Suppl. **1** (1962) 316–321.
—: The juvenile hormone effect of farnesol and some related compounds: Quantitative experiments. J. Insect Physiol. **9** (1963) 105–119.
—: The action of moulting hormone and juvenile hormone at the cellular level in *Rhodnius prolixus*. J. exp. Biol. **40** (1963) 231–245.
WILDE, J. DE: Aspects of diapause in adult insects. With special regard to the colorado beetle, *Leptinotarsa decemlineata* Say. Arch. Néerl. Zool. **10** (1954) 375–385.
—: Action of the juvenile hormone in the adult colorado beetle *Leptinotarsa decemlineata* Say. Verhandl. XI. Internat. Kongr. Entomol. Wien 1960. **3** (1960) 215–217.
—: Photoperiodism in insects and mites. Ann. Rev. Entomol. **7** (1962) 1–26.
—: Photoperiodic control of endocrines in the colorado beetle (*Leptinotarsa decemlineata* Say.). Gen. comp. Endocrinol. **3** (1963) 695.
— und J. A. BOER: Physiology of diapause in the adult colorado beetle. I. Diapause as a case of pseudo-allatectomy. J. Insect Physiol. **6** (1961) 152–161.
—, C. S. DUINTJER und L. MOOK: Physiology of diapause in the adult colorado beetle (*Leptinotarsa decemlineata* Say). I. The photoperiod as a controlling factor. J. Insect. Physiol. **3** (1959) 78–85.

WILDE; J. DE und D. STEGWEE: Two major effects of the corpus allatum in the adult colorado beetle (*Leptinotarsa decemlineata* Say). Arch. Néerl. Zool. **13** Suppl. 1 (1959) 277–289.
WILLIAMS, C. M.: The effects of temperature gradients on the pupal-adult transformation of silkworms. Biol. Bull. **82** (1942) 347–355.
—: Physiology of insect diapause: The role of the brain in the production and termination of pupal dormancy in the giant silkworm, *Platysamia cecropia*. Biol. Bull. **90** (1946) 234–243.
—: The cytochrome system in relation to diapause and development in the *Cecropia* silkworm. Anatom. Rec. **99** 115–126 (1947).
—: The cytochrome system in relation to diapause and development in the *Cecropia* silkworm. Anatom. Rec. **99** (1947) 591.
—: The function of the brain in terminating pupal diapause in the giant silkworm, *Platysamia cecropia*. Anatom. Rec. **99** (1947) 671.
—: Physiology of insect diapause. II. Interaction between the pupal brain and prothoracic glands in the metamorphosis of the giant silkworm, *Platysamia cecropia*. Biol. Bull. **93** (1947) 89–98.
—: Physiology of insect diapause. III. The prothoracic glands in the *Cecropia* silkworm, with special reference to their significance in embryonic and postembryonic development. Biol. Bull. **94** (1948) 60–65.
—: The prothoracic glands of insects in retrospect and in prospect. Biol. Bull. **97** (1949) 111–114.
—: The endocrinology of diapause. Bull. biol. France Belg. Suppl. **33** (1949) 52–56.
—: Physiology of insect diapause. IV. The brain and prothoracic glands as an endocrine system in the *Cecropia* silkworm. Biol. Bull. **103** (1952) 120–138.
—: Isolation and identification of the prothoracic gland hormone of insects. Anatom. Rec. **120** (1954) 743.
—: Physiology of insect diapause. X. An endocrine mechanism for the influence of temperature on the diapausing pupa of the *Cecropia* silkworm. Biol. Bull. **110** (1956) 201–218.
—: Insect metamorphose: A tool for the study of growth. Proc. Zool. Soc. London **126** (1956) 487–488.
—: The juvenile hormone. I. Endocrine activity of the corpora allata of the adult *Cecropia* silkworm. Biol. Bull. **116** (1959) 323–338.
—: The juvenile hormone. II. Its role in the endocrine control of molting, pupation, and adult development in the *Cecropia* silkworm. Biol. Bull. **121** (1961) 572–585.
—: The juvenile hormone. III. Its accumulation and storage in the abdomens of certain male moths. Biol. Bull. **124** (1963) 355–367.
—, L. V. MOORHEAD und J. F. PULLS: Juvenile hormone in thymus, human placenta and other mammalian organs. Nature **183** (1959) 405.
— und R. C. SANBORN: The cytochrome system in relation to diapause and development in the *Cecropia* silkworm. Biol. Bull. **95** (1948) 282–283.
WOLF, L. S.: The deposition of the third instar larval cuticle of *Calliphora erythrocephala*. Quart. J. microsc. Sci. **95** (1954) 49–66.
—: Studies of the development of the imaginal cuticle of *Calliphora erythrocephala*. Quart. J. microsc. Sci. **95** (1954) 67–78.

Wolff, E.: Sur l'application et techniques d'irradiations locales (rayons X) aux problèmes de la régénération des invertébrés et des vertébrés. XIV. Internat. Zool. Congr. Copenhagen 1953. (1956) 193–198.
—: Les phénomènes d'induction dans la régénération des planaires d'eau douce. Rev. Suisse Zool. **60** (1953) 540–546.
— und Th. Lender: Sur le déterminisme de la régénération des yeux chez une planaire d'eau douce *Polycelis nigra*. C. R. Soc. Biol. **144** (1950) 1213 bis 1216.
— —: Sur le rôle organisateur de cerveau dans la régénération des yeux chez une planaire d'eau douce. C. R. Acad. Sci. Paris **230** (1950) 2238–2239.
— —: Les néoblastes et les phénomènes d'induction et d'inhibition dans la régénération des planaires. Ann. biol. Ser. 4 **1** (1962) 499–529.
Wolsky, A.: Quantitative changes in the substrate-dehydrogenase system of *Drosophila* pupae during metamorphosis. Science **94** (1941) 48–49.
Wood, F. D.: Autotomy in Arachnida. J. Morph. **42** (1926) 143–195.
— und H. E. Wood: Autotomy in decapod crustacea. J. exp. Zool. **62** (1932) 1–55.
Woodruff, L. C.: Autopasy and regeneration in the roach, *Blattella germanica* (Linnaeus). J. Kansas Entomol. Soc. **10** (1937) 1–9.
Yamamoto, Y.: Effect of ovariotomy on the sinus gland of the isopod crustacean, *Armadillidium vulgare*. Annotat. Zool. Japon. **28** (1955) 92–99.
—: Effects of implantation of central nervous tissues on involution of the midgut gland following removal of eyestalks in the crayfish, *Procambarus clarkii*. J. Coll. Arts Sci. Chiba Univ. **3** (1960) 151–154.
—: Effects of sinus gland on gastrolith formation in the crayfish, *Procambarus clarkii*. Annotat. Zool. Japon. **33** (1960) 167–171.
—: Relation of formation of gastrolith to ovarian development and spawning in the crayfish, *Procambarus clarkii*. Annotat. Zool. Japon. **34** (1961) 117–127.
—: Hormonal control of formation of gastrolith in the crayfish, *Procambarus clarkii*. Annotat. Zool. Japon. **34** (1961) 38–42.
— und M. Jacobson: Juvenile hormone activity of isomers of farnesol. Nature **196** (1962) 908–909.
Yamashita, Y., K. Tani und M. Kobayashi: The effects of allatectomy on the number of eggs in the silkworm, *Bombyx mori*. Sansi-Kenkyu (Acta Sericol.) **39** (1961) 12–15.
Yoshida, M.: On the light response of the chromatophore of the sea-urchin, *Diadema setosum* (Leske). J. exp. Biol. **33** (1956) 119–123.
Zeleny, C.: The relation of the degree of injury to the rate of regeneration. J. exp. Zool. **2** (1905) 347–369.
Zuckerkandl, E.: La variation au cours du cycle d'intermue des fractions protéiques de l'hémolymphe de *Maia squinado* séparées par électrophorèse. C. R. Soc. Biol. **150** (1956) 39–41.
—: La teneur en cuivre de l'hémolymphe de *Maia squinado* aux divers stades d'intermue. C. R. Soc. Biol. **151** (1957) 460–463.
—: La teneur en cuivre de l'hépatopancreas de *Maia squinado* aux divers stades d'intermue. C. R. Soc. Biol. **151** (1957) 676–679.
—: L'économie du cuivre chez *Maia squinado* au cours du cycle d'intermue. C. R. Soc. Biol. **151** (1957) 850–853.

3. Literatur zum III. Hauptteil und zum Schlußkapitel

ABRAMOWITZ, A. A.: Purification of the chromatophorotropic hormone of the crustacean eyestalk. J. Biol. Chem. **132** (1940) 501–506.

ACHER, R., J. CHAUVET, M. T. CHAUVET und D. CREPY: Isolement d'une nouvelle hormone neurohypophysaire, l'isotocine, présente chez les poissons osseux. Biochim. biophys. Acta **58** (1962) 624–625.

ADAM, H.: Der III. Ventrikel und die mikroskopische Struktur seiner Wände bei *Lampetra* (*Petromyzon*) *fluviatilis* L. und *Myxine glutinosa* L., nebst einigen Bemerkungen über das Infundibularorgan von *Branchiostoma* (*Amphioxus*) *lanceolatum* Pall. Progr. Neurobiology. Proc. first Internat. Meeting Neurobiologists Groningen 1955. (1956) 146–158.

—: Hypophyse und hypothalamo-neurohypophysäres Neurosekretsystem bei den Cyclostomen *Myxine glutinosa* und *Bellostoma stouti*. Zool. Anz. Suppl. **23** (1960) 157–171.

ADAM, K. R., und C. WEISS: 5-Hydroxytryptamine in Scorpion venom. Nature **178** (1956) 421–422.

AFZELIUS, B. A., und G. FRIDBERG: The fine structure of the caudal neurosecretory system in *Raia batis*. Z. Zellf. **59** (1963) 289–308.

ALTNER, H.: Untersuchungen über die Sekretion des Subcommissuralorgans bei Haien. Zool. Anz. Suppl. **27** (1964) 441–452.

ARON, E., CH. COMBESCOT, J. DEMARET und J. GUYON: Neurosécrétion chez la tortue d'eau *Emys leprossa* Schw. après déstruction de la région épiphysaire. C. R. Acad. Sci. Paris **251** (1960) 1914–1916.

BACQ, Z. M.: L'acétylcholine et l'adrénaline chez les invertébrés. Biol. Rev. **22** (1947) 73–91.

BARGMANN, W.: Über die neurosekretorische Verknüpfung von Hypothalamus und Neurohypophyse. Z. Zellf. **34** (1949) 610–634.

—: Über das Zwischenhirn-Hypophysensystem von Fischen. Z. Zellf. **38** (1952) 275–298.

—: Das Zwischenhirn-Hypophysensystem, Berlin, Göttingen, Heidelberg 1954.

—, M. VON HARNACK und K. JACOB: Über den Feinbau des Nervensystems des Seesternes (*Asterias rubens* L.) I. Mitteilung. Ein Beitrag zur vergleichenden Morphologie der Glia. Z. Zellf. **56** (1962) 573–594.

— und A. KNOOP: Weitere Studien am Saccus vasculosus der Fische. Z. Zellf. **55** (1961) 577–596.

BARRINGTON, E. J. W.: Some endocrinological aspects of the Protochordata. In: Comparative endocrinology. New York, London. Ed. by A. GORBMAN, 1959, S. 250–265.

—: Some features of the vascularization of the hypothalamus and pituitary stalk in the minnow *Phoxinus phoxinus* L. Proc. Zool. Soc. London **135** (1960) 551–558.

—: Endocrinology and evolution. Nature **192** (1961) 796–797.

—: Hormones and vertebrate evolution. Experientia **18** (1962) 201–210.

BARRY, J.: Contribution à l'étude de la neurosécrétion. Biol. Med. Paris **13** (1954) 1–15.

BARTON-BROWNE, L., L. F. DODSON, E. S. HODGSON und J. K. KIRALY: Adrenergic properties of the cockroach corpus cardiacum. Gen. comp. Endocrinol. **1** (1961) 232–236.

BECKER, E., und E. PLAGGE: Über das die Pupariumbildung auslösende Hormon der Fliegen. Biol. Zbl. **59** (1939) 326–341.

BERG, O., A. GORBMAN und H. KOBAYASHI: The thyroid hormones in invertebrates and lower vertebrates. In Comparative Endocrinology. Ed. by A. GORBMAN, New York, London 1959 S. 302–319.

BERN, H., und I. R. HAGADORN: A comment on the elasmobranch caudal neurosecretory system. In: Comparative endocrinology, Ed. by A. GORBMAN New York, London. 1959, S. 725–727.

BERN, H. A., und N. TAKASUGI: The caudal neurosecretory system of fishes. Gen. comp. Endocrinol. **2** (1962) 96–110.

BIEDL, A.: Über das Adrenalgewebe bei Wirbellosen.

BLASCHKO, H.: Chemical control of nervous activity. B. Adrenaline and sympathin. In: The hormones, Vol. 2, New York 1950, S. 601–631.

BLOOM, G., E. ÖSTLUND und U. S. VON EULER: A specific granular secretory cell in the heart of cyclostomes. Mem. Soc. Endocrinol. Nr. 12 Neurosecretion. (1962) 255–261.

BUTENANDT, A.: Wirkstoffe des Insektenreiches. Nova Acta Leopoldina N. F. **17** (1955) 445–471.

— und P. KARLSON: Über die Isolierung eines Metamorphose-Hormons der Insekten in kristallisierter Form. Z. Naturf. **9 b** (1954) 389–391.

BUZNIKOV, G. A., und B. N. MANUCHIN: Серотониноподобное вещество в эмбриогенезе некоторых брюхоногих моллюсков. Ž. obšč. Biol. **22** (1961) 226–232.

CAMERON, A. T.: Contributions to the biochemistry of iodine. I. The distribution of iodine in plant and animal tissues. J. biol. Chem. **18** (1914) 335 bis 380.

CAMERON, M. L.: Secretion of an orthodiphenol in the corpus cardiacum of the insects. Nature **172** (1953) 349–350.

CARLISLE, D. B.: An indole-alkylamine regulating heart-beat in Crustacea. Biochem. J. **63** (1956) 32–33.

—: Neurosecretory transport in the pituitary stalk of *Lophius piscatorius*. 2. Internat. Symp. über Neurosekretion Lund 1957. Berlin, Göttingen, Heidelberg, 1958, S. 18–19.

—, M. DUPONT-RAABE und F. KNOWLESS: Recherches préliminaires relatives à la séparation et à la comparaison des substances chromactives des crustacés et des insectes. C. R. Acad. Sci. Paris **240** (1955) 665–667.

CHADWICK, L. E.: Actions on insects and other invertebrates. In: Handbuch der exp. Pharmakologie Bd. **15** (1963) S. 741–798.

CHEFURKA, W., und B. N. SMALLMAN: Identity of the acetylcholine-like substance in the housefly. Nature **175** (1955) 946.

— —: The occurence of acetylcholine in the housefly, *Musca domestica* L. Canad. J. Biochem. Physiol. **34** (1956) 731–742.

CLARK, R. B.: On the origin of neurosecretory cells. Ann. Sci. nat. Sér. Zool. Biol. animale **18** (1956) 199–207.

COLHOUN, E. H.: Acetylcholine in *Periplaneta americana* L. – I. Acetylcholine levels in nervous tissue. J. Insect Physiol. **2** (1958) 108–116.

—: Acetylcholine in *Periplaneta americana* L. – II. Acetylcholine and nervous activity. J. Insect Physiol. **2** (1958) 117–127.

COLHOUN, E. H.: Tetraethyl pyrophosphate and acetylcholine in *Periplaneta americana*. Science **127** (1958) 25.

—: Physical release of acetylcholine from the thoracic nerve cord of *Periplaneta americana* L. Nature **181** (1958) 490.

—: Acetylcholine in *Periplaneta americana* L. The significance of esterase inhibition in intoxication, acetylcholine levels, and nervous conduction. Canad. J. Biochem. **38** (1960) 1363–1376.

—: Synthesis of 5-hydroxytryptamine in the american cockroach. Experientia **19** (1963) 9–10.

—: The physiological significance of acetylcholine in insects and observations upon other pharmacologically active substances. Adv. Insect Physiol. **1** (1963) 1–46.

— und J. GILLEBERG: The estimation and extraction of acetylcholine from nervous tissue of the american cockroach. Ann. Entomol. Soc. America **54** (1961) 140–141.

COLLIER, H. O. J.: The occurence of 5-hydroxytryptamine (HT) in nature. In: 5-Hydroxytryptamine, Proc. of a symposium held in London 1957. London, New York, Paris, Los Angeles. Ed. by G. P. LEWIS. 1958, S. 5–19.

CORTEGGIANI, E., und A. SERFATY: Acétylcholine et cholinestérase chez les insectes et les arachnides. C. R. Soc. Biol. **131** (1939) 1124–1126.

CUNNINGHAM, J. T.: Hormones and evolution. Nature **130** (1932) 915–917.

DAHL, E., B. FALCK, M. LINDQUIST und C. VON MECKLENBURG: Monoamines in mollusc neurons. Kungl. Fysiogr. Sällskap. Lund Förhandl. **32** (1962) 89–92.

— — C. v. MECKLENBURG und H. MYHRBERG: Adrenergic sensory neurons in invertebrates. Gen. comp. Endocrinol. **3** (1963) 693.

DAHLGREN, U.: The electric motor nerve centers in the skates (Rajidae). Science **40** (1914) 862–863.

DAVENPORT, Y. D., J. W. LOOMIS und CH. F. OPLER: Notes on the pharmacology of the hearts of *Ariolimax columbianus* and *Astacus trowbridgei*. Biol. Bull. **79** (1940) 498–507.

DONAHUE, J. K.: Occurence of estrogens in the ovaries of certain marine invertebrates. Endocrinology **27** (1940) 149–152.

EDMAN, P., R. FÄNGE und E. ÖSTLUND: Isolation of the red pigment concentrating hormone of the crustacean eyestalk. 2. Internat. Symp. über Neurosekretion Lund 1957. Berlin, Göttingen, Heidelberg 1958, S. 119–123.

EICHNER, D.: Zur Frage des Neurosekretübertrittes in dem III. Ventrikel beim Säugetier. Z. mikr.-anat. Forschg. **69** (1963) 388–394.

ENAMI, M.: Studies in neurosecretion. II. Caudal neurosecretory system in the eel (*Anguilla japonica*). Gunma J. med. Sci. **4** (1955) 23–26.

—: Studies in neurosecretion. XI. Activity of an extract from the caudal neurosecretory system of the eels tested upon the buoyancy of tailless and finless goldfish. Proc. Imperial Acad. Tokyo **34** (1958) 50–55.

—: The morphology and functional significance of the caudal neurosecretory system of fishes. In: Comparative endocrinology. New York, London. Ed. by A. GORBMAN. 1959, S. 697–724.

— und I. KATSUTOSHI: Studies in neurosecretion. XII. Electron microscopy of the secrete granules in the caudal neurosecretory system of the eel. Proc. Imperial Acad. Tokyo **34** (1958) 164–168.

ERSPAMER, V.: Richerche chimiche e farmacologiche sugli estratti di ghiandola ipobranchiale di *Murex trunculus*, *Murex brandaris* e *Tritonalia erinacea*. II. Reazioni chimiche colorate degli estratti. Arch. internat. Pharmacodynamie **74** (1947) 113–150.

—: Pharmacology of indolealkylamines. Pharmacol. Rev. **6** (1954) 425–487.

—: Occurence and distribution of 5-hydroxytryptamine (enteramine) in the living organism. Z. Vitamin-, Hormon-, Fermentf. **9** (1957) 74–96.

— und B. ASERO: Identification of enteramine, the specific hormone of the enterochromaffin cell system, as 5-hydroxytryptamine. Nature **169** (1952). 800–801.

— —: Isolation of enteramine from extracts of posterior salivary glands of *Octopus vulgaris* and of *Discoglossus pictus* skin. J. biol. Chem. **200** (1953) 311–318.

EULER, U. S. VON: Noradrenaline. Springfield. 1956.

— und J. H. GADDUM: An unidentified depresser substance in certain tissue extracts. J. Phyisol. **72** (1931) 74–87.

— und E. ÖSTLUND: Occurence of substance P in the central nervous system of fish. 2. Internat. Symp. über Neurosekretion Lund 1957. Berlin, Göttingen, Heidelberg 1958, S. 68–70.

EVANS, J. J. T.: Insect neurosecretory material separated by differential centrifugation. Science **136** (1962) 314–315.

FÄHRMANN, W.: Der Reissnersche Faden nach Durchschneidung des Rückenmarks bei *Salmo irideus* (Gibbons). Z. Zellf. **58** (1963) 820–836.

FÄNGE, R.: An acetylcholine-like salivary poison in the marine gastropod *Neptunea antiqua*. Nature **180** (1957) 196–197.

—: Paper chromatography and biological effects of extracts of the salivary gland of *Neptunea antiqua* (Gastropoda). Acta Zool. **39** (1958) 39–46.

— und E. ÖSTLUND: Biological effects of a crustacean eyestalk substance. Gen. comp. Endocrinol. **2** (1963) 629–630.

FISCHER, F., W. KAPITZA, M. GERSCH und H. UNGER: Sind die Neurohormone der Arthropoden identisch mit fluoreszierenden Substanzen aus dem Nervensystem? Z. Naturf. **17 b** (1962) 834–836.

FLOREY, E.: The action of factor I on certain invertebrate organs. Canad. J. Biochem. Biophys. **34** (1956) 669–681.

— und H. MACLENNAN: Effects of an inhibitory factor (factor I) from brain on central synaptic transmission. J. Physiol. **130** (1955) 446–455.

FLORKIN, M.: L'évolution biochimique. 2° éd. Paris 1947.

FRANZ, V.: Morphologie der Akranier. Ergebn. Anat. Entw. Gesch. **27** (1927) 464–692.

FRIDBERG, G.: A histological evidence of the homology between Dahlgren's cells in rays and teleosts. Acta Zool. **40** (1959) 101–104.

—: Studies on the caudal neurosecretory system in teleosts. Acta Zool. **43** (1962) 1–77.

—: The caudal neurosecretory system in some elasmobranchs. Gen. comp. Endocrinol. **2** (1962) 249–265.

—: Electron microscopy of the caudal neurosecretory system in *Leuciscus rutilus* and *Phoxinus phoxinus*. Acta Zool. **44** (1963) 245–267.

— und R. OLSSON: The praeoptico-hypophysial system, nucleus tuberis lateralis and the subcommissural organ of *Gasterosteus aculeatus* after changes in osmotic stimuli. Z. Zellf. **49** (1959) 531–540.

FRONTALI, N.: La sintesi di acetilcolina nella testa die *Musca domestica*. Boll. Soc. Ital. biol. sper. **32** (1956) 1062–1063.

—: Acetylcholine synthesis in the housefly head. J. Insect Physiol. **1** (1958) 319 bis 326.

—: Activity of glumatic acid decarboxylase in insect nerve tissue. Nature **191** (1961) 178–179.

GALAMBOS, R.: A glia-neural theory of brain function. Proc. National Acad. Sci. Washington **47** (1961) 129–136.

GALLEGO, M. P., und M. D. STAMM MENÉNDEZ: Hormones en crustáceos. Rev. esp. Fisiol. **15** (1959) 263–268.

GANGULY, D. N., und A. K. RAY: Caudal neurosecretory system in the vertebrates. Science & Culture **27** (1961) 585–586.

GASKELL, J. F.: The chromaffine system of annelids and the relation of this system to the contractile vascular system in the leech, *Hirudo medicinalis*. Phil. Trans. roy. Soc. London B **205** (1914) 153–211.

—: Adrenalin in annelids. A contribution to the comparative study of the origin of the sympathic and the adrenalin-secreting systems and of the vascular muscles which they regulate. J. gen. Physiol. **2** (1920) 73–85.

GAUTRELET, J.: The existence of an acetylcholine complex in the brain and in various organs. Bull. Acad. Nationale Méd. Paris. **120** (1938) 285–291.

GERSCH, M.: Wesen und Wirkungsweise von Neurohormonen im Tierreich. Naturwissenschaften **44** (1957) 525–532.

—: Neurosekretion und Neurohormone bei wirbellosen Tieren. Symp. Biol. Hung. **1** (1960) 153–180.

—, F. FISCHER, H. UNGER und H. KOCH: Die Isolierung neurohormonaler Faktoren aus dem Nervensystem der Küchenschabe *Periplaneta americana*. Z. Naturf. **15 b** (1960) 319–322.

—, F. FISCHER, H. UNGER und W. KAPITZA: Vorkommen von Serotonin im Nervensystem von *Periplaneta americana* L. (Insecta). Z. Naturf. **16 b** (1961) 351–352.

— und H. UNGER: Nachweis von Neurohormonen aus dem Nervensystem von *Dixippus morosus* mit Hilfe papierchromatographischer Trennung. Naturwissenschaften **44** (1957) 117.

— — und F. FISCHER: Die Isolierung eines Neurohormons aus dem Nervensystem von *Periplaneta americana* und einige biologische Testverfahren. Wiss. Z. Fr.-Schiller-Univ. Jena, Math.-nat.-Reihe **6** (1957) 125–129.

— — — und W. KAPITZA: Identifizierung einiger Wirkstoffe aus dem Nervensystem der Crustaceen und der Insekten. Z. Naturf. **18 b** (1963) 587–588.

— — — —: Zur Aufklärung und Kennzeichnung einiger farbwechselaktiver Faktoren aus dem Zentralnervensystem von Krebsen und Insekten. Zool. Jb. Physiol. **70** (1964) 455–488.

GERSCHENFELD, H. M., und L. TAUC: Pharmacological specifities of neurons in an elementary central nervous system. Nature **189** (1961) 924–925.

GHIRETTI, F.: Cephalotoxin. The crab-paralysing agent of the posterior salivary glands of cephalopods. Nature **183** (1959) 1192–1193.

GIARMAN, N. J.: Neurohumors in the brain. Yale J. Biol. Med. **32** (1959) 73 bis 92.

GILBERT, N. J.: The subcommissural organ. Anatom. Rec. **126** (1956) 253–265.

GILBERT, N. J.: The subcommissural organ: a regulator of thirst. Amer. J. Physiol. **191** (1957) 243–247.

—: Subcommissural organ secretion in the dehydrated rat. Anatom. Rec. **158** (1958) 563–567.

GORBMAN, A.: Identity of iodine-storing tissue in an ascidian. Science **94** (1941) 192.

—: Some aspects of the comparative biochemistry of iodine utilization and the evolution of thyroidal function. Physiol. Rev. **35** (1955) 336–346.

—, M. CLEMENTS und R. O'BRIEN: Utilization of redioiodine by invertebrates, with special study of several annelida and mollusca. J. exp. Zool. **127** (1954) 75–92.

GREEN, J. D.: The comparative anatomy of the hypophysis, with special reference to its blood supply and innervation. Amer. J. Anatom. **88** (1951) 225–311.

— und D. S. MAXWELL: Comparative anatomy of the hypophysis and observations on the mechanism of neurosecretion. In: Comparative endocrinology. New York, London. Ed. by A. GORBMAN. 1959, S. 368–392.

HAGERMAN, D. D.: Invertebrate metabolism in vitro not affected by estradiol. Biol. Bull. **111** (1956) 318–319.

—, F. M. WELLINGTON und C. A. VILLEE: Estrogens in marine invertebrates. Biol. Bull. **112** (1957) 180–183.

HANSTRÖM, B.: Three principal incretory organs in the animal kingdom: the sinus gland in crustaceans. The corpus cardiacum-allatum in insects. The hypophysis in vertebrates. Three lectures Univ. London 1946. Copenhagen 1947.

—: On the transformation of ordinary nerve cells into neurosecretory cells. Kungl. Fysiogr. Sällsk. Förenhandl. Lund. **24** Nr. 8 (1954).

—: Reflections on the secretory role of the brain. Nova Acta Regiae Soc. Sci. Upsaliensis. Ser. 4, **17** (1957) 3–12.

—: Endokrine Organe: Hypophysis. Primatologia **3** (1959).

HARTMANN, W. J., W. G. CLARK und S. D. CYR: Pharmacologically active amines and their biogenesis in the *Octopus*. Ann. N. York Acad. Sci. **90** (1960) 637–666.

L'HÉLIAS, C.: Isolement de substances pré- ou co-hormonales du complexe postcérébral de *Carausius morosus* et de *Clitumnus extradentatus* (ins. chéleutoptères). Bull. biol. France Belg. **91** (1957) 241–263.

—: Le rôle des ptérines, intermédiaires photosensibles et thermosensibles dans la genèse des hormones du complexe endocrinien de l'insecte. Année Biol. **37** (1961) 367–392.

HELLER, H.: The neurohypophysis, London 1957.

HENZE, M.: Über das Vorkommen des Betains bei Cephalopoden. Hoppe-Seyl. Z. physiol. Chem. **70** (1910) 253–255.

HOFER, H.: Über das Infundibularorgan und den REISSNERschen Faden von *Branchiostoma lanceolatum*. Zool. Jb. Anat. **77** (1959) 465–490.

—: Neuere Ergebnisse zur Kenntnis des Subkommissuralorganes, des Reissnerschen Fadens und der Massa acudalis. Zool. Anz. Suppl. **27** (1964) 430 bis 440.

HOLMGREN, U.: On the caudal neurosecretory system of the teleost fish, *Fundulus heteroclitus* L. Anatom. Rec. **132** (1958) 454–455.
—: On the caudal neurosecretory system of the teleost fish, *Fundulus heteroclitus* L. Brevioria Mus. Comp. Zool. Cambridge **115** (1959) 1–15.
—: On the urophysis spinalis and the caudal neurosecretory system of teleost fishes. Zool. Anz. **165** (1960) 77–83.
—: On the morphology of the urophysis spinalis and the caudal neurosecretory system of two deep sea teleosts. Zool. Anz. **167** (1961) 83–92.
— und G. B. CHAPMAN: The fine structure of the urophysis spinalis of the teleost fish, *Fundulus heteroclitus* L. J. ultrastructure Res. **4** (1960) 15–25.
HOLTZ, P.: Gewebshormone. In: R. AMMON und W. DIRSCHERL: Fermente, Hormone, Vitamine, Bd. 2, Hormone, 3. Aufl. Leipzig 1960, S. 711–801.
ICHIKAWA, M., und H. ISHIZAKI: Brain hormone of the silkworm, *Bombyx mori*. Nature **191** (1961) 933–934.
— —: Protein nature of the brain hormone of insects. Nature **198** (1963) 308–309.
ITO, T.: Sterol requirements of the silkworm, *Bombyx mori*. Nature **191** (1961) 882–883.
JAEGER, C. P.: Physiology of mollusca. II. Action of serotonin and other amines on the heart of *Strophocheilos oblongus*. Comp. Biochem. Physiol. **6** (1962) 243–245.
JAQUES, R., und M. SCHACHTER: The presence of histamine, 5-hydroxytryptamine and a potent, slow contracting substance in wasp venom. Brit. J. Pharmacol. **9** (1954) 53–58.
JØRGENSEN, C. B., und L. O. LARSEN: Comparative aspects of hypothalamic-hypophysical relationships. Ergebn. Biol. **22** (1960) 1–29.
JULLIEN, A. C., J. RIPPLINGER und M. JOLY: Revue générale sur la régulation cardique chez les invertébrés. Hypothèses récentes. Ann. Sci. Univ. Besançon. Zool. Physiol. Sér. 2 (1959) 67–82, Nr. 12.
KAMER, J. C. VAN DE, und A. F. SCHREURS: The pituitary gland of the brook lamprey (*Lamperta planeri*) before, during and after metamorphosis. (A preliminary qualitative investigation.) Z. Zellf. **49** (1959) 605–630.
KARLSON, P.: Biochemical studies on insect hormones. Vitamins & Hormones **14** (1956) 227–266.
—: On the chemistry and mode of action of insect hormones. Gen. comp. Endocrinol. Suppl. **1** (1962) 1–7.
—: Chemie und Biochemie der Insektenhormone. Angew. Chemie **75** (1963) 257–265.
—: The chemistry and biochemistry of ecdysone. Proc. XVI. Internat. Congr. Zool. Washington **4** (1963) 221–225.
— und D. M. SKINNER: Attempted extraction of crustacean moulting hormone from isolated Y-organs. Nature **185** (1960) 543–544.
KELLY, D. E.: The pineal organ of the newt; a developmental study. Z. Zellf. **58** (1963) 693–713.
KEYL, M. J., I. A. MICHAELSON und V. P. WHITTAKER: Physiologically active choline esters in certain marine gastropods and other invertebrates. J. Physiol. **139** (1957) 434–454.
KIRIMURA, J., M. SAITO und M. KOBAYASHI: Steroid hormone in an insect, *Bombyx mori*. Nature **195** (1962) 729–730.

KLEEMANN, C. R., und R. E. CUTLER: The neurohypophysis. Ann. Rev. Physiol. **25** (1963) 385–432.

KNOWLES, F. G. W., D. B. CARLISLE und M. DUPONT-RAABE: Studies on pigment-activating substances in animals. I. The separation by paper electrophoresis of chromactivating substances in arthropods. J. Mar. Biol. Assoc. U. K. **34** (1955) 611–635.

— — —: Inactivation enzymatique d'une substance chromactive des insectes et des crustacés. C. R. Acad. Sci. Paris **242** (1956) 825.

KOBAYASHI, M.: The chemistry and physiology of the brain hormone. Proc. XVI. Internat. Congr. Zool. Washington **4** (1963) 226–233.

— und J. KIRIMURA: The „brain" hormone in the silkworm, *Bombyx mori* L. Nature **181** (1958) 1217.

— — und M. SAITO: Crystallization of the „brain" hormone of an insect. Nature **195** (1962) 515–516.

— — —: The „brain" hormone in an insect, *Bombyx mori* L. (Lepidoptera). Mushi **36** (1962) 85–92.

KOELLE, G. B.: Neurohumoral agents as a mechanism of nervous integration. In: Evolution of nervous control from primitive organisms to man. Amer. Assoc. Adv. Sci. Washington (1959) 87–114.

—: A proposed dual neurohumoral role of acetylcholine: its functions at the pre- and post-synaptic sites. Nature **190** (1961) 208–211.

—: A new general concept of the neurohumoral functions of acetylcholine and acetylcholinesterase. J. Pharmacy & Pharmacol. **14** (1962) 65–90.

KOLLER, G., und H. KUHNEN: Versuche zur chromatographischen Trennung der im Augenstiel von *Astacus astacus* enthaltenen myotropen Wirkstoffe. Experientia **13** (1957) 159–160.

KONOK, I.: Studies on the fluorescent substances in the central nervous system of *Celerio euphorbiae* (Lepidoptera) in the course of postembryonic growth. Acta biol. Acad. Sci. Hung. **9** (1958) 181–192.

LANCASTER, S.: Nature of the chromaffin nerve cells in certain annulates and arthropods. Trans. Amer. microsc. Soc. **58** (1939) 90–96.

LEDERIS, K.: Ultrastructure of the hypothalamo-neurohypophysial system in teleost fishes and isolation of hormone-containing granules from the neurohypophysis of the cod (*Gadus morrhua*). Z. Zellf. **58** (1962) 192–213.

LEGAIT, E.: L'organe sous-commissural chez la grenouille normale et hypophysoprive. C. R. Soc. Biol. **140** (1946) 543–544.

—: Le role de l'épendyme dans les phénomènes endocrines du diencéphale. Bull. Soc. Sci. Nancy N. S. **8** (1949) 11–22.

LEGAIT, H.: Les voies extra-hypothalamo-neurohypophysaires de la neurosécrétion diencéphalique dans la série des vertébrés. 2. Internat. Symp. über Neurosekretion Lund 1957. (1958) 42–51.

— und E. LEGAIT: À propos de la structure et de l'innervation des organes épendymaires du troisième ventricule chez les batraciens et les reptiles. C. R. Soc. Biol. **150** (1956) 1982–1984.

LERMA, B. DE, M. DUPONT-RAABE und M. F. KNOWLES: Sur la question de la fluorescence des substances chromactives des crustacés et des insectes. C. R. Acad. Sci. Paris **241** (1955) 995–998.

LERNER, A. B., J. D. CASE und Y. TAKAHASHI: Isolation of melatonin and 5-methoxyindole-3-acetic acid from bovine pineal glands. J. biol. Chem. **235** (1960) 1992–1997.

— — —, T. H. LEE und W. MORI: Isolation of melatonin, the pineal gland factor that lightens melanocytes, J. Amer. chem. Soc. **80** (1958) 2587.

LEVY, J.: La sérotonine. J. Physiol. **49** (1957) 879–931.

LEWIS, S. E.: Acetylcholine in blowflies. Nature **172** (1953) 1004–1005.

— und B. N. SMALLMAN: The estimation of acetylcholine in insects. J. Physiol. **134** (1956) 241–256.

LI, CH. H.: Is the molecular integrity of a protein hormone essential for its biological activities? In: „Perspectives in Biology". Editors: C. F. Cori, V. G. Foglia, L. F. Leloir, S. Ochoa. Elsevier Publishing Company, Amsterdam, London, New York (1963) S. 24–32.

LIBONATI, M., und F. GHIRETTI: Richerche sulla cefalotossina. II. Su alcune proprietà farmacologiche della sostanze. Bool. Soc. Ital. biol. sper. **35** (1959) 2003–2006.

LOEWE, S., W. RAUDENBUSCH, H. E. Voss und J. W. C. VAN HEURN: Nachweis des Sexualhormon-Vorkommens bei Schmetterlingen. Biochem. Z. **244** (1932) 347–356.

MANUCHIN, B. N., BUZNIKOV, G. A.: Серотонин в эмбриогенезе морских беспозвоночных. Журнал общей биологии **24** (1963) 23–29.

MARCZYŃSKI, T.: The fresh-water clam *Anodonta cygnea* L. as a test object for serotonin and related compounds. Bull. Acad. Polon. Sci. Sér. Sci. Biol. **7** (1959) 147–150.

MATHIAS, A. P., D. M. ROSS und M. SCHACHTER: Identification and distribution of 5-hydroxytryptamine in a sea anemone. Nature **180** (1957) 658–659.

MAZZI, V.: I fenomeni neurosecretori nel nucleo magnocellulare preottico dei Selaci e dei Ciclostomi. Riv. Biol. N. S. **44** (1952) 429–449.

MEETER, E.: The heart of *Mya arenaria* as a test object for acetylcholine. Acta Physiol. Pharmacol. Neerl. **4** (1955) 233–242.

MENG, K.: 5-Hydroxytryptamin und Acetylcholin als Wirkungsantagonisten beim Helix-Herzen. Naturwissenschaften **45** (1958) 470.

—: Untersuchungen zur Steuerung der Herztätigkeit bei *Helix pomatia* L. Zool. Jb. Physiol. **68** (1960) 539–566.

MIKOLANIS, S. J., und R. H. BROWN: Acetylcholine and cholinesterase in the insect central nervous system. J. cellular comp. Physiol. **18** (1941) 401 bis 405.

MILIN, R.: Effet de l'extrait éphisaire sur le lobe posterieur de l'hypophyse. Monitore Zool. Ital. Suppl. **67** (1958) 1–7.

—: The influence of substance P on the nervous system of the earth worm (*Lumbricus terrestris*). Proc. Dep. med. Sci. **1** (1961) 75–81.

NACHMANSOHN, D.: Chemical control of nervous activity. A. Acetylcholine. In: The hormones, New York 1950, Vol. 2, S. 515–599.

NOVÁK, V. J. A., und E. GUTMANN: To the question of gliosecretion (gliosomata) and other gomori-positive structures in the central nervous system of the cockroach *Periplaneta americana* L. Čas. Československ. Spol. Entomol. **59** (1962) 314–322.

OKSCHE, A.: Funktionelle histologische Untersuchungen über die Organe des Zwischenhirndaches der Chordaten. Anatom. Anz. **102** (1956) 404–419.
—: Studien am Subkommissuralorgan. Verhandl. Anatom. Ges. **56** (1959/60) 392–404.
—: Über die sekretorische Tätigkeit des Zwischenhirndaches. Klin. Wschr. **38** (1960) 462–463.
—: Vergleichende Untersuchungen über die sekretorische Aktivität des Subkommissuralorgans und den Gliacharakter seiner Zellen. Z. Zellf. **54** (1961) 549–612.
—: Histologische, histochemische und experimentelle Studien am Subkommissuralorgan von Anuren (mit Hinweisen auf den Epiphysenkomplex). Z. Zellf. **57** (1962) 240–326.
— und M. VAUPEL-VON HARNACK: Elektronenmikroskopische Untersuchungen an der Epiphysis cerebri von *Rana esculenta* L. Z. Zellforschg **59** (1963) 582–614.
OLSSON, R.: Structure and development of REISSNER's fibre in the caudal end of *Amphioxus* and some lower vertebrates. Acta Zool. **36** (1955) 167–198.
—: The development of REISSNER's fibre in the brain of salmon. Acta Zool. **37** (1956) 235–250.
—: An experimental breakage of REISSNER's fibre in the central canal of the pike (*Esox lucius*). Z. Zellf. **46** (1957) 12–17.
—: Studies on the subcommissural organ. Acta Zool. **39** (1958) 71–102.
—: The subcommissural organ, Stockholm 1958.
—: The neurosecretory hypothalamus system and the adenophysis of *Myxine*. Z. Zellf. **51** (1959) 97–107.
—: Reissner's fibre apparatus in its most primitive condition. Gen. comp. Endocrinol. **2** (1962) 617–618.
—: The infundibular cells of *Amphioxus* and the question of fibreforming secretions. Ark. Zool. **15** (1963) 347–356.
— und K. G. WINGSTRAND: REISSNER's fibre and the infundibular organ in *amphioxus*. Univ. Bergen Arbok 1954, Nat. Rekke. Nr. 14 (1955) 1–14.
ORTMANN, R.: Neurosecretion: In: Handbook of physiology. Vol. 2, Neurophysiology, Washington 1960, S. 1039–1065.
ÖSTLUND, E.: The distribution of catechol amines in lower animals and their effect on the heart. Acta Physiol. Scand. **31** Suppl. 112 (1954) 1–67.
— und R. FÄNGE: On the nature of the eye-stalk hormone which causes concentration of red pigment in shrimps (Natantia). Ann. Sci. nat. Sér. Zool. Biol. animale **18** (1956) 325–334.
PAVANS DE CECCATTY, M.: Les activités sécrétrices du système nerveux central de l'*Amphioxus*. C. R. Acad. Sci. Paris **244** (1957) 2645–2647.
PIPA, R. L., R. S. NISHIOKA und H. A. BERN: Studies on the hexapod nervous system. V. The ultrastructure of cockroach gliosomes. J. ultrastruct. Res. **6** (1962) 164–170.
PROP, N., und J. A. KAPPERS: Demonstration of some compounds present in the pineal organ of the albino rat by histochemical methods and paper chromatography. Acta Anatom. Basel **45** (1961) 90–109.
REMANE, A.: Die Grundlagen des natürlichen Systems, der vergleichenden Anatomie und der Phylogenetik, Leipzig 1952.

REMANE, A.: Gedanken zum Problem: Homologie und Analogie, Präadaptation und Parallelität. Zool. Anz. **166** (1961) 447–465.

RICHARDS, A. G., und L. K. CUTKOMP: The cholinesterase of insect nerves. J. cellular comp. Physiol. **26** (1945) 57–61.

ROAF, H. E., und M. NIRENSTEIN: The physiological action of the extract of the hypobranchial gland of „*Purpura lapillus*". J. Physiol. **36** (1907) 5–8.

ROBERTIS, E. DE: Ultrastructure and function in some neurosecretory systems. Mem. Soc. Endocrinol. Nr. 12 Neurosecretion (1962) 3–20.

— und H. M. GERSCHENFELD: Submicroscopic morphology and function of glial cells. Internat. Rev. Neurobiol. **3** (1961) 1–65.

ROCHE, J., G. SALVATORE und G. RAMETTA: Sur la présence et la biosynthèse d'hormones thyroidiennes chez un tunicier, *Ciona intestinalis* L. Biochim. Biophys. Acta **63** (1962) 154–165.

— — — und S. VARRONE: Iodoprotéines et biosynthèse d'hormones thyroidiennes chez un tunicier, *Ciona intestinalis* L. C. R. Soc. Biol. **155** (1961) 1494 bis 1501.

ROMEU, F. G., und C. G. DE PASCAR: The caudal neurosecretory system of the teleostean *Clupea melanostoma*. Z. Zellf. **58** (1962) 422–426.

ROUNDS, H. D., und M. MACCLAIN: Segmental distribution and response of insect chromatophorotropins. Amer. Zool. **1** (1961) 110.

SAFFRAN, M., A. V. SCHALLY, M. SEGAL und B. ZIMMERMANN: Characterization of the corticotrophin releasing factor of the neurohypophysis. 2. Internat. Symp. über Neurosekretion Lund 1957. (1958) 55–59.

SANO, Y.: Neurosekretion der Vorderhornzellen im Lumbalmark der Vögel. Fol. Anatom. Japon. **26** (1954) 1–9,

—: Beobachtungen zur Morphologie der Neurosekretion bei Wirbeltieren. 2. Internat. Symp. über Neurosekretion Lund 1957. (1958) 63–67.

—: Weitere Untersuchungen über den Feinbau der Neurophysis spinalis caudalis. Z. Zellf. **48** (1958) 236–260.

—: Über die Neurophysis (sog. Kaudalhypophyse, „Urohypophyse") des Teleostiers *Tinca vulgaris*. Z. Zellf. **47** (1958) 481–497.

—: Das caudale neurosekretorische System bei Fischen. Ergebn. Biol. **24** (1961) 191–212.

—, K. HAMANA und M. KAWAMOTO: Über die segmentale Ausbildung der Neurophysis spinalis caudalis bei einigen Fischarten. Z. Zellf. **57** (1962) 881–887.

— und F. HARTMANN: Zur vergleichenden Histologie von Neurophysis spinalis caudalis und Neurohypophysis. Z. Zellf. **48** (1958) 538–547.

— —: Über Durchschneidungsversuche am kaudalen neurosekretorischen System von *Tinca vulgaris* (mit Berücksichtigung des REISSNERschen Fadens). Z. Zellf. **50** (1959) 415–424.

— und M. KAWAMOTO: Entwicklungsgeschichtliche Beobachtungen an der Neurohypophysis spinalis caudalis von *Lebistes reticulatus* Peters. Z. Zellf. **51** (1959) 56–64.

— und A. KNOOP: Elektronenmikroskopische Untersuchungen am kaudalen neurosekretorischen System von *Tinca vulgaris*. Z. Zellf. **49** (1959) 464 bis 492.

SAWYER, W. H.: Comparative physiology and pharmacology of the neurohypophysis. Rec. Progr. Hormons Research **17** (1961) 437–465.

SCHARRER, E.: Neurosecretion X. A relationship between the paraphysis and the paraventricular nucleus in the garter snake (*Thamnophis* sp.). Biol. Bull. **101** (1951) 106–113.

—: Das Hypophysen-Zwischenhirnsystem der Wirbeltiere. Anatom. Anz. Suppl. **100** (1953) 5–29.

—: General and phylogenetic interpretations of neuroendocrine interrelations. In: Comparative endocrinology, New York, London. Ed. by A. GORBMAN 1959, S. 233–249.

— und B. SCHARRER: Hormones produced by neurosecretory cells. Recent Progr. Hormones Res. **10** (1954) 183–240.

SCHIEBLER, T. H., und J. HARTMANN: Histologische und histochemische Untersuchungen am neurosekretorischen Zwischenhirn-Hypophysensystem von Teleostiern unter normalen und experimentellen Bedingungen. Z. Zellf. **60** (1963) 89–146.

SCHIFF, H.: Wirkung des Cephalotoxins und anderer Pharmaka auf die glatte Muskulatur von *Octopus vulgaris* L. und auf das Zentralnervensystem von *Squilla mantis* L. Pubbl. Staz. zool. Napoli **33** (1962) 10–19.

SCHNEIDERMAN, H.: The juvenile hormone and other insect growth hormones. Čas. Českosl. Spol. Entomol. **58** (1961) 12–28.

—: The juvenile hormone and agents which mimic its action. Proc. XVI. Internat. Congr. Zool. Washington **4** (1963) 234.

SCHWERDTFEGER, H.: Beiträge zum Vorkommen und zur Wirkung der weiblichen Sexualorgane. Arch. exp. Path. Pharmakol. **163** (1932) 487–492.

SLOPER, J. C.: The application of newer histochemical and isotope techniques, for the localisation of protein-bound cystine or cysteine to the study of hypothalamic neurosecretion in normal and pathological conditions. 2. Internat. Symp. über Neurosekretion Lund 1957. (1958) 20–25.

SMITH, R. I.: Acetylcholine in nervous tissues and blood of crayfish. J. cellular comp. Physiol. **13** (1939) 335–344.

SPEIDEL, C. C.: Gland-cells of internal secretion in the spinal cord of the skates. Carnegie Instn., Washington **13** Nr. 281 (1919) 1–31.

—: Further comparative studies in other fishes of cells that are homologous to the irregular glandular cells in the spinal cords of the skates. J. comp. Neurol. **34** (1922) 303–317.

STAMM, M. D.: Estudios sobre hormonas de invertebrados. II. Aislamiento de hormonas de la metamorfosis en el ortoptero *Dociostaurus maroccanus*. Ab. Real Soc. Española Física Química Ser. B **55** (1959) 171–178.

STERBA, G.: Fluoreszenzmikroskopische Untersuchungen über die Neurosekretion beim Bachneunauge (*Lampetra planeri* Bloch). Z. Zellf. **55** (1961) 763–789.

—: Distribution of nerve cells with secretory-like granules in Petromyzontes. Nature **193** (1962) 400–401.

—: Das Subcommissuralorgan von *Lampetra planeri* (Bloch). Zool. Jb. Anat. **80** (1962) 135–158.

STOLK, A.: Pigment bodies of the spinal neurones of some teleosts. Nature **191** (1961) 924.

STOUFFER, J. E., D. B. HOPE und V. DU VIGNEAUD: Neurophysin, Oxytocin and Desamino-Oxytocin. In: „Perspectives in Biology", Editors: C. F. Cori, V. G. Foglia, L. F. Leloir, S. Ochoa. Elsevier Publishing Company Amsterdam, London, New York (1963) S. 75–80.

THOMSEN, D. L.: Evolution of hormones. Nature **130** (1932) 543.

TIMON-DAVID, J.: Chimie des hormones d'insectes. Bull. biol. France Belg. Suppl. **33** (1948) 87–97.

TOBIAS, J. M., J. J. KOLLROS und J. SAVIT: Acetylcholine and related substances in the cockroach, fly and crayfish and the effect of DDT. J. cellular comp. Physiol. **28** (1946) 159–182.

VIGH, B., B. AROS, P. ZARAND, J. TÖRK und T. WENGER: Ependymal neurosecretion. I. Gomori-positive secretion in the subcommissural organ of different vertebrates. Acta Morph. Acad. Sci. Hung. **10** (1961) 217–235.

— — — — —: Ependymal neurosecretion II. Gomori-positive secretion in the paraventricular organ and the ventricular ependyma of different vertebrates. Acta Morph. **11** (1962) 335–350.

— — —, T. WENGER und J. TÖRK: The subcommissural organ and the neurosecretion in vertebrates. Acta Biol. Acad. Sci. Hung. **12** Suppl. 4 (1962) 37.

DU VIGNEAUD, V.: Hormones of the posterior pituitary gland: oxytocin and vasopressin. Harvey Society Lectures. Academic Press, New York (1956).

VINCENT, D., und A. JULLIEN: La teneur en acétylcholine du cœur des mollusques. C. R. Soc. Biol. **127** (1938) 334–336.

WELSH, J. H.: Occurence of acetylcholine in nervous tissue of crustaceans and its effect on the crab heart. Nature **142** (1938) 151.

—: Chemical mediation in crustaceans. I. The occurence of acetylcholine in nervous tissue and its action on the decapod heart. J. exp. Biol. **16** (1939) 198–219.

—: The occurence of an exciter amine in the nervous system of *Buccinum* and its action on the heart. Anatom. Rec. **117** (1953) 637–638.

—: Excitation of the heart of *Venus mercenaria*. Naunyn-Schmiedbergs Arch. exp. Path. Pharmakol. **219** (1953) 23–29.

—: Hydroxytryptamine: a neurohormone in the invertebrates. Fed. Proc. **13** (1954) 162–163.

—: Neurohormones. In: The hormones, New York. Ed. by G. PINCUS & K. V. THIMANN. 1955, 97–151.

—: Neurohormones of invertebrates. I. Cardio-regulators of *Cyprina* and *Buccinum*. J. Mar. Biol. Assoc. U. K. **35** (1956) 93–201.

—: Acetylcholine and the heart of *Venus mercenaria*: a study of molecular configuration and physiological activity. Proc. XIV. Intern. Zool. Congr. Copenhagen, 1953. (1956) 277.

—: Serotonin as a possible neurohormonal agent: evidence obtained in lower animals. Ann. N. York Acad. Sci. **66** (1957) 618–630.

—: Neurohormones or transmitter agents. Recent advances invertebrate physiology. Univ. Oregon Publ. Eugene. (1957) 161–171.

—: Neuroendocrine substances. In: Comparative endocrinology. New York, London. Ed. by A. GORBMAN 1959, S. 121–133.

—: 5-Hydroxytryptamine in coelenterates. Nature **186** (1960) 811–812.

WELSH, J. H. und A. C. MACCOY: Actions of D-lysergic acid diethylamide and its 2-bromo derivate on heart of *Venus mercenaria*. Science **125** (1957) 348.

— und M. MOORHEAD: Identification and assay of 5-hydroxytryptamine in molluscan tissues by fluorescence method. Science **129** (1959) 1491–1492.

— —: The quantitative distribution of 5-hydroxytryptamine in the invertebrates, especielly in their nervous systems. J. Neurochem. **6** (1960) 146–169.

— und M. PRAJMOVSKY: An acetylcholine complex in nervous tissue. J. biol. Chem. **171** (1947) 829–890.

WELSH, J. J., und W. SCHALLEK: Arthropod nervous systems: a review of their structure and function. Physiol. Rev. **26** (1946) 447–478.

WENSE, TH.: Über den Nachweis von Adrenalin in Würmern und Insekten. Pflügers Arch. ges. Physiol. **241** (1939) 284–288.

WHEELER, B. M.: Halogen metabolism of *Drosophila gibberosa*. I. Iodine metabolism studies by means of J^{131}. J. exp. Zool. **115** (1950) 83–107.

WHITTAKER, V. P.: Pharmacologically active choline ersters in marine gastropods. Ann. N. York Acad. Sci. **90** (1960) 695–705.

WIGGLESWORTH, V. B.: Some methods for assaying extracts of the juvenile hormone in insects. J. Insect Physiol. **2** (1958) 73–84.

WILLIAMS, C. M.: The juvenile hormone of insects. Nature **178** (1956) 212–213.

WINGSTRAND, K. G.: Neurosecretion and antidiuretic activity in chick embryos with remarks on the subcommisural organ. Ark. Zool. **6** (1953) 41–67.

WITTENBERGER, K.: Über den physiologischen Aspekt der Evolution. Acta Biotheoretica **13** (1958) 87–106.

WOOLLEY, D. W.: Probable evolutionary relationship of serotonin and indoleacetic acid, and some practical consequences therefrom. Nature **180** (1957) 630–633.

YOSHIDA, M.: Effect of acetylcholine and eserine on the spawning of *Hydractinia echinata*. Nature **184** (1959) 1151.

Autorenverzeichnis

Sachverzeichnis

Verzeichnis der Tiernamen

Kolibri 360 GmbH
Ferdinand-Jühlke-Straße 7
99095 Erfurt, Deutschland
produktsicherheit@kolibri360.de